주변에 있는 식품 하나하나,
산이나 들에 지천으로 보이는
풀꽃, 열매, 뿌리, 이파리,
우리가 항상 즐겨 먹는
새콤달콤한 과일까지 모두
약이 될 수 있다는 동의보감의 지혜를
몸소 경험해 보자.
또 어떤 식품과 어떤 식품이 만났을 때
영양의 효율성을 높이고,
건강에 도움이 되는지
음식 궁합의 절묘한 조화도
재미있게 풀어준다.

쉽게 구할 수 있는 재료를 이용한

동의음식으로 건강하게 사세요

쉽게 우리 곁에서 찾는 음식동의보감

최신판을 내게 되었습니다. 그동안 〈약이 되고 궁합 맞는 음식 동의보감〉을 통해 건강에 도움을 받았다는 독자들의 편지를 많이 받았습니다. 이 책이 그야말로 우리 가정의 건강 지킴이 역할을 제대로 한 셈이지요. 세월이 흐른 만큼 또 다른 새로운 독자들을 위해 체재를 바꾸고 새로운 치료법을 더했으며 누구나 이해하기 쉽게 올 컬러로 구성, 최신판을 내게 된 것입니다. 이 책에 실린 모든 원고는 방송을 통해 진행하던 '라디오 동의보감'을 기초로 엮은 것입니다.

건강을 지키고 다스리는 것은 올바른 식사에 있으며 길가에 뒹구는 들풀도 약이 될 수 있다는 것, 이것이 바로 동의보감의 사상이자, 민중의학에서 꾸준히 추구하고 있는 정신입니다. 우리가 늘 식탁에서 대하는 식품이 훌륭한 약이 될 수 있고 약재로 쓰이는 모든 들풀들도 음식 재료로 쉽게 이용할 수 있다고 하니 얼마나 반가운 일입니까? 동의보감에서는 인간을 하나의 소우주적인 유기생명체로 보고, 정신과 육체를 분리시켜서는 병을 치료할 수 없다고 얘기하고 있습니다. 질병을 해석하는 데 있어서도 단편적인 병증 하나를 보는 데 그치지 않고 신체의 국소적인 병증도 몸 전체와 관계가 있다고 생각하는 것이 동의보감적 해석입니다. 더 나아가 체질이나 습관을 매우 중요시하고 기후라든가 지역적인 특성, 환경 등도 질병에 커다란 영향을 미친다고 보고 있습니다.

전부터 아쉬웠던 점이라면 한약은 소수의 경제적인 능력이 있는 사람만 접할 수 있다는 막연한 거리감이었습니다. 하지만 이 책을 통해 이러한 일반의 거리감을 씻고 집에서 누구든지 가루 내고, 달이고 즙을 내어 먹는 것으로 병을 다스리고 건강을 지킬 수 있게 되었습니다. 이처럼 동의보감 음식이 우리의 생활에 좀 더 가깝게 다가오게 된 점은 참으로 반가운 일입니다. 아무쪼록 이 책을 통해 동의보감의 원대한 지혜가 다소나마 독자들에게 전달되어 온 국민의 생활과 건강에 도움이 되었으면 합니다.

글 한의사 신재용

차 례

신재용 (해성한의원장)

경희대 한의대를 수석으로 졸업, 한의사 국가고시에 수석 합격하여 5대째 가업으로 이어져 온 한의사의 길을 계승해오고 있다. 의료봉사단체인 〈동의누달〉을 창설, 의료혜택을 받지 못하는 소외된 사람들을 위해 의료 봉사 활동에도 힘쓰고 있다.

주요저서

「체질동의보감」, 「태양인 이제마」 「TV 동의보감」, 「알기 쉬운 한의학」 「체질과 안상」, 「한국인의 건강식」 「남성 감정법」, 「MBC 라디오 동의보감」, 「밥상 위의 숨은 보약」 「신음식 동의보감」외 다수

유태종 (식품공학 박사)

서울대 농과대학 농화학과를 졸업, 고려대학교 식품공학과 교수를 역임하고 보건사회부 식품위생 심의위원, 건양대 식품공학과 교수 등으로 활동했다.
현재 곡천건강장수연구소 소장으로 있다.

주요저서

「식품보감」, 「백세청년」, 「음식궁합」 「아이들 두뇌는 식탁이 결정한다」 「식품영양학」외 다수

약이 되고 궁합이 맞는 음식

chapter 01

병을 다스리는 동의음식

chapter 02

여성에게 좋은 동의음식

chapter 03

아이에게 좋은 동의음식

예방에 도움이 되는 야채

알/아/두/자

이런 증세에 이런 녹즙을 마신다

유태종 선생의 음식궁합

궁합이 맞는 식품

궁합이 안 맞는 식품

건강에 좋은 이야기

소문난 민간요법 · 경혈요법

전국의 소문난 명의

Q&A

약이 되는 산야초

몸의 이상 증세에 좋은 식사와 생활 포인트

생선·해물의 특수 성분과 효능

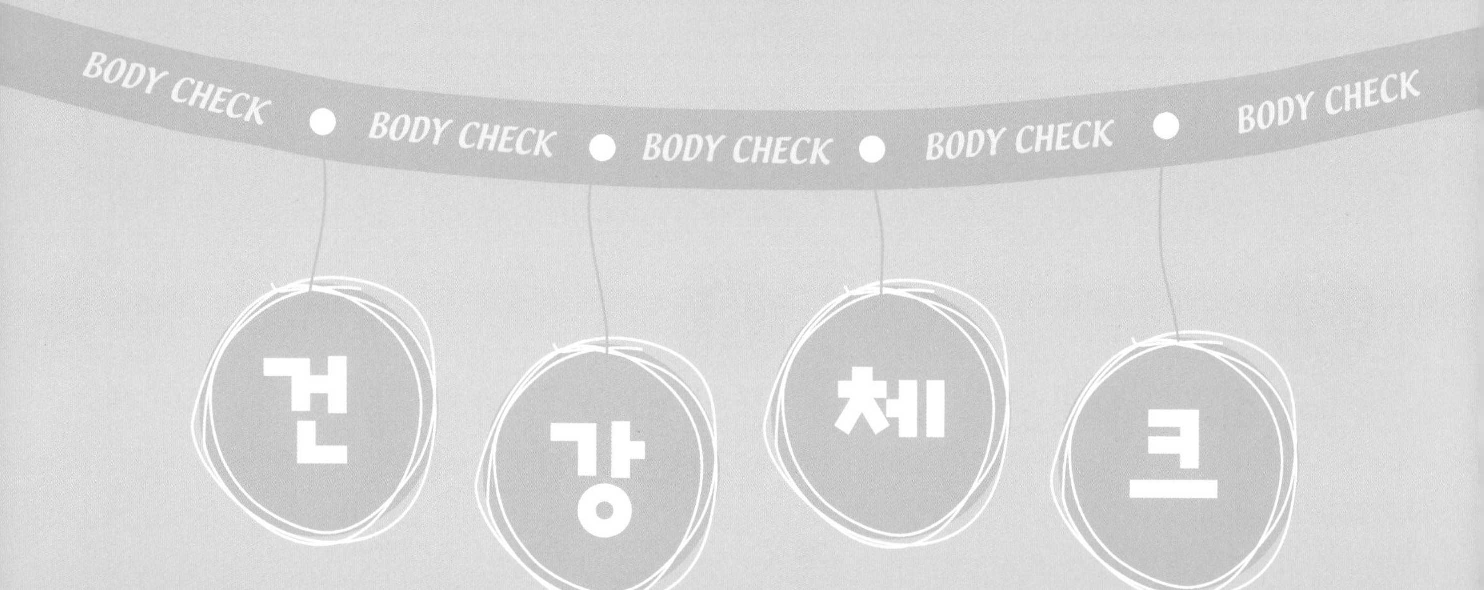

자가진단 요령 10가지

우선 내 몸을 알아야 거기에 맞는 처방을 할 수 있다. 쉬운 방법으로 자신의 몸무게, 체형, 얼굴색, 눈동자, 손톱, 입과 혀, 피부 상태, 대소변 상태, 스태미나 등을 체크하자. 부담 갖지 말고 재미로 하면 된다. 결과가 어떻게 나왔든 걱정하지 말고 지금부터 조심, 동의보감식 처방을 따라하면 건강을 지킬 수 있다. 느긋한 마음과 믿음을 가지고 실천해야 약효가 있다.

비만은 모든 성인병의 근원이다

체중은 표준 체중보다 모자라도 넘쳐도 문제가 생긴다. 건강을 지키려면 자신의 체중조절부터 신경을 쓴다. 비만은 모든 병의 위험인자이기 때문이다.

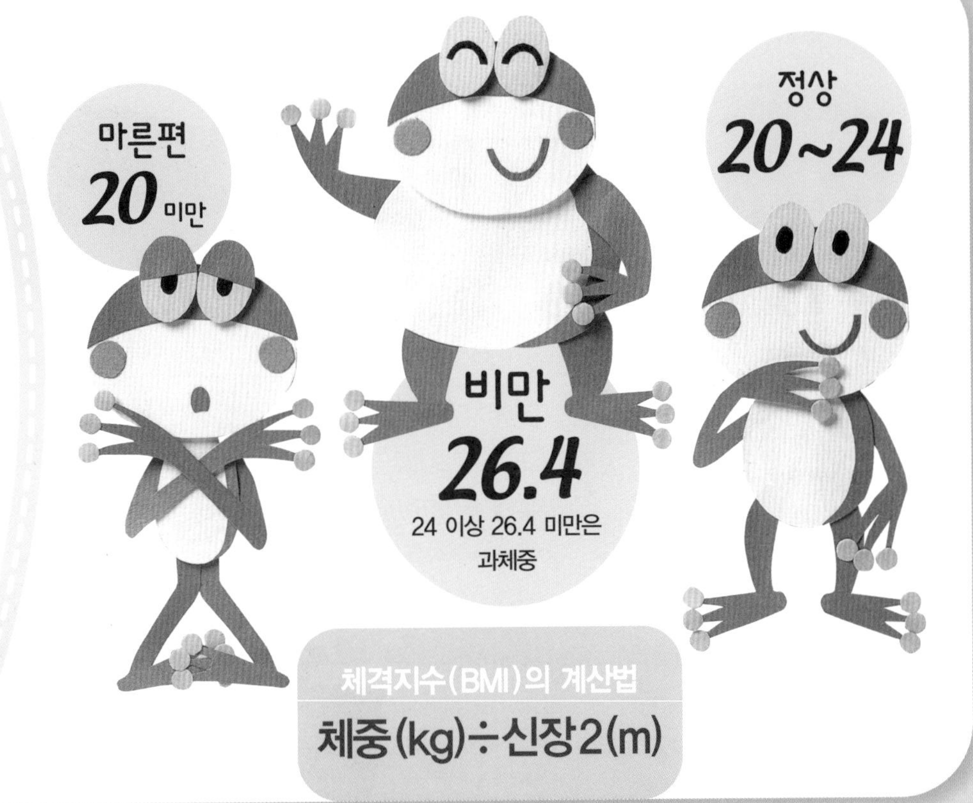

체격지수(BMI)의 계산법

체중(kg)÷신장2(m)

BODY CHECK

체형

이상

허리÷히프=0.8

미만

여분의 지방이 몸의 어떤 부분에 축척하느냐에 따라서 사과 모양 비만과 배 모양 비만, 두 가지 유형으로 나눌 수 있다. 허리 치수를 엉덩이 치수로 나눈 몫이 0.8 이상이면 사과 모양이고, 0.8 미만이면 배 모양으로 본다.

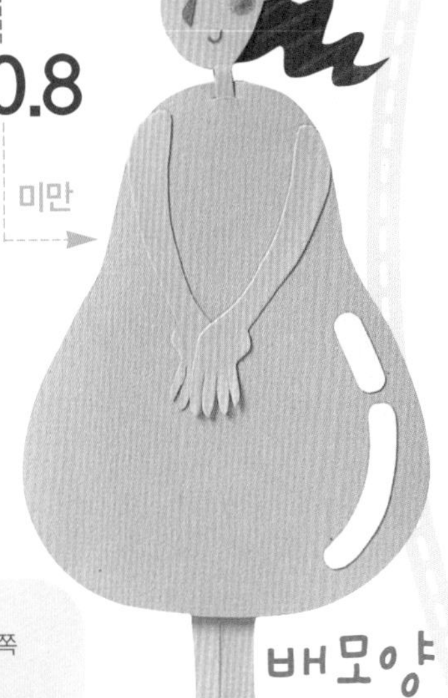

사과 모양? 아니면 배모양?

식사 개선과 운동이라는 두 가지 조건이 갖추어지면 비로서 성인병 발병률이 높은 사과 모양 체격으로부터 탈출할 수 있다.

피하지방에 의한 비만 판정법

윗팔+견갑골=비만

윗팔의 뒤쪽 가운데와 견갑골 아래쪽 두 군데의 피하 지방 두께를 더한 치수가 남성의 경우 35mm, 여성의 경우 45mm를 초과하면 비만이라고 판정된다.

입맛이 변했다

갑자기 입맛이 변해 어떤 음식도 맛이 없고 식욕도 생기지 않을 경우, 우선 식생활을 되돌아보고 단맛, 신맛, 짠맛, 쓴맛에 대한 감각을 체크해 본다.

갈증을 느낀다

특별한 원인이 없는데도 목이 마르면서 소변 량이 갑자기 늘었을 때는 당뇨병이 아닌지 의심해 본다.

하얀 반점이 있다

통증은 없는데 혀 둘레에 하얀 반점이 생겼다면 아프다성 구내염, 교원병일 가능성이 있다.

잇몸에 출혈이 있다

치주병일 가능성이 있다.

입안이 헐었다

구내염일 가능성이 있다.

입에서 냄새가 난다

충치, 치조농루일 가능성이 있다.

입술색이 파랗다

심장병이나 폐질환일 가능성이 있다.

입술이 튼다

비타민 부족이나 위장 장애일 가능성이 있다.

맛을 알 수 없다

미각장애일 가능성이 있다.

BODY CHECK

손톱

몸에 병이 생기면 손톱에 나타난다

손톱에 줄이 생겼다든지, 발톱이 살 속으로 파고 든다든지 손톱 색깔이 변하면 건강의 적신호다. 상세히 체크해 보고 자신의 건강 상태를 되돌아보자

길이로 갈라지거나 벗겨진다

매니큐어를 오래 했다든지, 세제 등의 이유로 손톱이 갈라질 수가 있다. 또는 칼슘 부족도 원인이 될 수 있다.

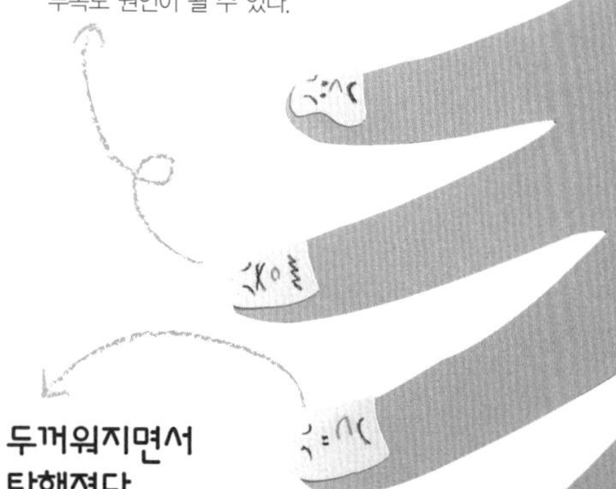

두꺼워지면서 탁해졌다

대개 진균증일 가능성이 있다.

굴곡이 생겼다

손톱 주변에 염증이 생겼을 가능성이 있다.

손톱이 부풀어 올랐다

손톱이 시계의 방풍 유리처럼 부풀어오르고 커졌을 때는 만성 폐질환이나 심장병일 가능성이 있다.

BODY CHECK

안색

건강 상태를 바로 알 수 있는 얼굴 색

얼굴 색은 몸 상태와 마음의 거울이다. 갑자기 얼굴 색이 노랗게 변했다면 황달을, 핏기가 없어졌다면 빈혈을, 붉어졌다면 혈압이나 심장병이 있는지 체크한다.

얼굴 한 부분이 빨갛게 되었다

감염에 의해 얼굴 일부가 빨갛게 되는 수가 있다. 코에서부터 양뺨에 붉은 형태가 나타날 때는 교원병의 일종인 전신성 엘리테마토데스일 가능성이 있다.

핏기가 없어졌다

핏기없이 얼굴 색이 창백해졌다면 중증의 빈혈일 가능성이 있다.

얼굴 색이 노랗다

황달일 가능성이 있다. 눈의 흰자까지 노랗게 되었다면 황달일 가능성이 높다.

입술 색이 보랏빛이 되었다

심장병, 폐의 질환이 있으면 혈액 속의 산소가 줄어들어 입술 색이 보랏빛이 된다. 또 빈혈이 있어도 혈액 속에 헤모그로빈이 줄어들어 입술 색이 청보라색으로 변할 수가 있다.

얼굴 전체가 붉어졌다

혈압이 높아져서 고혈압이 되었거나 심장에 이상이 생기면 얼굴 색이 붉어질 수 있다.

BODY CHECK

눈

건강의 중요한 바로메터

눈동자의 색깔 변화도 얼굴 색과 마찬가지로 건강 상태와 직결된다. 노란색을 띠고 있으면 황달, 하얀색을 띠고 있으면 빈혈, 눈꺼풀 일부가 노랗게 되었다면 콜레스테롤이 높아지지 않았는지 체크해 본다. 충혈이 되었다면 물론 결막염일 가능성이 있다.

안검황색종

눈꺼풀의 일부가 노란 색 기미처럼 되어 있다면 혈청 콜레스테롤이 높을 가능성이 있다.

안구결막

노란색을 띠고 있다면 황달일 가능성이 있다.

각막륜

나이가 많지도 않은데 각막에 흰줄이 생겼다면 동맥경화일 가능성이 있다.

결막출혈

충혈이 되거나 결막이 붉다면 결막염일 가능성이 있다.

결막(안건결막)

하얀 색을 띠고 있다면 빈혈일 가능성이 있다.

소변

몸의 상태를 정확하게 체크할 수 있는 기본 검사

몸 안의 노폐물을 내보내는 작용이 소변이다.
그러므로 소변 안에는 우리 몸의 여러 가지 사항을 그대로 전달해 준다.

배뇨통이 있다
요도염일 가능성이 있다.

혈뇨가 나온다
요로결석, 전립선 비대, 신장염 등의 위험성이 있다.

소변이 탁하다
요도염, 방광염일 가능성이 있다.

시큼한 냄새가 난다
당뇨병일 가능성이 있다.

소변 양이 많다
당뇨병, 만성 신염일 가능성이 있다.

소변을 자주 본다
방광염, 요로결석일 가능성이 있다.

소변 양이 적다
신장염, 심부전, 간장병 등일 가능성이 있다.

소변이 잘 안 나온다
배뇨장애일 가능성이 있다.

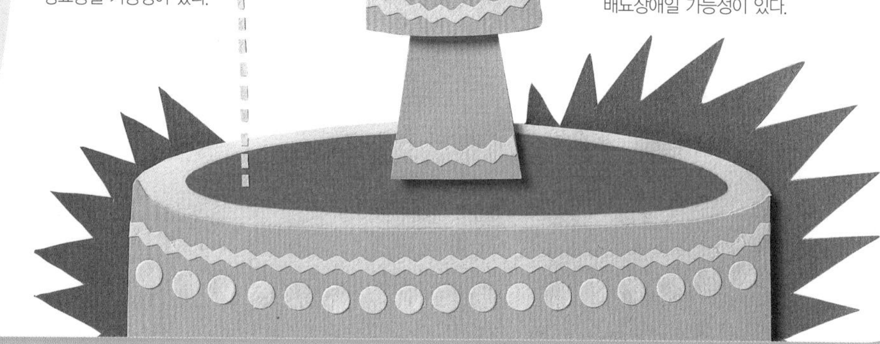

BODY CHECK

대변

영양상태, 건강 상태를 쉽게 알 수 있는 방법

건강 검진을 받을 때 소변 검사, 대변 검사는 기본이다. 그만큼 건강 상태를 정확하게 파악할 수 있는 것이 변의 횟수와 변의 내용이기 때문이다. 때맞추어 변을 잘 보고 이상이 없다면 상태는 양호하다.

변 색깔이 검다
위장이나 십이지장에 이상이 생겨 출혈이 있을 가능성이 있다.

설사가 계속된다
급성일 경우에는 소화기 계통이 감염되었거나 과식에서 오는 경우일 수 있지만 오래 계속될 경우에는 위장에 병이 왔음을 알리는 신호일 수 있다.

변에 피가 섞여 나온다
변에 피가 묻어 있거나 배변 전후에 출혈이 있다면 치질, 변 전체에 피가 섞여 있다면 궤양성 대장염, 대장 게실증 등을 의심할 수 있다.

방귀가 나오지 않는다
변이 나오지 않는 것은 물론 방귀도 나오지 않는다면 장에 이상이 온 것이다. 배가 당기면서 이러한 현상이 있다면 장폐색일 가능성이 있다.

배변시 항문이 아프다
치핵일 가능성이 있다.

변비가 심하다
변의를 느끼면서도 막상 배변시에는 시원하게 변이 나오지 않고 배변 후에도 남아 있는 느낌이 들고 변의 굵기가 가늘어졌다면, 또 이러한 증세가 오래 계속된다면 대장암이나 직장암일 가능성이 있다.

피부 트러블로 크고 작은 병을 가려낸다

피부 트러블은 갑자기 생기는 경우가 흔한데 음식을 잘못 먹었을 때 울긋불긋 두드러기가 생길 수도 있지만 몸 안에 심각한 병이 생겼을 때 가려움증 등 여러 가지 현상으로 나타날 수 있다.

발진이 생겼다

발진이 생기는 원인은 여러 가지이므로 연고를 바르는 정도로 가볍게 생각하지 말고 전문의의 진찰을 받는다.

점 색깔이 진해졌다

자외선에 오래 노출되면 점의 색깔이 진해질 수 있다.

점이 커졌다

평상시에 작았던 점이 갑자기 커졌다거나 그 주변이 붉게 변했다면 피부암 같이 심각한 병이 숨어 있을 수도 있으므로 가볍게 생각하지 말자.

발가락이 가렵다

가장 흔한 증세로 무좀 곰팡이가 침투했을 가능성이 있다.

온몸에 땀이 난다

아무 이유도 없이 갑자기 온몸에 땀이 많이 나고 얼굴이 화끈 달아 오르면 우선 갱년기장애를 의심하고, 갱년기 장애, 심장병, 갑상선 이상을 생각할 수 있다.

가려움증이 심하다

부분적으로 가려울 때는 접촉성 피부염을 생각할 수 있지만 온몸이 가려울 때는 당뇨병이나 간장병 같은 것을 의심해 본다.

자신의 피로도 체크

휴식을 취해도 피로가 풀리지 않고 의욕이 떨어지며 식욕마저 생기지 않는다면 건강의 적신호가 아닐 수 없다. 자신의 일상을 체크해 보고 영양의 밸런스는 잘 지키고 있는지, 운동은 하고 있는지, 휴식을 잘 치르고 있는지 하나하나 체크해 본다.

1. 아침에 눈을 뜨기 어렵다
2. 아침 식사를 거를 때가 많다
3. 출퇴근 전철 안에서 졸음이 쏟아진다
4. 점심식사 시간을 기다리기가 어렵다
5. 전철을 기다릴 때 의자에 앉아서 기다리는 경우가 많아졌다
6. 횡단보도를 뛰어서 건널 때 숨이 차다
7. 토요일 출근이 지겨워진다
8. 식사량이나 활동량은 그대로인데 살이 빠진다
9. 성욕감퇴가 신경 쓰인다
10. 휴일이면 하루종일 집에서 누워 뒹군다

01

신재용 선생의

약이 되고 궁합 맞는 동의보감 음식

하나의 들꽃도 약이 될 수 있다는 동의보감. 그것을 기본으로 구성한 이 책은 동의보감적 처방에 따른 요리와 처방법을 상세하게 알려주고 독자들이 찾아보기 쉽도록 걱정되는 증세, 여성들만의 병과 증세, 아이들에게 일어나기 쉬운 증세와 병으로 분류, 찾아보기 쉽게 구성했다. 늘 주변에서 볼 수 있는 식품이나 들풀이라도 잘만 먹으면 건강을 지킬 수 있고 잘못 섭취하면 독이 될 수도 있다는 사실도 상세하게 다루었다. 궁합이 잘 맞는 식품과 구하기 쉬운 산야초들로 확실하게 처방해 주는 신재용 선생의 진료실을 노크해 보자.

1 chapter

병을 다스리는 동의보감 음식

1 CHAPTER

약이 되고
궁합 맞는 신재용 선생의
동의보감 음식

혈압이 높다

고혈압을 비롯한 성인병에 호박씨를 드세요

호박은 열매 그 자체도 좋지만 말린 씨는 특히 고혈압과 같은 성인병 예방 · 치료제로 쓰입니다. 호박씨에는 질 좋은 불포화지방산이 주성분을 이루고 있는데 이것이 혈액순환을 도우며 혈관 벽에 콜레스테롤이 침착되는 것을 막아 주어 고혈압에 좋은 효과를 발휘합니다. 누렇게 잘 익은 늙은호박의 속을 파서 씨를 잘 말린 다음 심심풀이로 드시면 좋겠지요.

뽕나무가 혈압을 안정시킵니다

뽕나무 열매를 흔히 오디라고 하지요? 동의보감에서는 뽕나무의 열매를 '상심자'라고 하여 늙지 않는 보약으로 얘기하고 있습니다. 오죽하면 뽕나무를 신선들이 먹는 약이라고 할까요?

열매뿐만 아니라 뽕나무 잎도 좋고 뽕나무 굵은 뿌리에서 겉껍질만 제거하고 흰 껍질만 모아 놓은 상백피도 여러 가지 증세에 탁월한 효과를 발휘합니다. 특히 상백피는 혈압을 내리는 효과가 커 중풍 예방약으로 쓰입니다.

혈압이 높아 걱정되면 뽕나무 잎이나 상백피 20g을 물 300㎖로 끓여 반으로 줄면 이것을 하루에 수시로 나누어 마시면 됩니다.

감즙 · 무즙을 꾸준히 드세요

고혈압에 좋은 식품으로 감즙, 무즙을 들 수 있습니다. 감의 떫은맛을 내는 타닌 성분이 혈압을 내려 주고 무에 풍부한 비타민 B가 모세혈관을 강하게 해 주기 때문입니다.

COOKING

호박씨 달인 물 만들기

재료 늙은호박 1개

❶ 누렇게 잘 익은 늙은호박을 반 갈라 속의 씨를 긁어낸다.
❷ 씨를 물에 씻어서 채반에 널어 햇볕에 잘 말린다.
❸ 마른 호박씨 10알에 물 300㎖를 붓고 물이 반으로 줄 때까지 푹 끓인다.

한의사 신재용 선생의 진료실

고혈압은 동물성 지방의 일종인 콜레스테롤을 많이 섭취하거나 칼로리가 지나치게 높은 음식을 섭취해서 비만이 되었을 때 생기기 쉽습니다. 그 밖에 스트레스와 같은 정신적인 것도 원인이 되고 유전과 체질도 무시할 수가 없지요.

고혈압을 크게 분류하면 본태성과 속발성으로 나누어지는데, 속발성이란 다른 질병에 의해 2차적으로 발생되는 것이기 때문에 원인이 되는 질병을 치료하면 자연히 없어집니다. 하지만 전체 고혈압 환자의 90% 이상을 차지하는 본태성 고혈압은 특별한 완치 방법이 없어 장기간 또는 평생을 주의하면서 살아야 합니다. 그러니만치 식이요법에 주력하면서 술과 담배를 끊고 마음의 안정을 취하는 등 행동양식을 개선하는 것이 가장 중요합니다.

생감의 껍질을 벗겨서 적당한 크기로 자른 다음 강판에 갈아 즙을 내고, 무도 껍질째 강판에 갈아 즙을 냅니다. 감즙 두 숟가락에 무즙 두 숟가락을 1회의 양으로 해서 하루 두세

번 씩 공복에 드시면 좋습니다.

감나무 열매뿐만 아니라 감나무 잎을 끓여서 차로 자주 마시는 것도 고혈압 예방 · 치료에 많은 도움이 됩니다. 우선 감나무 여린 잎을 따서 흐르는 물에 씻은 후 찜통에 쪄서 통풍이 잘되는 그늘에 말리세요. 잘 마르면 가늘게 썰어 밀폐용기에 보관해 두고 하루에 10g 정도씩 30㎖의 물로 끓여서 수시로 마시도록 하세요.

녹차요구르트를 드세요

중국 음식을 먹고 나서 속이 더부룩할 때 녹차를 마시면 개운함을 느끼게 되죠? 이것은 녹차에 들어 있는 타닌 성분이 지방을 분해하는 작용을 하기 때문입니다.

동의보감에서도 '녹차를 오래 복용하면 지방을 제거시키기 때문에 비만을 풀어 줘서 몸을 날씬하게 해 준다' 하여 녹차의 효과를 설명하고 있습니다.

요구르트도 마찬가지입니다. 주성분인 유산균이 혈중 콜레스테롤 수치를 떨어뜨리고 몸의 면역 기능을 높여 줍니다. 그러나 녹차와 요구르트를 함께 드시면 고혈압에 이보다 좋은 게 없을 겁니다.

COOKING

녹차 요구르트 만들기

재료 녹차 잎 2g, 요구르트 1/2컵, 꿀 1작은술

❶ 녹차 잎 2g를 분쇄기에 넣고 곱게 간 다음 떠먹는 요구르트에 곱게 간 녹차가루를 넣고 골고루 섞는다.
❷ 꿀을 넣고 저어 단맛을 낸다.

COOKING

녹차 만들기

재료 녹차 잎 5g, 물 1컵

❶ 잘 마르고 좋은 녹차 잎을 준비한다.
❷ 물을 끓여서 70~80℃로 식힌 다음 녹차 잎에 부어 향을 우린다.
❸ 향이 잘 우러나면 찻잔에 따라 마신다.

회화나무는 혈관을 강화합니다

회화나무는 중국이 원산인 낙엽 고목으로 생명력이 강해서 추위와 가뭄을 잘 견디는 게 특징입니다. 가지나 잎, 꽃, 열매가 다 약이 되는데 특히 루틴 성분이 다량으로 함유된 꽃봉오리가 혈관을 강하게 해 주는 작용을 합니다.

물론 꽃봉오리에 루틴 성분이 제일 많지만 잎이나 열매에도 많이 들어 있습니다. 그러니 꽃이든 열매든 아니면 가지든 어느 것이라도 좋습니다.

회화나무 10g에 물 3컵 정도를 부어 반으로 줄 때까지 끓여서 이것을 하루 세 번에 나누어 마시도록 하세요.

그러면 루틴이라는 성분은 도대체 뭘까요? 루틴이란 케르세틴의 유도체로 담황석을 띠고 있는데 모세혈관에 직접 작용해서 혈관의 투과성을 줄이고 혈관의 저항성을 증대시키는 성분을 얘기합니다.

가시 많은 조구등이 혈압을 떨어뜨립니다

건재약국에서 파는 약재 중에 '조구등'이라는 것이 있습니다. 덩굴가지에 낚시바늘처럼 날카로운 가시가 뾰족뾰족 돋쳐 있어 조구등이라는 이름이 붙여졌지요. 바로 이 날카로운 가시에 혈압을 떨어뜨리는 신비로운 성분이 있습니다.

이 조구등 덩굴을 하루에 20g씩 5~10분 동안 살짝 끓여서 수시로 마시면 고혈압에 효과를 볼 수 있습니다. 이때 주의할 것은 오래 끓이면 혈압 강하 성분이 파괴되므로 10분 이상을 넘겨서 끓이지 않는 것이 좋습니다.

[그 밖에 이런 것도 있어요]

목이버섯은 피를 맑게 하고 혈압을 떨어뜨리는 작용을 합니다. 고혈압에는 **닭벼슬**과 **목이버섯**을 데쳐서 식초를 넣고 참깨와 무쳐서 드시면 됩니다.

쇠뜨기에 물을 충분히 붓고 끓여서 차처럼 꾸준히 마시면 고혈압에 좋은 효과를 발휘합니다.

양파는 혈관을 강화시키고 혈액순환을 도와주므로 혈압 상태를 개선시켜 고혈압에 큰 효과가 있습니다.

건강에 좋은 이야기 하나 더!

소금을 줄일 수 있는 조리법

건강한 사람이라도 하루에 섭취하는 염분의 양은 10g을 넘지 않는 것이 바람직하다. 고혈압이 걱정된다면 8g 이하로 줄여야 하고 이미 고혈압 환자로 판명되었다면 5g 이하로 줄여 섭취하는 것이 바람직하다.

간장을 예로 들면 1작은술(5cc)이 염분 1g에 해당된다.

요리에 직접 뿌리는 소금이나 간장은 눈에 보이기 때문에 줄이기 쉽지만 주의해야 할 것은 눈에 보이지 않는 염분이다.

대개 밥이나 가락국수 1그릇은 염분 3.5g, 김치나 단무지 2조각은 2g, 라면 1봉지는 5g 정도다.

음식에 간을 덜하고 맛있게 조리하는 방법으로는 예를 들어 식초나 레몬을 이용하면 신맛 때문에 향미가 좋아져 충분히 맛을 즐길 수 있다.

생선을 구울 때도 미리 소금을 뿌리지 말고 구운 다음에 간장을 조금 뿌려 먹는 것도 한 가지 방법이다. 후춧가루나 생강, 고추 같은 것들을 적절히 사용하는 것도 염분을 줄이고 맛을 살리는 방법이다.

약이 되고
궁합 맞는 신재용 선생의
동의보감 음식

1 CHAPTER

혈압이 낮다

숙지황은 심장을 튼튼하게 해 줍니다

몸이 약한 분들은 맥박도 약하게 뛰는 경우가 많죠. 피를 온몸으로 보내는 심장이 약하면 그만큼 혈압에도 좋지 않는 영향을 미치게 됩니다. 이럴 때 숙지황을 드시면 심장이 튼튼해집니다.

날것이나 찐 것 모두 좋은 효과를 발휘하는데, 하루에 10~20g 정도씩 끓여 마시세요. 심장의 수축력이 좋아져서 혈압을 조절해 줍니다. 심장이 약하신 분들에겐 아주 좋습니다. 피가 모자라는 것도 보해 주고 혈액을 잘 통하게 하니 꾸준히 드시면 좋은 효과를 보실 수 있습니다. 또 혈압이 낮은 마른 체질은 빈혈 증세가 따르므로 평상시에 영양가 높은 음식을 섭취해 몸을 보하고 표준체중을 유지하는 것이 무엇보다 중요합니다.

가래가 끓거나 설사 증세가 있는 분들은 사용하지 않는 것이 좋겠습니다.

백혈구 늘려 주는 가시오갈피를 드세요

가시오갈피는 우리나라보다 북한이나 러시아 등의 북쪽 지방에서 더 유명한 약초입니다. 한때 고려인삼보다 더 좋은 효능이 있다고 해서 크게 인기를 끌었었죠. 이 가시오갈피가 저혈압에 참 좋은 효과가 있습니다.

가시오갈피의 줄기 껍질은 중추신경을 흥분시켜 피로를 회복시키고 몸 안의 신진 대사를 원활하게 해 줍니다. 또 혈당치도 내려 주고요, 피 속에 들어 있는 백혈구를 증가시키는 작용까지 있습니다. 그래서 저혈압이나 당뇨로 고생하시는 분들에게 가시오갈피 달인 물이 좋습니다. 가시오갈피 15g을 하루 양으로 해서 차처럼 끓여 드시면 됩니다.

가시오갈피는 흔히 오가피라고도 하는데 오갈피 나무 뿌리의 껍질을 말하는 것이지요. 이것을 말려 오가피 가루를 만들어 조금씩 복용해도 좋습니다.

숙지황이 뭐예요?

QA

숙지황은 현삼과에 속하는 다년생 식물의 뿌리와 뿌리 줄기를 말하는 것으로 한약재로 쓰인다. 말려서 쓰기도 하고, 시루에 쪘다가 말려서 쓰기도 한다. 생으로 쓸 때는 생지황, 햇볕에 말려서 쓸 때는 건지황, 시루에 쪘다가 말린 것을 쓸 때는 숙지황이라고 한다.

동의보감에서는 숙지황을 만들 때 아홉 번 찌고 아홉 번 말리라고 했다. 이렇게 말린 숙지황은 혈압을 조절해 주며 혈액을 잘 통하게 하고, 심장의 수축력을 강하게 해 준다고 한다.

숙지황을 요리에 사용해도 간접적인 효과를 발휘할 수 있는데 표고버섯과 당근, 고기를 섞어 볶음을 만들 때 숙지황 우려 낸 술을 조금 섞어 볶음을 하면 고기도 부드러워지고 약효도 발휘할 수 있다.

한의사 신재용 선생의 진료실

저혈압은 병은 아니고 혈압이 낮은 상태를 가리키는 말입니다. 단순히 혈압이 정상치보다 약간 낮은 것으로는 크게 걱정할 필요가 없고 오히려 혈압이 약간 낮은 쪽이 안전할 수도 있습니다.

하지만 혈압이 낮으면 여러 가지 괴로운 증세들이 나타나기도 하지요. 일반적으로 저혈압은 쉬 피로하고 어지러움증이 심하며 혈액순환이 제대로 안 돼 손발이 차고 추위를 견디지 못하는 등의 증세가 나타납니다. 심한 경우 의식을 잃고 쓰러지는 수도 있으니 걱정되는 증세가 나타나면 조심을 할 필요가 있습니다. 그와 함께 영양 많고 균형 잡힌 식사를 해서 혈압을 정상적으로 조절해 주고 피가 모자라 저혈압이 되는 일이 없도록 해야겠습니다.

기와 혈을 보충해 주는 인삼사과즙도 좋습니다

혈압이 낮을 때 나타나는 여러 가지 증세가 있죠. 나른해서 움직이기가 싫을 정도로 손과 발이 무겁습니다. 피로도 쉽게 느끼고 혈액순환이 제대로 되지 않아 숨이 찹니다. 이럴 때 동의보감에서 권하는 처방에 인삼을 이용한 인삼 영양탕이란 것이 있습니다.

인삼은 몸을 따뜻하게 하고 기를 보하는 대표적인 약재입니다. 인삼만 드셔도 좋지만 효과를 높이기 위해서 다른 여러 가지 재료를 함께 섞어 드시면 좋겠습니다. 백작약 8g에 당귀 · 인삼 · 백출 · 꿀물에 볶은 황기 · 육계 · 진피 · 자감초를 4g씩, 숙지황 · 오미자 · 방풍을 각 3g씩, 원지 2g, 생강 3쪽, 대추 2개를 끓여서 따끈하게 드시면 됩니다.

너무 복잡하시다구요? 그러면 여러 가지 준비하실 것 없이 인삼과 사과를 준비해 갈아서 잡수세요. 아주 간단하지요? 그러면서도 몸에 참 좋습니다. 사과의 맛과 향이 좋아서 인삼을 별로 즐기지 않는 분들도 편하게 드실 수 있답니다.

특히 빈혈이 심하고 산후에 여기저기가 아픈 여성들에게 아주 좋은 처방입니다. 피를 만들어 내는 들깨, 땅콩, 잣, 흰쌀을 넣고 끓이다가 인삼 썬 것을 넣어 인삼 들깨죽을 끓여 먹어도 효과가 있습니다.

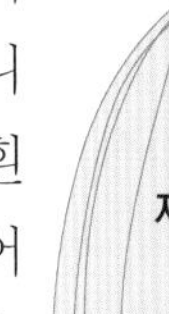

COOKING

인삼사과즙 만들기

재료 인삼 30g, 사과 1개

❶ 사과는 껍질째 깨끗이 씻어 4등분하고 씨 부분을 도려낸다. 인삼(수삼)은 수세미로 깨끗이 씻어 적당한 크기로 자른다.
❷ 준비한 인삼과 사과를 한데 넣고 곱게 간다. 너무 뻑뻑하면 생수를 조금 부어 부드럽게 간다.
❸ 갈아진 인삼 · 사과즙을 면보자기에 싸서 즙만 받아 마신다.

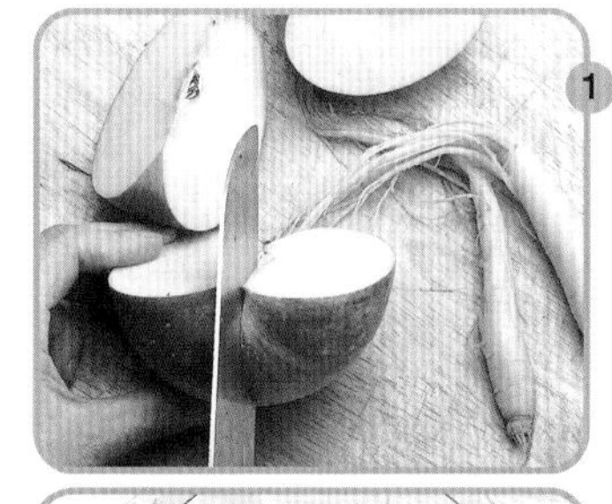
1

2

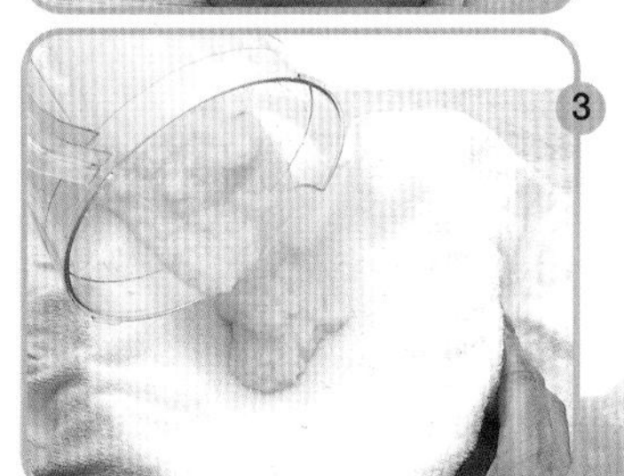
3

약이 되고
궁합 맞는 신재용 선생의
동의보감 음식

1 CHAPTER 심장병이 걱정된다

가시오갈피를 달여 드세요

동의보감을 응용한 민간요법에서 인삼만큼 좋다고 알려진 것이 가시오갈피입니다. 가시오갈피 줄기의 껍질은 혈중 콜레스테롤을 감소시킬 뿐만 아니라 면역 능력을 강화시켜 심장병, 동맥경화증에 좋은 효과를 발휘합니다. 협심증이나 심근경색으로 가슴이 답답하고 아픈 분들은 이 가시오갈피를 하루에 15g씩 끓여 마시면 상당히 도움이 됩니다.

당귀가 피를 맑게 해 심장병을 낫게 합니다

승검초 뿌리인 당귀는 비타민 B_{12}와 엽산 성분을 함유하고 있어 혈액을 보충해 주며 혈액순환을 촉진시켜 주는 약재입니다. 피가 잘 안 통해서 혈전이 될 때, 그로 인해 협심증이 있을 때 당귀를 끓여서 차처럼 꾸준히 마시면 좋은 효과를 기대할 수 있습니다.

우황청심원이 강심작용을 합니다

동의보감에서 중풍을 다스리는 즉효약으로 소개되고 있는 우황청심원은 심장 쇠약이나 심장 신경증에도 효과가 아주 뛰어납

COOKING

당귀차 만들기

재료 당귀 12g, 물 5컵

❶ 당귀를 잘 손질해 물에 깨끗이 씻는다.
❷ 당귀 12g에 물 5컵을 붓고 물이 반으로 줄 때까지 끓인다.

1

2

한의사 신재용 선생의 진료실

혈액 중에 콜레스테롤이 지나치게 되면 심장으로 가는 관상동맥이 강화되고 관상동맥이 강화되면 혈액순환이 잘 되지 않기 때문에 심장에 산소 부족이 옵니다. 협심증이나 심근경색 같은 심장병은 모두 심장에 산소가 부족해서 일어나는데, 간헐적으로 가슴에 압박감과 아픔을 느끼는 협심증에 비해 심근경색은 발작 시간도 길고 때로는 쇼크를 일으키거나 급사할 위험이 있습니다.

심장병은 대체로 관상동맥의 경화에 의해 발생하는 병이므로 동백경화증과 마찬가지로 저지방, 저칼로리, 저혈당의 식이요법을 하는 것이 좋으며 평소에 적극적으로 운동 연습을 하여 심장을 단련하는 것이 가장 좋은 방법입니다.

니다. 심장에 별 이상이 없는데도 마치 심장 질환이 있는 것처럼 심장박동이 약해지거나 가슴이 조여드는 듯 아프고 답답하며, 조금만 움직여도 숨이 차고 호흡 곤란이 오며, 아무렇지도 않은 일에 가슴이 뛰는 심인성 질환에 우황청심원만큼 좋은 게 없습니다.

표고버섯꿀가루가
심장 발작을 예방해 줍니다

표고버섯에 들어 있는 엘리다테닌이란 성분이 혈액순환을 돕고 혈액 중의 콜레스테롤 수치를 떨어뜨려 고혈압, 심장병을 예방해 주는 효과가 있습니다. 동의보감에도 표고버섯이 기운을 돋우고 풍을 다스린다고

나와 있으니 성인병에 좋은 식품인 것만은 틀림없습니다.

말린 표고버섯을 진하게 탄 꿀물에 3~4일 담가 탱탱하게 부풀어 오르도록 한 뒤 이것을 다시 채반에 널어서 꾸득꾸득해질 때까지 말린 다음 프라이팬에 살짝 구워서 가루 내면 됩니다.

이것을 더운물에 타서 마시면 칼로리가 거의 없어 다이어트가 필요한 사람과 심장질환 환자에게 꼭 맞는 건강식품이기도 합니다.

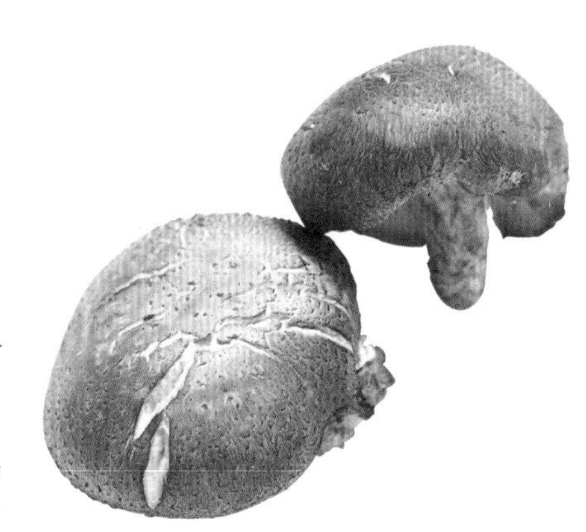

QA 심장병일 때의 식습관은?

● 작게 먹는 습관이 좋습니다

심장병 증세가 있을 때는 심장에 부담을 주지 않는 것이 좋다. 식사를 할 때도 8할 정도만 먹고 될수록 적게 먹는 습관을 들인다. 견디기 어렵다면 조금씩 여러 번에 나누어 먹는 것이 좋다.

● 식물성 섬유를 충분히 섭취하세요

식물성 섬유질은 콜레스테롤을 몸 밖으로 배출시키는 작용을 한다. 그리고 심장 발작의 원인이 되는 변비도 예방해 준다. 흰쌀밥보다는 현미밥이 좋고, 잎채소나 감자, 버섯류, 해조류에도 풍부하게 들어 있으므로 계획적으로 식단을 짜서 식사를 하는 것이 좋다.

건강에 좋은 이야기 하나 더!

심장을 튼튼하게 하는 손바닥 지압

손바닥을 살짝 쥐어 보면 셋째 손가락이 닿는 부위가 있다. 바로 엄지 밑으로 손바닥 중에서도 가장 도톰하게 살이 올라 있는데 이 부위에 살집이 없고 색깔도 붉거나 푸른빛이 도는 사람이 있다.

이런 사람들은 대부분 심장 기능이 약한 편이다. 따라서 이런 사람들은 평소에 이 부위를 자주 자극해 주는 것이 좋다. 한방에서는 이 부위를 '노궁경혈'이라고 하는데 이 노궁경혈을 지압하면 심장이 튼튼해지고 정신적으로 강해진다고 알려져 있다.

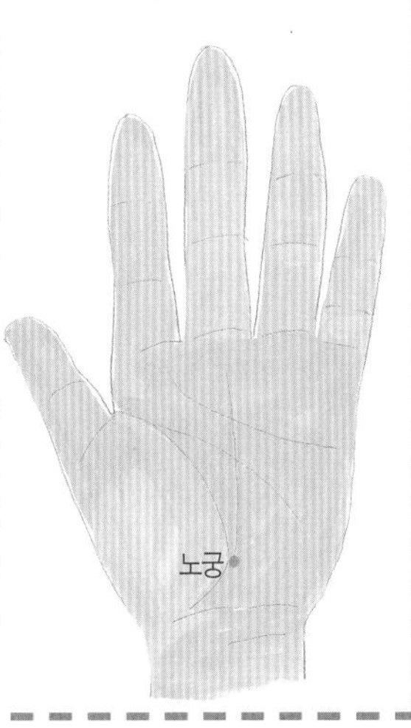

1 CHAPTER

약이 되고 궁합 맞는 신재용 선생의 동의보감 음식

동맥경화증으로 고생한다

테레빈유란?

혹시 귤껍질을 불에 태워 본 적이 있는지? 그때 '탁탁' 소리가 나면서 파란 불꽃이 튀는데 그것은 귤껍질 속에 '테레빈유'가 들어 있기 때문이다. 바로 이 물질이 콜레스테롤을 퇴치하는 성분이고 동맥경화를 예방하는 성분이다. 약효는 오래 묵은 귤껍질일수록 좋다. 귤껍질 대신 온주밀감을 이용해도 좋은데 온주밀감도 귤껍질 못지않게 비타민 c가 많이 포함되어 있고 또 그 속에는 모세혈관을 보호하여 튼튼하게 하는 작용이 있는 비타민 P가 들어 있기 때문이다.

동맥경화 예방엔 귤이 좋아요

귤을 드시다 보면 귤껍질을 그냥 버리게 되죠. 그런데 귤껍질은 비타민 C의 저장고라 할 수 있습니다. 비타민 C는 부신피질 호르몬의 원료가 되는데 이 비타민 C가 100g 속에 40mg이나 들어 있거든요.

귤은 정신적 스트레스를 해소해 주고 피로회복과 신진대사를 도와주는 작용을 합니다. 모세혈관을 보호하고 튼튼하게 하는 비타민 P가 풍부하게 들어 있어 혈압을 안정시키고 혈관 벽에 붙은 콜레스테롤을 씻어 내어 동맥경화를 예방해 주는 효과가 큽니다. 특히 귤껍질에는 '테레빈유'라고 하는 물질이 들어 있는데 바로 이 물질이 콜레스테롤을 녹여내는 성분이므로 동맥경화를 예방하는 것입니다.

귤껍질 말린 것을 '진피'라고 해서 건재상에서 파는데, 집에서도 귤 드시고 나서 껍질을 그냥 버리지 말고 소금물에 잘 씻은 다음 여러 번 헹궈서 잘 말려 차를 끓여서 마시도록 하세요.

성인병 예방에 해바라기씨가 그만이죠

모든 병은 발생하기 전에 예방하는 것이 중요합니다. 이렇게 온갖 종류의 성인병을 예방하는 데 해바라기씨만 한 게 없습니다. 해바라기씨를 볶아서 꾸준히 먹으면 심장의 관상동맥 경화를 막게 됩니다.

동맥경화로 뒷목 부분이 늘 무겁고 아픈 분들에게 해바라기씨가 효과가 있습니다. 씨뿐만 아니라 해바라기 꽃잎에도 마찬가지의 효과가 있으므로 해바라기 꽃잎으로 술을 담가서 마시는 것도 좋습니다.

솔잎이 혈액순환을 좋게 해 동맥경화를 예방합니다

솔잎에는 혈액순환 장애를 개선하는 효과가 있어 고혈압, 동맥경화증, 또는 중풍 예방제로 좋습니다. 솔잎으로 떡을 만들어 먹어도 좋고 술을 담가 매일 조금씩 마시면 동맥경화 예방효과가 큽니다.

떡을 만들 때는 솔잎을 쪄서 말렸다가 가루 내어 쌀가루와 함께 섞어 찌면 됩니다. 솔잎을 고를 때는 빛깔이 짙고 쇤 것보다는 햇빛을 많이 받은 연한 솔잎을 고르는 것이 좋습니다.

녹차요구르트가 동맥경화를 막아 줍니다

녹차는 비타민 B · C · E를 비롯해 철분, 칼륨, 칼슘, 식물성 섬유 등 우리 몸에 좋은

한의사 신재용 선생의 진료실

동맥의 안쪽 벽에 콜레스테롤이 들러붙어 혈액순환이 원활치 못한 것을 동맥경화증이라고 합니다. 동맥경화증은 심장, 대동맥, 뇌, 목과 다리 등의 동맥이 일어나기 쉬운데 뇌에 이런 현상이 일어나면 뇌경색·뇌졸중이 되며 심장의 관상동맥이 경화되면서 협심증과 심근경색이 생깁니다.

일반적으로 동맥경화의 3대 요인으로는 고혈압, 고지혈증, 당뇨병을 꼽고 있는데 그 밖에 담배, 비만, 스트레스, 운동 부족 등 여러 가지가 원인이 됩니다. 동맥경화가 진행되기까지는 자각증세가 나타나지 않는 것이 특징이므로 뒤늦게 후회하지 말고 평소 예방하는 식습관을 가지는 게 중요합니다.

성분이 풍부합니다. 특히 떫은맛을 내는 타닌 성분으로 혈중 콜레스테롤 수치를 떨어뜨려 동맥경화를 막아 주므로 녹차를 수시로 마시면 좋습니다.

녹차를 가루로 만들어 요구르트에 섞어 마셔도 좋아요. 녹차를 끓는 물에 우려 마시는 것보다 가루 내어 먹으면 녹차의 성분을 그대로 섭취할 수 있어 훨씬 효과적이지요.

녹차를 빻아서 가루로 만든 다음 찻숟갈 하나 정도의 양을 요구르트에 섞으면 되는데요, 맛을 좋게 하기 위해 꿀이나 레몬을 타도 좋습니다. 이것을 하루에 1~2회 식전이나 식후에 드시도록 하세요.

COOKING

솔잎가루떡 만들기

재료 솔잎 500g, 멥쌀 1되, 검은콩 1컵, 소금 조금

❶ 연한 색을 띠는 솔잎을 따서 깨끗이 씻은 뒤 찜통에 베보자기를 깔고 쪄서 채반에 펼쳐 널어 잘 말린다.
❷ 솔잎이 바짝 말라서 뻣뻣해지면 분마기에 갈아 곱게 가루 낸다.
❸ 쌀을 씻어서 불려 가루 낸 다음 솔잎가루와 섞고 여기에 충분히 불린 검은콩을 넣어 골고루 섞는다.
❹ 찜통에 물을 충분히 안친 다음 겅그레 위에 베보자기를 깔고 재료를 안쳐서 김이 새어나가지 않게 찐다. 떡이 마르지 않게 중간 중간에 물을 뿌려 준다.

동맥경화로 인한 두통에 천마가 좋습니다

천마는 난초과에 딸린 여러해살이 풀로 남성용 강장 · 강정제로 많이 사용되고 있는 약재입니다. 이 천마가 혈압이 높아서 뒷목이 뻣뻣해지면서 어지러움을 느끼거나 두통이 있는 사람에게 좋은 효과를 발휘합니다.

원나라 명의 나천익은 '어지럼증은 천마가 아니면 고칠 수가 없다' 고 했을 정도이니 혈압이 높으면서 어지럼증이 있다면 천마를 달여서 마시도록 하세요.

천마를 복용할 때는 하루에 8g 정도씩 물 300㎖로 끓여서 물이 반으로 줄어들면 불에서 내려 수시로 차처럼 마시면 됩니다.

양파를 먹으면 혈전이 용해됩니다

동의보감에서는 양파를 '신총' 이라고 하면서 '오장의 기에 모두 이롭다' 고 했습니다. 그러니까 모든 내장에 양파가 에너지를 제공해 준다는 뜻이죠.

그뿐이 아닙니다. 양파는 고혈압과 동맥경화에도 상당히 좋습니다. 그래서 콜레스테롤 수치가 높아져 동맥경화가 진행되었을 때는 양파가 상당히 도움이 됩니다.

양파에는 시스틴 유도체가 풍부한데 이것이 혈관의 내벽이나 혈액에 작용해서 혈전을 용해시키고 혈액순환을 원활하게 해주기 때문입니다.

COOKING

양파초절이 만들기

재료 양파 5개, 붉은고추 1개, 마늘 3쪽, 식초 5큰술, 소금 · 설탕 2큰술씩, 물 2컵

1. 알이 작고 단단한 양파를 구입하여 껍질을 벗긴다. 붉은고추는 꼭지를 떼어 깨끗이 씻고 마늘은 껍질을 벗긴다.
2. 냄비에 분량의 물과 식초, 설탕, 소금을 넣고 한 번 끓인 뒤 식힌다.
3. 병에 양파와 붉은고추, 마늘을 넣고 끓여서 식힌 식촛물을 붓는다.
4. 양파가 완전히 삭을 때까지 4~5일에 한 번씩 물을 다시 끓여서 식힌 다음 부어 준다. 이렇게 서너 차례 하면 양파에 맛이 들게 된다.

당뇨가 있다

가시오갈피가 혈당을 내려 줍니다

한방에서는 당뇨병을 '소갈증'이라고 부르는데 동의보감에서는 그 후유증이 무섭다고 했습니다. 당뇨병의 후유증으로 신장이 나빠지고 운동신경과 지각신경이 나빠지며 눈에 이상이 오는 것을 들 수 있습니다.

동의보감에서는 당뇨병은 물론 당뇨병의 후유증으로 고생할 때 가시오갈피가 좋다고 했습니다. 가시오갈피는 인삼만큼 좋다고 할 정도로 혈당강화 작용이 상당히 크므로 당뇨병으로 고생하시는 분들은 가시오갈피를 하루에 15g씩 끓여 마시도록 하세요.

호박이 인슐린 분비를 도와줍니다

당뇨병에 걸리면 체내 탄수화물 대사를 도와주는 인슐린 분비가 잘 안 돼서 당이 소변과 함께 그대로 나가 버리거나 혈당이 지나치게 높아집니다. 따라서 인슐린 투약이 필수적인데, 호박에는 인슐린 분비를 도와주는 작용이 있기 때문에 당뇨병 치료식으로 호박만큼 좋은 게 없습니다. 또 호박은 당뇨병으로 인한 부기를 내려 주는 데도 뛰어난 효과를 발휘합니다.

소갈증엔 다래가 좋습니다

동의보감에서는 다래가 소갈증, 즉 당뇨병에 좋다고 했습니다. 마셔도 마셔도 갈증이 있고 음식을 많이 먹는데도 계속 마르고 소변을 자주 보게 되는 병이 소갈증인데, 이것은 모든 것이 소모되는 질환입니다. 이렇게 소모시킨다고 해서 소갈증이라는 이름을 붙인 것이죠.

이럴 때 바로 다래를 드시라는 겁니다. 건재약국에 가면 다래 말린 것을 파는데 이것을 하루에 40g 정도씩 끓여서 마시도록 하세요.

아니면 말린 다래로 술을 담가 드셔도 좋습니다. 린 다래술을 하루 20~30㎖ 정도씩 마시면 당뇨병 개선 효과가 두드러질 것입니다.

COOKING

다래술 만들기

재료 다래 1.2kg, 소주 1.8ℓ

1. 싱싱하고 흠집 없는 다래를 구입하여 깨끗이 씻은 뒤 마른행주로 물기를 말끔히 닦는다.
2. 가열소독한 유리병에 다래를 넣고 소주를 부어 밀폐시킨 다음 어둡고 서늘한 곳에서 6개월 동안 숙성시킨다.

건강에 좋은 이야기 하나 더!

당뇨병에 걸리기 쉬운 7가지 조건

당뇨병은 말 그대로 소변에 당이 섞여 나오는 병으로, 자각 증세가 나타나기 시작하면 이미 때는 늦은 것이다. 다 그렇겠지만 당뇨병도 발병하기 전에 예방을 하는 것이 무엇보다 중요하다.

당뇨병은 특히 걸리기 쉬운 조건이 있는데 다음의 7가지 항목이 대표적인 측정치라고 하겠다. 다음 항목에서 6점 이상이면 당뇨병에 걸리기 쉬운 조건을 갖춘 것이므로 생활이나 식사 습관 등을 미리 바꾸는 등 극히 조심을 해야 한다. 3점 이하라면 안심이고 3점이 넘으면 어느 정도 조심을 할 필요가 있다.

항 목	점수
가족에게 당뇨병이 있다	3
체중이 많이 불었다	2
가족에게 비만, 뇌졸중, 심장병이 있다	1
단것, 기름진 것을 즐긴다	1
운동을 거의 안 한다	1
술을 잘 마신다	1
스트레스가 많다	1

혈당 강하 작용이 있는 두릅나물을 드세요

쌉싸름한 맛이 봄의 입맛을 돋워 주는 두릅은 당뇨병 치료제로 진가가 높습니다. 두릅나물은 혈당 강하 작용이 있어 당뇨병으로 혈당 수치가 높아진 경우에 효과를 볼 수 있습니다. 혈당 강하 작용을 하는 것은 싹에서부터 줄기, 나무껍질, 뿌리까지 모두이지만 특히 뿌리와 줄기가 약효가 더욱 뛰어납니다.

당뇨병으로 피로할 때 초두가 효과적입니다

동물을 콩으로 사육하게 되면 췌장이 비대해진다는 연구 결과가 있습니다. 췌장이 비대해지면 인슐린 분비가 촉진되어 당뇨병을 근본적으로 예방 · 치료하는 것입니다.

동의보감에서도 '콩은 소갈증에 좋다' 고 나와 있는데, 특히 당뇨병으로 극심한 피로감을 느낄 때는 콩만 한 것이 없습니다. 콩을 그냥 드실 게 아니라 피로회복에 효과가 높은 식초에 담갔다가 드시면 훨씬 효과적입니다.

흠집 없는 메주콩을 젖은 행주로 닦아서 밀폐용기에 담은 다음 콩이 잠기도록 양조식초를 부어 일주일간 부풀게 해서 하루 7~10알 정도 먹으면 됩니다.

이것을 어떻게 먹느냐고 물어보시는 분들이 가끔 있더군요. 물론 씹어 먹어야죠. 날콩은 그렇지 않아도 소화가 잘 안 되는 편인데 비린맛이 난다고 꿀꺽 삼키면 소화가 더 안 돼 별로 효과가 없기 때문이죠.

비파차가 당뇨 증세를 개선시켜 줍니다

혹시 비파나무를 아시나요. 비파는 경상도나 전라도 해안 지방에 가면 많이 볼 수 있는데 즙이 많은 황금색 열매와 잎맥이 선명하고 딱딱한 잎을 약으로 씁니다. 대개는 비파잎으로 차를 끓여서 마시는데 신장이 약하거나 당뇨가 있을 때 비파차가 상당히 좋다는 거예요.

옛날부터 비파나무가 있는 집에는 환자가 없다는 말이 전해져 오고 있을 정도로 비파잎은 여러 종류의 질병에 탁월한 효과가 있습니다. 또 사찰마다 비파나무를 심어 두면 난치병 환자들이 모여들었기 때문에 불교에서는 '향기를 맡거나 몸에 바르면 모든 병이 낫는다' 고 까지 했습니다.

비파잎을 하루에 20g 정도씩 넣고 차를 끓여 수시로 복용하면 당뇨가 어느 정도 개선됩니다.

한의사 신재용 선생의 진료실

당뇨병이란 호르몬의 일종인 인슐린이 부족되어 혈당이 높아진 상태에서 소변과 함께 당이 빠져 나오는 병입니다. 과식을 하거나 영양 과다이거나 운동 부족 등의 원인들에 의해서 오는 특이한 성인병으로, 우리 나라에서도 당뇨병 환자가 갈수록 늘고 있는 추세입니다.

당뇨병에 걸리게 되면 소변의 양과 횟수가 갑자기 늘어나고 그에 따라 목이 말라 물을 자주 마시게 됩니다. 또 먹어도 먹어도 배가 고파지지만 식욕은 없고 체중은 줄며 피로도 빨리 오게 되지요. 당뇨병은 완치가 어려워 평생을 두고 치료를 해야 되는 질병입니다. 적당한 운동요법으로 전신의 신진대사가 원활하게 이루어지도록 하며 혈당 강하를 돕는 식품을 신경 써서 섭취하는 등 식이요법을 병행하는 것이 바람직합니다.

당뇨병으로 갈증 날 때 미꾸라지 두부탕을 드세요

미꾸라지는 칼슘이 아주 풍부해서 피로회복에 좋은 효과를 발휘합니다. 따라서 당뇨병으로 쉽게 피로를 느끼는 사람들에게 미꾸라지가 좋습니다.

그뿐 아니라 해독 작용이 뛰어나서 당뇨병으로 갈증이 나는 사람에게 아주 그만입니다. 특히 당뇨병에 좋은 것으로 알려진 콩과 함께 조리하면 좋은데 날콩보다는 두부가 소화력이 훨씬 뛰어나므로 미꾸라지를 두부와 함께 조리해서 미꾸라지 두부탕을 만들어 먹으면 더욱 좋습니다.

살아 있는 미꾸라지를 손질하여 두부와 함께 넣고 끓이면 미꾸라지가 두부 속으로 파고 들어 가는데 이것을 센 불에서 익히면 두부 속에서 미꾸라지가 익어 자연스럽게 두부와 미꾸라지를 한꺼번에 섭취할 수 있습니다.

납작하게 썰어 양념장에 찍어 드세요.

1

2

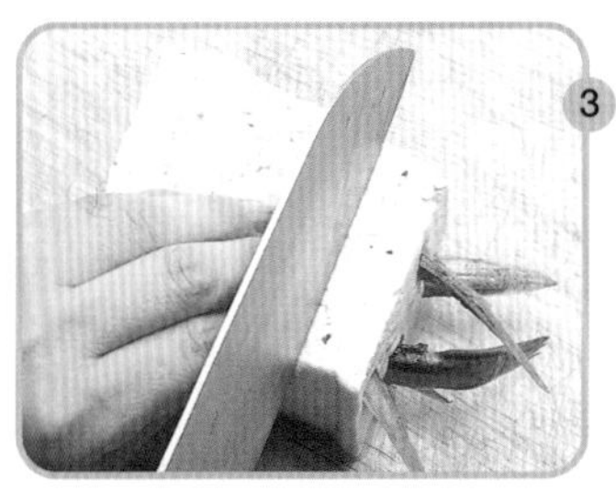

3

미꾸라지 두부탕 만들기

재료 미꾸라지 5마리, 두부 1모, 양념간장

1. 살아 있는 미꾸라지를 구해서 호박잎으로 문질러 거품을 뺀 다음 깨끗한 물에 헹군다.
2. 냄비에 물을 붓고 미꾸라지와 두부를 넣어 약한 불에서 서서히 끓이다가 미꾸라지가 두부 속으로 파고 들어가면 불을 세게 해서 속까지 익힌다.
3. 두부 속의 미꾸라지가 다 익으면 두부를 건져서 납작납작하게 썬 다음 양념간장에 찍어 먹는다.

혈액순환이 잘 안 된다

피를 맑게 하는 데는 당귀차가 최고예요

당귀는 풍부한 비타민 B12, 엽산을 함유하고 있기 때문에 혈액을 보충해 주는 보혈 작용뿐 아니라 피의 순환을 촉진해서 혈액순환을 돕는 환혈 작용을 합니다. 그뿐 아니라 피를 맑게 해 주는 정혈 작용까지 있어서 팔다리가 늘 저린 여성들이나 혈전 때문에 협심증이 있는 분들에게 아주 좋습니다.

당귀를 하루 12g 정도씩 끓여서 수시로 차처럼 마시면 남녀노소에게 모두 좋은 혈액순환 개선제가 됩니다.

부추의 뜨거운 성질이 어혈을 풀어 줍니다

부추에는 몸을 따뜻하게 하는 성질이 있는데 이것이 어혈을 풀어 주고 혈액순환을 도와줍니다. 어깨가 결리거나 허리가 아플 때, 어혈로 입술 색깔이 자줏빛을 띠고 얼굴에 기미가 잔뜩 낄 때도 부추를 먹으면 효과가 있습니다. 부추로 생즙을 내어 마셔도 좋지만 먹기가 힘들면 현미와 함께 죽을 쑤어 꾸준히 드세요.

여성의 혈액순환 장애에는 홍화차가 좋아요

홍화는 붉은 꽃이 피는 국화과의 식물로 잇꽃이라고도 합니다. 이 홍화를 끓여서 복용하게 되면 몸 안의 흐르지 못하고 고여 있는 혈액이 아주 원활하게 순환됩니다. 여성 생리 작용을 원활하게 해 주는 윤활유 역할을 하기 때문에 홍화, 즉 잇꽃을 여성 전용의 약초라고 할 정도지요. 혈액순환이 안 돼서 팔다리가 저린 경우는 물론 월경통이 있

COOKING

부추술 만들기

재료 부추 60g, 물 10컵, 청주 1/4컵

❶ 물 10컵 분량에 부추 60g을 넣고 중불에서 푹 끓인다.
❷ 물이 1컵 정도로 줄면서 색이 우러나면 체로 부추를 건져 낸다.
❸ 부추 달인 물에 청주 1/4컵을 붓고 잘 섞어서 마신다.

한의사 신재용 선생의 진료실

팔다리가 저리고 허리가 아프다거나 혹은 어딘가에 부딪힌 것 같지 않은데 멍이 들고 아프다고 호소하는 사람들이 있습니다. 이는 어혈, 즉 몸 안에서 흐르지 못하고 고여 있는 혈액 때문입니다. 이렇게 비생리적인 혈액인 어혈이 있으면 팔다리·허리가 저리거나 아프고 멍이 잘 들며 눈 밑이 거무스름하며 입술이 창백하고 조금만 움직여도 숨이 차게 됩니다.

이처럼 어혈이 있을 때는 몸을 따뜻하게 해 주면서 비타민 B_{12}나 엽산같이 조혈작용을 하는 식품을 섭취하는 것이 좋습니다. 아울러 오래된 피를 없애 주는, 정혈작용을 하는 식품을 함께 드시면 혈액순환이 잘되어 전신의 모든 기능이 다 같이 좋아지게 됩니다.

거나 무월경일 때도 홍화차를 계속해서 드시면 효과를 볼 수 있어요.

복령계란주가 월경불순을 개선시켜 줍니다

복령계란주를 마시면 온몸이 따뜻해져서 냉증이 사라지고 자궁에 충분한 혈액이 공급돼서 월경불순도 개선되며 온 몸의 혈액 순환이 조화롭게 되어서 피부가 깨끗해집니다. 달걀노른자 3개에 묵은 생강 큰 것을 갈아서 섞은 다음 복령이라는 약재 4g 정도를 가루 내어 잘 섞어서 마시면 됩니다.

제자리걸음을 걸어 보세요

하루 종일 서서 일하는 사람은 때때로 제자리걸음을 걸으면 하반신의 혈액 흐름이 좋아집니다. 마른 수건으로 문질러 주거나 마사지를 하는 방법도 있습니다.

뜨거운 물에 적신 수건으로 찜질을 하세요

수건을 뜨거운 물에 적셔 아픈 부위에 얹고 비닐로 싸 두었다가 식으면 바로 갈아 주기를 여러 번 합니다. 혈액의 흐름이 좋아지면서 통증이 가라앉을 겁니다.

COOKING

부추죽 끓이기

재료 부추 50g, 현미 1/2컵, 된장 1큰술
다시마(10×10㎝) 1장,
가다랭이포 2큰술, 물 5컵

❶ 냄비에 물 5컵을 붓고 다시마와 가다랭이포를 넣어 국물을 낸 다음 된장을 걸러 푼다.
❷ 깨끗이 씻어 충분히 불린 현미를 된장 푼 물에 넣고 센 불에서 끓이다가 불을 줄여 현미가 푹 퍼지도록 끓인다.
❸ 현미가 푹 퍼지면 깨끗이 손질한 부추를 적당한 크기로 썰어 넣고 조금 더 끓인다.

1

2

3

약이 되고
궁합 맞는 신재용 선생의
동의보감 음식

1 CHAPTER

중풍으로 시달린다

중풍으로 손발이 저릴 때 둥글레술을 마시세요

피부를 아름답게 하는 묘약으로 알려진 둥글레는 중풍에도 뛰어난 효과를 발휘합니다. 중풍을 앓고 난 후유증으로 몸이 마음먹은 대로 움직이지 않거나 손발이 붓고 저리며 아플 때 둥글레술이 증세를 완화시켜 줍니다. 둥글레에다 소주를 1.5배 정도 붓고 3개월 이상 숙성시키게 되면 아주 좋은 술이 됩니다.

우황청심원이 중풍을 다스려 줍니다

동의보감에 보면 '우황청심원이 중풍을 다스린다'고 나와 있습니다. 중풍으로 정신이 혼미해지고 인사불성이 되거나, 혀가 잘

돌지 못하고 말이 막히거나, 신경마비로 입과 눈이 비뚤어지고 손발이 말을 듣지 않을 때 우황청심원을 쓴다는 것이지요. 우황청심원은 서른 가지의 약물을 꿀로 반죽해서 알사탕만 한 크기로 빚어서 금박을 씌운 것인데 중풍을 비롯한 성인병에도 좋은, 우리의 명약입니다.

하루 1,000㎖의 야채즙을 마시세요

설탕이나 소금을 넣지 않은 야채 생즙은

QA

솔잎차가 중풍에 좋다는데 만드는 방법은?

솔잎에는 혈관의 벽을 튼튼하게 강화시키는 작용이 있어 중풍과 고혈압을 예방하고, 혈액순환을 도와 신경통, 류머티즘 증세에도 잘 듣는다. 차를 끓여 마실 때는 가늘고 짧은 우리나라 솔잎을 사용하는 것이 좋으며 특히 봄철에 갓 따낸 속잎이 좋다.

❶ 갓 따낸 솔잎을 깨끗이 씻어 물기를 빼고 대접에 담은 후 꿀에 버무려 밀폐용기에 담는다.
❷ 꿀에 버무린 솔잎 담은 밀폐용기에 흑설탕 1컵 반과 물 1컵 반을 탄 설탕물을 붓고 뚜껑을 닫아 서늘한 곳에 1주일 정도 보관했다가 건더기는 걸러내고 솔잎 시럽만 냉장고에 보관한다.
❸ 이 시럽 1큰술을 생수 1컵에 풀어 따끈한 물에 타서 마신다.

한의사 신재용 선생의 진료실

인체 내에서 수분대사가 잘 안 되면 비생리적인 체액이 체내에 고이게 되는데 이것을 '습담'이라고 합니다. 동의보감에서는 중풍의 원인을 이 '습담' 때문이라고 보며, 기름진 음식을 과잉 섭취한 것이 원인이 되었다고 합니다. 동의보감에서는 '열' 즉 '화'가 뭉쳐서 기가 허하게 되면 풍을 일으킨다고도 했습니다.

그러므로 중풍을 치료하려면 기를 돋우는 것이 첫째입니다. 이를 위해서는 홧증을 일으키지 않고 습하지 않게 해야 하며, 기름지지 않으면서 수분대사를 촉진할 수 있는 음식, 즉 태양에너지를 한껏 받고 자란 신선한 채소 같은 것을 섭취하는 것이 좋습니다. 채식 위주의 식생활로 바꾸면 성격도 차분하게 되니 자연히 홧증도 줄어들 것입니다.

불필요한 수분을 체내에 축적시키지 않고 배설을 촉진하며 혈중의 과산화지질을 제거함으로써 고혈압과 동맥경화를 방지하여 중풍 치료에 커다란 역할을 담당합니다. 따라서 하루에 1,000~1,500㎖의 야채즙을 두세 번에 나누어 공복에 마시면 중풍을 다스리는 데 효과가 있습니다. 재료는 신선초, 케일, 돌미나리 등 어느 것이든 좋습니다.

중풍 후유증에
진달래꽃술이 좋습니다

음력 3월 3일 삼짇날이면 우리 조상들은 진달래꽃으로 화전을 부치고 두견주를 담가 먹던 전통이 있었습니다. 두견주란 진달래의 다른 이름인 두견화에서 붙여진 것입니다. 진달래꽃으로 담근 이 두견주가 중풍에 무척 좋은 술입니다. 중풍으로 마비가 되었을 때 진달래 꽃잎에 소주를 부어 담근 진달래꽃술을 마시면 효과를 볼 수 있습니다.

COOKING

진달래꽃술 만들기

재료 진달래꽃 200g, 소주 1.2ℓ

❶ 진달래 꽃잎을 따서 물에 깨끗이 헹군 뒤 병에 차곡차곡 담는다.
❷ 소주를 붓고 밀봉한 뒤 서늘한 곳에서 3개월간 숙성시킨다.

건강에 좋은 이야기 하나 더!

발떨림증은 중풍의 예비신호

뇌신경에 장애가 오면 뇌졸중, 즉 중풍이 되는데 중풍 후유증으로 나타나는 것이 흔히 수전증이라고 이야기하는 손떨림증이다.

그런데 사람들 중에는 손만 떠는 것이 아니라 자신의 의지와는 관계없이 발을 심하게 떠는 사람들이 있다. 이 발떨림증은 다른 부위의 떨림이나 동요 등과 마찬가지로 중풍의 전조증세일 경우가 많다. 그러므로 발을 심하게 떨면 뇌졸중을 의심하고 그 즉시 치료를 받아야 한다. 그렇지 않으면 운동마비가 일어나면서 인체 상부의 떨림증으로까지 진전돼 가면서 중풍을 일으킬 수 있다는 사실을 명심하자.

1 CHAPTER

약이 되고
궁합 맞는 신재용 선생의
동의보감 음식

소화가 잘 안 된다

무즙이 소화를 촉진시켜 줍니다

무에는 탄수화물을 분해하는 디아스타제라는 소화효소가 함유되어 있어 소화를 촉진시키고 위를 튼튼하게 해 줍니다. 속이 메스껍고 트림이 나며 위가 거북할 때 무를 강판에 갈아 그 즙을 마시면 위가 시원해지는 것을 느낄 수 있을 것입니다. 무에는 소화효소 외에 식물성 섬유가 있어 장 내의 노폐물을 청소해 주므로 꾸준히 먹으면 대장암을 예방할 수도 있습니다.

중요한 것은 무의 껍질에 소화효소와 비타민 C가 더 많으니까 껍질째 요리하라는 것입니다. 그리고 무즙을 낼 때 급하게 갈면 매워지고 천천히 갈면 단맛이 많아지니 천천히 갈아서 즙을 내도록 하세요.

무즙 대신 무를 가지고 떡을 만들어 먹어도 좋습니다. 특히 몸이 찬 사람은 생즙보다 무떡이 좋습니다. 늘 소화가 안 되어 뭔가 얹힌 듯한 느낌이 들거나 속 쓰린 증세가 나타나는 사람이라면 무를 채 썰어 찹쌀가루와 섞어서 무떡을 만들어 드세요.

COOKING

귤차 만들기

재료 귤껍질 200g, 물 1컵 반
꿀 1작은술

1. 껍질이 얇고 싱싱한 감귤을 골라 씻은 뒤 껍질을 벗긴다.
2. 채반에 귤껍질을 겹치지 않게 널어 바람이 잘 통하고 그늘진 곳에서 잘 말린다.
3. 잘 마른 귤껍질을 찻주전자에 담고 물 1컵 반을 부어 은근한 불에서 끓인다. 맛이 적당히 우러나면 꿀을 조금 넣는다.

신경성 소화불량을 개선하는 데는 귤껍질차가 최고죠

동의보감에서는 '실현될 수 없는 일을 지나치게 생각하게 되면 비위장 소화기 계통이 약해져서 배가 더부룩해지고 식욕이 없어진다' 고 했습니다. 더 심해지면 구토를 하고 설사도 나며 상당히 여위게 되지요.

이럴 때 좋은 음식이 뭘까요. 동의보감에서는 이렇게 음식을 먹지 못해서 살이 빠지고 몸이 허약해지는 경우에는 '귤피전원' 또는 '귤피일물전' 이라는 처방이 좋다고 했

한의사 신재용 선생의 진료실

소화가 잘 안 된다는 것은 비위장이 약해졌다는 것을 의미합니다. 소화를 주관하고 영양분을 몸 전체에 공급하는 기능을 하는 곳이 바로 비장이기 때문이지요. 동의보감에 의하면 비위장은 음식에 의해서도 나빠질 수 있지만 어떤 외적 요인, 그 중에서도 정신적인 스트레스 같은 것이 가장 크게 작용한다고 했습니다.

비장을 보호하는 음식으로 삽주, 진피, 밤 등을 들 수 있는데 이런 음식들을 처방에 따라 꾸준히 섭취하면 소화도 잘 되고 아울러 식욕도 좋아져서 건강한 삶을 살 수 있을 것입니다.

습니다. 귤피란 물론 귤의 껍질을 말하는 것이죠. 이 귤껍질에는 귤 과육보다 구연산, 비타민 C 같은 것이 훨씬 많이 들어 있는데 이것이 부신피질호르몬의 분비를 도와 신경을 안정시키게 됩니다. 그래서 신경성 소화불량에 귤껍질이 좋다는 것이죠.

밤암죽을 먹으면 위장이 튼튼해져요

밤은 양질의 단백질을 많이 함유하고 칼슘, 칼륨, 철분과 비타민A · B1 · C도 풍부한 영양식입니다. 동의보감에서는 밤을 '양위건비' 즉 위장과 비장의 기능을 강화시켜서 소화불량, 구역질, 설사를 치료해 준다고 하고 있습니다. 소화기가 안 좋아 묽은 변을 보는 분은 밤경단이나 밤주악을 드세요.

밤경단은 찹쌀로 빚은 경단에 꿀을 묻혀서 삶은 밤가루에 굴린 떡이고요, 밤주악은 밤가루와 찹쌀가루를 섞어 반죽한 피 속에 잣이나 대추, 깨 등을 넣고 송편 모양으로 빚어 기름에 지진 뒤 설탕과 계핏가루를 입힌 것입니다. 푸른 변을 보는 어린 아기들에게 밤을 가지고 암죽을 만들어서 먹이는 것도 효과가 있습니다.

산사자가 위장 기능을 좋게 합니다

한방에서 '산사자'라는 이름으로 불리는 산사나무 열매는 일명 아가위라고도 합니다. 초여름에 빨갛고 노란 열매가 손톱만 한

1

2

COOKING

밤경단 만들기

재료 밤 10개, 찹쌀가루 2컵, 꿀 3큰술, 소금 조금

❶ 찹쌀가루에 소금을 조금 넣고 구운 체에 내린 후 뜨거운 물로 익반죽한다. 밤은 속껍질까지 벗기고 삶아 으깬다.
❷ 반죽을 조금씩 떼어 동글게 빚은 다음 끓는 물에 삶아 찬물에 재빨리 헹군 다음 꿀을 묻히고 삶은 밤가루에 굴린다.

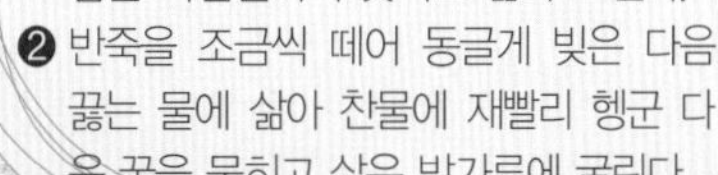

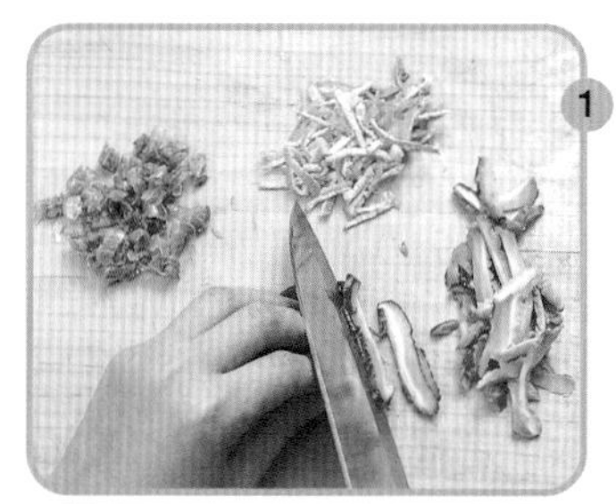

COOKING

무떡 만들기

재료 무 1개, 찹쌀가루 600g
말린 표고버섯 2개
말린 새우 · 말린 귤껍질 10g씩
소금 · 청주 조금씩

❶ 표고버섯은 물에 담가 불리고 말린 새우와 말린 귤껍질은 청주에 담가서 불린 다음 표고버섯과 귤껍질을 꼭 짜서 채 썰고 새우는 물기를 닦아 잘게 다진다.
❷ 무를 강판에 갈아서 체에 한 번 내린 쌀가루와 소금 조금을 넣어 고루 섞는다. 반죽을 3등분해서 각각 표고버섯과 새우, 귤껍질을 넣고 찜통에 푹 찐 다음 먹기 좋은 크기로 썬다.

크기로 열리는데요, 이것이 위장의 기능을 좋게 합니다. 산사자는 비타민과 카로틴이 풍부하며 소화를 돕는 작용이 뛰어날 뿐만 아니라 위를 튼튼하게 하고 장의 기능을 활발하게 합니다. 또한 이뇨 작용과 해독 작용이 뛰어나 숙취와 식중독에도 좋은 효과를 발휘합니다.

산사자 10~15g을 300㎖의 물로 끓여서 이것을 하루 3회에 나누어 마시면 됩니다.

헛배 부르고 가스 찰 때 지출환을 드세요

헛배가 부르거나 위가 허하면서 역한 느낌이 들 때, 소화가 되지 않고 가스가 찰 때 동의보감에서는 '지출환'이라는 처방이 좋다고 했습니다. 지출환은 한방의 '백출'이라는 약재 80g와 '지실'이라는 약재 40g를 가루 내어 꿀 또는 찹쌀 풀로 반죽해서 알약을 만든 것입니다. 이 정도 양이면 30알 정도 나오도록 알약을 빚을 수 있는데 식후에 한 알씩 매 끼 드시면 됩니다.

비위장 소화기 계통에 삽주 뿌리가 좋아요

동의보감에서는 '소화기 장애가 있을 때 비장을 보호하는 약으로 삽주를 쓰라'고 하면서 삽주를 가리켜 무병장수할 수 있는 약재라고 언급하고 있습니다.

한방에서는 삽주 뿌리를 '백출'이라고 합니다. 뿌리를 말려 가루 내어 하루에 4g씩 복용하세요. 말린 뿌리를 끓여서 차처럼 마셔도 좋습니다.

설사를 자주 한다

술 마신 다음 날 설사엔 부추죽을 드세요

술 마신 다음 날 설사가 잦거나 배가 살살 아픈 분이라면 부추를 드시는 게 좋습니다. 부추는 장내의 독성물질을 제거하고 지사 작용을 하기 때문에 부추죽을 쑤어 먹으면 설사가 멎게 됩니다.

부추죽은 된장 푼 물에 쌀 또는 현미를 넣고 물을 넉넉히 부어 끓이다가 쌀이 퍼지면 손질한 부추를 썰어서 넣고 푹 끓이면 됩니다. 죽 대신 부추에 식초를 타서 살짝 끓인 물을 따끈하게 해서 마시는 것도 효과가 있습니다.

속이 부글거리는 설사에 도토리가 좋아요

밤중에 배가 아파 화장실에 자주 들락거리는 분들, 여간 곤욕스러운 게 아닐 겁니다. 이렇게 밤중 설사가 잦은 분들은 도토리묵을 자주 드세요. 도토리의 타닌 성분이 설사를 멎게 하고 꾸준히 먹으면 장을 튼튼하게 해 주는 효과가 있습니다.

여름철 설사에 매실조청이 좋아요

여름에 유난히 설사하시는 분들이 많죠. 그렇지 않아도 여름엔 더워서 기운이 없는데 배가 아프고 설사를 하니 더욱 기운이 없고 따라서 식욕도 없게 됩니다. 여름 설사는

COOKING

도토리묵무침 만들기

재료 도토리가루 1컵, 물 5컵, 김 1장
오이 1/3개, 식물성기름 조금
양념장(간장, 다진 파 · 마늘, 깨소금, 참기름 조금씩)

❶ 도토리가루를 잘 개어서 물을 붓고 식물성기름을 조금 넣어 중불에서 저어가며 서서히 끓인다. 묵이 뻑뻑해지고 색이 짙어지면 그릇에 부어 서늘한 곳에서 굳혀 적당한 크기로 썬다.
❷ 재료를 모두 섞어 양념장을 만든다.
❸ 도토리묵에 양념장을 끼얹은 뒤 김을 부숴 떨어뜨리고 오이를 얹는다.

대개 덥다고 이불을 덮지 않고 자거나 찬 것을 계속 먹다 보면 생기기 쉬운데, 이처럼 여름에 배가 차서 설사가 나올 때는 매실조청을 드셔 보세요. 매실은 옛날부터 더위를 물리치고 만성 설사와 식욕부진을 고치는 우리 고유의 민간요법이었습니다.

어린이 설사라면 밤암죽이 좋아요

밤에는 설사를 멈추게 하는 성분이 있어 옛날부터 설사, 이질에 많이 사용했습니다. 영양도 풍부해 어린아이들에게 먹이면 특히 좋습니다.

걸핏하면 묽은 변이나 푸른 변을 보는 아이들에게 밤을 넣고 암죽을 끓여 먹이면 설사가 멈추고 금방 살이 오릅니다.

소화를 잘 시킬 수 있는 어린이라면 밤암죽 대신 밤을 삶아 먹여도 마찬가지 효과를 볼 수 있습니다.

QA

설사할 때 음식 조절은 어떻게 하죠?

● 갑자기 심한 설사가 날 때는 하루나 이틀 절식한다

급성 장염과 같이 갑자기 설사가 계속되면 하루이틀 정도 식사를 하지 말고 보리차나 과즙, 맑은 국물을 마신다. 그러다가 식욕이 회복되고 상태가 좋아지면 미음에서 차츰 죽으로 바꾸어 주고, 여기에 기름기 없는 생선이나 익힌 야채 등을 조금씩 더해 나간다.

기름진 음식은 설사가 멈출 때까지 피하고 부식은 달걀, 생선, 감자 등 섬유질이 적은 식품으로 부드럽게 조리한다.

● 설사가 오래 가면 영양결핍에 유의한다

설사가 계속되면 영양소 섭취가 부족하게 되고 흡수도 잘 되지 않아서 체력이 떨어지기 쉽다. 따라서 섬유질이 적으면서도 질이 좋은 단백질 식품을 선택해야 한다.

주식으로는 도정이 잘된 백미와 흰 빵을 사용하고, 기름기가 적은 살코기나 조기, 가자미, 동태 같은 흰살생선을 선택한다. 부식으로는 시금치, 호박, 감자 등 섬유질이 적고 부드러운 종류를 잘 익혀서 양념을 적게 넣고 조리한다.

● 부족하기 쉬운 칼슘과 철분은 약재로 보충한다

설사가 심할 때는 극히 제한적인 식품만을 유동식의 상태로 섭취해야 하지만 상태가 회복되면 현미라든가 생야채, 육류, 기름 등만 삼가고 웬만한 것은 소화가 잘되도록 조리하여 섭취한다.

그런데 설사가 심하다고 제한 식이를 오래 하다 보면 단백질과 비타민 B군, C군 등이 부족되기 쉽다. 특히 우유를 제한해야 하므로 칼슘도 부족하기 쉬워 몇 가지 비타민과 철분, 칼슘 등은 약재라도 보충해서 섭취해야 한다.

설사 때 섭취해도 좋은 식품

종류	식품명
육류, 어류, 달걀, 콩류	기름기 없는 부드러운 쇠고기, 닭고기, 생선, 달걀, 두부
야채류	익히거나 통조림한 야채
과일류	사과, 복숭아, 살구 등을 통조림하거나 익힌 것, 잘 익은 바나나, 아보카도
음료	곡류 음료, 소량의 커피와 차 종류

설사 때 섭취 제한 식품

종류	식품명
섬유질이 많은 식품	우엉, 고구마, 해조류, 곤약, 메밀국수, 보리, 현미, 오트밀 등
자극성이 강한 식품	콜라나 사이다 등 탄산음료, 겨자, 카레, 고춧가루, 후춧가루
지방이 많은 식품	베이컨, 햄, 소시지 등 육류 가공식품, 돼지비계나 내장 등 기름기가 많은 육류, 기름에 튀긴 음식, 모든 유제품과 우유 가공품
장 안에서 발효하기 쉬운 식품	콩제품, 과일, 생야채, 고구마 등

한의사 신재용 선생의 진료실

소화기 기능이 좋으면 소화가 촉진되고 배설이 원활해져서 식욕이 증진된다고 했습니다. 그러니까 쾌변은 쾌식과 바로 연결되고 쾌식을 하면 쾌변을 볼 수 있다는 것이겠죠. 하지만 먹기만 하면 설사가 나오고 찬 것이나 매운 것, 심지어는 과일만 조금 먹어도 금방 설사를 하는 사람들이 있습니다. 이는 장이 약하기 때문인데 이런 분들은 근본적으로 장을 튼튼히 해 주면서 쾌변을 볼 수 있는 식품을 섭취하는 것이 좋습니다.

만성적인 설사로 탈진이 되면 기운이 없고 무기력해지는 경우가 있으므로 체력을 보충해 주는 음식을 아울러 섭취하는 것이 좋습니다. 또한 심한 설사가 계속되면 이질이 아닌가 의심해 봐야 할 겁니다.

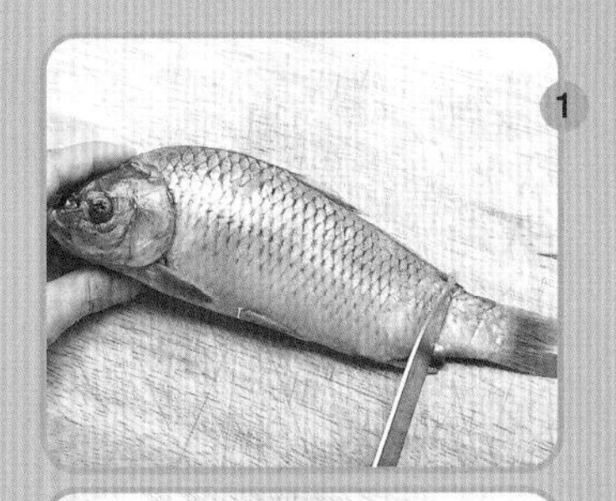

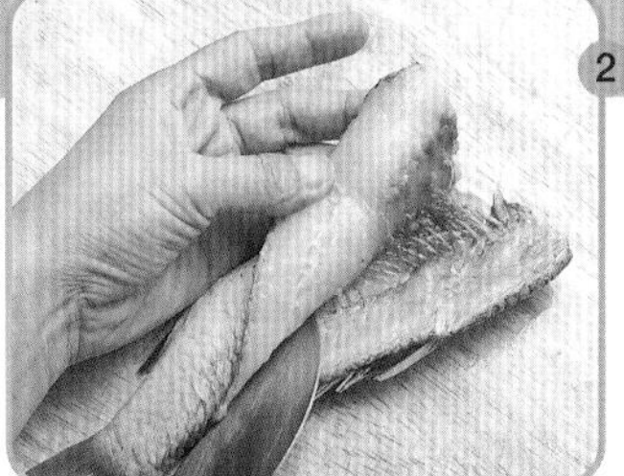

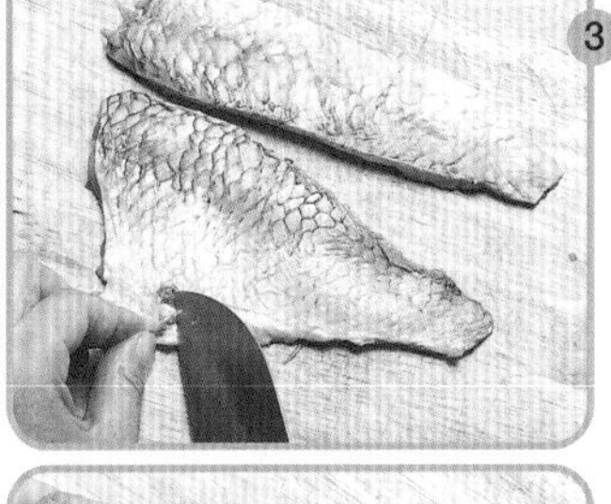

만성설사 · 이질엔 붕어회를 드세요

동의보감에는 붕어를 일컬어 '위장의 기를 편하게 조화시키며 오장을 튼튼하게 하고 설사가 잦은 것을 다스린다. 위장 기능이 약할 때는 국을 끓여 먹고 설사 · 이질에는 회로 먹는다' 고 했습니다.

한방이든 양방이든 사람의 건강 상태를 알려면 변을 먼저 봅니다. 묽은 변, 즉 설사는 소화기관이 안 좋다는 것을 의미하므로 소화기관을 강하게 하면서 설사를 다스릴 수 있는 붕어회를 먹으면 좋습니다.

COOKING

붕어회 만들기

재료 붕어(큰 것) 1마리, 초고추장, 무 1/4개, 당근 1/3개

❶ 붕어는 칼등으로 비늘을 긁어내고 머리와 꼬리, 지느러미를 떼 낸 뒤 배를 갈라서 내장을 꺼내 깨끗이 헹군다.
❷ 배 쪽으로 칼을 비스듬히 넣고 뼈를 중심으로 위에 붙은 살을 발라내어 회를 뜬다.
❸ 아래 쪽도 같은 방법으로 회를 뜬다.
❹ 가운데 뼈를 발라낸 두 장의 몸체를 먹기 좋은 크기로 썰어 초고추장과 함께 낸다. 무채와 당근채를 곁들이면 좋다.

건강에 좋은 이야기 하나 더!

음식물이 위 속을 통과하는 과정

잘게 씹힌 음식은 삼켜져서 식도로 간다. 식도는 연동 운동을 해서 음식을 위장으로 보내고, 위 속으로 들어가면 위의 뚜껑이 닫혀서 소화 태세에 들어가게 된다.

이 때문에 일단 위장 속으로 들어간 음식물은 역류가 일어나지 않는다. 다만 열이 나거나 술을 너무 많이 마시면 구토를 하게 된다. 이것은 우리 몸의 방어 본능 중의 하나로 몸에서 거부 반응을 일으키면 토해 내도록 만들어져 있는 것이다.

음식물이 식도를 거쳐 위장으로 들어가면 위장에서는 위액을 배출해서 소화 일보 직전의 상태로 만든다. 이 소화액은 강한 산성으로 2~3ℓ나 나온다. 위장 속에서는 최대 1.5~2ℓ를 넣을 수가 있는데 이것이 한꺼번에 소장으로 밀려들어 갔다가는 큰일. 그래서 위장이 소장으로 음식을 조금씩 내보내게 되는 것이다.

1 CHAPTER

약이 되고
궁합 맞는 신재용 선생의
동의보감 음식

변비가 심하다

1

2

검은깨 현미죽이

장을 매끄럽게 해 줍니다

며칠 동안 변비가 계속되며 마른 변이 나올 때는 장을 매끄럽게 해 주는 음식을 먹는 것이 좋습니다. 검은깨는 소화효소가 많이 들어 있고 지방질이 풍부해서 위장을 매끄럽게 하는 작용이 뛰어나며, 현미의 쌀겨층은 식물성 섬유가 많아 장의 연동운동을 도우므로 변비가 해소됩니다.

따라서 경련성 변비로 고생하시는 분은 검은깨와 현미를 갈아서 죽을 끓여 드시면 효과를 볼 수 있습니다.

변비가 심할 때

사과를 갈아서 드세요

사과에는 펙틴이라는 식물성 섬유가 풍부해 장을 튼튼하게 해 줍니다. 그래서 사과를 많이 먹으면 변비와 설사에 모두 좋다는 것이죠.

이 펙틴 성분은 과육보다는 껍질에 더 많이 들어 있으므로 껍질째 먹는 것이 좋습니다. 또 저녁때 먹는 것보다 대장 운동이 활발한 아침에 먹는 것이 더욱 효과적이라는 것도 잊지 마세요.

3

4

COOKING

검은깨 현미죽 만들기

재료 검은깨 · 현미 70g씩, 잣 · 소금 조금씩

❶ 검은깨는 물에 깨끗이 씻어서 일어 건진 다음 프라이팬에 재빨리 볶는다. 현미는 물에 여러 번 씻어서 30분 정도 불린다.
❷ 믹서에 볶은 검은깨와 불린 현미를 넣고 물을 부어 곱게 간다.
❸ 검은깨와 현미가 곱게 갈아지면 체에 걸러 즙만 받는다.
❹ 검은깨 · 현미 즙을 냄비에 넣고 중불에서 서서히 끓인다. 죽이 잘 퍼지면 소금으로 간을 심심하게 하고 잣을 띄워 상에 낸다.

한의사 신재용 선생의 진료실

변비는 장의 연동 운동이 제대로 이루어지지 못하는 이완성 변비와 대변이 동글동글 뭉쳐서 잘 나오지 않는 경련성 변비로 나뉩니다. 대개 오래 앉아 있는 직업을 가졌거나 임신을 해서 복부에 압박을 받게 되면 변비가 되는 수가 많고, 나이가 들어 대장 기능이 약해지거나 장의 연동운동이 저하되어도 변비 증세가 나타납니다. 평소에는 괜찮다가도 물만 갈아 먹으면 소화가 안 되고 쌓여서 변비가 되는 사람도 있습니다.

변비가 있으면 무엇보다 대장 기능을 원활하게 할 수 있도록 해 주는 것이 좋습니다. 그러기 위해서는 가만히 앉아만 있지 말고 운동을 해서 장의 연동 운동이 활발해지도록 해 주고 아울러 변통을 좋게 하는 음식들을 적극적으로 섭취하는 것이 좋습니다.

삼백초 와인은 여성 변비에 좋아요

삼백초에 포도주를 부어 담근 삼백초 와인은 식욕 증진제로 유명한데 이것이 변비에도 아주 좋은 효과를 냅니다. 특히 상습적인 변비로 고통스러워하는 여성분들, 삼백초 와인을 마시세요. 변비가 개선되어 웬만한 피부 트러블도 낫게 되고 화색이 돌며 몸도 따뜻해지니 여성들에게 이보다 더 좋은 약초도 없을 겁니다.

건재약국에서 삼백초를 사다가 흐르는 물에 깨끗이 씻어서 물기를 뺀 뒤 포도주를 붓고 밀폐용기에 담아 냉장고에 일주일 정도 두면 됩니다.

노인 변비엔 파를 달여 마시세요

한방에서는 변비의 원인을 '실비'와 '허비'로 나누고 있는데, 실비란 장이 너무 충실해서 오고 허비는 기가 허해서 오는 것이라고 했습니다. 특히 동의보감에는 '노인의 기가 허하게 되면 진액이 부족하여 변비가 된다'고 나와 있습니다.

이처럼 기가 허해서 오는 노인성 변비에는 꿀 한 수저에 파 3뿌리를 넣고 달여 자주 마시면 효과를 볼 수 있습니다.

감자생즙이 숙변을 제거해 줍니다

변비 때문에 장 속에 오래 머물러 있는 숙변은 고혈압이나 냉증, 생리통, 비만의 원인이 됩니다. 오래된 숙변은 감자 생즙을 하루 2회 공복 시 마셔 보세요. 효과가 있습니다.

감자 생즙을 만들려면 1회분으로 생감자 300g을 준비해 껍질을 벗기고 싹을 도려 낸 후 한 입 크기로 썹니다. 이것을 믹서기에 넣고 걸쭉하게 갈아 그릇에 베보를 깔고 부어 즙을 짜면 됩니다. 감자는 곧 색이 변하므로 한 번에 먹을 분량만 만들어 그때그때 마시는 게 좋아요.

[그 밖에 이런 것도 있어요]

달개비꽃을 말려 두었다가 녹차와 함께 끓여 마시면 변비도 치료하고 부기도 내리게 하며 비만에도 매우 좋습니다.

육종용과 **당귀**도 변비를 낫게 하는 약재인데 노인들의 변비에는 육종용과 당귀를 달여 마시면 효과를 볼 수 있습니다.

그 외에 평소 **보리밥**을 꾸준히 먹어도 복부 팽만감이나 변비에 효과가 있습니다.

건강에 좋은 이야기 하나 더!

변비에 치질이 겹쳤을 때

여자들이 임신을 하게 되면 하복부에 압박을 많이 받게 되어 아래 부분 쪽으로 혈액순환이 제대로 되지 않는다. 그래서 치질 같은 증세가 없던 임신부도 치질과 함께 변비가 따른다. 이럴 때는 우선 변비 증세를 없애야 한다. 장의 연동 운동이 저하되었는지, 대장 기능에 이상이 있는지, 또는 장의 마비 증상은 없는지 살펴보고 치료에 임하도록 하고 당근과 사과를 갈아서 그 즙을 마신다.

식물성 섬유인 펙틴이라는 성분 때문에 이런 증세들이 풀어진다.

QA

변비에 고구마가 좋다는데 효과적으로 먹는 방법은?

고구마를 껍질째 쪄서 먹는 것이 좋고, 수프를 만들어 먹어도 좋다. 고구마는 식물성 섬유가 풍부하게 들어 있고, 비타민, B_1, B_2, C, 칼륨 성분이 많이 들어 있다. 특히 칼륨 성분은 여분의 염분을 소변과 함께 배출시키는 작용을 하므로 고혈압을 비롯한 성인병 예방에도 좋은 효능을 발휘한다.

약이 되고
궁합 맞는 신재용 선생의
동의보감 음식

1 CHAPTER

위 · 십이지장 궤양이 있다

궤양 환자의 영양식으로 율무차가 좋아요

위나 십이지장 궤양과 같은 소화기 궤양은 위경련과 상복부 통증을 유발하게 됩니다. 통증이 심하면 허리에서 가슴까지 통증이 번지게 되는데 이러한 소화기 궤양에 율무차가 좋습니다. 율무는 진통 · 소염 작용이 있을 뿐 아니라 궤양 환자의 영양식으로도 그만입니다. 율무를 잘 볶아 하루에 20g씩 끓여 마셔도 좋고 볶은 율무를 가루 내어 미숫가루처럼 물에 타서 마셔도 좋습니다.

초기 위궤양에 연근튀김, 연근조림을 드세요

연뿌리를 한방에서는 '우절'이라고 하는데 동의보감에서는 이 우절이야말로 각종 출혈성 질환, 빈혈 등에 좋을 뿐만 아니라 초강력 강정작용까지 있으며 아울러 비위장 소화기 계통에도 상당히 좋다고 얘기하고 있습니다. 배가 고픈 듯, 아픈 듯하고 가슴이 답답하며 상복부에 통증이 있는 초기 위궤양에는 연뿌리, 즉 연근을 드세요. 연근을 생것 그대로 즙을 내어 마셔도 좋고 연근을 갈아 녹말가루로 반죽해서 튀겨 먹거나 연근조림을 해서 먹어도 좋습니다.

생감자의 앙금이 좋습니다

감자에는 항궤양 작용을 하는 성분이 있어 위궤양을 비롯한 각종 궤양성 질환은 물론 알레르기 체질 개선에도 효과를 발휘합니다. 껍질을 벗기고 눈을 도려낸 생감자를 강판에 갈아서 유리컵에 받아 두게 되면 컵 밑에 앙금이 가라앉고 위로 불그스름한 물이 고이게 되는데, 물은 버리고 앙금만 걷어서 한 번에 찻술 한 개 분량에 해당하는 양만큼씩 복용하면 상당히 도움이 됩니다.

위 · 십이지장 궤양에 좋은 식품과 제한 식품

	좋은 식품	제한 식품
생선류	가리지 않고 먹는 것이 좋다.	오징어, 낙지, 문어, 조개 등
육류	지방분이 적은 살코기가 좋다.	질긴 육류나 지방이 많은 육류
채소류	섬유질이 풍부한 시금치, 양상추, 오이 등이 좋다.	
과일	신맛이 덜한 과일이나 통조림 과일이 좋다.	신맛이 강한 생과일
청량음료		콜라, 사이다

한의사 신재용 선생의 진료실

위 · 십이지장 궤양 같은 소화성 궤양은 식습관이 바르지 못하거나 정신적으로 굉장히 불안할 때 생기기 쉬우며 카페인이나 술, 담배, 그 밖에 맵고 짠 자극성 음식들도 모두 궤양을 일으키는 원인이 됩니다. 대개 위경련과 더불어 상복부에 통증이 일어나게 되는데 그 통증은 발작적이고 반복적입니다. 심한 경우에는 허리에서부터 가슴 있는 쪽까지 통증이 오거나 심지어는 손발이 저리고 쥐가 나기도 합니다. 공복이나 새벽에 통증이 있으면 십이지장 궤양일 확률이 많고 식후 30분~2시간 사이 통증이 오면 위궤양을 의심해 볼 수 있으므로 그에 따라 적절히 대처하도록 하세요.

헐은 위벽에는

갑오징어 뼈 가루가 좋아요

오적골이란 한방에서 갑오징어 뼈를 일컫는 말로, 위궤양에 좋은 치료제로 쓰이는 약재입니다. 이 오적골에다 역시 위궤양에 좋은 감초를 같은 양씩 가루 내어 하루 3~4회 공복에 온수로 복용하면 헐은 위벽을 치료할 수 있습니다.

양배추즙을 드세요

양배추에는 위의 점막을 보호하고 소화 촉진 작업을 돕는 비타민 U가 많이 들어 있습니다. 양배추 100g을 깨끗이 씻어 물기를 빼고 분마기에 곱게 찧은 다음 즙을 짜서 한 번에 마시세요. 채소즙은 1회 분량씩만 만들어 신선하게 드시는 게 좋습니다.

COOKING

연근튀김 만들기

재료 연근(중간 크기) 1개, 달걀흰자 2개분
녹말가루 3큰술, 식물성기름 4컵
소금 · 후춧가루 조금씩

❶ 연근은 껍질을 벗겨 적당한 크기로 썬 뒤 식촛물에 담가 떫은맛을 우려내고 믹서에 간다.
❷ 연근 간 것에 달걀흰자를 깨뜨려 넣고 소금, 후춧가루로 간한 다음 녹말가루를 넣어 반죽한다.
❸ 끓는 기름에 반죽을 둥글게 떼어 넣고 튀겨서 기름망에 재빨리 건져 낸다.

1 CHAPTER

약이 되고
궁합 맞는 신재용 선생의
동의보감 음식

만성위염으로 고생한다

칡뿌리가 쓰린 속을 달래 줍니다

약을 복용하면 얼마간 증세가 호전되는 듯하다가 조금만 소홀하면 위염이 금방 재발하는 사람들이 있습니다. 또 급격한 통증은 없지만 늘 소화가 안 되고 속이 쓰리며 배가 자주 아프다고 호소하는 사람들도 많습니다.

이처럼 원발성 또는 만성 위염으로 고통받고 있는 분들에게는 칡뿌리가 좋습니다. 칡뿌리를 푹 끓여서 뜨거운 상태로 마시면 잘 낫지 않는 만성 위염에 효과가 있습니다.

초룡담을 끓여 차처럼 마시세요

프랑스 시인 보들레르는 술을 입에 달고 살다시피 했지만 술로 인해 속을 버리지는 않았습니다. 보들레르가 즐겨 마신 술은 '압생트', 우리말로 '초룡담'이라고 하는 약초

COOKING

초룡담 만들기

재료 초룡담 200g, 물 3ℓ

❶ 말린 초룡담 뿌리를 잘 손질한 뒤 물에 깨끗이 헹군다.
❷ 내열유리나 오지 약탕관에 손질한 초룡담을 담고 물을 충분히 부어 푹 달인다.
❸ 광목천에 밭쳐서 약 짜는 기구로 꼭 짠 다음 10~15일간 수시로 나누어 마신다.

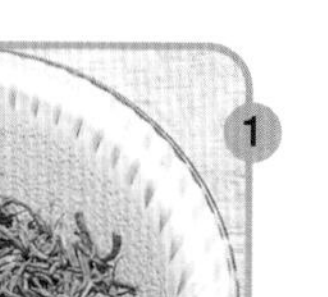

1

2

3

한의사 신재용 선생의 진료실

과음, 과식을 하거나 담배, 커피 등 자극성 있는 음식물을 많이 섭취하면 위벽 점막이 헐거나 얇아져서 속이 쓰리고 아프게 됩니다. 대개 만성 위염은 급성에 비해 증세는 덜하나 주기적으로 위가 조여드는 듯한 통증이 온다는 것이 특징입니다. 또한 위산이 분비되지 않아 비타민 B_{12}가 흡수되지 않으므로 악성 빈혈이 따르는 수도 있습니다.

급성이든 만성이든, 식후 가슴이 쓰리고 구역질이 나는 등 위염 증세가 있으면 자극적인 음식을 피하고 규칙적인 식습관을 갖도록 하세요. 아울러 위염에 좋은 쇠뜨기차나 초룡담을 달여 꾸준히 마시면 효과를 볼 수 있을 겁니다.

로 만든 것인데 이것이 소화기를 강화시키는 작용이 있기 때문입니다. 초룡담은 위를 튼튼하게 하는 작용 외에 설사를 멎게 하고 열을 내리게 하는 작용도 있으므로 초룡담 뿌리를 끓여서 하루 한 잔씩 마시면 소화기 계통을 보호하는 데 도움이 될 겁니다.

쇠뜨기차는 위장 기능을 강화해 주죠

초봄 옅은 갈색을 띠며 자라는 쇠뜨기는 속새과에 속하는 여러해살이 풀로 일명 '뱀밥' 이라고도 합니다. 번식력이 매우 강해 오히려 조건이 나쁜 거친 토양에서 잘 자란다는 게 쇠뜨기의 특성인데, 이처럼 강인한 생명력에 약효가 있습니다.

쇠뜨기는 참기름으로 볶아서 반찬으로 먹어도 좋지만, 잘 말린 다음 가루 내어 한번에 10g씩 뜨거운 물에 타서 아침저녁으로 차처럼 마시면 여간해서 낫지 않는 위염에 효과를 볼 수 있습니다. 민간에서는 고혈압이나 동맥경화 등 각종 성인병에 좋다고 하고, 한방에서는 이뇨, 지혈, 항암 작용이 있다고 합니다.

건강에 좋은 이야기 하나 더!

약을 먹을 때 물은 얼마나 마실까

약을 먹을 때는 물을 되도록 많이 마시라는 말을 한다. 그렇게 하면 위장에 자극이 덜 간다고 생각하는 것. 그러나 약을 물과 함께 먹는 것은 삼키기 쉽게 하고 위장까지 이동시키기 쉽게 하기 위해서지 위장의 점막을 보호하기 위해서는 아니다.

내복약은 위나 장에서 녹도록 되어 있는 것이 많아 산성의 정도를 조절해 놓았기 때문에 물을 많이 마시느냐 마시지 않느냐 하는 것보다 오히려 식전에 먹느냐 식후에 먹느냐, 식후 바로 먹느냐, 30분 후에 먹느냐 하는 시간을 잘 지키는 것이 더 중요하다.

위염에 좋다는 마늘 가루, 알로에 가루 만드는 방법은?

QA

● 마늘가루 만들기

껍질 벗긴 마늘을 물에 삶아 뜨거울 때 잘 이기세요. 여기에 달걀노른자를 섞어 약한 불에서 고루 휘저으면서 수분이 없어질 때까지 볶는다. 그런 다음 분마기에 갈아 가루로 만들어 하루에 아침저녁 2회, 한 번에 콩알 2~3개 정도의 양을 먹는다. 공복 시에는 먹지 않는다.

● 알로에 가루 만들기

생잎을 햇볕에 말려 분마기에 곱게 갈면 된다. 이것을 아침저녁으로 1작은술 정도씩 식후 30분 이내에 복용하면 만성 위염에 효과가 있다.

1 약이 되고 궁합 맞는 신재용 선생의 동의보감 음식

요로결석이 있다

CHAPTER

수박을 먹으면 결석이 빠져 나갑니다

수박은 94%가 수분으로 이루어져 있고 칼륨도 많이 들어 있어 이뇨작용을 활발하게 합니다. 우리 몸에 칼륨이 모자라면 신장 기능이 떨어져서 소변이 잘 안 나오게 되는데 수박을 많이 먹으면 좋습니다.

요로에 결석이 생겼을 때도 수박을 먹으면 소변과 함께 결석이 빠져 나오게 되니 요로결석으로 고생하시는 분이라면 여름에 수박을 많이 드시는 게 좋습니다. 또 먹고 난 수박씨는 버리지 말고 모아서 말려 두었다가 가루를 내서 물에 타 복용해도 마찬가지의 효과가 있지요. 수박당을 만들어 냉장고에 보관해 두면 겨울철에도 먹을 수 있습니다.

COOKING

수박당 만들기

재료 수박 450g

❶ 수박 속살을 잘게 네모로 썬다.
❷ 잘게 썬 수박을 무명천에 싸서 즙을 받는다.
❸ 수박즙을 약한 불에서 끓이면서 거품을 걷어 낸다.

조기가 전립선을 강화시켜 줍니다

요도에 결석이 생기면 전립선에까지 영향을 미쳐서 전립선이 붓게 됩니다. 그래서 소변보기가 힘들고 이것이 신장에까지 영향을 미치는 수가 있어요. 이럴 때 조기가 효과가 있습니다.

조기는 전립선을 강화시키며 소변을 잘 보게 해 주어 요도의 결석을 배출시키게 도

한의사 신재용 선생의 진료실

사람의 오줌에는 여러 가지 물질이 녹아 있는데 거기에 염분이 섞여 있으면 요로에 결석이 생기게 되죠. 결석이 생기는 주원인은 이처럼 오줌의 결정 때문이거나 세균 감염 때문입니다.

요로에 결석이 생기면 소변의 흐름이 원활하지 못해 소변보기도 힘들고 항상 잔뇨의 불쾌감이 남아 있지요. 또 결석 때문에 아랫배가 아프고 소변볼 때 아파서 참기가 힘듭니다. 일단 요로에 결석이 생겼다면 결석을 녹여 줄 수 있는 음식을 드시고 돌이 저절로 빠져나가게 하기 위해서 물을 많이 마시는 것이 좋습니다.

와줍니다. 조기 중에서도 머리에 돌멩이가 든 석수어라는 것 있죠. 그 석수어가 요로결석에 더욱 좋습니다.

범의귀 잎이 결석을 녹여 줍니다

습한 마당 한 구석이나 개울 옆에 피어나는 '범의귀'라는 풀이 있는데요. 맛이 아주 좋아서 샐러드나 나물로 무쳐 먹으면 결석도 없애고 영양도 섭취할 수 있어 상당히 좋습니다.

범의귀 잎은 마치 콩팥과 같은 모양을 하고 있어 신장의 묘약으로 불릴 정도로 이뇨작용이 확실한데 꾸준히 먹으면 결석도 녹여 줍니다.

범의귀샐러드 만들기

재료 범의귀 잎 50g, 간장 1큰술, 소금 1/2큰술, 식물성기름 3큰술 식초 2큰술, 양파즙 1큰술

1. 싱싱한 범의귀 잎을 구입하여 깨끗이 다듬어 씻은 뒤 물기를 잘 털어낸다.
2. 분량의 간장과 식초, 식물성기름, 양파즙을 고루 섞어 드레싱을 만든다.
3. 범의귀 잎을 접시에 담고 준비한 드레싱을 위에 골고루 끼얹는다.

1 CHAPTER

약이 되고
궁합 맞는 신재용 선생의
동의보감 음식

장이 안 좋다

도토리묵이 장을 튼튼하게 합니다

아침이면 배가 살살 아프고 부글부글 끓어 금방이라도 설사가 나올 것 같은 사람이라면 도토리묵을 많이 드십시오. 도토리묵은 다른 어떤 약보다도 효과가 좋아 약한 장을 근본적으로 개선시켜 줍니다. 도토리에는 떫은맛을 내는 타닌 성분이 있는데 이 타닌 성분이 설사를 멎게 하고 장을 튼튼하게 해 줍니다.

도토리묵은 칼로리가 거의 없어 다이어트 식품으로도 인기가 높다는 사실을 알아 두시는 것이 좋겠죠.

생강찹쌀미음이 배를 따뜻하게 해 줍니다

생강은 몸을 따뜻하게 하고 위를 보호하는 작용을 하므로 몸이 차갑거나 배가 차가워서 설사를 자주 할 때 좋습니다.

생강 한 쪽을 불린 찹쌀 1컵과 함께 푹 끓인 뒤 체에 걸러 그 미음만 마시면 몸이 따뜻해져서 아침마다 배가 사르르 아파 오는 사람들에게 효과가 있습니다.

장염이 있을 때는 수프나 죽으로 조리해서 부드럽게 먹는 것이 좋습니다.

건강에 좋은 이야기 하나 더!

설사는 체질보다는 컨디션에 영향 받는다

똑같은 음식을 먹어도 설사를 하는 사람이 있고 하지 않는 사람이 있다. 설사를 잘 하는 사람은 대개 정해져 있어서 본인도 "나는 설사 체질이야"라는 말을 하곤 한다.

확실히 대장의 저항력이나 위의 소화 흡수 능력에는 개인차가 있으며 같은 사람이라도 그때그때의 피로나 스트레스 정도에 따라서도 상당히 달라진다. 자율신경 기능이 약한 사람은 피로나 스트레스 때문에 몸의 컨디션이 나빠지기 쉬워 설사를 일으키기도 한다.

이렇게 보면 설사 체질이라는 것이 따로 있는 것이 아니라 다만 장이 약하거나 소화 능력이 떨어지는 사람들이 그날의 컨디션에 영향을 받아 설사를 하게 되는 것이다. 혹시 설사를 하게 되지는 않을까 하는 생각이 오히려 설사를 일으킬 수도 있으므로 너무 깊이 생각하지 말고 편안한 마음을 갖는 것이 좋다.

QA

설사, 구토를 빨리 멈추게 하려면?

쑥을 달여 마시면 효과가 있다. 쑥에는 통증을 완화시켜 주는 작용이 있다. 삽주뿌리를 달여 마시는 것도 복통과 구토를 멈추게 하는 효과가 있다.

또 복통이 심할 때는 작약과 감초를 달여서 작약 감초탕을 만들어 마시면 즉각적인 효과를 기대할 수 있다. 만성화된 장염은 산사자라고 하는 산사나무 열매를 달여 마시면 좋다.

한의사 신재용 선생의 진료실

항상 배가 살살 아프고 부글부글 끓어 자주 변을 보게 되며 아침식사만 하면 화장실에 가는 분들이 있습니다. 심한 경우, 출근을 하다가도 갑작스럽게 배가 아프고 변의가 느껴져 지하철이나 차에서 내려 화장실에 들렀다가 가기도 합니다. 나이가 들면 장이 약해져서 이런 증세가 나타나는데, 술을 많이 마시는 분들의 경우 특히 더하지요.

또는 스트레스라든가 과로가 원인이 되어 대장의 수분대사가 원활치 못할 때도 과민성 대장 증후군이라고 해서 설사가 자주 납니다. 어떤 경우든 이렇게 장이 안 좋은 사람들의 특징은 변이 뭉치지 않고 흩어진다는 것인데, 이럴 때는 속을 따뜻하게 해 주고 타닌을 많이 함유한 도토리나 감 등을 섭취하는 것이 좋습니다.

감이나 곶감을 자주 드세요

감의 떫은맛도 역시 타닌 성분 때문입니다. 그러니 설사를 멎게 하는 데는 감도 효과가 있겠지요. 감은 그냥 먹어도 좋고 말린 곶감도 좋습니다. 또는 감잎을 잘 말려서 달여 마셔도 효과를 볼 수 있습니다. 감이 좋다고 너무 많이 드시면 반대로 변비가 되는 수도 있으니 적당한 양을 꾸준히 드시는 게 중요합니다.

이질풀 달인 물이 항균 작용을 합니다

여름철에 따낸 이질풀에는 타닌 성분이 많이 들어 있어 설사를 멈추게 하고 항균 작용도 뛰어납니다. 생것은 구하기 어려우므로 말린 것을 한약재 파는 시장에서 구입해서 사용하는 것이 편리합니다.

말린 이질풀 20g에 물 2컵 반쯤 붓고 반으로 줄 때까지 달입니다. 이것을 하루 분량으로 3회에 나누어 따뜻할 때 마시세요. 변비 증세가 있을 때는 이보다 묽게 달여 3~4회로 나누어 마시세요. 차게 해서 마시는 것이 변비 해소에 효과가 큽니다.

COOKING

도토리묵 부침 만들기

재료 도토리묵 1모, 소금 약간, 녹말가루 5큰술, 달걀 1개, 올리브 오일 4큰술, 쑥갓 잎 적당량

❶ 도토리묵은 찬물에 담가 잠시 쓴맛을 우린 후 도톰하게 저며 썬 후 다시 먹기 좋은 크기로 네모지게 썰어 소금을 뿌려 약하게 간한다.

❷ 넓은 그릇에 녹말가루를 담고 도토리묵을 넣어 앞뒤로 뒤집어가며 옷을 입힌다.

❸ 달걀을 멍울이 없도록 풀어 녹말가루 옷을 입힌 도토리묵을 넣어 전 옷을 입힌다.

❹ 달군 팬에 올리브 오일을 두르고 도토리묵을 넣어 앞뒤로 뒤집어가며 전을 부친다.

1 CHAPTER

약이 되고
궁합 맞는 신재용 선생의
동의보감 음식

치질로 고생한다

호두차를 마시면 변이 묽어집니다

호두에는 양질의 지방질이 풍부하게 들어 있어 변을 묽게 해 주고 장을 매끄럽게 해 주는 작용을 합니다. 그러므로 변비가 심해져서 치질로 발전한 사람이라면 호두를 갈아 차에 타서 꾸준히 마시면 증세가 개선될 겁니다.

모란꽃 달인 물로 좌욕을 하세요

지나치게 기름진 음식을 즐기거나 술을 무척 좋아하거나, 또는 운동이 부족한 사람들 가운데 치질로 고통 받는 분들이 많습니다. 이런 분들은 모란꽃 달인 물로 좌욕을 하면 효과를 볼 수 있습니다. 모란꽃은 그 빛깔이 흰색, 붉은색, 노란색 등 여러 가지가 있는데 그 중에서도 붉은색 모란꽃이 특히 좋습니다.

붉은 모란꽃잎을 말렸다가 물을 붓고 끓여서 따뜻하게 끓이면 되는데 좌욕뿐 아니

COOKING

호두차 만들기

재료 호도 10알, 검은깨 1/4컵

❶ 호두는 살짝 데쳐서 이쑤시개로 속껍질을 벗겨낸다.
❷ 검은깨는 깨끗이 씻어서 돌이 없도록 잘 일은 다음 체에 건진다.
❸ 껍질을 벗긴 호두와 검은깨를 함께 믹서에 넣고 곱게 갈아 가루를 만든다.
❹ 호두와 검은깨 간 것을 물 한 컵에 타서 꿀 조금으로 맛을 내어 자주 마신다.

1

2

3

한의사 신재용 선생의 진료실

치질은 항문 주위의 정맥에 피가 뭉치거나 항문 주위의 피부 점막에 상처가 생기는 증세로, 오랫동안 앉아 있거나 변비가 심한 사람들에게서 흔히 볼 수 있습니다. 치질이 오래 되면 항문 주위의 정맥이 더욱 부풀어 터져서 피와 고름이 나기도 하고 치핵이 밖으로 빠져 나와 앉는 것조차 고통스럽기도 합니다.

그러므로 치질이 되지 않도록 평소에 균형 잡힌 식생활을 하고 같은 자세로 앉아 있지만 말고 적당히 몸을 움직여 주는 것이 중요합니다. 또 변비가 심해지면 치질, 탈항이 되는 수가 많으니 변통을 좋게 하는 섬유질이 많은 음식을 평소에 꾸준히 들도록 하십시오. 이와 함께 항문 주위를 항상 청결히 하는 것도 잊지 마시구요

라 마시는 것도 치질에 효과가 있습니다.

물을 깨끗하게 끓여서 일부는 마시고 일부는 좌욕을 하면 더욱 효과적입니다.

알로에즙이 변통을 도와 치질을 완화시킵니다

알로에는 어느 것보다 식물성 섬유가 풍부한데 이렇게 풍부한 섬유질이 대장점막을 자극해서 장의 연동운동을 촉진시키는 작용을 합니다. 이런 작용 때문에 쌓여 있던 변이 제거되므로 치질을 완화시키는 효과가 있습니다. 알로에는 또 소염 · 살균 작용이 있어 외용약으로 써도 좋습니다.

현미 쌀겨층이 치질을 예방합니다

현미의 쌀겨층은 소화가 잘 안 되는 반면 장벽을 자극하여 장의 연동 운동을 도우므로 치질을 예방하는 효과가 있습니다. 아울러 변이 장 내에 머무는 시간이 짧아져 유해물질이 흡수되는 것을 막아 줌으로써 치질은 물론 대장암을 예방해 주기도 합니다.

따라서 변비가 심해 치질이 우려되는 분들은 현미로 죽을 끓이거나 밥을 지어 항상 드시면 좋습니다.

COOKING

현미죽을 만들려면

재료 현미 1/2컵, 물 10컵, 소금 조금

1. 현미는 씻어 체에 밭쳐 물기를 뺀다.
2. 물기 뺀 현미를 프라이팬에 노르스름해질 때까지 볶는다.
3. 현미의 색이 누렇게 변하고 구수한 냄새가 나면 소금으로 간을 맞춘다.
4. 죽 끓일 냄비에 볶은 현미를 옮겨 담고 물 10컵을 부어 중불에서 뭉근히 끓여 현미 알이 잘 퍼지도록 오래 끓인다.

치질이 있을 때 주의할 점은?

무엇보다 몸의 청결이 첫째다. 매일 목욕을 하고 용변 후에는 따뜻한 물로 항문을 깨끗이 닦아 준다. 배변 전에 통증을 느끼는 부위에 연고를 발라 주거나 좌약을 사용해 변이 부드럽게 나오도록 해 주는 것도 통증 완화에 좋다.

또 몸이 차면 통증이 심해지므로 겨울철에는 두꺼운 속옷을 입어 몸을 따뜻하게 해 준다. 사무실 의자에도 폭신한 방석을 깔아 편안하게 해 주는 것이 좋다.
아침에 화장실에 갈 때 신문을 들고 가서 읽는 것은 좋지 못한 습관이다. 오히려 본래의 목적은 달성하지 못한 채 신문만 보게 되기 때문이다.

따라서 화장실에서는 장이 움직여서 변이 나오게 된다는 것을 머릿속으로 상상하면서 배변에만 집중하는 것이 효과적이다.

1 CHAPTER

약이 되고
궁합 맞는 신재용 선생의
동의보감 음식

소변보기가 힘들다

오이가 소변을 잘 나오게 합니다

오이는 90% 이상이 수분이며 나트륨과 칼륨의 함량이 높아 탁월한 이뇨 효과를 발휘합니다. 오이의 이러한 작용 때문에 오이를 먹으면 소변이 잘 나오고 소변과 함께 몸 안의 노폐물과 염분이 배출되는 것이죠. 소변보는 것이 시원치 않고 몸이 잘 붓는 사람이라면 오이로 즙을 내어 자주 마시도록 하세요. 오이만으로 즙을 내면 맛이 덜하니 사과즙을 섞어 함께 마셔도 좋습니다.

소변 색이 탁할 때 가오리가 좋아요

동의보감에서는 가오리를 '사람에게 이롭다' 는 뜻으로 '익인' 이라고 부르고 있습니다. 여러 가지 병에 다 좋다는 것인데, 이렇게 기막힌 약효 중 대표적인 것이 바로 소변을 맑게 해 준다는 것입니다.

항상 소변이 금방 나올 것 같은 데 잘 나오지 않는 사람들은 가오리를 많이 드십시오. 소변이 맑아지고 양도 굉장히 많아집니다.

오이사과주스 만들기

재료 오이 2개, 사과 1개

❶ 오이는 깨끗이 씻어서 꼭지를 잘라내고 날카로운 가시를 대충 도려낸다.
❷ 사과는 4등분해서 껍질을 벗기고 속을 파낸다.
❸ 오이와 사과를 각각 강판에 간다.
❹ 오이와 사과 간 것을 가제에 싸서 꼭 짜 즙만 받는다.

1

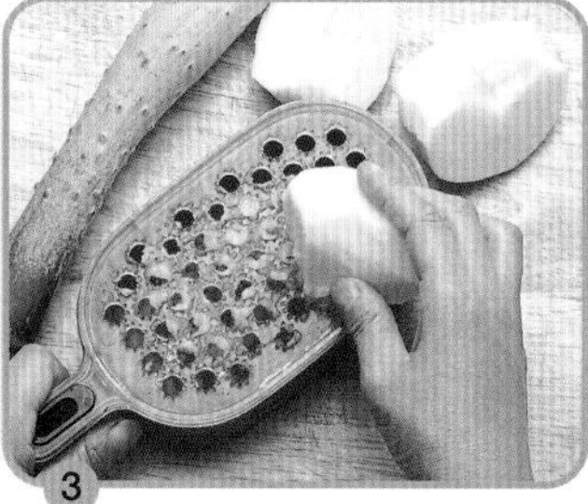
2

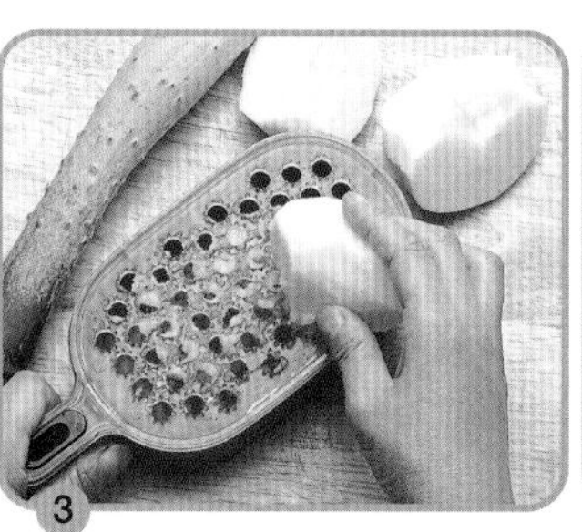
3

4

한의사 신재용 선생의 진료실

소변은 우리 몸의 건강 상태를 측정하는 계기판과도 같습니다. 그래서 한방이든 양방이든 건강 검진을 할 때는 소변의 상태를 먼저 보게 됩니다. 자가 진단을 할 때는 우선 소변의 양이 많은지 적은지부터 살펴보고 그 다음에 소변의 빛깔을 확인해 보는 것이 좋습니다.

동의보감에 의하면 소변이 붉은색을 띠는 것은 열 때문이고 너무 희거나 너무 맑은 것은 아래쪽의 기가 약해서라고 했습니다. 따라서 이와 같은 증세가 있을 때는 열을 내려 주거나 기를 보해 주어야 합니다. 또한 부기가 있으면서 소변보기가 어려울 때는 신장 이상이나 전립선 비대, 요로결석도 의심해 볼 수 있으므로 정확히 진단을 받아 적절히 대처하는 것이 필요합니다.

상추가 시원하게 소변을 뚫어 줘요

동의보감에서는 상추를 '와거'라고 해서 정혈 및 해독작용이 있는 것으로 얘기하고 있습니다. 상추는 음식으로 섭취하는 것도 좋지만 외용약으로 이용해도 마찬가지 효과가 있어요. 소변이 찔끔거리면서 잘 나오지 않을 때 상추 잎 5~6장을 찧어서 배꼽 주위에 찜질을 하면 속이 시원해지면서 소변이 확 뚫리는 것을 느낄 수 있을 겁니다.

상추겉절이를 만들어 먹어도 좋습니다.

혈뇨가 보이면 차전초를 쓰세요

소변 속에 피가 섞여 나오는데 별다른 통증이 없는 사람들이 있는가 하면, 소변은 나오지 않는데 가끔 피가 나오고 소변볼 때마다 아파서 쩔쩔매는 사람들이 있습니다. 이 두 가지 원인이 각기 다른 것으로, 앞의 경우는 방광에 이상이 있는 것이고 뒤의 경우는 신장의 이상에서 기인됐을 확률이 많습니다. 동의보감에서는 이 두 가지 증세에 차전초를 권하고 있습니다.

차전초는 질경이를 일컫는 한방 용어인데 차전초의 즙을 짜서 복용하면 혈뇨에 매우 좋습니다. 생즙 대신 차전자라고 하는 질경이 씨 말린 것을 달여 마셔도 효과가 있어요.

COOKING

상추 겉절이 만들기

재료 상추 40g
겉절이 양념 간장, 고춧가루, 다진 마늘, 다진 파, 통깨, 참기름, 식초 조금씩

1. 상추를 흐르는 물에 깨끗이 씻어 물기를 뺀다.
2. 겉절이 양념 재료를 섞어 양념장을 만든다.
3. 상추에 양념장을 끼얹어 살짝 버무린다.

약이 되고
궁합 맞는 신재용 선생의
동의보감 음식

1 CHAPTER 신장병이 있다

COOKING

팥대추찰밥 만들기

재료 불린 찹쌀 2컵, 삶은 팥 반컵, 밤 5개, 대추 7개, 은행 5개, 팥물 2컵, 소금 1작은술

1. 팥은 깨끗이 씻어서 물 5컵을 붓고 푹 삶아 체에 내린다.
2. 쌀은 씻어서 불리고 대추는 돌려 깎아 속씨를 제거하며, 밤은 속껍질을 벗기고 굵직하게 썬다. 은행은 기름두른 팬에 볶아 껍질을 말끔히 벗긴다.
3. 밥솥에 은행을 재외한 찹쌀, 밤, 대추를 안치고 분량의 팥물을 부은 후 소금을 조금 넣고 끓이다가 뜸들이기 전에 은행을 넣는다.

부기를 가라앉히는 데는 팥즙 · 팥밥 · 팥죽이 최고예요

몸이 잘 붓는다고 하면 우선 신장이 나쁘지 않나 의심해 보아야 합니다. 신장이 안 좋아서 아침에 일어나기만 하면 몸이 부석부석 붓는 사람은 무엇보다 수분을 과잉 섭취하지 않도록 하면서 짠 음식을 피하는 것이 기본입니다. 그와 함께 부기를 내리는 식품을 드시는 게 좋은데 그 중 대표적인 것이 팥입니다.

팥에는 강력한 이뇨 작용이 있어서 여러 가지 원인으로 발생하는 부기에 효과를 냅니다. 약으로 사용할 때는 생팥을 그대로 삶아서 체에 내린 다음 즙만 받아내어 꿀을 조금 섞어서 수시로 마시면 됩니다. 식사 대신으로 하려면 쌀을 넣어 팥죽을 쑤어 드시든지 팥밥이 좋습니다.

쇠뜨기차가 이뇨작용을 합니다

신장이 제 기능을 발휘하지 못하면 얼굴이 부어서 부석부석해지고 손등, 발등도 잘 붓게 됩니다. 이럴 때 쇠뜨기가 좋은 효과를 발휘합니다. 쇠뜨기는 이뇨 작용이 매우 강해 신장병으로 인한 부기를 내려 주고 소변

한의사 신재용 선생의 진료실

신장은 혈액의 불필요한 물질을 소변으로 배설해서 깨끗한 피를 전신에 보내고 소변의 양을 조절해서 몸 안의 수분을 일정하게 유지시키는 역할을 합니다. 그런데 신장에 고장이 생겨서 기능이 약해지면 노폐물을 거르는 기능이 원활치 못해 몸 전체에 이상이 생기게 되죠.

몸이 늘 피곤하고 감기에 잘 걸리거나 아침에 일어났을 때 얼굴과 온몸이 잘 부으면 신장병을 의심해 보세요. 병세가 진행될수록 부기가 더하고 소변의 양이 눈에 띄게 줄어들며 소변 색이 탁해지고 소변에 단백질이 섞여 나오기도 합니다. 신장병이라고 판단되면 절대 안정을 취하고 신장에 부담이 가는 고단백 식품과 소금, 수분을 제한하는 것이 중요합니다.

과 함께 독소를 배출시켜 줍니다. 쇠뜨기풀 10g을 깨끗이 씻어서 말렸다가 뜨거운 물을 붓고 5~6분 우려내어 하루 두 번, 아침저녁으로 차처럼 마시면 좋습니다.

달팽이가 신장 기능을 도와줍니다

술 좋아하시는 분들, 대개 위장이나 간장만 걱정하시죠? 그러나 술을 많이 마시면 신장의 손상도 상당히 큽니다. 과식을 하거나 과음을 하면 신장에 부담을 주고 신장의 기능을 약화시키게 된다는 것이죠.

따라서 신장이 약하면 신장에 부담을 주지 않기 위해 소식을 하는 것이 좋습니다. 단식이나 소식이 싫다면 달팽이 요리를 드시는 것도 큰 도움이 되죠. 동의보감에서는 이 달팽이가 이뇨 작용이 굉장히 크다고 하면서 신장이 약할 때 구운 달팽이를 달여서 국물과 함께 먹으면 좋다고 했습니다.

범의귀 잎은 신장의 묘약입니다

잎이 마치 우리 몸의 콩팥을 닮은 범의귀는 이뇨작용이 확실해서 신장의 묘약이라고까지 불릴 정도입니다. 범의귀 잎을 채취해서 잘 다듬은 다음 생으로 무쳐 먹거나 샐러드를 해서 꾸준히 먹으면 소변이 잘 나오고 부기도 가라앉게 됩니다.

신장이 안 좋아 소변의 양이 줄어들고 소변 색깔이 탁해지면 범의귀 잎을 드세요.

만성 신장염에는 옥수수수염 달인 물이 좋습니다

옥수수수염은 이뇨 작용이 뛰어나 부기를 내려주고, 신장염에 효과가 있습니다. 옥수

COOKING

달팽이 달인 물 만들기

재료 달팽이 10마리, 물 5컵

❶ 식용 달팽이를 구해 껍질에서 살을 발라낸 뒤 석쇠에 살짝 굽는다.
❷ 살짝 구워진 달팽이를 채반에 넣어서 햇볕에 바짝 말린다.
❸ 말린 달팽이에 물을 부어 달인다.

1

2

3

수수염 50g에 물 3컵을 붓고 중불에서 양이 반으로 줄 때까지 끓여 하루에 1~2회, 공복에 마시면 좋습니다.

쇠비름이 독소를 제거해 줍니다

쇠비름은 장수하는 나물로 알려져 장명채라고도 합니다. 이 쇠비름에는 과잉 섭취한 염분을 체외로 배출해 주는 효과가 있어 소변이 잘 나오게 하며 몸 안에 있는 독을 풀어 주는 역할도 하므로 신장병이 걱정이라면 쇠비름을 차처럼 끓여 드시면 좋습니다.

신장병으로 인한 부기에 다시마를 드세요

동의보감에는 다시마가 12가지의 부종에 좋다고 나와 있습니다. 이유 여하를 따질 것 없이 12가지나 되는 온갖 종류의 부종에 다시마만큼 좋은 게 없다는 것이지요. 이것은 다시마에 이뇨를 돕는 성분이 있기 때문인데, 동의보감에 나와 있는 대로 다시마를 약으로 쓸 때는 물에 담가서 짠맛을 완전 우려낸 다음 가루 내어 복용하거나 튀각을 해서 드세요.

COOKING

다시마차 만들기

재료 다시마 10×10㎝ 1장

❶ 두껍고 검은빛이 나는 다시마를 구입하여 젖은 행주로 소금기를 잘 닦아낸 뒤 적당한 크기로 자른다.
❷ 주전자에 다시마를 넣고 물을 부어 푹 끓인다.

건강에 좋은 이야기 하나 더!

신장병을 확인할 수 있는 검사

● **소변검사** | 소변에 단백과 당이 있는가, 있다면 그 양이 어느 정도나 되나를 알아보고 농축도, 산도, 적혈구와 백혈구의 유무, 세균 및 결정체의 존재 여부를 검사한다. 신장이 손상되면 오줌을 농축시키는 작용을 잃게 되므로 하루 중 첫 소변의 농축도가 떨어진 경우에는 신장병을 의심해 볼 수 있다.

한편 오줌이 몸 밖으로 배출되어 체온이하로 낮아졌을 때 오줌 성분이 결정체를 형성하여 뿌옇게 보일 수가 있다. 이것은 몸의 이상을 나타내는 현상은 아니다.

● **혈액검사** | 혈액 속의 요소, 무기질, 콜레스테롤, 단백 등의 양을 측정하여 신장 기능의 이상 유무를 검사 할 수 있다.

● **혈압검사** | 신장은 혈압을 높이기도 하고 내리기도 하는 역할을 하는데 물기가 몸 안에 고여서 혈액의 양이 많아지면 균형이 깨져서 혈압이 오르게 된다. 혈압이 높다고 신장이 다 나쁜 것은 아니지만 신장이 나쁜 사람은 대개 혈압이 높게 된다. 또 고혈압이 오래가면 신장이 나빠질 수가 있다.

간장이 좋지 않다

간장병으로 인한 복수에는 복숭아가 그만이죠

복숭아는 유독 성분을 해독하는 작용이 있어 간의 피로를 덜어 주는 데 큰 도움이 되지요. 민간에서는 식중독을 일으켰을 때 복숭아를 사용하기도 했답니다.

특히 묵은 피를 내몰고 간장의 기능을 활발하게 해주어 숙취로 인한 갈증에도 좋은 효과를 냅니다. 간장병으로 인해 배에 물이 차는 증세(복수)가 있는 사람에게도 복숭아가 좋습니다. 쉽게 물러지므로 싱싱한 복숭아를 고르고 몸이 차가운 분들은 많이 드시지 않는 것이 좋습니다.

간을 보호하는 데는 동물의 간이 좋습니다

우리의 간은 피를 저장하는 곳이죠. 간에 이상이 오게 되면 전신의 혈액 분포에 대한 조절 작용이 혼란스럽게 되고 심하면 빈혈 증세까지 오게 됩니다. 이럴 때 동물의 간처럼 철분이 많이 든 음식을 먹는 것이 도움이 되죠. 특히 빈혈을 막아 주는 물질들이 많이 들어 있습니다. 그래서 간 기능이 약하거나 빈혈이 있을 때 한방에서는 동물의 간을 많이 드시라고 한답니다.

소의 간이나 돼지의 간 어느 것이든 상관없는데 청주를 넣고 찐 다음 말린 것을 가루 내시고요, 마늘가루와 메밀가루를 1:1로 섞은 것과 반죽해서 알약으로 만들어 드시면 됩니다. 뻑뻑하면 참기름을 조금 보충하십시오. 이렇게 만든 알약을 다시 청주에 담갔다가 햇볕에 말려서 식전에 한 알씩 드십시오. 간의 비린맛도 없고 간편하게 먹을 수 있습니다.

물론 각종 음식에 넣어 자주 드시는 것도 좋습니다만 기생충의 염려가 있으니 날것으로는 드시지 마세요.

COOKING

간스테이크 만들기

재료 쇠간 200g, 우유 1컵, 소금, 후춧가루, 생강즙, 밀가루 조금씩
마늘소스 다진 마늘 1큰술, 양파 1/4개, 레몬즙 2큰술, 와인 1큰술, 소금, 흰후춧가루, 파슬리 가루, 후춧가루 1작은술씩
곁들이 야채 당근, 아스파라거스, 옥수수, 양파 조금씩

❶ 쇠간에 소금, 후춧가루, 생강즙으로 밑간하고 밀가루옷을 입혀서 기름 두른 프라이팬에 지진다.
❷ 당근 아스파라거스는 데쳐 옥수수, 다진 양파와 함께 프라이팬에 볶는다.
❸ 기름 두른 프라이팬에 다진 마늘과 다진 양파를 볶다가 마늘 소스를 만들어 뿌리고 준비한 야채를 곁들여 낸다.

한의사 신재용 선생의 진료실

간이 약하면 어떤 증세가 나타날까요? 동의보감에 보면 '간은 성내는 것이다'라고 해서 간이 좋지 못한 사람은 성을 내게 되고 모든 것이 짜증스러워진다고 했습니다. 또 몸의 여기저기가 켕기고 아프며 눈이 침침해서 충혈되는 증세가 나타나기도 합니다.

가장 흔하게 나타나는 것은 피로감인데요. 몸속에 쌓인 피로물질을 해독하고 풀어내는 것이 간의 역할인데 간에 이상이 있으면 이 기능이 원활하지 못해 피로감이 오게 되는 것이지요. 간은 이상이 있어도 자각 증세가 두드러지지 않으므로 황달같이 눈에 보이는 증세가 없다고 안심하고 있다가 큰 병이 되어버리는 경우도 많습니다.

특별한 이유가 없는데 피로, 전신권태, 식욕부진 같은 증세가 오랫동안 계속된다면 간의 이상을 염려해 보시는 것이 좋습니다. 특히 과로나 과음이 잦은 분들은 평소에 간의 건강에 신경을 많이 쓰셔야 합니다.

COOKING

조개탕 만들기

재료 모시조개, 대합 7개씩, 다시마 10cm, 팽이버섯 50g, 쑥갓 50g, 국간장 조금, 청주 조금, 물 5컵

1. 모시조개와 대합은 해감을 제거한 후 깨끗이 씻어 소쿠리에 건져 놓는다.
2. 쑥갓과 팽이버섯을 손질해 씻어 놓는다.
3. 다시마 국물에 씻어 놓은 조개를 넣고 끓이다가 국간장으로 간을 하고 한소끔 끓으면 팽이버섯을 넣고 살짝 끓이고 다음은 쑥갓을 얹는다.

간이 나빠 피곤할 때는 모시조개를 드세요

간이 나쁘면 기력이 떨어지고 쉽게 피곤합니다. 이럴 때 모시조개를 드시면 많은 도움이 됩니다. 모시조개의 살에는 천연의 타우린과 호박산이 듬뿍 들어 있죠. 이 타우린이라고 하는 성분은 담즙의 분비를 촉진하고 피로물질이 쌓이지 않도록 억제해서 피로를 회복시켜 주고 간 기능도 회복시켜 줍니다. 따라서 간이 나쁘신 분들은 이 모시조개를 많이 드시는 것이 좋겠습니다.

모시조개 3컵에 물 3컵을 붓고 그 물이 1/3로 줄어들 때까지 달인 다음 그 물을 마시면 됩니다. 물을 따라낸 모시조개는 살을 발라 잡수시고요, 껍질도 버리지 마시고 잘 말려 불에 바싹 구운 다음 곱게 가루를 내어 하루에 3~4회 정도 1작은술씩 복용하시면 좋습니다. 평상시에 모시조개로 탕을 끓여 먹는 것도 좋아요.

허약체질로 간이 약할 때는 부추를 드세요

몸이 허약하면 몸의 여러 장기가 자연히 약해지기 마련이죠. 소화기 계통은 물론이고 간과 신장도 약해집니다. 이럴 때는 몸을 보하고 열을 내어 몸 전체의 양기를 돋우어 주어야 합니다. 부추는 더운 성질이 있고 몸의 기를 돋워 주면서 위와 장, 간과 신장 등 우리 몸속의 각종 장기들을 튼튼하게 해 주는 좋은 식품입니다.

이 부추는 간에 좋은 효능을 많이 갖고 있어 간의 채소라고도 불립니다. 숙취에도 좋고 간의 피로 회복에 좋은 효능들을 많이 갖고 있어 술을 즐기시는 분들에게도 참 좋습니다. 생즙을 내어 드셔도 좋고요, 각종 요리에 자주 사용하시면 간 기능 회복에 큰 도움이 됩니다.

매실조청은 간과 위를 보호합니다

간장은 몸속의 화학공장으로, 몸속의 다른 장기들과 밀접한 관련을 갖고 있습니다. 간에 이상이 있다면 간과 연결되어 있는 다른 장기들도 의심이 되는데요, 이럴 때 간과 다른 장기들까지 한꺼번에 건강하게 해 주는 음식이 바로 매실조청입니다.

간경화 증세가 있어 속이 메스껍거나 소화가 안 되는 경우, 간의 이상으로 인해 몸 안의 유해물질들이 체외로 배설되지 못하고 남아 있어 신진대사가 흐트러진 경우에 매실이 좋다는 이야기입니다. 매실 속에 들어 있는 피크린산이 간장의 기능을 활성화시켜 주기 때문인데요, 여기에 더해서 위와 장까지 튼튼하게 해 주는 것이 바로 이 매실입니다. 즙을 내어 졸이셔도 되고요, 번거로우시면 씨만 발라낸 채로 과육까지 졸이셔도 괜찮습니다.

COOKING

매실조청 만들기

재료 매실 20알

❶ 덜 익은 청매를 준비하여 흐르는 물에 깨끗이 씻고 물기를 닦은 뒤 씨를 발라낸다.
❷ 씨를 발라낸 매실은 믹서에 갈거나 분마기에 넣어 곱게 으깬 다음 베보자기에 싸서 꼭 짜 즙을 낸다.
❸ 매실즙을 법랑이나 사기 재질의 냄비에 넣고 센 불에서 한 번 끓인 뒤 약한 불에서 저으면서 오래도록 졸인다.

1

2

3

간 기능이 약할 때 지황차를 드세요

지황은 현심과에 속하는 다년생식물로 뿌리와 뿌리줄기를 약으로 이용합니다. 생으로 쓰기도 하고 말리거나 쪄서 쓰기도 하는데 간 기능 보호에 참 좋습니다. 특히 알코올이 30도 정도 되는 술에 적셔 찌면 약효가 더 좋아진다고 합니다.

이렇게 술에 찐 지황으로 끓인 지황차가 간에 아주 좋은 음식이랍니다. 간장의 글리코겐이 줄어드는 것을 막으면서 간을 보호해 줍니다. 또 혈당이 높아 걱정되는 분들이 드시면 혈당을 낮추는 데도 뚜렷한 효과가 있다고 합니다. 간장이 약해서 항상 머리가 무거운 분들, 또는 눈이 쉽게 충혈되는 분들이 드시면 참 좋습니다.

술에 적셔서 찌는 것을 다섯 번 정도 되풀이한 다음에 물을 붓고 차처럼 끓여 자주 드시면 됩니다.

소변이 자주 마렵다

COOKING

구운 은행 만들기

재료 은행 10알, 꿀 조금, 꼬치

1. 프라이팬은 기름을 두르지 않은 채로 뜨겁게 달궈 은행을 껍질째 넣고 볶는다.
2. 은행이 속까지 익으면 불에서 내리고 종이 타월로 싸서 비비면서 껍질을 벗긴다.
3. 껍질을 벗긴 은행을 꼬치에 가지런히 꿰고 표면에 꿀을 살짝 바른다.

은행은 여성의 빈뇨증에 특효예요

예전에는 혼례날에 신부에게 은행을 먹이는 풍습이 있었습니다. 은행에는 야뇨증이나 빈뇨를 멎게 해 주는 좋은 효과가 있어 새색시가 첫날밤에 화장실에 가고 싶어 곤란하지 않도록 배려한 것이랍니다.

은행의 효능은 그뿐이 아닙니다. 소변을 맑게 해 주고 몸이 차가운 여성의 대하증에도 효과가 있습니다. 그래서 여성들의 빈뇨에 즐겨 쓰이는 것이 이 은행입니다.

겉껍질을 벗겨서 참기름에 담가 먹는 방법도 있고 조청을 만들어 먹기도 하지만 제일 간단한 것은 구워 먹는 것입니다. 은행을 너무 많이 먹으면 중독 증세를 일으키기도 하니까 어른은 한 번에 10알, 어린이는 한 번에 5알을 넘지 않는 것이 좋습니다.

임신으로 인한 빈뇨에는 해삼이 좋다

임신 말기에 접어들면 특별한 병이 없어도 빈뇨가 되는 경우가 있습니다. 이럴 때 해삼을 드시면 좋습니다.

임신 중에 빈뇨 증세가 나타나는 것은 커진 자궁 때문에 방광이 압박을 받아 작은 자극에도 예민해지기 때문이죠. 몸은 무거운데 화장실을 자주 가려니 참 귀찮습니다. 이럴 때 해삼을 드시면 소변 횟수가 줄어들게 됩니다.

다래술은 갈증이 심한 증세를 완화시킵니다

물을 많이 마시는 것 같은데 자꾸 목이 마른 경우가 있습니다. 당뇨병이 원인이 된 경우도 있고 방광이나 요도 등의 비뇨기 계통에 염증이 생긴 경우도 있는데 이럴 때 다래가 참 좋습니다.

하루에 40g 정도씩 끓여서 차처럼 마시면 됩니다. 입맛도 없고 소화도 안 되면서 증세가 심해진다면 80g 정도를 끓여서 잡숴 보십시오. 가벼운 감기로 목에 통증이 있어 자꾸 무언가 마시고 싶을 때는 다래 20g 정도에 물을 많이 붓고 끓여 수시로 마시는 것도 좋은 방법입니다.

한의사 신재용 선생의 진료실

소변이 잦은 증세가 있다면 제일 먼저 당뇨병을 떠올리게 됩니다. 동의보감에서는 이 병을 소갈증이라고 불렀는데 항상 목이 마르고 갈증이 나서 물을 마신 만큼 소변도 잦습니다. 그뿐 아니라 음식을 많이 먹는데도 몸이 계속 말라 갑니다. 먹고 마신 것이 금방 소모되어 밖으로 나가버리니 금방 배가 고프고 목이 마르는 것이죠. 참으로 소모적인 질병입니다. 합병증을 초래하는 경우도 많기 때문에 치료를 소홀히 해서는 안 됩니다.

여성의 경우에는 임신을 하고 커진 자궁 때문에 방광이 압박을 받아 빈뇨증이 오는 경우도 있습니다. 성가시고 귀찮은 일이지만 병적인 것은 아니므로 아기를 출산하고 나면 곧 사라집니다.

이 다래는 술로 담가 드셔도 좋은데요, 말린 다래 600g에 소주는 1.8ℓ 정도면 적당합니다. 밀봉해서 그늘진 곳에 보관했다가 1~2개월 후에 술만 받아 한번에 20~30mℓ 정도 드세요. 건강에도 좋지만 맛과 향도 그만이랍니다.

당뇨로 인한 빈뇨에 호박이 좋아요

대표적인 성인병의 하나인 당뇨는 인슐린의 분비가 부족한 것이 원인이 된다고 하는데 호박에는 인슐린을 조절해 주는 좋은 효능이 있답니다.

호박 속만 드시지 말구요, 씨도 드시면 감기와 중풍도 예방할 수 있지요. 호박꼭지를 말려서 벌꿀에 개어 먹으면 기침을 멈추게 하는 데 그만입니다. 지용성 비타민이 풍부하니까 기름을 이용해 조리하시면 훨씬 좋습니다.

COOKING

단호박 찰밥 만들기

재료 찹쌀 2컵, 붉은팥 1/2컵, 단호박 1개, 소금 1작은술, 밥물 2컵

❶ 찹쌀은 씻어 불렸다가 건지고, 붉은팥은 무르도록 삶아 팥물은 받아 둔다.
❷ 찹쌀과 삶은 팥을 냄비에 넣고 팥물과 물을 부은 후 소금으로 간하여 밥을 짓는다.
❸ 단호박은 씻어 물기를 닦아 낸 후 반으로 갈라 속을 파낸다.
❹ 단호박에 팥찰밥을 가득 채워 넣고 김 오른 찜통에 무르게 찐다.

1

2

3

정력 감퇴가 걱정이다

스태미나가 떨어졌을 때 녹용수프를 드세요

몸이 허하고 기력이 떨어졌을 때 흔히 녹용을 먹어야겠다는 말을 합니다. 녹용은 몸이 쇠약해졌거나 성 기능이 약해졌을 때 많이 사용하는 약재이고 효과도 아주 뛰어납니다. 녹용에 생식기 흥분 작용이 있다는 것은 이미 실험적으로 입증된 사실이니 성 기능 감퇴를 걱정하시는 분들에게는 아주 좋은 약재라 하겠지요. 몸이 허약해 늘 어지럽거나 자궁이 약해 출혈이 있는 여성들에게도 좋습니다.

프라이팬에 버터 2큰술을 녹이고 밀가루 2큰술을 넣어 노르스름하게 볶아 준비하시고요, 녹용 4g 정도를 물 3컵으로 끓여 반 컵으로 졸아들면 준비해 둔 볶은 밀가루에 섞고 우유 반 컵, 꿀 적당량을 넣어 덩어리가 생기지 않게 고루 풀어 줍니다. 소금과 후춧가루로 입맛에 맞게 간을 하시고 파슬리가루를 좀 뿌리면 맛도 좋고 영양가도 높은 녹용수프가 됩니다.

두충차는 기력을 돋워 줍니다

기름지고 고단백질인 보양 음식이 비위에 안 맞아 못 드시는 분들이 있습니다. 또 성 기능 감퇴가 걱정되지만 다른 질병 때문에 기름진 음식을 못 드시는 분들에게 두충차가 참 좋습니다. 동의보감에서는 '두충이 기력을 돋우고 정력을 더하여 근골을 단단하게 해 주어 오래 복용하면 몸이 가벼워지고 노화를 견디어 낼 수 있다' 고 말하고 있습니다. 또 혈압을 떨어뜨리고 혈중 콜레스테롤도 줄여 주어 성인병이 걱정되는 중년에게는 아주 좋은 음식이라 할 수 있습니다.

두충나무 잎을 말려서 잘게 썬 다음 차로 이용하는데요, 우유를 졸여 두충 잎을 담갔다가 꺼낸 다음 프라이팬에 노랗게 굽습니다. 이것을 하루에 20~40g 정도 끓여서 차처럼 마시면 됩니다. 번거로우면 잎만 말려 차를 끓여도 괜찮습니다.

양파사과조청은 정력제입니다

양파가 정력에 좋다는 거 아시죠. 혈전도 녹여 주고 다리에 많이 생기는 정맥류에도 좋습니다. 남자들의 정력과 여자들의 미용에 좋은 효과를 내는 것이 양파입니다. 그런데 양파는 냄새가 독하고 매운맛이 있어 그냥 먹기가 어렵지요. 이럴 때 양파사과조청을 만들어서 먹으면 간편하고 맛도 좋습니다.

양파는 겉껍질을 벗기고 씻지 않은 상태로 사과와 1:1의 분량으로 섞어 생즙을 냅니다. 생즙을 계속 졸여 묽은 죽처럼 되었을 때 양파의 붉은 겉껍질을 벗기고 곱게 가루 내어 죽에 섞고 냄비 밑바닥에 눌어붙지 않도록 나무 주걱으로 저어가면서 죽을 쑵니다. 먹기 적당하게 졸아들면 밀폐용기에 담아 냉장고에 보관하고 1~2작은술씩 하루에 2회, 공복에 드시면 좋습니다.

한의사 신재용 선생의 진료실

나이가 들면서 체력이 저하되고 그에 따라 정력도 감퇴되는 것은 자연스러운 현상이라고 할 수 있습니다. 체력이 저하되었는데도 성 기능이 여전하다면 오히려 이상한 일이겠지요.

동의보감에 보면 여성은 49세, 남성인 56세에 '천계'라고 하는 성호르몬이 고갈되어 양기가 약해진다고 말하고 있습니다. 그러나 이것은 일반적인 경우를 이야기하는 것이고 개인적인 생활 습관이나 마음 상태에 따라 차이가 큽니다. 심신이 모두 건강하고 스트레스나 과로에 시달리지 않는다면 노화에 따른 성 기능의 약화는 지연시킬 수 있습니다.

중요한 것은 평소에 운동과 바른 식생활을 통해 몸과 마음이 건강한 상태를 유지할 수 있도록 하는 것입니다. 건강을 해치는 생활을 하면서 성 기능만 강하기를 바란다면 잘못된 생각입니다.

기 살리려면 동충하초를 넣어 닭찜을 만들어 드세요

동충하초는 겨울에 벌레였다가 균이 들어가 빨아먹고 나서 그 벌레가 썩지 않고 미이라가 되어 그 영양분으로 여름에 풀처럼 자란 것을 말합니다. 이것을 넣어 닭찜을 만들어 드세요. 동충하초는 영양 덩어리여서 기운이 떨어졌을 때 먹으면 회춘 효과가 있습니다. 동충하초 50g을 물 100ml를 붓고 반으로 줄 때까지 끓여 하루에 세 번에 나누어 마시면 좋습니다.

동충하초는 과거에는 중국에서만 나왔는데 요즘은 우리나라에서도 재배하고 있습니다. 그 전에는 구하기도 힘들고 값도 비싼 약재였습니다. 중국에서는 사천 지방의 특산물로 등소평도 체력을 증강하기 위해 먹었다고 합니다. 동충하초는 피로회복에도 좋지만 폐기능을 강화시키고 면역력이 좋아져 암과 질병을 예방하는 데도 좋은 약재라고 할 수 있어요. 또 만성해수로 고생하거나 천식이 있는 경우, 큰 수술 후 회복이 어려운 경우, 차로 만들어 먹어도 효과를 볼 수 있습니다.

육린주는 불임을 막아줍니다

성 기능 약화는 겉에 드러나 보이는 것뿐만 아니라 불임을 초래할 수도 있습니다. 불임의 원인은 무척 많은데 그 중의 하나가 정자의 부족입니다. 이것이 원인이 되어 불임이 되는 경우도 전체의 1/6이나 된다고 합니다. 이럴 때 도움이 되는 처방이 바로 육린주인데, 정액이 부족하거나 제 기능을 다하

지 못해 일어나는 남성의 불임에 좋은 효과가 있습니다.

숙지황과 토사자 160g씩, 인삼 · 백출 · 백복령 · 백작약 · 두충 · 녹각상 · 천초 각 80g씩, 당귀 · 천궁 · 감초 각 40g씩 각각의 약재를 가루 내어 섞고 물로 빚어 알약으로 드시면 됩니다.

재료가 많고 번거로우시죠. 그럴 땐 숙지황과 토사자만 섞어서 드셔도 됩니다. 동의보감에서는 쌍보환이라고 부르는 처방인데 이 두 가지만으로도 좋은 효과를 보실 수 있습니다. 여성들의 불임에도 효과가 있어요.

산딸기가 정력에 참 좋습니다

성 기능이 약할 때 산딸기가 큰 도움이 됩니다. 산딸기는 임포텐스, 몽정, 야뇨, 오줌소태 같은 남성들의 질병에 대단히 좋은 효과가 있다고 합니다. 또 여성의 불임에도 좋은 효과가 있습니다. 한방에서는 복분자라고 해서 귀한 약재로 사용하고 있습니다.

그냥 드셔도 좋지만 산딸기는 철이 짧으니 술을 담가 두시면 두고두고 드실 수 있습니다. 오미자나 구기자, 사상자 같은 열매들을 함께 섞어 가루로 만들어 복용하셔도 간편하고 효과도 그만입니다.

COOKING

산딸기술 만들기

재료 산딸기 1컵, 소주 1컵 반

❶ 산딸기는 물에 깨끗이 씻어 물기를 말끔히 뺀 다음 밀폐용기에 담고 소주를 부어 2주간 서늘한 그늘에 보관한다.
❷ 술에 산딸기의 맛과 향이 우러나면 체에 밭쳐 맑은 술만 받아내고 우러난 산딸기는 다시 물기를 쭉 뺀다.
❸ 프라이팬에 산딸기를 넣고 건조해지도록 바짝 볶는다.
❹ 볶은 산딸기는 그늘에서 살짝 말려 곱게 빻아 가루 낸다. 한 번에 4g에서 5g씩 복용하는데 산딸기술을 이용해서 먹는다.

기관지 천식으로 괴롭다

가래 낀 기침에 배시럽연근즙이 좋습니다

예부터 한방에서는 배를 이용해 여러 가지 질병을 치료해 왔습니다. 열을 내리게 하고 목이나 폐의 염증을 가라앉히기 때문에 천식에도 좋은 치료약이 되지요. 거기다가 비타민 C가 많고 점막의 염증을 가라앉혀 주는 역할을 하는 연근을 즙으로 내어 함께 이용하면 기침으로 인해 신진대사가 흐트러진 것을 어느 정도 회복할 수 있습니다. 연근즙의 비린맛이 싫으면 몸을 따뜻하게 해 주는 생강즙을 대신 이용해도 좋습니다.

소화력이 약하신 분들, 찬 것 드시면 속에 탈이 잘 나시는 분들은 배를 그냥 드시면 설사를 하실 수 있으니 너무 많이 드시지 않는 것이 좋습니다.

머위꽃대는 체질적인 원인의 기침을 내려줍니다

천식의 경우에는 다른 장기나 소화기 계통이 튼튼하지 못하거나 알레르기 체질이어서 일어나는 경우도 흔히 있습니다. 이런 경우는 단순히 천식에 대한 치료만 해서는 낫기가 어렵습니다. 먼저 기초 체력을 튼튼히 해서 외부에 대한 저항력을 길러 주는 것이 중요하지요.

머위는 기침을 내리고 가래를 제거하는 작용이 뛰어날 뿐만 아니라 간과 위를 튼튼하게 해 주어 우리 몸의 저항력을 키워 줍니다. 따라서 짧게는 천식을 완화시켜 주고 오래 복용하면 체질을 개선시켜 허약 체질이나 알레르기 체질로 인한 기침을 내리는 데

COOKING

배시럽연근즙 만들기

재료 배(큰 것) 1개, 연근즙 1/2컵
누런 설탕 1/2컵

❶ 배는 깨끗이 씻어서 꼭지 부분을 1/3정도 도려낸 다음 속을 파내고 누런 설탕을 넣어 뚜껑을 덮는다.
❷ 뚜껑을 덮은 배를 은박지에 싸서 미리 달구어진 석쇠 위에 올려 약한 불에서 20~30분 정도로 굽는다.
❸ 배즙이 배어나오면 불에서 내리고 배의 우러난 물과 연근즙을 섞어 갈아 마신다.

좋은 효과를 냅니다.

건재약국에서는 '관동화' 라고 부르는데 잎보다 먼저 나온 꽃대를 손질해 파는 것입니다. 20g 정도를 하루 양으로 해서 물을 적당히 붓고 끓여 차처럼 드셔도 좋고 바싹 말린 것을 가루 내어 밥에 비벼 드셔도 맛있습니다.

노인분들의 해소 천식에는 오과차가 그만입니다

해소 · 천식은 특히 노인들에게 많이 나타납니다. 특별한 병이 있는 것도 아닌데 늘 기침을 하고 가래가 나오기도 합니다. 아주 이른 아침에 심한 기침을 하다가 오후가 되면서 미열이 오르고 피로감을 느끼며 마른 기침을 자주 하기도 합니다. 이런 천식을 가라앉히는 데 은행이 효과가 있습니다.

기가 허해진 노인의 경우에는 은행만 사용하시지 마시고 5가지 열매를 섞어 만든 오과차를 끓여 드시면 더 좋은 효과를 낼 수 있습니다.

은행 15개, 호두 10개, 대추 7개, 생밤 7개, 생강 1쪽을 한데 넣고 끓여 충분히 우러나도록 한 다음 꿀이나 누런 설탕을 타서 차처럼 마시는 겁니다. 대추나 호두 등 각각의 재료가 다 몸에 좋고 기침을 내리는 효과가 있기 때문에 간단하면서도 좋은 약차입니다.

COOKING

마늘물엿 만들기

재료 마늘 1통, 조청 50g

❶ 마늘을 껍질을 벗겨서 강판에 간다.
❷ 강판에 간 마늘에 조청을 넣고 잘 섞는다.

오랜 천식에는 마늘물엿이 좋아요

어른들, 특히 노인들의 천식은 잘 낫지도 않고 오랫동안 고생을 하게 되죠. 오랜 기침으로 몸도 불편하고 생활도 여간 번거롭지 않습니다. 이럴 때 잘 듣는 약으로 마늘물엿이 있습니다.

예부터 마늘은 자양강장제로 많은 사랑을

한의사 신재용 선생의 진료실

천식은 기관지가 수축해서 기도가 좁아지면서 숨쉬기가 어려워지는 증세를 말합니다. 특히 한밤중이나 이른 아침에 기침을 하는 경우가 많은데 단순한 감기 치료로는 잘 낫지도 않고 잠자리에 들어서도 괴로운 경우가 많죠.

단순히 기침을 하는 것이 병이 될까라고 생각하시는 분들이 있으시겠군요. 기침은 의외로 체력이 많이 소모된답니다. 기침을 할 때는 복근을 사용하게 되기 때문에 체력이 약해진 노인이나 어린이의 경우에는 기침을 하는 것 자체가 심한 부담이 되기도 합니다. 또 숨이 가빠지고 온몸이 나른해지는 등의 증세도 따라옵니다.

일단은 천식에 대한 적절한 치료를 받아야 하겠지만 공기가 나쁜 곳에서 일하고 있다든지 스트레스를 받고 있다든지 담배를 피우고 있는 등의 환경적인 원인을 제거하는 것도 중요합니다.

받아 온 채소지요. 몸을 따뜻하게 하고 강력한 살균작용이 있어 염증을 낫게 하고 혈액순환을 좋게 해 주어 체력이 많이 떨어진 노인들이 천식에 좋습니다.

매운맛이 강하고 냄새가 역해 먹기가 어려우면 살짝 삶아낸 다음 강판에 곱게 갈아 조청이나 물엿을 섞어 드시면 됩니다. 마늘 한쪽에 조청 30~100g 정도면 적당합니다.

도라지 달인 물도 천식에 좋아요

도라지가 기관지 계통에 좋다는 것은 잘 알려진 상식입니다. 목이 아프거나 감기로 호흡기가 약해졌을 때 도라지가 참 잘 듣는답니다. 가래도 내려 주고 폐결핵에도 좋은 효험이 있지요. 물론 천식에도 좋고요.

한방에서 길경이라고 부르는 도라지는 타닌과 사포닌 등의 뛰어난 약효성분을 많이 갖고 있습니다. 날것이나 익힌 것을 나물로 무쳐 먹는데 천식이 심한 경우에는 달여서 차로 드시는 것이 간편합니다.

어린 아이들의 경우에는 10g, 어른의 경우에는 20g을 하루 양으로 해서 물을 500㎖를 붓고 달인 것을 반으로 줄여 수시로 마시면 됩니다. 갑작스럽게 오한을 느끼거나 더위를 먹었을 때도 참 좋습니다.

기관지가 약할 때 영지를 드십시오

기관지가 약해서 조금만 건조하거나 추운 공기를 만나면 기침을 자주 하시는 분들이 있습니다. 이런 분들은 영지를 이용하시는 것이 참 좋습니다.

기관지가 약하면 감기에도 잘 걸릴 뿐만 아니라 그냥 놔두면 천식이 생기죠. 증세가 심하면 가벼운 운동에도 숨쉬기가 어려워집니다. 이럴 때는 감기 증세만 털어 버리는 것이 아니라 기관지를 튼튼하게 해서 근본적인 치료를 하는 것이 바람직하겠죠. 이럴 때 영지가 좋습니다. 영지는 만성 기관지염을 비롯해서 호흡기 질환에 뛰어난 효과가 있습니다.

여러 가지 요리에 이용해서 자주 드시고 평소에는 영지버섯 우린 물을 차처럼 마시는 것이 좋습니다. 영지 1~2개를 그릇에 담고 잠길 만큼 물을 부어 하루 정도 우려낸 다음 적당히 희석해서 드시면 됩니다.

염증 때문에 기침이 심해질 때 모과가 특효입니다

모과는 목의 질병에 좋은 대표적인 과일입니다. 본초강목에는 주독을 풀어 주고 가래를 없애 준다고 나와 있고 한방에서도 감기, 기관지염, 폐렴 등을 앓아 기침을 심하게 하는 경우에 좋은 약으로 사용하고 있습니다.

모과를 얇게 썰어 꿀에 절여 두었다가 차로 끓여 마셔도 좋고요, 꿀 대신 소주를 붓고 모과술을 담가 마셔도 좋은 건강주가 됩니다. 가을철에 나온 모과를 이용해 만들어 두면 겨우내 요긴하게 사용할 수 있습니다.

건강에 좋은 이야기 하나 더!

기관지 천식에 잘 걸리는 타입

의존욕구가 강한 아이

아이들의 기관지 천식은 어머니에 대한 의존 욕구가 아주 강한데 어머니로부터 이를 거부당하거나, 나이에 비해 너무 빨리 독립을 강요하는 경우에 발병될 수 있다. 어린이 기관지 천식 발작은 어머니와의 이별에 대한 울음이며, 이것을 통해 다시 관계를 맺으려는 소망을 나타내는 것이라고 보는 학자들도 많다.

소극적인 성격

성인들의 경우도 마찬가지다. 기관지 천식을 앓는 사람들은 대부분 성격이 예민하고 매사에 아주 민감하게 반응한다. 또 소극적이고 자신감이 없는 편이며 뭔가에 항상 불안해한다.

내과, 정신과적 치료 병행

단순한 기관지 천식이라면 일차적으로 내과적인 치료가 우선되어야 하겠지만, 스트레스성 기관지 천식일 경우 내과 치료와 함께 정신적인 치료를 병행한다.

약이 되고
궁합 맞는 신재용 선생의
동의보감 음식

1 CHAPTER

감기에 잘 걸린다

여름감기에는
인삼오미자차를 드세요

여름감기는 개도 안 걸린다는 말이 있지만 요즘은 여름에 감기가 더 잘 걸립니다. 더위에 지쳐 꼼짝도 하기 싫어지고 잠도 제대로 못 자게 되니 자연히 체력이 떨어지게 되고 운동이라도 하게 되면 체온이 올라가 신진대사가 깨어져 오히려 감기에 걸리기 더 쉽게 됩니다. 또 덥다고 냉방이 너무 잘된 곳에 있으면 기온 차이 때문에 감기에 걸리기 쉽습니다.

이럴 때는 몸을 따뜻하게 해 주는 인삼과 피로를 풀어 주고 기침을 가라앉히는 오미자를 함께 사용하면 여름감기를 떼어 버리는 데 도움이 됩니다. 인삼 · 오미자 4g과 맥문동 8g을 넣고 물 6컵을 부은 다음 약한 불에 끓여 4컵 정도로 줄어 든 것을 차처럼 마시면 기력을 회복하고 감기에도 좋은 효과가 있답니다.

오한이 드는 감기에는
차조기가 좋습니다

운동도 하지 않고 냉방이 잘되는 시원한 곳에서 며칠씩 지내게 되면 땀이 흐르지 않고 오한이 생기며 콧물이 흐르는 감기에 걸리는 경우가 있습니다. 이럴 때는 차조기 잎을 달여 마시는 것이 좋습니다. 차조기 말린 잎을 한줌 넣고 차처럼 끓여 마시고 땀을 내면 대부분의 감기는 곧 떨어집니다.

이것은 재채기가 심하고 가래가 끼며 콧물이 많이 나오는 어린이 감기에도 잘 듣습니다. 한 잔 마시고 땀을 내 보세요.

반대로 열이 많이 나는 감기인 경우에는

QA

비타민 C의 효능에 대해 상세히 알고 싶어요.

비타민 C의 중요한 작용 중 하나가 콜라겐의 생성이다. 콜라겐은 피부와 근육, 뼈, 혈관을 결합하고 있는 조직으로 비타민 C가 결핍되면 콜라겐 생성량이 줄고, 뼈가 약해져 출혈이 쉬워진다.

감기의 대부분은 바이러스가 원인인데 비타민 C에는 감기 바이러스의 활동을 억누르고 감기를 예방하거나 회복을 빠르게 하는 효과가 있다. 비타민 C가 부족하면 감기 이외의 병에도 걸리기 쉬워지며 회복력도 떨어진다.

● 비타민 C의 효능

1 스트레스를 풀어 준다.
2 잇몸 출혈을 막아 준다.
3 혈액 속의 콜레스테롤 수치를 내려 준다.
4 감기를 예방한다.
5 괴혈병 예방과 치료, 발암 물질의 발생을 막아 준다.

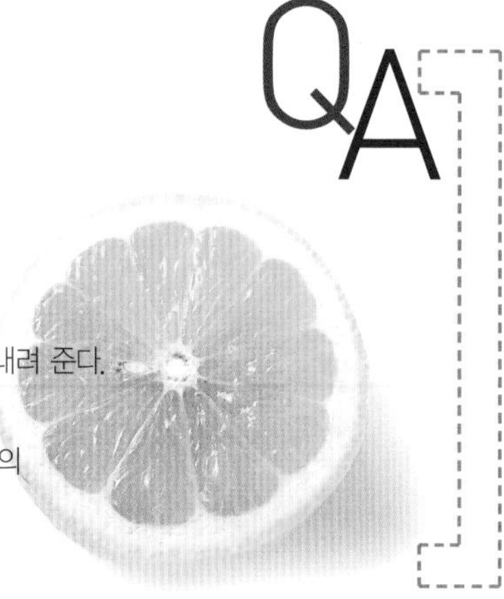

한의사 신재용 선생의 진료실

감기라고 하면 대수롭지 않은 병으로 생각해서 그냥 견디려는 분도 있지만 사실 감기야말로 주의해야 할 병입니다. 계절이 바뀌는 환절기일수록 감기에 주의해야 한답니다.

동의보감에서도 감기는 만병의 근원이라고 이야기하고 있습니다. 감기를 계기로 해서 기초 질병이 악화되거나 여러 가지 합병증을 일으키는 경우도 매우 흔합니다. 따라서 걸리지 않도록 조심하고 걸렸다면 빨리 푹 쉬고 몸을 보해 며칠씩 계속되지 않도록 해야 하겠습니다.

또 감기라고 해도 원인과 증세가 가지가지이므로 증세를 잘 관찰하여 적절한 치료를 하는 것이 큰 도움이 됩니다.

대나무 잎을 20g 정도 차처럼 끓여서 식혀 하루 종일 몇 번에 나눠 마시면 열이 빨리 내립니다.

무꿀절임으로
기침, 가래를 예방하세요

무는 섬유질도 많고 소화 효소가 듬뿍 들어 있어 소화력이 약한 분들에게도 참 좋은 음식이죠. 비타민 C가 많아 일반적인 감기 증세에 도움이 되고 특히 점막의 병을 고치는 작용이 있기 때문에 가래가 끊이지 않고 기침이 자주 나올 때 좋은 효과가 있습니다.

유리병이나 항아리에 얇게 저며 썬 무를 넣고 꿀을 가득 부어 하룻밤 정도 서늘한 곳에 두십시오. 맑은 즙이 우러나면 숟갈로 떠서 소주잔으로 한 잔씩 마시면 기침과 가래도 쉽게 가라앉고 몸의 피로도 풀어집니다.

만들기가 번거로우면 그냥 무를 껍질째 갈아 즙으로 마시면 됩니다. 껍질에 비타민 C가 더 많으니 껍질째 사용하세요.

약이 되고
궁합 맞는 신재용 선생의
동의보감 음식

1 CHAPTER

폐가 좋지 않다

폐 기능이 약할 때는 자라가 좋아요

폐가 나빠지면 명치 밑이 아주 차갑고 머리카락에 윤기가 없어지면서 피부까지 푸석푸석해집니다.

폐가 안 좋을 때 생기는 이런 증세를 빨리 낫게 하는 데는 자라가 좋습니다. 자라를 고아 드시고 등껍질을 말려서 식초에 불린 다음 굽고 다시 불려서 굽는 것을 여러 번 반복한 뒤 이것을 끓인 물을 차처럼 마시면 폐가 허약해져서 나타나는 여러 증세들이 사라지게 됩니다.

자라 피도 철분과 칼슘, 단백질이 풍부해서 아주 뛰어난 보신제가 되고요, 자라 알도 소금에 절였다가 잿불에 묻어 익힌 다음 먹으면 참 좋습니다.

폐결핵에는 오리고기 한 번 드셔 보시죠

폐결핵은 몸의 면역성이 떨어졌을 때 병이 나타나 서서히 악화되는 만성적인 병입니다. 처음에는 약간의 열이 있거나 식욕부진 등의 가벼운 증세만 나타나는데, 가슴의 통증이나 피를 토하는 등의 증세가 나타났을 때는 이미 상당히 병이 깊어져 치료하기가 어려운 경우가 많습니다.

균에 의한 감염성 질병이니까 병이 있다는 것을 알게 되면 빨리 치료를 받아야 합니다. 또 오리고기처럼 영양가 높은 음식을 먹어 기력을 보하는 것이 무척 중요하지요. 오

COOKING

자라탕 만들기

재료 자라 1마리, 청주 7컵
구기자 · 산약 · 황기 · 생강 각 20g씩

❶ 자라는 살아 있는 것으로 준비해 머리와 다리를 자르고 몸통만 준비한다.
❷ 등껍질 사이를 가르고 내장을 빼 낸다.
❸ 우묵한 냄비에 손질한 자라를 안치고 준비한 약재를 모두 넣은 다음 청주 7컵과 물 7컵을 부어 푹 끓인다.

한의사 신재용 선생의 진료실

목이 약하신 분들, 조금만 감기 기운이 있어도 가래가 끓죠. 삼킬 수도 없고 뱉어도 개운하지 않아 자꾸 기침만 하게 됩니다.

원래 기관지는 호흡을 순조롭게 하고 건조한 공기에 적당한 온도와 습도를 유지해 주도록 끈끈한 점액을 분비하고 있습니다. 그런데 기관지에 염증이 생기거나 담배를 계속 피우거나 하면 자극을 받아 점액의 분비가 많아지게 됩니다. 목에 무언가 걸린 것 같아 답답하고 뱉어내면 잠깐은 개운한 것 같지만 조금만 지나면 다시 목이 답답해집니다.

근본적인 원인이 된 감기나 호흡기 질병을 치료하지 않는다면 낫기가 힘든 것이 이 가래인데요, 드물게는 중한 병에 따른 초기 증세로 나타나는 경우도 있으니 대수롭지 않게 넘기지 마시고 빨리 치료를 하시는 것이 좋겠습니다.

리고기는 우리 몸에 필요한 구조적인 물질들을 보충해 주는 작용이 있고 독이 전혀 없어 몸이 허한 사람들에게 아주 좋은 음식입니다. 폐결핵을 앓는 경우에는 동충하초와 함께 끓인 국물을 드셔 보세요.

폐암에는 비파 잎 차가 좋아요

비파나무 잎은 여러 가지 질병에 좋은 효과를 내는데, 특히 천식과 기침, 기관지염 등의 호흡기 계통의 질환에 특효입니다. 서양 배 모양으로 생겨 초여름에 열리는 비파 열매와 그 잎으로 차를 끓여 마시면 천식 증세를 내리게 하는 데 많은 도움이 되지요. 비파 잎에 꿀을 발라 살짝 볶은 다음 하루에 20g 정도씩을 차로 끓여 마시면 됩니다.

폐가 약해 기침을 하시는 분에게 맥문동을 권합니다

늦가을에 찬바람이 불기 시작하면서부터 초겨울까지 밤만 되면 기침을 하시는 분들이 있습니다.

이 기침이 낮에는 좀 가라앉는 듯하다가 밤이 되면 잠을 이루지 못할 정도로 심해집니다. 보통 여름이 지나서 아침저녁으로 선선해지면 찬 기운을 견디지 못하고 기침을 하죠. 한방에서는 폐음이 약하다고 이야기하는 증세입니다. 이런 분들에게 맥문동이 참 좋습니다.

백합과의 여러해살이 풀인 맥문동은 5~6월이면 자주색 꽃이 피는데 모양새가 예뻐서 집에서 기르셔도 좋습니다. 사러 나가지 않아도 필요할 때마다 이용할 수 있습니다.

가래가 많이 낀다

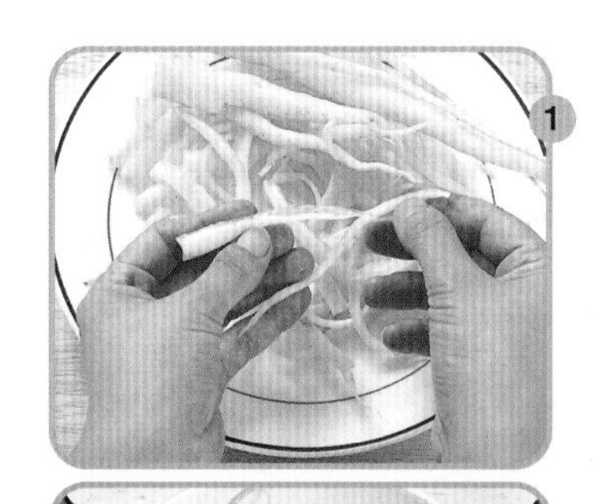

도라지 무침은
가래와 기침을 내려 줍니다

생채 · 무침으로 즐겨 드시는 도라지도 가래를 삭히는 데 효과가 있습니다. 사포닌이 주성분인 도라지는 기침을 멈추게 하고 가래를 삭혀 주지요.

말린 도라지를 이용하셔도 되고요, 생뿌리를 쌀뜨물에 담가 두었다가 먹는데 차로 끓여 마셔도 된답니다.

율무나 생강 말린 것과 함께 차로 끓여 마시면 인후통 · 편도염에도 참 좋습니다. 생채나 숙채로 반찬을 만들어도 좋아요.

가래가 끓어 숨쉬기 괴로우면
살구씨 기름을 드세요

살구씨는 미용에 좋은 것으로 많이 알려져 있지만 가래를 삭히는 데도 아주 좋은 효과를 냅니다. 동의보감에서는 '기침이 북받쳐 호흡 곤란을 일으키게 될 때, 숨이 가쁘고 가래가 끓을 때 살구씨가 진해 · 거담 작용을 한다' 고 이야기했습니다.

그냥 먹기는 힘이 드니까 기름을 내어 먹으면 좋습니다. 한 번에 티스푼 하나의 양으로 하루에 세 번 먹으면 됩니다. 가래가 많이 끓고 목이 자주 아프신 분들은 아프지 않을 때라도 꾸준히 살구를 드시면 좋습니다.

COOKING

도라지나물 만들기

재료 통도라지 200g, 소금 2큰술
다진 파 · 마늘 2작은술씩
소금 · 깨소금 · 참기름 조금씩
식물성기름 2큰술

❶ 통도라지는 껍질을 벗기고 잘게 쪼갠 뒤 소금을 넣고 주물러 쓴맛을 뺀 다음 헹군다.
❷ 끓는 물에 손질한 도라지를 데쳐서 물기를 뺀 다음 프라이팬에 기름을 두르고 파 · 마늘로 양념하여 볶다가 소금 간을 하고 깨소금을 뿌린다.

목이 약하신 분들, 조금만 감기 기운이 있어도 가래가 끓죠. 삼킬 수도 없고 뱉어도 개운하지 않아 자꾸 기침만 하게 됩니다.

원래 기관지는 호흡을 순조롭게 하고 건조한 공기에 서로 적당한 온도와 습도를 유지하도록 끈끈한 점액을 분비하고 있습니다. 그런데 기관지에 염증이 생기거나 담배를 계속 피우거나 하면 자극을 받아 점액의 분비가 많아지게 됩니다. 목에 무언가 걸린 것 같아 답답하고 뱉어내면 잠깐은 개운한 것 같지만 조금만 지나면 다시 목이 답답해집니다.

근본적인 원인이 된 감기나 호흡기 질병을 치료하지 않는다면 낫기가 힘든 것이 이 가래인데요. 드물게는 중한 병에 따른 증세로 나타나는 경우도 있으니 대수롭지 않게 넘기지 마시고 빨리 치료를 하시는 것이 좋습니다.

끈적한 가래로 기침이 날 때 귤껍질차가 좋습니다

감기에 걸렸는데 끈적끈적한 가래가 끓어 목에 딱 달라붙은 상태로 나오지도 않고, 답답하게 느껴져 자꾸 기침을 하는 경우가 있습니다. 기침을 해도 시원하게 나오지 않고 괴로울 때는 귤껍질차를 이용해 보십시오.

귤껍질은 진피라고 하여 한방에서나 민간요법에서 즐겨 사용하는 약재입니다. 비타민 C도 과육 부분보다 훨씬 많고요, 정유 성분이 있어 향기도 좋은데 귤 먹기 전에 겉을 깨끗이 씻은 다음 벗겨서 그늘에 잘 말렸다가 사용하시면 됩니다. 농약이나 광택제가 묻어 있으니 그냥 사용하시면 안 됩니다.

말린 귤껍질 10g에 물 3컵을 붓고, 그 양이 반이 될 때까지 달인 다음 하루 세 차례에 걸쳐 나눠 마시면 됩니다. 바싹 말려 곱게 가루 낸 다음 12g씩 식전에 복용하는 것도 좋은 방법입니다.

목의 염증에는 배꿀찜이 좋습니다

연육제로 알려진 배는 고기만 연하게 하는 것이 아니라 목을 답답하게 하는 가래도 잘 삭혀 줍니다. 해열 작용이 있어 열을 내려 주기 때문에 열 많은 감기에 좋고 목이나 폐의 염증도 가라앉힙니다. 감기나 편도선염으로 목이 아프거나 가래가 끓을 때 꿀을 넣어 짠 배즙을 마시면 좋은 효과를 볼 수 있습니다.

배를 파내고 찌는 과정이 번거롭다면 그냥 즙을 내세요. 배 1개를 곱게 갈아 즙을 낸 다음 꿀을 섞어 마시면 됩니다. 생강즙을 조금 넣으면 더 좋고요.

배는 차가운 성질을 가진 과일이므로 설사를 하는 사람이나 냉증이 있는 분들은 조심하시는 것이 좋습니다.

COOKING

배꿀찜 만들기

재료 배 1개, 꿀 3큰술

1. 배를 씻어서 1/3정도 되는 윗부분을 도려낸다.
2. 배의 심을 파내어 버리고 나머지 속을 긁어낸다.
3. 배 구멍 안에 꿀 3큰술을 넣고 뚜껑을 덮은 후 찜통에 찐다.

약이 되고
궁합 맞는 신재용 선생의
동의보감 음식

1 CHAPTER 숙취로 고생한다

생수 1컵에 감식초 3~4작은술을 타서 드세요

식초가 몸에 좋다는 것은 잘 알려진 사실입니다. 식초는 우리가 섭취한 에너지원의 분해와 흡수를 촉진하고 대표적인 에너지원인 탄수화물의 이용률을 높여 우리 몸에 활력을 줍니다. 게다가 식초 안에 들어 있는 아미노산과 유기산은 각종 유해 물질이 우리 몸속에 남아 있지 않도록 하는 작용을 합니다. 따라서 술을 많이 마셔서 생기는 술독을 풀어 주는 역할을 하는 셈이지요.

여러 가지 음식에 이용하셔도 되지만 빠른 효과를 보시려면 직접 생수에 타서 드시면 됩니다. 식초 중에서도 맛이 순한 감식초가 더 좋겠지요. 감과 식초는 둘 다 숙취를 막아 주는 효과가 있어 더욱 좋습니다.

커피잔 한 잔 정도의 물에 감식초 3~4작은술 정도 섞어 마시면 됩니다.

북엇국이 숙취를 해소시켜 줍니다

술 취한 다음 날은 속이 쓰리고 몸이 피곤한데 이럴 때 간의 피로를 풀어 주면 숙취를 해소하는 데 도움이 됩니다. 북어는 단백질이 풍부하고 칼슘과 철분, 비타민 $A \cdot B_1 \cdot B_2$도 듬뿍 들어 있어 일반적인 피로 회복은 물론 해장국으로 이용하면 더욱 좋습니다.

마른 더덕북어를 두드려 껍질만 조금 벗기고, 살을 잘게 찢어서 맑은 국을 끓이면 맛도 좋고 지친 속도 풀어 주는 좋은 해장 음식이 됩니다.

술을 마실 땐 물 대신 오이즙을 드세요

숙취가 있을 때 물을 많이 마시는 것이 좋다고 합니다. 몸속에 있는 유해한 성분을 발

QA 숙취를 예방하는 방법은 없나요?

● **술 마시기 전에 우유를 1컵 마신다**

식사 후에 술을 마시는 것이 좋겠지만 그렇지 못할 때는 우유 1컵을 마신다. 우유는 위에 들어가면 위산을 중화시키고, 위액을 묽게 하여 위의 점막을 보호하는 동시에 단백질, 미네랄, 비타민 등의 영양을 보충해 준다. 미지근하게 데워서 마시는 것이 탈이 없다.

● **짧은 시간에 마시지 않는다**

술을 짧은 시간에 단숨에 마시면 갑자기 취기가 올라서 여러 가지 장애를 일으킨다. 개인차가 있기는 하지만 약간 취하는 기분이 들 때까지만 마시는 것이 숙취를 예방하는 방법이다.

● **안주와 함께 마신다**

위장을 다스려 주는 안주를 먹는 것이 좋다. 산뜻하면서도 먹기 쉽고, 식욕을 돋워 주는 것. 또 소화가 잘되는 자극성이 없는 안주를 선택해서 먹도록 한다.

한의사 신재용 선생의 진료실

사회생활을 하다 보면 술자리를 자주 갖게 됩니다. 마실 때는 좋지만 다음 날 숙취로 고생하는 분들이 많죠. 머리가 아프고 속이 더부룩하며 심한 경우 구토감을 느끼기도 하는데 알코올을 분해하면서 생긴 아세트알데히드라는 독한 성분이 몸속에 쌓여 생기는 증세랍니다.

이럴 때 괴롭다고 해장술을 드시는 분이 계시지요. 해장술을 드시면 안 됩니다. 해장술을 마시면 중추신경계가 마비되어 잠시 고통을 덜어 주지만 새롭게 들어온 알코올을 분해하느라 몸은 더 피로해질 뿐이지요. 몸속에 있는 알코올 성분을 빨리 몸 밖으로 배출시켜야 건강도 해치지 않고 숙취도 빨리 깰 수 있습니다. 또 얼큰하니 맵고 자극적인 국물을 마시는 것도 바람직하지 않습니다. 술로 지친 속을 자극하는 셈이 되니까요. 그럼 어떻게 하는 게 좋을까요. 술을 마시되 지치지 않도록 조심하고 알코올의 분해를 도와주는 음식을 안주로 같이 먹는다면 도움이 되겠지요. 또 평소에 간 기능을 돕는 음식들을 드시는 것이 좋습니다.

리 빼내기 위한 방법인데요, 이럴 때 물 대신 오이즙을 드세요.

술 드시면서 오이생즙을 같이 드시면 술도 덜 취하고 다음 날 숙취도 한결 덜합니다. 몸속의 나쁜 성분들을 빨리 배출해 주니까요. 술 마시기 전에 숙취를 예방할 수 있는 간단한 방법입니다.

숙취로 인한 갈증에 칡차만 한 게 없습니다

칡뿌리는 경련을 진정시키고 몸을 따뜻하게 하며 설사를 낫게 하고 갈증을 완화시켜 주는 작용을 합니다.

따라서 술 마신 다음 날의 심한 갈증이나 숙취에 좋다는 이야기지요. 민간요법에서는 칡의 뿌리와 꽃을 같이 달여 마시는 것이 효과가 더 좋다고 합니다.

이 칡차는 숙취에만 좋은 것이 아니고요, 이뇨 작용으로 몸속의 나쁜 성분을 빼내 주어 약물 중독 같은 증세에도 효과가 있다고 합니다.

또 중년 이후에 오는 어깨 결림에도 잘 듣는다고 하니 나이 드신 분들은 자주 이용하셔도 좋겠습니다. 칡뿌리를 말려서 가루 낸 갈분을 이용하셔도 되고요, 생칡뿌리를 말끔히 손질해서 그냥 달여 마셔도 됩니다.

COOKING

칡차 만들기

재료 칡뿌리(중간 굵기) 어슷 썬 것 2~3쪽

1. 칡뿌리는 흙을 털어내고 물에 말끔히 씻은 뒤 말려서 결대로 가늘게 찢는다.
2. 찢은 칡뿌리를 분쇄기에 넣고 간다.
3. 갈아진 칡가루를 밀폐용기에 담아 서늘한 곳에 보관한다.
4. 뜨거운 물 1컵에 칡가루 1큰술을 붓고 우려낸 다음 입맛에 따라 꿀이나 대추채를 넣어 마신다.

약이 되고
궁합 맞는 신재용 선생의
동의보감 음식

1 CHAPTER 머리가 자주 아프다

만성적인 두통에는 두릅뿌리 달인 물을 드세요

우울증이 있는 분들은 만성적인 두통과 함께 식욕부진이나 초조감을 호소하시죠. 이런 분들은 두릅으로 나물을 무쳐 드셔 보세요.

두릅에는 비타민 C와 B_1 외에 신경을 안정시키는 칼슘도 많이 들어 있어 마음을 편안하게 해 주고 불안 · 초조감도 없애 줍니다. 또 우울증으로 인한 두통과 어지럼증에 잘 듣지요. 뿐만 아니라 혈당강하 작용이 있어 당뇨병 때문에 기력이 없고 머리가 아프신 분들에게도 좋습니다.

제철에는 시장에서 쉽게 구할 수 있지만 그렇지 않을 때는 건재약국에서 말린 두릅을 구할 수 있습니다. 하루에 12g씩 물을 적당량 붓고 끓여 그 물을 마시면 됩니다.

어지럽고 머리가 아플 때는 천마가 좋습니다

천마라는 약재에 대해서 들어보셨나요? 천마는 남성의 자양강장제로 많이 사용되는 약재인데, 어지럼증과 두통에도 좋은 효과가 있습니다. 중국에서는 '천마 외에는 어지럼증을 고칠 수 있는 약이 없다' 고까지 이야기한답니다.

혈압이 높은 분들은 뒷목이 뻣뻣해지면서 심한 어지럼증을 느끼는 경우가 있죠. 또 메니에르 증후군이 있을 때는 두통과 함께 어지럼증과 구토까지 느끼게 됩니다. 이렇게 두통과 함께 어지럽고 메스꺼운 증세가 나타나는 경우에 천마가 참 좋습니다. 하루에 천마 8g 정도에 물 300㎖를 붓고 끓여 차처럼 마시면 됩니다.

감기로 인한 두통에는 백목련차를 끓여 드세요

감기에 걸렸거나 심한 축농증을 앓으면 머리가 멍해지거나 두통이 따라오는 경우가 있습니다. 재채기를 하거나 코를 풀면 귀까지 멍멍해지면서 욱신욱신 쑤시는 통증이 더 심해지지요.

이럴 때 백목련 꽃잎으로 차를 끓여 드시면 좋은 효과를 보실 수 있습니다. 콧물감기에 잘 걸리고 머리가 맑지 못하면서 두통이 잦은 분들에게 특효인데요, 하루에 5~10g 정도를 물 30㎖로 끓여 반으로 졸인 다음 하루 동안에 여러 번 나누어 마시면 됩니다. 또 백목련 꽃잎을 우유에 넣고 살짝 끓인 다음 그 즙을 꼭 짜서 콧속에 떨어뜨리면 비염이나 축농증을 개선시키는 데 효과가 있다고 합니다.

한의사 신재용 선생의 진료실

두통은 아주 흔한 병이죠. 흔하기 때문에 오히려 대수롭지 않게 생각하고 진통제 몇 알로 지나가기가 쉽습니다. 하지만 약을 먹어야 할 정도의 두통이 자주 되풀이 된다면 가볍게 생각하면 안 됩니다.

대개는 스트레스에 의한 신경성 두통일 경우가 많습니다만 눈에 맞지 않는 안경을 써도 머리가 아프죠. 그 밖에 중이염, 축농증, 충치 등도 두통의 원인이 될 수 있습니다. 혈압이 낮거나 높은 분들에게서도 여러 가지 불쾌한 증세와 함께 두통이 나타나기도 합니다.

갑자기 격렬한 두통이 일어나면서 의식을 잃거나 구토를 하는 경우에는 뇌에 이상이 있다는 신호일 수도 있기 때문에 가볍게 지나쳐서는 안 됩니다. 머리가 아프다고 무턱대고 진통제를 먹는 것은 바람직하지 않습니다.

하지만 백목련차는 자궁을 흥분시키는 작용이 있으므로 임신기간에는 사용을 피하시는 것이 좋습니다.

저혈압으로 인한 두통에 들국화 화전이 좋습니다

혈압이 낮고 혈액순환이 원활하지 않을 때 일어나는 각종 증세들이 있습니다. 현기증, 두통, 귀울림 같은 증세들인데 약을 먹어도 잘 낫지 않고 만성적으로 되풀이되기가 쉽습니다. 이럴 때는 일회적인 진통제보다 혈액순환을 도와주는 국화차를 꾸준히 마시거나 들국화로 화전을 만들어 드시는 것이 좋은 효과가 있습니다.

들국화 화전은 꼭 식용 국화를 가지고 만들어야 합니다. 건재약국에서 '감국'이라는 이름으로 말린 국화 꽃잎을 팔고 있으니 꼭 가을이 아니더라도 사용할 수 있습니다. 들국화 화전은 향기도 좋아 술안주는 물론 아이들 간식으로도 아주 좋지요.

그 밖에 재미있는 방법으로 매실을 흐르는 물에 씻어 살만 도려내어 관자놀이에 붙여 보세요. 효과가 있답니다. 매실차를 마셔도 좋고요.

COOKING

들국화전 만들기

재료 노란 식용국화 5송이, 찹쌀가루 1/2컵, 물 1컵, 소금 · 식물성기름 조금씩

❶ 노란 식용국화를 구입하여 꽃송이와 잎을 딴 뒤 흐르는 물에 깨끗이 씻어 물기를 턴다.
❷ 찹쌀가루에 더운물을 붓고 섞어 반죽한다.
❸ 프라이팬에 기름을 두르고 뜨겁게 달군 뒤 반죽을 한 숟가락 떠서 모양을 잡는다. 찹쌀 반죽 위에 꽃을 눌러 얹고 잎을 놓아 지진다.

1 CHAPTER

약이 되고
궁합 맞는 신재용 선생의
동의보감 음식

불면증에 시달린다

신경이 날카로운 분들의 불면증에 사과호두즙이 좋아요

신경을 많이 쓰시는 분들은 작은 일에도 쉽게 잠을 이루지 못합니다. 이런 분들이 쉽게 이용할 수 있는 처방으로 사과호두즙이 참 좋습니다. 일이 많고 항상 신경을 많이 쓰기 때문에 소화도 안 되어 헛배가 부르고 의욕도 없으면서 잠자리까지 편하지 못한 분들에게도 좋고요, 시험을 앞두고 숙면을 취하지 못하는 수험생들에게 좋은 처방입니다.

사과호두즙을 먹으면 짧은 시간을 자더라도 깊게 숙면을 취하도록 도와줍니다. 또 대표적인 건뇌 식품인 호두가 머리를 맑게 해주는 작용을 합니다. 사과의 위 1/2 되는 부분을 잘라서 속을 파내고 그 속에 호두 1개와 꿀 1큰술을 넣은 다음 도려낸 윗부분으로 뚜껑을 닫고 중탕을 합니다. 이것을 즙을 짜서 드시면 참 좋습니다.

건강에 좋은 이야기 하나 더!

잠이 잘 오는 안면경혈 지압법

밤에 잠을 자려고 해도 쉽게 잠들지 못하거나 밤에 자주 깨서 아침에 일어나도 별로 잔 것 같지 않다는 사람들이 있다.

이런 사람들에게 좋은 것이 '안면 경혈 지압법'이다. 귓불 바로 뒤, 뒷머리 쪽을 만져 보면 뼈가 약간 튀어나온 부분이 있다.

손을 갖다 대면 엄지 손톱만한 동그란 뼈가 만져지는데, 이 뼈의 바로 뒤 오목하게 패어 있는 곳이 안면 경혈이다. 잠이 안 올 때 이곳을 자주 눌러 주면 잠도 잘 오고 밤에 편안하게 잘 수 있다.

혈압이 높으면서 불면증일 때 양파를 드세요

혈압이 높은 분들이 불면증을 호소하시는 경우가 있습니다. 뇌혈관의 동맥경화나 고혈압이 있으면 그에 따라 뇌에 장애가 생겨 잠을 깊게 자지 못하게 되는 것인데요, 이럴 때 양파를 꾸준히 드시는 것이 좋습니다.

양파는 혈압을 조절해 주고 피를 맑게 해주어 동맥경화, 고혈압이 있을 때 많이 권해주는 음식인데 먹는 것도 효과가 좋지만 양파 특유의 매운 성분이 호흡기를 통해 몸속에 들어가면 신경을 안정시키고 잠이 오게 하는 작용을 한다고 합니다. 그러나 잠이 오지 않을 때는 양파를 링 모양으로 썰어 머리맡에 펼쳐 놓기만 해도 좋은 효과를 볼 수 있습니다.

신경성 불면증에는 죽순닭죽이 그만입니다

억울하거나 속상한 일이 있거나 해결하기 어려운 고민거리가 있어 걱정하시는 분들 있으시죠? 이런 분들도 불면증이 오기 참 쉽습니다. 이럴 때 죽순닭죽을 드시면 효과가 좋습니다.

마음의 병 때문에 생긴 불면증은요, 얼굴에 화끈화끈 열감이 오고 가슴도 울렁거립

한의사 신재용 선생의 진료실

건강에 큰 문제는 없는 것 같은데도 잠을 이루지 못해 고생하시는 분들이 의외로 많습니다. 동의보감에서는 '열은 없는데 머리가 아프고 정신이 또렷해서 잠을 이루지 못하는 것은 몸이 허약하기 때문이다' 라고 말하고 있습니다. 몸이 허약한 분들, 만성적인 질병에 시달렸던 분들, 연세가 많으신 분들에게 이런 증세가 많이 나타나지요.

이럴 때 무턱대고 수면제를 사용하는 것은 좋지 않습니다. 약을 먹은 날은 쉽게 잠이 들지만 근본적인 원인이 제거되지 않았기 때문에 습관적으로 사용해야 하는 어려움이 있습니다.

또 허약한 몸을 보해서 건강을 빨리 회복하는 것이 바람직합니다.

니다. 작은 일에도 잘 놀라 잠자리에 들어도 쉽게 잠이 들지 못하고 작은 소리에도 잠을 깹니다. 이럴 때 집에서 즐겨 드시는 닭죽을 끓이면서 녹두와 죽순, 산조인 등 좋은 재료들을 첨가해 죽순닭죽을 끓이시면 그냥 닭죽만 드시는 것보다 훨씬 좋다는 거지요. 몸이 허한 것도 낫게 해 주고 잠도 잘 오게 해 줍니다.

COOKING

죽순닭죽 끓이기

재료 닭(중간 크기) 1마리, 죽순 40g
산조인 20g, 치자 10g, 녹두 50g
양파 1개, 쌀 1컵, 소금 조금

❶ 죽순과 산조인을 냄비에 담고 7~8컵 정도 물을 부어 6컵 분량이 될 때까지 달인 다음 물만 받아 그 물로 녹두 50g을 푹 삶는다. 치자는 물을 조금 부어 색을 우려낸다.
❷ 닭은 내장을 빼고 깨끗이 손질하여 냄비에 담고 토막 낸 양파를 넣은 다음 물을 붓고 삶는다. 닭이 다 삶아지면 국물은 따로 걸러내고 닭살은 먹기 좋게 찢어 놓는다.
❸ 불린 쌀을 냄비에 안치고 닭 삶은 물과 찢어 둔 닭살을 넣고 끓인다.
❹ 죽이 끓으면 삶은 녹두를 넣고 소금 간을 한 다음 치자물을 부어 색을 낸다.

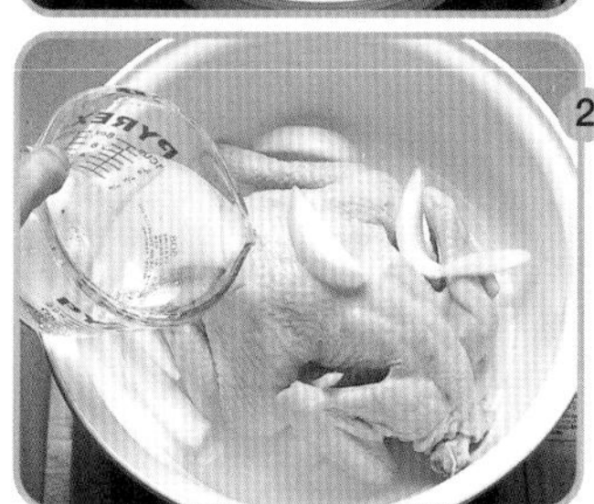

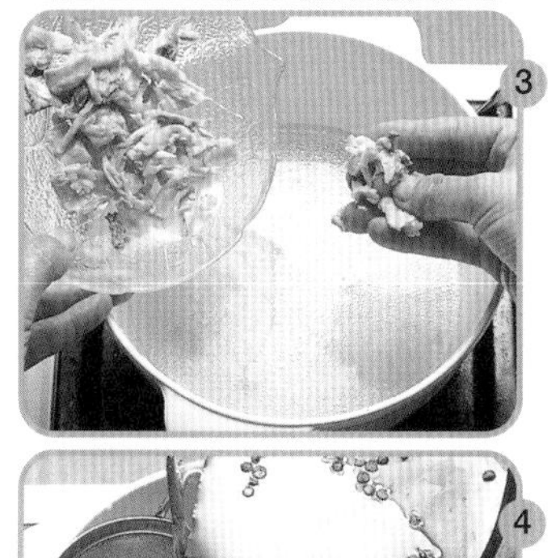

약이 되고
궁합 맞는 신재용 선생의
동의보감 음식

1 CHAPTER

쉽게 피곤하다

황기는 단너삼의 뿌리로 살이 쪄서 도톰한 것을 사용한다. 땀을 차게 식히는 작용이 커서 예로부터 지한제로 많이 사용했다.

과로로 인한 허약에는 황기차가 참 좋습니다

오랜 기간 쉬지 못하고 무리해서 일을 하면 만성적인 피로와 함께 몸이 허약해지게 되지요. 한방에서는 이런 상태를 '기허'라고 부르는데 이럴 때 황기차를 드시면 참 좋습니다.

황기는 단너삼의 뿌리로 예로부터 기를 보하는 아주 귀한 약재로 사용해 왔습니다. 중추신경계를 흥분시켜 성호르몬과 같은 작용을 하고 과로로 인해 쇠약해진 심장을 튼튼하게 해 줍니다. 또 몸속의 기운을 돋우어 몸속 장기에 고여 있는 나쁜 피를 몰아냅니다.

하루에 황기 20g을 300㎖의 물에 넣고 반 분량이 될 때까지 졸여 차처럼 마시면 큰 도움이 되지요.

여름에 체력이 떨어질 때 닭 뱃속에 황기를 넣고 푹 고아 드시면 여름철 건강도 지켜주는 보신 음식이 됩니다.

콩은 당뇨로 인한 피로를 덜어 줍니다

간염이나 당뇨 등의 질환은 피로를 심하게 느끼는 것이 특징입니다. 특히 당뇨는 몸속에서 에너지원이 되어야 할 포도당이 소변으로 빠져나가 버려 만성적인 나른함과 피로를 느끼게 되지요.

이럴 때 좋은 음식들이 여러 가지가 있는데 그 중에서도 콩이 참 좋습니다. 우선 인슐린을 분비하는 췌장을 튼튼하게 해 주고요, 밭의 고기라고 불릴 만큼 양질의 단백질이 들어 있습니다. 각종 비타민도 풍부하게 들어 있지요.

날것도 좋지만 소화가 잘 되지 않으니 볶은 콩을 갖고 다니시면서 심심할 때마다 간식처럼 드시면 효과가 좋습니다. 콩나물이나 된장, 두부도 식사 때마다 자주 드십시오.

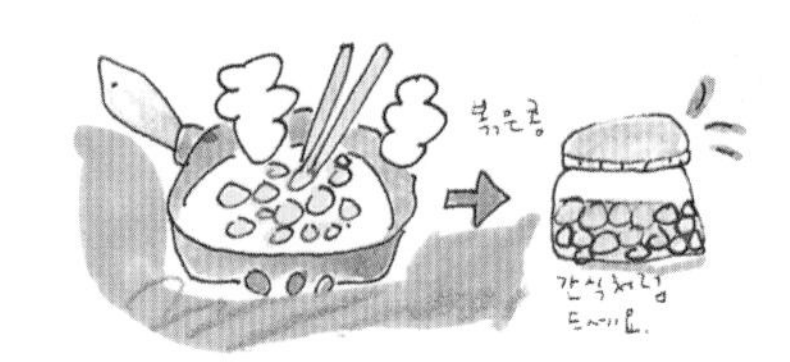

건강에 좋은 이야기 하나 더!

여름 타는 증세가 피로를 가중시킨다

기온이 날마다 30℃를 오르는 날이 이어지면 아무것도 하기 싫고 매사에 귀찮아지며 쉽게 피로한 증세가 나타난다. 또 숨 막히게 더운 열대야가 지속되어 며칠이고 잠을 설치게 된다. 이러한 증세를 '여름을 탄다'고 하는데, 이렇게 무더운 여름이 계속될 때일수록 건강을 지키려는 노력이 필요하다.

식욕이 없다고 해서 식사를 제대로 하지 않거나 잠이 안 온다고 밤늦게까지 잠을 안 자면 피로는 더욱 심해진다. 영양부족으로 기초 체력마저 떨어져 있는 상태에서 수면 부족이 겹치면 피로가 가중되어 여름 타는 증세가 점점 심해질 수밖에 없다. 찬 음식을 먹으면 설사를 하고 조금만 운동을 해도 숨이 찬다면 상당히 중증인 것이다. 이렇게 여름을 타는 증세가 병으로 이어지기 전에 생활리듬을 바로잡을 필요가 있다.

피로는 건강 상태를 나타내는 기준으로 삼을 수 있는 경고 신호입니다. 물론, 정상적인 피로와 병적인 피로를 구분할 수 있지만 어떤 경우라 하더라도 건강전선에 이상이 오고 있다는 우리 몸의 신호라는 점은 같습니다.

피로는 크게 정신적인 원인으로 나타나는 피로, 질병에 의해서 나타나는 피로, 생리적 현상에 따른 피로로 나누어 생각할 수 있습니다. 적당한 운동이나 하루 일과 후에 느끼는 좋은 피로가 생리적인 피로인데, 이것은 크게 걱정하지 않아도 되고 숙면을 취하고 나면 곧 회복됩니다.

걱정해야 할 것은 정신적인 피로와 질병에 의한 피로입니다. 머리가 무겁고, 집중력과 의욕이 저하되며 졸음이 자꾸 오고 건망증도 심해지는 것은 정신적인 피로가 원인이 된 것인데 마음의 걱정 때문에 생기기도 하고, 신경 안정제 등을 복용한 후유증으로 나타나기도 합니다.

일반적인 피로에 잔대뿌리 무침을 이용해 보세요

특별한 병은 없는데 쉽게 피로하고 지치는 분들에게 좋은 처방이 있습니다. 강정 효과가 뛰어난 잔대와 단백질, 무기질이 풍부한 참깨를 이용한 잔대뿌리 무침이 그것입니다.

잔대는 봄에 나는 어린 싹을 드셔도 좋고 건재약국에서 파는 뿌리를 드셔도 좋습니다. 더덕처럼 생긴 잔대의 뿌리는 인삼만큼이나 좋은 약효가 있고 강정 작용도 아주 뛰어납니다. 참깨도 심장을 튼튼하게 하고 불포화지방산이 많아 성인병 걱정을 덜어 주는 좋은 식품이지요. 잔대뿌리와 참깨를 함께 드시면 봄철 나른함도 덜어 주고 머리까지 맑아지는 아주 좋은 음식이 됩니다.

COOKING

잔대뿌리된장무침 만들기

재료 잔대뿌리 200g, 깨소금 1큰술, 된장 1/2큰술, 다진 파 · 마늘 1/2큰술씩, 참기름 조금

❶ 잔대뿌리는 속이 단단한 것으로 골라 깨끗이 씻고 겉껍질을 벗긴다. 잔대뿌리는 칼로 반 갈라 먹기 좋게 찢는다.
❷ 잔대뿌리 찢은 것을 우묵한 그릇에 담고 깨소금, 다진 파와 마늘, 참기름, 된장을 조금씩 넣고 조물조물 무쳐 간이 배도록 한다.

1

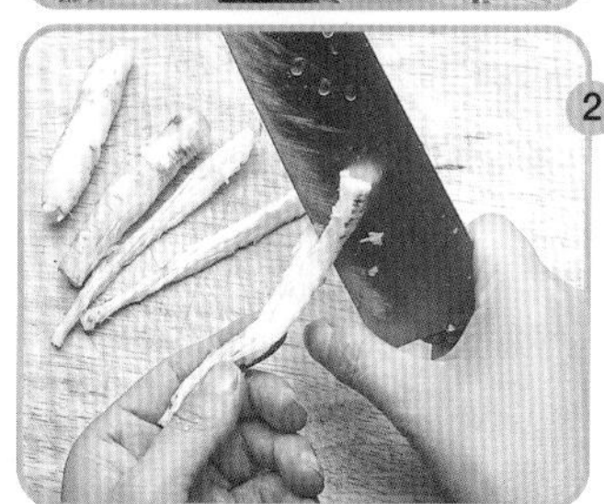

2

3

1 약이 되고 궁합 맞는 신재용 선생의 동의보감 음식

CHAPTER

스트레스가 심하다

스트레스로 인한 허약체질 개선에 토란줄기가 좋습니다

잠잘 때 식은땀을 잘 흘리고 작은 일에도 손에 땀이 흥건히 젖는 분들이 있습니다. 원체 체질이 허약한데다 작은 일에도 쉽게 스트레스를 받는 이런 분들에게 토란줄기가 참 좋습니다.

스트레스가 저절로 해소되고 약한 심장을 강하게 만들어 주면서 야뇨증이나 알레르기성 비염 따위로 콧물을 흘리는 경우에도 참 좋습니다. 허약한 부분들을 보충하고 건강하게 만들어 스트레스를 날려 버리는 셈이죠.

특히 토란에는 칼슘이 아주 많아 토란 100g에 칼슘이 120㎎이나 됩니다. 정서불안 증세를 보이는 분들이 많이 드시면 좋습니다.

백합은 마음의 병을 다스립니다

나리꽃, 백합꽃의 뿌리를 백합이라고 합니다. 한방에서는 이 백합을 노이로제에 잘 듣는 치료제로 사용하고 있습니다.

마음에 병이 있으면 말수가 적어지고 무척 피곤하고 졸린 데도 잠이 오질 않습니다. 입맛이 당기질 않아 음식도 못 먹게 되며 움직이려고 해도 잘 움직여지지 않습니다. 심하면 오한이 들거나 열이 나고 심장 박동도 빨라집니다. 이런 마음의 병을 다스리는 데 백합이 잘 듣습니다. 신경을 안정시키고 마

토란대무침 만들기

재료 토란대 200g,
다진 파 · 마늘 · 참기름 · 깨소금 · 국간장 조금씩

❶ 토란대 100g를 물에 씻은 뒤 채반에 말린다.
❷ 토란대가 바싹 마르면 분쇄기에 갈아 가루를 낸 다음 깨소금을 적당량 섞어 맛을 낸다.
❸ 남은 토란대 100g는 끓는 물에 데쳐서 꼭 짠 뒤 준비한 양념과 깨소금을 섞은 토란대 가루를 넣어 무친다.

한의사 신재용 선생의 진료실

현대인들이 흔히 겪는 괴로운 증세들 가운데는 스트레스가 원인이 된 것이 많습니다. 스트레스 자체는 병이 아니지만 그것이 원인이 되어 몸의 신진대사가 원활치 않게 되고 신체의 저항력이 떨어져 여러 가지 병까지 나타나게 됩니다.

증세도 다양하지요. 머리가 아프고 눈도 피로해집니다. 그래서 눈물도 적어지고 눈이 뻑뻑하게 느껴집니다. 입이 마르기도 합니다.

콧물과 재채기가 잘 나는 경우도 있고요, 심하면 귀울림 증세까지 나타납니다. 예민한 사람들은 심장이 두근거리기도 한답니다.

특별한 병이 없는데도 이런 증세들이 자주 나타난다면 대부분은 스트레스가 그 원인입니다. 증세를 치료하는 것만으로는 소용이 없고 근본적으로는 마음을 편안하게 가지는 것이 제일 중요합니다. 또 긍정적인 생활 태도와 규칙적인 식생활, 적당한 운동, 기분전환이 되는 취미 생활 등으로 스스로의 마음을 즐겁게 갖도록 노력해야 합니다.

음을 편하게 하는 데 좋은 효과가 있습니다.

꽃이 피어 있는 뿌리를 약으로 쓰는데요, 찧어서 꿀로 버무려 15g에서 30g 정도를 하루 양으로 두 번에 나누어 드시면 됩니다.

수험생의 스트레스에 얼룩조릿대를 써 보세요

시험을 앞둔 학생들은 공부 때문에 건강을 해치는 일이 있습니다. 잠이 부족하기 쉽고 마음의 부담 때문에 신경이 피로해져 공부의 능률까지 떨어지기도 합니다. 수험생들의 이런 스트레스에 얼룩조릿대를 써 보세요.

얼룩조릿대는 신경의 피로를 풀어 주고 전신의 권태감도 없애 줍니다. 아울러 스태미나를 강화시키기 때문에 공부 때문에 지쳤을 때 활력을 주지요. 또 공부할 때 머리도 맑아지게 됩니다.

6~12g 정도를 하루 양으로 해서 차로 끓여 마시면 좋습니다. 건재약국에서 담죽엽이라는 이름으로 판매하고 있습니다.

식초는 스트레스로 인한 피로 회복에 그만입니다

스트레스가 쌓이게 되면 우리 몸속에 피로 물질이 많아지게 되겠죠. 따라서 식초처럼 피로 회복에 효과가 있는 식품을 많이 먹으면 스트레스 해소에 도움이 됩니다.

식초는 몸속의 피로 물질을 빼내 줍니다. 또 스트레스로 인해 산성화된 몸을 중화시켜 줍니다. 스트레스가 심해서 몸 여기저기가 결리고 근육이 경직될 때 식초를 마시면 유연하게 풀어집니다.

맛이 독해서 그냥 드시기는 힘드시죠?

냉면 같은 음식을 드실 때 듬뿍 쳐서 드십시오. 또 맛이 순한 감식초 등을 희석해서 드셔도 좋습니다.

스트레스 해소법을 알려 주세요

● **긍정적인 사고를 갖는다**

스트레스의 원인은 정신적인 데서 오는 경우가 많다. 성격적으로 혹은 심리적으로 감당하기 힘든 상황이 되면 스트레스를 받기 쉽다. 따라서 성격이 소심하고 꼼꼼한 사람들일수록 스트레스를 받을 가능성이 높다.

마음을 편하게 갖고 긍정적인 사고를 갖게 되면 스트레스를 받는 일도 줄어들뿐더러 스트레스 해소에도 도움이 된다.

● **취미생활을 한다**

주말이나 공휴일이면 등산이나 여행, 문화생활을 하여 스트레스가 쌓이지 않게 한다. 요즘은 문화생활을 즐길 수 있는 기회나 행사 등도 다양해서 조금만 신경을 쓰면 즐거운 생활을 할 수 있다.

● **규칙적으로 운동을 한다**

과로로 인한 피로는 스트레스의 원인이 되므로 피로가 쌓이지 않게 규칙적으로 운동하는 것이 필요하다. 땀을 흘리면서 즐겁게 운동을 하는 것도 스트레스를 푸는 좋은 방법이다.

신경통이 심하다

솔잎 찜질은 혈액순환을 좋게 합니다

솔잎을 씹어 보면 약간 뻣뻣하고 떫은맛이 있어 먹기는 힘이 들지요. 그런데 찜질약으로 이용하면 신경통에 좋은 효과가 있습니다. 솔잎은 아주 뛰어난 자양강제이고 고혈압, 동맥경화, 중풍을 예방하는 효과도 있습니다. 혈액순환을 좋게 하면서 관절의 염증까지 치료하고 통증을 덜지요.

일본에서는 솔잎 추출물을 직접 피하 지방에 주사해 어깨 통증을 치료하기도 하지만 집에서 실천하기는 어려운 방법이니 그 대신 솔잎찜질을 해 보세요. 솔잎은 찻길에서 멀리 떨어진 자연 그대로의 것을 구하십시오. 가는 모래와 소금을 이 솔잎과 함께 넣고 찜통에 찌면 좋은 찜질약이 됩니다. 번거로우면 면주머니에 이 재료를 넣고 보온밥통에 넣어 두면 됩니다. 필요할 때마다 꺼내어 주머니째로 찜질을 하면 간편합니다. 또 소나무 생잎을 면주머니에 싸서 목욕물에 담가 두면 관절염과 신경통에 아주 좋은 효과가 있지요.

단, 관절염이 심해서 퉁퉁 붓고 벌겋게 성이 나 있거나 환부에 열이 있는 분은 솔잎 찜질을 삼가세요.

COOKING

솔잎찜질약 만들기

재료 솔잎 300g
가는 모래와 굵은소금 적당량

❶ 솔잎은 깨끗이 씻어 먼지를 없애고 밑동 부분을 뜯어 내 한 잎씩 떼어 놓는다.
❷ 손질한 솔잎을 모래와 함께 광목 위에 놓고 그 위에 준비한 굵은소금을 뿌린다.
❸ 광목에 올린 솔잎과 모래가 흐트러지지 않게 잘 싸서 찜통에 넣고 짠다.
❹ 주머니가 뜨거워지면 꺼내어 환부에 찜질한다.

한의사 신재용 선생의 진료실

신경통은 사철 고통스러운 증세입니다만 특히 겨울에는 더 심해집니다. 쑤시고 도려내는 것 같은 맹렬한 통증이 발작적으로 반복되죠. 아픔을 느끼는 부위가 일정하고 통증이 가라앉으면 아무렇지도 않아 움직이는 데도 큰 지장이 없습니다.

이럴 경우 단순히 신경이 아픈 것이라고 생각하고 가볍게 지나치기 쉽지만 어디엔가 이상이 있을 가능성도 있습니다. 관절의 염증이나 영양의 불균형, 혈액순환 장애 같은 것이 바로 그것입니다. 통증이 나타나는 범위가 넓거나 찜질, 식사조절 등의 주의로 통증이 나아지지 않는다면 병이 생긴 것일 수도 있으니 주의하셔야 합니다.

또 통증이 없다고 해서 괜찮아진 것으로 생각하지 말고 꾸준히 치료를 받는 것이 좋습니다. 통증이 없을 때는 잊고 지내기가 쉽기 때문에 꾸준히 치료하는 것이 더 어렵습니다. 통증이 자주 나타나는 부위에는 찜질을 자주 해 주고 따뜻하게 해 주십시오.

냉증으로 인한 여성의 신경통엔 매실주를 드세요

갱년기 여성들은 여러 가지 질병과 불쾌한 증세들에 시달리는 경우가 많습니다. 뼈의 칼슘이 빠져나가 골다공증이 되기도 하고 혈액순환이 나빠져 팔, 다리의 관절이 심하게 아프기도 합니다.

이럴 때 매실주를 드시면 많은 도움이 됩니다. 매실주는 타액선을 자극해 노화를 방지하는 호르몬을 분비하게 해 줍니다. 혈액순환도 좋게 하고 칼슘의 흡수도 촉진하기 때문에 허리와 팔, 다리의 통증을 완화시켜 주지요.

이 매실주를 찜질약으로도 사용할 수 있습니다. 깨끗한 면보를 몇 겹으로 겹쳐 두툼하게 만든 다음 매실주를 적셔 환부에 대고 그 위를 뜨거운 수건으로 덮어 줍니다. 이렇게 하면 통증과 저림을 빨리 가시게 하는 좋은 찜질약이 됩니다.

뜨거운 온열 찜질이므로 환부에 열이 나는 경우에는 피하도록 하십시오.

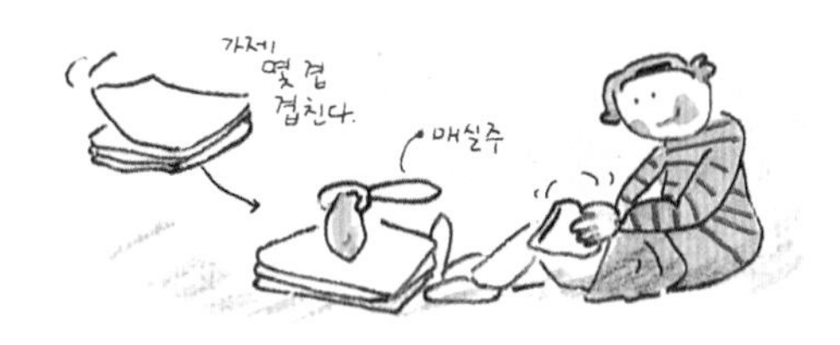

두릅은 중풍 증세를 완화시키고 통증을 없애 줍니다

한방에서는 두릅나무의 껍질을 총목피라고 하는데 이 총목피가 아주 뛰어난 건위제이면서 진통제입니다.

두릅나무의 껍질은 풍을 제거하고 통증을 진정시키는 작용이 뛰어나 예부터 관절염과 신경통에 자주 쓰여 온 약재였습니다. 또 소화기의 기능을 강화하는 건위 작용이 대단해서 위경련이나 위궤양을 낫게 하고 꾸준히 먹으면 위암을 예방해 준답니다.

두릅나무 껍질 10g에 물 5컵을 붓고 약한 불에서 졸여 물의 양이 절반이 되도록 하면 단단한 나무껍질이 물러지면서 좋은 성분들이 다 우러납니다. 이것을 하루 양으로 해서 여러 번에 나누어 복용하면 좋습니다.

COOKING

매실주 만들기

재료 청매실 2kg, 얼음설탕 600g, 소주 1.8ℓ

❶ 익기 전에 따낸 푸른 매실을 깨끗이 씻어 물기를 닦아 낸 다음 서늘한 곳에 하루 동안 말린다.
❷ 손질한 매실을 밀폐용기에 담고 설탕과 소주를 부어 서늘한 곳에서 3개월간 숙성시킨다.

류머티즘 · 관절염으로 고생한다

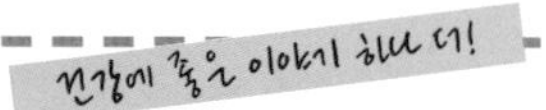

류머티즘일 때 온냉욕도 좋다

류머티즘인 사람에게 가장 중요한 것은 몸을 따뜻하게 해 주는 것이다.

목욕할 때는 욕조에 들어가 몸을 따뜻하게 한 다음 차가운 샤워를 하반신에 해 주고 다시 욕조에 들어가는 온냉욕을 되풀이하면 훨씬 좋아진다.

약쑥 목욕이 통증을 덜어줍니다

목욕이 관절염의 통증을 덜어 준다는 것은 다들 아시죠? 적당히 따뜻한 물로 목욕하면 혈액순환도 돕고 신진대사도 원활하게 되어 많은 도움이 됩니다.

이럴 때 그냥 따뜻한 물로 하지 마시고 쑥탕을 해 보세요. 말린 쑥 60g 정도를 깨끗이 씻어 베보자기에 담고 뜨거운 목욕물에 우려낸 다음 그 물로 목욕을 하는 것입니다. 쑥도 몸을 따뜻하게 해 주는 작용이 있는데 특히 여성의 냉증으로 인한 관절통에 참 좋은 효과가 있습니다.

쑥 대신 말린 고춧잎이나 생강을 얇게 저며 썬 것을 이용해도 효과가 좋으니 여러 가지 방법으로 해 보세요.

관절에 염증이 생겼다면 율무를 이용하세요

율무는 곡물 중에서도 영양가가 높은 것으로 알려져 있습니다. 몸에 이로운 작용을 많이 하는데 그 중에서도 소염 작용과 진통 작용이 아주 뛰어나지요.

관절염은 관절의 염증이 원인이 되어 무릎이 아프거나 관절 사이에 체액이 괴어 부기가 있는 등의 증세가 나타나지요. 이럴 때 율무를 이용하면 좋은 효과를 볼 수 있다는 것입니다.

가장 쉽게 이용할 수 있는 것이 바로 율무차인데요, 율무는 잡티가 없도록 잘 골라서 깨끗이 씻은 다음 체에 밭쳐서 물기를 뺍니다. 그런 다음 프라이팬에 볶아 밀폐용기에 보관해 두십시오. 필요할 때마다 20g 정도를 물 3컵으로 끓여서 양이 반으로 줄면 그것을 하루 양으로 2~3회에 나누어 마시면 됩니다.

부종이 심한 경우에는 볶지 않은 생율무로 차를 끓이세요. 임신 중인 분들은 사용하지 않는 것이 좋습니다.

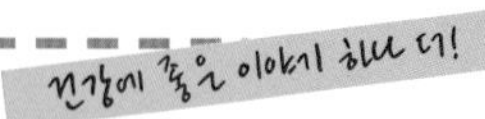

관절염은 수영으로 고친다

나이가 들어 관절이 퇴화하면 뼈마디가 쑤시거나 붓는 등의 관절염 증세가 나타나기 쉽다. 관절염은 약으로 고치기가 어렵고 수술한다고 완치되는 것이 아니어서 꾸준한 생활상의 주의가 필요하다. 그 대표적인 것이 바로 수영.

수영은 전신 운동이기 때문에 운동량도 많을 뿐 아니라 수압에 의해서 관절의 영향을 받기 때문에 관절염 증세가 있을 때 수영을 하면 상당히 좋다. 관절염으로 고통 받고 있는 사람이라면 하루 30분씩 꾸준히 수영을 해서 물리 치료와 같은 효과를 보도록 하자.

한의사 신재용 선생의 진료실

관절염이나 류머티즘은 생명이 관계되는 중한 병은 아니지만 병을 앓는 분들에게는 참 고통스러운 병입니다. 쉽게 낫지도 않고 방치해 두면 마디마디가 부으면서 심하면 울퉁불퉁 관절 변형까지 나타납니다.

동의보감에선 이런 병을 '백호 역절풍'이라 불렀습니다. 호랑이가 무는 것 같은 통증이 마디마디에 나타난다는 뜻인데요. 그만큼 통증이 심해서 괴롭습니다. 간단히 낫지도 않기 때문에 오랜 기간을 꾸준히 치료해야 하지요. 더불어 생활 속의 주의가 꼭 필요합니다.

병원에서 치료를 받고 있다고 안심하지 마시고요, 생활하면서 지켜야 할 것이라든가 식이요법 등을 꼭 실천하십시오.

류머티즘에 마늘달걀이 좋습니다

마늘은 몸을 따뜻하게 해 주고 항염·항균 작용이 있어 몸속의 각종 질병에 두루 쓰이는 좋은 식품입니다. 이 마늘을 갈아 달걀과 함께 섞어 볶은 마늘달걀은 류머티즘에 좋은 효과를 발휘합니다.

다갈색으로 볶아진 마늘달걀을 가루로 만들어 처음에는 한 번에 4g씩, 하루에 세 번 복용합니다. 맛이 익숙해지면 양을 조금씩 늘리고 잠들기 전에 더 많은 양을 복용하면 좋은 효과를 볼 수 있습니다.

그 밖에 이런 것도 있어요. 녹차를 마실 때 생강즙을 섞어 마시든지, 생강 홍차에 갈분을 섞어 마셔 보세요. 진통 작용이 있어 통증 완화에 좋습니다.

COOKING

마늘달걀 만들기

재료 마늘 30쪽, 달걀 3개

❶ 마늘은 껍질을 벗겨서 믹서에 간다.
❷ 냄비에 20~30분 정도 조리다가 달걀 3개를 깨뜨려 넣고 갈색이 되도록 볶는다.
❸ 갈색으로 뻑뻑하게 조려진 마늘달걀을 분마기에 넣고 빻아 가루 낸다.

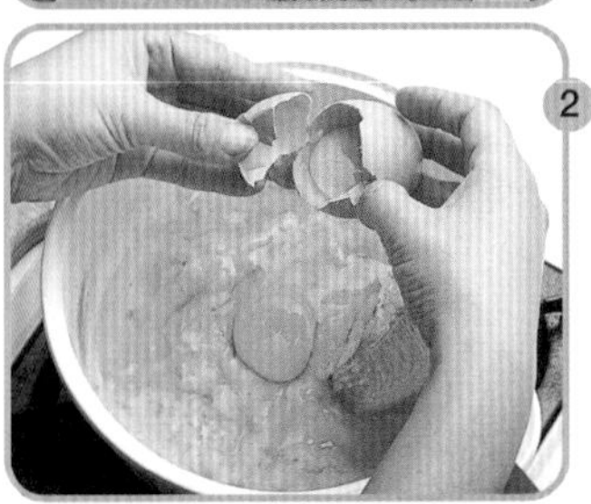

1 CHAPTER

약이 되고
궁합 맞는 신재용 선생의
동의보감 음식

눈이 아프고 침침하다

COOKING

국화차 만들기

재료 식용국화 5송이, 소금 조금

❶ 식용국화의 꽃잎을 따서 흐르는 물에 씻어 물기를 닦는다.
❷ 냄비에 물을 붓고 소금을 조금 넣어 끓이다가 국화 꽃잎을 넣어 잠시 데친다.
❸ 데친 국화 꽃잎을 소쿠리에 펼쳐 그늘에서 말린다.
❹ 뚜껑이 있는 병에 국화 꽃잎을 담아 뚜껑을 덮은 뒤 시원한 곳에 보관한다.

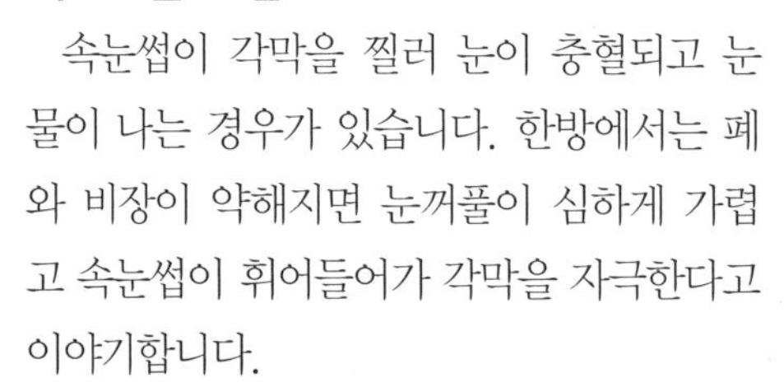

눈꺼풀의 염증에는 국화차를 드십시오

속눈썹이 각막을 찔러 눈이 충혈되고 눈물이 나는 경우가 있습니다. 한방에서는 폐와 비장이 약해지면 눈꺼풀이 심하게 가렵고 속눈썹이 휘어들어가 각막을 자극한다고 이야기합니다.

이럴 때는 눈을 치료해도 쉽게 낫지 않지요. 가을에 피는 노란 국화잎을 말려 차로 마시면 좋은 효과를 볼 수 있습니다. 눈이 아프다고 손으로 비비거나 안약을 자꾸 넣으시면 오히려 악화될 수도 있으니 대신 국화차를 꾸준히 드십시오.

충혈된 눈에는 구기자를 드세요

구기자는 건강차의 재료로 많은 분들이 즐겨 사용하시죠. 이 구기자가 눈에도 좋은 효과가 있습니다. 눈의 피로를 풀어 주고 충혈된 것을 가라앉혀 줍니다. 또 간장을 보호해서 기본적인 눈의 건강도 지켜 줍니다.

효능은 결명자와 비슷하지요. 하지만 차가운 성질을 가진 결명자와는 달리 구기자는 오래 복용해도 부작용이 없어 체질에 관계없이 사용할 수 있는 장점이 있습니다. 구기자 잎이나 열매를 사용해 차를 끓여 마시면 많은 도움을 얻을 수 있습니다.

한의사 신재용 선생의 진료실

동의보감에 의하면 '오장육부의 장기가 눈에 모여서 눈의 정기를 이룬다'라고 했습니다. 다시 말해서 눈의 정기는 우리 온몸의 정기를 하나로 모아서 보여 주는 것이라 할 수 있겠습니다. 그래서 사람의 눈을 보면 그의 마음도 알 수 있고 오장육부가 얼마나 건강한가를 가늠해 볼 수 있는 것입니다.

그런데 눈을 너무 많이 사용하면 눈에 피로가 와 아프고 침침해지기까지 합니다. 또 마늘처럼 매운 음식을 생식하거나 밤에 책을 오래 읽는 것도 눈에 해롭고요. 너무 많이 울거나 성관계를 지나치게 하는 것도 모두 눈을 상하게 하는 원인이 된답니다.

과로나 과음으로 인해 간의 건강을 해치게 되면 이것도 눈을 해치는 원인의 하나가 됩니다. 눈이 피로하고 아프다고 해서 차가운 성질의 안약을 넣거나 냉수로 눈을 씻어내는 일은 증세를 더 나쁘게 만들 뿐입니다. 이럴 때는 눈을 쉬게 하면서 몸이 허약해진 것을 보하고 건강을 되찾는 것이 바람직한 방법입니다.

눈의 가려움증에는 물푸레나무가 좋습니다

먼지와 공해가 많아서인지 요즘엔 각종 눈병이 철마다 사람들을 괴롭히죠. 빨갛게 붓기도 하고 가렵기도 하고 눈곱이 끼어 보기에도 안 좋습니다. 이럴 때 물푸레나무 달인 물을 이용하면 좋습니다.

물푸레나무의 줄기를 꺾어서 잎과 함께 삶은 물로 눈을 씻으면 눈의 가려움증과 가벼운 염증 증세가 가라앉게 되지요. 눈곱이 끼었거나 통증이 있을 때도 놀라운 효과를 기대할 수 있고요. 다래끼가 나려고 할 때도 항생제 대신 물푸레나무 달인 물을 마시면 좋습니다.

눈을 밝게 하는 데는 결명자가 제일입니다

결명자가 눈에 좋다는 것은 다 아시죠. 눈을 맑게 해준다고 해서 결명이라고 이름 붙여졌는데요. 잎을 나물로 무쳐 먹거나 여름이 지나 맺히는 씨로 차를 끓여 마십니다.

결명자는 오랜 눈병을 낫게 하고 눈이 침침할 때 꾸준히 먹으면 좋은 효과를 볼 수 있습니다. 또 간장과 신장을 튼튼하게 하는 작용을 하기 때문에 간의 이상 때문에 눈이 나빠지는 경우에도 좋습니다.

그냥 먹기는 힘드니까 가루 내어 쌀죽에 섞어 드시는 것이 좋습니다. 매일 먹기가 번거로우시면 묽은 쌀미음에 타서 식후에 한 잔씩 드셔도 됩니다. 또 결명자의 잎을 나물로 무쳐서 먹어도 도움이 됩니다.

COOKING

결명자죽 끓이기

재료 결명자 1컵, 쌀 1컵

❶ 결명자는 물에 한 번 씻어 건진 뒤 분마기에 넣고 거칠게 찧어 가루 낸다.
❷ 쌀을 씻어 불린 뒤 물 10컵을 붓고 죽을 끓인다.
❸ 쌀알이 퍼지면서 죽이 다 되면 가루 낸 결명자를 적당량 섞어 먹는다.

전립선에 이상이 있다

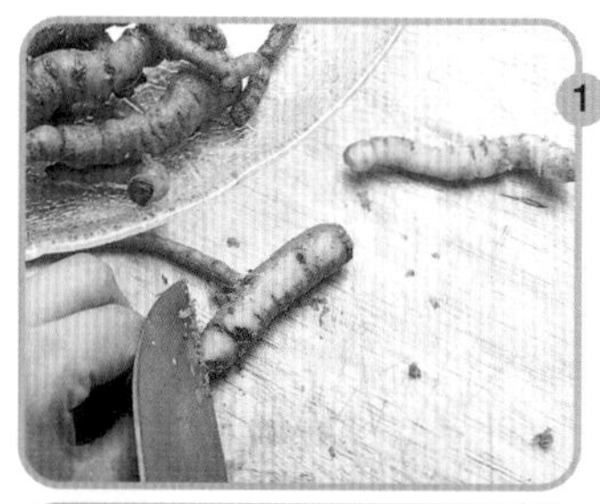

전립선 비대에 지황뿌리를 꿀에 조려 드세요

전립선 비대증이라는 병은 처음에는 회음부 불쾌감이나 빈뇨 등의 증세가 있다가 배뇨장애가 점점 심해지면서 방광에 잔뇨가 남아 방광이 확장되고 요실금까지 일으키게 되는 골치 아픈 병입니다. 이런 병이 걱정되시는 분들은 지황뿌리를 이용해 보십시오.

동의보감에서는 전립선의 질병에 지황뿌리가 잘 듣는다고 이야기하고 있습니다. 혈액을 보충하고 정액을 늘리며 골수를 보익한다고 하니 당연히 전립선의 이상에도 좋겠지요.

꿀에 조려서 간식처럼 드시면 됩니다. 만들기 번거로우시면 생즙을 내어 드셔도 되고 숙지황을 구해서 하루 8g씩 차로 끓여 드시면 간편합니다.

검은콩식초가 소변을 잘 나오게 합니다

말끔히 닦은 검은콩에 현미식초를 부어 만든 검은콩식초가 배뇨장애에 참 좋은 음식이라는 것 아세요?

검은콩은 신장을 튼튼하게 하는 효과가

COOKING

지황뿌리조림 만들기

재료 생지황뿌리, 꿀 적당량

❶ 지황뿌리는 깨끗이 씻어 껍질을 벗긴다.
❷ 껍질 벗긴 지황뿌리를 우묵한 냄비에 담고 지황이 잠길 정도의 꿀을 부어 조린다.
❸ 꿀에 조린 지황을 햇볕에 말린 다음 먹기 좋은 크기로 썰어 보관한다.

한의사 신재용 선생의 진료실

전립선에 이상이 생겨 불편을 겪는 증세를 통틀어 전립선증이라고 부릅니다. 구체적으로는 전립선염, 전립선비대, 전립선암 같은 증세지요. 전립선은 방광 아래 위치하고 있는 밤톨과 같은 모양을 하고 있는 기관인데 남성에게만 있습니다. 따라서 전립선증은 남성들에게만 나타나는 불쾌한 증세인 것입니다.

전립선에 이상이 생기면 가장 먼저 배뇨 장애가 나타납니다. 소변 줄기가 가늘고 작아집니다. 배뇨하는 힘이 약해져서 소변이 방울방울 떨어질 정도가 되면 뒤끝이 개운치가 않습니다. 심하면 아예 소변보는 것이 어려워지고 아파서 고생스럽습니다. 만성인 경우에는 심한 통증이나 불쾌감은 없지만 잔뇨감이 있고 밤중에 소변이 자주 마려워집니다. 때로는 소변 속에 실 같은 흰 분비물이 둥둥 떠다니기도 하지요.

중년 남성들에게 흔히 나타나기 때문에 노화로 인한 피할 수 없는 증세로 생각할 수도 있겠지만 간단한 생활상의 주의로 어느 정도 예방할 수 있답니다. 과음, 과로를 피하고 무리하게 성행위를 하는 것도 삼가세요.

있고요, 또 식초는 몸속의 노폐물을 빼 주고 독한 성분들을 해독하는 좋은 해독제지요. 이 두 가지를 합쳐 만든 검은콩식초는 소변뿐만 아니라 대변까지 원활하게 배설되도록 해 주어 전립선 장애로 인한 배뇨장애에 이용하면 참 좋습니다.

검은콩을 병에 담고 콩이 잠길 정도로 식초를 부어 일주일 정도 경과한 다음 콩은 건져 씹어 드시고요, 식초는 요리에도 사용하시고 생수로 희석해서 갈증 날 때 마셔도 좋습니다.

말린 가지로 가루를 내어 차로 마시세요

가지는 민간요법의 약재로 널리 이용됩니다. 가지의 성분 안에는 열을 내리게 하고 혈액의 흐름을 좋게 하는 작용 외에도 진통작용, 이뇨작용, 소염작용이 있어 전립성 비대증의 치료에 뛰어난 효과를 발휘합니다. 소변이 잘 나오지 않아 걱정이 될 때는 말린 가지를 가루 내어 1회, 4g씩 따뜻한 물에 타서 마시면 됩니다.

전립선 기능을 강화하는 데 마를 이용하세요

건강에 좋다고 해서 마 뿌리를 드시는 분들 많죠? 여러 가지 좋은 약효가 많은데 그 중에서 전립선 기능을 강화시키는 데 참 좋은 음식입니다. 한방에서는 마가 음을 보하여 주고, 남자의 성 기능을 강하게 하며 허리에 힘을 준다고 말하고 있습니다.

요리를 해 먹어도 좋지만 생으로 먹어도 소화가 잘됩니다. 특히 갈아서 먹으면 효소의 작용이 활발해져서 약효가 좋아지기 때문에 생으로 갈아드시는 것이 가장 좋습니다.

COOKING

산마죽 만들기

재료 산마 150g, 쌀 1컵, 물 3컵, 달걀 1개, 쪽파 1뿌리, 소금 조금

❶ 산마는 껍질을 벗기고 강판에 곱게 간다.
❷ 쌀은 씻어 30분 정도 물에 담가 불린 후 건져 물기를 뺀다.
❸ 냄비에 쌀을 넣고 물을 부어 주걱으로 저어가며 죽을 끓인다.
❹ 쌀알이 푹 퍼지고 걸쭉해지면 산마를 넣어 한소끔 더 끓인 후 불에서 내린다.
❺ 달걀노른자를 얹고 간은 소금으로 맞춘다.

담석이 생겼다

봄에 나온 청매실을 이용해 담그는 매실주는 매실의 좋은 성분을 간편하게 이용할 수 있는 방법이다.

매실이 담석으로 인한 통증을 완화시켜 줍니다

매실에는 담즙 분비를 활성화시키고 담낭을 수축하는 작용이 있습니다. 오디괄약근이라는 것을 수축시키기 때문으로, 담석에 의한 발작 시 통증을 완화시키고 담석이 생기거나 커지는 것을 막아 주기도 합니다. 매실장아찌 2~3개를 찻잔에 넣고 뜨거운 물을 한 컵 가득 부어 10분 이상 우려낸 다음 생강즙과 꿀을 적당량 섞어 마시면 됩니다.

예방을 위해 연근즙을 공복에 마시도록 하세요

연뿌리의 섬유소는 장의 활동을 촉진하고, 콜레스테롤 수치를 떨어뜨리며, 담석증을 예방하거나 담석을 제거하는 효과가 있습니다.

연뿌리를 강판에 갈아 즙을 내어 냄비에 담고 바닥이 눋지 않도록 주걱으로 저어 가며 고아 조청을 만듭니다. 이것을 식혀 용기에 담아서 냉장고에 보관해 두고 2~3 티스푼씩 먹는데, 증세에 따라 양을 조절하면서 1일 2~3회 공복에 복용하도록 합니다.

삶은 고구마가 담석증의 발작을 예방합니다

고구마는 섬유질이 감자의 2배나 들어 있어 담석증의 원인이 되는 변비를 다스리고 비만증에도 도움을 줍니다. 그러나 아무리 좋은 식품이라도 과식을 하면 해가 되듯이 배에 가스가 차고 소화불량을 일으킬 수 있

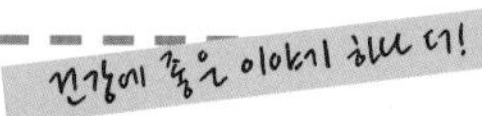

담석증을 예방하기 위한 식이요법 4가지

- 돼지고기, 달걀, 버터 등 동물성 지방이 많이 들어 있는 식품은 되도록 삼간다.
- 현미나 콩, 채소, 과일, 해조류에 함유되어 있는 식물성 섬유는 혈중 콜레스테롤 수치를 떨어뜨리는 작용을 하므로 식물성 섬유질이 풍부한 식품을 적극적으로 섭취하도록 한다.
- 자극이 강한 향신료나 탄산음료, 커피, 알코올 등은 갑작스럽게 위액 분비를 촉진하여 담낭을 수축시키므로 피하도록 한다.
- 불규칙한 식사 습관은 담낭에서 담즙을 고이게 해 담석 발작의 원인이 되므로 매일 하루 세 끼 식사를 제시간에 하도록 한다.

한의사 신재용 선생의 진료실

담즙의 주성분은 담즙산인데, 이것이 간장에서 콜레스테롤로 합성될 때 콜레스테롤이 담즙산에 비해 많으면 담즙 성분이 덩어리로 뭉쳐 결석을 이루게 됩니다. 이렇게 생긴 결석이 담낭관을 막아 일어나는 병이 바로 담석증입니다.

결석은 그 성분에 따라 몇 가지로 나눌 수 있는데, 그 중 약 70g를 차지하는 것이 콜레스테롤 담석증입니다. 뚱뚱한 사람들에게 많고 남성에 비해 여성에게 더 많은 것이 특징입니다.

늑골 아래를 칼로 찌르는 듯한 통증이 갑자기 일어나게 되지만 결석의 크기나 위치에 따라 통증을 느끼지 못하는 경우도 상당히 많기 때문에 실제로 담석증을 앓고 있는 환자의 수는 알려진 것보다 훨씬 많습니다.

으니 하루에 200g 정도로 제한하세요. 삶거나 쪄서 먹는 것이 좋습니다.

바지락이 담석을 낫게 합니다

바지락은 비타민 B12를 비롯해서 칼슘, 철분이 풍부하고, 간 기능을 활발하게 하는 성분이 함유되어 있어서 담석증에 좋습니다. 바지락을 옅은 소금물에 하룻밤 담가서 해감을 토하게 한 뒤 건져 냄비에 넣고 뽀얀 국물이 우러날 때까지 서서히 끓입니다. 바지락 국물이 농축이 되면 체에 밭쳐 국물만 받아 보관해 두고 1회 20㎖씩 1일 3회 공복에 마시면 됩니다.

COOKING

바지락농축액 만들기

재료 바지락

❶ 바지락은 옅은 소금물에 담가 해감을 토하게 한다.
❷ 해감을 뺀 바지락을 냄비에 담고 물을 부어 국물이 뽀얗게 우러나도록 끓인다.
❸ 국물이 1/3로 줄어들면 바지락을 건져서 식힌다.
❹ 유리병에 담아 냉장고에 보관해 둔다.

1

2

3

4

약이 되고
궁합 맞는 신재용 선생의
동의보감 음식

1 CHAPTER 식욕이 없다

여름철 입맛 떨어질 때 포도주를 담가 드세요

포도는 식욕을 증진시키고 소화를 촉진하며 배변을 좋게 하는 과일로 잘 알려져 있습니다. 그래서 서양의 정찬에는 포도주가 빠짐없이 오르게 돼 있지요. 포도주 속에는 구연산, 사과산, 주석산 같은 유기산이 풍부하게 들어 있어 새콤한 맛과 향기가 있는데 이것이 입맛을 돋우고 위액의 분비를 촉진합니다. 피로하고 더위에 지쳐 식욕이 없을 때 포도주를 담가서 식전에 한 잔씩 드세요. 포도의 단맛은 포도당과 과당에 의한 것으로, 포도당은 몸 안으로 흡수되기 쉬운 형태여서 기력 회복에 도움이 많이 됩니다.

식초의 신맛이 입맛을 돌아오게 합니다

봄을 타는 증세는 우리 몸에 피로 물질이 많아지고 몸속의 칼슘 성분이 부족해졌을 때 더 심해지는데, 이때 식초가 무척 효과적이에요. 특히 현미식초는 양조식초 가운데 가장 많은 아미노산을 함유하고 있으니 현미식초 3~4숟가락을 커피잔 한 잔 정도의 생수에 타서 마시도록 하세요. 입맛이 돌고 몸에 활력이 살아날 겁니다.

봄에 나른할 때 쓴맛 나는 나물이 좋아요

봄이면 나른함을 호소하면서 입맛이 없다는 사람들이 많습니다. 이것은 신체의 장기가 왕성한 기능을 해야 하는 봄철에 영양부족으로 그 요구를 충족시킬 수 없어서 일어나는 현상입니다. 그렇기 때문에 영양을 충분히 섭취해서 장기의 기능을 강화시켜 주

신경성 식욕부진이란 어떤 경우를 말하나요?

신경성 식욕부진증은 거식증이라고도 한다. 여성에게 많은데 원인이 되는 특별한 병이 없는데 식사를 정상적으로 하지 못해 극단적으로 마르는 병이다. 다음과 같은 현상을 보이거나 증세가 있으면 신경성 식욕부진을 의심할 수 있다.

첫째, 표준 체중보다 20% 이상 말랐을 때
둘째, 평소에는 거의 먹지 않다가 일단 먹기 시작하면 엄청나게 많은 양을 먹거나, 혹은 숨어서 먹는 등 먹는 행동에 이상이 있을 때.
셋째, 체중이 늘어나는 것에 극단적인 공포를 가지고 있거나 체중, 체형에 대해 잘못된 인식을 가지고 있을 때.
넷째, 월경불순이거나 무월경일 때.
다섯째, 몸이 마를 만한 다른 병이 없을 때.
이상 다섯 가지 증세를 보이면 신경성 식용부진이다.

한의사 신재용 선생의 진료실

봄에 온몸이 나른하고 식욕이 없으며 피부도 까칠해지는 것을 '봄을 탄다'고 하지요. '봄에 노곤한 증세'라고 해서 춘곤증이라고도 하는데 이것은 단순한 증세가 아니라 뇌하수체와 부신피질 및 심장, 간장의 기능 저하에 의해 나타나는 복잡한 증후군입니다.

식욕이 없는 것은 봄철뿐만 아니라 여름철도 마찬가지죠. 여름철 무더위에 지치다 보면 누구나 다 식욕이 떨어지고 소화가 잘 안 됩니다. 어쨌든 특별한 병이 있는 것도 아닌데 왠지 노곤하고 피로하며 식욕이 떨어질 때는 입맛을 돋우는 음식을 섭취하는 게 좋습니다. 그리고 무엇보다 적극적인 생활 태도를 갖고 적당한 운동과 휴식을 취하는 것이 바람직합니다.

는 것이 좋은데 바로 씀바귀나 고들빼기같이 쓴맛 나는 봄나물이 그런 기능을 하지요.

씀바귀나 고들빼기를 뿌리째 깨끗이 씻어서 살짝 데친 뒤 갖은 양념을 해서 나물을 무쳐도 좋고, 생으로 김치를 담가 먹어도 좋습니다. 쌉싸름한 봄나물 맛이 입맛을 돋게 합니다.

정향이 식욕을 증진시킵니다

옛날부터 봄이나 여름을 타는 데 쓰였던 정향은 위장을 튼튼하게 해 주고 식욕을 증진시키며 지친 온몸 신경에 좋은 자극을 전달해서 춘곤증을 쉽게 이겨낼 수 있도록 해 줍니다.

정향 100g에 소주 1,000mℓ를 붓고 기호에 따라 설탕을 조금 첨가한 뒤 밀폐용기에 담아 서늘한 곳에 10일 정도 둡니다. 그러고 나서 찌꺼기는 걸러내고 맑은 술만 받아 두고 하루에 20~30mℓ씩 1~2회 정도 공복에 마시면 좋습니다.

1

2

COOKING

포도주 만들기

재료 포도 400g, 설탕 10큰술, 소주 4컵

❶ 포도는 잘 익은 것으로 골라 한 알씩 따서 깨끗이 씻은 뒤 마른행주로 물기를 닦는다.
❷ 가열소독한 유리병에 포도를 담고 사이사이에 설탕을 뿌린 다음 소주를 붓고 밀봉해서 2~3개월간 서늘한 곳에 보관했다가 마신다.

입 안에 염증이 있다

산초 달인 물이 염증을 해소해 줍니다

추어탕을 먹을 때 뿌려 먹는 산초가루를 식초에 달여 잇몸에 바르면 염증을 해소할 수 있습니다. 입 안에 따뜻하게 물고 있다가 삼켜지는 것은 삼키고 일부는 뱉어 버리는 것도 좋은 방법입니다.

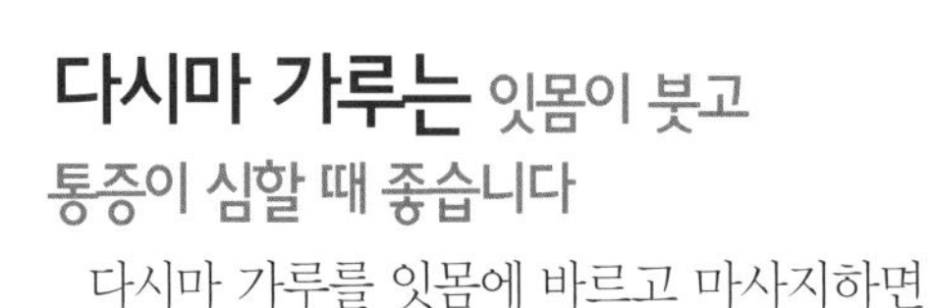

다시마 가루는 잇몸이 붓고 통증이 심할 때 좋습니다

다시마 가루를 잇몸에 바르고 마사지하면 잇몸 염증에 효과가 있습니다. 다시마는 염증을 가라앉힐 뿐만 아니라 수분대사를 돕고, 진통 작용 또한 뛰어나 잇몸이 붓고 통증이 있는 잇몸 질환의 초기 증세에 잘 듣습니다.

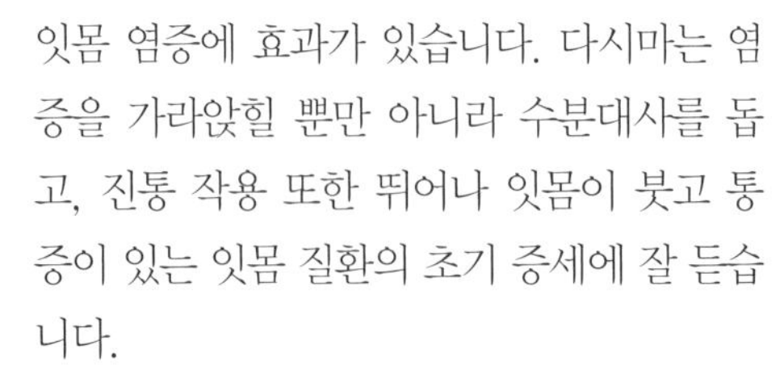

국이나 튀각을 만들어 먹어도 좋고, 통증이 심할 때는 다시마를 까맣게 구워 가루로 만든 다음 잇몸에 발라 줍니다.

가지 꼭지나 가지 가루로 양치질을 하세요

가지 꼭지나 가지 가루도 입 안의 염증 치료에 도움을 줍니다. 가지 꼭지 5~6개를 그늘에 말렸다가 물 5컵을 부어 반으로 줄 때까지 달이세요. 그 물에 굵은소금을 넣고 하루에 2~3회 양치질을 하면 통증도 가라앉고 잇몸에 피가 나는 것도 멈추게 됩니다.

COOKING

산초가루 식초 달인 물 만들기

재료 산초가루 2큰술, 식초 2큰술

❶ 산초를 물에 한 번 헹군 뒤 물기를 빼서 분마기에 넣고 간다.
❷ 산초가루를 냄비에 넣고 같은 양의 식초를 붓는다.
❸ 팔팔 끓여서 식힌다.

한의사 신재용 선생의 진료실

잇몸 염증으로 고생하시는 분들 많지요? 잇몸 염증이라고 그러니까 염증이 생겨서 고름이 나는 것으로 생각할 수 있지만, 칫솔질할 때 잇몸에서 피가 나는 분들, 치아가 잘 흔들리는 분들, 이런 분들이 모두 잇몸에 염증이 있기 때문입니다. 구취가 생기는 것, 이것도 잇몸 염증때문일 수 있지요.

잇몸의 염증은 대부분 음식물 찌꺼기가 당분과 결합해서 치태나 치석이 만들어지기 때문에 생기는 것입니다. 동의보감에서는 이러한 치태와 치석을 긁어내지 않고 계속 방치해 두면 치아가 잇몸에 붙지 않고 들떠서 떨어지게 된다고 했습니다. 그러면서 잇몸의 염증이나 이뿌리가 노출되어 치아가 동요하는 것을 소금으로 고칠 수 있다고 했습니다.

아니면 가지의 껍질이나 꼭지 등을 알루미늄 호일에 싸서 프라이팬이나 오븐에 검게 구운 다음 분마기에 넣고 가루 내어 아픈 잇몸에 바릅니다.

녹차 잎이 항균작용이 있습니다

녹차에 들어 있는 타닌에는 항균 작용이 있어 입냄새의 원인이 되는 충치균을 제거해 주고 입냄새를 없애는 역할을 합니다. 뿐만 아니라 위장의 수렴작용도 있어 소화를 촉진시켜 주기 때문에 위장 장애가 있어 입냄새가 나는 사람에게도 효과가 있습니다.

잇몸에 피가 나면 소금물로 양치질하세요

동의보감에서는 '소금으로 잇몸을 마찰하고 소금물을 끓여서 양치질하기를 100회 반복하면 5일 만에 치아가 굳어진다. 혹은 잇몸 출혈에 소금물로 양치질을 하면 즉시 낫는다' 라고 했습니다.

잇몸의 혈액순환을 촉진시키기 위해 손가락으로 칫솔질을 하면 효과를 볼 수 있습니다. 이 외에 수면과 휴식을 충분히 취하는 것도 도움이 됩니다.

잇몸이 시리면 세신을 끓여 마시도록 하세요

차가운 것을 먹기만 하면 치아가 아파서 견딜 수 없는 사람들은 좀 미지근한 성질의 어떤 약물을 입 안에 머금고 있다가 삼키는 방법이 좋습니다. 약물로는 쪽도리나무풀 '세신' 이라는 것이 효과가 있습니다. 세신 8g를 300㎖의 물로 10분 정도 끓인 다음 입에 머금고 있다가 식으면 삼킵니다. 그러면 시고 들뜨고 흔들거리면서 치통이 있는 경우에 상당히 많은 도움이 됩니다.

입 냄새를 없애는 방법은?

식습관을 고치세요

간식을 금하고 하루 세 끼의 식사를 규칙적으로 하세요. 또 급하게 먹다 보면 과식을 하게 되고 그렇게 되면 위장을 버리게 되므로 좀 모자란다 싶을 때 그만 먹는 것이 좋습니다. 또 음식을 먹을 때는 꼭꼭 씹어 드세요. 씹을수록 타액이 많이 나와 소화가 잘됩니다. 위장이 상하게 되면 입 냄새가 나는 원인이 됩니다.

식사 후에는 꼭 양치질을 하세요

음식물이 이 사이에 오래 남아 있으면 부패가 되어 세균이 번식하고 그것이 원인이 되어 입 냄새를 풍기게 됩니다. 식사 후에는 반드시 치약을 사용하여 양치질을 하세요. 청결을 유지하는 것은 입 냄새 제거에 필수적입니다.

녹차 잎이 항균작용이 있습니다

녹차에 들어 있는 타닌에는 항균 작용이 있어 입 냄새의 원인이 되는 충치균을 제거해 주고 입 냄새를 없애는 역할을 합니다. 뿐만 아니라 위장의 수렴작용도 있어 소화를 촉진시켜 주기 때문에 위장 장애가 있어 입 냄새가 나는 사람에게도 효과가 있습니다.

무좀 때문에 성가시다

녹용털 연고가 무좀을 근본적으로 없애 줍니다

발에 가장 많이 생기는 병 중의 하나가 바로 무좀이죠? 해마다 여름철만 되면 도져서 여간 성가신 게 아닙니다. 아무리 좋은 약을 발라도 그때뿐이라는 생각에, 근본적으로 치료할 생각은 안 하고 있는 분들이 많더군요. 가려움증이 심해지면 그때그때 잠깐씩 약을 바르는 정도일 경우가 많고요.

하지만 인내를 가지고 꾸준히 치료하면 완치가 가능한 것이 바로 이 무좀입니다. 무좀을 치료할 수 있는 경험요법 한 가지 알려 드릴까요?

우선 녹용을 구하세요. 그리고 겉의 털을 불에 그을려서 가루를 받은 다음 바셀린 연고에다 개어 발라 보세요. 무좀이 감쪽같이 싹 없어지게 됩니다.

식초 희석한 물이 소독 작용을 합니다

식초는 탈모와 피로 회복에도 좋지만, 좀체 낫지 않는 무좀에도 효과가 있습니다. 물에 식초를 타서 희석시킨 다음 발을 담그고

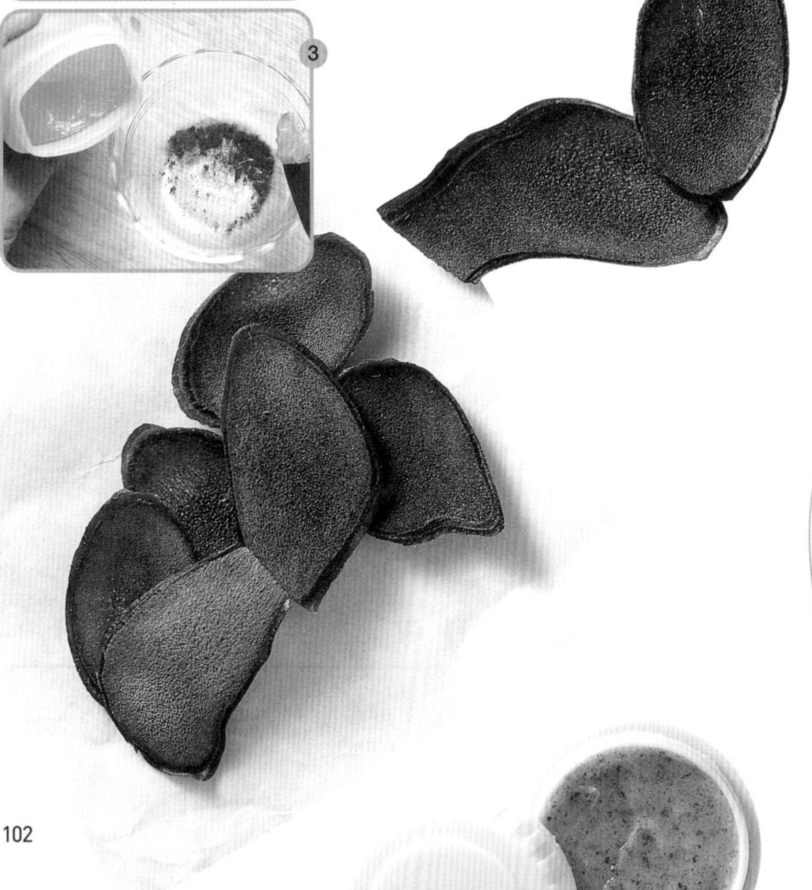

녹용털 그을린 연고 만들기

재료 녹용, 바셀린 연고

❶ 녹용을 잘라 바깥 털 부위를 불에 그을린다.
❷ 불에 그을린 녹용 털을 칼로 긁어낸다.
❸ 녹용털 그을린 가루를 바셀린 연구에 갠다.

한의사 신재용 선생의 진료실

누구나 다 알겠지만 무좀은 백선균이라는 일종의 진균류 곰팡이가 손바닥과 발바닥, 손가락이나 발가락 사이에 감염되어 생기는 병입니다. 처음에는 좁쌀알 같은 땀띠 모양의 물집이 생기다가 이것이 점차 부풀어 오르면서 터져 물이 나오고 껍질이 벗겨져 가려움증이 심해집니다.

무좀에 걸린 피부는 저항력이 약해지기 때문에 가렵고 긁기 쉽습니다. 그렇다고 마구 긁거나 자극성 강한 약을 바르면 곪아 터지기가 쉽습니다. 흔히 무좀은 여성보다 남성에게 많으며, 발에 땀이 잘 나는 사람들에게 생기기 때문에 언제나 발을 깨끗이 해서 잘 건조시켜 두는 것이 좋습니다.

무좀은 일단 걸리고 나면 치료가 무척 어렵습니다. 그래서 수많은 민간요법이 전해지고 있는데 그 중 손쉽게 할 수 있는 것이 식초와 알로에를 이용한 치료법입니다.

있으면 됩니다. 식초는 현미식초와 사과식초가 있는데 현미식초는 양조식초 중에서 아미노산을 가장 많이 함유하고 있어서 내복하실 분들은 현미식초가 상당히 도움이 됩니다. 반면 사과식초에는 칼륨 성분과 비타민 성분이 많이 들어 있어서 미용을 목적으로 하는 분들에게 효과가 있습니다. 무좀의 경우는 현미식초든 사과식초든 어떤 것이나 좋습니다.

삼백초를 식초에 담가 바르세요

한방에 다양하게 사용되는 삼백초는 무좀에도 빼놓을 수 없는 치료제입니다. 우선 삼백초를 식초에 담가서 열흘 정도 그냥 둡니다. 그리고 그 식초를 뜨거운 물에다 약하게 타서 무좀이 심한 환부에 바릅니다. 특히 손톱이나 발톱에 무좀이 있어 울퉁불퉁해지면서 광택이 없어지고 흉해지는 무좀에 효과가 있습니다.

심한 무좀에 매실조청이 좋습니다

매실조청의 효능은 이루 말할 수 없지만 무좀에도 특효를 발휘합니다. 매실조청을 만드는 방법은 덜 익은 푸른 청매를 잘 씻어 물기를 완전히 뺀 다음 껍질을 벗기고 씨를 발라낸 후 과육만을 취하여 강판에 갑니다. 이것을 약 짜는 면보에 싸서 꼭 짭니다. 이 즙을 도자기 그릇에 넣어 센 불에서 한 번 끓였다가 약한 불에서 밑이 눌어붙지 않게 고아 조청처럼 만듭니다.

즙의 색깔이 갈색으로 변하고 거품이 나면 주걱으로 떠 봅니다. 끈적끈적하고 질질 늘어나는 실이 생길 정도로 끈기가 생겼으면 완성된 것으로 보면 됩니다. 이것을 냉장고에 보관해 두고 수시로 무좀이 심한 곳에 바르면 효과가 있습니다.

알로에 생잎이 가려움과 통증완화에 도움을 줍니다

생약으로 쓰이는 알로에는 크게 알로에 아보레센스, 알로에 베라, 알로에 사포나리아 등 세 가지 종류입니다. 그 중에서도 알로에아보레센스에는 항균 작용과 항진균 작용이 뛰어나 무좀이 악화되는 것을 예방하고 가려움증과 통증을 가라앉힙니다.

알로에 생잎의 매끈매끈한 젤리질을 환부에 직접 비벼 바르거나, 잎을 얇게 저며 썰어 무좀이 있는 부위에 붙이고 붕대로 고정시켜 줍니다. 가려움증이 가라앉았다고 해서 치료를 바로 멈추면 재발할 가능성이 높으므로 가벼운 증세라도 2~3주 꾸준히 치료해 주세요.

건강에 좋은 이야기 하나 더!

어떤 사람이 치매에 잘 걸리까?

알츠하이머병이라 불리는 치매는 뇌의 세포들이 퇴화해서 오는 병으로, 자연적인 노화현상이라 볼 수 있다. 일반적으로 뇌에 외상을 입었던 적이 있거나 영양 장애가 있던 사람들에게 잘 나타나며 뇌가 무엇에 감염되었거나 뇌로 가는 산소의 양이 너무 부족됐을 때도 치매증이 올 수 있다. 그 밖에 마약이나 부탄가스 등과 같은 독성물질을 복용해서 거기에 중독된 경우라든가 알코올 중독자들에게서도 치매 증세가 더 잘 나타난다. 성격적으로 젊었을 때부터 유난히 자기 고집이 셌던 사람들, 용서를 안 하고 이해할 줄 모르며 융통성이라고는 전혀 없는 사람이 이런 치매 증세를 더 많이 보인다고 한다. 타협을 모르는 오로지 한 가지밖에 모르고 자연히 뇌가 그런 쪽으로 굳어진다는 얘기다.

그런 만큼 늙어서 치매 증세로 고생하지 않으려면 젊어서부터 모든 것을 이해하고 용서하며 포용하는 마음가짐을 갖도록 해야 한다.

약이 되고
궁합 맞는 신재용 선생의
동의보감 음식

1 CHAPTER

머리카락이 자꾸 빠진다

건강에 좋은 이야기 하나 더!

출산 후에 머리카락이 많이 빠지는 이유?

임신 중에는 여성호르몬이 대량 분비되기 때문에 머릿결에 윤기가 흐르고 머리카락이 빠지는 일이 줄어들지만 출산 후에는 일체의 머리카락이 휴면 상태로 변화하기 때문에 머리카락이 많이 빠진다.

하지만 이것은 생리적이며 일시적인 현상으로 크게 걱정할 필요는 없다. 출산 후 반년 정도 지나면 원래 상태로 돌아오게 된다.

출산 이외에도 정신적인 스트레스와 무리한 다이어트, 편식에 의해서도 머리가 많이 빠질 수 있다는 점에 유의하여 영양불균형이 되지 않도록 주의하자.

고추술은 혈액순환을 돕습니다

머리가 자꾸 빠지는 것은 두피의 혈액순환이 안 좋기 때문입니다. 그래서 풋고추나 고춧가루를 음식에 넣어 먹으면 혈액순환에 도움이 돼 탈모가 예방됩니다.

또 고추술을 담가서 머리에 바르는 방법도 있는데, 고추를 에틸알코올에 담가 1주일~한 달 정도 숙성시킨 다음 그 술로 두피를 마사지해 줍니다.

단, 자극이 강하므로 피부가 약하거나 알레르기 증세가 있는 사람은 피하는 것이 좋습니다.

원형탈모증에는 반하 뿌리 가루를 사용하세요

밭에서 나는 다년초로 한방에서는 반하의 뿌리를 담이나 구토, 기침 등의 치료약으로 사용합니다. 특히 원형탈모증일 때는 햇빛에 말린 반하의 둥근 뿌리줄기를 분마기에 빻아 머리나 눈썹 등 털이 빠진 부분에 마사지해 줍니다.

반하 뿌리는 약효가 강하므로 눈썹에 바를 때는 눈에 들어가지 않도록 각별히 조심하고, 눈에 들어갔다면 맑은 물로 곧바로 씻도록 합니다.

식초는 두피 습진과 탈모에 효과가 있습니다

머리카락이 많이 빠지는데다 두피 습진까지 생겨 탈모 증세가 더욱 심해질 때 가장 손쉽게 이용할 수 있는 것이 식초입니다. 식초를 물에다 묽게 타서 그것으로 머리를 감

집에서 천연 샴푸와 린스를 만들어 머리를 감고 싶어요.

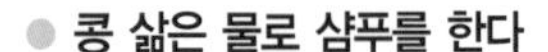

● 콩 삶은 물로 샴푸를 한다

깨끗이 씻어 물기를 뺀 검은 콩 50알을 3컵의 물에 넣고 콩이 부드러워질 때까지 삶은 다음 그 물로 머리를 감는다. 콩에 들어 있는 단백질이 콩물 안에 녹아나와 머릿결에 영양을 공급해 준다.

● 레몬 린스로 헹군다

세숫대야에 물을 가득 담고 레몬 1/2개의 즙을 넣은 후 그 물에 머리를 충분히 헹군다. 이때 두피를 충분히 마사지하면 머리의 가려움증도 없앨 수 있다.

● 달걀 흰자로 마사지한다

달걀 2개 분량의 흰자를 잘 섞어 머리카락에 골고루 바른 후 미지근한 물에 깨끗이 헹군다.

한의사 신재용 선생의 진료실

머리카락이 자꾸 빠져 고민하시는 분들이 많습니다. 물론 머리카락이 이미 빠진 경우 새로 난다는 것은 굉장히 어렵습니다. 그러나 고민 내용을 들어 보면 대게 요 며칠 유달리 머리카락이 빠진다거나 전반적으로 머리카락이 많이 줄어 고민하는 경우가 많습니다. 그때는 예방이 가능합니다.

머리카락은 바로 심장 혈액의 반영이라고 이야기합니다. 심장의 혈액이 충분하면 머리카락에 윤기가 나지만 혈액이 열을 받으면 머리카락이 누렇게 되고 혈액이 부족할 경우 머리카락이 희어지면서 잘 빠지게 됩니다. 따라서 혈액을 돕는 약, 혈액을 순환시키는 약이 도움이 될 수 있습니다.

아울러 동의보감에서는 머리를 자주 빗으면 눈이 맑아지고, 풍증이 없어지고 탈모가 방지된다고 했습니다. 그러니 평소에 머리를 자주 빗는 습관을 가지도록 하세요. 거기에 한 가지 염두에 둘 것은 정신적인 안정이 탈모 예방법의 하나라는 점입니다.

고 두피를 자꾸 자극하면 놀라운 효과를 볼 수 있습니다.

세숫대야에 물을 담고, 식초 2~3방울을 떨어뜨려 잘 저은 후 감은 머리를 충분히 헹굽니다. 미지근한 물에 다시 한 번 헹구면 식초 냄새를 없앨 수 있어요.

심한 탈모 증세에는 생강즙이 좋아요

생강은 혈액순환을 돕고 신진대사를 활발하게 하므로 머리카락이 비정상적으로 많이 빠질 때 이용하면 좋습니다.

독특한 향과 맛이 강한 생강을 헤어토닉으로 이용할 수 있는데 이때 생강 삶은 물이나 생강즙을 머리에 마사지하듯 바르는 방법이 효과적입니다.

그 밖에 검은콩으로 샴푸제를 만들어 사용하는 것도 탈모, 새치를 예방하는 방법입니다. 콩 50g을 3컵의 물을 붓고 삶은 다음 그 물로 머리를 감으면 됩니다.

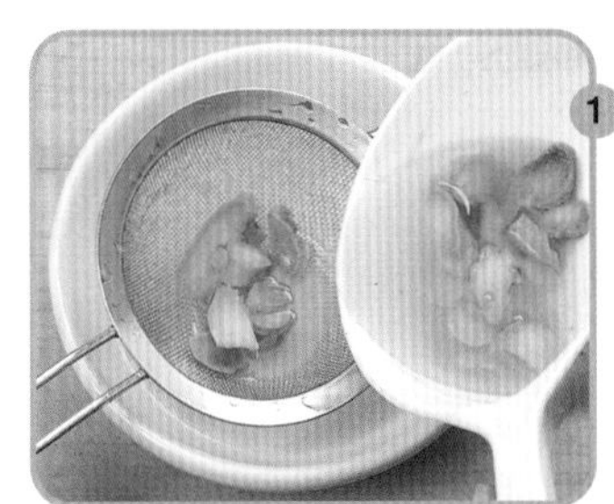

COOKING

생강즙 헤어토닉 만들기

재료 생강 20g(마른생강일 때 3g)
에틸알코올 1/2컵, 물 2컵

❶ 생강은 껍질째 깨끗이 씻어 0.1㎝ 두께로 얄팍하게 썬 후 냄비에 담고 물을 부어 중불에서 끓인다.
❷ 물이 반으로 줄어 노랗게 우러날 때까지 끓인 후 생강을 체에 걸러 물만 받는다.
❸ 여기에 에틸알코올을 붓고 잘 휘저어 뚜껑이 있는 그릇에 담는다.

기억력이 떨어진다

COOKING

오미자차 만들기

재료 오미자 1컵, 물 18컵, 잣 조금(2주일분)

1. 오미자는 물에 깨끗이 씻어 체에 건진다.
2. 씻어서 물기를 뺀 오미자를 병에 담고 끓여서 식힌 물 2컵을 부어 오미자 물이 우러나도록 24시간 동안 그대로 둔다.
3. 오미자들이 우러나면 고운 체에 밭쳐 찌꺼기를 걸러내고 우려낸 물만 받아 8배의 물을 부어 희석시킨 다음 냉장고에 두었다가 차게 혹은 따뜻하게 데워 마신다.

기억력 감퇴엔 오미자차가 좋아요

스트레스나 걱정 등이 지나쳐서 심장의 혈액이 손상되고 비위장 소화기 계통의 기능이 쇠약해지면 건망증이 생기게 됩니다. 또 울혈 때문에 뇌세포에 공급되는 산소량이 부족해질 경우에도 기억력이 감퇴되거나 건망증이 일어날 수 있습니다.

동의보감에서는 인삼을 100일 동안 계속 복용하게 되면 하루에 천 마디의 글을 암송할 수 있다고 했는데 인삼 외에 효과가 있는 것으로 오미자를 꼽고 있습니다.

오미자에는 뇌파를 자극하는 성분이 있어서 졸음을 쫓을 수 있을 뿐만 아니라 과로로 인한 시력 감퇴나 기억력 감퇴를 개선하는 데도 큰 도움이 됩니다.

뇌세포를 활발하게 하려면 땅콩초절임을 드세요

인간의 뇌세포는 약 60%가 불포화지방산으로 구성되어 있는데 뇌세포가 활발하게 작용하기 위해서는 불포화지방산이 계속적으로 보충되어야 합니다. 그래야만 우수한 뇌를 만들 수 있기 때문이지요.

불포화지방산을 많이 함유하고 있는 대표

적인 식품으로는 땅콩, 호두 등의 견과류를 들 수 있습니다. 땅콩은 특히 불포화지방산 외에도 비타민 B_1과 레시틴, 아미노산이 풍부해서 머리를 좋아지게 합니다.

녹차에는 대중추를 자극하는 각성효과가 있어요

녹차에는 비타민 C외에 카페인, 타닌 등의 약효성분이 들어 있는데, 그 중에서 녹차에 풍부한 카페인은 대뇌 중추를 자극하여 졸림을 없애고 신경이나 근육의 작용을 활발하게 하는 작용을 합니다.

그러므로 정신이 희미해질 때 녹차를 마시면 머리가 맑아지지요. 그렇다고 너무 많

한의사 신재용 선생의 진료실

자기가 행한 일이나 알고 있는 사실을 깜빡 잊어버려서 사물의 처리 능력마저 약해진 것을 건망증이라고 합니다. 건망증이 심한 사람은 치매에도 잘 걸리므로 젊어서부터 기억력이 쇠퇴하지 않도록 노력하는 게 좋겠죠.

뇌에 산소가 부족하면 기억력 감퇴가 일어나므로 날마다 가벼운 운동을 해서 체내에 산소를 공급해 주고, 두뇌가 녹슬지 않도록 뭔가 기억해 내고 암기하려고는 애쓰십시오. 그와 함께 기억력 증진을 돕는 오미자차라든가 건뇌 식품인 땅콩, 참깨 등의 식품을 꾸준히 섭취하는 것이 좋습니다.

이 마시지는 마세요. 너무 많이 마시면 위벽을 상하게 할 수도 있으니 하루 두세 잔 정도 마시는 게 적당합니다.

정신이 산만할 때 연근즙이 좋아요

정서가 불안정하고 성격이 괴벽스러우면 기억력도 따라서 떨어지게 됩니다. 정신 집중을 높이기 위해서는 연근이 좋습니다. 연근은 스트레스로 인한 신경의 불안정한 상태를 조절해 주기 때문에 연근을 갈아서 가제에 걸러 즙을 만들어 마시면 매우 효과가 있습니다.

참깨우유가 정신을 맑게 해 줘요

집을 세우려고 할 때 건축 재료가 좋지 못하면 좋은 집을 지을 수 없는 것처럼 좀더 우수한 뇌를 만들기 위해서는 불포화지방산이라는 좋은 재료가 필요합니다. 불포화지방산을 많이 함유하고 있는 식품으로는 호두, 땅콩 등의 견과류 외에 참깨를 들 수 있습니다.

동의보감에서는 '참깨를 오래 먹게 되면 몸이 가뿐해지고 오장이 윤택해지면서 머리가 좋아진다' 고 했습니다. 그러면서 참깨를

COOKING

호두죽 만들기

재료 호두 80g, 쌀 1/2컵, 물 4컵, 소금 조금

❶ 호두는 껍질을 벗기고 굵직하게 다진다.

❷ 충분히 불려 물기를 뺀 쌀을 믹서에 넣고 곱게 갈아 냄비에 담고 물을 부어 끓이다가 호두 다진 것을 넣고 걸쭉하게 끓인다.

COOKING

검은깨 호마떡

재료 검은깨 2/3컵, 쌀가루 2컵, 꿀 5큰술, 물 4큰술, 잣 · 통깨 약간씩

❶ 검은깨를 씻어 물을 뺀 후 믹서에 곱게 갈아 쌀가루에 고루 섞는다.
❷ ❶에 꿀을 넣어 고루 버무린 후 물을 조금 부어 약간 축축할 정도로 섞어 체에 내린다. 꿀을 넣어 체에 내리기 어렵지만 주걱으로 살살 문지르면 한결 쉽다.
❸ 한 김 오른 찜통에 베보자기를 깔고 ❷를 넣어 30분 정도 푹 찐 후 잣과 통깨를 올린다.

찧어서 꿀로 반죽해 알약을 만들어 먹으면 좋다고 했습니다. 다른 방법은 없을까요? 바로 참깨 우유가 있습니다. 깨를 그냥 섞으면 소화가 잘 안 되고 먹기도 나쁘니 분마기에 곱게 빻아 섞도록 하세요. 참깨의 불포화지방산과 우유의 칼슘이 작용해서 정신을 맑게 해 줍니다.

건망증이 심할 때 총명탕을 드세요

동의보감에 의하면 건망증이 심해졌을 때 총명탕을 해서 먹으면 좋다고 했습니다. 총명탕은 이름 그대로 머리를 맑게 해 주는 약으로, 이 약을 먹으면 정말 암기를 잘하게 되고 아주 총명해진다고 동의보감에 기록되어 있습니다. 총명탕의 처방에는 항 스트레스 작용을 하는 백복령, 그리고 사고능력을 좋게 하는 원지, 창포 등이 쓰이는데, 이들 재료를 하루에 12g씩 끓여서 마시거나 8g씩 가루 내어 녹차에 타서 마시세요.

[그 밖에 이런 것도 있어요]

용안육 · 대추 · 감초 · 당귀, 네 가지 약재를 함께 끓여서 차처럼 마시는 것도 기억력을 증진시키는 데 상당히 도움이 됩니다. 이것은 맛도 좋을 뿐만 아니라 집중력과 활동력을 강화시켜 주고 신경도 안정시켜 줍니다. 특히 대추는 진정작용이 뚜렷하고 짧은 시간을 자더라도 숙면을 할 수 있도록 도와주는 효과가 있습니다.

산조인이란 대추씨 속의 알맹이를 말하는데 이것이 신경안정 효과가 굉장히 뛰어납니다. 잠이 너무 많고 신경이 무딘 사람이라면 산조인을 날것 그대로 물을 붓고 끓여 마시면 좋습니다. 두유에 참깨즙을 섞어 마시는 방법도 있습니다. 참깨는 그것만으로도 기억력 증진 효과가 있지만 즙을 내어 두유에 섞어 마시면 맛도 좋고 효과가 더욱 높아집니다.

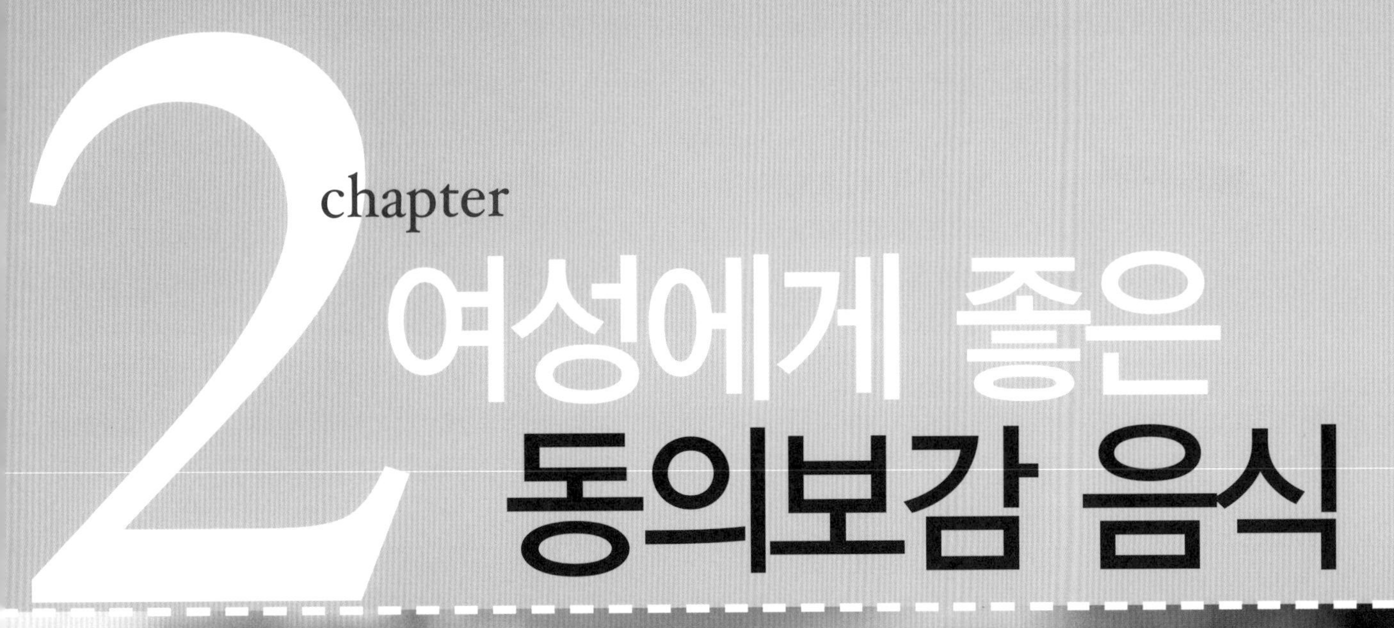

2 chapter 여성에게 좋은 동의보감 음식

2 CHAPTER 여성에게 좋은 동의음식

월경이 불규칙하다

COOKING

익모초 달인 물 만들기

재료 익모초 20g, 물 200㎖

❶ 익모초를 깨끗이 씻은 뒤 적당히 자른다.
❷ 약탕관에 손질한 익모초를 담고 물을 부어 물이 반으로 줄 때까지 푹 달인다.

월경이 불규칙할 때 익모초가 좋습니다

익모초를 복용하는 방법에는 모두 네 가지가 있습니다. 생것을 믹서에 갈아서 생즙을 내어 하루 3회 공복에 40㎖씩 나누어 마시거나 익모초 말린 것을 구입해 하루에 20g씩 물 5컵을 붓고 반으로 졸 때까지 끓여 여러 차례로 나누어 마십니다.

또 익모초 조청을 만들어 드셔도 좋습니다. 익모초에 물을 붓고 달여 조청처럼 만들어 냉장고에 보관해 두고 하루 세 번, 한 번에 4~6g씩 더운물에 타서 마시면 됩니다. 1일 3회 공복에 드세요. 이 외에 익모초 조청을 알약으로 만들어 복용하는 방법도 있습니다. 익모초 조청을 콩가루에 반죽해서 꿀을 적당히 배합하여 알약을 만드는 겁니다. 알약의 크기는 팥알만큼이면 됩니다. 이 알약을 1회 6~8g씩 온수로 꿀꺽 삼키면 역겹지 않습니다. 역시 하루 3회, 공복에 복용합니다.

월경 주기가 자꾸 늦어질 땐 숙지황 차를 드세요

숙지황이라는 약재를 차처럼 끓여 마시면 월경 양이 적던 것도 늘어나고 단축되었던 월경 기간도 길어지면서 월경이 늦어지지 않게 됩니다. 숙지황은 지황의 뿌리를 쪄서 만든 것으로 건재약국에서 구입할 수 있습니다. 차로 끓여 마시면 차의 색이나 향도 좋고 단맛까지 있습니다.

하루 8~12g씩을 물 3~4컵으로 끓여 반으로 줄여서 하루 동안 여러 차례 나누어 공복에 마시면 됩니다.

한의사 신재용 선생의 진료실

혹시 월경이 불순한가요? 불순하다는 것은 순조롭지 못하다는 것이니까 월경이 때론 빠르게 때론 느리게, 또 양이 많기도 하고 적기도 해서 전혀 종잡을 수 없는 경우를 말합니다.

월경불순증 중 주기가 빠른 것을 경조 증세, 주기가 느린 것을 경지 증세라고 합니다. 경조 증세가 있는 분들은 주기가 점점 빨라져 한 달에 두 번 있는 때도 있지요.

그렇다면 왜 이렇게 주기가 바뀌는 것일까요? 이유야 여러 가지가 있겠지만 경조 증세의 경우 소화기 장애나 비 위장 소화기 기능의 손상이 있을 때 많이 나타납니다. 또 변비나 혈액순환 장애에 의한 울혈 등도 원인이 될 수 있죠. 경지 증세는 대개 선천적으로 허약해 잔병치레가 잦고 힘없어 할 때, 또 출산을 많이 한 경우나 유산을 많이 한 경우, 정신적인 충격이 있을 때도 올 수 있습니다.

월경 주기가 너무 빠를 땐 마를 드세요

월경 주기가 빨라 짜증나고 귀찮을 때 마를 드세요. 마를 참마라고 하기도 하고 한약 이름으로는 '산약'이라고도 하는데 냉을 없애며 월경을 순조롭게 해 주는 역할을 하지요. 어떻게 드시냐고요? 생마를 강판에 갈아 그 즙에 참기름 조금과 소금을 조금 뿌려 먹어도 좋고, 여기에 달걀 하나를 깨뜨려 섞어 드셔도 좋습니다.

혹은 말린 마를 건재약국에서 구입해서 하루에 20g씩을 물 5컵으로 끓여 반으로 졸인 다음 하루 동안 나누어 마셔도 됩니다. 여기에 건재약국에서 연꽃 씨를 구입해서 함께 넣고 차로 끓여 마셔도 좋습니다.

월경 양이 일정치 않을 때 솔잎요법을 해 보세요

어떤 때는 월경 양이 너무 적고 어떤 때는 월경 양이 너무 많은 사람들이 있죠? 그렇다고 그때그때 처방을 달리 할 수도 없으니 이럴 때는 솔잎으로 근본적인 대책을 강구해 보세요.

마르지 않은 생 솔잎 10~20g을 흐르는 물에 잘 씻어 찬물 100~150ml와 함께 믹서에 갈아 가제에 밭쳐 즙만 받습니다. 한 컵 분량의 즙을 받을 수 있는데 여기에 꿀 적당량을 섞어 마시면 됩니다. 그런데 솔잎 냄새가 나서 마시기 어렵다고요? 그렇다면 찬물 대신에 찬 사이다를 넣고 믹서에 가세요. 그리고 꿀 외에 레몬즙도 한 방울 떨어뜨려 보세요. 마시기가 한결 수월할 거예요! 1회에 한 컵씩 하루 2회 정도 공복에 마시면 됩니다.

COOKING

솔잎차 만들기

재료 솔잎시럽 1큰술, 생수 1컵

❶ 꿀 1큰술과 흑설탕·물 1큰술 반씩을 솔잎에 넣고 버무려 1주일간 재어 두었다가 체에 밭쳐 솔잎시럽을 만든다.
❷ 솔잎시럽을 냉장고에 보관해 두고 생수를 타서 마신다.

QA 월경이상이란 어떤경우를 말하나요?

● **월경불순일 때** | 월경주기가 정상보다 길거나 너무 짧아 한 달에 두 번까지 월경을 하는 경우, 월경의 양이 지나치게 많거나 지나치게 적은 것을 월경불순이라고 한다. 이럴 때는 단백질과 비타민이 풍부한 식사를 하고 적당한 운동을 병행하면 효과가 있다.

● **무월경일 때** | 월경은 일반적으로 열네 살 무렵에 시작하지만 빠르거나 늦는 경우도 있다. 그러나 계속 월경이 있다가 갑자기 없어지는 경우도 있는데, 스트레스가 심하거나 생활환경이 변했을 때도 월경이 없을 수 있다. 이럴 때는 복숭아씨와 대황을 1:2 비율로 섞어 가루 내어 밀가루와 섞어 반죽해서 녹두알 크기로 환약을 빚어 식후에 다섯 알씩 먹으면 효과가 있다.

● **월경통일 때** | 몸을 따뜻하게 하며, 육류와 찬 음식은 삼가고 부추와 미나리는 진통을 다스리는 효과가 있으므로 많이 먹는다.

2 CHAPTER

여성에게 좋은 동의음식

생리통으로 고생한다

월경중에 허리 아플 때 쑥차를 마시세요

매달 월경을 할 때마다 요통이나 복부의 통증으로 고생하는 사람이 있습니다. 이런 분들은 대개 혈액순환이 안 되기 때문인데 이런 경우에 쑥이 효과를 발휘합니다. 쑥에는 치네올이라는 독특한 향기를 내는 성분이 있는데 이것이 생리통을 근본적으로 개선해 줍니다. 주의할 것은 쑥은 혈액순환과 함께 지혈작용이 있으므로 생리 기간 중에는 먹지 말아야 한다는 것입니다.

생리통 같은 여성의 병에 익모초만 한 게 없습니다

익모초는 말 그대로 '여성에게 유익하다'고 해서 이름 붙여진 약재입니다. 이것은 여성에게 흔한 여러 가지 병에 가장 포괄적으로 쓰이며 또 효과가 있습니다. 월경이 너무

COOKING

쑥차 만들기

재료 쑥 400g

❶ 쇠지 않은 연하고 어린 쑥을 구해서 깨끗이 다듬어 씻은 다음 채반에 널어 햇볕에 말린다.
❷ 물기 없이 잘 마르면 믹서나 분마기에 넣고 곱게 가루를 낸다.
❸ 밀폐용기에 담아 두고 펄펄 끓인 물에 쑥가루 세 스푼씩을 넣어 하루 세 차례 마신다.

한의사 신재용 선생의 진료실

월경 때만 되면 아랫배와 허리 부분이 묵지근하고 아프다고 호소하는 여성들이 의외로 많죠? 통계에 의하면 월경을 할 때 80%의 여성이 여러 가지 불쾌감을 느낀다고 하는데, 그 중에서도 가장 많은 비중을 차지하는 것이 생리통입니다.

대부분의 여성들은 생리통을 늘 그런 것으로 생각하고 참거나 일시적으로 통증을 가라앉히기 위해서 진통제를 쓰는 경우가 많은데 생리통을 가볍게 지나쳐서는 안 됩니다. 손발이 차거나 월경이 불순한 사람들일수록 생리통이 더욱 심하며 경우에 따라서는 불임이 될 수도 있으므로 적절한 동의음식으로 미리미리 증세를 개선하는 것이 현명합니다.

일찍 오는 '경조' 증세가 있거나 월경이 너무 늦어지는 '경지' 증세가 있을 때, 또는 월경이 불규칙한 '경란' 증세 등에 효과가 있으며, 월경 때만 되면 배가 아프거나 평소에 손발이 냉한 사람에게도 익모초가 매우 좋습니다. 익모초 말린 것을 건재약국에서 구입해서 하루에 20g씩 물 5컵을 붓고 반으로 줄 때까지 달여 하루 동안 여러 차례 나누어 마시도록 하세요.

냉증으로 아랫배가 아플 때 옻닭이 좋아요

옻은 복강 내의 질환, 특히 난소나 자궁에 생기는 궤양성 질환을 낫게 해 줍니다. 또한 냉증이 있거나 냉증으로 월경 때만 되면 배가 아픈 분들도 옻닭을 드시면 효과를 볼 수 있습니다.

옻은 알레르기를 유발할 염려가 있으므로 조심해서 다루어야 한다는 것 아시죠? 우선 닭의 내장을 제거한 뒤 뱃속에 새끼손가락 길이만 하게 자른 옻나무 껍질을 100g 정도 넣고 푹 고아서 국물과 함께 드시면 됩니다.

옻닭을 만들 때 대추, 은행, 잣 등을 넣고 고아도 좋습니다.

COOKING

옻닭 만들기

재료 중닭 1마리, 옻나무껍질 100g, 통마늘 15쪽, 대파 1뿌리, 물 적당량

❶ 닭은 내장을 빼내어 물에 헹구고 옻나무 껍질도 물에 한 번 헹구어 준비한다.
❷ 내장 빼낸 닭 뱃속에 옻나무 껍질과 통마늘을 집어 넣고 잘 아물린 다음 솥에 안친다.
❸ 닭이 푹 잠기도록 물을 넉넉히 부어 푹 끓인다. 닭이 다 삶아지면 대파를 어슷 썰어 넣고 조금 더 끓인다. 인삼, 밤, 대추 등을 넣어도 좋다.

건강에 좋은 이야기 하나 더!

생리통이 있을 때 좋은 경혈요법

속이 냉하고 월경이 불순하며 월경 때마다 배가 아파서 쩔쩔 매는 사람들이 있다. 이런 사람들은 대개 혈액순환이 안 좋기 때문인데, 이럴 때 비뇨 생식기를 관장하는 경혈, 즉 치골 경혈에 자극을 가하게 되면 증세가 근본적으로 개선된다. 배꼽과 치골 경혈(성기 바로 위쪽의 뼈 부분)을 5등분했을 때 치골 경혈에서 1/3 위쪽, 배꼽에서 4/5쯤 되는 위치가 바로 치골 경혈이다. 시간이 있을 때마다 이 치골 경혈을 눌러 주면 혈액순환이 좋아져서 냉증과 월경불순, 생리통이 개선되는 효과를 볼 수 있다.

2 여성에게 좋은 동의음식

빈혈이 심하다

CHAPTER

철분이 많은 쇠간으로 완자밥을 해 보세요

빈혈에 좋은 음식으로는 뭐가 있을까요? 제일 먼저 떠오르는 게 바로 간이지요? 간에는 철분, 엽산, 비타민B12, 비타민C 등 조혈 작용이 높은 영양소가 아주 풍부해서 빈혈에 높은 효력을 발휘합니다. 그뿐 아니라 피부를 건강하게 유지해 주는 비타민A도 많기 때문에 빈혈이 있는 여성들은 소의 간을 드시면 좋습니다.

하지만 간은 내장이기 때문에 그냥 먹으면 냄새가 나지요. 비위가 약해 그냥 드시기 어려우면 요리를 해서 드시면 좋은데요. 간전이나 간튀김을 해도 좋고 또는 간으로 완자밥을 만들어서 튀겨 드시면 영양 많고 맛도 좋아 여성들의 다이어트식이나 허약한 어린이 간식으로도 아주 좋습니다.

COOKING

쇠간완자밥 만들기

재료 쇠간 100g, 쌀 1컵, 소금·식물성기름 1작은술씩, 피망·양파 1/2개씩, 당근 3개, 표고버섯 1장, 밀가루·빵가루 1/2컵씩, 달걀 1개, 식물성 기름 적당량

쇠간 양념 마늘즙·생강즙 1큰술씩, 후춧가루·청주 조금씩

❶ 쇠간은 얇은 막을 벗기고 흐르는 물에서 핏물을 뺀 뒤 얇게 저며 썰어 쇠간 양념에 재어 둔다.

❷ 양파, 당근, 피망, 표고버섯을 손질하여 잘게 다진다.

❸ 쌀 1컵에 소금, 식물성기름 1작은술을 넣고 물을 부어 밥을 지어 다진 채소와 섞어 완자를 빚은 뒤 밀가루, 달걀, 빵가루의 순으로 옷을 입혀 튀긴다.

1

2

3

한의사 신재용 선생의 진료실

건강한 사람을 일컬어 혈기가 왕성하다고 합니다. 혈기, 즉 기혈이 쇠약한 경우 우리 몸은 갖가지 질병에 노출되고 병을 이겨내는 능력까지 떨어지기 때문에 몸이 약하면 우선 기혈을 보해야 한다고 한방에서는 이야기합니다. 동의보감에서는 '비 위장 소화기 계통이 후천적인 에너지를 충분히 섭취하지 못하면 혈허가 된다'고 했는데 여기서 말하는 혈허가 바로 빈혈이죠. 빈혈은 적혈구가 대량으로 파괴되거나 심한 출혈이 있을 때 생기기 쉬우며 젊은 여성들의 경우 다이어트 등으로 영양이 결핍되었을 때도 빈혈이 되기 쉽습니다. 빈혈 중에서도 가장 빈도가 높은 것이 영양 결핍성 빈혈이며 그 중에서도 흔한 것이 철 결핍성 빈혈입니다.

빈혈이 심하면 격렬한 운동이나 과로를 피하고 몸을 따뜻하게 하면서 휴식을 많이 취해야 합니다. 그리고 빈혈에 좋은 인삼차, 대추차, 소의 간, 우유, 사과, 김 등을 많이 섭취하도록 하세요.

어지럼증이 심하면 굴을 드세요

피가 모자라면 어지럽죠? 이럴 때 굴이나 바지락, 꼬막 같은 조개류가 상당히 효과가 있습니다. 굴에는 철분, 코발트 같은 조혈 성분들이 여느 식품에 비해 많이 들어 있기 때문입니다. 또 체내의 대사 기능을 활발하게 하는 비타민B군과 소화 흡수가 잘되는 에너지원인 글리코겐이 풍부해서 허약 체질의 빈혈에 상당히 좋은 효과를 나타냅니다.

COOKING

굴숙회 만들기

재료 굴 200g,
미역 · 미나리 40g씩,
초고추장, 소금 조금

초고추장 고추장 2큰 술,
식초 · 설탕1/2큰술씩,
다진 파 · 마늘 1작은술씩,
깨소금 조금

1. 미역은 물에 담가 불려서 물기를 꼭 짠 뒤 길게 찢는다. 미나리를 잘 다듬어 씻은 뒤 끓는 물에 데쳐서 찬물에 헹궈 물기를 꼭 짠다.
2. 굴은 연한 소금물에 살짝 흔들어 씻은 뒤 물기를 빼고 끓는 물에 살짝 데친다.
3. 미역을 펴서 굴을 감은 뒤 그 위에 미나리를 감아 끝은 살짝 밀어 넣는다.
4. 고추장에 양념을 모두 섞어 초고추장을 만들어 놓는다.

빈혈로 어지러울 땐 오리고기가 좋아요

대개 기운이 없는 아이들은 혈색이 좋질 않고 어지럼증을 호소합니다. 그리고 일어나려고 하면 머리가 핑 돌고 숨이 가쁘다고 하지요. 어른들 중에도 갑자기 선반에서 뭔가 꺼내려고 하다가 눈앞이 깜깜해지고 핑 도는 것 같은 느낌을 경험한 사람들이 많을 거예요. 이렇게 빈혈 때문에 기운이 없거나 눈앞이 핑 도는 증세가 있을 때는 오리고기를 해드세요. 오리고기는 부족한 혈액을 보충해 줄 뿐만 아니라 원기를 북돋아 주는 기능이 있어 빈혈이 있을 때 드시면 아주 좋습니다.

상태가 안 좋을 때는 오리고기에다 구기자, 산약, 당귀 세 가지 약재를 넣고 끓여서 그 국물을 마시도록 하세요. 그러면 혈액이 보충되어 어지럼증은 물론 귀울림증, 손발저림 증 같은 게 깨끗이 없어집니다.

아주 허약한 체질이라면 오리소주를 만들어 드셔도 됩니다. 혈액을 보충하는 약재를 넣어 중탕해서 즙을 내면 됩니다.

COOKING

고등어카레구이 만들기

재료 고등어 2마리, 레몬 1/4개, 카레가루 1작은술, 밀가루 5큰술, 소금 조금, 후춧가루 · 식용유 조금씩

1. 손질한 고등어에 소금과 후춧가루로 밑간을 한 뒤 레몬즙을 뿌려 비린내를 없앤다.
2. 그릇에 분량의 밀가루와 카레가루를 넣고 골고루 섞어 부침가루를 만든다.
3. 밑간한 고등어에 카레가루를 넣은 부침옷을 앞뒤로 입힌다.
4. 팬에 기름을 두르고 부침옷을 입힌 고등어를 넣어 노릇하게 구워 접시에 담아 낸다.

철분이 풍부한 등 푸른 생선을 자주 드세요

빈혈이 있으면 현기증, 피로감, 원기 부족 등으로 활동력이 저하되고 심한 경우 두통, 식욕 부진, 가슴 답답함 등이 따르기도 합니다. 이럴 때는 조혈뿐만 아니라 허약 체질을 개선하는 음식을 함께 드시면 좋습니다.

장어나 고등어, 꽁치 등과 같은 등 푸른 생선을 철분이 풍부하고 질 좋은 불포화 지방산과 비타민 A가 많이 들어 있어 혈액을 보충하고 체력을 길러 주는 효과가 아주 크기 때문입니다.

심한 빈혈에 힘 좋은 메기가 좋답니다

물고기 중에 입만 크고 아주 못생긴 것이 메기죠? 그런데 이 메기가 그렇게 힘이 좋다는 겁니다. 그래서 동의보감에는 메기가 '몸을 보하는 작용이 크다' 고 나와 있습니다.

메기에는 특히 철분이 굉장히 많이 들어 있어서 빈혈 때문에 항상 어지럽거나 혈색이 안 좋은 사람들에게 아주 좋은 효과를 내지요.

맛도 아주 좋아 메기를 일명 '종어' 라고 하는데요. 이것은 물고기 중에서도 원조가 될 만큼 맛이 가장 뛰어나다는 뜻입니다. 메기하면 얼큰하게 끓이는 메기매운탕이 얼른 떠오르지만 소금 간을 해서 푹 고아 곰탕을 끓여 드셔도 구수한 맛이 아주 좋습니다.

시금치는 빈혈에 좋은 종합영양제예요

빈혈로 어지러움이 심할 때 값싸게 해 드실 수 있는 것으로 시금치를 들 수 있습니다. 시금치는 비타민 A·B·C·D·E와 엽산, 철분, 마그네슘, 요오드 등이 풍부한 종합영양제와도 같아서 철분이 모자라 어지러움이 심

할 때 시금치를 드시면 좋습니다.

특히 시금치에는 철분과 함께 철분의 흡수를 돕는 비타민C가 굉장히 많기 때문에 빈혈에 좋다는 것이죠. 그런데 시금치에는 수산 성분이 있기 때문에 음식에 이용할 때는 끓는 물에 살짝 데친 다음 그 물을 따라 버리고 사용하도록 하세요.

삼백초가 적혈구 생성을 촉진합니다

어떤 종류의 병을 앓고 나면 적혈구가 대량으로 파괴되어 빈혈이 되는 수가 있습니다. 또 수술을 하고 나도 피가 모자라 빈혈 증세가 나타나지요. 이럴 때 조혈 작용을 돕는 식품을 꾸준히 섭취해 주는 것이 필요한데요. 질리지 않고 계속 마실 수 있는 것으로 삼백초가 있습니다.

삼백초는 조혈 효소의 활동을 활발하게 하여 세포 분열을 촉진하고 적혈구와 백혈구의 생성을 촉진하는 작용을 합니다.

마른 삼백초 20g를 300㎖의 물로 달여서 하루 세 번 식전에 마시도록 하세요.

수술 후 빈혈에는 우유식초가 좋아요

우유 1컵에 3큰술의 식초를 조금씩 부어가며 섞으면 마시는 요구르트 같아집니다. 맛도 단맛만 없을 뿐 요구르트와 비슷하지요. 이것을 마시면 칼슘이 눈에 띄게 증대됩니다. 그래서 빈혈에 좋고 특히 뼈 수술 후에 회복이 빨라집니다.

COOKING

시금치무침 만들기

재료 시금치 250g, 소금 1큰술
다진 파 · 참기름 1큰술씩,
다진 마늘 1큰술,
깨소금 1작은술, 실고추 조금

❶ 시금치는 뿌리 부분을 도려내고 열십자로 가른 다음 물에 씻어 물기를 뺀다.
❷ 냄비에 소금을 넣고 끓으면 시금치를 넣어 파랗게 데친 뒤 찬물에 헹구어 물기를 꼭 짠다.
❸ 시금치를 먹기 좋은 길이로 자른 뒤에 그릇에 담고 다진 파 · 마늘, 소금, 참기름으로 버무린다.
❹ 간이 알맞게 무쳐진 시금치에 깨소금과 실고추를 뿌려 먹는다.

QA

빈혈치료에 좋은 한방처방을 알려 주세요

사물탕이라는 처방이 효과가 있다.
사물탕이란 당귀, 천궁, 백작약, 숙지황 네 가지 약재로 구성되어 있는 간단한 처방이다. 한 첩당 각각 약재를 각 5g씩 배합한다. 사물탕에 삼백초라는 약재를 가미해도 좋은데 삼백초는 조혈 효소의 활동을 활발하게 해 세포 분열을 촉진하고 적혈구와 백혈구의 생성을 촉진하는 작용을 하기 때문이다. 한 첩당 12g을 가미하면 된다. 삼백초를 단방으로 쓸 때는 20g을 물 1컵 반 정도를 붓고 달여서 반으로 줄면 하루 동안 세 번, 식전에 마시면 된다. 또 인삼을 가미해도 좋은데 인삼은 혈액 속의 헤모글로빈 생성에도 큰 역할을 하기 때문에 빈혈에 좋으며 혈액순환을 원활하게 하고 체력을 증진시키기 때문이다. 수삼을 꿀에 찍어 먹어도 좋고, 말린 대추를 넣고 차로 끓여 먹어도 좋다.

2 CHAPTER

여성에게 좋은 동의음식

허리가 아프다

건강에 좋은 이야기 하나 더!

허리 통증에 따른 조치

좌우 어느 한쪽이 아프거나 앞으로 구부리면 통증이 굉장히 심해지면서 기침이나 재채기를 해도 아플 때는 혹시 척추 간에 완충지 역할을 하는 추간판에 문제가 있나 알아봐야 한다. 그리고 허리에서 다리까지 쭉 아픈 경우가 있는데, 이때도 역시 앞으로 구부리면 더 아프고 정지 상태에서 움직이려고 할 때 아프고 역시 척추가 변형된 것이 아닌가 알아봐야 한다. 그리고 심한 통증이 계속되는데 판자처럼 경직되어서 구부릴 수 없거나 혹은 배뇨 곤란까지 있을 정도로 허리가 아프기도 하면 특수진단을 받아야 한다.

청주 목욕이 허리 통증을 개선시켜 줍니다

허리가 아플 때나 신경통이 있을 때 따뜻한 물에 목욕을 하면 통증이 좀 가시는 것 같지요? 그런데 그냥 물에 할 게 아니라 목욕물에 청주를 타서 하면 요통에 더욱 효과가 좋습니다.

먼저 욕조 가득 따뜻한 물을 받으세요. 그리고 그 물에 청주를 2ℓ 가량 타서 몸을 푹 담그고 목욕을 하는 겁니다. 그럴 때는 목 아랫부분을 모두 물에 담그지 말고 횡격막 아래만 담그고 오래 앉아 계세요. 그러면 따뜻한 기운이 허리 부분에 집중돼 허리 통증이 훨씬 개선됩니다.

이유 없는 요통에 부추 술이 좋아요

특별히 허리를 다친 일도 없는데 허리가 묵직하게 아파서 고생하시는 분들이 있지요? 얼마간 계속되다가 저절로 없어져서 그냥 잊고 지내는 수가 많을 겁니다. 이렇게 이유 없는 요통이 계속될 때 가정에서 할 수 있는 방법 한 가지를 알려 드릴게요.

부추 있지요? 그걸로 술을 담가서 마셔 보세요. 부추 60g 정도에 물 10컵을 붓고 끓여서 한 컵이 될 때까지 졸인 다음 그 물에 청주를 1/4컵 정도 부어서 섞으세요. 이렇게 해서 마시면 술을 잘 못 마시는 여자분들도 쉽게 마실 수 있습니다.

동의보감에 의하면 부추는 어혈을 풀어 주

요통을 예방하는 방법은 없을까요?

● 서 있을 때
서 있을 때는 배에 힘을 주고 어깨에서부터 고관절 중앙, 무릎, 복사뼈가 일직선이 되도록 똑바로 선다.

● 잠잘 때
옆으로 누워서 잘 때 허리가 받는 압박은 반듯이 누웠을 때의 3배에 달한다. 혈액순환도 방해하고 몸 전체의 근육을 뒤틀리게 해 요통을 더 심하게 한다. 잘 때는 반듯하게 눕고 베개는 너무 높지 않은 것을

● 바닥의 물건을 집을 때
바닥에 있는 물건을 집을 때는 엉덩이를 뒤로 밀듯하면서 무릎을 구부린 자세로 물건을 몸 가까이 안듯이 들어 올린다.

● 의자에 앉을 때
의자에 앉을 때는 의자 선택이 중요하다. 의자는 앉아 보아 허벅지보다 무릎 쪽이 약간 높은 정도가 제일 좋다. 앉을 때는 등받이에 등을 꼭 갖다 붙이고 깊숙히 앉는다.

한의사 신재용 선생의 진료실

등뼈의 관절이나 인대, 근육, 디스크에 이상이 생기면 허리 아픈 증세가 나타나지요. 한쪽 허리가 끊어질 듯 아프고, 구부리면 통증이 심해지면서 기침이 나기도 합니다. 동의보감에서는 요통을 열 가지 종류로 분류하고 있는데 그 중에서 신허요통이 가장 흔하다고 합니다. 신허요통 외에 흔히 '담 결린다'고 하는 요통이 있고 무거운 것을 들다가 삐끗해서 오는 요통과 타박상에 의한 요통도 있습니다. 또 너무 추워서 오는 '한요통'이 있고 흐린 날이면 증세가 나타나는 '습요통'에 이르기까지 요통의 종류는 무척 다양합니다. 허리의 통증이란 생명에 관계되는 중한 병은 아니지만 은근히 사람을 힘들게 하지요. 그런 만큼 예방이 중요합니다. 요통을 예방하려면 칼슘 섭취를 늘리고 평소에 바른 자세를 취해야 하며 갑자기 무거운 물건을 들어 허리에 무리가 가는 일이 없도록 하세요. 허리 통증이 심하면 따뜻한 물로 목욕을 해서 근육을 풀어 주는 것도 좋습니다.

고 우리 몸을 따뜻하게 해 주는 성질을 갖고 있어 요통을 낫게 한다고 하니 동의보감에서 권한 부추 술을 한번 마셔 보세요.

신허요통에는 돼지콩팥두충찜을 해 드세요

동의보감에 의하면 두충은 '기력을 돋우고 정력을 더하며 근골을 단단하게 하므로 오래 복용하면 몸이 가벼워지고 늙음을 견뎌낼 수 있다'고 하면서 '신허로 허리가 조여들면서 아픈 것이나 다리가 시큰시큰한 것도 잘 낫게 한다'고 했습니다.

두충으로 차를 끓여 마셔도 좋지만 역시 요통에 좋은 돼지콩팥과 함께 요리를 해서 드시면 더욱 좋습니다. 돼지콩팥을 쪄서 두충소스를 만들어 끼얹어 먹어도 되고 우유를 졸여 두충을 담갔다가 꺼내서 구운 다음 물을 붓고 끓여 마셔도 됩니다.

COOKING

돼지콩팥두충찜 만들기

재료 돼지콩팥 200g, 두충 50g, 흰콩 1/4컵, 다진 마늘 2큰술, 간장 2큰술, 물 1컵, 참기름 · 식물성기름 조금씩

❶ 흰콩은 물에 씻어서 불려 놓고 돼지콩팥은 신선한 것으로 구입해 물에 한 번 헹군 뒤 얇게 썬다.
❷ 찜통에 물을 안쳐서 끓여 김이 오르면 얇게 썬 돼지콩팥을 넣고 찐다. 돼지콩팥이 충분이 익으면 꺼내서 식힌 다음 참기름에 살짝 버무려 둔다.
❸ 프라이팬에 기름을 두르고 다진 마늘, 불린 흰콩, 간장을 넣고 볶다가 물 1컵과 두충을 넣고 조려서 소스를 만든다.
❹ 익혀서 참기름으로 버무려 둔 돼지콩팥에 두충소스를 끼얹어 낸다.

1

2

3

4

2 CHAPTER

여성에게 좋은 동의음식

어깨가 아프다

건강에 좋은 이야기 하나 더!

통증이 심할 때의 마사지 방법

더운 물주머니로 어깨 마디를 20~30분 정도 찜질을 해 준다. 그런 다음 어깨 관절 주위를 가볍게 눌러 주고 어깨뼈와 빗장뼈도 아프지 않을 정도로 눌러 준다. 평소 어깨를 많이 움직여 주어 어깨 근육을 부드럽게 해 주는 것이 좋으며 틈틈이 체조를 해서 어깨 통증이 생기지 않도록 예방, 치료한다.

고추찜질은 어깨를 따뜻하게 해 줍니다

어깨나 관절의 통증은 겨울철이나 추운 곳에 있을 때 더 심해지곤 합니다. 염증이나 열이 있는 경우가 아니라면 냉찜질보다는 온열찜질이 어깨 통증에 더 좋은 효과를 냅니다.

그냥 더운물에 수건을 적셔서 찜질하시는 것도 좋지만 붉은고추 달인 물로 찜질을 하면 더 좋습니다. 고추의 매운맛 성분에 몸을 따뜻하게 하는 작용이 있어 민간에서는 추운 겨울에 신발 밑에 고추를 깔아 동상을 예방하기도 했답니다. 방법도 간단합니다. 붉은고추를 달여 그 물을 가제에 적셔서 아픈 곳에 대 주면 됩니다. 씨도 버리지 말고 같이 이용하세요. 한 번에 30분 정도 하는 것이 적당합니다.

피부가 약해 자극이 심할 때는 고춧물을 더 희석해 사용하시고 찜질할 부위에 올리브

COOKING

고추찜질약 만들기

재료 붉은고추 5개

❶ 붉은고추는 겉에 먼지가 묻어 있지 않도록 말끔히 닦고 꼭지를 딴다.
❷ 손질한 붉은고추를 냄비에 담고 물 1컵을 부어 고추의 성분이 우러나도록 푹 끓인다.
❷ 고춧물이 우러나면 불에서 내리고 가제에 그 물을 적셔 아픈 부위를 찜질한다.

1

2

한의사 신재용 선생의 진료실

어깨가 아픈 것은 대개 신경통이나 근육의 통증 때문으로 흔히 볼 수 있는 증세입니다. 잠을 잘 못 자서 아프기도 하고 과로로 인해 일어나기도 하지요. 특히 50세 이상인 분들에게 나타나는 어깨의 통증을 오십견이라고 부를 정도로 어깨의 통증 때문에 고생하시는 분들이 참 많습니다. 피로나 잠을 잘못 자서 생긴 통증이라면 푹 쉬는 것이 좋겠죠? 그리고 평소에 나쁜 자세 때문에 근육에 무리가 가지 않도록 바른 자세를 유지하는 것이 중요합니다. 오십견은 노화에 따른 현상이라지만 평소에 꾸준히 운동을 하고 바른 자세를 유지한다면 어느 정도 예방할 수 있습니다. 이미 통증이 시작되었다면 몸을 따뜻하게 하고 혈액순환과 신진대사가 원활해지도록 주의하는 것이 바람직하죠. 무리가 가지 않을 정도로 체조를 하는 것도 좋습니다.

기름을 한 번 발라 주면 자극이 덜해집니다.

엄나무 껍질 차는 어깨의 마비를 풀어 줍니다

근육과 관절이 뻣뻣하게 굳어지고 아플 때는 엄나무 껍질 차가 효과가 있습니다. 사찰에서 민간요법으로 사용해 온 방법인데 아주 좋은 효과가 있습니다. 어깨 아픈 데만 좋은 것이 아니라 풍을 제거하고 가래를 내리는 데도 좋다고 하니 나이 드신 분들에게는 요긴한 약재라 하겠습니다.

건재약국에서 해동피라는 이름으로 팔고 있으니 쉽게 이용하실 수 있습니다. 10~20g 정도를 하루 양으로 해서 물을 적당히 붓고 끓인 다음 차처럼 여러 번에 나누어 드시면 좋은 효과를 보실 수 있습니다.

통증이 심하면 천남성 연고를 사용하세요

천남성의 땅속줄기는 예부터 담 걸렸을 때나 풍치에 효과 있는 약재료 쓰여 왔습니다. 이것이 어깨 결림에도 좋은 효과를 냅니다.

잘게 썰어 말린 다음 가루 낸 천남성을 밀가루와 1:1의 비율로 섞고 식초를 넣어 걸쭉하게 될 정도로 반죽을 합니다. 이것을 가제에 싸서 환부에 찜질을 하고 몇 시간 있으면 찜질한 부위가 새빨갛게 부어오릅니다. 천남성이라는 약재는 아주 독한 성분이 있기 때문이지요.

이것은 아픈 부위를 벌겋게 되도록 자극해서 그 부위의 혈액순환을 촉진시키고 소염 작용을 하는 인자들을 불러 모으는 역할을 하는 것입니다. 몸속의 자연 치유력을 이용하는 방법이라고 해야겠죠. 대신 장시간 붙이고 있으면 피부에 손상이 올 수 있으니 잠깐씩 붙이고 자주 갈아 주시는 것이 좋겠습니다.

어깨가 결릴 때 집에서 할 수 있는 체조를 알려 주세요

아픈 부위를 고정시켜 안정을 취해야겠지만 심해지면 전문의를 찾아 치료를 해야 한다. 그러나 어느 정도 통증이 사라진 후에는 목욕이나 뜨거운 찜질 등으로 몸을 충분히 따뜻하게 해 주고 뻣뻣한 근육이 풀어지면 다음과 같은 운동을 시작한다. 평소에 이 같은 체조로 예방에 힘쓰도록 한다.

- **막대체조** | 막대나 수건을 잡고 머리 위, 목뒤, 등 쪽으로 번갈아 움직인다. 아픈 쪽 어깨가 움직이기 쉽도록 아프지 않은 쪽 어깨로 리드한다.
- **사다리 체조** | 벽 옆으로 서서 한 걸음 떨어져 한 팔을 벽에 붙이고 한 팔은 허리에 올린다. 그 다음 벽에 붙인 손바닥을 폈다가 올렸다 하면서 벽을 따라 팔을 위까지 올린다.
- **아령 체조** | 몸을 앞으로 45도쯤 기울이고 아프지 않은 쪽 팔을 테이블 위에 얹어 몸을 지탱한다. 아픈 쪽 손으로 2~3kg 정도의 아령을 들고 앞뒤로 흔든다.

여성에게 좋은 동의음식

몸이 자꾸 붓는다

2 CHAPTER

건강에 좋은 이야기 하나 더!

부종과 체중 증가는 불가분의 관계

부종이라는 것은 피하조직에 물이 괴는 상태를 말하는데, 부종 증세가 나타나면 체중이 눈에 띄게 증가한다. 그런가 하면 부종은 살찐 사람에게서 흔히 볼 수 있다. 뚱뚱하기 때문에 체액의 순환이 안 좋게 되고 그렇게 됨으로써 부종 증세가 나타나는 것이다. 이렇게 부종과 체중 증가는 닭과 달걀의 관계처럼 어느 것이 먼저랄 것도 없는 불가분의 관계이다.

특발성 부종에는 달개비꽃을 달여 드세요

꽃잎은 제비꽃과 비슷하지만 푸른빛이 도는 달개비꽃. 이 달개비꽃이 바로 부기를 내리게 하고 비만을 치료해 줍니다. 그래서 몸이 자주 붓거나 살이 쪄서 걱정인 여성들에게 상당히 좋습니다. 심장에 영향을 주는 부작용도 없어 안심하고 마실 수 있는데, 달개비꽃을 따서 잘 말려 뒀다가 녹차와 함께 우려 마시면 부종이 내립니다. 그뿐 아니라 입술이 부르터서 부어오를 때 달개비꽃 생잎을 찧어서 그 부위에 붙여도 효과가 있습니다.

산후 부기에는 가물치를 삶아 드세요

산모에게 좋은 물고기라 해서 '가모치'라는 이름이 붙은 가물치는 소변을 원활하게 해 주어 여성의 부종에 효과를 나타냅니다. 특히 임신을 해서 부기가 있거나 산후부기가 빨리 가시지 않을 때 가물치가 상당히 좋습니다. 또 임신 중 기운이 떨어지고 손발이 냉하며 잘 저리고 부을 때도 좋고 산후에 온몸이 쑤시고 빈혈이 심하며 무릎에서 찬바람이 솔솔 나올 때도 좋습니다.

QA

- 갑자기 땀을 흘렸거나 찬바람을 맞았을 때는 바로 물기를 닦아 준다.
- 한겨울에는 혈액순환이 나빠질 수 있으므로 몸을 차게 하지 말자. 목욕탕이나 화장실도 실온을 유지하는 것이 좋다.
- 전날 소변의 양을 참고하여 그 이상의 물을 마시지 않도록 한다.
- 우리가 자주 먹는 된장, 간장에는 염분이 많으므로 사용량에 주의한다. 하루에 3~5g 이하로 제한하는 것이 좋다.
- 부기가 있을 때는 피부의 저항력이 약해지므로 염증이 생기거나 상처가 나기 쉬운 팔꿈치나 어깨, 허리, 발뒤꿈치는 특히 청결을 유지하도록 한다.

쇠비름이 소변을 잘 나오게 합니다

길가에 자라나는 들풀인 쇠비름은 부종에 좋은 약재입니다. 그래서 쇠비름을 먹어 보면 소변이 시원하게 잘 나옵니다. 소변이 잘 나오니 갈증도 덜어지게 되고요. 혈액이 상당히 맑아지며 몸 안에 있는 독소도 제거됩니다. 나물로 무쳐서 먹기도 하지만 건재약국에서 '마치현'이라는 이름으로 팔리는 쇠비름 말린 것을 하루에 20g씩 끓여서 차처럼

한의사 신재용 선생의 진료실

여자분들 중에 아침에 일어나면 얼굴이 부어서 화장이 잘 먹지 않고 손등이 부어서 반지가 잘 껴지지 않는 분들이 있지요? 몸이 잘 붓는다고 하면 보통은 심장이나 신장이 나쁘다고 생각하는데, 심장·신장뿐만 아니라 간장이 좋지 않을 때도 붓고 단백질 부족에 의한 영양실조일 때나 저혈압일 때, 혈액순환이 잘 되자 않을 때도 자주 붓기 마련입니다. 이런 여러 가지 이유로 몸 안의 수분이 배설되지 않고 고이면 몸이 붓게 됩니다.

뚜렷한 병이 있는 것도 아닌데 아침이면 얼굴이나 손발이 붓는 것을 특발성 부종이라고 하는데, 이런 분들은 수분과 염분을 과잉 섭취하지 않도록 하면서 소변 배설이 잘되는 식품을 섭취해 주는 것이 좋습니다.

마시면 부기가 가라앉게 됩니다.

팥의 이뇨 작용이 부기에 효과를 냅니다

팥의 외피에 들어 있는 사포닌이 뛰어난 이뇨 작용을 해 심장병, 신장병, 각기병 등으로 인한 부기에 높은 효과를 발휘합니다. 대개는 팥을 삶아 즙을 내거나 죽을 쑤어서 먹게 되는데 약으로 할 때는 간을 하지 않는 것이 기본입니다.

팥은 너무 많이 먹으면 설사를 하므로 한꺼번에 너무 많이 먹지 마세요. 또한 팥은 외용약으로도 쓸 수 있으므로 부기가 있는 부위에 팥가루를 바르면 부기가 내리게 됩니다.

COOKING

팥즙 만들기

재료 팥 3큰술, 물 3컵, 꿀 1큰술

❶ 팥을 깨끗이 씻어 냄비에 안치고 물을 부어 끓인다. 팔팔 끓으면 불을 줄이고 나무주걱으로 저어 가면서 은근히 끓인다.
❷ 팥이 푹 퍼질 정도로 물러지면 불을 끄고 체에 밭쳐 팥즙만 받는다.
❸ 체에 밭친 팥즙에 꿀을 섞어 따뜻하게 해서 마신다.

여성에게 좋은 동의음식

2 CHAPTER

가슴이 뛰고 불안하다

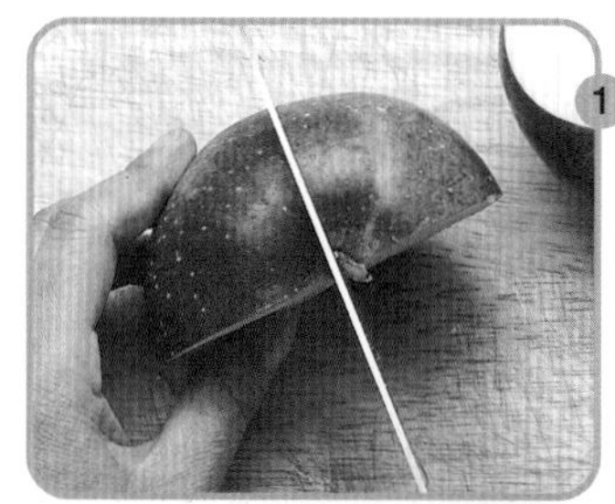

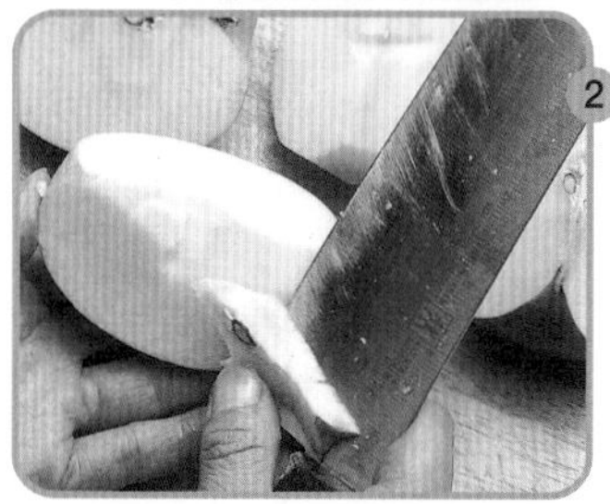

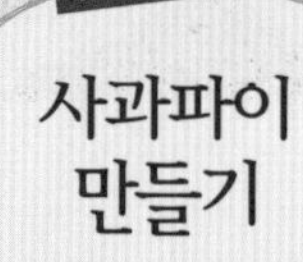

사과파이가 열을 떨어뜨려 줍니다

아무런 이유 없이 괜히 열이 오르는 사람들이 있습니다. 체온계로 재면 열이 없는데도 가슴이 뜨겁고 얼굴에 열감이 느껴질 때, 이럴 때는 사과를 먹으면 열이 떨어지게 됩니다.

열이 난다는 것은 마음이 흥분 상태에 있다는 것이므로, 열을 떨어뜨림으로써 이런 흥분 상태를 진정시켜 주는 것이 중요합니다. 게다가 사과에는 진정 작용이 있어서 정신을 안정시키는 데 이만큼 좋은 게 없습니다. 신선한 사과를 그냥 마셔도 좋고 즙을 내어 마셔도 좋습니다. 그렇지 않으면 말려서 파이를 만들었다가 차처럼 꾸준히 마시는 것도 좋은 방법입니다.

백합 달인 물이 신경을 가라앉혀 줍니다

마음의 병이라고 할 수 있는 불안, 강박관념 같은 것 때문에 흥분하고 초조해하고 우울해하면 몸도 아파옵니다. 열이 나고 머리가 아픈 것은 물론이고 어깨가 결리고 소화도 잘 안 됩니다. 이럴 때는 곤두서 있는 신경을 가라앉히는 것이 중요합니다. 신경을 가라앉히면 사고력도 높아지고 뇌의 활동도 강화되거든요.

COOKING

사과파이 만들기

재료 사과 1개, 물 300g, 꿀 조금

❶ 빨갛게 잘 익은 사과를 골라 물에 깨끗이 씻은 뒤 마른행주로 물기를 잘 닦는다.
❷ 네 쪽으로 잘라 씨가 있는 부분을 도려내고 1㎝ 두께로 얇게 저며 썬다.
❷ 채반에 겹치지 않도록 널어서 일주일 정도 말렸다가 하루 20g씩 넣고 물을 부어 끓인다. 마실 때 꿀을 조금 탄다.

한의사 신재용 선생의 진료실

동의보감 내경편 1권에 '마음은 몸의 주인이 된다'는 말이 있습니다. 병을 다스리고자 하면 먼저 그 마음을 다스리라는 것이지요. 몸의 병도 마음으로 다스리라고 했으니 마음의 병은 더 말할 필요가 있을까요?

마음의 병이라고 할 수 있는 신경불안증은 강박관념 등으로 흥분하고 초조하고 우울하고 가슴이 뛰는 등 정신신경계에 장애가 오는 것을 말합니다. 어떤 때는 얼굴에 열이 나고 온몸이 화끈거리며, 피가 머리로 몰린 듯 어지럽고 지끈거리며, 어깨가 결리고 손발이 찬 경우도 있습니다. 이런 증세는 갱년기 이후의 여성들에게 많은데, 이런 분들은 칼슘, 나트륨, 칼륨이 듬뿍 든 식품을 충분히 섭취해야 합니다. 그와 함께 마음속의 의심이나 걱정, 모든 불평을 제거해 마음의 평정을 찾는 것을 잊지 말아야겠죠.

한방에 백합병이라는 것이 있는데 현대의 노이로제와 같은 병을 말합니다. 이 같은 노이로제성 신경불안증에는 백합뿌리 찧은 것을 하루 두 번, 15g 내지 30g 정도씩 먹으면 효과를 볼 수 있습니다.

울화증을 가라앉히는 데는 말린 멸치가 좋아요

칼슘이 부족하면 혈액이 산성화되고 신경이 불안정해집니다. 화를 잘 내게 되고 질병에 대한 저항력이 떨어지고 피로해지기까지 합니다. 이럴 때 좋은 치료제가 바로 말린 멸치입니다.

동의보감에서는 된장콩, 즉 메주콩을 일컬어 '화기를 내리는 역할이 무척 크다'고 언급하고 있습니다. 그래서 멸치로 된장국을 끓이면 이상적인 배합이 되어 신경을 안정시키고 울화증을 가라앉히는 효과가 있는 것이죠.

대추차를 마시면 마음이 편해집니다

신경이 늘 곤두서 있고 정서불안이 심해 기력이 약해진 사람에게는 대추가 좋습니다. 대추에는 열을 내리게 하고 쇠약한 내장을 회복시켜 주며 배뇨를 도와주는 효과가 있기 때문에, 말린 대추를 통째로 먹거나 차를 끓여 꾸준히 마시면 마음이 편안해지는 것을 느낄 수 있을 겁니다.

대추차 말고도 떡이나 약식 등 대추가 들어가는 음식에는 대추를 듬뿍 넣도록 하세요.

건강에 좋은 이야기 하나 더!

불안증에 잘 걸리는 성격은?

불안증은 유전적 소인이 강한데 이런 소인을 갖고 있다면 불안증에서 완전히 벗어날 수 없다. 대개 20%가 그래서 만성 불안증을 보이면서 더 악화되는 경향을 보인다. 하지만 평소에 유쾌하고 대범한 성격이고 주위사람들과 조화를 잘 이루며 사회적으로 원활했던 성격의 사람들은 치료가 잘 되는 편이다.

병적 성격은 어릴 때부터 형성되는 것으로 철저한 완벽주의자나 인색한 이기주의 경향을 띤 성격에서 불안증이 두드러지므로 늦기 전에 주변을 사랑하고 어려움 속에서도 남을 위해 베풀 줄 아는 마음을 지니는 게 불안증을 훨씬 빨리 떨쳐버릴 수 있다. 또 등산이나 수영 등 유산소 운동을 하는 것도 도움이 된다.

COOKING

멸치볶음 만들기

재료 마른 멸치 30g
볶음양념 간장 1/2작은술, 물엿 1작은술, 설탕 1작은술, 깨소금 조금, 식용유 1작은술, 물 1큰술

❶ 마른멸치는 체에 담아 흔들어 부스러기를 털어내고 머리와 내장을 떼고 반으로 갈라 기름 두르지 않은 프라이팬에 살짝 볶는다.
❷ 그릇에 양념 재료를 모두 넣어 양념장을 만들어 멸치를 재어 둔다.
❸ 프라이팬에 식용유를 두르고 양념에 잰 멸치를 볶은 다음 참기름과 깨소금으로 맛을 낸다.

2 CHAPTER

여성에게 좋은 동의음식

히스테리가 심하다

COOKING

차조기 달인 물 만들기

재료 차조기 잎 12g, 물 30㎖

1. 차조기 잎을 흐르는 물에 깨끗이 씻어 채반에 널어 말린다.
2. 말린 차조기 잎에 물 30㎖를 넣고 물이 반으로 줄 때까지 끓인다.

건강에 좋은 이야기 하나 더!

히스테리 환자에게 나타나는 증세

히스테리 성격을 가진 사람은 정서적으로 불안하고 매사에 과잉반응을 보이며 극적인 표현을 많이 하고 과장이 심하다. 특히 매우 자기중심적이며 다른 사람으로부터 특별한 취급을 받고 싶어 하는데, 이런 일반적인 특징 외에 히스테리 환자에게 주로 나타나는 증세는 다음과 같다.

호흡곤란	72%	빠른 심장박동	60%
가슴 통증	72%	현기증	80%
심한 불안감	64%	피곤함	84%
시력장애	64%	무력감	84%
식욕감퇴	60%	구역질	80%
복통	80%	변비	64%
요통	84%		

신경증에 차조기 잎을 드세요

마음에서 비롯되어 팔이나 다리 등 전신에 마비가 생기는 병이 있습니다. 주로 강박 때문에 생기는 히스테리의 한 종류인데 이 같은 신경증은 증세가 매우 다양합니다. 이런 분들은 먼저 약보다는 조용한 곳을 찾아 수양을 해 보도록 하세요. 무엇보다 마음으로부터 해방되어야 합니다.

동의보감에서는 신경이 울체된 경우에 차조기 잎, 즉 자소엽이 좋다고 했습니다. 하루에 자소엽을 20g씩 끓여서 수시로 복용하시면 반드시 신경증으로부터 해방될 것입니다.

마음의 병에 멸치가 약이에요

화가 치밀다 못해 가슴속에 쌓여서 병이 되는 것을 울화증이라고 합니다. 불안, 초조, 불면증이 있으면서 열이 나고 가슴이 답답하며 두근거리는 것이 주된 증세인데 히스테리가 동반되기도 하지요. 이렇게 히스테리를 동반한 울화증에는 말린 멸치가 약입니다. 말린 멸치 우려낸 국물로 된장국을 끓여도 좋고 멸치볶음, 멸치튀김을 해서 먹어도 좋습니다.

한의사 신재용 선생의 진료실

아무것도 아닌 일에 걸핏하면 흥분을 하거나 괜한 일에 화를 내고 짜증을 잘 내는 분들 있죠? 이런 분들은 눈이 충혈되고 양 뺨이 열기로 달아오르며, 땀이 나고 머리가 무겁거나 아파서 쩔쩔매며, 입이 마르고 입 안에서 단내가 나기도 합니다. 또 가슴 속에 열이 맺혀 답답해하고 심장이 놀란 것처럼 두근두근 뛰며 어깨 근육이 경직되면서 어깨에 통증을 느끼게 됩니다. 이러한 증세를 흥분성 신경쇠약, 즉 히스테리라고 합니다.

히스테리는 마음의 고민이 쌓여서 생기는 몸의 병으로, 내성적이거나 정서가 불안정하고 신경이 예민한 사람에게서 많이 볼 수 있습니다. 히스테리가 있는 분들은 스스로 마음을 가라앉히는 훈련을 하면서 신경 안정을 돕는 식품을 꾸준히 섭취하도록 하세요. 그리고 가장 중요한 건 휴식과 안정이라는 것을 잊지 마세요.

흥분 잘하는 성격에 연꽃씨가 잘 들어요

연꽃씨는 강정·강심 작용이 아주 뚜렷해서 괜한 일에 흥분 잘하는 분이나 짜증을 잘 내고 부산을 떠는 분들에게 좋습니다. 이런 분들은 마음이 조급해서 늘 가슴이 두근거리고 열이 나며 심지어 어깨 통증이 있다고 호소하기도 하는데 이런 분들일수록 잠도 잘 못 잡니다. 이럴 때 연꽃씨를 복용하면 가슴이 두근거리고 짜증이 나는 것을 모두 개선할 수 있습니다.

COOKING

연꽃씨 죽 만들기

재료 연꽃씨 30g, 쌀 1/2컵, 물 4컵, 소금 약간

1. 연꽃씨는 조금 큰 재래시장이나 약령시장에서 구할 수 있는데 연자육이라고도 한다.
2. 쌀은 깨끗하게 씻어 물에 담가 불린 후 물을 붓고 저어 가며 끓인다.
3. 연꽃씨를 굵직하게 빻아 끓인 쌀에 넣고 약한 불에서 저어 가며 끓인다.
4. 쌀알이 충분히 퍼질 때까지 주걱으로 저어 가며 끓이다가 소금으로 간한다.

1

2

3

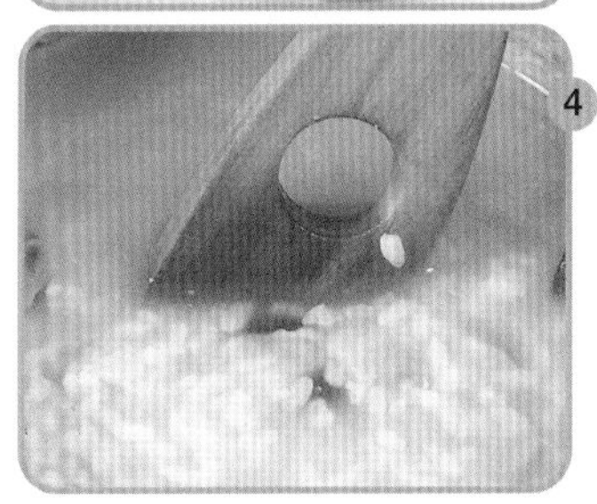
4

여성에게 좋은 동의음식

2 CHAPTER 살이 쪄서 고민이다

COOKING

초두 만들기

재료 흰콩 1컵, 식초 1컵

❶ 젖은 행주로 흰콩을 잘 닦아서 준비한다.
❷ 잘 닦은 흰콩을 병에 담고 콩이 잠길 정도로 식초를 부어 일주일 정도 둔 다음 하루 1~2회 공복에 먹는다

혈압이 높으면서 비만인 사람은 다시마를 즐겨 드세요

살도 빼고 성인병도 예방하고 미용에도 좋은 식품을 아세요? 이런 효능을 두루 갖춘 식품이 바로 다시마입니다. 칼로리가 거의 없으면서 각종 무기질이 풍부하고 아미노산의 일종인 라미닌 성분이 있어서 혈압을 떨어뜨려 주기 때문에 비만에다가 혈압이 높은 사람에게 매우 좋은 식품입니다.

1
2

그렇다면 다시마는 어떻게 먹는 게 좋을까요? 그거야 기호에 맞게 드시면 되죠. 많이만 드세요. 국이나 찌개에 넣어 드셔도 좋고 다시마를 빻아 가루로 만들어 드셔도 좋습니다. 그러면 다시마가루 만드는 법을 알아볼까요?

다시마를 손바닥 크기만 하게 잘라 물에 불립니다. 그런 다음 잘 불린 다시마를 건져 마른행주로 토닥토닥 두들겨 물기를 뺍니다. 이것을 알루미늄 호일에 싸서 프라이팬에 구운 다음 분마기로 빻습니다. 건성으로 대충만 빻으세요. 그래야 거친 알맹이가 장에 들어가 연동운동을 촉진해서 변통을 좋게 해주고, 변통이 잘돼야 비만이 덜하게 될 테니까요. 거칠게 빻은 다시마가루를 식탁 위에 올려놓고 하루 2회, 1큰술씩 드세요.

하지만 한 가지 주의할 게 있습니다. 결핵이 있는 분들은 다시마를 많이 들지 마세요. 결핵이 순식간에 확 번질 염려가 있으니까요.

운동 부족으로 인한 비만에는 잣을 드세요

잣을 먹으면 살이 찐다고 생각하는 분들 많이 계시죠? 하지만 잣을 오랫동안 계속 먹으면 날씬해지고 미용 효과도 놀랄 만큼 뛰어납니다. 하루에 10알 정도만 계속 먹어 보세요. 피가 깨끗해지는 정혈 작용이 이루어지고 체내에 남아 있는 칼로리를 소비해서

한의사 신재용 선생의 진료실

비만자의 약 95%는 유전적 영향도 없고 질병도 없으며 약물의 부작용 등 특별한 이유가 없이 살이 찐 단순성 비만에 해당합니다. 그렇다면 특별한 이유도 없이 왜 살이 찔까요? 그야 소비 에너지보다 섭취 에너지가 많아 체지방으로 저장되기 때문이지요. 비만이 문제가 되는 것은 각종 성인병을 일으킬 수 있기 때문입니다. 남성의 경우라면 정력 감퇴, 발기 불능, 조루증 등을 일으킬 수 있고, 여성의 경우라면 월경불순, 불임증이 나타날 때도 있습니다. 그렇다고 무턱대고 단식을 하거나 다이어트를 시도하는 것은 위험합니다. 최소한의 필요 에너지를 섭취하되 몸에 쌓인 지방을 분해, 배출할 수 있는 식품을 골라 섭취하는 것이 비만 치료의 방법입니다.

각종 장기의 부담을 없애 줍니다.

그리고 텔레비전 볼 때나 책 읽을 때 잣을 옆에 놓고 한 알 한 알 심심풀이로 잡숴 보세요. 그러면 뇌의 만족중추를 자극해서 위를 안정시켜 줍니다. 게다가 운동부족으로 인한 비만도 개선할 수 있습니다.

잣만 수시로 잡수시는 것도 좋지만 팥, 콩, 녹두, 땅콩, 율무 등 다섯 가지 재료를 섞어 죽을 쑨 다음 그 위에 잣을 얹어서 잡수시면 더욱 좋습니다.

과식과 갈증을 억제하는 배차를 드세요

배로 만든 차는 간 기능을 원활하게 해서 지방이 축적되는 것을 막기 때문에 살이 찌는 것을 막아 줍니다. 과식과 갈증을 억제하기도 하지요. 그러면 배차는 어떻게 만드는 게 좋을까요?

배는 껍질을 벗겨 4등분하고 심지 부분을 도려낸 다음 1㎝두께로 얇게 썰어 그릇에 담습니다. 그리고 배가 잠길 정도로 식초를 부어 냉장고에 보관하세요. 2~3일이 지난 후부터 1회 8~12g씩 컵에 담아 따끈한 물을 부어 10분쯤 우려낸 뒤 마시면 됩니다. 하루 3회, 공복에 드시는 게 좋습니다. 신맛과 단맛, 향이 어우러져 마시기 아주 좋습니다.

물살이 찐 사람은 율무차가 좋습니다

율무는 이뇨 효과가 뛰어나죠. 그래서 체내의 수분대사가 제대로 안 돼 물살이 찐 경우에 좋습니다. 소염작용과 진통작용이 뛰어나고 피로 회복과 강장 작용도 하지요. 또 신경통을 비롯해서 기미, 주근깨, 여드름을 예방하기도 하기 때문에 뛰어난 미용제, 비만 치료제가 됩니다.

율무차는 이렇게 만드세요. 율무에 티가 섞여 있지 않도록 잘 골라 깨끗이 씻은 다음 체에 밭쳐 물기를 빼세요. 그리고 프라이팬에서 볶아 가루 낸 뒤 밀폐용기에 넣어 보관합니다. 이것을 한 번에 12~20g씩 꺼내어 물 3컵으로 끓여 반으로 줄면 2~3회에 걸쳐 나누어 마십니다.

COOKING

율무차 만들기

재료 볶은 율무 20g, 물 3컵

❶ 율무에 티가 섞여 있지 않도록 잘 골라 깨끗이 씻은 다음 체에 밭쳐 물기를 뺀다.
❷ 물기가 빠지면 약한 불에서 타지 않도록 서서히 볶은 다음 밀폐용기나 차통에 넣어 보관한다.
❸ 찻주전자에 볶은 율무 20g을 넣고 중불에서 끓여 따뜻하게 데운 찻잔에 부어 마신다.

자궁에 출혈이 있다

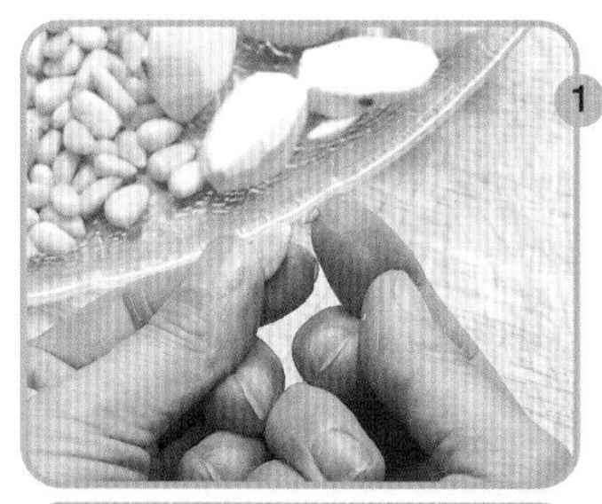

자궁을 안정시키는 데는 잣죽이 그만입니다

어른들이 가끔 '태가 불안하다'는 말씀들을 하시죠? 아기를 키워 주는 자궁과 태반이 안정되지 못할 때 이런 이야기를 하는데 태가 불안하면 유산을 할 위험이 있습니다. 이럴 때 잣으로 죽을 끓여 드시면 태를 안정시키는 데 효과가 그만입니다.

한방에서 '해송자'라고 부르는 잣은 입맛을 돌게 하고 기운을 찾게 해 준다고 하지요. 그 외에 태를 안정시켜 주는 효과가 있어 자궁의 불안이 원인이 된 출혈에도 참 좋고 유산도 막아 줍니다. 책을 읽거나 집안일을 하면서 잣을 몇 알씩 드셔 보세요. 또 밤을 함께 다져 넣고 고소하게 잣죽을 끓여 드셔도 그만입니다. 잣을 쌀과 함께 믹서에 갈아 죽을 끓여도 되지만 씹는 맛을 느끼시려면 잣을 통째로 넣고 죽을 끓여도 좋습니다.

임신 중 자궁 출혈에는 호박꼭지를 달여 드세요

임신 중에 출혈이 보이면 불안하시죠? 동의보감에서는 임신 중 출혈을 '태루'라고 하면서, 태아가 불안정하여 복부에 응어리가 지고 통증을 느끼며 출혈이 있으면 급히 호박꼭지를 삶아 그 물을 마시라고 했습니다.

호박꼭지는 음식을 할 때 버리지 말고 모아 두시면 요긴하게 쓸 수 있지요. 볶아서 가루를 낸 다음 찹쌀 미음에 타서 드시면 간편

잣죽 만들기

재료 잣 1/4컵, 쌀 1/2컵, 밤 10개

❶ 잣은 고깔을 떼어서 준비하고, 밤은 속껍질까지 말끔히 벗겨 굵게 다진다.
❷ 쌀과 잣은 각각 믹서에 곱게 간다.
❸ 쌀과 잣 간 것을 냄비에 안치고 물을 부어서 푹 끓인다. 한소끔 끓으면 다진 밤을 넣고 밤이 익을 때까지 조금 더 끓인다.

한의사 신재용 선생의 진료실

건강하고 정상적인 여성이라면 한 달에 한 번씩 월경을 하는 것이 당연하지요. 그런데 월경 기간이 아닌데도 출혈이 보인다면 건강에 이상이 생긴 신호입니다. 특히 아기를 임신하고 있는 상태에서 출혈이 보인다면 유산의 가능성이 있으니 주의를 해야겠지요.

태반의 조기 박리도 자궁 출혈의 원인이 되는데요, 이 경우 모체나 태아가 매우 위험한 상태에 빠지게 되니 주의하셔야 합니다.

자궁 출혈의 원인은 무척 다양하지만 원인이 무엇이든지 나쁜 신호라는 점에서는 같습니다. 미리 주의를 기울여서 예방을 하는 것이 좋겠지요. 또 출혈이 시작되었다면 빨리 적절한 치료를 받으시는 것이 무엇보다 중요합니다. 특히 임신 중에 보이는 출혈은 유산이나 이상 임신의 신호일 수 있으니 가볍게 생각하고 방치하면 안 됩니다. 자궁과 태를 안정시키는 음식을 꾸준히 드시고 몸에 무리가 가지 않도록 주의하세요.

합니다. 또 호박꼭지 대신 호박 줄기를 타고 감아 올라가는 덩굴손 부분을 달여 마시는 것도 좋은 효과가 있습니다.

태가 불안한 분들은 임신 기간 중에 이 호박꼭지나 덩굴손 달인 물을 꾸준히 드세요. 자궁 출혈이나 자연유산 등의 급박한 상황을 예방해 주고 태를 안정시켜 주는 데 참 좋습니다.

지혈 작용이 뛰어난 쑥차도 좋습니다

쑥은 여성들에겐 참 좋은 식품이죠. 몸을 덥게 하고 피를 맑게 해 주며 특히 지혈 작용이 있어 자궁 출혈이 있을 때도 좋은 음식입니다. 자궁의 혈류를 원활하게 해 주면서 출혈을 막아 주는 것이 바로 쑥만의 뛰어난 약효랍니다.

생쑥으로 즙을 내어 마셔도 되고요, 봄에 채취한 쑥을 말려 두었다가 쑥차를 만들어도 좋습니다. 예로부터 오래 묵힐수록 좋은 약이 된다는 약재가 몇 가지 있는데 그 대표적인 것이 쑥입니다. 그러니까 신선한 것을 구하려고 애쓰지 말고 말린 것을 구해서 두고두고 사용해도 됩니다.

COOKING

쑥차 만들기

재료 마른 쑥 30g, 물 3컵, 꿀 2큰술

❶ 마른 쑥은 먼지를 털고 잘게 썬다.
❸ 물을 팔팔 끓여 30초 정도 식힌 후 마른 쑥에 붓는다.
❷ 쑥 우린 물을 체에 밭친다.
❹ 잔에 쑥 우린 물을 담고 꿀을 넣어 따뜻할 때 마신다.

간편하게 보관하려면 말린 쑥을 태워 검게 된 것을 끓여 드세요. 생쑥이나 말린 쑥보다 지혈 작용이 뛰어난 좋은 약입니다.

여성에게 좋은 동의음식

2 CHAPTER

피부가 거칠다

건강에 좋은 이야기 하나 더!

자외선은 피부 트러블의 원인

자외선으로 인해서 발생하는 대표적인 피부 트러블이라면 역시 기미와 주근깨. 기미나 주근깨가 멜라닌 색소의 침착으로 생긴다는 사실은 잘 알려져 있다.

멜라닌은 자극에 민감하게 반응하기 때문에 자외선이나 마찰 등에 의해 색소의 생성이 활발해지면 기미, 주근깨와 같은 트러블이 발생하는 것이다. 그 다음에 걱정되는 것이 피부의 노화다.

피부가 햇볕에 닿으면 노화되거나 주름살이 생기는데, 피부의 단백질인 콜라겐이 감소해서 피부가 얇아져 주름살이 생기는 것이다. 따라서 햇살이 따가운 여름철에는 되도록 햇볕에 그을리지 않도록 주의하는 것이 필요하다.

햇볕에 그을려서 생기는 피부 트러블을 방지하기 위해서 제일 중요한 것은 직사광선에 노출되지 않도록 하는 것. 특히 오전 12시부터 오후 2시까지는 자외선이 가장 강한 시간이므로 이 시간대의 외출은 피하는 것이 좋다.

거친 피부에는 표고버섯 꿀가루가 좋습니다

표고버섯은 눈 가장자리의 잔주름이나 기미, 거친 피부에 매우 효과가 있습니다. 또 머리카락도 검게 하고 발모 효과까지 발휘합니다. 조혈 작용을 돕는 비타민B1을 함유하고 있어서 누렇게 들뜬 얼굴을 발그스름하게 만들어 주기도 하지요.

우선 생표고버섯을 햇볕에 잘 말리세요. 잘 말린 버섯을 진하게 탄 꿀물에 3~4일 푹 담가 탱탱하게 부풀면 소쿠리에 펴서 잘 말린 다음 프라이팬에서 살짝 구워 가루를 냅니다. 이것을 1일 2~3회, 11회 4~6g씩 따끈한 물로 공복에 복용하면 됩니다.

우엉율무죽으로 피부에 잡티를 없애세요

우엉과 율무는 신진대사를 촉진시켜 노폐물의 배설을 돕고 피부를 깨끗하게 해 주는 식품으로 정평이 나 있습니다. 따라서 이 두 가지 식품을 함께 먹는다면 그 효과는 크게 상승됩니다. 우선 우엉을 껍질째 씻은 다음

COOKING

우엉율무죽 끓이기

재료 우엉 50g, 율무 1컵, 물 4컵

❶ 우엉은 껍질을 벗긴 뒤 연필을 깎듯 돌려 깎아 식촛물에 담근다.
❷ 냄비에 우엉과 율무를 안치고 물을 부어 1시간 정도 푹 끓인다.

한의사 신재용 선생의 진료실

여자의 아름다움은 티 없이 곱고 부드러우며 발그스름하게 혈색이 도는 하얀 피부에 있다고 해도 과언이 아니죠. 하지만 봄바람이 살살 불기 시작할 때나 여름철 땀이 많이 날 때, 찬바람이 불기 시작할 때면 피부가 거칠어지기 쉽습니다. 거친 피부 때문에 고민하시는 분들, 미용요법을 시작하기 전에 반드시 기억해야 될 게 하나 있습니다. 아름다움을 얻기 위해서는 노력과 정성, 시간이 필요하다는 것이죠. 한두 번 해보고 달라진 것이 없다고 포기해 버리는 사람들이 많은데 그렇게 하면 전혀 효과를 볼 수 없습니다. 꾸준히 계속하는 것이 중요합니다.

아름다움을 가꾸는 미용식은, 체액을 약알칼리성으로 만들고 혈색을 돌게 하는 녹즙이나 야채 주스가 좋습니다. 당근, 오이, 양배추, 사과 등이 좋겠지요. 철분을 비롯해서 여러 가지 비타민제도 좋습니다만 매실 또한 상당히 효과가 있습니다.

겉껍질만 얇게 깎아 물에 담가 우려낸 뒤 미리 물에 불려 둔 율무와 함께 죽을 쑤면 우엉율무죽이 됩니다. 하루 한 끼 정도는 이 우엉율무죽으로 대신하는 것이 좋습니다. 먹기 어려울 때는 대추와 소량의 소금으로 맛을 내어 먹어도 좋습니다.

녹차우유식초도 피부미용에 좋습니다

녹차와 우유, 식초의 공통점은 세 가지 모두 피부 미용에 좋다는 것입니다. 따라서 이 세 가지를 모두 먹는다면 그 효과는 매우 커지기 마련입니다. 먼저 우유에 식초를 섞는데 그 비율은 각자의 기호에 맞춰 적당히 넣으면 됩니다. 그런 다음 녹차를 가루 내어 우유 식초에 1작은술을 넣고 잘 섞어 마시면 됩니다. 단, 우유에 알레르기가 있거나 식초가 역겨울 때는 떠먹는 요구르트 한 개에 녹차 가루 낸 것 1작은술을 섞어 마셔도 좋습니다.

피부가 거친 부위에 둥글레를 바르세요

한방에서 '위유'라고 불리는 둥글레는 건재약국에서 구입할 수 있으며, 농협에서도 둥글레차라는 이름으로 판매하고 있습니다. 둥글레의 수염뿌리를 잘 말려 달인 물을 마시거나 둥글레 술을 만들어 마셔도 좋습니다. 혹은 둥글레 뿌리의 녹말을 채취해서 그것을 그냥 먹거나 떡을 만들어 먹어도 좋습니다.

술을 담글 때는 집에서 담그는 것과 똑같이 담그면 됩니다. 소주 1.5배 분량을 둥글레에다 넣고 3개월 이상 숙성시키면 아주 좋은 술이 됩니다.

더위로 인해 피부가 거칠어질 때 매실즙을 바르세요

매실은 구연산이 주성분인데 이 성분은 청량감과 상쾌함을 줄 뿐 아니라 피로까지 풀어 줍니다. 매실즙을 조금씩 매일 먹거나 이 즙을 희석해서 얼굴을 씻어도 매우 좋습니다. 특히 여름철에 땀이 많이 나고 더워서 피부가 안 좋아지는 경우가 있는데 이때 매실즙으로 몇 번만 씻으면 얼굴이 말끔해집니다.

COOKING

매실주 만들기

재료 푸른 매실 2kg, 얼음설탕 600g, 소주 1.8ℓ

❶ 익기 전에 따낸 푸른 매실을 깨끗이 씻어 물기를 닦아 낸 다음 서늘한 곳에 하룻동안 말린다.
❷ 손질한 매실과 얼음설탕, 소주를 밀폐용기에 담고 뚜껑을 닫아 서늘한 곳에 3개월 정도 숙성시켜 1회에 20~30mℓ씩, 하루 2~3회 마신다. 빈혈·변비 증세에 효과가 있다.

복령계란주는 침실에서 마시는 미용주랍니다

달걀은 예로부터 강정 효과가 매우 큰 식품으로 알려져 왔습니다. 그래서 서양에는

건강에 좋은 이야기 하나 더!

입술을 핥거나 만지는 습관은 입술을 거칠게 만든다

입술이 건조해지는 것을 느끼면 혀로 입술을 핥기가 쉽다. 이야기를 하다가도 입술을 핥는 사람이 있는데, 이것이 오히려 입술을 건조하게 만드는 원인이 된다. 입술을 핥으면 당장은 입술이 촉촉해지지만 그 즉시 수분이 증발해서 원래 가지고 있던 수분도 달아나 버리기 때문이다. 그렇다고 다시 습관적으로 핥으면 입술이 또 건조해지는 악순환이 계속된다. 게다가 입술뿐만 아니라 그 주변까지 넓게 핥는 습관이 있는 사람은 입술 주위의 피부까지 거칠어지고 만다. 또한 입술 주위를 손으로 만지는 습관이 있는 사람도 주의가 필요하다. 만지는 것 자체가 입술에 대한 물리적인 자극이 되기 때문이다.

이렇게 습관적으로 입술을 핥거나 만지거나 하는 사람은 입술 손질을 해도 효과가 잘 나타나지 않는다. 립크림을 발라도 혀나 손가락에 의해 다 지워져 버리기 때문이다.

달걀을 넣은 술들이 많은데요, 우리나라에도 달걀로 만드는 술이 있습니다. 바로 복령계란주가 그것입니다.

한방에서 말하는 복령계란주를 만드는 방법은 다음과 같습니다. 따끈하게 데운 청주 한 잔에 달걀노른자 3개를 풀어 넣고 묵은 생강 하나를 갈아서 섞어 넣은 다음 복령이라는 약재를 4g 정도 가루 내어 함께 섞습니다. 이것을 잘 저어 마시면 됩니다.

이것이 어디에 좋으냐고요? 복령계란주를 마시면 온몸의 혈액순환이 잘돼서 얼굴이 해맑아지고 피부가 깨끗해지면서 군살이 생기지 않고 온몸에 탄력이 붙게 됩니다.

전신을 아름답게 가꾸어 주고 강정효과도 있는 복령계란주로 건강하고 윤택한 삶을 가꾸세요.

여성의 미용에 특효 있는 개나리술을 담가 보세요

잎이 피어나기도 전에 노란색의 화려한 꽃을 피웠다가 어느 순간 소리 없이 져 버리는 꽃, 개나리. 옛사람들은 봄의 정취를 즐기기 위해 개나리꽃으로 술을 담가 마시기도 했답니다.

개나리꽃이 활짝 피기 전에 따서 씻은 다음 그늘에 말렸다가 술을 담그면 되는데, 이 개나리꽃술은 특유의 향기와 부드럽고 순한 맛, 그리고 고운 빛깔로 우리를 매혹시킵니다.

맛과 향기뿐만이 아닙니다. 개나리꽃에는 크웨르세친, 글루코사이드, 루틴, 아스코르빈산 등의 성분이 함유되어 있어 여성의 미용에 특효가 있는 강장 보건주로 꼽힙니다.

피부 저항력을 위해 건포마찰을 하세요

피부를 단련시키기 위해 건포마찰이 좋습니다. 마른수건으로 피부를 문질러 주는 것인데, 건포마찰을 습관적으로 계속하는 동안 피부도 깨끗해지고 병에 대한 저항력도 기를 수 있습니다. 또 호흡기 계통의 기능이 호전되어 감기에 잘 걸리거나 천식, 가슴이 답답할 때 효과가 있습니다.

말끔한 피부로 만들어 주는 삼백초 와인을 드세요

'삼백초' 라는 약재를 아세요? 피부 트러블에 상당히 좋습니다. 얼굴에 화색이 돌고 피부가 말끔해지지요.

특히 상습적인 변비로 얼굴에 항상 뭐가 나는 분이라면 삼백초 와인을 만들어 드세요. 삼백초에 와인을 붓고 냉장고에 넣어 두면 미용에 좋은 훌륭한 약초술이 됩니다. 이때 와인은 적색와인이든 백색와인이든 상관이 없습니다. 삼백초를 식초에 담가서 열흘 정도 둔 다음 그 물을 생수에 타서 마셔도 됩니다.

한방 다이어트의 여러 가지

이침 요법

이침 요법이란 귀에 침을 놓는 방법으로 귀의 위점, 내분비점, 신상선점 등 요긴한 포인트에 침을 놓고 반창고로 고정시켜서 3~4일을 둔다. 이런 방법으로 10회 정도 반복하면 3Kg 이상을 뺄 수 있는 것으로 임상 결과가 발표됐다. 한마디로 귀에 침을 놓아서 식욕을 억제하는 방법이다. 식욕중추를 자극하고 심리적인 효과를 기대해 볼 수 있어서 부작용이 없는 보조요법으로 많이 시술되고 있다.

칫솔 요법

혀는 맛을 감지하는 장치인데 여기에 이물이 끼면 정상적인 맛의 기준을 잃어서 단맛 · 짠맛 등을 자꾸 요구하게 된다. 이때 칫솔로 혀를 닦으면 스트레스성 과식을 예방할 수 있고 타액 분비를 증가시킬 수 있는데 타액분비가 늘어나면 페르틴 호르몬과 소화효소가 증가하여 식사를 평소 양의 20%로 억제할 수도 있다고 한다. 칫솔로 혀를 닦는 요령은 치약을 묻히지 않은 상태로 이를 닦고 혀를 닦으면 되는데 닦는 도중 분비되는 타액은 뱉지 말고 삼켜야 하는 것도 중요한 방법이다. 식전, 식후에 30초에서 1분 정도 시행하고 하루 6회를 하면 좋다고 한다.

뜸과 부황

뜸과 부황은 혈액순환이 잘되게 하는 방법으로 널리 알려진 처방인데 뜸은 혈액이나 체온, 맥박에 미치는 효과가 우수해서 신경이 예민한 비만환자의 긴장을 완화해 주고 냉증이나 변비를 해소하는 데 탁월한 효과가 있다.

뜸 요법은 한약재로 알려진 쑥을 이용하며 뜸이 비만 치료에 좋은 이유는 뜸을 통해 온기를 넣어 줌으로써 체내의 혈액 순환과 기의 순환을 원활하게 해 주기 때문이다.

부황은 경혈상의 피부에 음압을 작용시켜서 비생리적 체액인 담음과 어혈을 제거하는 방법으로 기의 순환을 좋게 해서 비만 치료에 효과를 볼 수 있다.

동의보감에 나온 나잇살 빼는 법

동의보감에서는 도인(導引: 지금의 기공요법, 운동요법)을 하면 기혈순환이 좋아지고 근육과 뼈가 튼튼해짐은 물론 살도 안 찌고 피로하지 않으며 무병장수할 수 있다고 했다. 그렇다면 집에서 할 수 있는 기공요법 중 부위별 나잇살 빼는 방법을 알아보자. 매일 목욕물을 받아 놓고 할 수 있는 욕조 운동법이다.

● 뱃살 빼는 다리 들어올리기

욕조에 더운 물을 받아서 목욕 때 욕조에 비스듬히 등을 기댄 뒤 다리를 쭉 펴고 한 쪽씩 번갈아 들어올리기를 매일 10분씩 한다. 한 쪽만 하지 말고 양쪽을 번갈아 해야 효과가 있다.

● 허벅지 군살 빼는 자전거 운동

더운물을 받은 욕조에 양손 바닥과 엉덩이를 대고 앉아서 다리를 쭉 펴고 발목이 상하로 교차하도록 다리 꼬는 동작을 교대로 12회씩 반복한다.

● 엉덩이 군살 빼기

욕조에 무릎을 꿇고 앉아서 양손으로 발끝을 잡고 가슴을 편 채로 5초 동안 멈춘 뒤 본래 자세로 돌아오기를 반복한다.

● 허리 군살 빼기

욕조 속에 엉덩이를 약간 들고 엉거주춤 앉되 양쪽 팔꿈치를 욕조 가장자리에 걸치고 몸 전체를 약간 띄운 뒤 허리를 한 쪽으로 틀면서 무릎이 욕조 바닥에 닿도록 다리를 쓰러뜨린다. 반대쪽으로 동작을 반복하기를 10회 이상하면 된다.

여성에게 좋은 동의음식

2 CHAPTER

머릿결이 거칠고 비듬이 많다

건강에 좋은 이야기 하나 더!

천연 샴푸로 헤어케어를 하자

요즘 여성들에게 생기는 헤어 트러블은 대부분 너무 자주 머리를 감는 데서 비롯된다. 특히 미혼 여성이나 직장 여성들은 매일 아침 머리를 감는데, 그런 만큼 여러 가지 헤어 케어 제품과 드라이어의 사용도 많아지게 된다. 이런 일이 거듭될수록 머리카락은 점점 더 윤기가 없어지고 끝이 갈라지며 탄력을 잃게 된다. 뿐만 아니라 너무 자주 머리를 감으면 '반응성 지루증'이라 하여 두피에 기름기가 많아지는데, 이럴 때 자극이 적은 천연 샴푸를 쓰면 증세를 다스릴 수 있다.

또한 무스나 스프레이, 젤 등 각종 헤어케어 제품이나 열을 이용한 머리 손질은 머리카락 구조에 손상을 줄 수 있으므로 되도록 횟수를 줄이고 신선한 과일이나 채소를 비롯한 균형 잡힌 식생활을 하도록 한다.

아울러 머리를 자주 빗는 것도 혈액순환에 큰 도움이 된다. 빗으로 마사지하듯 빗어주면 두피가 자극이 되면서 눈도 맑아지고 탈모를 예방하기도 한다.

체력이 쇠약해져 비듬이 생길 때는 새박뿌리를 달여 드세요

체력이 약해 머리카락이 바스라지면서 비듬이 생길 때는 새박뿌리 끓인 차가 효과적입니다. 새박뿌리는 '하수오'라는 약명으로 건재약국에서 구입할 수 있습니다.

옛날 중국에 하씨라는 사람이 새박뿌리를 먹고 머리가 까마귀처럼 윤기가 나면서 새까맣게 되고 130세가 될 때까지 정력적으로 장수했다고 해서 하씨, 머리, 까마귀를 일컫는 세 한자를 따서 하수오(何首烏)라고 부르게 되었다고 합니다.

새박뿌리 끓인 차를 만들려면 새박뿌리와 다시마 각 20g에 물 300㎖를 넣고 반으로 줄 때까지 끓입니다. 여기에 검은콩, 검은깨, 호두 각 10g을 프라이팬에 볶아 가루 낸 다음 섞으세요. 꿀을 적당량 넣어 잘 보관해 두고 1큰술씩 1일 3회 공복에 먹습니다.

머리카락이 거칠고 비듬이 있을 땐 홍차로 마사지를 하세요

은은한 향이 좋은 홍차. 마시기만 하지 말고 가끔씩 머리에 발라 보세요. 머리카락이 갈라지면서 비듬이 심할 때 효과가 있습니다. 홍차 1큰술에 150㎖의 물과 청주 50㎖를 붓고 물이 반으로 줄 때까지 충분히 끓입니다. 홍차의 색이 충분히 우러나면 이것을 가제에 적셔 머리카락과 두피에 발라 골고루 마사지한 후 미지근한 물로 헹구어 냅니다. 그러면 머리카락이 반짝반짝 윤이 나면서 비듬이 없어지게 됩니다.

지성 비듬에는 복숭아 잎 달인 물이 좋습니다

복숭아 잎 달인 물로 머리카락과 두피를 씻으면 머리카락에 윤기가 나면서 머리카락이 잘 빠지지 않게 되고, 두피에 생기는 끈적끈적한 지성비듬도 말끔히 치료할 수 있습니다.

복숭아 잎 30장에 물 500㎖를 붓고 끓여 반으로 줄면 가제에 걸러 즙을 받아서 머리카락과 두피에 바릅니다. 그런 다음 뜨겁게 적신 수건으로 20분 정도 머리를 감싼 후 따끈한 물로 씻어내면 됩니다. 일주일에 한 번 정도면 충분합니다.

머리카락이 빠지고 비듬이 심할 때 구운 밤송이 가루를 바르세요

머리가 자꾸 빠지고 비듬이 많아 걱정이시라고요? 그럴 때 좋은 치료제 한 가지 소개해 드리죠.

삐죽삐죽 가시가 돋은 밤송이 있죠? 그 밤송이 10개를 구해다가 알맹이는 빼고 껍질만을 벗겨 둡니다. 그런데 껍질 벗길 때 손 조심하세요. 살짝 스치기만 해도 금세 피가 배어

한의사 신재용 선생의 진료실

어깨에 하얗게 떨어지는 비듬 때문에 고민하시는 분들 많지요? 머리를 기르고 싶어도 머리카락이 거칠어지고 자꾸 갈라져서 기를 수 없는 분들도 있고요. 이게 다 머리카락에 영양이 부족하고 피의 흐름이 좋지 않아서 생기게 되는 겁니다.

하지만 머리카락에 하얗게 붙어 있다고 해서 전부 비듬이라고 생각해서는 안 됩니다. 비듬처럼 하얀 것이 머리카락과 이마의 경계면에 달라붙어 그 뿌리의 피부까지 벌겋게 되었다면 지루성 피부염일 가능성도 있기 때문입니다. 증세가 심하다면 먼저 정확한 진찰을 받은 후 그에 따라 적절하게 치료를 해야 합니다.

나니까요. 10개의 밤송이 껍질을 프라이팬에서 뚜껑을 덮고 굽습니다. 연기가 나기 시작하면 불을 끄고 뚜껑을 덮은 채 식힌 다음 가루를 냅니다. 이 가루를 참기름 1컵에 고루 개어 1~2 티스푼씩 두피에 바르고 뜨겁게 적신 수건으로 머리를 감싼 후 20분쯤 지나면 미지근한 물로 헹구어 냅니다.

비듬이 없어지고 머릿결도 고와지며 빠진 머리카락이 다시 날 정도로 효과가 있습니다.

COOKING

밤송이구이 만들기

재료 밤송이 10개, 참기름 1컵

1. 밤송이 10개를 프라이팬에 굽는다.
2. 밤송이가 바싹 구워졌으면 식혀서 분마기에 으깨 가루를 낸다.
3. 참기름 1컵에 구운 밤송이 가루를 개어 두피에 마사지한다.

1

2

3

QA 비듬은 왜 생길까요?

체질적인 원인이 주요하게 작용하지만 피부 피지선의 기능 이상과 세균이나 각질층에 생긴 이상이 복합적으로 작용했기 때문이다. 기타 정신적인 긴장이나 계절적인 원인으로 비듬이 생기기도 한다.

이렇게 원인이 불분명한 만큼 근본적인 치료 방법은 없다. 다만 비듬을 억제하는 성분이 들어 있는 약용 샴푸로 꾸준히 머리를 감으면 다소 가라앉는다. 또 비듬은 머리뿐만 아니라 얼굴, 가슴, 피부의 어느 부위에도 생길 수 있으므로 피부염의 증세가 나타나면 전문의를 찾는다.

여성에게 좋은 동의음식

2 CHAPTER 여드름 때문에 고민이다

상추의 해독 작용이 여드름을 싹 가시게 합니다

여드름 잘 나는 분, 특히 상습적으로 변비가 있으면서 여드름이 심할 때는 상추를 많이 잡수세요. 상추는 피를 맑게 하는 정혈 작용과 해독 작용이 뛰어나 여드름까지 싹 가시게 만들어 줍니다. 상추쌈이나 상추무침도 모두 좋습니다. 여드름뿐만 아니라 술 드신 분들 상추즙을 내어 잡수시면 숙취도 빨리 풀립니다.

사물탕이 피부진균을 억제해 줘요

동의보감에서는 깨끗한 피부를 위해 사물탕을 먹으라고 했습니다. 동의보감에 나와 있는 사물탕은 이름 그대로 당귀, 천궁, 백작약, 숙지황 등 네 가지 약재를 합한 것으로, 피부 진균을 억제하는 작용을 하기 때문에 여드름 난 피부에 좋지요. 사물탕은 이 밖에도 혈액순환을 촉진하고 변통을 좋게 하는 효과도 있습니다.

고름이 맺힌 여드름에 삼백초를 드세요

월경불순이거나 호르몬 분비가 순조롭지 못할 때 이마와 턱에 여드름이 난다고 했지요. 이렇게 이마와 턱에 집중적으로 여드름이

COOKING

상추쌈 만들기

재료 상추 잎 10장, 오이 1/2개, 당근 1/2개, 쌈장
쌈장 된장 5큰술, 고추장 2큰술, 깨소금 · 참기름 1큰술씩

1. 상추는 흐르는 물에 깨끗이 씻고, 오이와 당근은 다듬어 씻어 적당한 크기로 썬다.
2. 분량의 재료를 모두 섞어 쌈장을 만들어 함께 낸다.

1

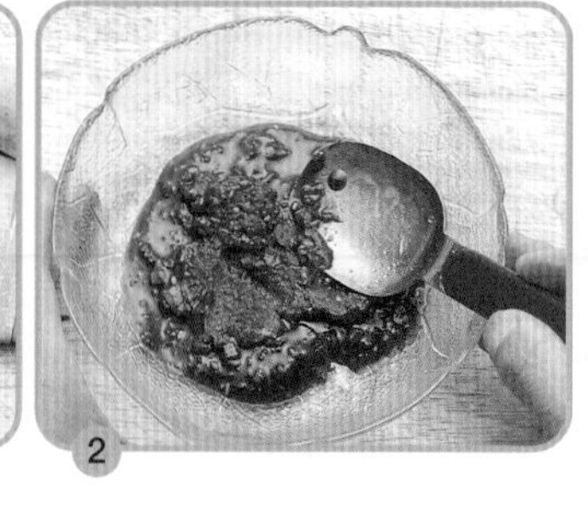

2

한의사 신재용 선생의 진료실

젊은 여성들의 가장 큰 고민거리 중 하나가 바로 여드름이지요. 한번 생기고 나면 좀체 없어지지 않고, 없어졌다가도 다시 솟아 올라오는 경우가 많습니다. 흔히 피가 탁하고 피에 열이 많은 것을 '어혈'이라고 하는데, 어혈이 있으면 여드름이 더 극성을 부리기 마련입니다.

여드름은 부위에 따라 원인이 다 다릅니다. 이마와 턱에 나는 여드름은 대개 월경불순이나 호르몬 분비의 균형이 무너졌을 때 생기기 쉽고, 양 볼에 나는 여드름은 간 기능이 약해 해독 작용을 제대로 하지 못하기 때문에 생기기 쉽습니다. 그렇다면 코 주위에 여드름이 많이 나는 것은 왜일까요? 단것이나 기름진 것을 많이 먹기 때문입니다. 또 입 주위에 여드름이 많이 나는 것은 비위장 소화기 기능이 약하기 때문입니다. 따라서 여드름이 많이 나는 것도 다 각각의 이유가 있으니까 부위에 따라 그 이유를 구분해서 대책을 세우도록 하세요.

많이 날 때는 삼백초차가 효과가 있습니다.

삼백초라는 약에 대해서 잘 모르신다고요? 삼백초는 '약모밀'이라고도 하는데 잎과 줄기에서 독한 냄새가 나는 약초로 좀 특이하지요. 하지만 이 독한 냄새가 나는 성분이 있어야 약효가 뚜렷해지니까 그냥 참고 한 번 써 보세요. 생잎을 건재약국에서 구입해 하루에 20g씩 차처럼 끓여 마십니다. 특히 고름이 생긴 여드름, 이마와 턱에 많이 난 여드름에 좋습니다.

COOKING

상백피 향부자 팩 만들기

재료 상백피, 향부자, 달걀흰자

1. 상백피와 향부자를 곱게 가루 상태로 만든다.
2. 달걀흰자나 청주를 섞어 젤 상태로 만들고 20분 정도 팩을 한다. 여드름 치료에 효과가 있다.

얼굴이 불그스름할 때는 승마황련탕을 드세요

피부질환이 있는 것도 아닌데 얼굴이 항상 불그스름한 분들이 있죠. 이것은 위장에 열이 많거나 급격한 환경 변화 때문입니다. 이런 분들은 두꺼운 화장으로 얼굴에 자극을 주지 말고 강한 향신료도 피하는 것이 좋습니다. 이 외에 동의보감에서는 승마황련탕이라는 방법을 소개하고 있습니다. 승마황련탕은 설명이 필요 없을 만큼 널리 알려진 방법입니다.

또한 이런 증상이 있는 분들은 밀가루 음식과 매운 음식, 기름진 것, 뜨거운 음식은 삼가는 것이 좋습니다.

건강에 좋은 이야기 하나 더!

여드름이 났을 때 화장은 어떻게 할까

사춘기에 생기는 여드름이나 어른이 된 뒤에 생기는 뾰루지는 기본적으로 같은 것으로, 10대 때 생기는 것은 여드름이라 부르지만 20대 무렵부터는 뾰루지라고 부르는 경향이 많다. 여드름은 대개 남성호르몬의 영향으로 피지의 분비가 활발해지기 때문에 발생한다. 생리 후라든가 정신적으로 불안정할 때, 수면 부족으로 피로가 쌓여 있을 때 남성호르몬이 보통 때보다 더 왕성하게 분비되는데 이렇게 되면 피지의 분비가 늘어나 얼굴에 기름기가 돌게 된다. 거기에 먼지나 때가 닿으면 모공에 세균이 들어가 모공이 부어오르며 여드름 또는 뾰루지가 나는 것이다.

여드름이 나면 화장을 하지 않는 것이 가장 좋겠지만, 점잖은 자리에 참석하느라 화장을 하더라도 빨리 지우는 것이 좋다. 되도록 외출 직전에 메이크업을 하고 돌아오는 대로 즉시 클렌징을 한다.

2 CHAPTER

여성에게 좋은 동의음식

기미 · 주근깨가 많다

기미 예방을 위해 율무차를 꾸준히 드세요

율무차, 너무 좋은 거 아시죠? 율무는 이뇨와 소염 · 진통작용이 뛰어나고, 피로회복을 돕기 때문에 기미 · 주근깨의 예방, 치료에 도움을 줍니다.

우선 율무를 티가 섞이지 않도록 잘 골라 깨끗이 씻은 다음 체에 밭쳐서 물기를 뺍니다. 그런 후에 프라이팬에 볶아 용기에 넣어 가지고 보관해 두십시오. 그리고 필요할 때마다 한 번에 12~20g씩을 꺼내어 물 3컵으로 끓여서 반으로 졸면 하루에 2~3회 나누어 마시면 되겠습니다. 이때 설탕을 조금 타서 드셔도 좋지만 설탕보다 꿀을 소량 타서 단맛을 내는 것도 좋겠죠.

그러나 꼭 명심해야 할 것 한 가지! 율무는 임신 중에 먹어서는 안 된다는 것입니다.

기미가 심할 땐 삼백초 와인이 좋습니다

'삼백초'라는 약재에 대해서 잘 모르시죠? 건재약국에서 구하시면 되는데 이게 특이한 악취가 나서 먹기가 좀 힘이 듭니다. 하지만 그 효력은 뛰어나서 기미와 주근깨에 상당히 좋고, 식욕이 없을 때, 성욕이 떨어질 때, 고혈압이나 동맥경화에도 매우 좋습니다.

삼백초를 흐르는 물에 씻어서 물기를 뺀 후에 와인을 붓고 밀폐해서 냉장고에 일주일만

COOKING

오이팩제 만들기

재료 오이 2개, 밀가루 조금

❶ 오이를 손질하여 흐르는 물에 깨끗이 씻어 숭덩숭덩 썬다.
❷ 적당하게 썬 오이를 분마기에 담고 으깨듯이 찧는다.
❸ 분마기에 찧은 오이를 깨끗한 베보자기에 짜서 즙을 낸다
❹ 오이즙에 밀가루를 섞어 크림 상태로 만든다.
❺ 오이팩을 냉장고에 넣어 차게 해서 얼굴에 바르고 20~30분 정도 지난 후 깨끗이 씻는다.

한의사 신재용 선생의 진료실

얼굴이나 손발에 기미, 주근깨가 생겨서 고민하시는 분들 무척 많지요? 기미를 한방에서는 '건반'이라고 하고 속칭 '사반', 즉 죽은 반점이라고 부르기도 하는데 어느 나라 사람이건 모두 다 상당히 싫어합니다.

기미나 주근깨가 생기는 데는 여러 가지 이유가 있습니다. 노화 현상의 하나로 생길 수도 있고, 햇볕에 그을려서 생기기도 합니다. 이것을 방치해 두면 노인성 검버섯이라고 해서 얼굴 군데군데가 거뭇거뭇해지는 증세가 나타나기도 합니다. 이런 증세가 때론 건강에 이상이 생겼다는 것을 알려 주는 신호가 되기도 하죠.

기미, 주근깨는 생기기는 쉬워도 없애려면 노력이 꽤 필요합니다. 그래서 평소 피부 관리에 소홀함이 없도록 해야 되겠습니다. 우리가 늘 즐겨 먹는 오이로 자주 팩을 해 보세요. 어떤 고급 화장품보다 효과가 뛰어납니다.

두면 마실 수가 있습니다. 이때 와인은 적색 와인이든, 백색 와인이든 상관이 없습니다.

오이팩이 피부를 한결 맑게 합니다

오이! 그 신선한 맛을 즐기시는 분들 많지요. 오이로 팩을 하고 꾸준히 마사지를 하면 기미나 주근깨, 여드름 치료에 효과가 있습니다. 오이를 즙을 내서 밀가루와 섞은 다음 식초를 조금 타서 걸쭉하게 만듭니다. 그것을 천에 발라 얼굴에 덮어 놓고 있다가 떼 내어 약간 미지근한 물로 닦아 내면 피부가 한결 맑아집니다.

초란이 기미를 없애 줍니다

초란을 만드는 방법은 매우 간단합니다. 우선 유정란을 구해 깨끗이 씻은 후 물기를 닦습니다. 그리고 이것을 예쁜 컵에 담고 현미식초를 부으세요. 식초의 양은 달걀이 잠길 정도면 됩니다.

이제 컵에 랩을 씌워 냉장고에 넣어 두세요. 4~5일, 길게는 일주일 정도만 보관해 두었다가 꺼내세요. 그리고 거품 낼 때처럼 젓가락을 막 휘저으면 식초에 달걀이 완전히 풀리지요. 이것을 3작은술씩 공복에 마시면 됩니다. 역겨우면 생수를 타서 드시면 되지요.

COOKING

초란 만들기

재료 달걀 1개, 식초 2/3컵

1. 달걀을 깨끗이 씻어 물기를 닦는다.
2. 깨끗이 씻은 달걀을 밀폐용기에 담고 현미 식초를 부어 밀봉한 뒤 냉장고에 일주일가량 둔다.
3. 껍질이 녹아 없어지면 나무젓가락으로 터뜨려 골고루 휘젓는다.
4. 식초와 달걀이 섞여 막만 남으면 막을 걷어내고 휘저어 3작은술씩 먹는다.

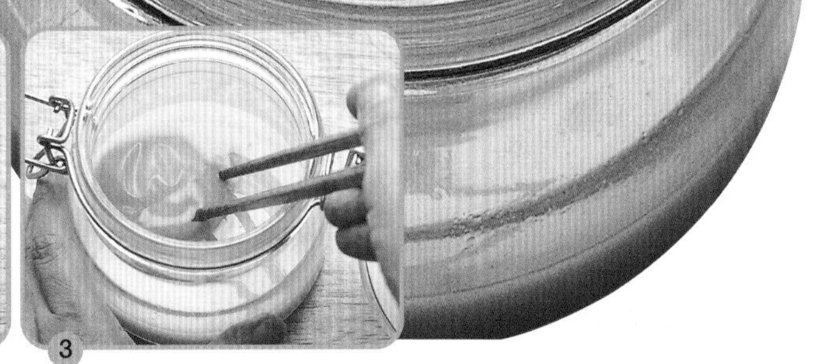

1

2

3

냉·대하가 있다

무잎이나 홍화 잎을 목욕제로 이용하세요

음식물에 색깔을 낼 때나 옷감에 물들일 때 사용되는 홍화는 일명 잇꽃이라고도 불리는데, 냉대하와 같은 여성들의 병에 아주 효과가 좋습니다. 홍화 꽃잎을 3~4g 정도 찻잔에 담아 차로 마셔도 효과가 있고, 목욕제로 사용해도 좋습니다. 냉증이 심한 분들은 홍화를 가제에 싸서 욕조 속에 넣어서 우려낸 뒤 그 물에다 목욕을 해 보세요. 그러면 손발, 아랫배 찬 것이 한결 낫습니다.

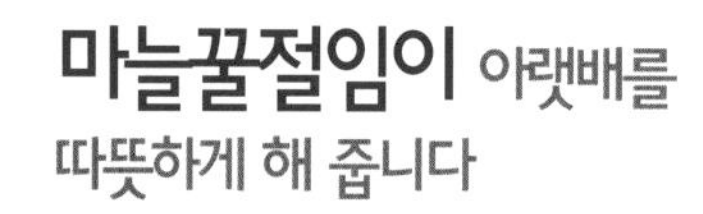

마늘꿀절임이 아랫배를 따뜻하게 해 줍니다

손발과 하복부가 시린 분들에겐 마늘꿀절임이 좋습니다. 일단 마늘을 꿀에다 집어넣어서 한 달 내지 두 달 동안 묵힙니다. 그래서 마늘이 완전히 흐물거릴 정도가 되게 한 다음에 꺼내 씹어서 드시면 손발도 따뜻해지고 하복부의 혈액순환이 굉장히 좋아집니다. 그래서 여성분들의 여러 가지 병들도 근본적으로 개선시킬 수 있습니다.

대하증이 심할 때 쇠비름을 끓여서 드세요

쇠비름! 그게 참 여러모로 유용하게 잘 쓰입니다. 부종, 신장염, 방광염, 심한 대하증

COOKING

마늘꿀절임을 만들려면

재료 마늘 10통, 꿀 2컵

1. 마늘은 껍질을 벗기고 씻어 물기를 닦는다.
2. 껍질을 벗긴 마늘의 꼭지를 칼로 잘라낸다.
3. 손질한 마늘을 유리병에 담고 꿀을 채운 뒤 밀폐시켜서 6개월 정도 둔다.

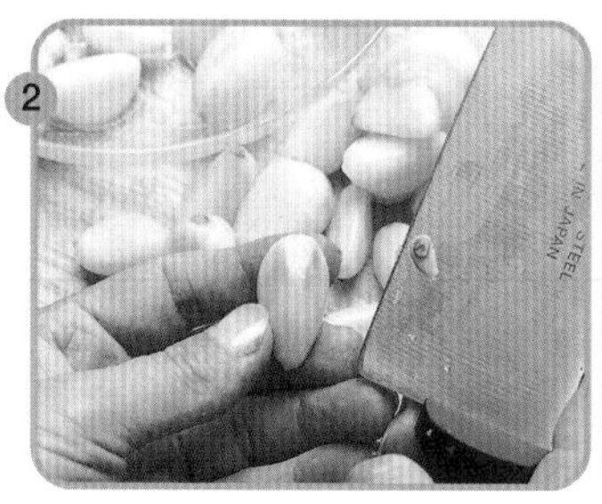

한의사 신재용 선생의 진료실

냉증은 전신적 또는 국부적으로 한랭감을 느끼는 병증으로 속칭 대하증이라고도 하지요. 대하증이란 월경, 배란, 임신, 수유기도 아닌데 여성 성기의 분비물이 많아져서 질구 밖으로 흘러 외음부가 발갛게 부어오르면서 가려운 증세를 일으킵니다. 동의보감에서는 이 분비물을 빛깔과 농도에 따라 분류하고 있는데 희면서 콧물 같은 것은 백대하, 붉고 분량이 적은 것은 적대하, 푸르고 끈끈하며 비릿한 내음이 있는 것은 청대하, 검은 누런 색에 농도가 짙고 비린 냄새가 나며 하복부가 차면서 아프고 질구가 붓는 것은 흑대하, 그리고 적색과 백색이 섞인 것은 적백대하라고 구별하지요.

그렇다면 대하증은 왜 생기는 것일까요? 하초의 냉증이 가장 큰 원인입니다. 그래서 대하증을 속칭 냉증이라고 하는 것이지요. 물론 기허나 혈허, 또는 비위장 소화기 기능의 허약이나 정서적 변동, 또는 습열에 의해서도 일어나는 것으로 동의보감에서는 보고 있습니다.

까지 말이죠. 끓여서 차처럼 복용을 하면 되는데요, 쇠비름 말린 것 20g 정도에 물 세 대접을 부어 끓여서 한 대접으로 만들어 하루 종일 몇 회에 나누어 잡수세요.

대하를 비롯한 여성의 병에 익모초가 잘 들어요

동의보감에서는 부인들의 대하증은 아주 어려운 병으로, 심하면 생산을 못하게 되니까 급히 치료를 해야 된다고 했습니다. 그러면서 몇 가지 가정요법을 제시해 주고 있는데 그 중 대표적인 것이 익모초입니다. 익모초를 찧어서 가루를 내 하루 세 번 공복에 8g씩 술에 타 드시면 적색의 대하든 백색의 대하든 상당히 잘 듣습니다.

분비물에 이상이 있을 때 생각할 수 있는 병은?

● **백대하** | 맑고 흰색의 대하로, 간혹 코처럼 진하거나 비지처럼 덩어리가 져서 나온다. 자궁경부나 질에 염증이 있을 때 나타난다.

● **황대하** | 임균이나 연쇄상구균 같은 화농균에 의한 질염과 자궁에 염증이 있을 때 흔히 볼 수 있다. 음부가 붓고 아프며 가려움증이 심하다. 요도염이나 방광염 증세가 같이 나타난다.

● **적대하** | 단순한 염증 외에 자궁경부암, 자궁육종, 자궁융모상피종과 같은 악성 종양에서 나타나므로 세심한 주의가 필요하다.

● **청대하** | 색깔이 푸르고 녹두즙 같은 대하가 나온다. 몹시 화를 내거나 놀라는 등 정신적인 영향으로 생긴다.

설사 때의 섭취 제한 식품

증세	병명
분비물에 고름이 섞여서 노란 색을 띤다. 작은 거품이 섞여 있다. 가려움증이 심하다.	질트리코모나스
분비물이 요구르트나 찌꺼기처럼 희다. 심한 가려움증이 있다. 감기에 걸렸을 때나 다량의 항생물질을 복용한 후에 나타난다.	질칸디다증
갱년기, 노년기 때 고름 섞인 황백색 분비물이 늘어난다. 피가 섞여 있을 수도 있다	노인성 질염
고름 같은 노란색 분비물이 점점 늘어난다. 출산 후나 임신 중절 후 자궁 검사 후에 심하다.	자궁경관염, 자궁내막염
성교 후 4~5일 후에 갑자기 분비물이 많이 나온다. 하복부의 통증이나 배뇨 시에 통증이 심하다.	임질

건강에 좋은 이야기 하나 더!

호르몬 분비에 이상이 생기면 냉증이 된다

여성에게 냉증이 많은 것은 월경이나 임신, 출산같이 주기적으로 호르몬의 균형이 깨지기 쉽기 때문이다. 예를 들어 호르몬의 분비가 아직 순조롭지 않은 사춘기나 30대를 전후해서 스트레스를 받기 쉬운 시기, 그리고 갱년기와 노년기에 냉증이 많이 나타난다.

물론 냉증은 사는 지역이나 그 사람의 영양상태, 피하지방 등에 따라서도 다르며 정신적 스트레스 등에 의해 발생하는 경우도 있다. 특히 저혈압인 사람은 냉증이 되기 쉽다고 알려져 있다.

냉증 때문에 죽음에 이르는 일은 없다. 다만 신경통이나 방광염을 유발하기 쉽고 불임증이나 유산의 원인이 되는 일도 있다. 또한 혈관이나 심장, 순환기 계통에 질환이 생기는 일도 있으므로 심한 냉증이 계속될 때는 산부인과 진찰을 받아야 한다.

방광염으로 고생한다

쇠비름이 소변을 잘 나오게 합니다

장수하는 나물로 알려져 '장명채'라는 이름으로 불리는 쇠비름은 소변을 시원하게 뚫리게 하는 작용이 있어 방광염, 요도염, 부종 등의 치료제로 아주 좋습니다. 갓 뜯은 쇠비름을 데쳐서 나물로 무쳐 먹어도 맛있고요, 건재약국에서 '마치현'이라는 이름으로 파는 말린 쇠비름을 하루에 20g 정도씩 물 6컵으로 끓여서 수시로 마시면 소변이 잘 나오게 됩니다.

COOKING

쇠비름나물 만들기

재료 쇠비름 400g, 다진 파 2큰술, 다진 마늘 1큰술, 식물성기름 1큰술, 소금·참기름·깨소금 조금씩

❶ 쇠비름을 다듬어서 물에 깨끗이 씻은 뒤 끓는 물에 데쳐서 꼭 짠다.
❷ 프라이팬에 식물성기름을 두르고 쇠비름을 볶다가 다진 파·마늘을 넣고 갖은 양념을 해서 볶는다.

방광염 허증에 참마죽이 좋습니다

방광염 실증은 방광 부위가 터질 듯 아프고 소변 볼 때 통증이 심한 것인데 방광염 허증은 이와 반대로 방광 부위를 누르면 통증은 없고 오히려 시원한 느낌이 들며 소변이 자주 마렵고 보아도 또 보고 싶어진다는 것이 특징이지요.

이러한 방광염 허증에 참마를 갈아서 죽을 끓여 드시면 좋습니다. 죽을 끓이는 대신 생것을 갈아서 소금, 참기름으로 간을 한 뒤 김을 부스러뜨려 넣어 드시는 것도 좋습니다.

한의사 신재용 선생의 진료실

방광염은 대개 소변을 많이 참아 세균이 방광 내에 머물러 있기 때문에 생기게 되고 수면이 부족하거나 영양이 부족할 때도 저항력이 약해져서 방광염이 생깁니다. 방광염에 걸리면 소변을 너무 자주 보게 되는 빈뇨 증세가 있으며 소변을 참지 못합니다. 또 금방 소변을 봤는데도 덜 본 듯한 잔뇨감이 있고 소변 볼 때 통증을 느끼기도 하며 심한 경우 소변이 탁하고 피까지 섞여 나올 수도 있습니다.

방광염에는 자극성 있는 음식과 단 음식은 금물이며 물과 보리차를 충분히 드시는 게 좋습니다. 이와 함께 하복부를 따뜻하게 하고 꽉 조이는 옷은 입지 마십시오. 그리고 방광염에 좋은 동의음식과 단백질 섭취를 늘려서 저항력을 키워 주는 것이 좋습니다.

방광염으로 혈뇨가 나올 때 팥파즙을 드세요

특별한 원인도 없는데 방광염에 잘 걸리는 분들, 약보다는 음식으로 고치는 것이 가장 현명합니다. 그것도 쉽게 구할 수 있는 재료라면 더욱 좋겠죠. 그 대표적인 것이 팥파즙입니다. 팥 한줌과 파 한 뿌리를 끓여 즙을 마시면 방광염으로 소변의 색이 흐리거나 혈뇨가 보일 때, 배뇨통이 있을 때 좋은 효과를 발휘합니다.

방광염으로 인한 배뇨통에 연근즙을 마시세요

연근에는 소염 · 진통 및 지혈 작용이 있어 방광염으로 인한 통증에 효과가 있습니다. 연뿌리 생것 200g를 잘 씻고 껍질을 벗겨서 강판에 간 다음 가제로 꼭 짜서 생즙을 얻습니다. 이 생즙을 소주잔으로 한 잔씩 하루 2~3회 공복에 마시면 소변을 볼 때 통증이 누그러지는 것을 느낄 수 있을 겁니다.

COOKING

팥파즙 만들기

재료 파 1뿌리, 팥 400g, 청주 1컵

❶ 팥은 흐르는 물에 깨끗이 씻어 돌없이 일어 물에 30분 정도 담가 불린다.
❷ 파는 깨끗이 씻어 흰줄기만 4~5cm 길이로 썰어 프라이팬에 볶는다.
❸ 잘 불려진 팥을 냄비에 담고 물을 넉넉히 부어 끓이다가 볶은 파를 넣고 청주를 부어 끓인다.
❹ 잘 끓여진 팥과 파를 숟가락으로 누르면서 체에 걸러 즙만 받는다. 즙을 따뜻할 때 마신다.

2 CHAPTER

여성에게 좋은 동의음식

외음부 염증이 있다

건강에 좋은 이야기 하나 더!

외음부 염증은 왜 생길까

월경 때 뒤처리를 잘못하여 세균이 감염했을 때, 아니면 난폭한 성행위나 자위를 많이 했을 때도 외음부에 염증이 잘 일어난다. 그리고 손톱으로 외음부의 피부나 점막에 상처를 냈을 때도 잘 생긴다.

또 자궁이나 질의 염증으로 분비물이 많아졌을 때도 외음부가 붓고 가려워지며 염증으로 고생하게 된다. 혹은 외음부를 불결하게 하여 잡균이 침입했을 때 염증을 일으키는 경우도 있다. 그리고 기생충, 비만증, 당뇨병이 있는 여성에게서도 흔히 볼 수 있는 증세이다.

사상자와 백반 끓인 물로 좌욕하세요

만성외음부 염증으로 국부에 가려움증이 계속되면 사상자 끓인 물이나 백반물로 좌욕을 하세요. 사상자는 한약재상에서 파는 것으로 외음부 가려움증에 잘 듣는 약재입니다. 사상자나 백반이 모두 가려움증에 좋은데 이 두 가지를 함께 끓여서 사용하면 물론 더욱 좋겠죠.

토복령이 바르트린선 염증을 치료합니다

바르트린선 염증이란 화농균이나 임균의 감염으로 소음순의 밑 부분 안쪽에 있는 바르트린선에 염증을 일으키게 되는 병입니다. 한쪽 또는 양쪽 바르트린선이 벌겋게 부어오르면서 발열과 심한 통증을 느끼며 보행에 불편을 느끼게 되는데요, 이럴 때는 토복령이라는 쓰디쓴 약재가 좋아요. 이것을 건재약국에서 구해다가 1일 40g씩 물 500㎖로 달여 차로 마시면 효과를 볼 수 있습니다.

외음부 위축증엔 표고·목이버섯이 좋습니다

갱년기의 여성들에게 많이 발병되는 외음부 위축증은 소음순이 위축되고 음모가 빠지며 외음부의 피부색소가 소실되어 백색이나 회백색으로 탈색되는 것을 말합니다. 그리고 외음부가 건조해져서 걷는 데도 불편하며 가려움증도 있게 됩니다.

이 외음부 위축증은 대수롭지 않게 여겨서 그냥 두면 외음부 암으로 번질 수 있으니 빨리 조치해야 합니다. 이렇게 외음부가 위축되고 탈색될 때는 표고버섯이나 목이버섯

외음부 염증이 있을 때 생활상의 주의할 점은?

● 청결이 우선이다

땀이나 분비물이 잘 흡수되도록 속옷을 순면으로 된 것을 입는다. 또 목욕할 때는 깨끗한 물에 음부를 잘 씻는다. 단 염증이 있을 때 비누로 마구 문질러 씻는 것은 피하도록 한다.

● 목욕물에 무 잎을 넣어 목욕을 한다

무에는 여러 가지 소화 효소가 들어 있어 체했거나 소화가 잘 되지 않을 경우 무를 먹거나 무즙을 내서 먹으면 좋다. 그런데 무뿐만 아니라 무 잎에도 많은 영양소가 들어 있다. 특히 무 잎 말린 무청을 목욕물에 넣고 그 물에 목욕을 하면 음부가 가려울 때 그 증세를 가라앉힐 수 있다. 한 번에 무 잎 15개 분량을 사용한다.

그밖에 손발이 차면서 분비물이 많을 때는 말린 익모초 5g을 가루 내어 식사 전 물에 타서 마시면 좋다.

● 미니스커트나 꽉 끼는 청바지는 피한다

한겨울에 미니스커트를 입거나 바람이 통하지 않는 꼭 끼는 청바지를 입지 않는다. 하반신이 차가우면 냉이 심해진다. 여름에는 통풍이 잘되는 시원한 옷을, 겨울에는 몸을 따뜻하게 해 주는 옷을 입도록 한다. 팬티스타킹이나 거들도 월경통, 대하, 변비, 습진을 유발하는 원인이 되므로 조심한다.

한의사 신재용 선생의 진료실

외음부에 염증이 생기면 외음부가 빨갛게 부어오르면서, 분비물이 증가하여 축축해지고 가려워지며 심한 경우 통증까지 있게 됩니다. 이 같은 외음부 염증은 월경이나 임신 또는 산욕기에 처리가 불결했다거나 난폭한 성행위로 외음부에 세균이 감염되었을 때 생길 수 있고요, 자궁이나 질의 염증으로 분비물이 많아졌을 때도 외음부가 붓고 가려워지며 염증이 생깁니다. 그 밖에도 비만증이 있거나 당뇨병이 있는 여성에게서도 외음부 염증을 흔히 볼 수 있지요.

외음부에 염증이 생기면 우선 염증을 일으키는 원인이 무엇인지 알아내 그 원인을 제거해야 하며 무엇보다 청결하게 하는 것이 중요합니다.

50~100g 정도를 물 500~800㎖를 붓고 끓여서 하루 동안 수시로 마시도록 하세요. 아니면 표고버섯을 꿀물에 불려서 말린 다음 프라이팬에 볶아서 가루 내어 1큰술씩 하루에 3~4회 드셔도 됩니다.

민들레 달인 물을 차처럼 마시세요

민들레 옹근풀을 한방에서는 '포공영'이라고 하는데 이것이 외음부 염증에 효과가 있습니다. 어떤 이유로든 외음부에 염증이 생겨 가려움이 심하면 민들레 옹근풀, 즉 포공영을 구해다 깨끗이 씻은 뒤 포공영 40g에 물 500㎖를 붓고 달여서 하루 3회로 나누어 공복에 마시면 좋습니다.

점액이 늘어날 때는 쑥 달인 물이 좋아요

쑥 20g과 말린 생강 잎 10g을 함께 그릇에 담고 물 5컵을 부어 반으로 될 때까지 달여 하루 3회로 나눠 마시면 됩니다. 또 분비물 색이 붉을 때는 약쑥 15~20g에 달걀 2개를 깨뜨려 넣고 물 5컵을 부어 푹 달인 다음 하루에 2~3회 공복에 마시세요. 5일쯤 마셔 보세요. 효과가 있을 겁니다. 쑥은 냉증뿐 아니라 지혈 및 혈액순환에 도 좋은 식품입니다.

COOKING

민들레 달인 물 만들기

재료 민들레 말린 것 40g, 물 500㎖

❶ 민들레 말린 것을 구입해 물에 깨끗이 헹군다.
❷ 민들레를 약탕관에 안치고 물을 부어 반으로 줄 때까지 달인다.

여성에게 좋은 동의음식

2 CHAPTER 입덧이 심하다

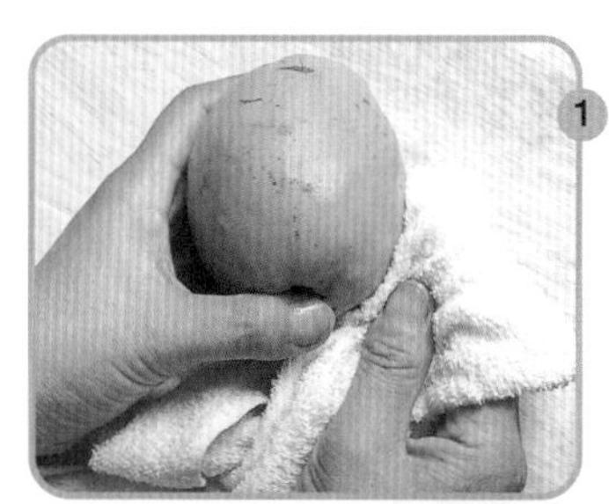

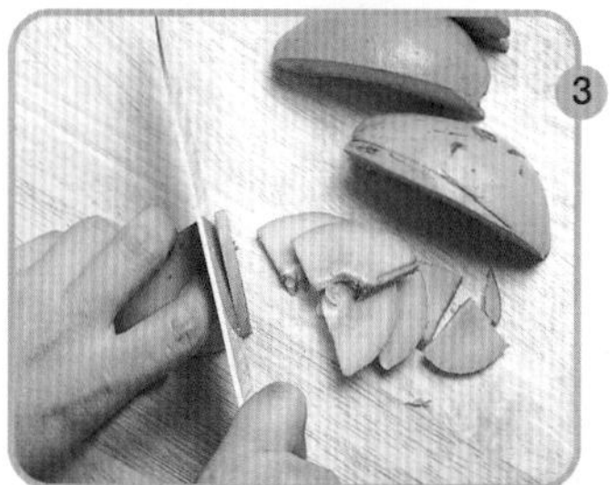

담백한 맛의 죽순차는 입덧을 가라앉혀 줍니다

죽순 좋아하시는 분들 많죠? 맛은 담백하면서 질감이 부드러워 고급스러운 음식 재료로 사랑받는 죽순. 이 죽순을 차로 이용하시면 입덧을 내리게 하는 데 좋은 효과가 있습니다.

통조림으로 된 죽순을 사서 안에 든 물은 버리고 죽순만 건져 더운물에 한두 시간 담가 두세요. 그 다음에 죽순을 건져 흐르는 물에서 여러 번 씻어 아린 맛을 뺍니다. 이렇게 손질한 죽순을 하루에 20g씩 잘라내어 물 500㎖를 붓고 끓이세요. 물이 반으로 졸면 여러 번에 나누어 드시면 됩니다.

COOKING

모과차 만들기

재료 모과 1개, 누런 설탕 조금

❶ 모과는 잘 익은 것을 준비해 겉을 깨끗이 씻고 물기를 닦는다.
❷ 모과를 4등분해서 속의 씨 부분을 도려내고 껍질째 얇게 저며 썬다.
❸ 밀폐용기에 저며 썬 모과와 누런 설탕을 켜켜이 안쳐 1~2개월 정도 재어 둔다. 모과즙이 우러나면 건더기와 함께 떠서 뜨거운 물에 타 마신다.

한의사 신재용 선생의 진료실

아기를 갖는다는 것은 참 기쁜 일이지요. 하지만 아기를 가진 어머니에게는 여러 가지 힘겨운 일이 많은데 그 중에서도 가장 괴로운 것이 바로 입덧입니다. 입덧은 개인차가 커서 어떤 사람은 전혀 불쾌감을 느끼지 못하기도 하지만 대개는 가벼운 메스꺼움과 구토 증세를 보입니다. 일종의 생리적인 현상이기는 하지만 만일 악화되면 임신중독증으로까지 번지기도 하고 투명한 위액이나 담즙, 혈액을 토하는 경우까지 생기니 너무 가볍게 생각하진 마세요. 입덧을 아주 없애기는 힘듭니다. 대신 생활 속의 주의를 통해 증세를 완화시킬 수 있지요. 좋아하는 음식을 준비해서 조금씩 자주 드십시오. 빈속에는 메스꺼움이 심해지니까요. 냄새나 맛이 너무 진한 음식도 좋지 않습니다.

입덧으로 구토를 하셨다면 꼭 수분을 보충해 주고 적당한 운동을 하시는 것도 많은 도움이 됩니다.

구토를 진정시키는 데 생강차가 좋습니다

입덧이 심하면 음식 냄새만 맡아도 구토가 나지요. 이럴 때 생강차 한 잔 따끈하게 마시면 좋습니다. 생강은 위액 분비를 촉진시켜 소화를 돕고 변비를 예방해 주며 살균작용까지 한답니다.

감기 걸렸을 때 생강차 드시지요. 생강은 땀을 내고 열을 떨어뜨리면서 신진대사를 활발하게 해 주는 아주 좋은 식품입니다. 또 식욕을 증진시키면서 소화를 돕고 구역질이나 멀미 등 속이 허해서 생기는 증세에도 잘 듣는답니다. 그러니까 입덧을 할 때 참 좋겠지요? 생강 한 톨을 씻어서 껍질을 벗기고 갈아서 즙을 내시고요, 물 한 잔에 타서 꿀을 섞어 드시면 맛도 향도 참 좋습니다.

검은콩 순을 차로 끓여 드세요

검은콩은 몸에 참 좋은 음식이죠. 하지만 비리고 소화가 안 돼서 날로는 못 드시니까 콩나물처럼 순을 내어 차로 끓여 보세요. 이 차도 입덧을 내리게 하는 데 효과가 참 좋습니다.

마황이라는 약재를 진하게 달여 식힌 물을 넉넉히 준비하시구요, 검은콩은 물에 불려 시루에 담습니다. 이제 마황 끓인 물을 시루에 담긴 검은콩 위에 뿌려 줍니다. 콩에서 순이 솟아나오면 1~3㎝ 자랐을 때 시루에서 검은콩은 건져내어 햇볕에 잘 말려 보관하십시오. 이것을 하루에 20g씩, 물 500㎖를 붓고 반으로 달여 물이 반이 되면 차처럼 여러 번에 나누어 드시면 됩니다.

모과차는 위를 편안하게 해 줍니다

입덧의 원인으로는 소화기의 장애와 담과 위의 열을 꼽을 수 있는데요, 이런 원인이 있을 때 모과차를 드시면 많은 도움이 됩니다.

모과의 신맛은 각종 유기산 때문인데 신진대사를 도와주고 소화 효소의 분비를 촉진시키는 효과가 있습니다. 다시 말해 모과는 좋은 건위 식품이라는 것이지요. 위를 비롯한 소화기가 튼튼해지면 입덧을 많이 내립니다.

모과 한 개를 강판에 갈아 즙만 받은 다음 물을 붓고 달여 드셔도 되고요, 얇게 저민 모과를 설탕에 재어 두었다가 더운물에 우려 드셔도 됩니다. 방법은 상관없으니 차로 만들어 자주 드십시오.

건강에 좋은 이야기 하나 더!

입덧이 있을 때의 식사 요령

입덧을 해서 식욕이 별로 당기지 않을 때는 먹고 싶은 것만이라도 먹는 것이 기본이다. 대개는 신맛 나는 음식이나 찬 음식이 먹기 편하므로 식초나 레몬과즙 같은 것을 음식에 적극적으로 사용해 보자. 반찬에 신맛을 가미하면 산뜻한 맛이 나 음식 먹기가 훨씬 편해진다. 다만 입덧을 하는 시기는 태아의 기관이 만들어지는 시점이므로 가능한 한 여러 가지 음식을 마음껏 먹어야 한다는 것을 염두에 두자. 음식이 별로 먹고 싶지 않더라도 수분만은 보급하는 것이 좋다.

입덧을 이기는 좋은 방법이 없을까요?

입덧이 심해 아무 것도 먹을 수 없을 때는 차게 한 수프나 샐러드 정도로 식사를 가볍게 하고 수분 공급이 필요하므로 우유나 과즙, 보리차 등을 충분히 마신다.

- 아침에 일어나면 무엇이든 조금 먹어 공복이 되지 않게 한다.
- 친구들과 즐거운 시간을 갖는다.
- 취미생활을 한다.
- 느긋한 마음으로 음악을 들으며 심신을 편하게 한다.

2 CHAPTER

여성에게 좋은 동의음식

출산 후 허약해졌다

건강에 좋은 이야기 하나 더!

출산 후 생기기 쉬운 유선염

유선염은 대개 출산 후 2주일에서 1개월 사이에 아기에게 젖을 먹이는 여성에게 주로 나타난다.

유선염은 수유기에 유선에 모유가 고여 유선을 압박함으로써 염증을 일으키는 것을 말한다. 여기에 다시 세균이 감염되면 급성 화농성 유선염이 된다. 추위나 발열을 동반하여 유방에 붉은색을 띠면서 붓고 통증과 함께 딱딱한 멍울이 생긴다.

초기일 때는 유방에 냉찜질을 하거나 착유기로 젖을 짜내면 되지만 화농성 유선염이 되어 고름이 생기면 그 부위를 절개해서 고름을 빼내야 한다.

급성 유선염이 되지 않게 하려면 젖이 고이지 않도록 아기에게 먹이고 남은 젖은 꼭 짜내야 한다.

산후 부기에는 가물치가 좋습니다

가물치 드셔 보셨습니까? 자주 상에 오르는 생선은 아니지만 몸에는 참 좋습니다. 단백질은 쇠고기와 맞먹을 만큼 많이 들어 있고요, 칼슘도 듬뿍 들어 있는 알칼리성 식품이랍니다. 또 천연 이뇨제 역할을 해 산후 몸조리에 그만입니다.

깨끗이 씻은 가물치를 통째로 물에 넣고 참기름을 조금 쳐서 푹 고아냅니다. 물이 끓기 시작하면 가물치가 펄떡거리다가 잠잠해집니다. 이때 당귀를 넣고 푹 고아내면 진한 검은빛의 곰탕이 만들어집니다.

임신 중에 기운이 떨어지고 손발이 냉하면서 잘 저리고 부을 때 드시면 좋고 산후에 몸조리와 부기를 가라앉히는 데 효과가 탁월합니다.

몸에 참 좋은 보양음식이니 산후에만 드시지 말고 자주 만들어 드세요.

산후 몸이 허약할 때 염소고기가 좋습니다

염소가 몸에 좋다고 찾으시는 분들이 참 많죠. 자양강장에도 좋지만 산후 몸조리에도 염소고기가 참 좋습니다. 염소고기에는 생식에 관련된 비타민인 토코페롤이 아주 많이 들어 있거든요.

토코페롤이 모자라면 혈액이 쉽게 응고되어 버려서 협심증이나 심근경색, 중풍 등이 오기 쉽고 불임증의 원인이 되기도 합니다. 그런데 염소고기는 다른 육류에 비해서 토코페롤이 아주 많이 포함되어 있고 단백질과 무기질도 듬뿍 들어 있지요. 반면에 지방 함량은 낮아서 산후에 몸이 약해진 산모들에게 아주 좋은 음식이랍니다.

동의보감에서는 염소고기가 속을 덥히고 기력을 증진시키며 통증을 멎게 하기 때문에 임신 중이나 산후 몸조리를 하는 여성들에게 도움이 된다고 말하고 있습니다.

훗배앓이에는 산사자를 달여 드세요

아기를 낳고 나서 훗배앓이를 하시지요? 산후에 나타나는 자연스런 현상입니다. 그런데 이 훗배앓이가 1주일 넘게 계속되면서 통증이 심한 경우도 있습니다. 자궁 속에 태반의 일부가 남아 있거나 난막이나 어혈이 뭉쳐 자궁의 수축을 방해하기 때문이기도 합니다. 또는 자궁의 어디엔가 염증이 생겨 통증이 생긴 것일 수도 있는데요, 이럴 땐 산사자를 달여 드시는 것이 좋습니다.

산사자와 계피를 20g씩, 물 500㎖로 달여 물이 반으로 줄 때까지 끓인 다음 짜서 물만 받아 하루에 여러 차례 나누어 드시면 됩니다. 먹기 어려우면 누런 설탕을 조금 타서 마시면 됩니다.

한의사 신재용 선생의 진료실

아기를 낳는다는 것은 큰일이죠. 기력이 많이 소모되고 몸의 상태도 평소와 다르게 약해집니다. 이럴 때는 사소한 일에도 주의를 기울여 건강을 해치지 않도록 조심하셔야 합니다. 우선 딱딱한 음식이나 차가운 음식을 드시는 것은 금물입니다. 산후에는 치아가 모두 들떠 있기 때문에 딱딱한 음식을 드시면 치아에 부담이 되겠지요. 또 날것이나 자극이 심한 음식도 피하세요. 산후에 몸이 부었다고 해서 소변이 잘 나오게 하는 약을 쓰시는 분들도 있는데 이것은 좋지 않습니다. 산후에는 기혈이 모두 허약해져서 몸이 부은 것이기 때문에 소변을 억지로 보게 하는 것은 오히려 좋지 않은 영양을 미치게 됩니다. 몸을 보하는 음식을 드시면서 빨리 건강을 회복하시는 것이 바람직하겠습니다. 또 춥다고 해서 지나치게 몸을 뜨겁게 하는 것도 피하십시오. 주변에서도 산모를 배려해서 마음을 편히 갖게 하고 너무 차갑거나 뜨거운 기운에 닿지 않도록 주의해 주세요.

기를 돋우어 주는 굴비를 드세요

조기는 살이 부드럽고 영양가도 풍부하며 특히 양질의 단백질이 많아 사람들이 즐겨 찾는 건강식품입니다. 수술 후에 몸이 허약해졌거나 단단한 음식을 소화시키지 못하는 노인들에게 참 좋은데요, 산후 몸조리하실 때도 이용하면 좋습니다.

기왕이면 짭짤하게 입맛을 돋우어 주는 굴비를 이용해 보시지요. 조기를 말린 것이 굴비인데 단백질이나 지방질, 칼슘, 인, 철분, 무기질, 비타민 $B_1 \cdot B_2$, 나이아신 등의 함량이 조기보다 높답니다. 또 오래 보관할 수 있어 넉넉히 장만해 두면 필요할 때 쉽게 이용할 수 있고 입맛도 돋우어 주기 때문에 산후 몸조리엔 그만입니다.

본래 짠맛이 있으니 소금은 더 치지 마시구요, 바짝 달군 석쇠에 구워 내시면 밥반찬으로도 좋습니다.

1
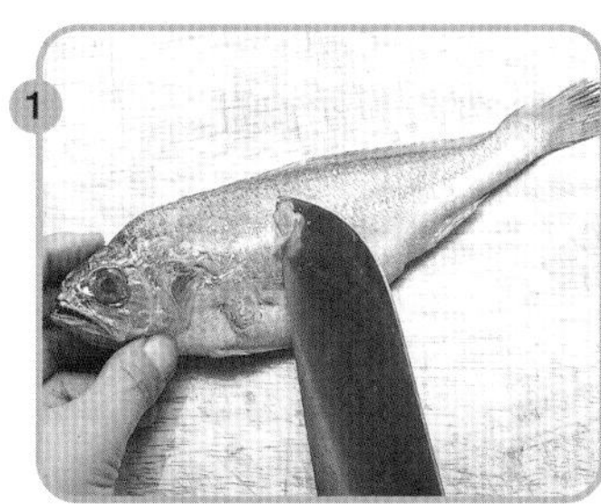
2
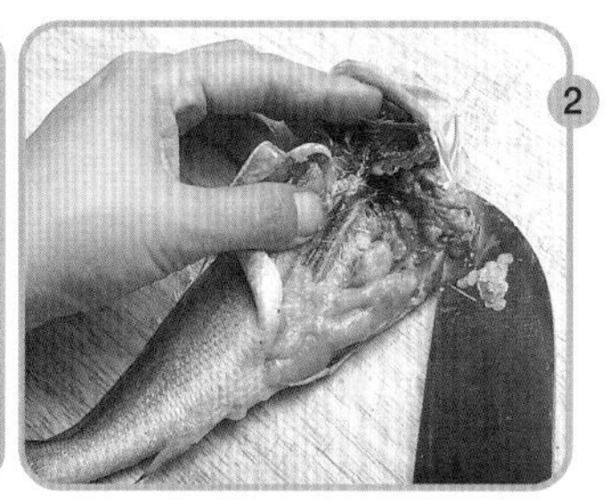
3

굴비구이 만들기

재료 굴비 1마리

❶ 굴비는 잘 마르고 통통한 것으로 골라 비늘을 벗긴다.
❷ 비늘을 벗긴 굴비는 배 쪽에서 칼집을 넣어 내장을 빼낸다.
❸ 석쇠에 기름을 살짝 바르고 불에 달군 다음 손질한 굴비를 굽는다.

2 CHAPTER

여성에게 좋은 동의음식

모유가 부족하다

모유가 부족할 땐 상추씨 찹쌀미음을 드세요

아기를 낳고 초유를 먹이기 시작했는데 젖이 잘 안 나오는 경우가 있습니다. 건강에는 별 문제가 없고 단지 젖이 부족한 것이라면 상추씨를 한번 드셔 보세요.

동의보감에서 '입효방'이라고 부르는 이 처방은 상추씨와 찹쌀을 한 홉씩 가루 내어 감초가루와 함께 끓인 것으로 효과가 즉시 나타난다고 해서 입효방이란 이름이 붙었답니다.

또 젖이 잘 나오다가 유선염이 생기는 바람에 젖을 못 먹이고 고생하시는 분들이 종종 있습니다. 젖이 나오는 유선에 염증이 생겨서 젖은 안 나오고 탱탱 불어 통증이 있고 열이 나지요. 젖을 먹이기 때문에 항생제를 사용할 수도 없어 참 곤란하죠. 이럴 때도 상추시가 즉효입니다. 상추씨를 갈아서 그 가루를 먹으면 유선염도 내리고 젖도 잘 나오게 됩니다. 한번 이용해 보세요.

COOKING

상추씨 찹쌀미음 만들기

재료 상추씨 1컵, 찹쌀 1컵, 감초가루 조금

1. 찹쌀을 씻어 물에 불린다. 상추씨도 흐르는 물에 씻어 물기를 뺀다.
2. 상추씨와 찹쌀을 함께 믹서에 넣고 물을 조금 부어 곱게 갈아 걸쭉하게 만든다.
3. 간 상추씨와 찹쌀을 냄비에 안쳐 끓인다.

1

2

3

한의사 신재용 선생의 진료실

모유는 갓 태어난 아기에게는 가장 좋은 음식입니다. 영양적으로도 좋고 아기의 면역성을 키워 주는 효과도 있습니다. 또 모유를 먹이면 어머니의 산후조리와 자궁복구에도 도움이 되니 되도록 꼭 먹이시는 것이 좋겠습니다. 그런데 모유를 먹이고 싶어도 젖이 잘 나오지 않아 고민을 하시는 분들이 있지요. 동의보감에서는 '기가 지나치게 항진되면 젖이 막혀서 나오지 못하고 기가 약하면 젖이 줄어 나오지 않는다'고 했습니다.

건강한 산모라고 하더라도 출산 직후에는 대개 젖이 적은 듯이 느껴집니다. 아직 몸이 모유를 만들어 낼 준비를 완벽하게 끝내지 못했기 때문인데 자꾸 젖을 물리고 자극을 주면 곧 늘기 마련입니다. 젖이 잘 나오지 않는다고 쉽게 포기하지 마세요. 혹시 유두가 너무 작거나 함몰되어서 아기가 빨기 곤란하다면 깨끗한 손으로 아기가 물 수 있도록 잡아내야 합니다. 이런 분들은 임신 말기부터 마사지를 해 주는 것이 좋습니다.

몸이 허약해 젖이 안 나올 때는 돼지족을 달여 드세요

몸이 허약하고 평소에도 건강이 좋지 않았던 산모라면 젖이 부족하기가 쉽습니다. 젖도 잘 나오지 않고 몸은 더 허약해집니다. 어머니와 아기가 모두 힘든 경우라고 하겠습니다.

이럴 땐 먼저 몸을 보하고 건강을 되찾아야 모유가 잘 나오게 되겠죠? 그러기 위해서는 돼지족을 하나 고아 드셔 보세요. 돼지족은 고단백 식품이고 몸에도 참 좋습니다. 돼지족만 고아서 드시지 말구요, 거기 통초라는 약초도 함께 넣어 드십시오. 그러면 몸도 보하고 산후의 부기도 내려 주니 산후 몸조리에 이보다 좋은 음식이 없습니다.

돼지족 하나에 통초 200g을 넣으시고요, 물을 넉넉히 붓고 푹 고아 그 물을 드시면 됩니다.

유두가 헐 때는 녹용 털 태운 것을 이용하세요

젖도 잘 나오고 건강에 문제가 없는데 피부가 연약하다 보니 헐고 짓무르는 경우가 생깁니다. 유두 표면이 갈라지고 상처가 나서 염증이 생기는 것이죠. 심하면 열이 나고 오한이 들면서 유방에 통증이 옵니다. 이렇게 되면 잘 나오는 젖도 먹일 수 없게 됩니다.

이럴 때 녹용 털 태운 것을 이용하시면 효과가 그만입니다. 녹용을 약재로 쓸 때는 그 털만 불에 그을려서 긁어낸 다음 이용하는데 이때 긁어낸 털을 버리지 말고 프라이팬에 한 번 더 태워서 고운 가루를 냅니다. 이것을 유두가 갈라진 곳에 바르고 하룻밤만 자고 나면 균열이 많이 아물 겁니다.

건강에 좋은 이야기 하나 더!

모유라고 다 똑같지 않다

20세 이하, 또는 초산의 경우에 모유는 수분이 굉장히 많다. 대신 모유의 양은 적은 편이다. 20세 이상, 또는 경산부의 경우는 모유의 양은 많되, 단백의 양은 적다.

분만 후 2~3일 간은 반투명하고 끈적끈적한 황색의 초유를 분비하는데 이 중에는 지방, 칼슘, 단백질이 많고, 아기에게 필요한 몇몇 물질이 포함되어 있다. 4일째부터는 유방이 급속히 팽창해서 백색의 불투명한 섬유가 분비되기 시작해서 8일에서 9일 경부터 진정한 유즙이 분비된다.

QA 초유에는 어떤 영양소가 들어있을까요?

초유는 출산 후 7~10일 사이에 나오는 젖을 말하는 것으로 노랗고 진하며 끈기가 있는데 단백질과 미네랄이 많이 들어 있고, 아기에게 필요한 모든 영양소가 골고루 들어 있다. 또한 병에 대한 면역력과 항균성 물질을 충분하게 포함하고 있기 때문에 아기의 몸에 저항력을 길러 주는 역할을 한다.

에너지 또한 많아서 태변을 밖으로 내보내는 아주 중요한 작용을 한다. 엄마 젖으로 자란 아이는 우유를 먹고 자란 아이에 비해 병에 걸릴 확률이 적다.

또 모유를 먹인 아이와 우유를 먹인 아이의 장내 세균을 조사해 보면 모유를 먹인 아이는 유산균이 많아서 대장균이나 장구균이 적음에 비해 우유를 먹인 아이는 대장균이나 장구균이 10배 이상이나 더 많다.

그뿐 아니라 엄마젖은 아기를 위해서뿐만 아니라 엄마에게도 도움이 된다. 아기가 젖을 빨면 그 자극이 뇌로 전달되어 자궁을 수축시키는 호르몬이 분비되기 때문에 출산 후의 자궁 회복도 빨라지기 때문이다.

여성에게 좋은 동의음식

2 CHAPTER 골다공증이 염려된다

COOKING

멸치튀김 만들기

재료 중멸치 1컵, 식물성기름 4컵, 설탕 조금

1. 멸치는 잘 마른 것으로 골라 내장을 떼 내고 준비한다.
2. 170℃로 끓는 기름에 멸치를 살짝 튀긴다.
3. 식기 전에 설탕을 조금 뿌려 맛을 낸다.

칼슘의 보고, 말린 멸치를 많이 드세요

칼슘의 보고라고 일컬어지는 멸치는 뼈째 먹는 생선이므로 어떤 식품보다 많은 양의 칼슘을 섭취할 수 있습니다. 칼슘 외에 인, 회분, 철분 등 각종 미네랄이 풍부해서 우리 몸의 골격과 치아 형성에 필수적이기 때문에 골다공증 예방을 위해 멸치를 충분히 섭취하는 것이 좋습니다.

하�."고 딱딱하게 잘 마른 것으로 골라 멸치볶음을 하거나 기타 여러 가지로 응용해 매 끼 드시도록 하세요.

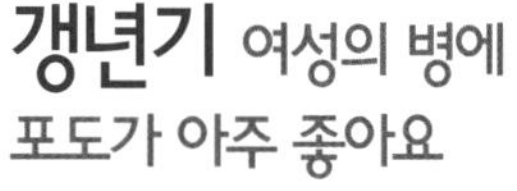

갱년기 여성의 병에 포도가 아주 좋아요

골다공증을 예방하려면 칼슘이 많이 든 음식을 섭취해야 한다는 것은 기본이죠. 물론 우유, 뼈째 먹는 생선 같은 것에 칼슘이 많다는 것은 다 아는 사실인데, 아무리 칼슘을 많이 섭취했어도 우리 몸에서 흡수가 안 된다면 아무 소용이 없습니다.

따라서 칼슘의 흡수를 도와주는 비타민 C와 D를 충분히 섭취하는 것도 칼슘의 섭취 못지않게 중요합니다. 비타민 C와 D는 식초나 포도에 많이 들어 있는데 포도에는 비타민 C가 매우 풍부할 뿐 아니라 뼈를 약화시키는 나트륨의

한의사 신재용 선생의 진료실

골다공증이란 뼈 조직이 부실해져서 뼈에 구멍이 생긴 상태를 말합니다. 한의학적으로는 후천적인 영양 보충을 하는 비장이 약해졌거나 혈액을 저장하는 간장의 기능이 약해진 경우, 그리고 호르몬 기능을 포괄하는 신장의 기능이 약해진 경우에 골다공증이 오는 것으로 보고 있습니다. 대개 폐경기 이후나 65세 이상의 노인들에게 나타나기 쉬운데 남성보다는 여성들에게 특히 많이 발견됩니다. 그 밖에도 다이어트를 심하게 하는 젊은 여성들에게도 골다공증이 올 수도 있으니 주의하셔야겠죠.

골다공증이 오면 뼈가 물렁해져서 구부러지고 키가 점점 작아지며 살짝 넘어져도 뼈가 부러지기 쉽습니다. 평소에 골다공증을 예방하기 위해서는 칼슘은 물론 칼슘의 흡수를 돕는 비타민 섭취를 많이 하고 가벼운 운동을 지속적으로 하는 게 좋습니다.

흡수를 줄여 주는 작용도 있어 골다공증을 비롯해서 갱년기 여성의 여러 질병을 치료해 줍니다.

골다공증이 염려되면 다시마를 많이 드세요

일상의 식생활을 통해서 섭취하고 있는 식품들 가운데 대단히 놀랄 만한 약효를 지니고 있는 것이 다시마입니다. 다시마는 칼로리가 거의 없고 각종 무기질이 풍부한데, 그 중에서도 뼈의 성장 발육에 중요한 영향을 미치는 칼슘의 양이 풍부해서 골다공증이 염려되는 여성들에게 상당히 좋은 식품입니다.

국물을 낼 때 다시마를 우려내어 이용해도 좋고 튀각을 만들어도 좋습니다. 다시마 튀각을 할 때 맛을 좋게 하기 위해서 설탕을 뿌리기도 하는데 설탕은 칼슘 흡수를 방해하므로 조금만 뿌리도록 하세요.

시금치 된장국이 뼈를 튼튼하게 해 주죠

대표적인 녹색채소인 시금치는 비타민A와 C 외에 철분, 칼슘, 요오드 등의 무기질이 많이 들어 있어 뼈를 튼튼하게 해 줍니다. 특히 시금치는 부드럽고 소화가 매우 잘되므로 소화력이 약한 노인들에게 권할 만합니다.

COOKING

다시마튀각 만들기

재료 다시마 10×10㎝ 4장, 식물성기름 4컵, 설탕 조금

❶ 젖은 행주로 다시마의 소금기를 닦아 낸 다음 적당한 크기로 자른다.
❷ 분량의 식물성기름을 끓이다가 준비된 다시마를 넣어 살짝 튀긴다.
❷ 튀긴 다시마가 식기 전에 재빨리 설탕을 조금 뿌려 맛을 낸다.

건강에 좋은 이야기 하나 더!

골다공증을 예방하려면

평소 식사 시 칼슘을 듬뿍 섭취한다

칼슘 중에서도 소화 흡수가 잘되는 것은 우유와 유제품이다. 그리고 멸치나 잔새우 같은 뼈째 먹는 생선도 체내에서 분해가 잘 되기 때문에 흡수가 잘된다. 멸치나 새우를 가루 내어 식탁에 두고 조미료처럼 음식에 자주 넣어 먹으면 여간해서 칼슘이 부족해지는 일은 없을 것이다.

칼슘 흡수를 돕는 비타민D를 함께 섭취한다

칼슘을 아무리 많이 섭취해도 흡수가 안 되면 아무 소용이 없다. 칼슘 흡수를 위해서는 비타민D가 필요한데, 비타민D는 우리 몸속에서 칼슘이 흡수되는 것을 도와주는 아주 중요한 영양소다. 그래서 칼슘을 섭취할 때는 표고버섯이나 무말랭이처럼 비타민D를 풍부하게 함유한 식품과 함께 먹으면 효과가 훨씬 두드러진다.

칼슘을 소비시키는 인산 식품은 절제한다

음식물에서 섭취하는 칼슘 중 약 50%는 흡수되지 않고 배설된다. 이것은 칼슘이 인산과 화합하기 때문이다. 인산은 너무 많이 섭취하면 여분의 인산이 체내의 칼슘과 결합해서 배출되어 버리고 만다. 따라서 인산염이 많이 들어가 있는 가공 식품이나 청량음료, 인스턴트 식품을 과잉 섭취하는 것은 절대 금물이다.

적당한 운동이 뼈에 칼슘을 정착시켜 준다

적당한 운동은 칼슘이 뼈에 정착되는 것을 도와준다. 그 단적인 예가 바로 투병 중인 환자들인데, 이들은 오랫동안 누워서 지내기 때문에 뼈가 약해져서 골다공증 증세가 나타난다. 이렇게 운동 부족으로 골다공증이 되는 것을 막기 위해서는 운동을 해서 뼈에 자극을 주는 것이 필요하다.

일광욕을 하면 뼈가 튼튼하게 된다

일광욕을 해서 피부에 자외선을 쬐게 하는 것도 뼈에 아주 중요하다. 자외선이 몸속의 프로비타민D를 활성화하고 이것이 활성형 비타민D가 되어 뼈를 튼튼하게 하는 것이다.

다이어트로 뼈가 약해졌을 때 매실조청을 해 드세요

매실에는 다른 식품과는 비교가 안 될 만큼 많은 양의 칼슘, 칼륨, 인 등의 무기질이 들어 있습니다. 또한 각종 비타민과 유기산이 다량 함유되어 있어 칼슘의 흡수를 도와주므로, 뼈를 튼튼하게 해 주어 골다공증에도 효과가 좋습니다.

다이어트를 심하게 한 결과 영양 상태가 나빠져 뼈가 약해진 경우나 폐경기 이후 뼈가 약해진 경우에 매실이 아주 좋습니다. 매실을 그냥 드실 게 아니라 살만 발라내어 믹서에 갈아서 즙만 받은 다음 푹 고아서 조청을 만들어 놓으면 두고두고 먹을 수 있어 더욱 좋습니다.

참깨버터가 칼슘의 흡수를 좋게 합니다

칼슘의 흡수를 좋게 하기 위해서는 단백질이나 지방질 등의 영양소가 필요합니다. 그래서 참깨를 볶아서 꿀과 함께 섞은 다음 믹서에 간 참깨버터 같은 것이 골다공증에 효과를 발휘합니다.

참깨버터는 칼슘 외에 지방과 단백질을 많이 함유하고 있어 노인의 영양 보충에도 좋은 식품입니다. 참깨버터를 만들어 빵 같은 데 발라 먹거나 무침 등에 넣어 매일 조금씩 드시면 좋은 결과가 있을 거예요.

3 chapter

아이들 몸에 좋은 동의보감 음식

3 CHAPTER

아이들 몸에 좋은
동의보감 음식

체질이 허약하다

건강에 좋은 이야기 하나 더!

동의보감에 나타난 아이 키우는 법 10가지

과보호가 오히려 아이를 약하게 만들 수도 있다.

동의보감에서는 아이를 너무 따뜻하고 안락하게 하고, 많이 먹이려고만 하는 것은 잘못된 육아법이라고 하면서 '양자십법'이라고 해서 아이 키우는 법을 얘기하고 있다. 여기서는 등과 배와 위장, 그리고 발은 따뜻하게 키우되 머리와 가슴은 시원하게 하라고 알려 주고 있다. 동의보감에 나타난 아이 키우는 방법은 다음과 같다.

1 등을 따뜻하게 해라
2 배를 따뜻하게 해라
3 발을 따뜻하게 해라
4 위장을 따뜻하게 해라
5 머리를 시원하게 해라
6 가슴을 시원하게 하라
7 아이에게 못 보던 것을 보여 주고 깜짝 놀라게 하지 말라
8 아이가 울 때 바로 젖을 물려서 원인을 찾지 못하게 해서는 안 된다
9 너무 지나치게 목욕을 시키지 말라
10 광물성 약재는 먹이지 말라

깡마르고 까탈스런 아이에겐 소건중탕을 먹이세요

동의보감에서는 '어린아이들 성장 발육에 소건중탕이 좋다'고 하면서 입맛을 돋우고 살이 찌게 하며 정신력을 키우는 데도 상당히 도움이 된다고 했습니다.

나이에 걸맞지 않게 키가 작고 체중도 덜 나갑니까? 깡마르고 신경질적입니까? 초조해하고 부산해서 한시도 가만히 있지 못하고 몸을 비비 틀며 공부에 전념을 못합니까? 감기에 잘 걸리고 기운 없어 하며 땀도 유난히 많이 흘립니까? 이럴 때 소건중탕을 먹여 보세요.

소건중탕은 맛도 달고 먹기에도 좋으니 한의사와 상의해서 어린이에게 먹이면 틀림없이 효과를 볼 수 있을 겁니다.

가막조개가 뼈를 튼튼하게 해 줍니다

흔히 재첩이라고 불리는 가막조개는 인과 칼슘이 1대 3의 비율로 풍부하게 들어 있어 칼슘이 부족하기 쉬운 성장기 어린이에게 좋은 효과를 냅니다.

우리 몸에 칼슘이 부족하면 혈액이 산성화되고 신체의 저항력이 저하되며 야위고 뼈가 약해지지요? 가막조개를 살찌게 하는 식품이라고 하는 것도 칼슘이 풍부하기 때문이지요.

이 가막조개로 국물을 낸 다음 산사자를 우려서 건지고 여기에 잘게 썬 쇠고기와 배추를 볶다가 두부와 가막조갯살을 넣고 된장을 풀어 국을 끓입니다. 허약한 어린이에게 영양을 공급해 주는 것은 물론 식욕을 촉진시키고 소화를 도와 튼튼한 어린이로 만들어 줍니다.

청어구이가 살찌는 묘약이에요

동의보감에 의하면 '청어는 맛이 달고 평하며 무독하고 익기 작용이 있어 기력을 돋우고 심력을 돋운다. 또 소화력을 증진시키고 식욕을 늘린다'고 했습니다. 그렇기 때문에 청어를 먹으면 가난하고 여윈 선비까지도 살이 포동포동 찔 수 있다는 옛말도 있지요. 청어는 5월에서 7월 사이가 가장 맛이 좋다고 하는데, 무씨를 볶아 가루 낸 것을 소금에 섞어 청어를 찍어 먹게 하면 깡마른 어린이도 포동포동 살찌는 묘약이 됩니다.

혈기 부족한 어린이에게 닭다리약튀김을 해 주세요

고진음자라는 처방은 몸이 야위고 기혈이 부족해서 진땀이 나고 설사를 잘하며 어지럽고 무기력하며 머리가 맑지 않을 때 쓰는 보약입니다. 이 고진음자를 튀김가루로 써서 닭

한의사 신재용 선생의 진료실

특별한 병이 없는데도 쉽게 피로해하고 머리나 배가 아프다고 하며 오래 서 있으면 뇌빈혈을 일으켜 넘어지고 차멀미를 잘하는 어린이가 있습니다. 이런 어린이들일수록 여위고 혈색이 나쁘고 창백하며, 잘 먹지도 않고 기력이 없으며, 아무것도 아닌 일에 민감하게 반응합니다. 또 감기에도 잘 걸리고 일단 걸리면 잘 낫지를 않습니다. 이 밖에도 편도선염이 있거나 설사를 하는 등 일년 내내 병을 달고 삽니다. 이런 어린이들은 대개 체질이 허약해서일 경우가 많으니 영양을 충분히 공급해 주고 편식하지 않도록 주의하십시오. 또 심리적인 것도 크게 작용하므로 너무 응석받이로 키우지 말고 신체적으로나 정신적으로 단련을 시키는 것이 중요합니다.

튀김을 하면 아이들 간식으로 아주 좋습니다.

고진음자의 처방 구성은 숙지황 6g, 산약·인삼·당귀·황기·황백 각 4g씩, 진피, 백복령 각 3g씩, 두충·감초·백출·택사·산수유·파고지 각 2g씩, 오미자 10알입니다.

이렇게 고진음자를 한 첩 지어 잘 씻은 뒤 말려서 가루 내어 같은 양의 녹말가루와 섞은 다음 닭다리에 이것을 묻혀서 튀겨 내면 됩니다.

성장기 어린이에게 굴이 참 좋습니다

흔히 굴은 바다의 우유라고 불릴 만큼 영양가가 대단하지요. 각종 비타민과 무기질이 아주 많고 아미노산도 풍부해서 소화 흡수율이 굉장히 뛰어나고 인체 에너지원인 글리코겐이 많아 장의 기능을 촉진시킵니다.

그래서 빈혈이 있어서 혈색이 좋지 않거나 장의 기능이 미숙한 어린이에게 굴만큼 좋은 것이 없습니다.

다만 굴은 5월부터 8월까지는 산란기라 맛과 영양이 떨어지고 식중독의 위험이 있으므로 이때는 먹지 않는 것이 좋습니다.

COOKING

굴전 만들기

재료 굴 300g,
생강즙·후춧가루 조금씩,
밀가루 1/4컵,
약누룩 볶은 가루 1/4컵,
달걀 2개, 식물성기름 조금

❶ 굴은 껍질을 골라내고 옅은 소금물에 흔들어 씻은 뒤 물기를 뺀다.
❷ 손질한 굴을 생강즙과 후춧가루로 밑양념한 뒤 밀가루와 약누룩 볶은 가루를 섞어서 골고루 묻힌다.
❸ 밀가루와 약누룩 가루 입힌 굴을 달걀 푼 물에 한 번 적셨다가 뜨겁게 달군 프라이팬에 기름을 두르고 지진다.

1

2

3

4

3 CHAPTER

아이들 몸에 좋은 동의보감 음식

열이 오른다

염증으로 열이 나면 두부찜질을 해 주세요

두부는 얼음보다도 더 효과적으로 열을 내려 주고 염증을 가라앉혀 주는 찜질약입니다. 밀가루도 해열·소염 작용이 강하고 멍이 들거나 어혈이 뭉쳐 있는 것을 빨리 풀어지게 해 줍니다. 그래서 아이가 열이 날 때는 두부와 밀가루를 함께 섞어서 찜질해 주는 것이 좋습니다.

두부를 헝겊에 싸서 꼭 짜 물기를 뺀 뒤 같은 양의 밀가루를 섞어서 고루 치대어 반죽하세요. 그리고 이것을 헝겊에 두툼하게 펴서 이마에 붙이면 열이 금방 내릴 거예요. 물기가 말라 반죽이 갈라 터지기 전에 자주 갈아 붙이면 더 효과가 있을 거예요.

칡뿌리가 발한 작용을 합니다

아이들은 갑자기 바깥바람을 너무 많이 쐬어도 열이 나기 쉽습니다. 이것을 한방에서

COOKING

두부찜질약 만들기

재료 두부 1모, 밀가루 2컵

1. 두부를 가제에 싸서 꼭 짜 물기를 뺀다.
2. 물기 짠 두부와 밀가루 2컵을 함께 담아 골고루 치대어 반죽한다.
3. 가제에 두툼하고 넓적하게 펴서 열나는 부위를 찜질한다.

한의사 신재용 선생의 진료실

아이가 갑자기 열이 오르면 무슨 병에 걸린 게 아닐까 걱정되시죠? 하지만 원인을 알고 그에 대처하면 크게 걱정하지 않으셔도 됩니다. 동의보감에서는 어린이의 열을 표열, 이열, 허열, 실열의 4종류로 구분하지요. 표열은 바깥바람을 많이 쐬어 생기는 열로 두통이 있고 온몸이 아프면서 땀은 나지 않는 게 특징입니다. 이열은 내부 장기에 이상이 생길 때 발생하는 열로 입술이 건조해지고 갈증을 느끼며 두통을 호소합니다. 허열은 체력의 소모가 많고 기혈이 쇠약해졌을 때 나는 열이고 실열은 체내에 열이 축적되고 남을 때 발산되는 열입니다. 열이 날 때는 우선 열을 떨어뜨려 주어야 하므로 시원하게 해 주는 것이 중요합니다. 그와 함께 동반된 증세를 자세히 관찰해서 원인에 따라 대처하도록 하세요. 또 열이 나면 탈수 증세가 나타나기 쉬우니 시원한 보리차를 자주 마시게 해서 수분을 충분히 공급해 주세요.

는 표열이라고 하는데요, 이럴 때 칡뿌리가 아주 좋습니다. 칡뿌리는 심장 기능을 강화하고 체력을 보충하면서 열을 떨어뜨리기 때문에 어린이에게 무난히 쓸 수 있거든요. 칡뿌리를 가루 낸 것이나 건재상에서 파는 갈분을 한 번에 4~6g씩 꿀물에 타서 먹여 보세요. 열이 떨어지면서 열로 인한 두통도 말끔히 가라앉게 됩니다.

더위 먹어 열날 때 대나무 잎을 쓰세요

여름에 뙤약볕 아래 오래 서 있으면 일사병에 걸리기 쉽죠? 얼굴이 벌겋게 달아오르고 입 안이 헐며 코피가 나기도 하는데, 이렇게 더위 먹어서 생긴 열이나 감염 또는 대사 상태의 변동에 의해 생긴 열을 떨어뜨리는 데는 대나무 잎이 좋습니다.

새로 돋은 지 얼마 안 되어 돌돌 말린 상태로 있는 대나무 잎이 좋지만 구하기가 쉽지 않으니 건재약국에서 구입하도록 하세요.

대나무 잎 12g을 물 200㎖로 10~20분간 끓여 수시로 나누어 마시면 되는데 이때 주의할 것은 너무 오래 끓이지 말라는 것입니다.

땀과 함께 열이 나면 구기자 뿌리껍질을 먹이세요

내부 장기에 이상이 있을 때나 기혈이 약해도 열이 나는 수가 있다고 했지요? 이럴 땐 어떤 것이 좋을까요? 혹시 구기자 열매 말고 나무를 보신 적이 있으세요? 그 구기자나무의 뿌리껍질이 이열이나 허열에 좋습니다. 구기자나무 뿌리껍질은 해열작용이 강해 땀을 수반하는 열증을 내리게 하는 데 효과가 있거든요.

건재약국에서 지골피라는 약명으로 불리는 구기자나무 뿌리껍질을 구입해 깨끗이 씻은 뒤 지골피 12g에 현미 끓인 물 300㎖를 붓고 끓여 반으로 줄면 3회에 걸쳐 나누어 마시게 하세요.

열이 날 때는 무엇을 먹여야 할까요?

위에 부담이 가지 않고 영양가 높은 음료를 먹인다. 밀크셰이크가 좋은데, 밀크셰이크는 달걀과 우유가 들어가므로 열이 나서 목이 마를 때 먹이면 효과가 있다. 또 감기로 인한 열은 비타민 A 섭취가 필수이므로 당근으로 죽을 끓여 먹이는 것도 방법이다. 닭고기도 열이 날 때 권할 만한 식품이다. 열 때문에 생긴 탈수를 예방하려면 우유를 넣고 끓인 옥수수죽이 좋다. 우유에 들어 있는 양질의 단백질과 옥수수의 비타민 A · C가 체력 회복에 도움이 된다.

과일을 주재료로 한 샐러드도 비타민 보충에 바람직한 음식. 요구르트를 넣으면 더 많은 단백질을 섭취할 수 있다.

3 CHAPTER

아이들 몸에 좋은
동의보감 음식

기침을 자주 한다

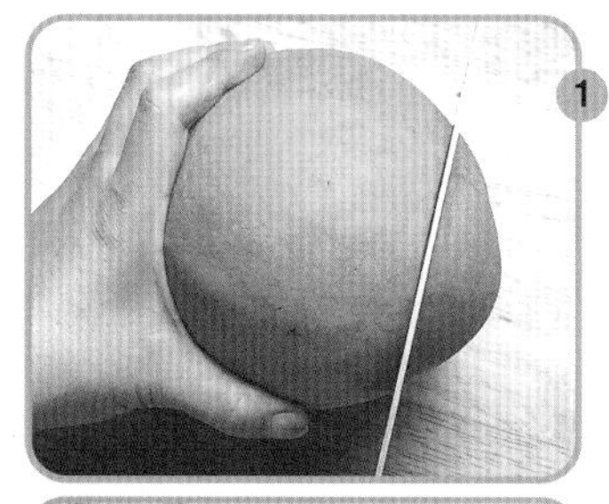

소아천식에 배꿀찜이 좋아요

배는 옛날부터 목이나 폐의 염증을 가라앉히고 열을 내리게 하는 작용이 있어 감기나 편도선염 등으로 목이 아플 때, 또는 기침이나 가래가 있을 때의 치료제로 많이 이용되어 왔습니다.

배는 특히 시원하고 단맛이 있어 아이들 기침을 달래주는 데 더없이 좋은 과일이지요. 기침이 심할 때는 차가운 배를 그대로 주기보다는 배에 꿀을 넣고 쪄서 그 즙을 먹이는 것이 좋습니다. 그러면 감기로 인한 잔기침들이 빨리 내리게 됩니다.

즙만 받아 마시고 나서 배 과육은 어떻게 하느냐고요? 물론 버릴 수는 없지요. 한약 달일 때 재탕을 하는 것처럼 이것도 일종의 재탕을 하는 겁니다.

우선 베보자기에 배를 통째로 넣고 돌돌 감아 한약 짜는 나무막대로 양쪽에서 조여 줍니다. 그러면 덩어리가 으스러지면서 즙이 나오겠죠? 이 즙을 받아서 꿀을 조금 더 섞은 뒤 중탕을 해서 마시게 하면 됩니다.

배꿀찜 만들기

재료 배 1개, 꿀 3큰술

❶ 배를 깨끗이 씻어서 1/3정도 되는 윗부분을 도려낸다.
❷ 배의 씨가 들어 있는 심은 파내어 버리고 나머지 속을 숟가락으로 긁는다.
❸ 꿀 3큰술을 넣고 배의 위 뚜껑을 덮은 다음 찜통에 찐다.

한의사 신재용 선생의 진료실

아이들 기침을 하는 것은 감기 외에도 기관지염, 천식, 폐렴 등이 원인이 되는 경우가 많습니다. 어떤 병이든 기침과 발열은 초기 증세이므로 잘 관찰해서 원인이 무엇인지를 파악하는 것이 우선입니다. 감기로 인한 것이든 아니든 조금만 기온 변화가 느껴지면 기침을 하는 아이들이 있지요. 이는 공기가 안 좋거나 혈액순환이 잘 되지 않기 때문이니 평소에 방이 건조해지지 않도록 주의하고 피부를 단련시키도록 하세요. 그와 함께 기침을 가라앉힐 수 있는 음식을 만들어 두었다가 조금씩 먹이는 것이 좋습니다. 그리고 체력이 떨어지면 기침이 잘 낫지 않으므로 기침이 계속될 때는 충분한 휴식과 수면을 취하도록 해 주세요.

COOKING

생강엿물 만들기

재료 생강 2쪽, 엿 1큰술, 물 1컵

❶ 생강은 껍질을 벗겨서 채 썬 다음 냄비에 넣고 볶는다.
❷ 물기 없이 포슬포슬해지면 분쇄기에 넣고 갈아 생강가루를 만든다.
❸ 엿을 녹여서 생강가루와 섞은 다음 뜨거운 물을 타서 마신다.

건강에 좋은 이야기 하나 더!

덥다고 이불을 안 덮고 자면 감기에 걸린다

여름 감기는 개도 안 걸린다는 속담이 있지만 방심은 금물. 오히려 더운 여름일수록 건강관리에 유의해야 한다. 더위로 체력이 떨어져 있는 상태에서 감기에 걸리면 여간해서 낫기도 힘들다.

아무리 더운 여름날이라 해도 아무것도 덮지 않은 채 자거나 에어컨, 선풍기를 틀어놓은 채로 자면 다음날 아침 몸이 찌뿌드해지면서 목이 아프고 설사가 나기도 한다.

특히 수면 중에는 몸의 반응도 둔해지므로 새벽녘에 갑자기 추워져서 몸이 차가워져도 그것을 깨닫기 어렵다. 몸이 차가워지면 자율신경의 조화가 깨져서 몸의 컨디션에 이상이 생기게 된다. 증세가 가벼울 때는 오전 중에 자연스럽게 낫지만 몸의 저항력이 떨어져 있을 때는 방심해서는 안 된다. 바이러스가 몸으로 들어오기 쉬워 진짜로 감기에 걸리게 되기 때문이다.

감기 후 잔기침에 생강엿물을 먹이세요

감기를 앓고 났는데 완전히 떨어지지는 않고 계속 잔기침을 하는 경우가 있습니다. 잔기침 나는 것 가지고 계속 병원을 다닐 수는 없지만 이것도 역시 성가시기는 마찬가지죠?

이럴 때 집에서 간단히 해결할 수 있는 방법이 없을까요? 바로 생강엿물이 있습니다. 우선 엿을 뜨거운 물에 넣고 녹이세요. 그리고 거기에 생강가루를 조금 넣습니다. 물론 생강의 매운맛이 있지만 엿을 녹였기 때문에 아이들도 먹기에 힘들지 않죠. 이것을 먹이면 감기 후의 잔기침들이 사라지게 됩니다.

기침이 잦을 때 무를 갈아 먹이세요

이른 봄 꽃샘바람이 불면 아이들이 감기에 잘 걸리죠? 이 무렵에 아이들에게 무를 많이 먹이면 좋습니다. 무는 점막의 병을 고치는 작용이 있기 때문에 진해 · 거담 작용이 있거든요. 그래서 기침이 자주 나오고 목이 그렁그렁할 때 무즙을 먹이면 좋습니다.

무즙을 낼 때는 껍질째 하시는 것 잊지 마세요. 무는 껍질에 비타민C가 훨씬 더 많기

건강에 좋은 이야기 하나 더!

임신 중에 기침을 할 때

임신 중에 기침을 하면 배가 당겨서 괴로움을 겪게 된다. 숨도 쉬기 어렵고, 배는 자꾸 불러오고 호흡기는 약해서 기침은 나고, 아기를 낳아야 기침이 떨어진다고 하는데 그때까지 참기 어려울 때 녹용 한 두 첩만 먹어 본다. 물론 녹용은 비싼 가격 때문에 쉽게 권하기는 어렵지만 의사의 처방에 따라 용단을 내 보자. 아니면 인삼에다 '합개'라는 약재를 넣어 복용하면 호흡기가 약하고 체력 소모가 일어나서 발병하는 기침에 효과가 있다고 한다.

때문입니다. 혹시 아이들이 잘 안 먹으면 꿀을 조금 섞어도 좋습니다.

만성적인 기침에 모과설탕절임을 해 주세요

모과는 예로부터 만성화된 기침에 효과가 있는 것으로 알려져 왔지요. 기침 · 감기뿐만 아니라 피로회복 효과도 뛰어나므로 평소에 체력이 약하고 조금만 피곤하면 감기에 걸려 천식발작을 일으키는 아이에게는 예방적 차원에서라도 꾸준히 먹이는 것이 좋습니다.

모과는 새콤하면서도 떨떠름한 맛이 나기 때문에 아이들이 먹기에는 무리가 따르므로 얇게 썰어 설탕에 재어 두었다가 한두 조각씩 먹이는 것이 좋습니다.

기침을 할 때 생각할 수 있는 병은?

● **유아폐렴** | 식욕부진, 고열, 기침, 설사, 구토, 경련 등의 증세를 보인다, 반드시 의사에게 보이고 가정에서는 안정을 지키며 소화가 잘되면서 영양가 있는 식사와 충분한 수면이 필요하다.

● **백일해** | 감기 비슷한 증세가 있은 다음에 경련을 일으키는 기침, 발작이 이어지며 차츰 횟수가 늘어난다. 격렬한 기침 때문에 얼굴이 부어오르기도 한다. 안정을 취하게 하고 전문의에게 치료를 받는다.

● **소아결핵** | 식은땀을 흘리면서 잔기침을 하면 투베르클린 검사를 받아 본다. 양성 반응이 나오면 곧 치료를 받도록 한다. 조치가 늦어지면 결핵성 수막염 등을 일으킬 수 있다.

마른기침에는 머위꽃대를 달여 주세요

이른 봄 잔설을 뚫고 싱싱한 연초록 새순을 내미는 머위는 비타민과 칼슘이 풍부하고 향기도 좋습니다. 새순과 잎, 뿌리, 꽃대 모두 약으로 쓰이는데 어린 꽃대는 기침을 내리게 하는 진해 작용을 합니다.

체력이 없는 어린이나 노인, 회복기의 환자들이 마른기침을 계속할 때 머위꽃대를 차로 끓여 마시게 하면 효과가 큽니다. 맛이 조금 씁쓸하나 아이들에겐 꿀을 타서 줘도 좋을 거예요.

그런데 머위의 어린 꽃대는 제때에 구하기가 어렵겠죠? 걱정 마세요. 이른 봄 제때 채취해 말린 것을 건재 약국에서 팔고 있으니 이것을 구입하면 됩니다.

은행이 천식을 가라앉힙니다

강장 · 강정의 묘약으로 알려진 은행은 기관지의 병에도 놀라운 효과가 있습니다. 동의보감에도 은행이 천식을 가라앉히고 기침을 멈추게 한다고 나와 있습니다. 기침이나 천식으로 아이가 괴로워할 때 껍질을 벗긴 은행을 구워서 조청에 조려서 먹이세요. 하지만 은행은 독 성분이 있어 한 번에 많이 먹으면 구토, 호흡 곤란 증세를 보일 수 있으므로 하루 다섯 알 이내가 적당합니다.

감잎차가 감기로 인한 기침을 내리게 합니다

감은 비타민C가 풍부해 건강에 좋은 과일인데요, 열매뿐만 아니라 잎도 먹으면 우리 건강에 무척 좋답니다. 감기로 기침이 날 때는 딸기나 감귤류같이 비타민C가 듬뿍 든 과실을 많이 먹는 것이 좋은데 감잎에는 비타민C가 놀랄 만큼 많이 들어 있습니다.

5월에 나는 어린잎에는 비타민C가 100g 중에 500mg이나 들어 있고 다 자란 잎에도 200mg이 들어 있는데 이것은 딸기나 사과보다 훨씬 많은 양입니다. 또 감잎 속의 비타민C는 비교적 열에 강한 편이어서 쉽게 파괴되지 않고 효율적으로 이용할 수 있는 것이 큰 장점입니다.

봄에 어리고 연한 감잎을 따다가 펄펄 끓는 물에 살짝 데치든지 수증기로 한 번 쪄낸 다음 바람이 잘 통하는 그늘에서 말리고 밀봉하여 보관하면 됩니다. 감잎차 2.5g에 끓인 물 4컵 정도를 붓고 우려내어 마시면 감기로 인한 기침에 좋습니다.

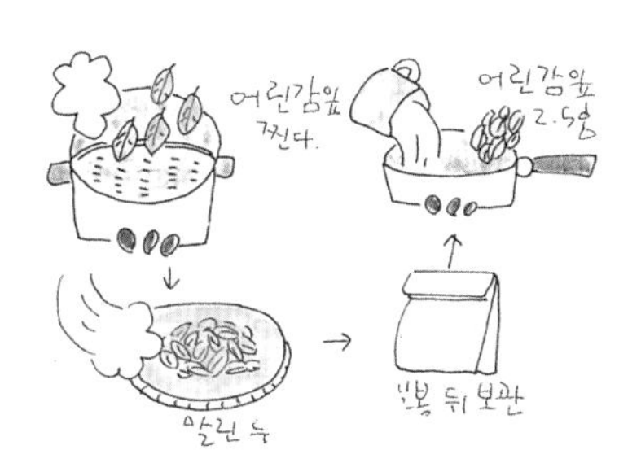

COOKING

모과설탕절임을 만들려면

재료 모과 2개, 누런 설탕 300g

1. 모과를 깨끗이 씻어 1cm 두께로 썬 다음 다시 부채꼴로 4등분해서 씨를 도려낸다.
2. 병에 모과를 담고 누런 설탕을 켜켜이 뿌려서 뚜껑을 꼭 닫아 보관한다.

아이들 몸에 좋은
동의보감 음식

3 CHAPTER

밤에 오줌을 싼다

COOKING

당근구이 만들기

재료 당근 1개

❶ 당근은 깨끗이 씻어 껍질을 벗기고 물에 헹군다.
❷ 깨끗이 씻은 당근을 1㎝ 두께로 동그랗게 썬다.
❸ 석쇠에 당근을 서서히 구워 갈색이 나도록 한다.

밤에 오줌을 지리면 당근을 구워 먹이세요

야뇨증인 어린이는 대부분 엉덩이가 차고 몸이 냉한 편이며 복직근이 당겨져 있는 경우가 많습니다. 복직근이란 바지의 멜빵처럼 배꼽 양쪽에 있는 세로줄의 근육인데 이 근육이 당겨져 있으므로 복부까지 냉한 증세가 나타나 오줌을 자주 싸게 됩니다. 이런 어린이들에게 당근을 꾸준히 먹이면 복부가 따뜻해지고 몸 전체가 훈훈하게 되어 복직근이 이완되며, 밤에 오줌을 지리는 증세도 개선됩니다.

신선하고 짙은 적갈색이 나는 당근을 가지고 1㎝ 두께로 썰어 석쇠에 갈색이 나도록 구운 다음 뜨거울 때 먹이도록 하세요. 당근생즙은 어떠냐고요? 당근생즙은 오히려 몸이 냉해질 수 있으니 주의해야 합니다.

은행이 소변을 억제시켜 줍니다

은행은 소변이 나오는 것을 억제하는 작용이 있어 예부터 야뇨증 어린이의 치료에 쓰여 왔습니다. 은행을 프라이팬에 파릇하게 볶아 속껍질을 비벼 벗긴 뒤 뜨거울 때 5~7알씩 씹어 먹게 하세요. 잠들기 30분 이전에 먹여야 효과가 나타납니다.

그 밖에 껍질을 벗긴 은행을 참기름에 담가서 밀봉한 뒤 서늘한 곳에서 1~2개월 묵힌 다음 은행만 10알씩 건져 프라이팬에 볶아 먹는 방법도 있고, 은행을 가루 내어 꿀과 물

한의사 신재용 선생의 진료실

아이가 오줌을 가리는 시기는 습관 들이기에 따라 조금씩 차이는 있으나 대개는 두세 살경부터 시작되지요. 하지만 네 살이 지나서도 밤에 잠자리에다 빈번할 정도로 무의식적인 배뇨를 할 때는 야뇨증이 있는 것으로 볼 수 있습니다.

심한 경우 초등학교에 입학해서도 일주일에 서너 차례 이상씩 밤에 무의식적인 실뇨를 하는 어린이도 있는데, 이것은 뇌의 배뇨 중추가 충분한 억제 작용을 못하기 때문입니다. 생활환경이 갑자기 바뀌었거나 정신적으로 크게 충격을 받았을 때 나타날 수도 있고 특별한 이유 없이 습관적으로 계속되는 수도 있습니다. 오줌을 싼다고 심하게 꾸짖으면 오히려 될 수 있으니 원인을 찾아내서 아이를 도와주고, 잠자리에 들기 전에 소변을 보게 하는 등 배뇨 훈련을 시키세요.

을 붓고 조청처럼 고아 한 번에 1찻술씩 하루 두 차례 따뜻한 물에 타서 복용하는 방법도 있습니다.

야뇨증이 심하면 말린 감꼭지를 끓여 먹이세요

은행 다음으로 잘 알려진 야뇨증 치료제가 바로 감꼭지입니다. 감을 먹고 나서 꼭지를 버리지 말고 실에 꿰어 매달아 말려 두면 되는데요, 말린 감꼭지를 4~5개씩 물 300㎖으로 끓여서 물이 반으로 줄면 하루에 3회에 걸쳐 나누어 마시게 하세요.

감꼭지는 딸꾹질이나 설사에도 효과가 아주 좋기 때문에 가장 상비약으로 준비해 둘 만합니다. 미처 준비해 두지 못했다면 건재 약국에서 구입하도록 하세요.

COOKING

감꼭지 달인물 만들기

재료 감꼭지 4~5개, 물 300㎖

❶ 김꼭지는 실에 꿰어 말려 둔다.
❷ 말린 감꼭지를 깨끗이 씻어 물 300㎖에 넣어 끓인다.
❸ 물이 반으로 졸면 하루 3회로 나누어 마시게 한다.

건강에 좋은 이야기 하나 더!

배뇨 훈련은 느긋한 마음으로 한다

배뇨 훈련은 발육의 중요한 과정으로 엄마와 아이 양쪽 모두에게 부담스럽다. 그렇다고 엄마가 초조하게 대응하면 오히려 반발심을 갖게 되거나 긴장해서 더 잘 안 되는 수가 있으므로 느긋한 자세로 배뇨 훈련을 시키는 것이 바람직하다. 소변을 못 보거나 미처 옷을 벗기 전에 소변을 보더라도 화를 내서는 안 된다. 대개 낮 동안의 소변 조절 능력은 3~4세면 터득하게 되지만 개인차가 있다. 중요한 것은 엄마가 인내심을 가지고 아이의 상태를 잘 살펴 아이가 부담없이 소변을 볼 수 있도록 하는 분위기를 마련하는 것이다. 밤 동안의 소변 조절은 더 오래 걸린다. 왜냐하면 아이가 밤 동안에 만들어지는 소변의 양을 저장할 만큼 방광이 커져야 하기 때문이다.

밤에 울고 짜증이 심하다

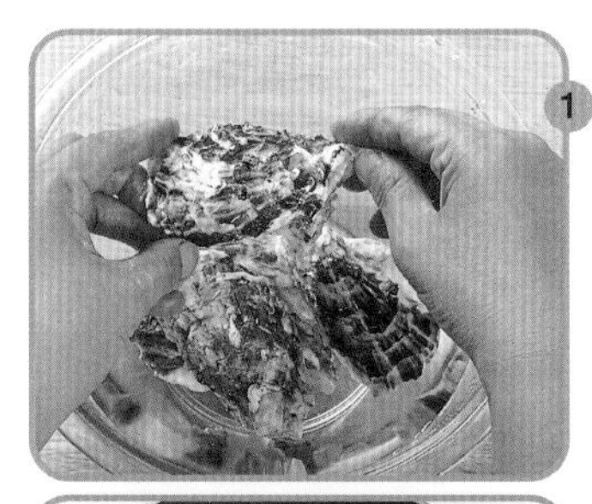
1

2

3

배가 아파 울 때 까치콩을 먹이세요

밤울음 중 한증에 의한 것일 때는 까치콩이 효과가 있습니다. 까치콩은 건재약국에서 변두콩 또는 백편두라는 이름으로 구입할 수 있는데 이것을 볶아 가루 낸 뒤 한 번에 4g씩 진하게 끓인 대추차로 하루 서너 차례 복용시켜 보세요. 까치콩과 대추는 신경을 안정시키는 효과가 있어 함께 복용하면 더욱 효과가 좋습니다. 까치콩은 영양 가치도 대단하니 꼭 밤울음 때문이 아니어도 아기에게 먹이도록 하세요.

COOKING

굴껍질 달인 물 만들기

재료 굴껍질 12g, 물 300㎖

❶ 굴껍질은 흙과 지저분한 것을 떼 내고 물에 씻는다.
❷ 프라이팬에 굴껍질을 놓고 앞뒤로 뒤집어 가며 굽는다.
❸ 구운 굴껍질을 물 300㎖을 붓고 물이 반으로 줄 때까지 끓인다.

열증 때문에 우는 아기들에게는 등심(골풀) 달인 물을 먹이세요

골풀의 속살을 약명으로 등심이라고 하는데요, 이것이 신경을 안정시켜 주고 열을 떨

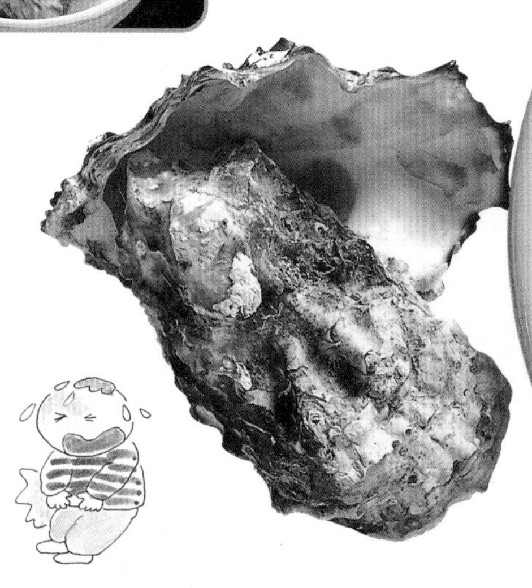

한의사 신재용 선생의 진료실

유난히 한밤중에 깨서 보채고 우는 아기들이 있지요? 하루 이틀도 아니고 매일 계속되면 부모로서는 여간 고달픈 게 아니죠. 아기들은 불안정하거나 불안할 때 짜증을 잘 내고 신경질적이 되고 맙니다. 이런 아이가 밤에 잘 울고 보채기 마련입니다. 동의보감에서는 밤울음의 원인을 네 가지로 보고 있는데 그 중 대표적인 것이 한증과 열증입니다. 한증은 배가 아파서 우는 것이고, 얼굴이 푸르고 창백하며 손발과 배가 차다는 것이 특징입니다. 열증은 속이 답답해서 우는 것으로, 얼굴이 벌겋고 입안에 열이 있으며 배가 뜨겁고 땀을 많이 흘립니다. 아기가 밤중에 갑자기 깨서 보채고 울 때는 잘 살펴서 원인에 따라 대처하도록 하고 민간약을 함께 써서 장기적으로 개선을 시키도록 하세요.

어뜨리기도 합니다. 얼굴이 벌겋게 상기되며 가슴이 답답해서 밤마다 계속 울 때 등심 달인 물을 먹여 보세요. 금방 효과를 볼 수 있을 겁니다. 골풀 속살 12g을 물 300㎖로 끓여 물이 반으로 줄면 그 물을 냉장고에 보관해 두고 하루 여러 차례 나누어 조금씩 먹이세요.

보채면서 울 때 굴껍질을 달여 먹이세요

굴껍질에는 탄산칼슘과 인산칼슘, 유산칼슘, 케라틴 등 뼈를 구성하는 각종 성분이 풍부하며 진정 작용과 해열 작용이 뛰어납니다. 그래서 아기가 불안해하거나 밤에 보채면서 짜증을 낼 때 효과가 있습니다. 항상 미열이 있거나 몸이 약해서 유달리 땀을 많이 흘릴 때도 좋구요.

굴껍질은 건재약국에서 모려라는 이름으로 팔기도 합니다. 진정・해열을 목적으로 하면 생껍질 그대로 쓰고 땀이 유난히 많을 때는 프라이팬에서 볶은 뒤 끓이도록 하세요.

신경질적으로 울 때 두유가 좋아요

콩은 단백질과 지방이 풍부한 영양식품이에요. 세포 활동을 지배하는 레시틴이 들어 있죠. 특히 레시틴은 뇌에 30%나 들어 있어 신경질적이고 짜증을 잘 내는 아이의 안정을 위해 필요한 식품입니다.

콩을 이용해 콩의 유효성분을 모두 소화되기 쉬운 모양으로 만든 것이 두유입니다. 이 두유를 미지근하게 데워 잠자기 전에 마시게 하면 잠을 쉽게 잘 수 있습니다.

건강에 좋은 이야기 하나 더!

밤중 울음은 수면 습관을 바로잡아 고친다

잠이 들고 나면 아무리 큰소리를 내도 아침까지 그대로 자는 아기가 있는가 하면 한밤중에 몇 번이고 깨서 우는 아기가 있다. 갓난아기 때는 잘 잤는데 생후 7개월이 지나면서부터 밤중 울음이 시작되는 경우도 있다.

이렇게 밤에 우는 아기들은 이유가 전혀 없는 것은 아니다. 대표적인 것이 배가 고파서 우는 것인데, 자기 전에 우유를 적게 먹으면 밤중에 배가 고파서 잠이 깬다. 이런 경우 정말 배가 고파서라기보다 습관이 되어 잠이 깨는 경우가 많다. 밤중 수유는 되도록 그만두는 것이 좋겠지만 젖을 먹여 다시 잠이 들고 만족해한다면 먹여도 상관없다. 하지만 이런 습관이 오래 간다면 방법을 강구해 보는 것이 바람직하다.

밤에 잠자리에 들 무렵 늦게 목욕을 시키고 우유를 충분히 먹이거나 배가 든든해지도록 이유식을 먹여 보자. 또는 밤에 잠이 깨면 보리차를 먹여서 도로 재우는 것도 좋은 방법이다.

QA 아이가 한밤중에 울 때 어떻게 하죠?

한밤중에 울고 짜증을 내는 원인에는 여러 가지가 있다. 덥다, 춥다, 목이 마르다, 가렵다, 또는 무엇인가에 찔리거나 짓눌려서 우는 경우도 있다. 그러나 보통 때는 울지 않던 아기가 한밤중에 갑자기 울기 시작하면 열은 없는지, 안색은 좋은지, 몸에 다른 이상은 없는지 잘 살펴보아야 한다. 아기가 울 때 우선 모유나 우유를 주어 본다. 또 열은 없는지 체온을 재어보고, 안색을 살펴 이상이 없으면 옷을 벗기고 구석구석 살펴본다. 이상이 없는데도 계속 울면 관장을 해본다.

그러나 안색이 나쁘고 토하려고 하거나 관장을 했더니 혈변과 점액이 나오면서 열이 있을 때는 전문의의 진찰을 받아야 한다.

3 아이들 몸에 좋은 동의보감 음식 CHAPTER

경기를 한다

COOKING

미나리생즙 만들기

재료 미나리 100g, 꿀 1큰술

1. 미나리는 뿌리를 잘라 버리고 잎과 줄기만 흐르는 물에 깨끗이 씻는다.
2. 손질한 미나리는 적당한 크기로 뚝뚝 잘라 믹서에 간 뒤 체에 걸러 즙만 받는다.
3. 미나리즙에 꿀 1큰술을 타서 마신다.

신경질적인 아이의 경기에 미나리 생즙을 먹이세요

열이 심하면 경기가 나기 쉽지만 체질적인 요인도 무시할 수 없죠. 대체적으로 신경질적인 아이에게 그 증세가 늦게까지 나타나는데 이런 아이에게는 미나리 생즙을 먹이면 좋습니다. 깜짝깜짝 놀라길 잘하고 늘 배가 아프다고 호소하는 어린이라면 미나리 생즙을 먹여 보세요. 또 얼굴색이 변하면서 열이 나고 까무러칠 때 응급으로 쓸 수 있는 것도 바로 이 미나리 생즙입니다.

미나리 100g를 믹서에 갈아 생즙을 낸 뒤 꿀을 타서 찻숟갈로 조금씩 입가에 흘려 넣어 주도록 하세요. 이때 우황포룡환을 함께 먹이면 더욱 좋습니다.

고열에 경련이 날 때 조구등이 좋아요

구등나무의 덩굴가지인 조구등은 진정 작용이 뛰어나 간질 발작을 일으킨 모르모트를

한의사 신재용 선생의 진료실

한방에서는 온몸의 경련 발작을 경풍이라고 하는데, 높은 열이 날 때나 설사, 구토 등이 증세가 있을 때 경풍을 동반할 수 있습니다. 대개 1세에서 3세 어린이에게 많이 나타나며 10세 미만의 신경질적인 어린이에게 잘 일어납니다.

갑자기 눈을 흡뜨고 온몸을 떠는 것이 경풍의 주된 증세인데요, 이빨을 악물거나 입을 벌리고 혀를 밖으로 내밀기도 하지요. 또 몸이 뒤로 젖혀지거나 온몸을 웅크리고 어깨를 들먹이거나 팔다리나 손가락을 오그렸다 폈다 하는 증후가 보이면 매우 위험합니다.

경기는 경풍 중에서도 정도가 약한 것으로 손발에 경련이 일면서 몸이 뒤로 젖혀지고, 눈을 흘려보지만 이빨은 악물지 않는 것이 주된 특징입니다. 대개의 어린이 경기는 여기에 속하므로 몇 분 지나면 깨어나기 마련입니다. 그렇지만 10분 이상 이런 증세가 계속되면 진찰을 받아야 합니다.

진정시킨 연구 결과까지 있습니다. 따라서 열성 경기에 조구등을 쓰면 좋겠죠. 조구등은 건재약국에 가면 살 수 있는데 덩굴가지가 많은 것보다 낚싯바늘 같은 가시가 많은 것을 구입하도록 하세요. 이것을 깨끗이 물에 씻어 가벼운 경련에는 6g, 중한 경련에는 12g를 물 100㎖로 20분간 끓인 뒤 조금씩 수시로 입을 축여 주듯 먹이세요. 오래 끓이면 약효가 떨어지니 주의해야 합니다.

만경풍에 칡뿌리가 좋아요

설사나 구토 후, 또는 중병을 앓고 난 뒤에 많이 나타나는 경기가 만경풍인데요, 주로 몸이 차졌다 열이 났다 하며 입과 눈이 뒤틀리고 손발이 떨리는 증세가 나타납니다. 이런 만경풍에는 칡뿌리 8g를 물 200㎖로 끓여서 그 물이 반으로 줄면 수시로 조금씩 먹이도록 하세요.

COOKING

칡차 만들기

재료 칡가루 1큰술, 물 1컵, 꿀 · 대추채 조금씩

1. 칡을 깨끗이 씻어 물기를 닦고 적당한 크기로 자른다.
2. 자른 칡을 손으로 결을 따라 찢어 분마기에 넣고 대충 찧은 다음 소쿠리에 담아 물에 헹군다.
3. 손질한 칡을 채반에 겹치지 않게 펴서 서늘한 곳에서 말린다.
4. 칡이 마르면 분마기에 다시 갈아 고운 가루를 낸 다음 차통이나 필폐용기에 담아 서늘한 곳에 보관한다.
5. 끓는 물 1컵에 칡가루 1큰술을 넣고 꿀이나 대추채를 넣어 마신다.

아기가 경련을 일으킬 때는 어떻게 하죠?

경련은 아기 때에 자주 일어나는 증세이다. 특히 고열이 날 때 경련을 일으키게 되는데 이렇게 열이 나서 일어나는 경련을 '열성경련'이라고 한다. 또 신경질적인 아이일수록 경련을 잘 일으킨다.

경련의 증세는 갑자기 눈의 흰자위를 들어내면서 온몸을 떠는 것이다. 그러나 대부분 몇 분 이내에 진정이 되므로 침착해야 한다.

놀라서 소리를 지른다거나 아이의 몸을 흔들지 말고 아이의 안정이 우선이므로 주위의 물건들을 치우고 옷을 느슨하게 풀어 준다. 그리고 숨쉬기 편하도록 자리에 눕힌다. 입 안에는 아무것도 넣지 않도록 한다.

3 CHAPTER

아이들 몸에 좋은 동의보감 음식

밥 안 먹고 투정 부린다

COOKING

차조기 잎 달인 물 만들기

재료 차조기 잎 12g, 물 300㎖

❶ 차조기 잎을 흐르는 물에 깨끗이 씻는다.
❷ 채반에 널어 그늘에서 말린다.
❸ 말린 차조기 잎 12g에 물 300㎖를 붓고 물이 반으로 줄 때까지 끓인다.

신경성 식욕 부진에 차조기 잎을 달여 먹이세요

밥 먹는 시간이 30분이고 한 시간이고 좋은 어린이가 있지요. 한 숟가락 뜨고 무작정 입에 물고 있는 아이들, 쳐다보기만 해도 정말 속이 끓어오르실 겁니다. 이 같은 신경성 식욕부진에는 차조기 잎이 좋습니다. 차조기는 신경 안정제 역할을 하기 때문에 투정부리고 짜증 부리는 것마저 내리게 합니다.

차조기 잎을 흐르는 물에 깨끗이 씻어 말려 두었다가 1일 12g씩 300㎖의 물로 끓여 여러 차례에 걸쳐 나누어 마시게 하세요.

위장이 나빠 식욕이 없을 때 산사나무열매를 써 보세요

산사나무의 꽃이 지고 나면 붉고 둥근 열매가 열리는데 이것을 아가위라고도 하지요. 건재약국에서는 산사자라는 약명으로 구할 수 있는데요, 건위 · 정장 작용이 매우 뛰어난 것으로 알려져 있습니다.

위장이 늘 안 좋고 오랜 체기가 있어 식욕이 떨어져 있는 경우 이 산사자가 좋습니다. 산사나무 열매를 깨끗이 씻어 말려 보관해 두고 1일 8g씩 물300㎖로 끓여 마시게 하세

한의사 신재용 선생의 진료실

밥상 앞에만 앉으면 배가 아프다고 하며 밥을 안 먹고 투정 부리는 어린이들이 많지요? 한 끼 안 먹는다고 금방 어떻게 되는 것은 아니지만 식사 때마다 이렇게 아이들과 승강이하자니 여간 피곤한 게 아닙니다. 밥을 잘 안 먹는 것은 대개 신경질적인 어린 아이들에게 많이 볼 수 있는데요, 심한 경우에는 음식 냄새도 싫어하며 음식을 보기만 해도 메스꺼워하기도 합니다. 이런 어린이는 감정의 변화에 따라 식욕이 변하며 트림을 하거나 배가 아프다고 하기도 하지요. 그 밖에도 어린이들이 식욕이 없는 것은 기름진 것, 단것 등을 많이 먹어서 밥맛이 없어졌기 때문인 경우도 많습니다. 또는 병을 앓고 난 뒤 식욕이 떨어지는 경우도 있습니다. 어떤 이유로든 아이가 먹기 싫어할 때는 조리법을 다양하게 변화시켜서 즐겁게 먹을 수 있도록 해주는 것이 좋겠죠.

요. 맛이 약간 새콤하니 기호에 따라 물에 희석해서 먹여도 됩니다.

단것을 즐겨 입맛을 잃었을 때 치자열매가 좋아요

기름지고 단것을 즐긴 나머지 식욕이 떨어진 경우에는 치자열매가 좋습니다. 치자열매는 신경 안정제 역할도 하기 때문에 신경성 식욕부진에도 좋지요. 치자열매 한 개를 으깨어 커피잔에 넣고 뜨거운 물을 부은 다음 10분 정도 우려내세요. 물이 노랗게 우러나면 윗물만 받아 조금씩 입을 축이듯 자주 먹이도록 하세요. 하루 두 번 정도면 충분합니다.

허약해서 입맛 없을 때 계내금을 볶아 복용시키세요

병을 앓고 난 후 기운이 쇠약해서 식욕이 떨어지는 수가 있습니다. 이럴 때는 계내금이란 처방을 쓰는데요, 닭 안쪽 황금색이라는 뜻의 계내금은 닭 모이주머니 안쪽의 노란 막을 말하는 것입니다. 계내금이 소화 흡수되면 위벽의 신경근을 흥분시켜서 위액의 분비량을 늘리고 소화력을 증대시킵니다.

계내금을 깨끗이 씻어 말린 후 프라이팬에서 볶아 용기에 보관해 두고 1회 3~4g씩, 1일 3회 온수로 복용하세요. 끓이는 것보다 가루로 복용하는 것이 더 효과가 있습니다.

COOKING

치자팥죽 만들기

재료 팥 40g, 현미 80g, 치자 열매 5g, 물 10컵, 소금 조금

1. 팥, 율무, 현미는 각각 깨끗이 씻은 다음 하룻밤 정도 물에 불린다.
2. 잘 불린 팥과 율무, 현미를 냄비에 안치고 깨끗이 씻은 치자 열매를 넣고 물 10컵을 붓고 센 불에서 팔팔 끓이다가 불을 약하게 줄인 후 1시간 정도 서서히 끓인다.
3. 팥, 율무, 현미가 충분히 끓어 무르게 잘 퍼지면 소금으로 간을 하고 휘저은 다음 불에서 내린다.

3 CHAPTER

아이들 몸에 좋은
동의보감 음식

두드러기가 난다

증세가 약할 때는 소금물 소독을 하세요

소금은 음식에 없어서는 안 될 양념이고 약용으로도 그 효능을 간과할 수 없습니다. 특히 전혀 가공하지 천일염은 옛날부터 가장 기본적인 방부제, 소독제로 쓰여 왔습니다. 갑작스럽게 두드러기가 솟았는데 달리 처치해야 할 방법이 없거나 약재가 없을 때 소금으로 응급처치를 해보세요. 소금을 물에 넣고 끓여 식힌 다음 이 물을 가제에 적셔 두드러기가 난 부위에 찜질해 주면 증세가 개선됩니다.

오래된 두드러기엔 벚나무껍질을 달여 드세요

유난히 식중독에 잘 걸리는 아이들이 있습니다. 이런 아이들은 대개 알레르기 체질이 많은데, 얼마나 불편한지 안 당해 본 사람은 모를 거예요. 복숭아를 먹는 것은 물론이고 만져도 안 되지요. 어떤 사람들은 사과에도 알레르기 반응을 보여 두드러기가 난다고 하니 얼마나 괴롭겠습니까? 우리가 가장 흔히 접하는 과일이 사과인데 말이에요.

이렇게 고질적인 알레르기성 체질로 두드러기가 잘 나는 아이들에게는 벚나무 껍질을 달여 주세요. 한방에서는 '화피' 라고도 하는데 이것이 만성 두드러기에 효과가 있습니다. 벚나무 속껍질 15g에 물 300㎖을 붓고 물의 양이 절반으로 될 때까지 달여서 2~3회에 나누어 마시게 하면 됩니다.

삼백초차가 두드러기 체질을 개선시켜 줍니다

두드러기는 유전일 경우가 많습니다. 물리적 자극은 똑같이 받았는데도 유난히 어떤 아기들만 금방 두드러기가 솟지요? 다 체질 때문입니다. 이렇게 체질적으로 두드러기가 잘 나는 아기는 잠시 증세만 낫게 하는 것뿐만 아니라 근본적인 개선이 필요한데요, 이를 위한 대표적인 방법이 삼백초 달인 물을 꾸준히 마시게 하는 것입니다.

두드러기가 잘 나는 알레르기성 체질은 대부분 내장의 이상으로 생긴다. 따라서 담즙의 분비를 돕는 삼백초를 1년 이상 꾸준히 달여 마시게 하면 체질을 바꿀 수 있습니다. 말린 삼백초 10g를 하루의 양으로 잡고 여기에 물 3컵을 부어 양이 반으로 줄 때까지 달인 다음 세 번에 나누어 마시게 하세요.

급성 두드러기에 탱자 달인 물이 좋습니다

대부분의 두드러기는 음식으로 인한 알레르기성일 경우가 많은데 몇 시간만 지나면 저절로 없어지기도 합니다. 하지만 방치하고

건강에 좋은 이야기 하나 더!

식초의 신비

해독작용이 크다
식초는 어육이나 체독의 해독제로 쓰일 뿐 아니라 방사능에 오염된 야채도 식초로 씻으면 안전하다고 할 정도다.

스트레스를 완화시킨다
스트레스가 쌓이면 피로물질이 많아지게 되고 칼슘 부족증이 갱기기도 한다. 이럴 때 현미식초나 감식초를 물에 타서 마시면 스트레스가 풀리고 정신이 맑아진다.

탁한 혈액을 제거한다
혈액을 깨끗이 해 주어 동맥경화도 예방해 주고 혈압도 떨어뜨린다. 산성화 체질을 막아주는 데도 효과가 있다.

지혈 작용을 한다.
코피가 잘 나고 대변 속에 출혈이 생기는 등 각종 출혈성 질환에 식초가 좋다.

한의사 신재용 선생의 진료실

아이들 키우다 보면 갑자기 피부가 벌겋게 부풀어 오르면서 가려워하는 경우를 많이 보게 되지요? 대개는 어떤 음식물, 예를 들면 돼지고기나 달걀, 고등어, 복숭아 같은 것을 잘못 먹어서 생기며, 꽃가루나 동물의 털에 접촉했을 때, 또는 곤충에 쏘였을 때도 두드러기가 나는 수가 있습니다. 연약한 아이들 피부에는 어른들보다 두드러기가 훨씬 더 잘 나는데, 이것은 대개 면역 글로불린E에 관계된다고 합니다. 그 외에도 여성들의 경우 꽉 조이는 브래지어나 스타킹의 밴드 같은 것 때문에 두드러기가 생기기도 합니다.

두드러기는 햇빛이나 열과 같은 물리적 자극에 의해 심화될 수가 있으니 쾌적한 온도를 유지하면서 적절한 처치를 하는 것이 좋겠죠.

놔두면 경우에 따라서 오래 가는 수도 있으니 간단한 동의요법으로 처치해 주는 것이 좋습니다. 그 대표적인 것이 탱자입니다. 탱자는 옛날에는 집의 울타리로도 많이 심었던 탱자나무의 열매로 한방에서는 '지실' 이라 부릅니다. 요즘에는 탱자나무 보기도 힘들어졌으니 열매를 구하기도 쉽지 않지요.

건재약국에서 파는 말린 탱자와 민들레를 물에 달여서 마시게 하거나 두드러기가 난 부위에 바르면 효과가 나타날 겁니다.

COOKING

탱자 물 만들기

재료 탱자 8g, 민들레뿌리 4g, 물 6컵

❶ 건재약국에서 말린 탱자와 민들레를 구입하여 물에 깨끗이 씻어서 준비한다.

❷ 탱자와 민들레를 약탕관에 담고 물을 부어 반으로 줄 때까지 끓인다.

* 탱자와 민들레 우려낸 물을 마셔도 되고 가제에 적셔 두드러기가 난 부위에 발라 줘도 좋다.

1

2

아이들 몸에 좋은 동의보감 음식

3 CHAPTER 습진이 생겼다

건강에 좋은 이야기 하나 더!

오이의 또 다른 효능

오이를 많이 먹게 되면 칼륨의 작용으로 체내의 염분과 함께 노폐물이 배설되므로 몸이 맑아지며, 풍부한 엽록소와 비타민 C는 피부 미용에 뚜렷한 효과를 발휘한다.

또 몸을 차게 하는 작용이 있어 더위를 먹었을 때나 갈증 해소에도 효과적이며 한방에서는 이뇨 작용이 있다 해서 몸이 부은 증세에 사용하고 있다.

면역력 강화를 위해 마늘 목욕을 시켜 보세요

습진 부위가 넓을 때는 마늘 목욕이 좋지요. 마늘의 유효 성분인 알리신이 면역력을 강화시켜 습진을 이겨낼 수 있습니다.

큰 냄비에 물을 붓고 그 위에 접시를 거꾸로 뒤집어 넣은 다음 접시 위에 생마늘 두세 쪽을 올려놓고 5분 정도 찌세요. 이것을 두꺼운 광목 주머니에 넣고 잘 묶어서 욕조 속에 넣고 목욕을 하면 면역력이 강화되어 웬만한 피부 자극에도 끄떡없게 됩니다.

참깨가 피부의 건조를 막아 줍니다

참깨에는 리놀레산과 비타민E가 많아 피부의 건조를 막아 주며 습진에 대한 저항력을 키워 줍니다. 참깨와 현미 각 30g를 깨끗이 씻어 물에 불린 다음 냄비에 넣고 3컵의 물을 부어 물이 반으로 줄 때까지 끓이세요. 이것을 하루의 양으로 잡아 수시로 마시면 피부에 윤기가 흐르며 습진이 사라집니다. 맛이 고소해서 어린이도 잘 먹을 수 있을 거예요.

잘 낫지 않는 습진에는 황백을 발라 주세요

황벽나무의 노란색 속껍질을 건재약국에서는 '황백'이라고 부르는데, 이것이 좀처럼 낫지 않는 어린이 습진에 잘 듣습니다.

습진 부위에 따라 1회에 쓸 양을 3등분해서 3분의 1은 검게 태우고 3분의 1은 갈색이 되도록 볶고 3분의 1은 생것 그대로 하여 함께 잘 섞은 다음 동백기름으로 되직하게 개어서 하루 두 번씩 발라주세요. 동백기름이 훨씬 좋지만 구하기 어려울 땐 참기름으로 대신해도 좋습니다.

어린이 습진을 예방하는 방법을 알려 주세요

최근 환경오염이나 가공 식품의 다량 섭취 등으로 어린이 습진 환자가 더욱 급증하고 있다. 그런 만큼 이를 예방하는 방법은 최대한 오염물질을 줄이고 자연 식품을 섭취하는 등 생활 자체를 깨끗하고 단순하게 하는 것이 최선이다.

우선, 오염된 집안 공기를 정화하는 것이 중요하다. 숯이나 공기청정기, 공기정화식물 등으로 집안 공기를 정화하는 한편, 환기를 자주 시켜준다. 이 외에 진드기 등도 어린이 습진의 중요한 원인이 되므로 먼지가 많이 나는 카펫 등은 사용하지 않는 것이 좋고 침구는 면으로 된 것을 사용하되 자주 세탁하여 청결을 유지한다. 햇볕이 좋은 날 말려 일광소독을 자주 하는 것이 좋다. 아이들이 있는 집에서 담배를 피는 것은 금물이다. 먹는 음식도 인스턴트나 패스트푸드 등은 삼가고 김치나 된장, 청국장 같은 우리나라 전통 발효식품, 잡곡류, 녹황색 야채 등을 충분히 섭취하게 해 면역력을 증강시키는 것이 어린이 습진을 예방할 수 있는 한 방법이다.

한의사 신재용 선생의 진료실

5세 이하의 어린이에게서 볼 수 있는 습진을 어린이 습진이라고 하는데 대개 아토피성 피부염 증세로 나타나지요. 어린이 습진은 그 형태가 다양할 뿐 아니라 지방질이 많이 분비되는 머리, 얼굴을 비롯해 귀 뒤, 팔꿈치, 오금, 허벅지 등 어떠한 부위에든 반복해서 발생하며 가려움증이 대단히 심하다는 것이 특징입니다. 하지만 대개 10살 정도 되면 자연적으로 없어지는 수가 많으니 그렇게 걱정하지 않으셔도 됩니다. 어린이 습진은 어머니의 보살핌에 따라 증세가 덜하기도 하므로 세심하게 관리해 주는 것이 좋죠. 되도록 비누 사용을 금하고 알레르기를 유발할 수 있는 음식, 예를 들어 복숭아라든가, 생선, 달걀, 우유 같은 음식을 피하며 개나 고양이와 같은 애완동물을 가까이 하지 않도록 하는 등 생활상의 주의가 필요합니다. 그와 함께 습진에 효과 좋은 동의음식으로 장기적인 체질 개선 효과를 기대하는 것이 바람직합니다.

건강에 좋은 이야기 하나 더!

습진이 있는 아기 돌보는 생활상의 주의점

목욕을 자주 시키면 피부가 더욱 건조해지므로 주의한다. 특히 뜨거운 물은 피부를 자극하는 결과를 낳으므로 미지근한 물에 목욕을 시키는 것이 좋다. 목욕 후에는 오일을 발라 주어 피부가 건조해지지 않도록 한다. 합성섬유나 모직 옷은 피부에 직접 닿지 않게 하고 되도록 면제품의 옷을 입힌다. 몸에 너무 끼는 옷도 좋지 않다. 개나 고양이, 새 같은 동물의 털이 습진을 유발할 수 있으므로 털이 날리는 동물을 키우지 않도록 하고 만지지도 말게 한다. 커튼이나 카펫에 먼지가 있으면 증세가 나빠질 수 있다. 되도록 청소를 깨끗이 하고 카펫은 깔지 않는 편이 좋다. 실내 온도는 더운 것보다 약간 더운 상태를 유지하고 습도는 55% 이하가 되지 않도록 조절한다.

습진으로 열감 있을 때 오이가 좋아요

오이는 해열·소염 작용이 강해 습진으로 피부가 달아오를 때 좋은 효과를 발휘합니다. 신진대사를 돕는 둥글레도 피부에 좋은 작용을 하므로 오이를 어슷하게 썰어 둥글레와 함께 넣고 무쳐 먹으면 더욱 좋습니다. 무침을 할 때는 둥글레의 새싹이 좋은데요, 구하기가 어려우면 건재약국에서 '위유'라는 약명으로 파는 뿌리를 구해서 쓸 수도 있습니다.

COOKING

오이둥글레무침 만들기

재료 오이 2개, 둥글레 뿌리 50g, 다진 파·마늘 1/2큰술씩, 식초 2큰술, 고추장 1큰술, 깨소금 조금

❶ 오이는 굵은소금으로 비벼 씻어 물에 깨끗이 헹군 뒤 반 갈라 얇게 어슷 썬다.
❷ 둥글레 뿌리는 껍질을 벗기고 물에 헹군 뒤 잘게 찢어 준비한다.
❸ 오이와 둥글레를 그릇에 담고 분량의 양념을 넣어 간이 골고루 배도록 조물조물 무친다.

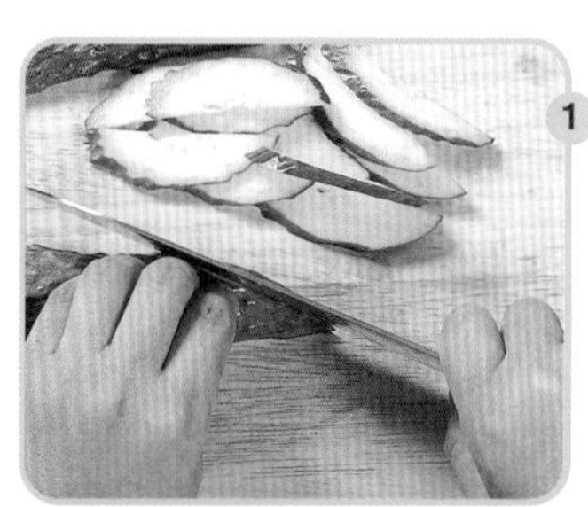
1

2

3

3 CHAPTER

아이들 몸에 좋은 동의보감 음식

편도선이 부었다

구운 새우젓가루가 편도선염을 낫게 해 줍니다

편도선염이 있으면 목에 염증이 생겨서 아픈데 이럴 때 구운 새우젓가루가 효과를 냅니다. 새우젓을 씻지 말고 꼭 짜서 프라이팬에 태운 다음 가루 내어 편도선 부위에 대고 스트로우로 불어 줍니다. 그러면 새우젓가루가 날아가서 편도선염으로 붓고 아픈 부위에 떨어집니다. 이것을 몇 번만 거듭하면 물도 마시지 못하고 목소리도 잘 내지 못 하던 게 아주 신기하게 치료됩니다.

사물탕에 도라지를 넣으세요

동의보감에서는 몸이 허해서 생긴 편도선염일 때는 사물탕으로 일단 허한 것을 보충해 주고 그 다음에 도라지를 많이 넣어서 복용하라고 했습니다. 도라지를 한방에서는 길경이라고 부르데 이 길경이 편도선염을 내리게 하는 데 상당히 도움이 됩니다. 목이 많이

COOKING

구운 새우젓가루 만들기

재료 새우젓 한 움큼, 스트로우 1개

❶ 새우젓 한 움큼을 집어 물기를 꼭 짠다.
❷ 프라이팬에 물기 짠 새우젓을 잘 저으면서 굽는다.
❸ 갈색이 날 정도로 구워지면 분마기에 넣고 곱게 빻는다.

한의사 신재용 선생의 진료실

목이 아픈 것은 우리 몸이 스트레스를 받거나 내분비 계통이 약해서 몸에 '화'를 일으키기 때문이며, 혹은 바깥에서부터 감기 기운이 들어와 열을 받았을 때도 목이 붓고 아픕니다. 동의보감에서는 목 한쪽 편도만 붓는 경우를 '단아풍'이라고 하고 양쪽이 붓는 경우를 '쌍아풍'이라고 하면서, 어느 경우든 먼저 허한 것을 보충해 주라고 했습니다.

어쨌든 목에 염증이 생기거나 아픈 것은 대부분 열에 의해서 오기 때문에 되도록 목 위를 시원하게 해주고, 목을 보하는 처방을 써야 하겠죠. 특히 편도선은 어른보다 어린이가 더 잘 걸리는데 이는 어린이의 편도선이 더 크기 때문이므로 걱정할 필요는 없습니다.

부어 있거나 목이 마비됐을 때, 또는 통증이 있거나 염증이 있어서 목에서 열이 날 때 도라지가 좋습니다. 도라지를 말려서 가루 낸 것을 물과 함께 복용해도 좋고 통도라지를 그냥 끓여 마셔도 좋습니다.

매실조청이 목의 열을 떨어뜨려 줍니다

매실은 만병에 다 좋다고 할 정도로 어느 병에든 안 듣는 곳이 없습니다. 특히 매실은 해열 및 살균 · 해독 작용이 있어 편도선염에도 효과를 발휘합니다.

편도선염이나 감기로 목이 붓고 아플 때 마늘 한 쪽을 갈아 즙을 짭니다. 마늘은 가래나 담을 제거하는 작용을 하거든요. 여기에 매실조청을 넣고 뜨거운 물에 희석해 마시고, 나머지는 목구멍을 간질이며 양치질 해보세요. 편도선염으로 인한 열도 뚝 떨어지고 목이 부은 것이 가라앉으며 목이 편안해지게 됩니다.

QA

아이들의 편도 크기가 어른만큼 큰데 편도선염이 아닐까요?

사람의 편도선은 2세 때부터 조금씩 자라 8~10세 때 최대 크기에 이르며 반대로 10세 이후에는 점차 작아진다. 따라서 10세 정도의 아이가 어른보다 편도선이 큰 것은 정상이다. 하지만 만성 편도선염으로 편도가 커졌는지, 정상적인 크기인지는 증세를 보고 판단해야 된다.

만성 편도선염은 급성 증세가 여러 번 반복되어 생기는 증세로 어린이의 경우 39℃ 이상의 높은 열이 나는 것이 보통이고 목구멍의 통증이 심하다. 이러한 증세가 1년 이상 여러 번 반복되면 만성 편도선염일 가능성이 높으므로 반드시 의사의 진찰을 받아 보도록 한다.

편도선은 원래 코와 입을 통해 들어오는 세균을 막아 주는 역할을 하지만 면역력이 약한 어린이들의 경우 감염이 되는 경우가 많다. 편도선염이 만성화 되면 코가 막혀 입을 벌리고 숨을 쉬며 숙면을 취하기도 힘이 든다. 어린이는 이 때문에 성장호르몬 분비에 악영향을 미쳐 발육이 저하될 수 있으므로 방치해서는 안 된다.

건강에 좋은 이야기 하나 더!

편도선염에 걸렸을 때는 아이스크림이 약이 된다

감기로 인해 화농성 세균이 편도를 감염시켜 일어나는 병이 편도선염이다. 편도선염에 걸리면 38℃ 이상의 고열과 함께 목이 심하게 아프고 그 때문에 음식물을 넘기는 것조차 힘들게 된다. 적절한 치료를 하면 대개 1주일 이내에 완치되지만 내버려 두면 편도선 부위는 물론 그 주위 전체에 염증이 퍼져 회복하는 데 시간이 꽤 걸린다. 편도선염에 걸렸다면 우선 안정을 취하고 자극성이 없는 유동식 식사를 하면서 목 둘레를 찬 물수건으로 찜질하는 것이 좋다. 그와 함께 부드러운 아이스크림을 먹는 것도 매우 효과적인 방법이다. 아이스크림의 부드럽고 차가운 기운이 목 안의 열을 떨어뜨려 주고 편도의 염증을 방지해 주기 때문이다.

축농증이 있다

COOKING

백목련차 만들기

재료 백목련 10g, 물 300㎖

1. 백목련을 물에 깨끗이 씻어 건진다.
2. 물기를 뺀 백목련을 채반에 널어 햇볕에 말린다.
3. 약탕관에 말린 백목련을 담고 물을 부어 반으로 줄 때까지 달인다.

백목련이 축농증을 다스려 줍니다

해마다 가을이 되면 목련꽃이 지고 난 자리에 솜털이 보송보송한 열매가 매달리는데 이것이 어린이 코감기나 축농증에 효과가 있습니다. 백목련 말린 것을 끓여서 그 물을 마시게 하거나 또는 백목련 말린 것에 우유를 붓고 끓여서 그 즙을 콧속에 떨어뜨리면 콧속 공기의 소통이 원활해지고 두통이 없어지며 콧물이 줄어들고 염증이 없어지게 됩니다.

소금물로 콧속을 씻어내세요

요즘 각종 성인병 때문에 소금을 많이 줄이라고들 하지요? 하지만 소금으로 고칠 수 있는 병이 의외로 많습니다. 소금은 옛날부터 방부제로 써 왔기 때문에 염증을 치료하는 데 탁월한 효과를 나타냅니다. 축농증으로 콧물이 흐르고 콧속에 염증이 있을 때 소금물을 콧속에 넣어 목구멍으로 뱉어 버리는 것을 반복하도록 해 주세요. 정말로 다른 약이 필요 없을 정도입니다. 희게 정제한 맛소금은 쓰지 마시고요, 정제하지 않은 천일염이나 구운 소금을 이용해서 해 보십시오.

마늘즙이 막힌 코를 뚫어 줍니다

마늘에는 가래나 담을 제거해 주는 효과

한의사 신재용 선생의 진료실

감기가 오래 되면 부비강 안의 점막에 염증이 생기게 됩니다. 이것을 급성부비강염이라고 하는데 급성부비강염이 되풀이되어 부비강 안에 고름이 고이는 것을 축농증이라고 하죠. 축농증은 고개를 숙인 자세로 오래 앉아서 공부하는 수험생들에게 특히 많이 생기는 증세입니다.

축농증에 걸리면 콧물이 흘러 코가 막히고 냄새 맡기가 힘들게 되며 머리가 무겁고 잠잘 때 코를 많이 고는 증세가 나타납니다. 또한 콧물이 많아져서 집중력이 떨어지고 학습 능률도 저하되기 마련이므로 빨리 치료를 해 주는 것이 좋습니다. 증세가 심하면 수술을 하거나 주사기로 부비강 내의 고름을 빼내야 하겠지만 비교적 가벼운 증세일 때는 축농증에 좋은 동의음식으로 염증을 진정시키는 것이 좋습니다.

외에 코에 생기는 염증을 낫게 하는 효과가 있습니다. 마늘을 분마기에 갈아서 즙만 받은 다음, 거기에 2배가량의 꿀을 섞어서 면봉으로 묻혀 콧구멍에 발라 주세요. 이렇게 하면 30분도 못 되어 막혔던 코가 뚫리게 됩니다. 마늘즙을 코에 넣기 전에 소금물로 콧구멍을 씻어 주면 약효가 더욱 빠르게 나타납니다.

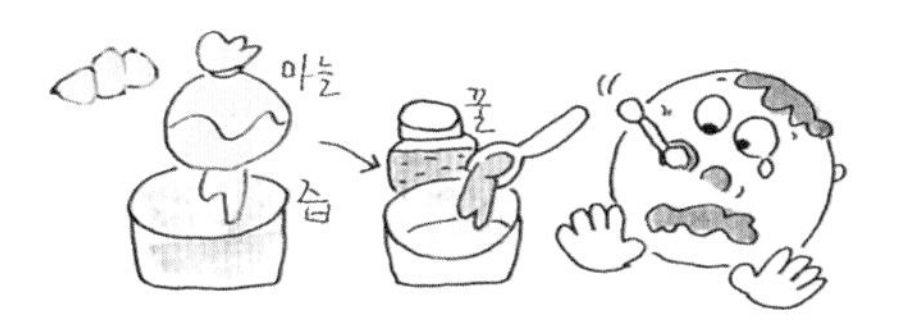

COOKING

마늘드링크 만들기

재료 마늘 60g, 꿀 90g, 청주 1컵

❶ 알이 굵고 싱싱한 마늘을 골라 속껍질까지 벗겨 내고 강판에 곱게 간다.
❷ 냄비에 곱게 간 마늘과 꿀, 청주를 넣고 알코올을 증발시키기 위해 약한 불에서 조린다.
❸ 양이 절반으로 줄면 불을 끈다. 이것을 밀폐용기에 담아 두었다가 따뜻한 물에 1작은술씩 타서 먹는다.

건강에 좋은 이야기 하나 더!

냄새에 둔감하면 축농증을 의심하자

감기가 들어 코가 막힌 것도 아닌데 냄새에 둔감하고 도무지 음식 맛을 모르겠다는 사람들이 있다. 후각이 많이 둔해졌어도 냄새를 전혀 못 맡는 것은 아니기 때문에 대개는 그러한 사실들을 모르고 지내다가 다른 사람들에게 좀 이상한 게 아니냐는 말을 듣고서야 비로소 병원을 찾는 사람들이 많다.

물론 냄새나 맛에 대한 감각은 나이가 들면 감퇴하지만 그럴 나이가 아닌데 언제부턴지 후각이 급격히 떨어졌다면 축농증을 의심해 보아야 한다. 일반적으로 축농증이라고 일컬어지는 만성부비강염은 감기 등으로 부비강 안에 감기 등으로 염증이 생기는 것인데, 이것이 공기 소통을 방해해서 냄새를 못 맡게 되는 것이다.

아이들 몸에 좋은
동의보감 음식

3 CHAPTER 땀띠가 많이 솟았다

건강에 좋은 이야기 하나 더!

우엉의 성분과 이용 방법

주성분이 당질이며, 그 밖에 식물성 섬유, 비타민 C, 철분, 칼슘, 칼륨 등이 들어 있어 신진대사를 높여주고 변통을 촉진한다. 장내에 유익한 세균이 번식하는데 도움을 주므로 변비, 동맥경화, 당뇨병 등의 증세에도 효과적이다.

우엉을 된장찌개나 간장, 설탕에 졸여 반찬으로 해 먹어도 좋고 된장에 박아서 장아찌로 해 먹어도 맛있다. 이 밖에 우엉구이나 찜 등을 해먹는 방법도 있다.

구이를 할 때는 칼등이나 방망이로 두들기면 부드러워지고 맛이 좋아진다.

목욕 후에 우엉즙을 바르세요

요리할 때는 우엉을 물에 담가 떫은맛을 빼지만 약리학상으로 보면 이 떫은맛을 내는 타닌 성분이 여러 가지 이로운 작용을 합니다. 우엉의 떫은맛에는 소염 · 해독 · 수렴 작용이 있는데, 특히 아이들 땀띠가 심할 때 발라 주면 더욱 효과가 좋습니다.

우엉의 뿌리나 잎 5~10g에 물 200㎖를 붓고 진하게 삶아서 목욕 후에 발라 주면 땀띠가 상당히 완화됩니다.

오이가 피부의 열을 식혀 줍니다

오이는 열을 식혀 주는 작용이 있어 더운 날씨에 생기는 각종 피부질환에 효과를 발휘합니다. 따라서 증세가 비교적 가벼운 땀띠에 손쉽게 이용할 수 있는 게 바로 오이즙입니다. 오이를 강판에 갈아서 즙을 낸 뒤 그 즙을 가제에 적당히 적셔 땀띠가 난 부위에 대고 두드리듯 발라 주면 됩니다. 오이가 피부 표면의 열을 없애 땀이 나는 것을 억제함으로써 땀띠를 낫게 해 줍니다.

장마철 땀띠에 녹두가루를 발라 주세요

장마철이 되면 여러 가지 피부 질환들이 많이 나타나게 됩니다. 가장 흔한 것이 땀띠인데 어린 아기들일수록 땀띠가 더욱 잘 솟죠. 대수롭지 않은 것이라고 그냥 놔두면 물집이 생기고 심한 경우 고름이 생기기도 하

QA 잠잘 때 땀이 마구 쏟아져요. 왜 그러죠?

● **체질 체크부터 한다**

땀은 생명 활동을 충동하는 에너지원이다. 그러나 시도 때도 없이 땀이 뚝뚝 떨어질 만큼 흐른다면 체질 체크부터 하는 것이 좋다. 체질에 따라 땀을 많이 흘려야 건강에 도움이 되는 체질도 있고 그렇지 않은 체질도 있기 때문이다.

● **식은땀은 '기'와 '진'이 다 빠진 경우이다**

땀이 저절로 뚝뚝 떨어질 만큼 흐르는 것은 기가 허약한 경우다. 또 식은땀이라 하여 취침 중에 땀을 흠뻑 흘리다가 잠에서 깨어나면 땀이 싹 가시는 것은 '기'나 '진'이 다 빠진 경우이다. 이렇게 땀을 흘리게 되면, 생명수인 진액이 끈적끈적하게 배어나오므로 이유 없이 진땀을 흘리는 것은 좋지 않다.

● **삼림욕이 좋다**

이런 증세를 예방하기 위해서는 삼림욕이 좋다. 삼림욕은 숲의 '기'를 체내에 흡수하는 것인데 숲의 '기'를 피톤치드라고 한다. '피톤치드'라는 숲의 기는 지나치게 땀을 흘려 기진맥진한 인체에 활력을 주고 스트레스를 풀어 주며 진통 · 진정 작용까지 한다.

한의사 신재용 선생의 진료실

여름철만 되면 어린이 피부 관리에 여간 신경이 쓰이는 게 아닙니다. 특히 어린이들은 어른보다 열이 더 많아서 땀띠와 같은 피부 질환이 생기기 쉽거든요. 동의보감에서는 여름철에는 '습기에 의해 우리 몸이 외적인 병독에 손상되기 쉽다'고 얘기하고 있는데 여기에 무더위까지 겹쳐서 습과 열이 함께 작용하면 피부에 이상이 오지요.

아무튼 무더운 여름 장마철에는 각종 피부 질환들이 많이 나타나는데 그 중에서도 대표적인 것이 땀띠입니다. 땀띠는 열만 내리게 하면 금방 들어갈 수 있지만, 자칫 방치했다가는 심하게 덧나는 경우가 있습니다. 무더운 여름철에는 피부를 깨끗하게 유지시키고 파우더 같은 것을 뿌려 건조하게 해 주는 것이 좋습니다.

는데 이때 녹두죽이 상당히 좋습니다.

녹두는 열을 내려 주는 작용이 있어 여름철 무더위에 많이 나타나는 땀띠에 매우 효과가 좋습니다. 여름철에 피부 질환이 생겼을 때는 녹두를 곱게 갈아 파우더처럼 뿌리고 녹두죽을 함께 먹이면 상당히 도움이 될 겁니다.

건강에 좋은 이야기 하나 더!

이미 생긴 땀띠에는 베이비 파우더를 바르지 않는다

갓난아기는 어른에 비해 땀은 무척 많이 흘리지만 피부 조절 기능이 아직 미숙하기 때문에 땀띠가 잘 난다. 하지만 엄마의 돌보기에 따라 얼마든지 예방할 수 있는 것이 땀띠다. 아기를 씻기고 나서 물기가 완전히 마르기도 전에 베이비파우더를 듬뿍 바르는 엄마들이 많다. 게다가 어딘가에 땀띠라도 나면 베이비파우더를 두껍게 발라 주는데 이미 생긴 땀띠는 베이비파우더를 많이 바른다고 해서 낫는 것이 아니다. 오히려 파우더에 들어 있는 화학물질이 피부를 자극해서 땀띠를 더 악화시키며 땀구멍을 막아서 피부가 숨을 못 쉬게 만든다. 이럴 때는 파우더 대신 항생 연고를 발라 주어 곪는 것을 방지해야 한다. 땀은 더워서 체온이 올라가면 흘리게 되는 것이므로 땀띠 예방을 위해서는 주위의 온도를 조절해 주는 것이 우선이다. 아무리 깨끗이 씻겨도 온도가 높다면 다시 땀이 나기 때문에 아기의 옷을 얇게 입히는 훈련을 하고 방 안의 온도를 덥지 않고 쾌적하게 유지하는 것이 바람직하다.

COOKING

녹두가루 파우더 만들기

재료 녹두 1컵

❶ 녹두는 돌을 골라내고 물에 깨끗이 씻은 다음 건져서 물기를 잘 닦아낸다.
❷ 껍질째 분쇄기에 곱게 갈아 가는 체에 밭쳐서 고운 가루만 받는다.

아이들 몸에 좋은
동의보감 음식

3 CHAPTER 머리 좋은 아이로 키우고 싶다

참깨강정의 불포화지방산이 뇌세포 구성을 도와줍니다

동의보감에서는 '참깨를 오래 먹으면 몸이 가뿐해지고 오장이 윤택해지면서 머리가 좋아진다' 고 하면서 꿀 한 되와 참깨 한 되를 찧어서 반죽해 가지고 알약을 만들어 먹으라고 하고 있습니다. 이것이 바로 '정신환' 이라는 것입니다.

특히 동의보감에서는 깨를 곡식 중에 제일가는 것으로 '거승' 이라고 이름 붙였을 정도인데요, 공부하는 학생들이나 수험생들에게 참깨를 사용한 음식을 많이 만들어 먹이면 머리가 좋아집니다. 참깨에는 뇌세포 구성을 돕는 불포화지방산뿐만 아니라 칼슘도 많이 함유되어 있어 발육을 촉진하고 정신건강에도 매우 좋습니다.

찧어서 반죽하는 대신 강정을 만들어 간식으로 먹어도 좋습니다. 우선 참깨를 깨끗이 씻어서 일어 건진 다음 살짝 볶으세요. 이것을 꿀 또는 조청으로 반죽해 밀대로 고르게 민 다음 굳기 전에 적당한 크기로 썰면 수험생 간식은 물론 어른들 술안주로도 이만 한 게 없을 겁니다.

잇꽃 달인 물을 마시면 뇌가 건강해 집니다

공부하는 학생들 건강에는 셀레늄이라는 성분도 필요합니다. 셀레늄은 세포와 세포막

COOKING

참깨강정 만들기

재료 참깨 2컵, 조청 1/2컵

❶ 깨끗이 씻은 참깨를 프라이팬에 쏟아붓고 나무주걱으로 잘 저어 가며 볶는다. 참깨는 센 불에서 재빨리 볶아야 타지 않는다.
❸ 볶은 참깨에 조청을 부어 골고루 섞어서 반죽한다.
❸ 참깨와 조청이 잘 섞이면 밀대로 고르게 밀어 적당한 크기로 썬다.

한의사 신재용 선생의 진료실

공부하는 자녀를 둔 부모님들이라면 우리 아이가 머리가 아주 좋아서 공부를 잘하길 바라시겠죠? 무엇이든 한 번 들은 것은 잊어버리는 일이 없고 시험만 봤다 하면 늘 100점만 받아 온다면 소원이 없겠다는 분들도 계시구요. 하지만 건강한 신체에 건강한 정신이 깃든다는 말도 있듯이 먼저 몸이 튼튼해야 머리가 맑아져서 공부도 잘된답니다. 그러니 공부하는 자녀들에게는 무엇보다 건강관리가 우선되어야 하겠죠. 그 다음에 두뇌활동을 좋게 하는 동의음식으로 기억력 증진을 돕는 것이 바람직합니다. 그런데 한 가지 주의해야 할 것은 기억력을 증진시키기 위해서는 반드시 식습관부터 고쳐야 한다는 것입니다. 편식은 괴벽스런 성격을 만들고 정서불안정을 일으킬 뿐 아니라 기억력까지 저하시키는 결과를 낳기 때문입니다.

을 보호해 주는 성분으로 뇌의 노화를 예방하고 뇌를 건강하게 해 주는 작용을 하기 때문입니다.

이 셀레늄을 많이 함유한 식품으로는 두류, 콩밀류, 유제품, 그리고 버터나 동물의 간, 조개류, 마늘 같은 것들을 들 수 있는데요, 한약재 중에서 잇꽃이라는 것도 셀레늄이 많이 들어간 음식으로 꼽힙니다. 동의보감에서는 이 잇꽃을 혈액순환과 두뇌 건강에 모두 좋은 약재라고 소개하고 있습니다.

당귀차가 기억세포를 강화시켜 줍니다

동의보감에서는 당귀를 일컬어 '혈액을 증산하고 심장을 보호하며 허한 것을 도와준다'고 얘기하고 있습니다. 또한 최근의 의학계 연구 결과에 의하면 당귀가 '뇌세포의 핵분열을 촉진시키기 때문에 당귀를 섭취하면 세포의 생명력이 연장되고 기억세포의 기능이 강화된다'고 발표하고 있습니다.

아무리 책상 앞에 앉아서 열심히 공부하는 것 같아도 시험만 보면 성적은 매일 그 자리에서 맴도나요? 그런 아이들에게 당귀를 끓여서 마시게 하세요. 당귀차를 마시면 얼굴에 혈색이 돌고 아주 건강해질 뿐만 아니라 어지럼증도 없어지고 기억력이 증진되어 학업 성적도 좋아지게 될 겁니다.

건재 약국에서 파는 당귀를 하루 12g씩 물 300㎖로 끓여서 반으로 줄면 차처럼 수시로 마시게 하면 좋습니다.

COOKING

당귀차 만들기

재료 당귀 10g, 물 3컵, 꿀 2큰술

❶ 당귀는 흐르는 물에 살살 흔들어가며 깨끗하게 씻어 물기를 뺀다.
❷ 냄비에 당귀와 물을 넣어 한소끔 팔팔 끓인다.
❸ 끓인 차를 체에 한 번 내려 물만 받는다.
❹ 뜨거울 때 꿀을 넣어 마신다.

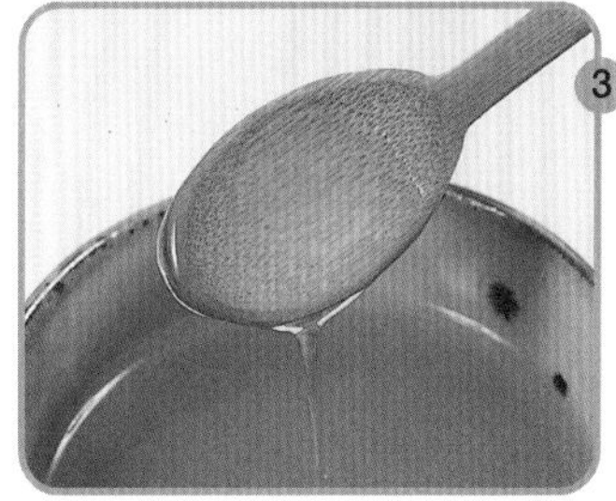

02

예방에 도움이 되는 야채

각종 무기질과 비타민, 식물성 섬유질이 풍부한 야채류, 그 야채류를 슬기롭게 섭취하면 여러 가지 증세를 가라앉히고 건강을 위협하는 갖가지 성인병을 예방한다는 것은 이미 알려진 사실이다. 과연 어떤 병, 어떤 증세에 어떤 야채류가 효과가 있는지 알아보고 먹는 방법과 사용 요령을 짚어 본다. 일상적으로 흔한 가벼운 증세들은 식생활 개선만으로도 치료가 가능하고 건강을 지킬 수 있음을 알게 될 것이다. 올바른 사용법을 익혀 나의 건강과 가족의 건강을 지키도록 하자.

감기 예방에
파뿌리·차조기 잎·국화차가 좋다

*
Dr. 어드바이스

감기는 대부분 피로·수면 부족·영양실조·추위로 인한 몸의 저항력이 떨어졌을 때 감기 바이러스가 침투해 걸리는 병으로 오한, 두통, 재채기 등의 여러 증세를 보인다. 이러한 감기를 예방하려면 평소 충분한 영양 섭취와 보온, 휴식이 필요하다. 특히 체내의 저항력을 높여 주는 비타민 A·C 및 발한·해열 작용을 하는 유화알릴 등의 성분이 많이 함유된 식품을 꾸준히 섭취하도록 한다.

파뿌리
생강을 넣고 끓여 마신다

수염뿌리가 있어서 '백년해로'의 표현에 비유되는 파는 비타민 A와 C, 칼슘, 칼륨 등이 풍부하여 몸을 따뜻하게 해주고 위장 기능을 활발하게 도와준다.

그리고 파에는 유화알린의 일종인 알린 성분이 들어 있어서 소화액의 분비를 촉진하여 식욕을 증진시킬 뿐만 아니라 발한·해열·소염 작용이 뛰어나 감기의 예방이나 치료 그리고 냉증에서 오는 설사에도 효과적이다.

감기 증세가 있는 사람은 파뿌리에 생강을 넣고 끓여 마시면 몸속까지 따뜻해지며 땀이 나고 열이 떨어지므로 좋은 효과를 얻을 수 있다.

차조기잎
달여서 차로 마신다

차조기는 발한작용과 해열작용이 있어 피부 혈관을 확장시키고 기관지의 분비물을 억제하여 가래를 삭히며 기관지의 경련을 풀어준다. 이런 까닭에 열이 많은 감기, 땀이 나지 않으면서 고열을 수반하는 임신부의 감기 등에 두루 쓰여 질 수 있다.

차조기의 잎이나 줄기, 옹근 풀을 써도 좋지만 잎을 쓰는 것이 땀샘의 분비를 항진시키고 감기를 다스리는데 더 효과적이고 달여서 차로 마시는 것이 좋다.

귤
꿀을 넣어 차를 만들어 마신다

귤이 감기에 좋다는 것은 널리 알려진 사실. 알맹이만을 먹는 것도 좋지만 꿀을 넣어 차를 만들어 마시면 더욱 효과가 있다. 귤을 껍질째 납작하게 썰어 컵에 담고 설탕이나 꿀을 넣은 다음 뜨거운 물을 부어 차를 만들어 마시면 특히 해열효과가 뛰어나다. 귤 대신 유자를 사용해도 마찬가지. 귤껍질 말린 것을 한방에서는 진피라고 해서 감기에는 빼놓을 수 없는 약재로 사용한다.

국화잎
차나 술에 담가 마신다

국화에는 두 종류가 있는데 줄기가 푸르고 크며 쓴맛이 강한 것을 '고의'라 하고 줄기가 붉고 향긋하며 맛이 단 것을 '진국' 혹은 '감국'이라고 한다.

감국의 여린 싹이나 순은 데쳐서 나물로 무쳐 먹으며, 꽃은 약재로 사용하는데 꽃이 피기 전의 꽃봉오리를 채취하여 햇볕에 말려 약용한다.

국화 끓인 차, 술에 담가 익힌 감국주 그리고 국화 꽃잎에 쌀가루 튀김옷을 입혀 기름

차조기잎차 만들기

1. 신선한 차조기 잎을 준비하여 흐르는 물에 깨끗이 씻어 건져 놓는다.
2. 씻은 차조기 잎을 채반에 겹치지 않게 펼쳐서 햇볕에 바싹 말린다.
3. 말린 차조기 잎 20g에 12컵의 물을 붓고 중불에서 달여 그 즙을 마신다.

❶ 식용 국화를 끓는 소금물에 데친 후 2~3회 헹구어 물기를 쪽 빼 놓는다.
❷ 물기 뺀 국화를 채반에 겹치지 않게 널어 그늘진 곳에서 말린 다음 서늘한 곳에 보관한다.
❸ 찻잔에 말린 국화꽃 1큰술을 넣고 끓는 물을 부은 후 꿀을 넣어 마신다.

에 지져 먹어도 감기에 좋다. 특히 국화의 여린 싹을 여름에 채취해서 말려 가루 낸 것을 감국주로 마시면 감기 예방 · 치료에 효과가 있다.

또 감국 1.2kg, 백복령 600g을 가루 내어 1회 4~8g씩 따끈한 물에 타서 복용해도 좋다. 이것은 두통, 어지럼증, 이명증 등에도 효과를 발휘하며 오래 먹으면 얼굴이 좋아지고 젊어지는 묘약으로 잘 알려져 있다.

감

날로 먹는다

감에는 비타민 C가 사과보다 8~10배나 많이 들어 있고 다른 과일에는 거의 없는 비타민 A도 많이 함유하고 있어 바이러스 등에 의한 감염증을 막고 호흡기 계통의 감염에 대해 저항력을 높여 주므로 꾸준히 먹으면 감기를 예방하거나 회복을 빠르게 하는 데 효능이 있다.

연근

달걀흰자에 섞어 양치를 한다

달걀의 흰자에는 단백질, 탄수화물 등이 많이 함유되어 있다. 또 미생물의 번식을 억제하는 라이소자임이라는 효소가 들어 있어 목구멍을 부드럽게 하고 기침 · 가래를 진정시키는데 큰 효과가 있다.

이 달걀흰자에 연근즙을 섞으면 연근에 포함된 비타민 C의 작용으로 목감기에 특히 좋은 양치약이 된다.

이 양치약을 한 모금씩 입에 넣고 하루에 3번 정도 양치를 하면 목감기 증세를 완화시키는 데 도움이 된다.

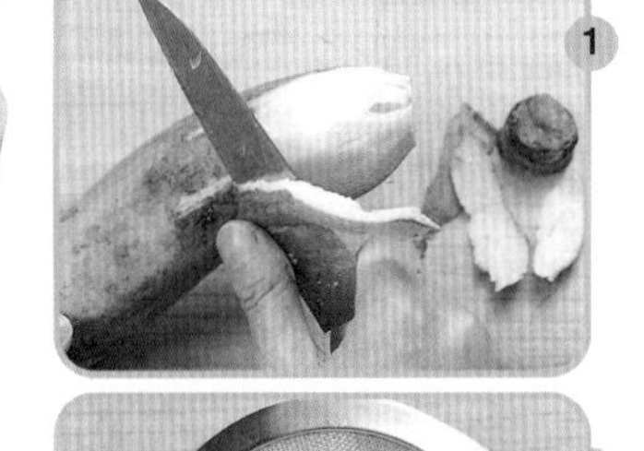

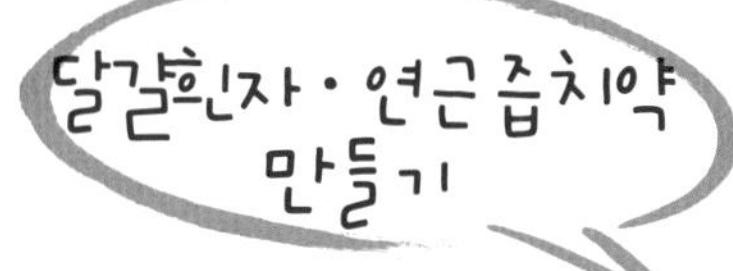

재료(3회분) 연근 1/2개(중간 것), 달걀 1개

❶ 상처가 없고 도톰한 연근을 골라 깨끗이 씻어 껍질을 벗긴다. 껍질을 벗길 때는 조금 두껍게 깎는 것이 좋다.
❷ 껍질을 벗긴 연근을 강판에 곱게 갈아 체에 밭여 숟가락으로 꼭꼭 눌러 즙만 받는다.
❸ 달걀은 흰자만 준비해 연근즙에 붓고 잘 휘저은 다음 컵이나 병에 부어 서늘한 곳에 보관한다.

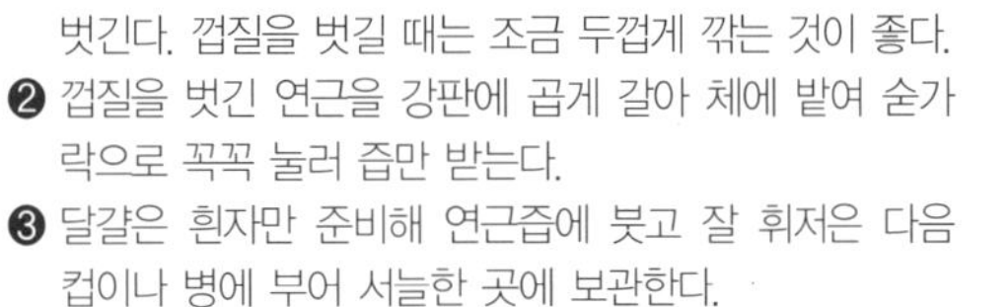

고혈압 예방에
양파껍질·콩·고구마가 좋다

Dr. 어드바이스

고혈압에 걸린 대다수의 사람들은 아무런 이상 증세를 느끼지 못하는 경우가 많다. 그러나 어느 정도 증세가 계속되면 두통, 어지러움, 불면증을 비롯하여 급기야 뇌신경 장애까지 일으키게 된다. 그러므로 평소의 예방이 매우 중요한 병이다. 적절한 체중 유지와 짠 음식을 제한하는 것이 기본. 그리고 혈압을 내려 주거나 혈액순환을 좋게 하고 모세혈관을 튼튼하게 해 주는 식품을 섭취하는 등 세심한 식이요법이 요구된다.

콩
삶아서 당근과 먹는다

콩은 고기에 가까운 단백질원이다. 불포화 지방산이 많기 때문에 혈액 응고를 방지하며, 콩의 사포닌 성분은 혈관을 깨끗하게 해서 소변으로 배설시키는 작용을 한다.

아울러 콩의 지방은 비타민 A의 흡수를 좋아지게 하므로 당근과 같이 먹으면 고혈압 예방에 더욱 효과적이다. 그러나 콩에는 소화가 잘 안 되는 결점이 있으므로 부드럽게 삶거나 짓이겨서 먹는 것이 좋으며 잘 씹어 먹는 것도 괜찮다.

냉이
뿌리를 짜지 않게 무쳐 먹는다

냉이에 포함된 콜린과 아세틸콜린은 자율신경을 자극하여 장의 연동운동을 돕고 뇌졸중으로 쓰러진 후의 신체의 운동기능을 회복시키기도 한다.

그리고 냉이에는 비타민 A·B·C·K 등이 다양하게 함유되어 있으며 양질의 단백질과 칼슘이 시금치보다 몇 배 이상 많아 고혈압 등의 성인병 예방에도 아주 좋다.

잎과 뿌리를 말렸다가 1일 10~15g을 달여 차처럼 수시로 마시든지 생즙 또는 살짝 데쳐 갖은 양념에 무쳐 먹어도 좋다.

냉이뿌리무침도 효과적이다.

감자
비타민 C 식품과 섞어 먹는다

감자의 영양 성분으로는 탄수화물이 거의 대부분이지만 그 외에 칼륨, 비타민 C가 풍부하다. 이 칼륨에는 염분을 소변과 함께 몸 밖으로 배출시키는 작용이 있으므로 고혈압 예방 등에 도움이 된다.

감자를 다른 재료와 섞어 잡채를 만들면 전분의 섭취를 줄이는 반면 감자의 칼륨과 비타민 C의 섭취 효율을 8할 이상으로 높일 수 있다.

고구마
삶아서 우유와 함께 갈아 먹는다

고구마에 많이 함유되어 있는 칼륨 성분은 혈관 속의 여분의 염분(나트륨 성분)을 소변과 함께 배출시키므로 칼륨이 풍부한 고구마

고구마 셰이크 만들기

❶ 고구마는 깨끗이 씻어 삶아 껍질을 벗기고 식힌다.
❷ 식힌 고구마를 믹서나 분마기에 넣고, 적당량의 우유와 함께 갈아서 먹는다.

는 고혈압을 비롯한 성인병에 좋다.

삶아서 식힌 고구마를 우유와 같이 믹서나 분마기에 갈아서 먹는다.

양파

껍질을 달여 마신다

양파의 효과는 무엇보다 혈압을 강하시키고 중풍을 예방한다는 것이다. 특히 양파 껍질에 있는 플라보노이드 성분은 혈관을 강화한다. 또 시스틴 유도체라는 성분은 혈관의 내벽이나 혈액 그 자체에 작용해 혈액순환을 원활하게 하는 작용이 있으며, 혈액순환이 잘 되면 혈압 상태가 개선된다. 한 번에 양파 하나 정도의 외피를 30분 정도 달여 식혀 마시면 된다. 혹은 헹구듯 씻어 외피까지 통째로 넣고 수프를 만들어 먹어도 좋다.

밤

날로 먹거나 삶아서 먹는다

밤은 당질, 단백질, 지방질, 비타민, 무기질 등 5대 영양소가 골고루 들어 있는 완전식품이다. 특히 무기질에 속하는 칼륨은 체내의 잉여 나트륨 성분을 배출시키는 작용을 해 고혈압 증세에 효과적이다.

잉여 나트륨 성분은 체내에서 불포화 지방과 결합, 포화 지방을 만들어 고혈압이나 동맥경화 등 혈관 계통의 질병을 유발하는 원인이 되기도 한다. 그러므로 평소 칼륨이 풍부한 식품을 자주 먹어 두는 게 좋다.

밤의 경우는 날로 먹거나 삶아 먹어도 좋지만 밤밥을 지어 먹는 방법도 있다.

셀러리

무와 함께 갈아 마신다

날것으로 먹으면 특유의 향미 성분이 있어 생으로 씹어 먹어도 좋다. 혹은 셀러리 두 줄기를 설탕물에 담가 냄새를 약하게 한 뒤 섬유질을 칼로 벗겨내고 10㎝ 길이로 썰어서 주서에 넣고 갈아 마셔도 된다. 이때 꿀을 섞어 마시면 저항 없이 마실 수 있다. 아니면 무를 함께 갈아 마셔도 좋다.

감자잡채 만들기

재료 감자 2개, 부추 20g, 식용유 2큰술, 소금, 실고추 조금씩

❶ 감자를 채썬 후 물에 잠시 담갔다가 채썬다. ❷ 부추는 뿌리를 잘라내고 씻어 감자채와 비슷한 크기로 썬다. ❸ 달군 팬에 기름을 두르고 감자를 볶다가 감자가 익기 시작하면 부추를 넣어 가볍게 볶는다. ❹ 감자와 부추가 익으면 불을 끄고 소금으로 간을 한다.

양파물 만들기

❶ 양파 1개를 흐르는 물에 살짝 씻어 갈색의 외피를 벗긴다.
❷ 벗긴 양파 껍질을 30분 정도 푹 달여 마신다.

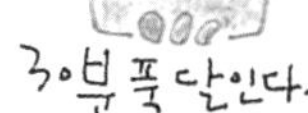

골다공증 예방에

표고버섯·레몬즙·미역·양상추를 먹는다

표고버섯

끓여서 매일 40g씩 마신다

골다공증의 예방과 치료에는 칼슘이 절대 필요하다. 칼슘은 철, 인, 칼륨 등과 함께 무기질의 일종으로 뼈를 튼튼하게 만들어 준다.

그러나 아무리 칼슘을 많이 섭취해도 체내에 흡수되어야 하고 흡수된 칼슘은 뼈 속에 저장되어야 하는데, 이 역할을 하는 것이 바로 단백질과 유기산, 비타민 C·D 등이다. 따라서 칼슘 섭취와 함께 이런 성분이 든 식품을 많이 먹도록 한다.

그 중 비타민 D가 많이 든 것이 표고버섯인데, 표고버섯에는 비타민 D_2가 특히 많다. 비타민 D_2는 에르고스테린 성분이 태양광선에 의해서 생기는 것이다. 이 성분이 우리 체내에서 충분한 효과를 보게 하려면 다량 요법으로 1일 40g씩 끓여서 마신다.

레몬즙

물과 꿀을 섞어 마신다

레몬의 유효 성분인 구연산은 체내 대사에서 중요한 기능을 하는데 섭취된 칼슘이 뼈 속에 침착하게 하는 역할을 한다. 레몬의 이러한 효과를 보려면 우선, 껍질을 벗기고 씨를 뺀 레몬을 잘게 잘라 주서로 간다. 이때 꿀 1스푼과 레몬즙의 7~8배 되는 물을 희석해서 즙을 만들어 마시면 골다공증 예방에 도움이 된다.

양상추

우유와 곁들여 먹는다

양상추에는 뼈의 형성에 관여하는 카로틴과 콜라겐의 합성을 도와주는 비타민 C가 풍부하게 함유되어 있다. 특히 골격과 치아 형성에 중요한 기능을 하는 칼슘이 풍부하므로, 여성 호르몬이 부족하여 칼슘이 유출되는 갱년기 여성이나 비타민 D의 활동이 약해져서 칼슘의 흡수가 늦어지는 노인들에게 좋은 식품이 된다.

이때 양상추를 우유와 함께 먹으면 우유에 있는 단백질과 젖당이 칼슘의 흡수를 좋아지게 하므로 골다공증 예방에 더욱 효과적이다. 그리고 양상추를 샌드위치 사이에 끼워서 먹거나 샐러드로 만들어 먹으면 많이 먹을 수 있어서 좋고 불고기나 생선회를 먹을 때 양상추에 싸서 먹는 것도 좋다.

*

Dr. 어드바이스

뼈에 바람이 든 것처럼 뼈 조직에 구멍이 생기면서 뼈가 약해지는 것을 '골다공증'이라 한다. 갱년기 이후에 많이 나타나는 증세로 남성보다는 여성에게서 더 많이 볼 수 있는데, 이는 여성 호르몬의 부족으로 칼슘 유출이 쉬워지기 때문이다. 이를 예방하기 위해선 칼슘 섭취를 많이 하는 것도 중요하지만 칼슘 흡수를 돕는 비타민C·D, 그리고 콜라겐 단백질의 섭취도 염두에 두어야 한다.

재료 물미역 100g, 굴 120g, 붉은고추 1개, 미삼 100g,
초간장 간장 2큰술씩, 식초 2큰술, 물 2큰술, 설탕 1큰술, 레몬즙 1작은술

❶ 물미역은 끓는 소금물에 파랗게 데친 후 한입 크기로 썬다. ❷ 굴은 껍질이 붙어 있지 않도록 잘 골라 낸 후 소금물에 흔들어 씻어 건져 둔다. ❸ 그릇에 분량의 초간장 재료를 넣고 초간장을 만들어 손질한 미역과 굴, 미삼을 넣고 골고루 무친다.

미역

생미역 초무침을 만들어 먹는다

분유와 맞먹을 정도로 칼슘이 많이 들어 있는 미역은 뼈와 이의 형성에 중요한 역할을 하는 알칼리성 식품이다.

미역을 살짝 데쳐 초고추장에 찍어 먹거나 국을 끓여 먹으면 좋다.

소금에 절인 물미역을 깨끗이 씻은 다음 다시 맑은 물에 불리면서 소금기를 뺀다. 단단한 줄기는 칼로 잘라내고, 다른 물미역은 물에 15분 가량 불려서 사용한다. 초무침을 할 미역은 식초를 넣은 물에 살짝 데쳐 찬물에 식힌 후 사용한다. 미역 초무침을 할 때 싱싱한 굴을 넣으면 더 싱그럽다.

무

무말랭이를 만들어 무쳐 먹는다

예로부터 '무를 많이 먹으면 속병이 없다'는 말이 있을 정도로 영양가가 많은 무에는 비타민 C, 칼슘, 인 등이 풍부하게 들어 있다.

특히, 골다공증 예방에 가장 중요한 성분인 칼슘은 무의 뿌리보다 잎 부분에 더 많기 때문에 골다공증을 우려하는 사람은 시래기나물을 많이 섭취하는 것이 좋다.

또한 햇볕에 충분히 말린 무말랭이를 갖은 양념에 무쳐 먹는 것도 좋다. 햇볕에 의해 생긴 비타민 D의 작용으로 칼슘 흡수가 더 좋아지기 때문이다.

참깨

버터를 만들어 빵에 발라 먹는다

고소한 맛의 대명사인 참깨에는 칼슘, 지방, 그밖에도 단백질, 철 등이 풍부하여 영양면에서 어느 식품에 뒤지지 않는 훌륭한 장점을 가지고 있다.

특히 뼈와 이의 형성에 중요한 기능을 하는 칼슘이 참깨 100g에 630㎎이나 함유되어 있어 골다공증을 예방하는 데 큰 효과가 있다. 그러나 깨는 그 자체로는 소화가 잘 되지 않으므로 볶아서 곱게 빻아 가루로 만들어 먹는 것이 이상적이다. 참깨버터를 만들어 빵에 발라 먹거나, 무침 등에 깨소금을 넣어 매일 조금씩 먹으면 효과가 있다.

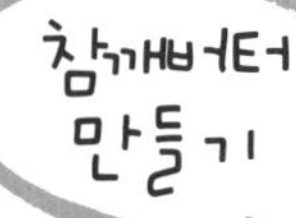

재료 참깨 1컵, 꿀 1/4컵, 물 1컵 소금 조금

❶ 참깨는 잡티를 골라내고 깨끗이 씻어 일어 물기를 뺀 다음 프라이팬에 타지 않게 살짝 볶는다.
❷ 볶은 참깨와 꿀을 넣고 묽어지지 않을 정도로 물을 부어 믹서에 곱게 간 다음 소금으로 간을 맞춘다.

냉증·냉방병 예방에

미나리·양파껍질·땅콩이 좋다

Dr. 어드바이스

냉증은 여성에게 흔히 나타나는 질병으로 혈액순환이 안 돼서 손발이 차고, 가끔 두통이나 요통, 현기증까지 동반하는 질병으로 평소 혈액순환과 신진대사를 활발하게 해주어야 한다. 이러한 증세를 완화하기 위해선, 혈액순환을 좋게 하고 근육을 풀어 주는 유화알릴 성분이 들어 있는 식품이나 몸을 따뜻하게 해주고 체력을 높여 주는 음식을 만들어 먹는다.

미나리

죽을 끓여 먹는다

예로부터 미나리는 몸이 냉한 사람에게 효과가 있다고 알려져 왔는데, 미나리가 냉증에 좋은 이유는 그 독특한 향기에 있다.

이 향기를 정유 성분이라고 하는데, 몸을 따뜻하게 해 주는 보온 작용과 함께 몸속의 찬 기운을 내보내는 작용을 한다.

그러나 미나리의 경우 몸속의 혈액순환을 빠르게 하는 성질이 있어 갑자기 이에 적응 못하는 알레르기 체질의 사람은 민감한 반응을 일으키기도 하므로 이 증세가 우려되는 사람은 많이 먹지 않도록 한다.

반면에 몸이 차가운 사람이나 감기 증세가 있는 사람은 미나리죽 수프를 만들어 먹으면 몸이 한층 더 따뜻해질 수 있다.

미나리 수프 만들기

재료 미나리 100g, 소금 조금, 멸치국물 3컵

❶ 미나리를 깨끗이 씻어 살짝 데쳐 썰어서 분마기에 간다.
❷ 멸치국물을 갈아 놓은 미나리에 부어 잘 섞은 후 체에 밭쳐 맑은 물만 받는다.
❸ 멸치국물 섞은 미나리즙에 미나리 데친 물을 반반씩 섞어 끓여 수프를 만든다.

1

2

3

4

양파

껍질을 볶아 가루내어 먹는다

체내에서 탄수화물 분해가 불완전해지면 체내에 젖산이 축적되고, 이 젖산이 단백질과 결합하면 근육을 수축시켜 자연히 몸이 냉해지게 된다. 이때 양파를 먹으면 양파의 유화알릴 성분이 혈소판에 영향을 미쳐 전신의 혈액순환을 좋게 해 손발을 따뜻하게 하고 근육의 수축도 풀어 준다.

양파는 날로 먹거나 채 썰어 냉수에 담갔다가 건져 물기를 빼고 샐러드를 만들어 먹기도 하며 볶아 먹어도 좋다. 또 말린 양파껍질을 살짝 볶아 분말로 하여 가루약처럼 복용해도 좋다.

물 1.8ℓ에 한 개 분량의 양파 껍질을 넣어 약한 불에 10분간 끓여 갈색이 우러나오면 식혀서 차게 하여 수시로 차처럼 마셔도 된다. 또한 양파 속의 티크로아린 성분은 소화촉진작용이 있으므로, 몸이 냉하여 소화가 안 되는 경우에도 좋다.

무 잎

목욕제로 쓴다

냉증이 심한 여성의 경우, 음부가 가려운 경우가 많다. 이때 무 잎을 목욕제로 사용하면 몸도 따뜻해지면서 가려움증이 멎는 듯하며 몸도 한결 가뿐해지는 느낌이 든다.

무 잎이 싱싱한 것을 골라 15개 정도만 잘라 햇볕이 잘 들고 서늘한 곳에서 잘 말린다. 잘 말린 잎을 잘게 잘라서 가제 같은 헝겊에 싸서 더운 탕 속에 넣어 목욕을 하면 목욕물도 잘 식지 않으며 냉증뿐만 아니라 갱년기 여성들의 신경통, 요통, 어깨 결림에도 좋다.

땅콩

영양밥을 만들어 먹는다

냉증이 있는 사람은 혈액순환이 느려 대개 체력이 떨어지거나 피로와 빈혈 증세가 함께 나타나게 된다. 이러한 증세들을 보완하기 위해선 고단백, 고지방에 비타민 B군이 풍부하게 들어 있는 땅콩이 도움이 된다. 땅콩 속에는 이 외에도 비타민 E나 티록신 성분이 많이 들어 있어 피의 흐름을 좋게 하고 냉증이나 동상을 낫게 한다.

또한 땅콩의 지방질에 들어 있는 불포화지방산은 콜레스테롤 수치를 떨어뜨려 역시 혈액순환에 도움이 된다. 이러한 땅콩을 효과적으로 섭취하기 위해선 땅콩죽이나 땅콩으로 영양밥을 만들어 먹는다.

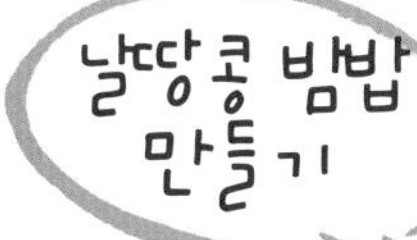

재료 쑥쌀 1컵, 불린 쌀 1컵, 날땅콩 1/4컵, 불린 흑태 1/4컵, 밤 10개, 흑임자 조금, 물 2컵 1/4

❶ 밤은 겉껍질과 속껍질을 모두 벗기고 땅콩은 속껍질째 준비한다. ❷ 쑥쌀, 불린 멥쌀, 밤, 불린 흑태, 날땅콩을 솥에 안치고 분량의 물을 부어 밥을 짓는다.

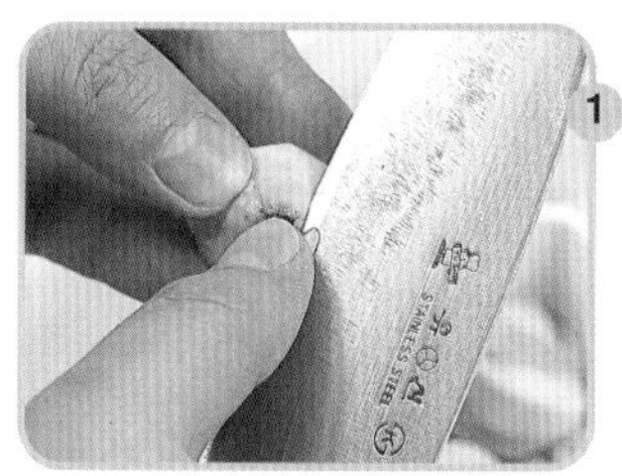

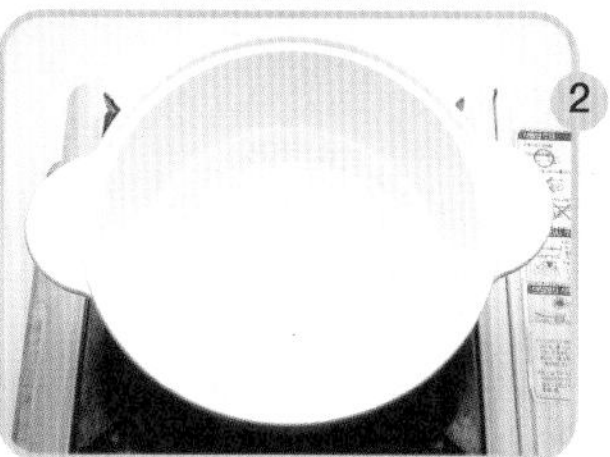

노화방지에

감자·양파·콩·사과·부추·다시마를 먹는다

Dr. 어드바이스

나이가 많아짐에 따라 신체의 각 기능은 쇠하게 된다. 특히 뼈가 약해지거나 피부의 탄력이 줄어들고 피로가 쉽게 오는 등 체내 신진대사가 현저히 떨어지게 된다. 이런 현상들을 보완하기 위해선 세포의 생성을 돕는 비타민 A와 노화와 백발을 방지하는 비타민 E, 그리고 신진대사를 활성화시키는 각종 무기질이나 활성효소가 들어 있는 식품의 섭취가 필요하다. 이 외에도 뼈를 튼튼하게 해주는 칼슘의 보충도 빠져서는 안되는 중요한 성분이다.

사과

식초 물에 타서 마신다

사과즙을 알코올 발효시키면 사과주가 되고 이것을 초산 발효시키면 사과즙의 당분이 사과산으로 변하여 사과 식초가 되는데 이것이 노화방지에 신기한 작용을 한다.

사과식초의 사과산은 유기산의 일종으로 영양소를 에너지와 탄산가스 그리고 물로 분해하는 역할을 한다. 따라서 사과산이 결핍되면 피로하게 되고 노화가 빨리 이루어지는데, 이런 현상을 방지하는 데는 사과식초가 그만이다.

생수 한 잔에 사과식초 3~4 작은술을 넣고 잘 섞어 1일 2~3회 공복에 마시면 젊음을 오래 지속시킬 수 있다.

재료 사과 2개, 식초 0.8ℓ
물 1컵, 소금 조금

❶ 사과는 깨끗이 씻어 껍질을 깎은 다음 얇게 썰어 놓는다.
❷ 얇게 썬 사과가 잠길 정도의 식초를 붓고 소금을 조금 뿌린 다음 2~3일 정도 재둔다.
❸ 생수 1컵에 숙성된 사과식초 3~4 작은술을 넣어 잘 섞은 다음 하루 2~3회 공복에 마신다.

부추

잡채를 만들어 먹는다

부추는 정력 식품으로 카로틴, 비타민 B군·C가 풍부하며 중국 요리에 흔히 이용되는 채소이다. 특히 체내에서 비타민 A로 전환되는 카로틴은 세포의 노폐물과 죽은 세포를 파괴하는 리소솜이라는 부위를 보호해 주므로 노화방지에 뚜렷한 효과가 있다.

부추를 볶거나 튀겨서 먹으면 카로틴 흡수율을 더 높여 준다.

양파

튀기거나 볶아 먹는다

노화의 원인 중 하나는 신체의 산화라고 알려져 있는데, 양파에는 항산화물질이 함유되어 있으며 특히 산소 전달체로 작용하는 글루타티온 유도체가 많기 때문에 노화를 방지한다.

또한 양파에는 혈관 내에 생기는 혈전을 방지하고 혈액의 흐름을 정상화시키는 물질이 있다. 이러한 항혈전 작용으로 심근경색이나 뇌경색을 예방하고 노화를 방지할 수 있는 것이다. 양파는 생으로 먹어도 좋지만 기름에 튀기거나 볶아서 먹으면 카로틴의 흡수를 좋게 하여 노화를 재촉하는 활성산소를 제거해 주므로 노화를 방지하는 데 특별한 효과가 있다

콩

물에 불려 매일 10알씩 먹는다

식독, 수독, 혈독은 만병의 근원이다. 음식에 의한 독성, 채내 수분 대사 장애에 의한 독성, 혈액순환 부전에 의한 어혈의 독성이 그것인데, 이것이 만병을 일으키며 노화를 촉진한다. 이때는 콩을 먹으면 좋다. 콩이 독을 없애주기 때문이다. 검은콩과 누런 콩이 좋은데 검은콩 삶은 농축액을 마시면 뼛속까지 밴 독을 빼낸다고 한다. 삶은 물은 마시고 콩은 간장에 조려 콩자반을 만들어 반찬으로 먹는다. 또 누런 콩은 천연 비타민 E의 보고라고 할 수 있어 하루 정도 불린 것 10개를 매일 잘 씹어 먹으면 회춘의 묘약이라고 말하기도 한다.

다시마

튀겨 먹는다

다시마는 칼로리가 거의 없고 각종 무기질이 풍부하게 들어 있는 대표적인 알칼리성 식품이다.

특히 칼슘이 풍부하여 뼈와 이를 튼튼하게 해주며, 갑상선 호르몬의 생성을 도와 체내 신진대사를 활발하게 하므로 노화 방지에 도움이 된다.

또한 다시마에는 혈압을 내려주는 라미닌 성분이 들어 있어 고혈압에 좋을 뿐만 아니라 다시마 특유의 미끈거리는 성분인 알긴산도 함유되어 있어 암세포의 번식도 막아 준다. 다시마 성분을 체내에 잘 흡수시키기 위해서는 식물성 기름에 튀겨 먹으면 더욱 효과적이다. 이는 식물성 기름에 함유된 비타민 E의 흡수를 통해 체내에서 과산화지질이 만들어지는 것을 막을 수 있기 때문이다.

다시마 부각 만들기

재료 다시마 1줄기, 밀가루 5큰술, 물 1/4컵, 소금 조금, 참깨, 들깨, 검은 깨 2작은술씩, 잣 1/2큰술, 설탕 2작은술, 식물성기름 3컵

1. 말린 다시마를 구입해 젖은 행주로 깨끗이 닦아 내고 한 입 크기로 썬다.
2. 밀가루 풀을 만들어 다시마에 풀을 바르고 참깨, 들깨, 검은 깨, 잣을 고명으로 얹어 반 나절 정도 꾸덕꾸덕하게 말린다.
3. 프라이팬에 식물성 기름 3컵을 붓고 180℃ 정도로 뜨겁게 달군 다음 다시마를 튀겨 낸다.
4. 튀긴 부각은 한지를 깐 소쿠리나 망에 놓아 기름기를 빼고 밀폐 용기에 담아 놓는다.

동맥경화증 예방에
귤껍질·감잎차·해바라기씨가 좋다

*
Dr. 어드바이스

동맥경화증이란 동맥의 혈관 내벽에 콜레스테롤이나 석회질이 굳어져 혈관이 두꺼워지고 탄력성을 잃어 약해지는 상태를 말한다. 뚜렷한 증세는 나타나지 않지만 이로 인해 협심증·심근경색·뇌졸중이 발생하기도 한다. 이런 상태를 완화하기 위해선 콜레스테롤 수치를 낮춰 주는 불포화 지방산이 풍부한 식품이나 혈관 벽에 탄력을 주는 비타민 E, 그리고 혈액순환을 돕는 콜린의 섭취가 꼭 필요하다. 평소 싱겁게 먹는다든지 동물성 지방이나 알코올을 피하는 습관이 중요하다.

귤껍질
생즙을 내서 마신다

귤껍질은 비타민 C의 저장고라 할 수 있다. 귤 100g 속에는 비타민 C가 40㎎이나 함유되어 있다.

비타민 C는 콜레스테롤을 씻어내고 동맥경화를 예방하며 혈압을 안정시키는 작용이 크다. 그리고 귤껍질에는 모세혈관을 튼튼히 하고 보호하는 비타민 P와 같은 효력을 가진 헤스페리딘을 함유하고 있어 동맥경화에 더없이 좋다.

귤껍질 말린 것을 '진피'라고 하는데, 오래 묵힌 것일수록 약효가 좋다고 해서 이렇게 불린다. 이러한 까닭에 오래 묵은 귤껍질을 살짝 씻어 잘 말려 보관했다가 차처럼 끓여 수시로 복용하면 좋다. 아니면 잘 씻은 귤껍질을 벗긴 다음 하나씩 떼어서 주서에 넣고 갈아 생즙으로 마셔도 좋다.

귤껍질생즙 만들기

❶ 귤껍질 5개 분량을 더운 소금물에 살짝 담갔다가 꺼내 흐르는 물로 깨끗이 씻는다.
❷ 주서에 물 1/2컵과 귤껍질을 함께 갈아서 생즙을 만든다. 취향에 따라 물을 약간 타서 공복에 마셔도 좋다.
❸ 많은 양을 마실 수 있는 여건이라면 주서에 ❶의 재료를 넣고, 귤 알맹이와 사이다 1컵을 섞어서 생즙을 내서 마셔도 된다.

수박씨
말려서 볶아 먹는다

수박씨에는 지방과 탄수화물이 많이 들어 있는데, 특히 혈중 콜레스테롤 농도를 감소시키는 데 중요한 역할을 하는 탄소수 18개의 리놀레산이 풍부하여 동맥경화로 걱정하는 사람에게 특별한 효과를 발휘한다.

수박씨를 말려서 불포화 지방산을 포함하고 있는 식물성 기름으로 볶아 먹으면 콜레스테롤 수치를 내려 주므로 동맥경화나 고혈압 환자들도 마음 놓고 먹을 수 있다.

옥수수
쪄서 먹거나 샐러드로 먹는다

옥수수의 씨눈에는 리놀레산이라는 고도불포화 지방산이 들어 있어 혈액 속의 콜레스테롤 수치를 낮추는 작용을 한다.

또한 비타민 E, 레시틴 등도 풍부하여 고도불포화 지방산이 산화하여 파괴되는 것을 막아 주므로 동맥경화 예방에 효과적이다.

옥수수를 쪄서 먹거나 통조림 옥수수를 샐러드에 넣어 먹으면 맛있게 먹을 수 있는데 단, 팝콘은 동물성 기름인 버터를 많이 사용하고 소금도 많이 들어가므로 콜레스테롤 양을 줄여야 하는 동맥경화 환자에게는 부적합하다.

콩

삶거나 볶아서 먹는다

콩은 날것으로 먹을 수 없으므로 삶거나 볶아서 먹도록 한다. 조리하는 게 번거로운 사람은 콩의 가공식품인 두부나 우유, 콩비지 등도 같은 효과를 내므로 입맛에 맞게 선택해서 먹도록 한다.

토마토

즙을 내서 마신다

토마토에는 루틴이라는 성분이 들어 있어 모세혈관을 튼튼하게 하고 혈압을 내리는 작용을 하기 때문에 고혈압·동맥경화 환자에게 적극적으로 권할만한 식품이다. 또한 고기나 생선 등 기름기 있는 음식을 먹을 때 토마토를 곁들이면 소화를 촉진시키고 위의 부담을 가볍게 하며 산성 식품을 중화시키는 역할도 하므로 일석이조의 효과가 있다.

토마토는 날것으로 먹거나 즙을 내어 먹으면 뛰어난 효능을 발휘한다.

감나무 잎

어린잎을 잘 달여 차로 마신다

감나무 잎에는 비타민 C가 놀라울 정도로 많이 들어 있는데, 5월에 나는 어린 잎에는 100g당 500mg이나 들어 있고 다 자란 잎에는 200mg 가량이 함유되어 있다.

특히 비타민 C는 인체 내에서 리놀레산을 비롯한 고도 불포화 지방산이 산화되는 것을 막아 주므로 감잎 차를 꾸준히 마시면 동맥경화 등의 성인병 예방에 특별한 효능이 있다.

해바라기씨

볶아서 가루로 만들어 먹는다

해바라기씨에는 칼슘, 칼륨, 철분 등의 무기질이 풍부하게 들어 있어, 지방이 체내에 머무르는 것을 막아 주고, 염분에 의한 혈압 상승을 억제하므로 동맥경화·고혈압 등에 효과적이다. 또한 수용성 비타민인 콜린이 함유되어 있어 혈액순환을 원활하게 해 주며, 영양소가 몸에 흡수되는 것을 도와 준다.

해바라기씨는 별다른 처방 없이 간식으로 공복에 조금씩 먹거나 살짝 볶아서 가루를 내어 하루 3회, 1회에 1큰술씩 먹으면 된다.

해바라기씨가루 만들기

1. 잘 익은 해바라기씨를 준비하여 껍질을 벗긴다.
2. 기름을 두르지 않은 프라이팬에 껍질 벗긴 해바라기씨를 타지 않게 살짝 볶는다.
3. 볶은 해바라기씨를 분마기에 곱게 갈아 가루로 만든다.

동맥경화증이다, 싶을 때 주의해야 할 식생활은요?

● 고기 먹는 양을 줄인다

고기류는 혈액, 근육, 뼈, 피부 등 우리 몸을 구성하는 데 없어서는 안 될 완전 단백질 식품이기는 해도 고기에 들어 있는 지방이 포화지방산으로 혈액 내의 콜레스테롤 양을 증가시켜 동맥경화, 고지혈증 등의 질병을 일으킬 염려가 있다. 육식을 좋아하는 사람이라도 너무 많이 먹는 것은 삼가도록.

● 과일은 적당히 먹는다

매일 섭취해야 하는 가장 중요한 영양소 중 하나로 비타민 C가 있다. 비타민 C는 대개 사과, 귤, 딸기 등 과일에 많다. 그런데 과일에 많이 들어있는 당분은 포도당, 과당 등 단당류의 형태여서 체내 흡수가 빠르다. 이 당질을 필요량 이상으로 과잉 섭취하면 중성지방의 형태로 변하여 혈액 내에 쌓이게 되므로 과일도 너무 많이 먹지 않는다.

● 곡물도 너무 많이 먹으면 지방으로 쌓인다

우리가 주식으로 먹는 밥, 국수, 빵 등은 주성분이 당질이다. 이 당질은 체내에서 포도당, 과당 등의 단당류로 분해되어 흡수된 후 우리 몸에 필요한 주요 에너지원이 된다.

그러나 이것도 과잉이 되면 여분의 당질이 중성지방의 형태로 혈액 내에 쌓이게 되므로 빵만 너무 많이 먹거나, 식사할 때 밥만 많이 먹는 것은 좋지 않다.

● 자극성이 있는 음식은 피한다

음식을 먹을 때는 가능한 싱겁게, 덜 맵게, 자극적이지 않게 먹어야 하며 이와 함께 영양적으로 균형 있는 식사를 해야 함도 잊지 말아야 한다. 요즘 들어 젊은층들이 다이어트에 좋다고 매운 음식을 즐겨 먹는 경향이 있는데 조심하는 것이 좋다.

부종 예방에

다시마·호박꿀단지·수박덩굴을 먹는다

Dr. 어드바이스

부종은 심장이나 신장(콩팥), 갱년기의 호르몬 이상 또는 임신중독증 등의 원인으로 몸 안에 수분이 배설되지 않고 고이는 증세를 말한다. 이러한 부종을 빼기 위해서는 수분과 염분의 섭취를 줄이고, 소변의 배설을 돕는 이뇨식품을 많이 섭취해야 한다. 특히 밭에 들어있는 사포닌이나 호박에 있는 섬유질, 수박에 있는 칼륨 등은 장을 적당히 자극하여 배설을 촉진시키며 해독작용과 소변의 배설을 돕는 이뇨작용을 하므로 도움이 된다.

호박

꿀단지를 만들어 먹는다

호박은 당질이 풍부하며 비타민 A · B_1 · B_2 · C 그리고 칼슘, 철분도 적절히 배합되어 있다. 비타민 A는 부기로 인해 약해진 피부 점막을 튼튼하게 해주고, 식물성 섬유인 펙틴 성분이 이뇨작용을 도와 부기를 가라앉혀 준다. 또 호박은 산후 부기와 당뇨로 인한 부기에도 효과가 있는데, 이때는 호박꿀단지를 만들어 먹는 것이 좋다.

다시마

파뿌리와 함께 달여 마신다

다시마는 갈매빛(짙은 초록)이고 두터우며 잡티가 없는 것이 좋은 품종인데 이뇨작용이 강하여 12가지 부종을 치료한다고 알려져 있다. 특히 방광에 기가 맺혀 소변이 잘 나오지 않아 부을 때는 다시마 600g을 쌀뜨물에 하룻밤 담갔다가 물 3ℓ에 삶아 썬 다음 다시 물을 붓고 달이다가 잘게 썬 파 흰 뿌리를 넣고

재료 늙은 호박(중간 것) 1개, 꿀 1컵

❶ 호박을 찬물에 씻어 행주로 깨끗이 닦아 호박 꼭지 부분을 직경 10㎝ 정도의 크기로 도려내서 호박 속의 씨를 수저로 긁어낸다. ❷ 깨끗이 속을 뺀 호박 안에 꿀을 부어 뚜껑을 덮고 찜통에 베보자기를 깔아 그 위에 호박을 넣고 2시간 정도 푹 삶는다. ❸ 호박 모양이 가라앉을 정도로 푹 쪄지면 뚜껑을 열고 가운데 국물을 국자로 퍼서 그릇에 담는다. ❹ 숟가락으로 익은 호박의 살을 파내서 살을 직접 먹거나 가제에 짜서 국물만 마신다.

푹 고아서 마시면 된다. 이때 약간의 양념을 해도 좋다.

그리고 아침이면 얼굴과 손이 부석부석하다가 좀 움직이고 난 오후에서야 부기가 내리는 경우에는 다시마를 가루 내어 콩가루와 밀가루를 섞어 반죽해서 새알심을 빚어 국이나 죽에 넣어 먹으면 좋다.

다시마의 이러한 작용들은 다시마의 주성분인 요오드 때문이다. 요오드는 체내에서 삼투압 작용으로 수분을 배출시키며 병적인 산물과 염증을 제거하며 뼈의 성장 발육에도 매우 중요한 성분이다.

또한 다시마 속의 사르갈린 성분은 혈당을 내리고 혈압을 낮추며 피부병을 일으키는 사상균에 대해 억제작용을 해 부종으로 인해 저항력이 약해진 경우나 당뇨 증세로 신장이 약해져 부종이 생긴 경우에도 효과적이다.

수박덩굴

달여서 하루 수 회 마신다

부종에는 이뇨작용이 강한 수박덩굴이 좋다. 이 수박덩굴 달인 물을 맥주 컵 반 정도의 분량만큼 마시면 부기가 말끔히 가신다. 그러므로 항상 부석부석 붓는 체질이라면 여분으로 만들어 냉장해 두고 마신다. 또 임신부의 부종에도 권할 만하며 발의 피로도 풀어준다. 수박덩굴의 하루 양은 20g 정도가 알맞다. 물 5대접으로 끓여서 2대접으로 졸여 1일 수 회 나눠 마신다.

이때 범의귀, 일명 '호이초'라고 불리는 약초를 같은 양만큼 배합해도 좋다. '호이초'의 생김새는 마치 콩팥 모양과 같은데 그래서인지 콩팥이 약해 부종이 있는 것을 잘 치료해 주며 비뇨계 결석까지 없애 준다. 혹은 청미래 덩굴을 배합해도 좋다. 어린 순과 잎은 갖은 양념에 버무려 나물로 먹고 뿌리는 약용하지만 덩굴이나 뿌리나 잎을 모두 넣어도 된다. 청미래 덩굴은 이뇨작용이 강하고 체내에 쌓인 독까지 배설하는 힘이 있다.

오이

달여서 하루 2~3회 마신다

오이는 성분의 96%가 물로 이루어져 있으며 싱그럽고 향이 좋아 식욕을 자극하는 특성이 있다.

한방에서는 이뇨작용이 있다 하여 몸이 부었을 때 달여 그 즙을 마신다.

오이물 만들기

1. 오이 껍질을 벗겨 적당한 크기로 자른다.
2. 오이 10g에 물은 1컵 비율로 붓고 양이 반으로 될 때까지 달인다.
3. 달인 즙을 식혀 하루에 3번 공복 시에 마신다.

QA 모자란 듯 먹고, 충분히 배설해야 오래 산다?

노인의 건강법 중 '일소오다(一小五多)'라는 것이 있는데, 한 가지는 적게 하고 다섯 가지는 많이 하는 것이 건강에 좋다는 뜻이다.

그 중 첫 번째가 집에만 있지 말고 활동해야 한다는 것이고, 두 번째가 사람들을 많이 접해야 한다는 것. 세 번째는 많이 배설해야 한다는 점이다. 네 번째는 잊어버릴 것은 깨끗이 잊어버리는 것이 좋다는 것. 다섯째, 수면을 충분히 취해야 한다는 것이다. 종일 누워 있는 사람은 밤에 푹 잘 수가 없으므로 낮에 충분히 활동해서 숙면을 취할 수 있도록 한다.

그렇다면 한 가지 적게 해야 하는 것은 뭘까. 그게 바로 식사다. 매일 맛나게 식사를 잘 하는 것은 중요하지만 식사를 잘 한다는 것과 식탐이 있어 과식을 하는 것과는 전혀 다르다. 모든 병은 많이 먹어서 생길 수 있으므로 모자란 듯 먹는 것이 건강을 지키는 데 좋다.

불면증 예방에
호도죽·애호박·구운 파를 먹는다

Dr. 어드바이스

불면증은 피로나 신경 흥분 등으로 깊이 잠들지 못하는 증세를 말하며 일반적으로 신경이 예민한 사람에게 많다. 이런 사람들은 혈액의 흐름을 좋게 하고 몸을 따뜻하게 하여 피로를 풀어주는 것이 좋다. 또 적당한 알코올은 모세혈관을 확장시켜 신경의 흥분과 긴장을 풀어주기도 하며, 파 등에 함유된 유화알릴 성분은 신경 흥분을 진정시켜 숙면에 도와 준다.

애호박

대추씨를 넣고 중탕하여 마신다

불면증에는 호박을 삶아 먹으면 효과가 있다. 잠드는 시간이 짧아지고 숙면을 할 수 있으며 깨어나면 상쾌하다. 그 외에 구워서 먹거나 죽을 쒀서 먹어도 되고, 호박꿀단지를 해먹어도 좋다.

호박은 성숙도에 따라 영양 성분이 크게 달라지는데 잘 익을수록 단맛과 영양이 증가한다. 이 당분은 소화 흡수가 잘 되기 때문에 위장이 약하고 마른 사람, 또는 병 후 회복기의 환자에게도 아주 좋다. 호박을 이용하는 방법 중 중탕일 때는 꿀 대신에 대추씨 볶은 것을 넣으면 그 효과는 더 좋다.

애호박 300g 정도 크기 속에 대추씨 볶은 것 150g을 넣고 중탕하여 즙을 내서 1일 3~4회, 1회 1컵씩 7일간 분복하면 된다.

대추씨는 '산조인'이라는 약명으로 건재 약국에서 구할 수 있다.

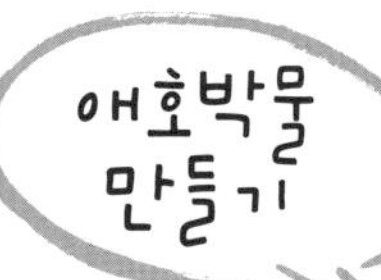

❶ 애호박 1개를 깨끗이 씻어 물기를 닦고 반을 갈라 속 씨를 빼낸다.
❷ 속을 뺀 애호박에 볶은 대추씨 150g을 넣고 잘린 부분을 다시 맞붙여 찜 냄비에 넣고 중탕한다.
❸ 1시간 정도 애호박이 흐물흐물 해지도록 삶아 베 보자기에 짠다.

파

구워서 반찬이나 술안주로 이용한다

파는 비타민 A·B_1·B_2·C·D·E 등 영양적으로 풍부한 채소이다.

파의 특유한 향기는 유화알릴이라는 성분으로 진정작용이 있다. 그러므로 신경 흥분으로 잠이 오지 않을 때 이 향기를 맡으면 진정되어 잠을 잘 잘 수 있다.

파를 5㎝ 길이로 잘라 칼 등으로 두드린 다음 석쇠에 구워서 반찬으로 이용하거나, 잠이 오지 않는 밤에 가볍게 술 한 잔을 마시며 안주로 이용해도 좋다.

호두

대추를 함께 넣고 죽을 쑤어 먹는다

호두는 한 마디로 보혈제다. 신장 기능도 강화시키고 호흡기와 장을 원활하게 하며 에너지를 돋우고 뇌에 영양을 공급해 주는 건뇌 식품이기도 하다.

다시 말해 호두는 빈혈 치료제로서 피부까

지 부드럽게 해주고 머리카락도 검게 해준다. 또 정력 증진 및 자양강장제로서 손꼽히며, 가래와 기침을 삭히고 기관지를 보호해주며 대변을 순조롭게 해준다.

그러나 무엇보다 놀라운 것은 불면증에 이처럼 좋은 것이 없다는 사실이다.

청나라 여걸 서태후가 애용했다는 것이 바로 호두죽이다. 호두를 갈아 쌀과 함께 쑨 것이 호두죽인데, 이때 대추를 될 수록 많이 넣으면 더 효과적이다. 씨 발라낸 대추를 통째로 넣거나 채 썰어 넣으면 더 좋다.

그리고 불면증이 고질적이라면 다량의 대추를 푹 고아 그 물로 호두죽을 쑤면 더 좋고 맛도 한결 낫다.

이처럼 대추를 쓰는 이유는 대추 속에 히스테리의 일종인 간궐증에 효과 있는 성분이 들어있기 때문이다. 간궐증이란 쉽게 노여움을 타고 쉽게 울음을 터뜨리다가 갑자기 손발이 싸늘해지면서 토하고 어지러움을 타며 불면증으로 고생하는 것을 말한다.

말린 국화꽃

베개 속에 넣어 사용한다

예로부터 국화꽃은 두통, 현기증, 눈의 충혈, 초조감, 불면증에 효과가 있다 하여 한방에서 많이 이용하였으며, 국화주를 담가 먹는 풍습도 있다.

머리가 무겁거나 불면증일 때 국화꽃을 말려 뜨거운 물을 부어 차로 마시기도 하고 말린 국화꽃으로 베갯속을 채워 베고 자는 방법 등 옛날부터 생활 의학에 여러 모로 이용해 왔다. 평소 불면증으로 고통 받는 사람들은 한 번쯤 시도해 봄직하다.

말린 국화꽃은 한약재 시장에 가면 언제든지 구입할 수 있으며, 직접 말려서 사용할 수도 있다.

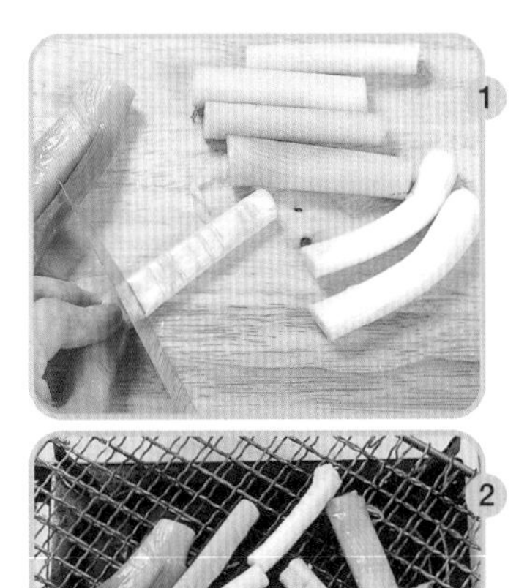

❶ 파는 다듬어 깨끗이 씻고 5㎝ 길이로 잘라 칼등으로 자근자근 두드린다.
❷ 달군 석쇠에 파를 얹고 중간 불에서 타지 않게 적당히 굽는다.

빈혈 예방에
들국화·컴프리·톳·아몬드를 먹는다

*

Dr. 어드바이스

빈혈이나 현기증의 원인은 여러 가지가 있다. 몸이 허약한 경우나 혈압의 이상으로 뇌에 보내지는 혈액량이 감소한 경우, 그리고 저혈압이나 철분 등 각종 영양소의 부족, 수면 부족, 과로 등으로도 일어난다. 이때는 조혈작용에 도움이 되는 비타민 B_{12}나 철분 그리고 각종 무기질과 비타민이 풍부한 식품을 많이 먹도록 한다.

들국화차

들국화

차로 만들어 마신다

꽃 필 무렵 그 꽃을 채취하여 햇볕에 말렸다가 끓여 마시면 혈기가 좋아지고 몸이 가벼워지며 기침, 숙취, 빈혈 그리고 어지럼증, 두통에도 좋다.

차로 마시는 것 외에 어린 순을 데쳐 무쳐 먹어도 좋고 국화주를 빚어서 마셔도 좋다. 그러나 술이 싫으면 꽃을 따서 향기가 나가지 않게 밀봉해 두었다가 뜨거운 물에 우려내어 차로 마셔도 된다.

인삼

대추와 함께 넣어 죽을 쑤어 먹는다

기력이 떨어져 몸이 무겁고 나른하면서 피로감이 있거나 어지럽고 손·발이 차가워지는 증세가 있을 때 현미를 넣어 인삼대추죽을 끓여 먹는다.

인삼은 체력을 증진시키고 혈액순환을 도와 빈혈을 예방·치료하며 혈액 속의 헤모글로빈 생성에도 큰 역할을 한다.

대추는 몸을 따뜻하게 해 주고 신경 안정과 보혈작용을 하기 때문에 몸이 찬 사람이 먹으면 효과가 좋다.

인삼대추죽은 맛이 달고 부드러울 뿐만 아니라 현미를 넣어 영양도 좋다. 먼저, 말린 대추 15개와 인삼 6g, 물 2ℓ를 넣고 달이다가 불린 현미 100g을 넣어 끓인 후 흑설탕을 넣어 먹는다. 하루 3회 공복에 먹도록 한다.

컴프리

가루 내어 먹든지 끓여서 먹는다

'빨간 비타민'—이것이 컴프리의 별명이다. 영국인들은 '기적의 풀'이라고 하고, 소련인들은 '밭의 우유'라고 한다. 이는 녹황색 채소 중에서 컴프리가 영양 면에서 단연 우수하기 때문이다.

컴프리에는 적혈구 생성에 꼭 필요한 비타민 B_{12}가 다량 함유되어 있으며 비타민 B_1·B_2·C, 카로틴 등이 함유되어 있어 빈혈, 현기증에 그만이며 피로도 모르게 되고 시력도 좋아진다. 가루 내어 물에 타서 먹어도 좋고 끓여 먹어도 좋다. 또 잎과 뿌리를 얇게 썰어 용기에 한 켜 깔고 설탕을 뿌리고, 그 위에 또 한 켜 깔고 설탕을 뿌려 밀봉해서 발효시킨 후 그 물을 마시는 방법도 있다.

❶ 컴프리는 줄기를 떼어내고 잎만 흐르는 물에 여러 번 헹구어 낸다.
❷ 손질한 컴프리 잎을 끓는 물에 넣고 30초 정도 살짝 데친다.
❸ 데쳐낸 컴프리 잎을 채반에 겹치지 않게 널어 햇볕에 말린다.
❹ 말린 컴프리 잎을 분마기에 곱게 간 다음 밀폐용기에 넣어 서늘한 곳에서 보관한다.

아몬드

닭튀김할 때 무쳐서 튀긴다

아몬드는 단백질, 지방의 함량이 높아 조금만 먹어도 체내에 높은 영양과 열량을 공급할 수 있어 피로 회복에 도움이 되며, 칼슘이나 철이 특히 풍부하여 스트레스가 쌓이는 사람은 물론이고 빈혈 증세가 있는 사람에게도 좋은 효과가 있다.

아몬드를 닭과 함께 튀겨서 먹으면 육류의 철분과 단백질을 함께 섭취할 수 있어 빈혈에 좋을 뿐만 아니라 고소한 냄새가 식욕을 자극해 많이 먹을 수 있다.

톳

샐러드를 만들어 먹는다

다른 식품에 비해 무기질이 풍부한 톳(녹미채)은 특히 철분이 많은 해조류로 무엇보다 빈혈 증세에 효과적이며 칼슘, 칼륨도 풍부해 혈압이 높은 사람이나 스트레스를 많이 받는 사람에게도 도움이 된다.

이 외에도 톳은 비타민 등 영양가가 풍부하며 값이 싸고 구하기도 쉽다. 빈혈 증세가 있는 사람은 영양도 풍부하고 구하기도 쉬운 톳을 샐러드로 만들어 먹으면 도움이 된다.

톳은 봄에서 여름에 걸쳐 따기 때문에 다른 계절에는 말려서 핀다. 말린 것을 녹미채라고 하는데 이것은 조리하기 전에 15~30분 정도 물에 담갔다가 사용한다.

자두

말려서 먹는다

간 기능을 조절하고 낡은 피를 제거해 주며 변비나 기침, 빈혈에 효과가 있다 하여 건강식품으로 주목 받고 있는 자두는 크게 플럼과 플룬으로 구분된다.

플럼은 말리거나 가공하지 않고 생으로 먹는 종류로 비타민 A · B군과 칼슘, 칼륨, 철분 등의 무기질이 풍부하다. 플룬은 씨를 제거하여 말려서 먹을 수 있는 종류로, 이것 또한 영양가가 풍부한데 플룬에는 특히 철분의 함량이 높다. 그러므로 빈혈이 있는 사람은 플룬 종류의 자두 즉, 말린 자두를 먹는 것이 효과가 크다. 시중에서 말린 자두를 구하기 어려우면 집에서 말린다. 말릴 때는 씨를 빼고 말려야 한다.

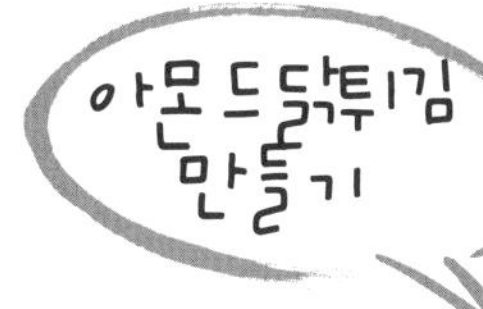

재료 닭고기 안심 250g
소금 · 흰후춧가루 · 생강즙 조금씩
아몬드 저민 것 1컵
밀가루 · 달걀 · 식물성기름 적당량

❶ 닭고기 안심을 얇게 손질하여 칼집을 낸 후 소금 · 흰후춧가루 · 생강즙을 뿌려 재놓는다. ❷ 재놓은 닭고기에 밀가루 · 달걀물 · 아몬드 저민 것을 차례로 입힌다. ❸ 달걀물을 입힌 닭고기에 아몬드 저민 것을 고루고루 묻힌다. ❹ 기름이 180℃ 정도 되면 아몬드 가루를 입힌 닭을 한 개씩 튀겨 낸다.

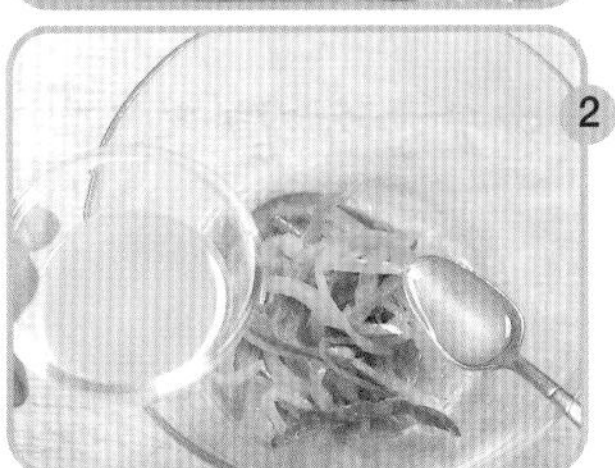

설사·변비 예방에

쑥갓·쑥잎·배추·죽순이 좋다

Dr. 어드바이스

장의 기능이 원활하지 못하면 설사가 잦고, 명치 아래가 아프거나 가슴이 막힌 듯하면서 가는 대변을 자주 보게 되어 배변 시 출혈이 생길 수도 있다. 식물성 섬유에 들어 있는 펙틴 성분은 유산균과 같은 유익한 세균이 번식하는 것을 도와 장의 기능을 튼튼하게 함으로써 설사나 변비를 예방하므로 식물성 섬유가 풍부한 과일이나 채소를 자주 먹으면 정장 효과를 볼 수 있다.

쑥갓

날것으로 먹거나 무쳐 먹는다

쑥갓은 쑥 냄새와 비슷한 향기를 갖고 있으며 겨울에서 봄에 채취하여 먹는 계절의 특미이다. 특히 독특한 향기를 내는 쑥갓의 방향 정유 성분은 위를 따뜻하게 하고 장을 튼튼하게 하며 식물성 섬유가 장을 적당히 자극하여 변통을 좋게 한다.

쑥갓은 여린 것을 날것으로 먹거나 초고추장에 찍어 먹는 쑥갓강회로 먹어도 좋고 쪄서 나물로 먹기도 한다.

쑥 잎

생강을 함께 넣고 끓여 마신다

쑥은 각종 비타민과 효소, 치네올 성분 등을 함유하고 있어서 지혈, 살균작용을 하고 모세혈관의 투과성을 억제한다. 특히 치네올 성분은 중추신경을 흥분시키는 작용을 해 활동이 약한 조직 장기의 기능을 정상화시키며 공해물질과 노폐물이 쌓이지 않도록 내보내고 혈액을 정화하는 등 중요한 역할을 한다.

일반적으로 쑥은 냉이와 같은 성분과 약효를 가지고 있고 정장작용이 크며 변비와 설사에도 잘 듣는다. 그래서 말린 쑥잎 10~15g 정도를 끓여 마시면 좋은데 이때 생강 한 덩이를 함께 넣어 진하게 달여 마시면 설사에 특효약이 된다.

혹은 쑥과 질경이를 각각 10~15g씩 3홉의 물로 달여 2홉으로 졸여지면 여기에 생강을 다져서 넣고 다시 끓여서 나누어 복용해도 좋다.

치주염이나 치질도 빈혈의 원인이 되나요? QA

남성에 비해 여성이 빈혈에 걸리기 쉬운 것은 월경으로 인해 철분이 부족해지기 쉽기 때문이다. 하지만 이유는 이것만이 아니다. 여러 가지 이유를 들 수 있는데, 치주염과 치질 등 간단한 질병으로 인해 빈혈이 생기기도 한다.

치주염에 걸리면 잇몸이 부어서 이를 닦는 것만으로도 출혈을 하고 만다. 이를 닦는 동안 치약의 거품이 분홍색으로 되었다면 출혈이 되고 있다는 증거. 별 것 아니라고 생각할 수 있지만 방치해 두면 점점 철분 부족이 진행되어 간다. 또 간단하게 생각해 버리기 쉬운 것이 치질에 의한 출혈. 젊은 여성의 경우 전혀 상관없는 일이라고 생각할 수 있지만 임신을 하면 자궁이 커져서 항문 주변의 혈관을 압박하기 때문에 출산을 계기로 치질에 걸리는 여성들이 의외로 많다고 한다. 치질도 그대로 방치해 두면 철분 부족의 원인이 된다.

밤

암죽을 만들어 먹는다

밤에는 위장 기능을 강화하는 동시에 소화가 잘 되는 당질이 많이 함유되어 있으며, 비타민 B_1은 쌀보다 4배나 많고 비타민 C도 매우 많다. 그래서 배탈, 설사, 식욕 부진 등에 밤을 약용한다.

우선 밤을 꿀물에 졸여 먹는 방법이 있는데 이렇게 해 먹으면 정장작용이 뛰어나다. 또는 날밤을 물에 담갔다가 갈아서 그 즙에 물을 넣고 저으면서 익히면 도토리묵 같은 묵이 되는데 이것을 간식으로 먹어도 좋다.

또한 밤의 겉껍질이나 속껍질도 끓여 마시면 설사에 도움이 되므로 밤은 버릴 것이 거의 없는 좋은 식품이다.

죽순

죽순회를 만들어 먹는다

죽순에는 단백질 외에 비타민 A · B_1 · B_2, 무기질이 조금씩 들어 있어 영양 면에서는 그다지 가치가 없지만 식물성 섬유가 매우 풍부하여 유산균과 같은 유익한 세균이 번식하는 것을 도와 장을 튼튼하게 해주므로 정장작용에 뚜렷한 효과가 있다.

죽순을 조리할 때는 쌀겨나 쌀뜨물에 담가 좋지 않은 성분인 수산이 잘 녹아 나오게 한다. 이렇게 하면 죽순에 들어 있는 여러 성분이 산화되는 것을 방지하게 되며, 쌀겨 안에 있는 효소의 작용으로 죽순이 부드럽게 되어 훨씬 맛이 좋아진다.

단, 조리할 때 주의할 점은 죽순은 생장 중에 있는 어린 식물이기 때문에 시간이 흐를수록 많은 양의 아미노산과 당질을 소모하고 맛도 떨어지므로 수확 후에 되도록 빨리 조리하든가 가공하는 것이 좋다.

죽순 요리로서는, 삶은 죽순을 가늘게 썰어 넣은 죽순밥이 별미이고, 죽순을 살짝 절여 초고추장에 버무려 먹는 죽순회도 권할만한 음식이다.

죽순회 만들기

재료 죽순 3개, 오이 1/2개, 당근 1/3개
죽순 양념 식초, 소금, 식초, 설탕 조금씩
초고추장 양념 고추장 2큰술, 식초 3큰술, 다진 마늘 1/2큰술, 설탕 1큰술, 깨소금, 소금 조금씩

❶ 죽순은 세로로 썰어 끓는 물에 살짝 데쳐 찬 물에 하루 정도 담가 알싸한 맛을 우려 낸 후 사이다, 소금, 설탕을 넣어 무친 후 30분 정도 쪄서 물기를 빼낸다.
❷ 오이와 당근은 죽순과 비슷한 크기로 썰어 소금에 살짝 절인다.
❸ 초고추장을 분량대로 섞어 죽순, 오이, 당근을 넣고 버무린다.

암 예방에는

표고버섯 · 고구마 · 달래 · 브로콜리를 먹는다

*

Dr. 어드바이스

암을 예방하기 위해서는 평소의 식생활 중 녹황색 채소가 중요한 역할을 하는 것으로 알려져 있다. 이유는 녹황색 채소 중에 풍부하게 함유된 비타민 A와 C, 그리고 카로틴이나 섬유소 같은 성분들이 우리 체내에서 암세포의 발육 억제, 종양 축소, 제암 효과 등을 내고 있기 때문이다. 실제로도 채소 식이요법으로 암을 치료했다는 사례 발표가 많이 있는데, 이러한 채소의 항암 성분들이 조리할 때 손실되지 않게 하고, 다른 항암식품과 조화를 이뤄서 효과를 더 높일 수 있는 요리법도 알아 둘 필요가 있다.

무 잎

참기름에 볶아서 먹는다

무 잎에는 암 예방에 도움이 되는 비타민 A · C를 많이 함유하고 있다. 이 영양소들을 잃지 않고 잘 조리해 먹기 위해서는 우선 소금을 넣은 뜨거운 물에서 삶는다.

소금은 비타민 C가 물 속으로 유출되는 것을 막아 주는 작용을 한다. 그리고 무 잎에 다량 함유된 카로틴은 체내에서 비타민 A로 전환되는데 이 카로틴의 흡수를 좋게 하려면 참기름을 듬뿍 친다. 여기에 참깨를 뿌리면 비타민 E까지 보급해 주는 셈이 되어 암 예방을 위한 좋은 음식이 된다.

달래

무치거나 생으로 먹는다

「본초습유」라는 의서에는 '달래는 적괴를 다스리고 부인의 혈괴를 다스린다' 고 하였는데, '적괴' 란 암, 종양 등을 뜻하고 '혈괴' 란 부인과 계통의 암이나 종양 또는 어혈 응어리를 뜻한다. 그래서 달래는 암 예방에 이용되고 있다. 달래를 달여 마셔도 되고, 뿌리를 검게 구워 먹기도 하며 초된장무침이나 나물무침 등을 해서 먹어도 되고, 하얀 뿌리를 죽속에 넣어 먹기도 한다.

혹은 뿌리와 잎을 두들겨서 잘라 소금으로 비벼 매실초 1, 초장 2, 그리고 꿀을 적당량 넣어 만든 식초에 담가 15일 정도 지나서 먹어도 좋다.

표고버섯

꿀물에 재었다가 볶아 먹는다

표고버섯의 항암 효과는 이미 잘 알려진 사실이다. 표고버섯 말린 것을 꿀에 재었다가 볶아 먹으면 더욱 효과가 크다.

단, 표고버섯은 햇볕에 말려야 비타민 D 전구체가 형성되고 표고버섯의 각종 약효도 잘 살아난다. 그러나 현재 시판되고 있는 표고버섯은 거의가 전기로 말리므로 생버섯을 골라 햇볕에 말려 사용하는 것이 좋다.

우엉

식촛물에 담갔다가 조리한다

예로부터 우엉은 신진대사를 높여 주고 오래 된 피를 없애 준다 하여 건강식품으로 알려져 왔는데 최근에는 암 예방에도 효과적이라는 설이 나오고 있다.

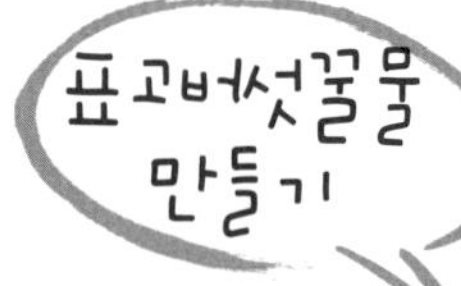

❶ 생표고버섯 80g을 실에 꿰어 햇볕에 바짝 말린다.
❷ 말린 표고를 깨끗이 씻어 꿀물에 푹 담근다. 꿀물은 진할수록 좋고 200㎖ 정도의 양이면 된다.
❸ 꿀물에 잠긴 표고가 3~4일 동안 완전히 꿀물을 흡수하여 탱탱하게 부풀어 오르면 프라이팬에 넣고 타지 않을 정도로 바싹 굽듯이 볶는다.
❹ 볶은 표고버섯을 분마기로 갈아 1일 40g을 여러 횟수로 나누어 온수로 복용하거나, 혹은 생수 한 잔에 식초를 3~4 작은술 정도 섞어 그 물로 복용한다.

우엉에 함유된 섬유소는 장의 운동을 촉진시켜 변을 잘 나오게 하는 것 외에 콜레스테롤이나 유해 물질을 흡착해서 몸 밖으로 배출시키는 작용도 한다. 이 때문에 대장암이나 동맥경화를 비롯한 여러 가지 병의 예방에도 효과가 있다.

최근에는 우엉의 리그닌이라는 섬유질에 항세균 작용이 있어서 암 세포 발생 방지에도 효과적이라는 사실이 알려졌다. 리그닌은 자른 면에서 많이 나오므로 어슷썰기를 해서 표면적을 넓게 만들어 잠시 동안 식촛물에 담가두면 변색하지 않아 이용하기에 좋다.

그리고 우엉의 탄수화물 대부분이 몸 안에서 포도당으로 바뀌기 어려운 것이어서 당뇨병인 사람도 안심하고 먹을 수 있는 식품이다.

고구마

생으로 먹는다

고구마에 함유된 영양소 중에서 가장 주목되는 것은 카로틴이다. 카로틴은 색소의 일종으로 α, β, γ 세 종류의 카로틴이 있는데, 고구마에 함유된 것은 β 카로틴으로 비타민 A가 2개 결합된 것 같은 형태를 하고 있어 소장의 점막을 통과할 때 효소의 작용으로 비타민 A로 변화된다.

비타민 A는 세포의 노화를 방지하여 생기 있고 활성적인 세포로 만들므로 암을 예방할 수 있는 것이다.

군고구마, 찐고구마로 섭취해도 좋지만 생고구마 그대로 섭취하는 것이 좋다. 왜냐하면 칼륨을 비롯한 여러 가지 성분들이 생것일수록 파괴되지 않기 때문이다.

양파

생즙을 내서 먹는 게 더 좋다

양파의 발암 억제작용을 효과적으로 이용하려면 날것으로 먹는 것이 좋다. 왜냐하면 날것에는 효소가 들어 있기 때문인데, 소화흡수를 돕고 세포에 날마다 새로운 영양을 공급하도록 도와주는 구실을 한다. 그런데 이 효소는 온도에 예민하여 약간의 열에서도 작용이 약해지거나 파괴되어 버리므로 조리를 하면 그 효용이 떨어지게 된다.

그러므로 양파 날것을 그대로 씹어 먹거나 즙을 내서 마신다.

브로콜리

양파를 넣어 볶음을 한다

브로콜리는 비타민 A와 C의 함유량이 높아 암 예방에 좋은 식품이다. 이처럼 암 예방에 효과가 있는 브로콜리로 피클을 만들어 먹으면 효과를 볼 수 있다.

브로콜리피클 만들기

재료 브로콜리 300g, 월계수잎 1장, 마늘 3쪽, 정향 · 통후추 10개씩, 홍고추 2개, 양파 1/4개

식촛물 식초 · 물 1컵씩, 소금 1/5컵, 설탕 1/2컵

❶ 브로콜리는 작게 떼어 끓는 물에 소금을 넣고 데친 후 냉수에 담가 놓는다.

❷ 마늘은 편으로 썬 후 다시 채썰고 양파도 채썬다.

❸ 홍고추는 둥글게 썰어 씨를 털고 채썬다.

❹ 냄비에 물을 담고 소금, 설탕을 넣고 한소끔만 끓이다가 식초를 넣어 한번 더 끓인다.

❺ 뚜껑이 있는 병에 브로콜리를 담고 정향, 통후추, 채썬 마늘, 양파, 홍고추, 월계수 잎을 넣은 후 끓여 놓은 식촛물을 붓고 밀봉한다.

위염·위궤양 예방에

양배추·석류씨·연근 을 먹는다

Dr. 어드바이스

위의 점막이 헐어서 생기는 위염이나 위산과다로 인한 궤양과 출혈에는 먼저 의사의 정확한 진단과 함께 평소 식생활에 유의할 필요가 있다. 식생활요법으로는 위점막 재상에 효과 있는 비타민 K와 비타민 U가 많이 함유된 식품이나 소염작용이 있는 타닌과 철분 성분을 섭취하도록 한다. 그리고 소화 작용이나 위장 정화작용을 하는 식품도 도움이 되므로 잘 이용한다.

양배추

즙을 만들어 마신다

양배추에는 위나 십이지장의 헐은 점막을 재생시켜 주고 궤양 치료에 효과가 있는 비타민 K와 U가 많이 들어 있다. 삶거나 익히면 U가 파괴되므로 생으로 먹는 것이 더 큰 효과를 기대할 수 있다.

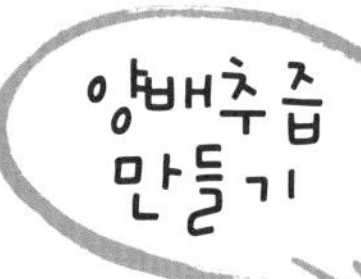

❶ 양배추를 가늘게 채 썰어 주서에 넣어 즙을 짜낸다.
❷ 받아 낸 양배추즙을 냉장고에 보관해 두고 먹을 때마다 따끈할 정도로 데워서 마신다. 1회 복용량은 1컵 정도.

위·십이지장궤양의 치료를 위해 약용으로 사용할 때는 분마기나 믹서에 양배추를 갈아 그 생즙을 따뜻하게 데워 10일 정도 계속해서 식전에 마시면 가벼운 궤양 증세에 좋은 효과를 나타낸다. 증세가 심하면 복용기간을 조금 더 늘리도록 한다.

유자

된장을 만들어 밥에 얹어 먹는다

유자는 가을에 밀감보다 큰 과실이 맺어 누렇게 익는데, 겉은 우툴두툴하다. 이것을 쪼개면 향기가 높으며, 12개의 쪽이 들어 있고, 한쪽 속에는 두세 개의 씨가 들어 있다.

「일화본초」에서는 유자가 소화와 숙취에 좋으며 장과 위의 나쁜 기를 없애고 임신부의 입맛을 돋운다고 했다. 또한 「본초강목」에

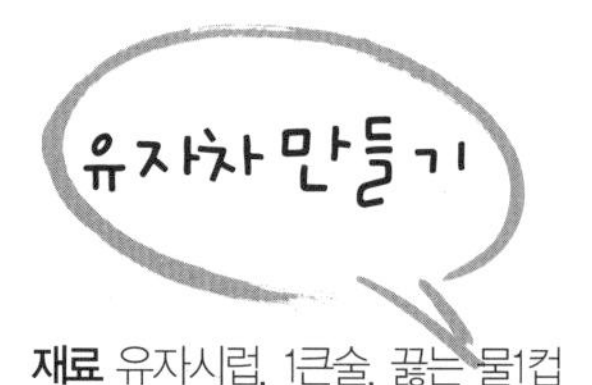

재료 유자시럽, 1큰술, 끓는 물1컵

❶ 유자를 얇게 썰어 유자 1켜, 꿀 1켜 순으로 켜켜이 담고 밀봉해서 서늘한 곳에 15일 정도 둔다.
❷ 더운물에 유자시럽 1작은술을 풀어 먹는다.

서도 유자껍질이 음식을 소화시키고 속을 좋게 하며 나쁜 기를 흩어지게 하고 가래를 삭힌다고 했다. 그래서 유자는 위염을 비롯한 소화기 장애에 쓰여 지고 있다.

유자를 꿀에 재어 두었다가 뜨거운 물에 타서 먹어도 좋고 껍질과 과육을 졸여 잼을 만들어 먹기도 하며 뜨거운 장국 속에 유자 껍질을 조금 띄워 먹어도 좋다.

석류씨

가루 내어 양배추 주스에 섞는다

위가 좋지 않아 설사가 있으면 석류 한 개를 태워 하룻밤 두었다가 화기를 빼고 가루 내어 먹거나, 석류 껍질을 볶아 가루 낸 것을 미음으로 만들어 먹는다. 이는 석류가 수렴 작용이 강하기 때문이다.

그리고 만성 위염에는 석류씨를 말려서 가루 내어 양배추 주스에 타서 마시면 좋다. 양배추는 원기를 돋우고 정신을 침착하게 하며 이온과 염소가 많아 위장 정화작용과 함께 노폐물을 체외로 배출시킨다. 또 비타민 U 성분이 있어 궤양에도 좋다.

연근

반찬을 만들어 먹는다

연근에는 철분과 비타민 B_{12}, 타닌 성분이 풍부하게 함유되어 있는데, 철분과 타닌 성분은 소염 작용이 뛰어나 점막 조직의 염증을 가라앉혀 주므로 위염 · 위궤양 · 십이지장궤양에 효력을 발휘하며 코피를 자주 흘릴 때도 효과가 있다.

우선 연근의 껍질을 벗기고 얇게 썰어 식촛물에 담갔다가 뜨거운 물에 살짝 삶아서 찬물에 씻은 후 연근조림을 만들어 먹는다.

재료 연근 300g, 식초 1/2큰술, 마른 고추 1개, 마늘 1쪽,
조림장 간장 3큰술, 설탕 2큰술,
청주 2큰술, 다시마 물 2컵, 물엿 1큰술,
통깨 조금

❶ 연근은 껍질을 벗기고 얇게 썰어 식초 물에 담갔다가 뜨거운 물에 살짝 삶아 찬물에 씻는다.
❷ 냄비에 연근을 넣고, 조림 간장 재료를 섞어 연근 위에 끼얹으면서 간이 고루 배게 조린다.
❸ 연근이 조려지면 마지막에 물엿을 넣고 아래 위로 섞어 잠깐만 더 조린다.

4

저혈압 예방에

양상추 샐러드 · 마늘꿀환 · 호박씨를 먹는다

Dr. 어드바이스

저혈압은 주로 혈액순환이 잘 되지 않아 손발이 차고 머리가 무겁고 현기증, 심계항진 등의 증세가 나타나는 질병이다. 그러므로 평소 혈액 중의 콜레스테롤을 제거해 신진대사를 활발하게 하고 몸을 따뜻하게 해주는 식품을 꾸준히 섭취할 필요가 있다. 또한 빈혈을 해소하고 몸의 활력을 높이기 위해 무기질, 철분, 비타민, 단백질 공급도 충분히 해야 한다.

마늘

마늘꿀환을 만들어 먹는다

마늘에는 특유의 영양소인 생리 활성물질이 들어 있는데 이것은 스코르디닌이라는 물질로 내장을 따뜻하게 하고 신진대사를 높여 저혈압 증세를 개선해 준다.

또한 마늘에는 단백질, 당질, 비타민 B_1 · B_2 · C, 칼슘, 인, 철분, 등이 풍부하며 보온 효과와 강한 살균작용이 있어 감기나 냉증에도 효과적이다.이처럼 약효 성분이 높은 마늘을 껍질째 끓는 물에 15분 정도 삶아 하루 1회, 식사 전에 2쪽씩 매일 먹으면 혈액순환이 원활하지 않아 손발이 찬 저혈압 증세를 치료하는 데 도움이 된다. 이 방법 이외에 마늘꿀환을 만들어 먹는 것도 좋다.

호박씨

말린 것을 볶아서 먹는다

호박씨에는 단백질, 지방, 비타민 B_1, 칼슘,

재료(1개월분) 마늘 1통, 꿀 1컵, 검은깨 8큰술

❶ 마늘은 껍질을 깨끗이 벗겨 씻은 다음 물기를 닦아 분마기에 곱게 간다. ❷ 검은깨는 물에 깨끗이 씻어 체에 밭쳐 물기를 충분히 제거하고 잘 볶아서 그릇에 담은 후 갈아 놓은 마늘과 꿀을 함께 섞어 둔다. ❸ 검은깨 · 꿀 · 마늘을 충분히 섞어 시원한 곳에 두었다가 손톱 크기만 하게 환을 빚어서 서로 붙지 않게 잘 펴서 서늘한 곳에 1개월 정도 보관한다.

인의 함량이 뛰어난데, 여기서 지방의 형태는 주로 리놀레산으로서 혈액 내의 콜레스테롤을 낮춰 주며 혈액순환을 돕고 저혈압 개선에도 효과가 있다.

시중에 나와 있는 말린 호박씨를 볶아서 먹거나, 볶아서 파는 호박씨를 그대로 먹어도 좋다.

호박씨를 많이 먹으면 저혈압 개선은 물론 구충제로서도 한몫을 톡톡히 하므로 매일 매일 조금씩 먹으면 기생충 예방도 된다.

검은콩

볶아서 소주에 담갔다가 마신다

검은콩은 리신, 아스파라긴신 등의 필수 아미노산의 함량이 높고 비타민 B_1이 다른 곡류보다 풍부하게 들어있다.

그리고 콩의 지방질 형태는 거의가 리놀레산인데, 이는 혈액 내 콜레스테롤이 쌓이는 것을 막아주어 혈액순환과 신진대사를 활발하게 한다. 그래서 평소 동맥경화나 저혈압이 신경 쓰이는 사람들은 검은콩을 술에 담가 조금씩 마시면 효과를 볼 수 있다.

❶ 검은콩은 볶아 손으로 잘 비벼서 껍질을 벗긴다.
❷ 볶은 콩을 병에 담고 콩 분량의 2배 만큼의 소주를 부어 뚜껑을 꼭 덮은 다음 어둡고 서늘한 곳에 보관한다.
❸ 2~3개월쯤 지나면 건더기는 걸러 버리고 술만 부어 하루에 1~2잔씩 마신다.

건강에 좋은 이야기 하나 더!

혈압이 낮은 사람은 건포마찰을 해 본다

몸의 다른 고장 없이 단지 혈압이 낮다는 것만으로는 저혈압이라고 할 수 없다. 오히려 중년 이후의 사람은 혈압이 좀 낮은 편이 무난할 정도. 하지만 혈압이 너무 낮아서 여러 가지 괴로운 증세가 생길 때는 저혈압증으로 생각해야 한다. 저혈압증은 피로하기 쉽고, 두통이 나고, 가슴이 두근거리고, 귀가 울리고, 가슴이 답답하고, 불면증, 권태감 등이 생기며 만사에 기운이 없어 소극적이 되기 쉽다.

최고 혈압이 90 이하면서 최저혈압과의 차이가 10 정도밖에 되지 않는 경우는 진찰을 받도록 한다. 체질적인 원인이 가장 많기 때문에 규칙적인 생활과 운동, 정신적인 안정 등 일반적인 건강상태를 향상시키는 것이 무엇보다 중요하다.

목욕을 하면서 마사지를 통해 혈액순환을 촉진해 주든가, 아침에 마른 수건으로 몸 전체를 마찰하는 건포마찰도 효과가 있다. 또 알로에 잎을 손바닥만하게 썰어서 푸른 껍질을 깎고 속의 흰 젤리 상태의 것을 매일 세 번씩 먹으면 효과가 있다.

03

이런 증세에 이런 녹즙을 마신다

야채나 산채에 들어 있는 좋은 성분을 농축된 상태로 섭취할 수 있는 방법이 녹즙을 내어 마시는 것이다. 증세에 따라 한 가지, 또는 두 가지 이상의 성분을 섞어 약효를 높이는 쉬운 방법이기도 하다. 증세와 체질에 맞는 것을 선택, 아침저녁 공복에 습관적으로 마시기를 계속해 보자. 자신도 모르는 사이에 건강한 생활을 유지할 수 있을 것이다. 날것을 갈아 마셔야 하므로 공해 없이 자란 무공해 재료를 선택하고 싱싱하게 보관해서 좋은 성분들이 파괴되지 않도록 주의해야 한다.

간 기능에 도움이 되는 녹즙

토마토와 호박 등의 녹황색 채소즙에는 손상된 간세포의 회복에 좋은 비타민 A · C가 풍부하며 사과나 레몬즙에는 신진대사에 좋은 유기산이 풍부해 간의 회복을 빠르게 해준다. 그리고 우유나 달걀 속의 단백질도 함께 섭취하면 간세포 생성에 많은 도움이 된다

토마토 호박즙

신진대사를 도와준다

토마토 · 호박즙에는 세포 점막을 건강하게 회복시켜 주는 비타민 A와 C가 들어 있고, 에너지 공급에 꼭 필요한 탄수화물 그리고 지방 · 단백질을 에너지로 환원시켜 주는 비타민 B_1 · B_2 성분도 풍부하게 함유되어 있다. 또한 신진대사에 좋은 구연산, 사과산 등이 다양하게 들어 있어 간의 회복을 빠르게 해준다.

이렇게 만드세요

재료 단호박 100g(대략 한 손에 들어가는 정도의 크기임), 토마토 2개, 마늘 1쪽, 소금 · 후춧가루 조금씩, 얼음조각 적당량

❶ 단호박은 껍질을 제거하여 한입 크기로 썰고 마늘은 껍질을 벗겨 삶는다. 토마토는 꼭지를 따고 뜨거운 물에 살짝 굴려 껍질을 벗긴 다음 한입 크기로 썬다.

❷ 준비된 재료를 믹서에 간 다음 소금과 후춧가루로 맛을 낸다.

푸른잎 채소 녹즙

각종 비타민이 간 기능을 돕는다

여러 종류의 푸른잎 채소를 이용해 각종 비타민과 무기질을 강화시키면 간 보호에 효과적이다. 여기에 꿀을 첨가하여 즙으로 만들어 먹으면 채소 특유의 냄새를 없애 주므로 맛있게 먹을 수 있다.

이렇게 만드세요

재료 양배추 잎 1/2장, 평지 1/4단, 파슬리 1장, 사과 1개, 레몬 1/2개, 셀러리 1/3대, 꿀 2큰술

❶ 양배추, 평지(유채), 파슬리는 잘 씻어 놓고 사과는 껍질을 벗긴 후 씨를 뺀다. 레몬은 즙 짜는 기구로 즙을 짜고, 셀러리는 섬유질 줄기를 벗기고 씻어 적당한 크기로 썬다.

❷ 준비한 재료와 꿀을 믹서에 함께 넣고 간다.

달걀 바나나즙
간 기능 회복을 돕는다

바나나의 당질(탄수화물)은 에너지 공급에 꼭 필요한 성분으로 간 기능 회복을 도와준다. 그리고 달걀노른자와 우유의 단백질은 간세포 생성에 좋다. 여기에 럼주를 몇 방울 떨어뜨리면 각종 영양분의 흡수가 좋아진다.

이렇게 만드세요

재료 바나나 1개, 달걀노른자 1개, 우유 1컵, 설탕 1큰술, 콘스타치(옥수수 녹말) 1큰술 반, 생크림 1큰술, 럼주 조금

❶ 바나나, 달걀노른자, 우유, 설탕을 믹서에 넣고 간다.

❷ 적은 양의 물에 녹인 옥수수 녹말가루와 갈아 놓은 재료를 냄비에 넣고 걸쭉해질 때까지 나무주걱으로 저으면서 뭉근히 끓인다.

❸ 걸쭉한 상태가 되면 불에서 내리고 생크림과 럼주를 조금씩 섞는다.

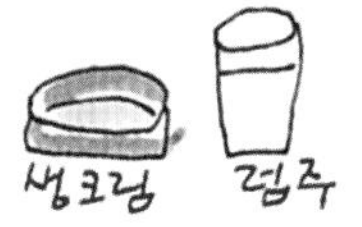

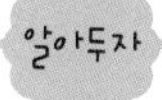

간 기능에 이상이 오면 이런 증세가 나타난다

권태감과 식욕부진은 간염의 대표적인 증세다. 이유 없는 피로감이 계속될 때는 간의 이상을 의심해본다.

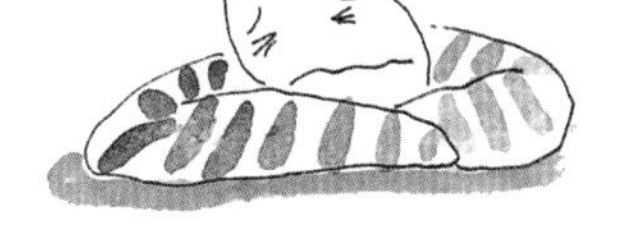

●급성간염

특징적인 증세로는 황달, 간장의 부기, 오른쪽 늑골 밑의 불쾌감을 들 수 있다.

A형 간염 : 갑자기 발병하는데, 만성화될 가능성은 별로 없다.

B형 간염 : 서서히 증세가 나타나며 때로는 중증인 경우가 있고 만성화되기 쉽다.

비A비B염 : 대부분 서서히 증세가 나타난다. 때로 중증의 예가 있으며 만성화되기도 한다.

●만성간염

피로감, 나른한 느낌, 식욕감퇴, 구토증을 느끼게 된다. 또한 무리한 여행이나 심한 운동, 음주로 간장에 부담을 주면 소변이 진하고 피부도 노란빛을 띠게 된다.

간의 기능을 돕는 생활습관

●과로, 과음을 피한다

폭음이나 폭식, 특히 안주도 없이 빈속에 많은 술을 마시는 경우에 간에 무리가 오기 쉽다. 또 쌓인 피로를 풀지 못하고 계속 과로를 하는 것도 간을 힘들게 하는 일이다.

과로를 피하는 것은 간을 보호하는 기본적인 원칙이다. 술이나 담배를 즐기지 않는 사람이라도 무리하게 과로를 하게 될 때에는 간에 무리가 갈 수 있다. 또 걱정스러운 일이 있어 초조하고 불안해하는 상태가 계속되면 정신적인 피로가 몸에 영향을 미친다. 마음을 편안하게 갖고 숙면을 취하며 신체적으로·무리하지 않도록 조심하는 것이 좋다.

●규칙적인 식습관도 중요하다

몇 끼씩 제대로 먹지 않다가 한꺼번에 몰아서 먹는다든지 먹을 때 소화에 무리가 갈 정도로 많이 먹는 등의 식습관은 소화기뿐만 아니라 간에도 무리를 준다. 특히 영양의 균형이 깨져 간에서 필요로 하는 단백질을 충분히 공급해 주지 못하면 간의 기능은 약화될 수밖에 없다. 따라서 각각의 영양소가 충분히 공급되도록 하루 세끼를 규칙적으로 먹는 습관이 중요하다.

●소화기의 건강도 간에 영향을 미친다

변비가 있으면 장에서 분해, 흡수되어야 하는 성분들이 정상적인 분해과정을 거치지 못하고 유독 성분이 되어 간에까지 안 좋은 영향을 미친다. 성급한 마음에 변비약을 복용하기보다는 섬유질 식품이나 냉수 등을 섭취해 자연스럽게 변비를 해소하는 것이 좋다.

감기치료에 좋은 녹즙

감기에는 여러 증세가 나타나는데 열이 높아져 비타민 C가 많이 필요할 때는 감즙이나 칡가루 귤즙을 마신다.

순무 녹즙은 기침 · 가래를 삭히는 데 도움이 되고 칡가루나 생강에는 발한 · 해열 작용이 있어 감기에 좋다

곶감즙

바이러스 침투를 막아 준다

감기에 가장 영향력이 있는 영양소 중의 하나는 비타민 A이다. 비타민 A는 각 신체 기관의 세포 점막을 튼튼하게 해줘 감기 바이러스가 침투하는 걸 막아 준다.

이렇게 만드세요

재료 곶감(중간 크기) 2개, 물 2컵 반

❶ 씨가 있는 곶감은 씨를 뺀다.

❷ 냄비에 손질한 곶감과 물을 넣고 나무 주걱으로 으깨면서 수분이 반으로 줄어들 때까지 조린다.

칡가루 귤즙

발한 · 해열 작용이 있다

칡가루(갈분)나 생강에는 강한 발한 · 해열 작용이 있어서, 땀을 내고 열을 떨어뜨리며 신진대사를 활발하게 하므로 감기 초기의 증세인 오한에 특별한 효과가 있다. 여기에 비타민 C가 풍부한 귤을 넣어 감기 증세에 더욱 효과가 있도록 했다.

이렇게 만드세요

재료 귤 2개, 칡가루(갈분) 2큰술, 물 2컵, 설탕 1큰술, 생강즙 1작은술

❶ 귤을 반으로 잘라 즙 짜는 기구로 즙을 낸다.

❷ 칡가루(갈분)와 물을 냄비에 넣고 걸쭉해질 때까지 끓인 다음 설탕을 넣고 섞는다.

❸ 어느 정도 식은 상태에서 귤즙을 첨가한 후 끝으로 생강즙을 섞는다.

구아바즙

열이 높아질 때 좋다

체온이 1℃ 높아질 때마다 비타민 C의 필요량은 25%씩 많아지므로 열이 날 경우 비타민 C가 풍부한 구아바즙을 만들어 마시면 섭취하기에도 좋고 체내 흡수율도 높아진다.

이렇게 만드세요

재료 구아바 4개, 설탕(또는 꿀) 2큰술, 뜨거운 물 1컵

❶ 구아바의 껍질을 벗긴 다음 과육을 도려낸다.
❷ 도려낸 과육과 설탕을 함께 믹서에 넣고 간다.
❸ 그릇에 믹서에 간 구아바즙을 담고 더운 물을 따른다.

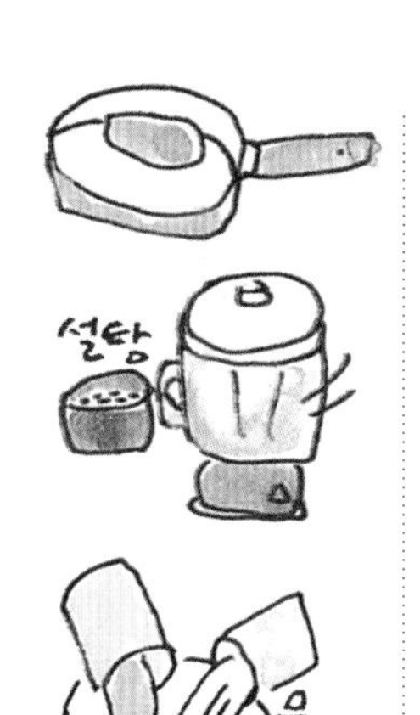

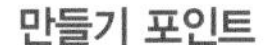

만들기 포인트
부드럽게 먹고 싶으면 설탕보다 꿀을 사용하고 차게 해서 마시고 싶으면 얼음 조각을 띄운다.

무 녹즙
기침 · 가래를 삭힌다

감기에 걸리면 체력 소모로 인해 소화가 잘 안 되는 수가 있다. 이때 디아스타제라는 소화 효소가 들어 있는 무를 이용하면 좋은데, 중국의 의서 〈본초강목〉에 의하면 무는 '기침을 멎게 하고 가래도 삭히고 입 안의 갈증을 풀어준다' 고 했다.

여기에 당질이 많아 소화흡수가 잘 되는 사과와 귤을 넣어 체력이 떨어진 감기에 도움이 되도록 했다.

이렇게 만드세요
재료 무(잎째) 150g, 사과 1/2개, 귤 1/2개, 꿀 1큰술
❶ 무 잎과 뿌리는 깨끗이 씻는다.
❷ 사과는 씻어 껍질째, 귤은 겉껍질만 벗겨 무와 함께 모두 적당한 크기로 썬 다음 녹즙기에 넣고 갈아 마신다.

알아두자

아기 기침이나 가래를 가라앉히는 방법

가끔씩 어린 아기가 기침을 할 경우가 있다. 이럴 때 바로 의사에게 달려가기보다는 우선 마음을 가라앉히고 아기의 상태를 주의 깊게 관찰한 후 집 안에서 조용히 지내도록 해준다.

❶ 아기를 세워 안고 등을 두드리거나 가만히 어루만져 준다.
❷ 가습기나 물주전자로 방의 습도를 60~65% 정도까지 높인다.
❸ 방을 깨끗이 청소하고 자주 환기한다.
❹ 침구도 햇볕에 말려 청결히 해준다.
❺ 김이 나는 뜨거운 수건을 얼굴 가까이에 대어 김을 쐬어 주면 가래가 가라앉는다.

감기를 예방하는 생활습관

감기는 일 년에도 두세 번씩 걸리는 경우가 많기 때문에 대수롭지 않은 병으로 생각되지만 약을 먹어도 좀처럼 쉽게 낫지 않고 며칠씩 괴로운 증세가 계속되는 등 골치 아픈 병이다. 시판되는 감기약은 대부분 겉으로 드러나는 증세를 완화시키는 효과가 있을 뿐 근본적인 치료약은 아니므로 맹신하는 것은 곤란하다. 감기에 걸리지 않도록 스스로의 자연치유력을 키워 감기를 예방하는 것이 바람직하다.

●고른 영양 섭취
감기의 원인은 바이러스 감염으로, 과로나 영양 부족 등의 이유로 체력이 약해졌을 때 자연치유력이 떨어져 쉽게 감염된다. 평소에 무리하지 않도록 조심하고 충분한 영양을 섭취하도록 한다. 평상시에 잘 먹고 잘 자고 체력에 무리가 없도록 조심하고, 또 피로회복에 도움이 되는 비타민 C나 B군을 섭취해 영양 밸런스가 깨지지 않도록 한다.

●건포마찰
마른수건으로 건포마찰을 하거나 냉온욕을 하면 혈액순환이 좋아지고 급격한 온도 차에 적응하는 능력이 생겨 감기 예방에 도움이 된다.

●양치질
외출하고 돌아와서 씻고 양치질을 하는 것이 감기 예방에 도움이 된다는 것은 이미 잘 알려진 사실. 간단한 것 같지만 의외로 꾸준히 실천하기가 쉽지 않다. 반드시 손발을 깨끗이 씻고 양치질을 할 때는 맹물로 하기보다 약간 간간할 정도의 소금물을 사용하면 더욱 효과가 있다.

갱년기장애 예방에 좋은 녹즙

갱년기장애로 빈혈일 때는 철분이 많이 들어 있는 시금치 자두즙을, 노화 방지에는 사과, 오렌지 등 비타민 C가 풍부한 과일을 즙으로 마신다. 밀의 씨눈인 배아를 우유와 함께 즙으로 마셔도 좋다

시금치 자두즙

빈혈 예방, 신진대사에 좋다

갱년기가 되면 신진대사가 떨어지며 빈혈이 생기기도 한다. 이때 시금치 자두즙을 마시면 빈혈이나 신진대사에 도움이 된다. 시금치는 비타민 C뿐만 아니라 철분이 풍부해 빈혈 예방에 좋으며 자두에는 철분뿐만 아니라 신진대사에 좋은 유기산이 많이 들어 있어 특히 노인성 빈혈이 있는 사람에게 잘 어울리는 식품이라 할 수 있다.

이렇게 만드세요

재료 시금치 1/4단, 사과 1개, 자두 4개

❶ 시금치를 잘 씻어서 뿌리 부분은 잘라내고 뜨거운 물에 살짝 데쳐 낸다.

❷ 사과는 껍질을 깎고 씨는 도려내어 한 입 크기로 자른다.

❸ 시금치, 사과 그리고 씨를 뺀 자두를 믹서에 넣고 간다.

만들기 포인트

시금치를 생식하고 싶으면 데치지 않아도 된다.

비파 오렌지즙

신체의 이상 흥분을 가라앉혀 준다

갱년기가 되면 정신 불안이나 현기증, 초조감이 생기는데 비파는 기분을 안정시켜 주며 신체의 이상흥분을 가라앉혀 준다. 그리고 비타민 C가 풍부한 오렌지와 유기산이 많이 함유된 사과를 함께 섞어 마시면 노화된 세포를 활성화시키고 신진대사에 도움을 준다.

이렇게 만드세요

재료 비파 4개, 사과 1개, 오렌지 1개

❶ 비파는 껍질을 벗기고 씨를 뺀다. 사과는 껍질을 깎고 씨를 제거해 한입 크기로 썬다.

❷ 오렌지는 반으로 잘라 즙 짜는 기구로 짜낸다.

❸ 비파, 사과, 오렌지즙을 믹서에 넣고 간다.

당근과 밀 배아즙
호르몬 분비를 원활하게 한다

밀의 씨눈인 배아에는 비타민 E가 매우 풍부해 호르몬 분비를 원활하게 해주고, 비타민 A의 보고로 알려진 당근은 노화된 세포를 새로운 세포로 활성화시키는 데 꼭 필요한 으뜸 식품이다. 여기에다 단백질, 칼슘이 풍부한 우유를 섞어 갱년기 증상에 좋은 건강 음료로 만들어 보자.

이렇게 만드세요

재료 당근(중간 크기) 1/2개, 우유 1/2컵, 배아 2큰술

❶ 당근은 껍질을 벗겨 강판에 간다.
❷ 갈아 놓은 당근과 우유, 배아를 잘 혼합한다.

만들기 포인트

많은 양을 만들 때는 당근을 토막 내서 우유와 배아와 함께 믹서에 갈아도 좋다.

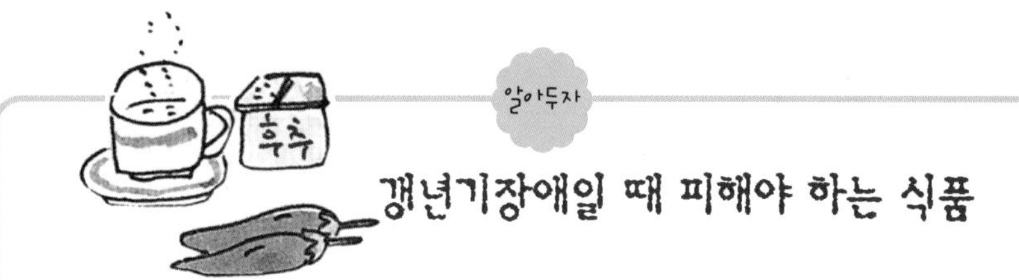

갱년기장애일 때 피해야 하는 식품

●자극성이 강한 식품

커피나 홍차처럼 카페인이 든 것이나 고춧가루, 후춧가루 같은 자극성 있는 향신료를 많이 먹는 것은 피한다.

●피를 탁하게 만드는 식품

생선알이나 설렁탕, 곰탕 등은 요산이 많아 갱년기에 뼈가 약해진 경우 자주 먹으면 좋지 않다. 그리고 동물의 내장 등은 콜레스테롤이 많아 피를 탁하므로 조심한다.

●소화에 무리가 가는 음식은 절제한다

기름기가 많은 육류 등은 기름기를 모두 없앤 후 뭉근히 끓이거나 조려서 먹는다. 그리고 식사할 때 꼭꼭 씹어서 먹는 습관도 필요하다.

의사의 진단이 필요한 여성의 이상 증세

●유방의 통증과 응어리

가슴의 응어리가 잘 생기는 곳은 가슴을 중심으로 바깥쪽(겨드랑이 쪽)의 윗부분이다. 손으로 만져 보면 딱딱하고 울퉁불퉁한 느낌이 들며 염증이 원인이 되어 더 심해지면 오히려 움푹 패인 느낌이 들고 유두에서 피가 섞인 분비물이 나오기도 한다.

●과다월경과 심한 월경통

일반적인 월경 주기는 5일에서 7일 사이. 드물게는 3일 만에 끝나거나 10일씩 지속되는 사람도 있지만 다른 증세는 없이 단순히 기간이 짧거나 긴 것만으로 이상이 있다고 할 수는 없다. 하지만 5일 정도이던 주기가 갑자기 10일로 늘어나거나 1주일 정도 지속되던 주기가 3일로 줄어든다든가 하는 변화가 있으면서 두세 달 정도 지속된다면 일단 의사에게 상담을 해보는 것이 좋겠다. 월경양도 마찬가지다. 원래부터 많다거나 적다거나 하는 경우보다 갑자기 양이 변화하는 경우가 주의의 대상이 된다.

심한 월경통은 심리적인 부담이나 압박 때문에 심해지는 경우도 있지만 몇 달씩 이유 없이 지속된다면 이상이 생긴 것일 수도 있으므로 정확한 진단을 받는다.

●성기에서의 부정출혈

정상적인 월경 기간이 아닌 때, 혹은 폐경 이후에 특별한 이유 없이 출혈이 있거나 성교 후에 출혈이 보이면 이상 신호일 수 있다. 임신이 진행 중이라면 유산이나 자궁외 임신의 가능성도 있다. 또 피임 기구의 잘못된 사용으로 인한 부작용으로 인해 출혈이 나타나기도 한다. 의사에게 진단을 받을 때는 출혈 당시의 상황을 잘 기억했다가 말하는 것이 진료에 도움이 된다.

●색이 진하고 냄새가 있는 분비물

이상이 생긴 경우의 분비물에는 대개 진한 노란색이거나 피가 섞인 분비물이 보이며 심한 불쾌감과 가려움증이 나타나는 경우도 있다. 또 하얗고 비지 같은 모양의 분비물이 보이는 경우도 있다. 심한 경우는 악취가 나기도 한다.

원인으로는 질염이나 칸디다염, 트리코모나스염 등 감염증으로 생긴 염증일 수 있고 피임 기구를 잘못 사용했을 때도 생기며 통풍이 나쁜 화학섬유로 된 옷을 입는 등 여러 가지를 들 수 있다.

골다공증 치료에 좋은 녹즙

파파야나 시금치, 키위 등의 과일과 채소즙에는 비타민 C가 풍부해 칼슘이 풍부한 우유와 함께 뼈의 형성에 중요한 역할을 한다. 여기에 단백질이 풍부한 요구르트나 참깨 등을 보강하면 뼈의 건강에는 더없이 좋다

우유 파파야즙

뼈의 조직을 튼튼하게 한다

파파야는 비타민 C가 풍부한데, 비타민 C는 콜라겐 합성에 필수적이다. 콜라겐이란 마치 시멘트처럼 뼈나 연골, 세포 등 조직세포를 서로 접합시키는 역할을 한다. 그러므로 뼈의 조직이 튼튼하려면 칼슘이나 단백질뿐만 아니라 비타민 C의 섭취도 꼭 필요하다.

그래서 비타민 C가 풍부한 파파야, 뼈 형성에 꼭 필요한 칼슘과 단백질이 풍부한 우유를 섞어 마시면 골다공증이 의심될 때 효과적인 음료가 된다.

이렇게 만드세요

재료 파파야 1개, 우유 1컵 반

❶ 파파야는 반으로 잘라 씨를 빼고 껍질을 벗겨 적당한 크기로 자른다.

❷ 파파야와 우유를 믹서에 간다.

한마디 더!

파파야는 잘 익어 말랑말랑한 것을 선택하며, 표면에 누런 반점이 많이 나 있는 것이 좋다.

참깨 시금치즙

칼슘과 단백질을 보강했다

시금치는 칼슘이 매우 풍부한 채소에 속한다. 이 외에도 철분이나 베타카로틴, 비타민 C 등도 많이 함유되어 있어 뼈의 형성에 좋은 식품이다. 단, 시금치에서 모자라는 단백질 성분은 달걀과 참깨로 보충한다.

특히 참깨 속에 많이 함유된 비타민 E는 손상된 각 기관의 세포막 형성에 도움이 되며, 또한 멸치와 다시마를 넣어 우려낸 국물을 첨가해 칼슘과 무기질을 더욱 보강시켜 골다공증의 예방과 치료에 도움이 되도록 한다.

이렇게 만드세요

재료 시금치 100g, 멸치국물 1과1/2컵, 참깨 1큰술, 달걀 1개, 간장 1큰술

❶ 시금치 뿌리를 잘라내고 잘 씻어 4㎝ 길이로 썬다.

❷ 멸치국물에 시금치를 넣고 살짝 데치면서 푼 달걀과 간장을 넣는다.

❸ ②와 볶은 참깨를 함께 믹서에 넣고 간다.

포도 키위 요구르트

뼈 형성에 도움이 된다

포도에는 뼈의 형성에 좋은 칼슘과 단백질, 비타민 C가 많이 들어 있는데, 여기에다 비타민 C와 단백질이 함유된 멜론 그리고 비타민 C가 매우 많이 들어 있는 키위를 섞으면 맛과 영양이 넘치는 과일즙이 된다.

맛을 더욱 살리려면 단백질과 맛이 풍부한 요구르트를 섞는다.

이렇게 만드세요

재료 포도 6알, 키위 1개, 멜론 1/4개, 요구르트 1컵 반

❶ 포도는 껍질을 벗기고 씨를 뺀다. 키위는 껍질을 벗기고 적당한 크기로 썬다. 멜론도 껍질을 벗기고 씨를 뺀 다음 적당한 크기로 잘라 둔다.

❷ 분량의 과일 재료들과 요구르트를 믹서에 간다.

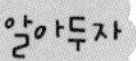

골다공증일 때 도움이 되는 음식

골다공증은 노화로 인해 뼈에 구멍이 생기고 물러지는 현상을 말한다. 이는 대개 운동부족이나 칼슘 섭취량 부족이 원인이며 주로 40대 이후의 장·노년층에게 흔히 보이는데 특히 갱년기 이후의 여성들에게 많이 나타난다. 이는 여성 호르몬 분비의 부족으로 칼슘의 유출이 쉬워지기 때문이다. 또 요즘은 편식을 하는 어린이들에게서 가끔 골다공증 증세가 나타나고 있다. 골다공증의 치료를 위해서는 칼슘과 단백질의 충분한 섭취와 평소 싱겁게 먹는 식습관이 중요하다.

●미역을 자주 먹는다

칼슘이 풍부하여 뼈와 치아의 형성에 중요한 역할을 하는 미역을 살짝 데쳐 초고추장에 찍어 먹거나 국을 끓여 먹는다.

●무말랭이 무침을 많이 먹는다

햇볕에 말린 무말랭이는 비타민 D를 많이 필요로 하는 골다공증 환자에게 좋다. 잘 말린 무말랭이를 물에 불린 다음 물기를 완전히 빼고 적당량의 고춧가루, 다진 마늘, 채썬 파, 약간의 설탕·깨소금 등을 넣고 무친다. 식성에 따라 참기름을 넣어 먹는다.

●우유를 매일 마신다

칼슘 섭취의 가장 효과적인 방법은 우유를 마시는 것. 그냥 마시기 힘들면 된장국에 우유를 넣고 살짝 끓여 먹어도 좋다.

햇볕에 말린 표고버섯이라야 영양이 있다

표고버섯은 비타민 D가 많이 들어 있어 골다공증에 좋은 식품이다. 그러나 이 비타민 D는 햇볕에 말리는 과정에서 생기는 것이기 때문에 생표고버섯에는 거의 들어 있지 않다.

물론 시중에는 말린 표고버섯을 많이 팔고 있다. 그런데 말린 표고버섯이라고 해서 다 믿을 수 있는 것은 아니다. 요즘엔 인공조명으로 건조시키는 경우가 많기 때문이다. 간편하고 위생적일 수는 있지만 비타민 D가 생성되지 않아 영양 면에서 떨어진다. 번거롭기는 해도 생표고버섯을 구입해 집에서 직접 햇볕에 말리도록. 생표고버섯을 말리려면 시간이 오래 걸리지만 비타민 D 생성을 위해서는 꼭 필요한 과정이므로 정성을 기울여 보자.

어느 정도 꾸덕꾸덕하게 마른 것을 사서 햇볕 아래 30분 정도 놔두어도 비타민 D가 생성되므로 그러한 방법을 써 보는 것도 괜찮다.

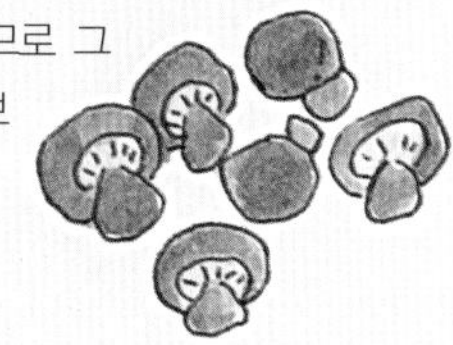

냉증 치료에 좋은 녹즙

마늘, 쑥갓, 부추 등을 즙으로 마시면 혈액순환을 좋게 하고 몸을 따뜻하게 해 주므로 몸이 차서 생기는 두통이나 현기증, 냉이 나오는 증세가 있을 때 효과를 볼 수 있다. 그리고 무청이나 양파, 당근 등 여러 가지 채소를 이용해 즙으로 마시면 생식기능이 저하된 냉증에도 좋은 효과를 기대할 수 있다

마늘즙

혈액순환이 좋아진다

마늘은 말초 혈관을 확장시켜 주고 혈액순환을 좋아지게 해서 몸을 따뜻하게 만들어 준다. 마늘을 날로 먹을 경우는 자극이 지나치게 심하지만, 가열하면 매운맛과 냄새도 없어져 먹기 쉽다.

마늘 성분의 흡수를 더욱 좋게 하고 마시기 쉽게 하기 위해서 흑설탕, 우유를 첨가해 즙을 만들어 마셔도 좋다.

이렇게 만드세요

재료 마늘 1쪽, 흑설탕 3큰술 반, 물 1컵, 우유 1컵 반

❶ 마늘은 껍질을 벗겨 씻어서 물기를 닦고 칼등으로 눌러 으깬다.

❷ 분량의 흑설탕에 물을 붓고 불 위에 얹어 젓지 않고 끓이면 시럽이 된다.

❸ 설탕 시럽이 담긴 냄비에 으깬 마늘을 넣어서 조린다.

❹ 조려진 마늘을 식혀서 우유와 섞는다.

만들기 포인트

흑설탕 시럽은 여러 가지로 활용할 수 있어서 조림, 볶음용 조미료로 이용할 수 있다. 우유 대신 찬물이나 뜨거운 물을 섞어서 사용해도 좋다.

여러 가지 채소즙

생식 기능을 활성화시킨다

양파에 함유되어 있는 유화알릴 성분은 위장의 소화액 분비를 돕고 신진대사를 활발하게 해 냉증이나 식욕부진까지 겹친 증세에 효과가 있다. 여기에 비타민 A가 많은 무청이나 당근을 넣음으로써 새로운 세포 형성과 생식 기능이 활성화된다.

이렇게 만드세요

재료 무청(작은 것) 1개, 양파 1/6개, 당근 1/2개, 사과 1/2개, 꿀 2큰술

❶ 무청은 잘 씻고 양파 · 당근 · 사과는 씻어 껍질을 벗기며 사과는 씨를 말끔히 제거한다.

❷ 준비한 채소와 과일을 적당히 썰어서 믹서에 간 다음 꿀을 타서 마신다.

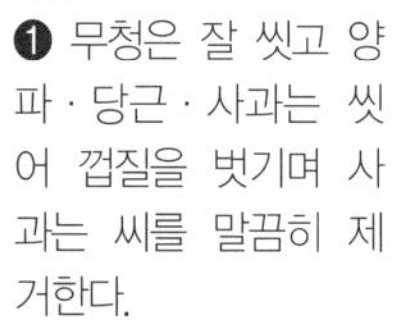

쑥갓 자몽즙

몸을 따뜻하게 해준다

독특한 향기를 내는 쑥갓의 방향 정유 성분은 몸을 따뜻하게 해 주므로 냉증에 효과가 있다. 특히 각종 부인과 증세에 효과가 있다고 해서 한방이나 민간요법에서 즐겨 사용하고 있다. 쑥갓 향 때문에 먹기가 어려울 때는 자몽이나 감귤을 섞어 즙을 만들면 과일의 새콤달콤한 향에 의해 마시기가 쉬워진다.

이렇게 만드세요

재료 쑥갓 1/4단, 자몽 1개, 사과 1/2개, 귤 2개

❶ 쑥갓은 깨끗이 씻어 잎을 딴다.

❷ 자몽은 안에 있는 속껍질까지 제거하여 과육만 빼낸다.

❸ 사과는 껍질을 깎고 씨를 빼서 숭덩숭덩 잘라 놓는다.

❹ 귤은 겉껍질을 벗긴다.

❺ 준비한 쑥갓, 자몽, 사과, 귤을 주서에 넣고 간다.

부추 케일즙

몸이 찬 사람에게 좋다

부추에는 몸을 따뜻하게 해 주는 성질이 있다. 그리고 혈액순환을 좋게 하며 오래된 피를 배출하는 작용을 해 부인병에도 효과가 있다. 그리고 마늘 다음 가는 강정식품으로 몸이 찬 사람에게 좋다.

여기에 비타민 A가 풍부한 케일을 넣으면 세포 형성을 활발하게 하고 사과의 유기산이 신진대사를 활발하게 해 냉증을 다스리는 데 도움이 된다.

이렇게 만드세요

재료 부추 100g, 케일 50g, 사과 1개

❶ 부추, 케일, 사과는 깨끗이 씻어 적당한 크기로 자른다.

❷ 모두 녹즙기에 넣고 간다.

건강에 좋은 이야기 하나 더!

냉증을 고치는 체조

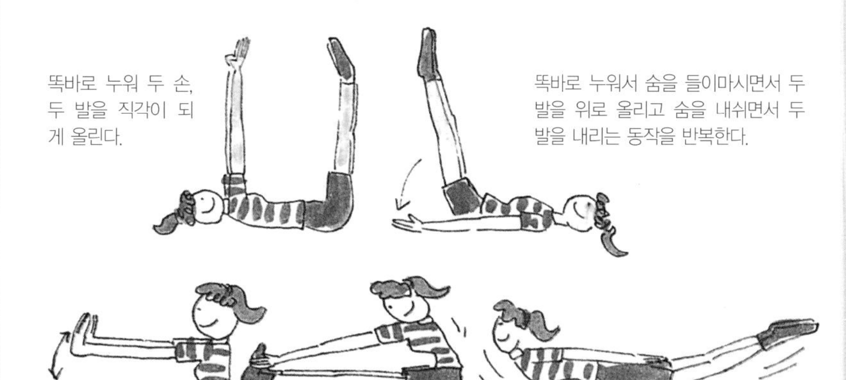

똑바로 누워 두 손, 두 발을 직각이 되게 올린다.

똑바로 누워서 숨을 들이마시면서 두 발을 위로 올리고 숨을 내쉬면서 두 발을 내리는 동작을 반복한다.

두 팔을 앞으로 펴고 손목을 아래위로 움직인다.

바닥에 다리를 펴고 앉아 상체를 기울여 두 손으로 발끝을 잡고 끌어당긴다.

엎드려서 손을 등 뒤로 잡고 등을 젖힌다. 발도 함께 들어 준다.

추운 곳에 사는 사람이 추위를 덜 타는 이유

추운 지방에 사는 사람들은 더운 지방에 사는 사람들보다 피하 지방이 더 두껍다. 피하 지방에는 차가운 공기에 닿았을 때 열을 만들어 내는 지방 조직이 있는데 이 조직도 추운 지방에 사는 사람이 더 많다.

이 지방 조직은 사람의 생후부터 늘어나기 시작해서 신생아기가 끝날 무렵에는 몸 전체에 퍼지는데 추운 지방의 아기들이 더 큰 폭으로 늘어나는 경향을 보인다고 한다. 다시 말해 춥다고 해서 아기를 따뜻하게만 키우면 지방조직이 늘어나지 않아 추위에 약한 아이가 되고 만다. 아기가 힘겨워하지 않는 범위 내에서 적당히 온도를 조절해 추위에 적응하는 능력을 길러 주자.

동맥경화 예방 · 치료에 좋은 녹즙

각종 과일과 채소에는 섬유질이 풍부해 평소에 자주 마시면 지방을 배출시켜 동맥경화를 예방할 수 있다. 그리고 양파의 경우 지방이 혈관에 붙는 것을 막아 주고 콜레스테롤 수치도 떨어뜨려 주므로 이 증세가 우려되는 사람은 꾸준히 섭취하도록 한다

여러 가지 과일 채소즙

지방을 배출시킨다

많은 종류의 과일과 채소를 이용해 각종 비타민과 무기질을 풍부하게 섭취할 수 있도록 함으로써 신체 기능 전반에 걸쳐 활력을 주도록 만든 것이 바로 혼합주스이다.

이 혼합주스는 여러 과일과 채소에 함유된 식물성 섬유질이 지방을 배출하는 데 도움을 주므로 동맥경화를 예방하는 효과가 있다.

이렇게 만드세요

재료 키위 1개, 사과 1개, 셀러리 1/2개, 토마토 2개

❶ 키위와 사과는 껍질을 벗겨 4등분해놓고 사과는 씨를 제거한다.

❷ 셀러리는 깨끗이 씻어 섬유질을 벗긴 다음 적당한 크기로 썬다.

❸ 토마토는 뜨거운 물에 살짝 굴려서 껍질을 벗긴 후 4등분한다.

❹ 준비한 모든 재료를 주서에 넣고 갈아 준다.

두유 사과즙

유해 물질 흡수를 막아 준다

두유는 장내의 유익한 세균을 증식시켜 유산균 작용을 활발하게 해준다. 또 사과의 펙틴 성분은 장 점막에 달라붙어 유해 물질이 장의 미세 혈관으로 흡수되는 것을 막아 주므로 동맥경화증 예방에 효과적인 식품이다.

이렇게 만드세요

재료 두유 1컵 반, 사과 1개, 레몬즙 2큰술

❶ 사과는 깨끗이 씻어 껍질과 씨를 제거하고 강판에 간 다음 레몬즙을 섞어 사과의 변색을 막는다.

❷ 사과즙에 두유를 섞는다.

만들기 포인트

달게 먹고 싶다면 꿀을 첨가한다. 두유 사과즙은 소화가 잘되므로 저녁 식사 후에 마셔도 좋다. 사과는 강판 대신 주서를 사용해서 갈아도 된다.

콩가루가 든 우유
노화를 방지한다

흰콩을 이용해서 만든 콩가루에는 비타민 E가 많아서 동맥경화, 고혈압 등의 성인병 예방뿐만 아니라 노화 방지에도 주목할 만한 식품이다. 여기에 영양소를 고루 갖춘 우유를 보강하면 이상적인 건강 주스가 된다.

이렇게 만드세요

재료 콩가루 4큰술, 우유 1컵 반, 흑설탕 2큰술

❶ 우유를 따뜻하게 데운 다음 흑설탕이나 꿀을 섞고 잘 저어서 녹인다.

❷따뜻한 우유에 콩가루를 섞고 거품기로 잘 저어 준다.

만들기 포인트

우유는 뜨겁게 데워 마셔도 좋고 차게 해서 마셔도 맛이 있다.

양파 당근 생즙
노화된 세포를 바꿔 준다

양파 특유의 매운맛과 자극적인 냄새는 유화알릴이라는 성분으로 신진대사를 활발하게 해 지방이 혈관에 붙는 것을 막아 주고 콜레스테롤 수치를 떨어뜨려 준다. 그리고 당근의 비타민 A는 혈관 및 각 기관의 노화된 세포를 새롭게 생성시켜 준다. 여기에 역시 비타민 A가 풍부한 케일을 보강하면 효과를 높일 수 있다.

이렇게 만드세요

재료 양파 1개, 케일 50g, 당근 1/2개, 사과 1/2개, 식초 조금

❶ 양파는 덜 매운 것으로 골라 겉껍질을 벗기고 씻는다.

❷ 케일은 줄기를 반으로 꺾어 껍질을 벗긴 다음 깨끗이 씻는다.

❸ 사과는 껍질째 씻어서 양파, 케일과 함께 적당한 크기로 썰어 녹즙기에 넣고 간다.

❹ 당근은 길게 썰어 녹즙기에 간 다음 식초 몇 방울을 떨어뜨리고 사과 · 양파 · 케일즙과 함께 섞어 마신다.

만들기 포인트

당근에는 비타민 C 산화 효소가 들어 있으므로 따로 즙을 낸다. 이때 식초를 조금 섞으면 효소 작용이 억제된다.

알아두자

몸에 좋은 콜레스테롤도 있다

콜레스테롤이라고 하면 동맥경화 등 각종 성인병의 원인이라고 알려져 있다. 그러나 콜레스테롤은 간장에서 담즙산이 되어 지방의 소화와 흡수를 도와주기도 하고 세포막 구성의 재료가 되기도 하는 등 나름대로 중요한 구실을 하고 있다.

●콜레스테롤에는 악성과 양성이 있다

양성 콜레스테롤은 혈관에 붙어 있는 여분의 콜레스테롤을 떼내어 간장으로 운반한 후 담즙산으로 바꾸어 장으로 배설시키는 역할을 한다. 반대로 악성 콜레스테롤은 간장에 있는 콜레스테롤을 운반하여 몸 구석구석에

쌓아 놓는다. 바로 이 쌓인 콜레스테롤이 동맥경화의 원인이 되는 등 성인병의 주범으로 문제가 되는 셈이다.

●양성과 악성의 균형이 중요하다

건강한 사람이라면 몸속의 총 콜레스테롤수치에 있어서 양성과 악성이 적절한 균형을 이루고 있어야 하지만 최근의 식생활과 생활패턴의 영향으로 악성 콜레스테롤이 늘어나는 경우가 많아지고 있다. 따라서 각종 혈관계통의 질병을 유발하고 동맥경화의 중요한 원인이 되는 것이다.

따라서 콜레스테롤이 많은 음식이라고 무조건 피할 것이 아니라 근본적인 식생활 자체를 개선하는 노력이 필요하다.

목의 통증을 가라앉히는 녹즙

무즙이나 물엿 등은 예로부터 입 안이나 목의 염증에 좋은 것으로 알려졌다. 그리고 알로에즙 역시 강한 살균작용이 있어 감기 등으로 인한 목의 통증에 도움이 되며 비타민 A·C가 들어간 사과나 레몬즙도 각 기관의 점막 세포들을 튼튼하게 해 저항력을 높여 준다

물엿 무즙
입 안이나 목의 염증을 완화한다

물엿에는 입 안이나 목의 염증을 완화시켜 주는 기능이 있으며 무 역시 소염 및 냉각 효과가 있어 옛날부터 감기로 목이 아플 때 자주 이용해 오던 방법이다. 특히 무에는 비타민 C가 풍부하여 기침을 멎게 하는 치료 효과까지 기대할 수 있다.

이렇게 만드세요

재료 무 100g, 물엿 3/4컵

❶ 무는 채 썬 다음 병에 넣고 위에서 물엿을 따른다.

❷ 4~5시간 정도 지나면 무를 건져내고 남은 물만 따라서 마시면 된다.

만들기 포인트

그대로 마셔도 좋고 뜨거운 물이나 찬물에 타서 마셔도 좋다. 차게 해서 먹고 싶을 경우에는 얼음 조각을 띄우고 레몬즙을 섞어 먹으면 맛이 더욱 좋아진다.

물엿 알로에즙
살균 작용을 한다

알로에에는 강한 살균 작용과 세포 재생 작용이 있어서 상처 부위의 감염을 예방하고 감기 바이러스에도 효과를 발휘하여 감기 예방뿐만 아니라 목의 염증도 완화시켜 준다. 알로에는 성분 자체가 강하므로 임신 중에는 사용을 피하고 함부로 양을 늘리지 않도록 한다. 여기에 역시 입 안이나 목 안의 염증에 효과 있는 물엿을 첨가하면 마시기에도 좋다.

이렇게 만드세요

재료 알로에 2줄기, 물엿 3/4컵, 과일주스 1컵 반

❶ 알로에는 깨끗이 씻은 후 껍질을 벗겨 강판에 간다.

❷ 냄비에 알로에즙과 물엿을 넣고 약한 불에서 조린 다음 취향에 맞는 주스에 넣어 마신다.

만들기 포인트

주스 대신 물을 섞어 묽게 하거나 보리차에 타서 먹어도 좋으며 차게 해서 먹고 싶으면 얼음조각을 띄운다.

사과 레몬즙
목감기에 효과 있다

비타민 A는 신체 각 기관의 점막 세포들을 튼튼하게 하여 바이러스 등의 침투를 막아 주는 역할을 한다. 사과에는 비타민 A뿐만 아니라 사과산·구연산이 많이 들어 있어 피로 회복이나 기침을 멎게 하는 작용을 하므로 목감기에 효과적이다. 그리고 비타민 C가 풍부한 레몬을 더해 세포조직을 더욱 튼튼히 하는 데 도움이 된다.

이렇게 만드세요

재료 사과 1개, 물 1/2컵, 설탕 1큰술, 레몬즙 1큰술, 얼음 적당량

❶ 사과는 8등분하여 씨를 도려내고 얇게 썬 다음 레몬즙을 뿌려 색이 변하는 것을 막는다.

❷ 썰어 놓은 사과를 믹서에 간 다음 깨끗한 가제에 밭쳐 건더기를 걸러 낸다.

❸ 사과즙에 설탕과 찬물을 넣고 잘 섞은 후 유리컵에 담고 마지막에 얼음을 띄워 낸다.

무화과 무즙
통증·염증을 가라앉힌다

무화과 열매에는 염증을 가라앉히는 작용이 있어 목의 통증을 완화시키는 데 효과적이다. 또 무즙, 사과에도 같은 효과가 있으므로 주스로 만들어 하루에 여러 번 마시면 좋다.

이렇게 만드세요

재료 무화과 3개, 무즙 1/2컵, 시판되는 100%사과주스 1컵, 얼음조각 적당량

❶ 껍질 벗긴 무화과를 주서에 넣고 간다.

❷ 무를 강판에 갈아서 나온 즙과 사과주스를 무화과 간 것과 섞는다.

만들기 포인트

차게 해서 먹고 싶을 때는 얼음조각을 띄우고, 단맛이 부족할 때는 1큰술 정도의 꿀을 섞는다.

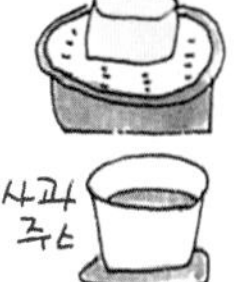

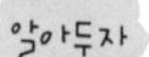

목의 통증이 있을 때 간단한 처치

목구멍이 아프고 거칠거칠한 느낌이 들고 따끔거리는 증세는 가벼운 감염증이나 자극에 의한 것으로 누구에게나 나타날 수 있다. 감기가 원인이 되기도 하고 큰 소리를 질러 성대에 무리가 갔거나 먼지가 많은 곳에서 장시간 있었기 때문에 생기는 경우도 있다.

대개는 목을 사용하지 않고 하루 정도 푹 쉬면 곧 낫게 되지만 증세를 빨리 호전시키기 위해 몇 가지 처치를 해주면 회복이 빨라진다. 이런 처치를 하고도 통증이 가라앉지 않고 가래가 나오거나 기침을 심하게 하는 등의 증세가 계속되면 곧 병원에 가서 적절한 치료를 받아야 한다.

❶ 목에 통증이 있을 경우 성대나 기관지가 충혈되어 있을 가능성이 있다. 이럴 때 맵고 뜨거운 음식을 먹어 자극을 주는 것은 좋지 않다. 차가운 음식을 먹어 염증을 억제하고 열을 내리는 것이 좋다.

❷ 아스피린 등의 해열제나 간단한 항생제를 먹는다.

❸ 담배는 건강에도 나쁘지만 특히 호흡기에 안 좋은 영향을 미치므로 목에 통증이 있을 때는 피우지 않는 것이 좋다. 술은 목에 직접적인 영향을 미치지는 않지만 몸의 리듬을 흐트러뜨리기 쉬우므로 삼가는 것이 바람직하다.

❹ 딱딱하고 질긴 음식은 씹기도 힘들 뿐만 아니라 삼킬 때 목에 자극을 줄 수 있으므로 먹지 않도록 한다.

❺ 소금물로 자주 양치질을 한다. 입 안을 헹궈내는 데만 그치지 말고 목까지 소금물이 닿도록 한 다음 삼키지 말고 뱉어 낸다. 목의 통증을 덜어 주고 염증을 완화시키고 감기를 예방하는 효과가 있으므로 목의 통증이 없는 평상시라도 꾸준히 해주면 좋다.

❻ 지나치게 차가운 음식을 먹었을 때도 목에 통증이 온다. 찬물에 손을 담그면 얼얼한 것과 같은 이치. 이럴 때는 갑자기 뜨거운 것을 먹지 말고 따뜻할 정도의 물이나 음식을 먹어 제 온도를 찾는 것이 좋다.

변비치료에 좋은 녹즙

당근, 사과즙에는 장의 활동을 좋게 하는 펙틴이라는 식물성 섬유가 풍부해 변비나 정장에는 그만이다. 그리고 다시마에는 끈적끈적한 성질의 알긴산과 식물성 섬유가 풍부하게 들어 있어 장을 자극하고 장의 운동을 활발하게 해 변비 해소에 효과를 볼 수 있다

그린즙

풍부한 섬유질이 배변을 돕는다

시금치, 당근, 사과 등 섬유질이 듬뿍 든 채소를 모아 우유와 같이 섞어서 차갑게 만들어 마심으로써 위장을 자극해 배변에 도움이 되도록 한 녹즙이다.

이렇게 만드세요

재료 시금치(생식용) 1/2단, 당근 1개, 사과 1개, 우유 1컵 반, 꿀 2큰술

❶ 시금치는 다듬어 깨끗이 씻고, 당근은 씻어 껍질을 벗긴 다음 4등분으로 썬다. 사과는 껍질을 깎고 씨를 뺀 후 적당한 크기로 썬다.

❷ 준비한 채소와 과일을 각각 따로 주서에 간 다음 마시기 직전에 우유와 함께 섞어서 마신다.

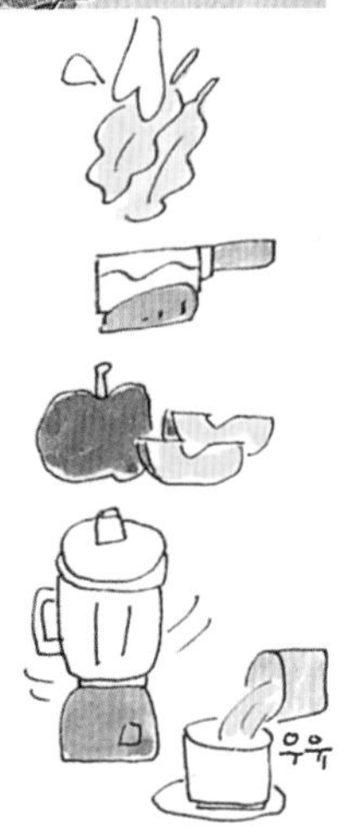

다시마즙

다시마는 장의 활동을 돕는다

다시마에는 아미노산의 일종인 알긴산과 식물성 섬유가 풍부하게 들어 있어 장을 자극하고 장의 운동을 활발하게 해주어 변비를 막아 준다.

여기에 사과와 레몬즙을 섞으면 맛을 냄과 동시에 사과의 펙틴질로 변비 해소 효과도 기대해 볼 수 있다.

이렇게 만드세요

재료 다시마 10㎝, 물 2컵, 사과 2개, 레몬즙 1큰술

❶ 다시마는 젖은 헝겊으로 깨끗이 닦아 미지근한 물에 20~30분쯤 담갔다가 국물만 사용한다.

❷ 사과는 깨끗이 씻어 껍질과 씨를 제거한 뒤 적당한 크기로 썰어 다시마 건진 국물과 함께 주서에 갈아서 마지막에 레몬즙을 섞는다.

만들기 포인트

다시마를 달여 국물을 낸 것을 사용해도 좋다.

당근 사과즙

펙틴 성분이 장의 활동을 돕는다

당근에는 펙틴이라는 식물성 섬유가 많이 들어 있어 장의 활동을 도와주므로 변비나 정장에는 그만이다. 여기에 사과즙을 섞어 먹으면 맛도 좋고 당근도 듬뿍 섭취할 수 있어서 좋다.

이렇게 만드세요

재료 당근 1/2개, 사과 1개, 물 · 벌꿀 조금씩

❶ 당근과 사과를 깨끗이 씻어 따로따로 껍질째 주서에 간다.

❷ 따로 갈아 둔 사과즙과 당근즙을 아침 식사하기 30분 전에 마신다.

복숭아 사과즙

맛도 좋고 변비에도 효과 있다

사과와 복숭아에는 비타민, 무기질이 풍부하며, 식물성 섬유인 펙틴도 풍부해 장을 자극하므로 변비에 효과가 있다. 그리고 바나나는 장을 촉촉하게 해줘 열 때문에 장이 건조해서 생기는 변비에 좋으며, 파인애플은 장내 부패물을 분해하기 때문에 변비로 인한 장내 불순물의 악영향을 막아준다.

여기에 사과를 함께 섞으면 사과산, 구연산 등의 유기산이 맛을 더해 줄 뿐만 아니라 사과의 펙틴질이 변비에도 효과를 낸다.

이렇게 만드세요

재료 복숭아 1/2개, 사과 1/4개, 바나나(작은 것) 1/2개, 파인애플주스 1/4컵, 꿀 1큰술, 가당연유 1작은술, 물 1/4컵

❶ 복숭아와 사과는 깨끗이 씻어 껍질과 씨를 제거한 다음 큼직하게 썬다. 바나나도 껍질을 벗겨 1cm 두께로 썬다.

❷ 복숭아, 사과, 바나나 썬 것과 분량의 파인애플주스, 가당연유, 물을 믹서에 넣고 곱게 간다.

❸ 믹서에 간 다음 유리컵에 붓고 꿀을 잘 섞는다. 먹기 전에 얼음을 띄워도 시원해서 좋다.

알아두자

변의를 참아도 변비가 된다

우리 신체는 일단 음식물이 위 안으로 들어오면 위와 장의 계속적인 운동으로 위의 내용물이 직장까지 이동하면서 변의를 느끼게 되어 있다. 이것은 위 안에 어느 정도의 음식물이 들어 있는 상태보다 완전 공복 시 갑자기 음식물이 들어온 경우 더 격렬하게 일어난다. 이때 의식적으로 변의를 참게 되면 곧 변의가 없어지고 만다. 그러므로 아무리 바쁜 시간이라고 변의를 참지 않는 것이 습관성 변비를 예방하는 방법이다.

변의 상태와 냄새로 알 수 있는 건강 체크

변의 상태에 따라서 자신도 모르고 있는 질병을 체크할 수도 있다.

●변이 뜨고 가라앉는 것을 체크한다

수세식 변기를 사용하면 변이 물이 뜨는지 가라앉는지 관찰할 수 있다. 몸 상태가 좋을 때의 변은 변의 표면이 수면에 아슬아슬하게 닿을 정도까지 떠오른다. 그것보다 묽어 설사기가 있는 변이라면 물에 둥둥 뜬다. 이 경우 수분을 흡수하는 힘이 쇠약해져 있거나 과식, 폭식이 원인이 되어 위장이 음식물을 충분히 소화하지 못했다는 증거다.

반대로 단단한 변은 물 밑으로 가라앉는데 이럴 때는 변비인 경우가 많다.

●냄새가 나쁜 것은 장의 건강이 나쁘다는 뜻

숙변이란 몸속에서 소화, 흡수 과정을 모두 마친 음식물이 배설되지 못하고 남아 장 속에서 썩어 나쁜 냄새가 나게 된다.

배변이 원활하지 않거나 변비가 있거나 소화 기관에 이상이 있는 사람들일수록 변의 냄새가 심하다.

불면증 해소에 좋은 녹즙

셀러리나 양파에는 비타민 B_1 · B_2가 매우 많아 혈액순환이나 신경의 불안정 · 불면 · 피로 등에 좋다. 특히 상추는 예로부터 잠이 잘 오게 하는 식품으로 알려져 있으며 신경과민 증세나 불면증에 매우 좋다

상추 셀러리 녹즙

신경과민 · 불면증에 좋다

그 성분이 무엇인지 아직 밝혀지지 않았지만 상추를 많이 먹으면 신경과민 증세나 불면증에 좋다는 것은 널리 알려져 온 사실이다. 여기에 신진대사, 혈액순환을 활발하게 하는 셀러리, 당근을 넣고 즙을 내어 마셔 보자.

이렇게 만드세요

재료 상추 100g, 당근 1개, 셀러리 40g, 파슬리 30g

❶ 상추, 셀러리, 파슬리는 흐르는 물에 여러 번 씻어 적당한 크기로 썬다.

❷ 당근은 겉흙을 털고 깨끗이 물에 씻어 껍질째 적당한 크기로 자른다.

❸ 갖은 재료를 녹즙기에 넣고 간다.

만들기 포인트

셀러리는 맛이 강하므로 처음에는 양을 적게 하고, 맛에 익숙해지면 차츰 늘려가는 것이 좋다.

양파 생즙

신경의 불안정 · 불면 · 피로에 좋다

양파는 비타민 B_1이 부족한 데서 오는 신경의 불안정, 불면, 피로 등에 효과적이다. 그리고 케일과 당근에 상당량 들어 있는 비타민 A는 체내 모든 조직의 생리적 기능을 도와주기 때문에 불면이라는 신체의 부조화 상태를 회복하는 데 효과를 발휘한다.

이렇게 만드세요

재료 양파 1개, 케일 50g, 당근 1/2개, 사과 1/2개

❶ 양파는 덜 맵고 흰빛이 도는 것으로 골라 겉껍질을 말끔히 벗긴다.

❷ 케일은 줄기를 반으로 꺾어 겉의 껍질을 벗긴 다음 깨끗이 씻는다.

❸ 사과, 당근은 껍질째 씻어서 양파, 케일과 함께 적당한 크기로 썰어 녹즙기에 넣고 간다.

만들기 포인트

녹즙을 내는 양파는 둥글고 큰 양파보다 납작하고 작은 것이 덜 매워서 좋다.

셀러리 사과즙
피로로 인한 불면 해소에 좋다

셀러리에는 비타민 B1 · B2가 매우 많으며 칼슘 등 무기질도 골고루 들어 있어 오래 전부터 신경 증세와 혈액순환에 좋다고 알려져 왔다. 그리고 사과 속의 유기산은 신진대사에 효과가 있어 피로로 인한 불면 해소에 좋다.

이렇게 만드세요

재료 사과(중간 크기) 1개, 셀러리 1/2개, 물 1컵

❶ 사과는 껍질을 벗기고 4~6등분하여 씨를 뺀다. 셀러리는 섬유질 줄기를 제거하고 3~4㎝ 길이로 썬다.

❷ 준비된 사과와 셀러리를 주서에 간 다음 물을 첨가한다.

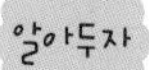

쉽게 잠들 수 있게 하는 10가지 방법

불면증의 원인이 뚜렷한 경우에는 원인 치료를 해야 하지만, 이유 없이 잠을 못 이룰 때는 다음과 같은 방법을 써본다.

❶ 가능하면 낮잠을 피하도록 한다.
❷ 침실 벽이나 커튼의 색깔은 자극이 적은 중간색 톤으로 한다. 무늬는 없는 것이 무난하고 순백색은 오히려 동공을 긴장시켜 좋지 않다. 엷은 베이지나 노랑 등 따뜻한 느낌의 색이 좋다. 빛을 완전히 차단해야 한다.
❸ 규칙적인 운동도 혈액순환을 도와주어 수면에 좋다. 단, 자기 직전에는 운동을 하지 않는 것이 좋다.
❹ 커피, 홍차, 콜라 등 카페인이 함유된 음료는 피한다.
❺ 일반적으로 배가 너무 부르면 잠이 들기 어렵다. 그러나 따뜻한 음료수에 우유를 섞은 것과 소량의 위스키(30㎖ 정도)를 잠자리에 들기 30분~1시간 전에 따뜻하게 데워 마시면 잠을 자는 데 많은 도움이 된다.
❻ 탕에 몸을 담그고, 기분이 편안해지도록 한다. 이때 물의 온도는 너무 뜨겁지 않게 미지근한 정도로 해야 한다.
❼ 너무 덥거나 너무 추우면 잠을 이루기 어렵다. 가장 적당한 온도는 20℃ 전후다.
❽ 침대의 매트리스가 너무 부드러우면 허리나 목에 부담을 주므로 누워 보고 딱딱한 매트리스를 선택한다. 반면에 물침대의 경우는 몸의 선을 고정시켜 주고 자연스러운 자세를 유지할 수 있게 해주므로 숙면을 취하는 데 도움을 준다.
❾ 필요하면 수면제도 먹을 수 있으나 반드시 약사나 의사와 상담한 후 지시를 따르는 것이 좋다.
❿ 잠자기 전에 지압점을 자극해 주거나 손바닥을 비벼 준다. 불면 해소에 관계가 있는 지압점은 손바닥 한가운데 있는 심포구와 수장구가 있다. 또 셋째 손가락 끝에 있는 중충도 불면을 해소하는 데 도움을 준다.

녹즙은 분마기를 이용해 만드는 것이 좋다

채소를 분마기로 잘게 빻아 삼베로 짜서 먹으면 주서나 믹서로 즙을 내어 먹는 것보다 영양소의 파괴가 더 적다고 한다.

녹즙은 엽록소가 풍부한 잎사귀 '육즙'과 효소가 많은 줄기의 '골즙', 그리고 무기질과 효소를 함유하고 있는 섬유소 세포의 '골수'로 나뉘는데 기계로 잘라서 만든 녹즙으로는 인체에 가장 유익한 골수를 충분히 얻기가 힘들다고 한다. 그리고 삼베에 싸서 눌러 짜면 농약, 중금속 등 유해 물질이 섬유소 찌꺼기에 남아 더 안전하다.

빈혈 치료에 좋은 녹즙

파인애플이나 딸기, 망고 등을 넣은 요구르트에는 빈혈에 좋은 철분, 비타민 C가 많이 들어 있어 다이어트를 하는 젊은 여성이나 끼니를 자주 거르게 되는 샐러리맨들에게 도움이 된다. 그리고 자두나 시금치 등에도 철분이 풍부해 빈혈 예방에 좋으며 각종 푸른잎 채소에 들어 있는 비타민 C는 철분 흡수를 도와준다

파인애플 딸기 요구르트

단백질 · 철분 흡수를 돕는다

딸기에는 철분의 흡수를 촉진시키는 비타민 C의 함량이 높으며, 파인애플 역시 비타민 B_1 · B_2 · C뿐만 아니라 신진대사에 도움을 주는 구연산이 함유되어 빈혈 예방에 효과가 있다. 여기에 요구르트를 섞어 마시면 빈혈 치료에 더욱 효과가 있다.

이렇게 만드세요

재료 파인애플(자연산) 1/10개, 망고 1/2개, 딸기 5개, 요구르트 1/2컵

❶ 파인애플과 망고는 껍질을 벗겨 한입 크기로 썰고 딸기는 깨끗이 씻어 꼭지를 딴다.

❷ 준비한 과일과 요구르트를 믹서에 넣고 간다.

만들기 포인트

비타민 C가 많은 열대(트로피컬) 과일을 모아 만든 과일즙이다.

푸른잎 채소와 과일즙

각종 영양소가 고루 들어 있다

비타민 C가 풍부하며 육류의 단백질 분해 효소까지 들어 있는 키위와 철분이 풍부한 파슬리, 여기에다 각종 비타민과 단백질, 당질 등을 많이 함유하고 있는 멜론과 차조기, 이것들을 함께 섞어 주스를 만들면 철분의 흡수를 도와줄 뿐만 아니라 허약한 체질에 충분한 영양을 보충해주므로 어지러운 증세가 가라앉는다.

이렇게 만드세요

재료 파슬리 1장, 차조기 5장, 멜론 1/3개, 키위 1개, 물 1/2컵

❶ 파슬리와 차조기는 깨끗이 씻는다. 멜론은 껍질을 벗기고 씨를 파낸다. 키위는 껍질을 벗겨 반으로 자른다.

❷ 준비해 둔 과일을 주서에 갈면서 물을 섞는다.

만들기 포인트

차조기는 농약이 묻어 있을 수 있으므로 잘 씻고 가능하면 무공해 제품을 사용한다. 단맛은 취향에 따라 조절하며 키위의 씨가 신경이 쓰이는 경우는 믹서에 갈아서 쓴다.

자두 사과즙
신진대사에 좋다

자두는 무기질의 보고라 불리는데 특히 칼슘, 칼륨, 철분이 많아 빈혈 예방에 매우 적합한 식품이다. 여기에 신진대사에 좋은 유기산을 함유한 사과를 섞으면 효과는 더욱 기대된다.

이렇게 만드세요

재료 사과 1/2개, 자두 1/2개, 우유 1컵

❶ 사과는 씻어서 껍질과 씨를 제거하고 반으로 자른다. 자두도 깨끗이 씻어 씨를 제거한다.

❷ 잘라 놓은 사과와 자두, 우유를 믹서에 넣고 간다.

시금치 당근즙
조혈 · 세포 생성에 도움이 된다

시금치에는 각종 비타민, 무기질 특히 철분이 풍부하게 들어 있어 빈혈 및 냉한 체질에 효과가 있다. 여기에 비타민 A가 풍부해 조혈 기관의 세포 형성에 도움이 되는 당근과 신진대사에 좋은 사과즙을 넣어 꾸준히 마시면 빈혈 치료 및 예방에 도움이 된다.

이렇게 만드세요

재료 시금치 100g, 당근 1/2개, 사과 1/2개, 레몬 1/2개

❶ 시금치는 깨끗이 다듬어 흐르는 물에 여러 번 씻는다.

❷ 당근과 사과는 씻어서 껍질째 적당한 크기로 자른다.

❸ 레몬은 반을 잘라 레몬즙기에 대고 눌러 즙을 짠다.

❹ 준비한 재료를 모두 녹즙기에 넣고 간 후 레몬즙을 타서 마신다.

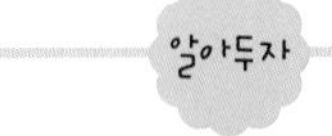

철분이 부족하면

여성의 경우 월경에 의한 출혈로 철분이 부족되기 쉽다. 철분이 부족하면 빈혈이 오게 되는데 몸이 나른하고 머리가 자주 아프며 숨찬 증세가 나타난다. 철분 섭취를 충분히 하고 로열젤리를 하루에 300~600㎖ 정도 먹는 것도 좋다.

빈혈을 예방하는 식생활

빈혈이라고 하면 피의 양이 모자란 것으로 생각하기 쉽지만 사실은 피 속의 헤모글로빈이 모자라서 생기는 것이 빈혈이다. 헤모글로빈은 적혈구 속에 들어 있는 혈색소로 이것이 모자라면 산소를 운반하는 적혈구가 역할을 원활히 수행하지 못하므로 몸 전체로 보면 만성적인 산소 부족 상태에 놓이게 되는 셈이다. 이 외에도 나른하고 쉽게 피로를 느끼며 가슴이 두근거리고 몸을 움직이면 숨이 가빠지는 등 각종 불쾌한 증세가 따르고 심한 경우 두통을 느낄 수도 있다. 따라서 식생활부터 조심하여 빈혈을 예방하는 것이 가장 좋은 방법이다.

● 헤모글로빈을 만드는 철분 부족이 원인이다

헤모글로빈의 부족에는 여러 가지 원인이 있지만 우선 헤모글로빈의 생성에 중요한 역할을 하는 철분의 부족을 들 수 있다. 철분은 땀이나 배설물에 섞여 빠져나가고 있는데 음식물로 보충해주지 않으면 체내의 철분이 모자라 결국 헤모글로빈의 생성이 어렵게 된다. 이럴 때 철분이 많은 음식을 꾸준히 먹는 것이 가장 중요하다. 특히 임신한 여성이나 성장기의 청소년에게는 철분 섭취가 부족하지 않도록 신경을 써야 한다.

● 철분 흡수를 돕는 음식을 함께 먹는다

철분은 흡수율이 아주 낮은 성분이므로 소화력이 약한 사람에게는 철분이 많이 들어 있는 것으로는 충분하지 않다. 기본적으로는 철분과 단백질이 풍부한 음식을 섭취하면서 철의 흡수를 돕는 구리, 엽산, 엽록소, 비타민 B_{12} 등의 성분들도 함께 섭취해야 한다. 쇠고기, 우유, 녹황색 채소가 그 대표적인 식품들이다.

질병 때문에 소화력이 떨어져 철분과 각종 영양소를 고루 섭취하지 못해 생기는 빈혈인 경우에는 철분 제제를 복용하더라도 효과적으로 흡수할 수 없게 된다. 철분의 섭취에 앞서 건위 음식을 먹으면서 소화력을 회복시키는 것이 우선이다. 물론 평소에 맵고 뜨거운 자극성 음식을 피하고 위를 손상시키지 않도록 주의하는 것이 필요하다.

위염 치료에 좋은 녹즙

위염에는 위액 내의 산도가 높은 과산성 위염과 위액 속의 위산이 적은 저산성 위염이 있다. 과산성일 때는 위산을 중화시키고 위벽을 보호하는 우유 양배추즙을 마시고 위산이 적을 때는 비타민 C와 신맛이 많은 감귤즙을 마셔 위 점막을 튼튼하게 하고 위산 분비도 정상화시키도록 한다

우유 양배추즙
위벽을 보호해 준다

우유는 위산을 중화시켜서 위장의 상태를 안정시킨다. 그리고 양배추에는 비타민 U가 들어 있는데, 이 성분은 단백질과 결합해서 새로운 단백질을 합성하는 작용을 한다. 이 작용은 위장벽을 재편성하여 위산으로 손상된 위벽을 보호해 주므로 위산과다로 생기기 쉬운 궤양의 예방 및 치료에 좋다.

이렇게 만드세요

재료 양배추 잎 3장, 우유 1컵 반, 꿀 2큰술

❶ 양배추는 깨끗이 씻어 주서에 갈아 즙을 낸다.

❷ 양배추즙에 우유를 잘 섞는다.

❸ 취향에 따라 꿀로 단맛을 낸다.

만들기 포인트

양배추는 우유가 아니더라도 과일 주스와 섞어 마셔도 좋다.

과일 요구르트
위의 점막을 튼튼하게 해준다

비타민 A · C와 당질, 유기산이 풍부한 각종 과일을 집중 보강해 각 신체 기관의 점막과 세포를 튼튼하게 하고 신진대사를 활발하게 한다. 여기에 단백질과 비타민이 풍부한 플레인 요구르트를 첨가하면 소화력이 더 높아진다.

이렇게 만드세요

재료 딸기 10개, 파인애플(통조림) 3쪽, 복숭아(통조림) 2조각, 플레인 요구르트 1컵, 과일 통조림 국물 1/2컵

❶ 딸기는 깨끗이 씻어 꼭지를 딴다.

❷ 준비한 딸기와 통조림 과일, 통조림 국물, 플레인 요구르트를 믹서에 넣고 간다.

만들기 포인트

통조림은 혼합 과일의 형태도 상관없다. 통조림이 아닌 자연산 과일을 사용해도 좋지만 물이나 주스로 수분을 보충해야 한다.

감귤즙
위산을 촉진시킨다

비타민 C가 가장 많은 과일에 속하는 귤과 오렌지를 섞는다. 비타민 C는 피부 점막을 튼튼하게 하는 주요 성분으로 위염이나 궤양에 도움을 준다. 그리고 감귤류의 신맛이 위산 분비를 촉진하므로 저산성인 사람들에게 효과적이다.

이렇게 만드세요

재료 귤 2개, 오렌지 1개, 레몬 1/2개

❶ 귤은 속껍질까지 벗기고 가제에 싸서 즙을 짠다.

❷ 오렌지는 반으로 잘라 즙 짜는 기구로 즙을 낸다.

❸ 준비해 놓은 즙을 모두 섞고 레몬즙을 섞는다.

만들기 포인트

완성한 주스가 신맛이 너무 강할 경우에는 꿀을 넣어 단맛을 보충한다.

감자 당근즙
위산 분비에 균형을 준다

감자의 칼륨 성분은 위 속의 산과 알칼리의 균형에 영향을 주므로 과산성 위염에 도움이 된다. 그리고 점막 세포의 점액이 정상적으로 분비되도록 한다.

또 당근은 비타민 A의 보고로, 위 등 각종 기관 상피 조직의 건강 유지에 필수적이다.

이렇게 만드세요

재료 감자 1개, 당근 1/2개, 꿀 1큰술, 물 1컵 반

❶ 감자는 깨끗이 씻어 껍질을 벗기고 적당한 크기로 썬다.

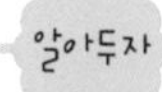

❷ 썬 감자를 강판에 갈아 즙을 짜고 가제에 밭쳐 걸러 낸다.

❸ 당근은 씻어 껍질을 벗기고 강판에 갈아 가제에 밭쳐 걸러 낸다.

❹ 걸러낸 감자와 당근을 섞는다.

❺ 여기에 꿀과 물을 잘 섞는다.

만들기 포인트

감자는 변색되기 쉬우므로 강판에 갈아 곧바로 당근과 섞어 마신다.

알아두자

위에 염증이 있으면

불규칙한 식사, 과식이나 과음, 지나친 스트레스 등이 원인이 되어 위에 염증이 생긴 것을 위염이라고 한다. 생활이 규칙적이고 식사에 큰 문제가 없다면 위에 생긴 가벼운 상처는 2~3일이면 낫는다. 그렇지 못할 경우에는 염증으로 발전하게 되는데 치료하지 않고 방치해 두면 만성화되기도 하고 치료하더라도 쉽게 재발한다. 따라서 자각증세를 느꼈을 때 빨리 식생활을 개선하고 적절한 치료를 받아 만성화되는 것을 막는 것이 중요하다.

위염의 진행 정도나 발병 원인에 따라 증세가 조금씩 다를 수는 있지만 기본적인 증세는 비슷하다. 어떤 증세가 있는지 미리 알아두면 위염을 치료하는 데 도움이 된다.

강산 · 강알칼리성 용액을 잘못 마셔 발생하는 부식성 위염이나 식중독 등 세균성 위염, 약의 부작용으로 인한 약제성 위염 등은 구토나 헛구역질 등의 증세가 나타나지만 증세를 관찰하며 기다리기보다는 빨리 병원에 가서 적절한 처치를 받는 것이 좋다.

● 먹어도 소화가 잘 되지 않아 식욕이 없고 소화 흡수력이 떨어져 빈혈이 오는 경우도 있다.

● 먹은 것이 없는데도 복부에 팽만감이 느껴지고 속쓰림과 복부 불쾌감도 동반한다. 심한 경우 토하게 되기도 한다.

● 상복부에 타는 듯한 통증이 느껴지고 심하면 피를 토하기도 한다. 기관지의 상처로 인한 피는 선명한 붉은색이지만 위의 상처로 인한 토혈은 위액과 섞여 검붉은색을 띠는 경우가 많다.

혈압 조절에 좋은 녹즙

쑥갓에 귤을 넣은 즙을 마시면 노화된 혈관을 강화시키는 비타민 A·E와 모세 혈관을 튼튼하게 해 주는 비타민 P를 동시에 섭취할 수 있어 고혈압에 효과적이다. 이 외에 혈액의 산성화를 막아주는 돌미나리 생즙이나 콜레스테롤·혈압을 내려주는 두유 배즙을 마셔도 매우 좋다

수박 멜론즙

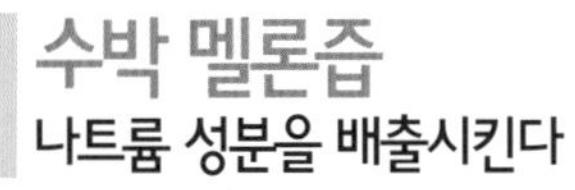

나트륨 성분을 배출시킨다

멜론에는 칼륨이 아주 많이 들어 있어서 소금(나트륨)을 과잉 섭취한 다음의 식후 디저트로 최고이다. 또 수박에는 이뇨 작용이 있어서 나트륨 성분을 신속히 배출시키며 고혈압으로 인한 갖가지 부종에도 좋은 효과를 볼 수 있다.

이렇게 만드세요

재료 수박 중간 크기 1/8개, 멜론 중간 크기 1/4개, 아스파탐(무칼로리 감미료) 1/2큰술, 물 1컵

❶ 수박, 멜론은 껍질을 벗기고 씨를 말끔히 뺀다.
❷ 수박, 멜론, 무칼로리 감미료를 섞고 물을 조금 넣어 믹서에 간다.

돌미나리즙

혈액의 산성화를 막아 준다

미나리, 케일은 비타민과 무기질이 풍부한 알칼리성 식품으로 혈액이 산성화되는 것을 막아 주며 혈압을 내리는 작용도 한다. 또 토마토에 있는 비타민 B_6는 혈액을 깨끗하게 해 주므로 고혈압 증세에 그만이다.

여기에 칼슘과 비타민 A와 C가 많이 들어 있는 돌나물을 첨가하면 노화된 혈관이 튼튼해져 회복기에 마셔도 도움이 된다.

이렇게 만드세요

재료 돌미나리 100g, 케일 50g, 돌나물 50g, 토마토 2개, 사과 1/2개

❶ 돌미나리는 뿌리를 잘 다듬어 떼내고 케일, 돌나물과 함께 여러 번 깨끗이 씻는다.
❷ 토마토, 사과는 꼭지를 떼고 깨끗이 씻어 껍질째 사용한다.
❸ 손질한 재료들을 적당한 크기로 썰어 믹서에 넣고 간다.

쑥갓 귤즙
노화된 혈관을 강화시킨다

쑥갓에는 노화된 혈관을 강화시키는 비타민 A·C의 함량이 풍부하며 혈압을 내려 주는 칼륨 성분의 함량도 높다. 여기에 모세 혈관을 튼튼히 해 주는 비타민 P를 함유한 귤을 첨가해서 마시면 고혈압 증세에 효과가 크다.

이렇게 만드세요

재료 쑥갓 5줄기, 귤 3개, 레몬즙 1큰술, 물 1컵

❶ 쑥갓은 줄기를 제거하고 잎만 골라 잘 씻는다.
❷ 귤은 반으로 잘라 즙 짜는 기구로 즙을 낸다.
❸ 쑥갓을 주서에 갈아 귤즙, 레몬즙, 물과 함께 섞는다.

만들기 포인트

쑥갓의 떫은맛이 거슬리면 살짝 데쳐서 사용한다.

두유 배즙
콜레스테롤 · 혈압을 내려준다

두유의 단백질은 필수아미노산을 조화롭게 함유하고 있는 양질의 단백질이다. 그리고 콩의 지방은 리놀레산을 함유하고 있어 콜레스테롤을 낮춰 주고 혈압을 정상치로 내려 주어 혈관 장애의 위험을 없애 준다.

여기에다 효소가 들어 있어 소화를 돕고 변비와 조갈증에 좋은 배를 첨가해서 고혈압 예방치료에 도움이 된다.

이렇게 만드세요

재료 배 1개, 두유 1컵 반, 꿀 1큰술

❶ 배는 껍질을 벗기고 씨를 제거해 적당한 크기로 자른다.
❷ 준비한 배와 두유를 믹서에 간다.
❸ 취향에 따라 여기에 꿀을 탄다.

혈압을 조절하는 생활

혈압이란 혈액을 몸 구석구석까지 보내기 위한 힘이다. 식생활에 문제가 있거나 다른 건강상의 이유로 해서 혈관의 탄력이 떨어지거나 콜레스테롤이 혈관에 엉겨 붙어 혈관 자체가 좁아지는 경우에 혈액을 구석구석까지 보내기 위해서 더 많은 힘이 필요하고 자연히 혈압이 높아지게 되는 것이다.

다른 질병도 마찬가지지만 혈관의 병 역시 예방이 최선이다.

● **마음을 편하게 갖도록 한다**

신경을 쓰거나 화를 내는 등 감정의 변화가 심하면 높은 혈압에 악영향을 주게 된다. 마음을 편안히 갖고 숙면을 취해 신경이 날카로워지는 일이 없도록 한다.

● **긴장된 근육을 풀어 준다**

혈압이 높은 사람에게 두통이 오는 경우가 있다. 또 혈액순환이 원활하지 않아 손발이나 어깨 등에 가벼운 불쾌감이 있을 수도 있다. 이럴 때는 목을 좌우로 흔들거나 팔을 아래위로 움직여 긴장된 근육을 풀어 준다.

● **가벼운 운동을 꾸준히 한다**

운동은 신진대사를 원활히 해주고 혈액순환을 돕는 등 혈압을 조절하는 데 도움을 준다. 건강하다면 등산이나 테니스 등 적극적인 운동을, 혈압을 걱정해야하는 상황이라면 무리가 없는 범위에서 가벼운 산책이나 맨손체조를 한다.

숙취 해소에 좋은 녹즙

감, 자두, 사과, 레몬은 비타민 C가 풍부한 과일로 숙취 해독과 멀미 등에 뛰어난 효과를 발휘한다. 특히 감은 해독작용이 강해 술 마시기 전이나 후에 즙을 내어 마시면 좋다. 속이 쓰릴 때는 토마토를 갈아 당근이나 레몬을 섞어 마시도록. 훨씬 속이 편해지고 간 기능의 회복이 빨라진다.

자두 양배추즙

위장을 보호해 준다

자두에는 사과산을 비롯한 각종 비타민 · 무기질이 풍부해 신진대사에 좋다. 그리고 양배추는 과음 후 위장 보호에 좋을 뿐만 아니라 각종 무기질과 식물성 섬유가 풍부한 알칼리성 식품이기 때문에 신진대사와 배변 촉진에도 효과를 발휘한다.

이렇게 만드세요

재료 자두 6개, 양배추 잎 1장, 당근 1/3개, 사과 1개, 물 1컵, 레몬즙 1큰술

❶ 자두는 씨를 제거하고, 양배추는 잘 씻는다.

❷ 당근은 껍질을 벗긴 후 반으로 잘라 삶아 놓고, 사과는 껍질을 벗겨 씨를 도려낸 다음 적당한 크기로 썬다.

❸ 자두 · 양배추 · 당근 · 사과를 믹서에 간 다음 물을 섞고 레몬즙을 떨어뜨려 마신다.

❹ 산뜻하게 마시고 싶으면 레몬 · 얼음조각을 섞는다.

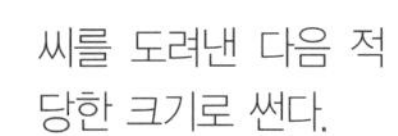

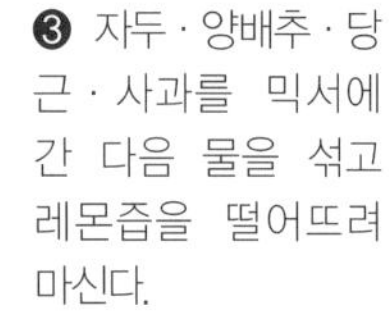

레몬즙

이뇨 작용을 촉진시킨다

숙취를 해소하려면 충분한 수분 섭취로 이뇨 작용을 촉진시키고 알코올로 파괴된 비타민 C를 보충해 주는 것이 필요하다. 특히 레몬의 구연산은 신진대사를 촉진시키는 기능을 하고 꿀에 들어 있는 당분도 혈액 속의 알코올 농도를 낮추는 작용이 있으므로 피로 회복 및 숙취 해소에 효과적이다.

이렇게 만드세요

재료 레몬 1개, 꿀 1/2컵, 물 1컵 반

❶ 레몬은 잘 씻어 껍질을 벗긴 다음 껍질은 가늘게 채 썰고 과육은 얇게 썬다.

❷ 채 썬 레몬 껍질과 과육을 꿀에 일주일 정도 재어 레몬시럽을 만든다.

❸ 따뜻하게 마시고 싶으면 찻잔을 미리 데워 레몬시럽 1작은술을 넣고 적당량의 물을 부어 마신다. 차게 마시려면 찬물에 타서 얼음조각을 띄운다.

토마토 오렌지즙
속쓰림을 방지한다

술을 많이 마시면 속쓰림 증세가 나타나는데, 토마토의 신맛은 이러한 증세를 해소하는 데 도움을 준다. 이 밖에도 토마토에는 다양한 종류의 비타민과 칼륨이 풍부하여 간장의 기능을 회복시키는 데 좋은 효과를 발휘한다.

이렇게 만드세요
재료 토마토(큰것) 2개, 오렌지(중간것) 1/2개, 당근(중간것) 1/2개, 레몬즙 1큰술

❶ 토마토는 잘 씻어 꼭지를 따고 뜨거운 물에 굴려 껍질을 벗긴다.

❷ 오렌지는 반으로 잘라 즙 짜는 기구로 즙을 짠다.
❸ 당근은 껍질을 벗긴 다음 한입 크기로 썰어 놓는다.

❹ 준비한 토마토와 당근을 주서에 간 다음 마지막에 만들어 둔 오렌지즙과 레몬즙을 섞는다.

단감즙
숙취를 해소시킨다

감에는 숙취의 묘약이라 불리는 아미노산인 시스틴이 함유되어 있어 간장에서 일어나는 해독 작용을 왕성하게 하는 데 도움을 주며 특히 비타민 C는 사과의 8~10배나 들어 있어 알코올로 손실된 비타민 C의 보충에 그만이다.

이렇게 만드세요
재료 단감 1개, 우유 1컵 반,

❶ 단감의 껍질과 씨를 제거한다.
❷ 손질한 단감과 우유를 함께 믹서에 넣고 간다.

만들기 포인트
감은 몸을 차게 하므로 밤에 마시는 것은 피한다. 말랑말랑하게 잘 익은 감이 좋으며 단맛이 부족할 경우에는 꿀을 섞는다.

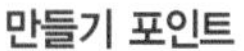

알아두자

숙취예방법

술을 마실 때는 즐겁지만 마시고 난 다음날은 숙취로 고생하는 경우가 많다. 숙취를 예방하는 가장 좋은 방법은 술을 마시지 않는 것이겠지만 사회생활을 하는 경우에 불가피하게 술을 마셔야 하는 상황이 생긴다. 이럴 때 숙취를 조금이라도 예방하는 방법을 알고 있다면 큰 도움이 된다.

● 빈속에 술을 마시는 일을 피한다
위가 비어 있는 상태에서 술을 마시게 되면 알코올이 곧바로 흡수되어 술기운이 빨리 돌고 금방 취하게 된다. 가능한 한 식사를 마친 후에 술을 마시기 시작하는 것이 좋고 식사를 할 수 없는 상황이라면 먼저 안주를 먹은 다음에 술을 마시도록 한다.

● 많은 양의 술을 단숨에 마시지 않는다
갑자기 많은 양의 술을 마시면 위에서도 무리가 될 뿐만 아니라 흡수된 알코올로 인해 여러 가지 장애를 일으킬 수 있다. 혈액순환이 나빠져 손발이 차갑게 되거나 심장이 갑자기 뛰는 경우도 있다. 또 술을 마시는 중간중간에 안주를 조금씩 먹어 준다. 안주도 없이 술만 마시는 일은 절대 피하도록 하자.

● 담배는 피우지 않는다
술을 마시는 중에 담배를 피우게 되면 담배의 니코틴 성분이 간의 알코올 분해 작용을 방해하므로 숙취가 오래 가게 된다. 물론 담배 자체도 건강을 생각해서 삼가야 하지만 술을 마시는 자리라면 더욱 삼가는 것이 좋다.

술을 마실 때는 안주를 먹으면서 천천히 마신다.

빈속에 마시는 것도 금물.

갑작스럽게 많은 술을 마시는 것은 좋지 않다.

노화방지에 좋은 녹즙

'젊음의 비타민'으로 알려진 비타민 E가 풍부한 아보카도 열매나 아몬드 등의 즙을 마시거나, 세포의 젊음을 유지시켜 주는 비타민 C가 풍부한 오렌지, 키위, 파파야 등의 즙을 마시면 성인병이나 노화 방지에 좋다.

버몬트 드링크
몸에 활기가 생긴다

미국의 버몬트 주 사람들이 과다한 육식으로 인한 통풍·비만 예방을 위해 전통적으로 마셔 오던 것이 바로 사과식초이다. 많은 유기산이 들어 있어 신진대사를 원활하게 해 주고 피로를 재빨리 풀어 주기 때문에 몸에 활기를 불어 넣어 준다.

이렇게 만드세요

재료 사과식초 2큰술, 꿀 2큰술, 물 1컵 반

❶ 사과식초와 꿀을 잘 섞는다.
❷ 여기에 물을 넣고 섞는다.

만들기 포인트

차게 해서 먹을 경우 얼음조각을 띄운다. 여름에는 큼지막한 용기에 많이 만들어 냉장고에 넣어 두고 보리차 대신 마셔도 좋다. 또 겨울에는 뜨거운 물을 섞어 마신다.

아보카도즙
비타민 E가 풍부하다

아보카도는 '숲에서 나는 버터'라고 일컬어질 정도로 지방이 많은 과일인데, 지방의 80%가 불포화지방산으로 콜레스테롤을 낮춰 주는 작용이 있다.

또 '젊음의 비타민'으로 알려진 비타민 E가 풍부해 노화 방지에도 효과가 있다. 여기에다 세포의 젊음을 유지시켜 주고 비타민 E의 산화를 막아 주기도 하는 비타민 C가 풍부한 오렌지와 레몬을 대폭 강화해 마시면 노화 방지에 그만이다.

이렇게 만드세요

재료 아보카도 1개, 오렌지 4개, 레몬즙 2큰술, 꿀 조금

❶ 아보카도는 반으로 잘라 씨를 빼고 껍질을 벗겨 적당한 크기로 썬다.

❷ 오렌지는 반으로 잘라서 즙 짜는 기구로 즙을 낸다.
❸ 아보카도와 오렌지즙, 레몬즙, 꿀 조금을 넣어 믹서에 간다.

만들기 포인트

아보카도는 잘 익은 것을 고른다.

아몬드가루 과일즙
세포의 손상을 예방한다

세포의 젊음을 유지시켜 주는 비타민 C가 매우 풍부한 오렌지 키위즙에 아몬드 가루를 섞으면 아몬드의 불포화 지방산과 비타민 E가 파괴되는 것을 막아 결국 세포의 손상을 예방하고 몸의 활력도 줄 수 있어 성인병 및 노화 방지에 도움이 된다.

이렇게 만드세요

재료 키위 2개, 오렌지 4개, 아몬드가루 2큰술

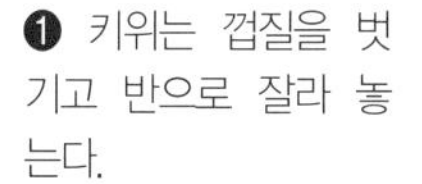

❶ 키위는 껍질을 벗기고 반으로 잘라 놓는다.

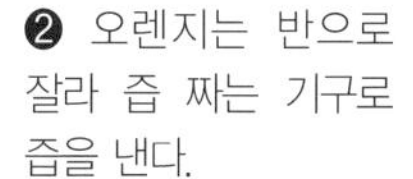

❷ 오렌지는 반으로 잘라 즙 짜는 기구로 즙을 낸다.

❸ 잘라 놓은 키위와 오렌지즙에 아몬드가루를 섞어 믹서에 간다.

만들기 포인트

아몬드가루가 없으면 소금기가 없는 아몬드를 삶아서 껍질을 벗겨 분마기에 넣고 빻아서 사용한다.

파파야 요구르트
피부의 젊음을 유지시킨다

요구르트에는 살아 있는 유산균이 대단히 많이 들어 있어 정장 효과가 뛰어나며 소화 · 흡수 · 노화 방지에 효과가 있다. 여기에 비타민 C가 풍부한 파파야를 넣어 피부의 젊음을 유지시켜 주는 건강음료로 만들어 본다.

이렇게 만드세요

재료 파파야 1/4개, 요구르트 1/2컵, 꿀 1작은술, 물 1/2컵

❶ 파파야는 길이로 8등분하여 속을 파내고 껍질을 벗겨 잘게 썬다.

❷ 썬 파파야를 믹서에 넣고 물을 부어 곱게 간다.

❸ 여기에 요구르트와 꿀을 넣고 잠시 더 간다.

알아두자

노화를 방지하는 비결 10가지

노화는 신체의 각 기관마다 조금씩 차이가 있지만 대개 20대 중반을 고비로 시작된다. 이는 자연스런 현상으로 피할 수는 없지만 생활 속의 몇 가지 주의로 노화 속도를 늦출 수는 있다. 다음의 구체적인 주의사항 10가지를 항상 기억하고 실천해보도록 한다.

❶ 짜증이나 흥분은 금물. 항상 즐거운 마음을 갖고 생활하는 것이 좋다.
❷ 적당한 운동과 등산 등으로 맑은 공기와 산소를 섭취한다. 가능하다면 도심을 벗어나 자연 속에서 시간을 보내는 것도 좋다.
❸ 술, 담배를 피하고 고지방식을 삼간다.
❹ 동물성 지방, 새우, 조개 등에 많이 들어 있는 콜레스테롤은 혈관을 좁히고 혈액순환을 방해하므로 주의한다.

❺ 과로나 그릇된 음식 섭취 등으로 체질이 산성화되지 않도록 주의한다.
❻ 식품이 농약이나 중금속 등에 오염되지 않았는지 주의하고 먹기 전에 반드시 깨끗이 씻도록 한다.
❼ 인스턴트식품이나 패스트푸드, 가공 식품의 이용을 줄이고 자연식품을 섭취한다.
❽ 어떤 음식이든지 꼭꼭 오래 씹어 침과 잘 섞어 삼키도록 한다.
❾ 육류보다는 해조류, 채소류 섭취를 늘인다.
❿ 불필요한 간식을 줄이고 하루 3끼 식사를 규칙적으로 먹는다.

스트레스 해소에 좋은 녹즙

스트레스를 받으면 비타민 C의 소모가 늘어나는데 이때는 파인애플, 파슬리, 피망, 셀러리 등을 즙으로 마셔 체내의 스트레스 방어 능력을 강화한다. 그리고 파래와 우유에는 칼슘이 풍부한데 칼슘은 신경을 안정시켜 스트레스 및 불안 해소에 도움을 준다

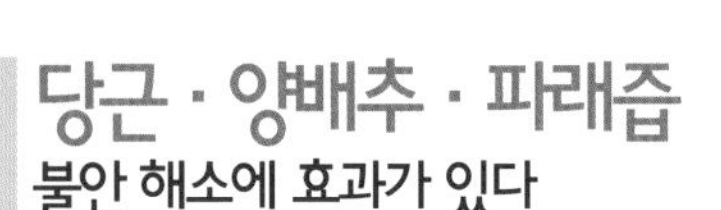

당근 · 양배추 · 파래즙
불안 해소에 효과가 있다

파래와 우유에는 칼슘과 비타민류가 풍부하여 신경을 안정시키고, 기분을 안정시키는 작용을 하므로 불안 해소에 효과적이다.

그리고 양배추와 당근에 들어 있는 칼륨 성분은 신경의 흥분과 근육 섬유의 수축을 조절해 초조감을 막아 주므로 스트레스로 인한 불안 해소에 도움이 된다.

이렇게 만드세요

재료 당근 1/2개, 양배추 잎 1장, 우유 1컵 반, 파래 1큰술, 소금 조금

❶ 당근은 껍질을 벗겨 적당한 크기로 썰어 놓고 양배추는 물로 깨끗이 씻어 손으로 찢는다.

❷ 준비된 당근과 양배추, 우유를 믹서에 간다.

❸ 믹서에 간 다음 그릇에 담아 파래를 잘 섞는다.

우유 파인애플즙
신경 안정 · 피로회복에 좋다

칼슘이 품부한 우우와 비타민 C가 함유되어 있는 파인애플은 신경 안정에 효과적이다. 그리고 체내에 노폐물이 쌓이면 흥분하기 쉬운 상태가 되는데 식초의 주성분인 유기산은 체내의 노폐물을 분해하여 체외로 배출하는 작용을 하므로 피로회복과 초조감을 가라앉히는 데 좋은 효과가 있다.

이렇게 만드세요

재료 파인애플 1개, 꿀 100g, 식초 2큰술

❶ 파인애플은 껍질을 벗기고 1.5㎝ 두께로 썬다.

❷ 꿀과 파인애플을 켜켜이 잰 다음 식초를 넣어 밀폐용기에 담아 서늘하고 햇빛이 들지 않는 곳에 둔다.

❸ 밀봉해 둔 파인애플에서 우러난 즙 2큰술에 우유 1컵을 섞는다.

한마디 더!

파인애플 이외에 키위나 포도 등을 사용해도 괜찮고 연근즙을 마셔도 신경의 피로를 풀어 준다.

토마토 피망즙

혈압과 기분을 안정시켜 준다

토마토에는 글루타민산, 칼륨 등이 들어 있어서 혈압을 내려 주고 기분을 안정시키는 데 좋으며 파슬리, 피망, 셀러리는 비타민 C를 강화시켜 주므로 스트레스 해소에 효과적이다.

이렇게 만드세요

재료 토마토 2개, 피망 1/2개, 파슬리 1줄기, 셀러리 1/3대, 물 1컵, 소금 · 후춧가루 조금씩

❶ 토마토의 꼭지를 따고 껍질을 벗긴 후 피망의 꼭지와 씨 부분을 제거한다.

❷ 파슬리의 잎 부분을 떼내고 셀러리의 섬유질 줄기를 벗겨 낸다.

❸ 준비한 토마토와 파슬리, 셀러리를 물과 함께 믹서에 간 다음 마지막에 소금 · 후춧가루로 살짝 간을 한다.

알아두자

스트레스를 해소하려면

● **긍정적인 사고를 갖고 생활한다**
스트레스의 원인은 정신적인 데서 오는 경우가 많다. 마음을 편하게 갖고 주변의 일과 사람들에 대해서 긍정적인 사고를 갖게 되면 스트레스를 받는 일도 줄어들뿐더러 스트레스의 해소에도 도움이 된다.

● **신체적인 무리를 피한다**
신체적인 불편함은 신체와 정신에 모두 부담을 주고 작업 능력을 떨어뜨리는 등 스트레스의 원인이 된다. 따라서 건강에 대한 자신을 가질 수 있도록 평소에 건강관리에 신경을 쓰도록 하자.

● **취미생활, 여가선용에 소홀하지 말자**
반복되는 일상에서 스트레스를 받는 경우라면 일상에서 벗어난 취미를 가짐으로써 스트레스를 해소할 수 있다. 등산이나 하이킹, 문화생활 등은 스트레스를 해소하는 데 도움이 될 뿐만 아니라 정서를 풍요롭게 해준다.

● **규칙적인 운동을 해주어야 한다**
과다한 업무, 공해, 소음 등은 피로의 원인이 된다. 과로로 인한 피로는 스트레스의 원인이 되므로 피로도 풀고 건강을 유지하기 위해 적당한 운동이 필수적이다.

스트레스를 풀 수 있는 운동

운동의 종류	20분간의 운동으로 소모되는 칼로리	심폐기능향상	관절유연성향상	근력 향상
가벼운 정원손질 (잡초 뽑기 등)	90	★	★★	★★
본격적인 정원손질 (땅을 가는 일)	140	★★	★★★	★★★★
산책	60	★	★	★
빠른 보행	100	★★	★	★★
리듬이 빠른 춤추기	160	★★	★★★	★
가벼운 조깅	160	★★★	★	★★
빨리 뛰는 조깅	210	★★★★	★★	★★
맨손 체조	140	★★	★★★★	★★
수영	240	★★★★	★★★★	★★★★
자전거 타기	220	★★★★	★★	★★★
배드민턴	115	★★	★★★	★★
테니스	160	★★★	★★★	★★
보트 노젓기	180	★★★★	★★	★★★★
스케이트	160	★★★	★★★	★★
스키(내리막길)	160	★★★	★★★	★★
골프(평탄한 코스)	90	★	★★	★
축구	180	★★★	★★★	★★★

※ ★ 4개는 운동에 의한 스트레스 해소 효과가 매우 크다. ★ 3개는 효과가 크다.
★ 2개는 효과가 조금 있다. ★ 1개는 효과가 극히 적다.

식욕 증진에 좋은 녹즙

위염 · 간염 등의 질병에 의해서 식욕부진이 있을 때는 의사의 진찰을 받아 치료해야 하지만 일반적인 식욕부진을 위해서는 오렌지나 사과, 키위 등의 신맛이 있는 과일즙이 좋다. 이 외에 독특한 향과 매운맛이 있어 위장을 자극해 식욕을 증진시킬 수 있는 차조기나 생강을 이용한 즙을 마셔도 효과를 볼 수 있다

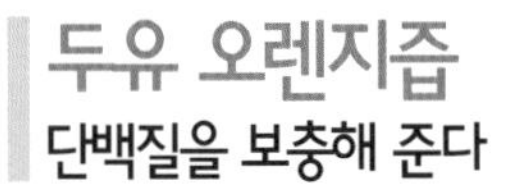

두유 오렌지즙

단백질을 보충해 준다

식욕이 떨어져 먹는 것이 적어지면 무엇보다 체내 단백질이 부족되기 쉽다. 두유는 소화도 잘되고 위장에 부담이 덜하여 비타민, 무기질도 함유한 양질의 단백질 식품이다. 또 오렌지의 상큼한 향과 신맛이 식욕을 촉진시킨다.

이렇게 만드세요

재료 오렌지 1/2개, 두유 1컵, 꿀 1큰술

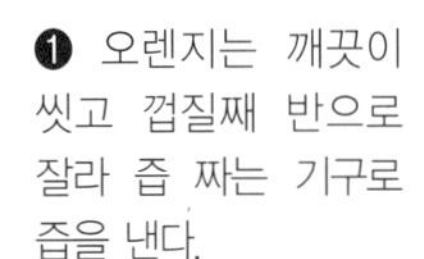

❶ 오렌지는 깨끗이 씻고 껍질째 반으로 잘라 즙 짜는 기구로 즙을 낸다.

❷ 오렌지즙에 두유를 잘 섞는다.

❸ 취향에 따라 꿀을 첨가한다.

한마디 더!

두유는 우유에 비해 칼슘은 적지만 위에 부담을 덜어 준다.

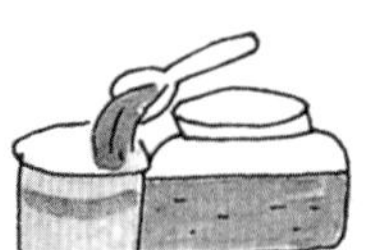

사과 요구르트

위를 자극해 식욕을 돋운다

발효유인 요구르트에는 상큼한 신맛이 있어 먹기에 좋으며, 정장 작용이 있는 사과와 잘 어울린다. 식물성 섬유가 풍부한 사과와 요구르트의 적당한 신맛이 위장에 자극을 주어 식욕 회복에 도움을 준다. 여기에 향긋한 신맛이 뛰어난 레몬즙을 첨가하면 식욕을 증진시키는 데 더욱 좋다.

이렇게 만드세요

재료 사과 1개, 레몬 1큰술, 꿀 2큰술, 요구르트 1컵

❶ 사과를 씻어 강판에 갈고, 변색을 막기 위해 곧바로 레몬즙과 섞는다.

❷ 여기에 꿀, 요구르트를 섞어 함께 믹서에 간다.

만들기 포인트

사과 외에 파인애플이나 파파야 등을 사용해도 좋다. 만들 때 수분이 부족하면 우유를 더 넣어도 된다.

키위즙

식사 전에 조금씩 마신다

키위는 비타민 C가 풍부하여 피로회복이나 감기 예방에도 효과가 있다. 키위의 선명한 녹색과 새콤달콤한 향기는 식욕을 자극하므로 식사 전에 조금 마시면 식욕 증진에 효과가 있다.

이렇게 만드세요

재료 키위 1개, 물 1컵, 꿀 1큰술

❶ 말랑말랑하게 잘 익은 키위를 골라 깨끗이 씻는다.

❷ 키위 껍질을 벗겨 0.5㎝ 두께로 썰어 믹서에 넣고 물과 함께 곱게 간다.

❸ 체에 베보자기를 깔고 키위즙을 밭쳐 건더기를 걸러내고 꿀을 타서 마신다.

만들기 포인트

아직 덜 익은 딱딱한 키위는 잘 익은 키위보다 영양이 떨어진다. 냉장고에 2~3일 두었다가 먹으면 맛과 영양이 더 좋아진다.

차조기 생강즙

매운 성분으로 입맛을 돋운다

차조기의 독특한 향과 생강의 매운 성분이 위장을 자극해서 식욕을 증진시키고 소화 작용을 돕는다.

이렇게 만드세요

❶ 차조기는 깨끗이 씻고 생강은 껍질을 벗긴다.

❷ 차조기를 주서에 넣어 갈고 생강은 강판에 간다.

❸ 냄비에 육수를 붓고 따뜻하게 데워 간장으로 간을 한다.

❹ 갈아 놓은 차조기와 생강을 그릇에 담고 데워 놓은 육수를 부어 마신다.

만들기 포인트

차조기나 간장에는 살균작용이 있으므로 설사를 자주 하는 사람에게도 효과가 있다.

생강의 양은 취향에 따라 늘이거나 줄이며, 차조기 잎은 충분히 사용해도 좋겠다.

육수는 고기 끓인 국물이다. 넉넉히 끓여 체에 걸러서 밀폐용기에 담아 냉장고에 보관해 두었다가 필요할 때마다 조금씩 사용한다.

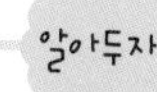

식욕을 돋우려면

질병이 원인이 된 경우를 제외하면 대부분의 식욕부진은 가벼운 피로나 심리적인 이유가 원인이 된다. 따라서 마음을 가볍게 하고 생활 속에서 몇 가지 주의사항을 지킨다면 증세를 완화시킬 수 있다.

● 좋아하는 음식을 위주로 식단을 짠다

건강에는 큰 문제가 없다면 일단 좋아하는 음식에 식욕이 당기기 마련이다. 또 간도 조금 강하게 해서 먹어 본다. 입맛을 돋우는 향신료를 조금 사용하는 것도 좋은 방법이다. 특별한 질병이 원인이 되어 식이요법을 하고 있다면 먼저 의사와 상의하고 가능한 범위 내에서 식단을 조절해 보도록 한다.

● 식전에 알코올 도수가 낮은 과일주를 마신다

식사 전에 포도주나 알코올 도수가 낮은 과실주를 조금 마시는 것도 한 방법. 새콤한 맛이 있는 과실주는 입맛을 돋우어 주고 신진대사를 활발하게 해주어 소화를 돕는다.

● 식전에 가벼운 운동이나 목욕을 한다

산책이나 맨손체조 등 가벼운 운동은 혈액순환을 좋게 하고 상쾌한 피로감을 느끼게 하기 때문에 식욕을 돋울 수 있다. 목욕도 마찬가지. 너무 뜨겁거나 차갑지 않은 물로 목욕을 하면 몸에 쌓여 있던 노폐물도 빠지고 피로 회복이 되면서 입맛이 돌게 해준다. 물론 숙면을 취하게 해주는 효과도 있어 아침에 일어나면 개운하게 식사를 할 수 있다.

피로 회복에 좋은 녹즙

율무나 포도, 양파 등은 신진대사를 원활하게 해 주며 피로 회복에 도움이 된다. 그리고 피망이나 토마토 등을 즙으로 마시면 영양도 살리고 원기도 회복시킬 수 있어 피로 회복에 중요한 역할을 하게 된다

율무가 든 파인주스

피로 회복에 큰 역할을 한다

율무의 비타민 B_1은 당질이 에너지로 변할 때 꼭 필요한 비타민으로서 피로 회복에 큰 역할을 한다. 그리고 파인애플에 풍부하게 들어 있는 새큼한 맛의 구연산 성분과 비타민 B_1 · B_2, 포도당, 과당 등도 체내의 신진대사를 원활하게 하고 에너지 보충에 도움이 되므로 피로 회복에 매우 좋다. 그러나 이러한 즙도 일회성이 아니라 연속적으로 섭취할 때 더 큰 효과를 볼 수 있다.

이렇게 만드세요

재료 율무가루 1/3컵, 무가당 파인애플 주스(시판) 1컵 반

❶ 율무가루와 파인애플주스를 믹서에 넣고 간다.

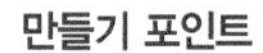

만들기 포인트

파인애플주스는 100% 과즙이거나 주서에 간 천연의 것을 사용한다. 차게 해서 마시고 싶으면 얼음조각을 띄운다.

포도 레몬즙

신속한 에너지원이 된다

포도당이란 명칭은 포도에 많이 들어 있기 때문에 붙여진 이름이다. 포도당은 단당류이기 때문에 체내에서 빠르게 흡수되어 곧바로 에너지원이 된다. 또 포도에 들어 있는 구연산 등 유기산은 신진대사를 좋게 해 피로회복에 그만이다. 레몬 역시 구연산이 많이 함유되어 있어 도움이 된다.

이렇게 만드세요

재료 포도 2송이, 레몬즙 1큰술

❶ 포도는 깨끗이 씻어 껍질과 씨를 제거하고 얼음조각과 함께 믹서에 갈아 레몬즙을 섞는다.

만들기의 포인트

취향에 따라 꿀을 섞는다. 수분이 적어 믹서로 갈기 나쁘다면 물을 첨가한다.

피망 녹즙

무더울 때 원기를 회복시켜 준다

피망에는 비타민 A와 C가 풍부한데 특히 비타민 C는 레몬에 버금갈 정도로 많아 세포의 작용을 활성화하고 신

진대사를 높여 준다. 더위에 쉽게 지치고 몸이 약한 경우 계속 먹으면 원기를 얻을 수 있다.

그리고 당근의 비타민 A도 각 기관의 세포를 튼튼하게 해 줌으로써 더위 때문에 각 기관의 기능이 떨어졌을 때 원기를 높이는 데 많은 도움이 된다.

여기에 사과를 섞으면 사과의 유기산이 신진대사를 높여 주므로 피로회복도 기대할 수 있다.

이렇게 만드세요

재료 피망 1개, 사과 1/2개, 당근 1/2개

❶ 피망은 깨끗이 씻어 둥글게 듬성듬성 자른다. 이때 피망은 꼭지와 씨도 모두 그대로 자른다.

❷ 당근과 사과도 깨끗하게 씻어 적당한 크기로 썰고, 사과는 씨를 제거한다.

❸ 준비한 채소, 과일을 모두 녹즙기에 넣어 간다.

토마토 양파즙

영양을 살린 피로 회복 음료이다

토마토에는 각종 비타민과 무기질 등의 영양이 풍부하게 함유되어 있고 소화흡수도 잘되어 노약자나 환자들에게 좋은 건강식품이 된다.

그리고 신진대사에 좋은 구연산과 혈관을 튼튼하게 하는 루틴 성분이 함유되어 있어 회복기의 환자나 체력이 떨어진 사람의 피로 회복에 좋다. 여기에 양파를 섞어 즙을 내면 양파의 당질과 비타민 $B_1 \cdot B_2 \cdot C$ 그리고 양파 특유의 매운맛인 유화알릴 성분으로 피로 회복에 확실한 효과가 있는 녹즙이 된다.

이렇게 만드세요

재료 토마토 3개, 양파 1/4개, 소금 조금, 적포도주 1큰술

❶ 토마토는 뜨거운 물에 살짝 굴려 껍질을 벗겨 내고 적당한 크기로 잘라 둔다.

❷ 양파는 껍질을 벗겨 적당한 크기로 잘라 둔다.

❸ 토마토와 양파, 소금을 주서에 넣고 간 다음 붉은포도주를 몇 방울 떨어뜨려 섞는다.

알아두자

약술을 잘 담그려면

● 재료 선택을 잘 해야 한다

뿌리 부분을 사용할 때는 동쪽으로 뻗은 뿌리껍질을 택하고 과일은 신선하고 조금 덜 익은 것을 택한다. 너무 익어 물러진 것은 술이 금방 탁해져 버린다.

● 알코올 농도가 높은 술이 좋다

알코올 농도가 높은 것이 약효 성분을 잘 우러나게 하므로 40℃ 이상이 적당하다. 또 농도가 높을수록 변질될 우려도 적다.

●꿀을 이용한다

원래는 약술에 당분을 넣지 않는 것이 약효가 있지만 당분이 들어가야 제 맛이 나거나 독한 맛이 싫어 단맛을 내고자 한다면 설탕보다 꿀을 넣는 것이 좋다.

병적인 피로는 건강의 적신호

● 일반적인 피로

건강한 사람이 일을 하거나 운동을 하면서 느끼는 피로감은 정상적인 것이고 생활 속에서 바람직한 것으로 손실된 영양을 보충하고, 푹 쉬면 쉽게 회복된다.

● 심리적인 피로

오랜 시간을 긴장한 상태로 일하거나 갈등, 불안 등의 감정을 느껴서 생기는 심리적인 피로는 걱정의 원인만 제거되면 곧 안정을 찾을 수 있다.

● 병적인 피로

특별한 원인이 없는데도 계속 피곤하고 쉬어도 회복되는 기미가 없다면 신체 어딘가에 이상이 생겨 그 신호로 나타나는 피로일 수 있다. 이런 피로는 원인이 되는 질병을 치료하지 않으면 회복되지 않는다.

다이어트에 좋은 녹즙

오이뿐만 아니라 생채소의 경우 대개 칼로리가 매우 낮고 섬유질도 많아 다이어트식품으로 제격이며 '비만의 적'인 변비에도 좋다. 그리고 섬유질은 지방을 분해, 배출해 주므로 비민일 때 매우 효과적이다

오이 사과즙

저칼로리이며 포만감을 준다

오이는 96%가 수분으로 이루어져 있으며 칼로리가 매우 낮아 안심하고 많이 먹을 수 있어 비만인 사람들의 포만감을 채워 주는 데 적합하다. 그리고 사과의 펙틴질은 변비, 정장에 효과가 있고 오이와 레몬에 많이 포함된 비타민 C는 불포화지방산, 비타민 A · E의 산화를 막아 주므로 비만인 경우 간접적인 효과를 기대할 수 있다.

이렇게 만드세요

재료 오이 1개, 사과 1개, 레몬 1개, 물 1컵

❶ 오이는 소금으로 문질러 씻는다.

❷ 사과는 깨끗이 씻어 껍질을 벗기고 반을 갈라 씨를 뺀 다음 색이 변하지 않도록 소금물에 살짝 담근다.

❸ 레몬은 반을 갈라 즙 짜는 기구로 즙을 낸다.

❹ 준비한 오이와 사과를 주서에 간 다음 유리컵에 담고 레몬즙과 물을 섞는다.

생채소즙

다이어트 식품으로 제격이다

비만의 원인 중 하나는 지방 과잉 등 영양의 불균형을 들 수 있다. 이때는 되도록 많은 채소를 섭취해 각종 비타민과 무기질을 보충한다. 그리고 채소의 풍부한 식물성 섬유질로써 몸에 쌓인 지방을 분해, 배출할 수 있도록 한다. 또 채소는 대개 저칼로리이므로 다이어트 식품으로도 제격이다.

이렇게 만드세요

재료 토마토(중간 크기) 2개, 셀러리 1/2대, 양배추 잎 1장, 피망 1개, 파슬리 1송이, 물 1/2컵

❶ 토마토는 깨끗이 씻어 뜨거운 물에 살짝 굴려서 껍질을 벗긴다.

❷ 양배추와 셀러리는 깨끗이 씻어 셀러리의 섬유질 부분을 벗긴다.

❸ 피망, 파슬리도 깨끗이 씻어 피망은 반을 잘라 씨를 털어내고 파슬리는 잎을 떼 낸다.

❹ 준비한 채소와 분량의 물을 믹서에 넣고 간다.

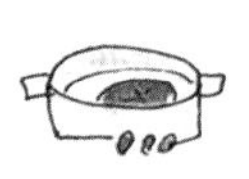

두유 딸기즙
당뇨 예방에 효과 있다

비만이 되면 무엇보다 동맥경화나 고혈압, 당뇨 등의 성인병이 우려된다. 딸기는 다른 과일에 비해 비타민 C가 많은 편인데, 비타민 C는 콩의 고도 불포화지방산이 산화하는 것을 막아 주기 때문에 콩과 함께 먹으면 딸기와 콩 속의 영양분을 모두 살릴 수 있어 궁합이 잘 맞는 식품이라 할 수 있다. 그리고 콩 속의 트립신 인히비터 성분은 당뇨 예방에 효과가 있어 비만인 당뇨 환자에게 좋다.

이렇게 만드세요

재료 딸기 20개, 두유 1컵 반, 꿀 1큰술

❶ 딸기는 꼭지를 따고 깨끗이 씻는다.

❷ 준비한 딸기와 두유, 벌꿀을 믹서에 넣고 간다.

❸ 완성된 즙에 레몬즙을 살짝 뿌린다.

만들기 포인트

차게 해서 먹으려면 얼음조각을 띄운다. 제철 딸기라서 단맛이 충분하다면 꿀은 넣지 않는다.

감자 생즙
육류의 지방 흡수를 막아 준다

감자는 주성분이 당질이지만 식물성 섬유가 많이 함유되어 있어 다이어트 식품으로 좋다. 식물성 섬유는 당질이나 육류의 지방 흡수를 막아 주기 때문이다.

이렇게 만드세요

재료 감자 1개, 당근 1/2개, 오이 1/2개, 셀러리 30g, 비트(사탕무) 30g

❶ 감자는 싹이 나지 않은 것을 골라 껍질을 벗기고 씻은 다음 큼직큼직하게 썬다.

❷ 당근과 오이는 깨끗이 씻어 껍질째 길게 썰고, 셀러리와 비트는 알맞은 길이로 썬다.

❸ 준비한 재료를 모두 믹서에 넣고 한꺼번에 간다.

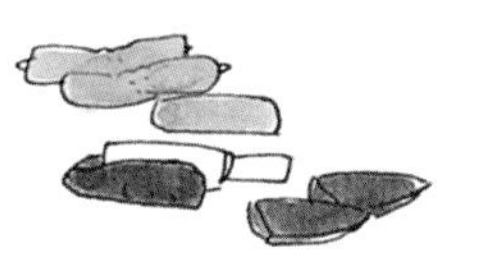

알아두자

다리살을 빼기 위한 생활습관

❶ 엘리베이터, 에스컬레이터는 될 수 있는 대로 타지 말고 가벼운 기분으로 걷는다.

❷ 걸을 때의 걸음 폭은 넓게, 평소보다 빠른 속도로 걷는다.

❸ 전화를 걸 때나 받을 때 발을 모아 똑바로 서서 받는다.

❹ 일할 때나 전철 안에서 의자에 앉을 때는 무릎을 바짝 밀착시키고 앉는다.

❺ 살찌는 것이 걱정되면 먹는 음식의 양을 80%로 줄이고 간식을 끊는 것이 효과적이다.

다이어트를 위한 식품 선택 요령

식품을 살 때

❶ 배고플 때 시장을 보지 않는다. 충분한 식사를 충분히 한 후에 여유를 갖고 식품을 구입하도록 하자.

❷ 생각나는 대로 사는 충동구매는 금물. 무엇을 사야 할지 리스트를 미리 작성한다.

❸ 인스턴트식품이나 포장만 뜯으면 먹을 수 있는 음식들은 칼로리도 높을 뿐 아니라 먹는 습관을 부채질한다.

음식을 만들 때

❶ 기름을 사용하거나 곁들이가 많이 필요한 음식은 칼로리가 높아지기 쉬우니 우선적으로 피한다.

❷ 큰 접시에 담다 보면 왠지 음식이 적어 보인다. 작은 그릇에 가득히 담는 쪽이 바람직하다.

❸ 한 접시에 여러 가지의 음식을 담지 않는다. 한 접시에는 한 가지 요리만.

음식을 먹을 때

❶ 자기 생활 리듬에 맞추어 식사 스케줄을 잡는다. 바쁠 때를 대비해 두지 않으면 인스턴트식품이나 과자로 식사를 대신하기 쉽다.

❷ 한 입 정도는 남기자. 음식을 남기는 것이 좋은 일은 아니지만 한 숟갈 더 먹고 싶은 유혹을 뿌리치는 것도 좋은 훈련이다.

❸ 식사시간을 길게 잡지 않는다. 식사시간이 길면 먹는 양도 늘어나고 옆사람이 먹는 것도 왠지 맛있어 보인다. 적당한 양만큼만 꼭꼭 씹어 먹자.

거친 피부를 매끄럽게 하는 녹즙

양배추와 파인애플, 곤약 등은 변비나 장을 깨끗이 하는 데 좋으며, 장이 깨끗해야 피부 역시 맑아진다.

그리고 율무즙을 마시면 신진대사가 좋아져 여드름 등에 효과적이다

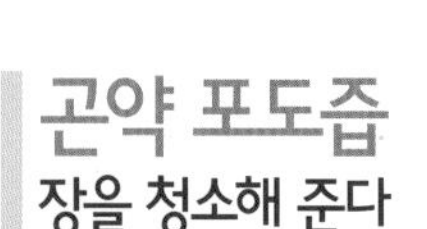

곤약 포도즙

장을 청소해 준다

97%가 수분이면서 식물성 섬유가 풍부한 곤약은 장의 작용을 활발하게 해줘 변비를 예방해 준다. 포도 역시 펙틴이라는 식물성 섬유가 풍부하며 비타민 B_1 · B_2 · C가 풍부하게 들어 있어 피부 미용에 효과적인 식품이다. 이 두 가지 재료를 섞어서 즙을 만들어 마시면 변비 해소는 물론 여드름 치료에 효과를 기대할 수 있다.

이렇게 만드세요

재료 곤약(분말) 1큰술, 포도 한 송이, 물 1컵

❶ 포도는 껍질과 씨를 제거하고 믹서에 넣고 갈아서 걸쭉한 상태로 만든다.

❷ 여기에 곤약과 물을 넣고 잘 섞는다.

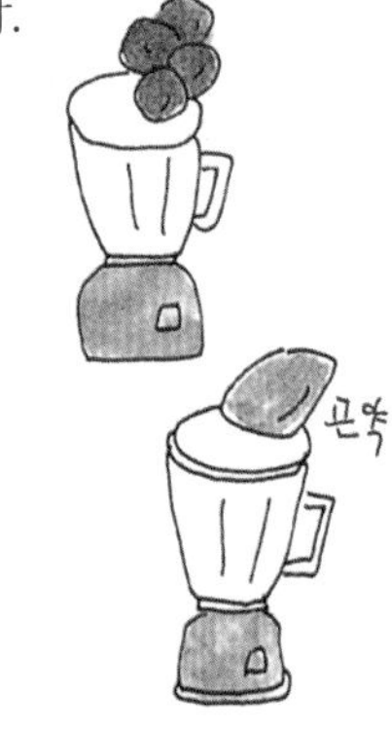

양배추 파인애플즙

단백질 분해 효소가 있다

양배추에 많이 들어 있는 식물성 섬유와 칼륨은 변비를 막고 장의 활동을 도와준다. 그리고 파인애플에는 브로멜린이라는 단백질 분해 효소가 들어 있는데 이것은 장내의 부패물을 분해하기 때문에 피부 미용에 직접 관련이 있는 소화기 장애나 정장에 효과가 있다.

당근의 비타민 A 역시 피부 미용에 없어서는 안 될 영양소이다. 세 가지 재료로 즙을 내면 여드름 치료에 좋다.

이렇게 만드세요

재료 양배추 잎 1장, 당근 1개, 파인애플(통조림 속의 낱장) 1/4개, 사과 1/2개, 물 1컵

❶ 잘 씻은 양배추 잎을 한입 크기로 썰고 껍질 벗긴 당근도 한입 크기로 썰어서 삶아 놓는다.

❷ 사과의 껍질을 벗기고 씨와 심을 제거한 후 한입 크기로 썰고 파인애플도 한입 크기로 썬다.

❸ 믹서에 준비한 분량의 재료와 물을 넣고 간다.

양배추 당근 생즙
여드름 · 주근깨에 좋다

양배추는 위궤양이나 위염 치료에 효과적이며 주근깨, 여드름 등 젊은 여성의 미용 생즙으로도 적당하다. 여기에 당근이나 과일즙을 섞어 마시면 몸의 저항력을 높여 주어 감기 예방이나 피로 회복에도 좋다.

이렇게 만드세요

재료 양배추 150g, 당근 1/2개, 꿀 1큰술

❶ 양배추는 한 잎씩 떼내어 흐르는 물에 깨끗이 씻는다.

❷ 당근도 깨끗이 손질하여 껍질째 숭숭 썬다.

❸ 적당한 크기로 썬 당근을 양배추에 싸는 듯이 하여 녹즙기에 넣고 간다.

코코아 율무즙
피부를 매끄럽게 한다

칼슘과 철분, 칼륨이 많이 들어 있는 코코아는 무기질이 많을 뿐 아니라 알칼리성 식품. 소화성이 뛰어난 단백질과 녹말이 들어 있고 혈액순환을 촉진하고 피로회복을 도와 피로로 인한 피부 트러블을 예방한다.

율무에는 풍부한 무기질과 비타민군이 들어 있어 피부를 매끄럽게 하고 체내에 노폐물이 쌓이지 않게 하는 뛰어난 신진대사 작용이 있어 여드름이 신경 쓰이는 사람에게 매우 효과적이다.

이렇게 만드세요

재료 율무가루 2큰술, 코코아(무가당) 2큰술, 우유 1컵 반

❶ 분량의 재료를 믹서에 넣고 갈아 마신다.

❷ 입맛에 맞지 않으면 꿀로 단맛을 내어 마시든지 따끈하게 데워서 마신다.

레몬 오렌지즙
노폐물이 쌓이지 않게 한다

레몬에는 구연산이 풍부하여 신진대사를 활발하게 해 노폐물이 신체 내에 쌓이지 않게 해 주므로 여드름을 예방한다. 또 오렌지와 레몬은 과일 중에서도 비타민 C가 특히 많아 피부 미용에 좋다.

이렇게 만드세요

재료 레몬 2개, 오렌지 1개, 꿀 2큰술, 탄산수 1컵

❶ 레몬과 오렌지즙을 즙 짜는 기구로 짜낸다.

❷ 레몬즙과 오렌지즙을 섞고 꿀을 2큰술 탄다.

❸ 여기에 탄산수를 섞는다.

한마디 더!

탄산수를 섞으면 톡 쏘는 맛이 한결 시원하다. 차게 해서 먹고 싶을 땐 얼음조각을 띄운다. 비타민C는 열에 쉽게 파괴되는 경향이 있으므로 차게 해서 먹는 것이 더 효과적이다.

피부 트러블, 원인에 따라 대책도 달라진다

●변비가 원인이 되어 일어나는 여드름

변비는 피부 트러블의 주원인이다. 변비를 치료하는 것이 우선이므로 식물 섬유가 풍부한 채소류를 많이 먹고 아침 공복에 생수를 마시는 등 변비 치료를 위한 노력을 기울이자.

●화장품을 잘못 사용해 생긴 트러블

화장품에 들어 있는 향이나 색소, 방부제 등은 피부에 자극을 주는 원인이 될 수 있다. 요즘은 피부 타입별로 화장품이 구분되어 나오는 경우도 많으므로 자신의 피부 상태에 맞는 제품을 고르도록 한다.

●알레르기 때문에 생긴 트러블

알레르기 때문에 생긴 피부 트러블은 체질적인 문제이므로 완치는 어렵다. 체질 개선을 통해 저항력을 기르는 외에 알레르기의 원인을 가까이 하지 않도록 조심한다.

●노화로 인한 잔주름과 기미

노화로 인한 잔주름과 기미는 조금만 주의하면 충분히 예방할 수 있다. 피부에 수분과 유분을 적절히 공급하고 공해나 자외선에 노출되지 않도록 주의한다. 물론 균형 잡힌 식생활도 중요하다.

머리카락을 아름답게 해주는 녹즙

두피의 건강은 머리카락의 윤택함과 연결된다. 단백질이 풍부한 우유, 치즈, 두유 등은 아름다운 머리카락의 기본. 요오드 성분이 들어 있는 톳과 비타민 E가 함유된 참깨, 밀배아 등도 머리카락 건강에 도움이 된다

두유 참깨즙
두피 건강에 좋다

참깨는 단백질과 비타민 E를 많이 함유하고 있어서 머리카락뿐만 아니라 두피 건강에도 좋다. 비타민 E는 불포화지방산과 비타민 A·C의 산화를 막음으로써 결국 세포의 손상을 막아 주는 중요한 작용을 하므로 머리카락과 두피에 꼭 필요한 성분이다.

그리고 두유 역시 비타민 E가 많으며 세포 활동을 좋게 하는 레시틴 성분까지 들어 있어 머리카락을 윤택하게 하는 데 좋다.

밀배아는 젊음의 비타민으로 불리는 비타민 E의 보고이므로 노화 방지와 피부 미용은 물론 두피 및 머리카락 건강에도 그만이다.

이렇게 만드세요

재료 두유 1컵 반, 참깨 2큰술, 밀배아 2큰술, 꿀 1큰술, 소금 조금

❶ 참깨와 밀배아를 잘 빻는다.

❷ 두유에 참깨, 밀배아를 잘 섞고 꿀이나 설탕과 소금으로 간을 한다.

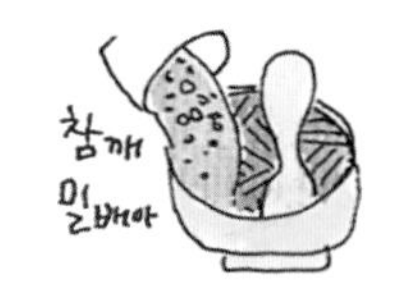

두유 녹미채즙
아름다운 머리카락을 만든다

머리카락의 주요 성분이 되는 아미노산 시스틴 성분을 함유하고 있는 두유를 톳과 함께 마시면 요오드 성분으로 인해 윤기 있는 머리카락을 유지할 수 있다.

이렇게 만드세요

재료 녹미채(톳 말린 것) 2큰술, 두유 1컵, 멸치국물 1/3컵, 꿀 1큰술, 술(브랜디) 1작은술, 간장 1작은술

❶ 톳을 물에 불렸다가 짠다.

❷ 냄비에 멸치국물, 꿀이나 설탕, 술, 간장을 넣어서 톳과 함께 삶은 다음 식힌다.

❸ 냄비에 삶은 것을 두유와 함께 믹서에 넣고 간다.

치즈 호박즙
윤기 있는 머리카락을 만든다

우유와 치즈에는 단백질이 풍부하여 윤기 있고 매끄러운 머리카락 생성에 도움이 되며, 호박에는 비타민 A가 많이 함유되어 있어 두피 건강에도 효과가 있다.

이렇게 만드세요

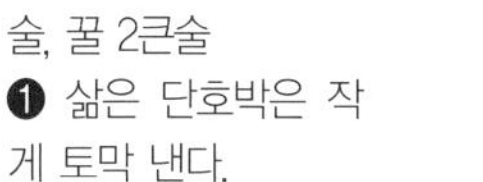

재료 삶은 단호박 100g(한 손에 들어갈 정도의 크기), 우유 1컵 반, 크림치즈 2큰술, 꿀 2큰술

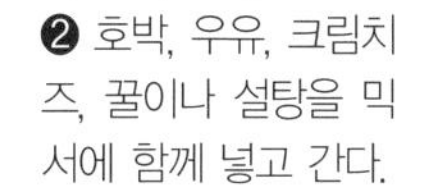

❶ 삶은 단호박은 작게 토막 낸다.

❷ 호박, 우유, 크림치즈, 꿀이나 설탕을 믹서에 함께 넣고 간다.

만들기 포인트

호박은 껍질째 사용하고, 치즈는 가공치즈(슬라이스)를 사용해도 좋다.

알아두자

집에서 만드는 머리카락 보호크림

윤기 있고 매끄러운 머리카락을 만들기 위한 머리카락 보호크림을 집에서 손수 만들어 사용해 보자. 다소 번거롭긴 하지만 경제적이면서도 믿을 만한 천연 크림으로, 그 효과가 뛰어나다.

달걀흰자

❶ 2개 분량의 달걀흰자를 풀어 머리카락에 골고루 바른다.

❷ 5분 후에 미지근한 물에 헹군다.

동백기름

❶ 머리카락이 건조할 때는 세숫대야에 물을 받아 동백기름을 한 방울 떨어뜨려서 머리카락을 충분히 헹군다.

❷ 머리카락이 갈라지고 푸석거릴 때는 동백기름을 적당히 바르고 5분 정도 뜨거운 수건으로 머리를 감쌌다가 깨끗이 헹군다.

머릿결을 윤기 있게 하는 마사지 요령

아름다운 머릿결을 갖는 것은 모든 여성들의 바람이다.

집에서도 쉽게 실천할 수 있는 마사지법을 익혀 두면 아름다운 머리카락을 유지할 수 있다.

❶ 오른손 엄지손가락으로 오른쪽 관자놀이를, 다른 손가락은 이마 위쪽에 머리카락이 난 부분을 누른다. 다음엔 왼손 엄지손가락으로 왼쪽 관자놀이를, 다른 손가락으로는 이마 위쪽의 머리카락이 난 부분을 누른다.

❷ 양손 손가락으로 두피를 쥐듯이 누르다가 튕기듯이 뗀다. 열 손가락을 모두 펴서 머리의 여기저기를 같은 방법으로 눌러 준다.

❸ 손가락으로 머리카락을 감싸듯이 머리에 손을 댄 다음 작은 원을 그리면서 두피를 마사지해 준다.

엄지손가락으로 관자놀이를, 나머지 손가락으로 머리 부분을 잡고 눌러 준다.

손가락으로 머리의 여기저기를 누르다가 튕기듯이 뗀다.

작은 원을 그리듯이 두피를 마사지해 준다.

알아두자

구운 밤송이 가루로 마사지하면 두피 혈액순환에 좋다

머릿결이 고우려면 두피가 건강해야 하고 두피가 건강하려면 먼저 두피의 혈액순환이 좋아야 한다. 여기에 좋은 민간요법으로는 밤송이 껍질이 있다.

가시가 돋은 밤송이의 겉껍질 10개를 불에 구워서 분마기에 넣고 갈아 가루를 내어 참기름 1컵을 섞어 버무린 다음 하루에 2~3회, 1회 1~2작은술씩을 사용해 두피를 마사지해 주면 혈액순환이 좋아져 머리카락의 건강에 좋을뿐더러 머리가 빠지는 것도 예방된다.

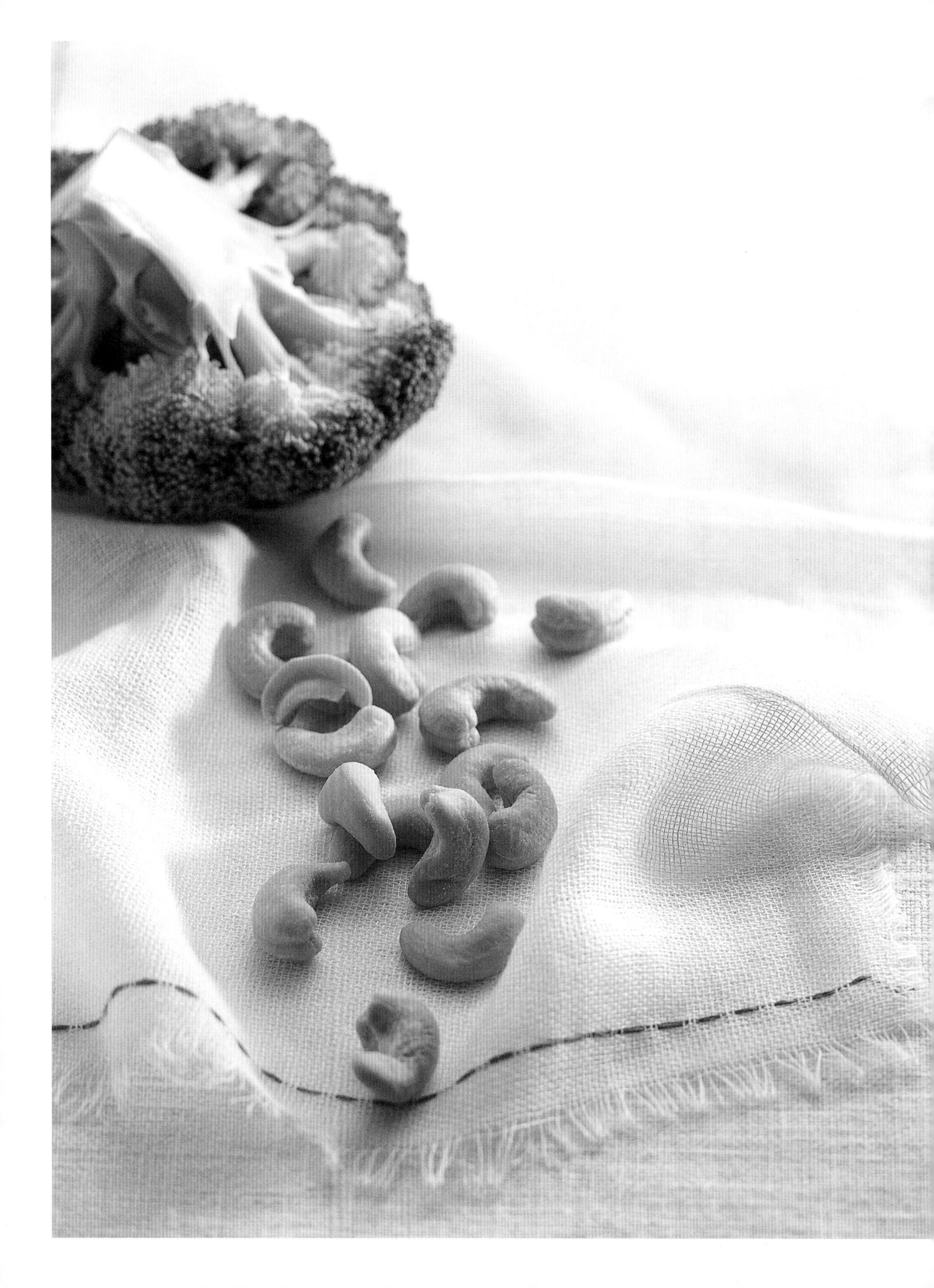

04

유태종 선생의

음식궁합

우리가 먹는 식품 중에 사람이 필요로 하는 영양소를 모두 가지고 있는 것은 존재하지 않는다. 그래서 여러 가지를 먹어야 하는 것이다. 그렇다고 닥치는 대로 먹을 수는 없는 일이다. 두 가지 식품을 함께 먹을 경우 영양분의 손실이 생기기도 하며, 정반대로 영양 효율이 크게 향상되기도 한다. 뿐만 아니라 다른 식품과 어울리면서 소화성이 좋아지는 경우도 있고, 나빠지는 경우도 있다. 이것이 바로 식품 궁합이다. 그러한 이치를 잘 알면 합리적인 식생활을 하는 데 크게 도움을 주게 될 것이다.

〈글 유태종 건양대학교 식품공학과 교수〉

유태종 선생의 음식궁합

Part4

간과 우유

빈혈 치료에 효과적이다

궁합이 잘 맞는 이유는

간은 갖가지 효소의 작용 때문에 변질과 부패가 빠르고 기생충에 감염될 염려가 있어 익혀 먹어야 하는 식품이다. 하지만 조리할 경우 몇 가지 문제점이 생긴다. 탄력성과 유연성이 변해서 씹는 촉감이 달라지고 냄새가 심하게 나서 기호성이 떨어진다.

이러한 갖가지 문제점을 해결할 수 있는 훌륭한 파트너가 바로 우유다. 조리하기 전에 물 대신 우유를 사용하면 우유의 미세한 단백질 입자가 간의 좋지 못한 성분에 흡착해서 나쁜 냄새와 맛이 제거된다.

이 외에도 두 가지 다른 종류의 단백질이 합해져서 얻어지는 상승효과가 크고, 산성식품인 간과 알칼리성 식품인 우유의 배합도 매우 합리적이다.

효능은

간은 창고에 쌓여 있는 영양소를 그대로 이용하게 된다고 할 만큼 많은 영양소를 갖고 있다. 따라서 성장기 어린이나 아기를 가진 엄마, 체력 보강을 필요로 하는 사람들에게 매우 좋은 식품이다. 또한 칼슘과 철의 함량이 풍부해 빈혈이 있는 사람에게도 효과가 뛰어나다.

이렇게 만들어 드세요

제안메뉴

쇠간 라이스크로켓

재료 쇠간 200g, 우유 1컵, 밥 한 공기, 양파 40g, 표고버섯 1장, 당근 40g, 실파 · 달걀물 · 밀가루 · 소금 · 참기름 · 후춧가루 · 빵가루 · 레몬 · 튀김가루 적당량씩

1. 쇠간은 흐르는 물에 살살 씻은 다음 얇게 썰어 우유에 30~40분 정도 담가 핏물과 냄새를 제거하고, 끓는 물에 삶아 한입 크기로 썬다.
2. 당근은 굵직하게 다지고, 표고도 불렸다가 기둥을 떼고 같은 크기로 썬다. 실파도 송송 썬다.
3. 달군 팬에 썰어놓은 재료들을 볶는다.
4. 볼에 고슬한 밥을 담고 볶아 놓은 재료와 삶아 놓은 간을 골고루 섞어 원통형으로 모양을 만든다.
5. 모양 잡은 밥을 밀가루, 달걀물, 빵가루 순으로 묻혀 180℃ 기름에 튀긴다.

1

2

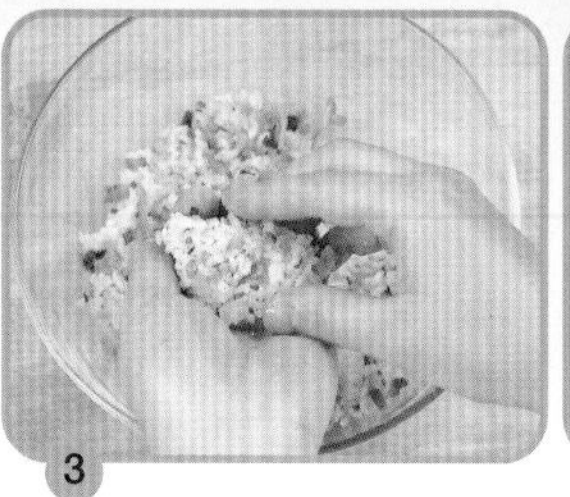

3

4

고기와 파인애플
피로와 회복을 돕는다

궁합이 잘 맞는 이유는

우리나라에서는 예로부터 고기를 부드럽게 하기 위해 배와 무를 사용했다. 배와 무에는 단백질과 지방을 분해하는 효소가 들어 있어 고기를 재두기만 하면 쉽게 연육 효과를 볼 수 있기 때문이다. 하지만 서양에서는 무화과나 파파야, 파인애플을 연육제로 사용한다. 파인애플에 들어 있는 브로멜린이라는 성분은 배나 무와는 비교도 안 될 만큼 강력한 연육 효과를 발휘한다. 특히 스테이크 요리를 할 때 고기를 직접 재두지 않아도 파인애플과 함께 먹거나 후식으로 먹기만 해도 소화를 촉진시킨다.

효능은

쇠고기, 돼지고기 등의 육류는 성장과 활동에 필요한 필수아미노산이 골고루 들어 있어 떨어진 기력을 보하고 피로회복을 돕는다.

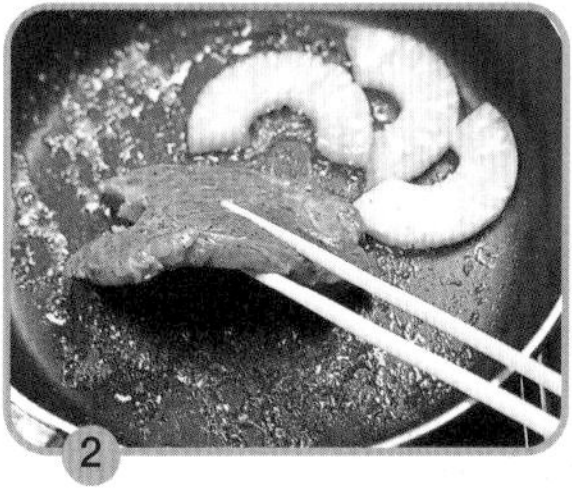

이렇게 만들어 드세요

제안메뉴

파인애플스테이크

재료 쇠고기 등심 400g, 파인애플 슬라이스 3개, 파인애플주스 4큰술, 버터 · 소금 · 후춧가루 · 파슬리가루 적당량

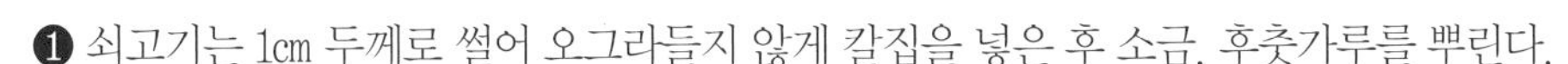

❶ 쇠고기는 1㎝ 두께로 썰어 오그라들지 않게 칼집을 넣은 후 소금, 후춧가루를 뿌린다.
❷ 팬에 버터를 녹여 밑간한 고기를 굽다가 파인애플주스와 슬라이스 파인애플을 넣는다.
❸ 구운 고기와 파인애플을 뜨거운 접시에 담고 파슬리가루를 뿌린다.

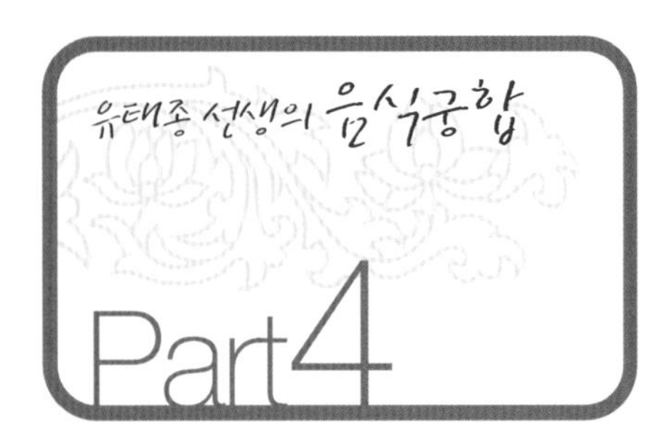

닭고기와 인삼
스트레스를 해소한다

궁합이 잘 맞는 이유는

닭고기는 맛이 담백하고 소화흡수가 잘되며 필수아미노산의 함량이 쇠고기보다 더 많아 영양식품으로 알려져 있는데 독특한 냄새 때문에 먹기를 꺼리는 사람들이 많다. 이때 쌉쌀한 맛과 향이 독특한 인삼을 배합하면 영양적인 조화뿐만이 아니라 닭고기 특유의 냄새도 없애고 떨어진 식욕도 회복할 수 있다.

효능은

인삼은 예로부터 각종 스트레스부터 피로, 우울증, 고혈압, 빈혈증, 당뇨병, 궤양 등에 효과가 있으며 피부를 윤택하게 해 준다. 최근에는 항암작용까지 보고되어 주목을 받고 있는 신비의 식물이기도 하다. 또 닭고기는 단백질과 질 좋은 지방을 많이 취해야 하는 임산부에게 권장할 만한 식품이다.

이렇게 만들어 드세요

제안메뉴

닭고기 수삼샐러드

재료 닭가슴살 4조각, 닭살양념(소금 · 후춧가루 적당량, 대파 1/2대, 통마늘 2쪽, 청주 1큰술), 수삼 100g, 오이 1/2개, 당근 50g, 배 1/2개, 대추 5알, 통잣 1큰술, 달걀 2개, 소금 약간, 잣소스(잣가루 3큰술, 식초 3큰술, 설탕 2큰술 반, 소금 조금, 겨자 갠 것 1큰술, 물 1/4컵, 간장 1작은술, 후춧가루 조금, 참기름 1/2큰술)

❶ 닭살은 깨끗이 씻고 소금, 후춧가루, 청주를 넣어 양념한다.
❷ 대파는 5cm 길이로 썰고, 마늘은 편으로 썰어 양념한 닭살 위에 얹어 김이 오른 찜통에서 쪄서 굵게 찢는다.
❸ 수삼, 오이, 당근, 배, 대추도 채 썬다.
❹ 달걀은 황 · 백으로 나누어 소금간하고 도톰하게 지단을 부쳐 4cm 길이로 굵직하게 채 썬다.
❺ 그릇에 잣소스 재료를 분량대로 넣고 고루 섞어 소스를 만들어 샐러드 위에 뿌린다.

1

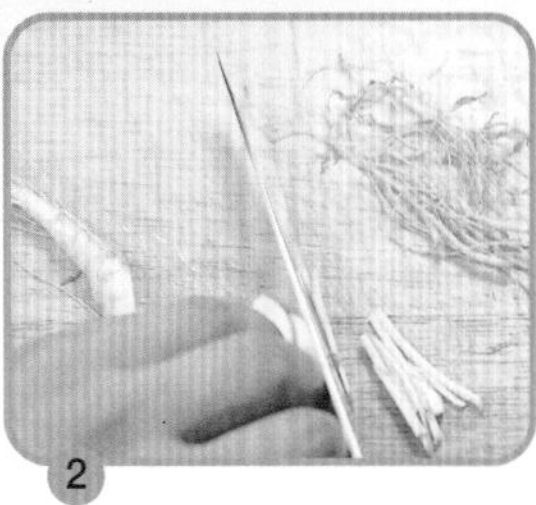
2

3

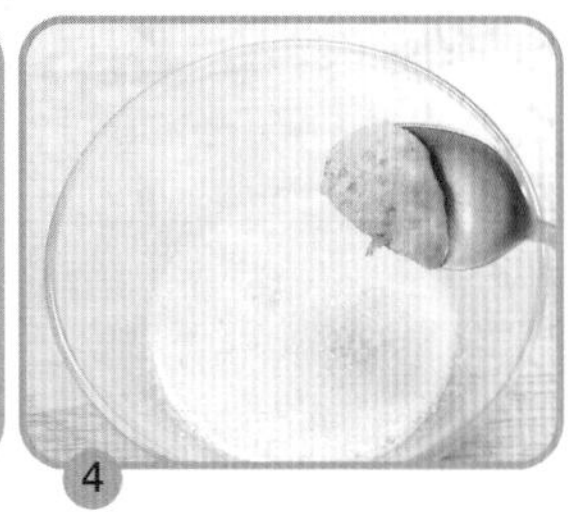
4

돼지고기와 표고버섯
혈압 조절에 효과가 크다

궁합이 잘 맞는 이유는

지방분이 많아 감칠맛과 고소한 맛을 즐길 수 있는 돼지고기에는 콜레스테롤이 다량으로 들어 있어 심장병, 고혈압, 동맥경화 등에 걸릴 위험이 크다.

하지만 돼지고기 요리에 표고버섯을 곁들인다면 콜레스테롤의 폐해도 줄이고 각종 성인병도 예방이 가능하다. 표고버섯에는 양질의 섬유질이 많아 콜레스테롤이 체내에 흡수되는 것을 억제하며 체내의 콜레스테롤 수치를 떨어뜨리는 역할을 하기 때문이다.

이 외에 표고버섯은 특별한 향미와 감칠맛을 가지고 있어 돼지고기 고유의 냄새를 제거하는 데도 효과를 발휘한다.

효능은

표고버섯은 체내에서 혈압을 떨어뜨리는 작용과 면역기능을 높여 주고 체내의 콜레스테롤 수치를 떨어뜨리므로 심장병이나 동맥경화 등도 예방할 수 있다.

1

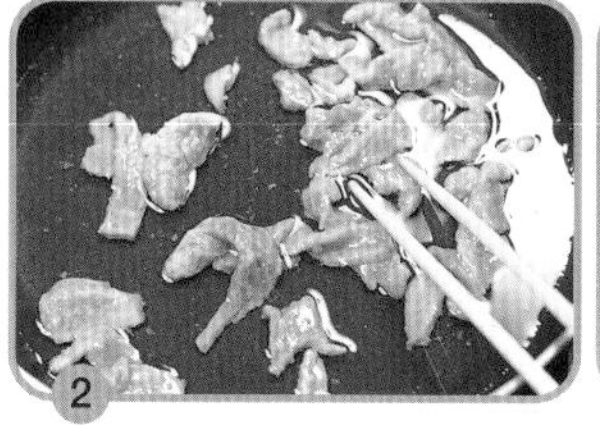
2

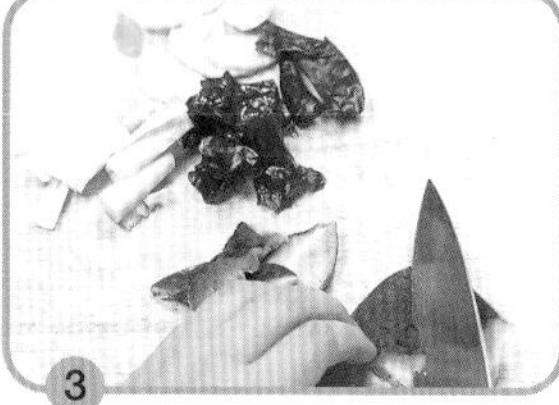
3

4

이렇게 만들어 드세요

제안메뉴

나조 육편

재료 돼지고기 400g, 불린 표고 5장, 불린 목이버섯 30g, 붉은고추 2개, 굵은 파 1뿌리, 배춧잎 3장, 생강편 4쪽, 마늘편 3개 분량, 간장 2큰술, 정종 1큰술, 소금 · 후춧가루 · 육수 · 물녹말 · 참기름 적당량

❶ 돼지고기는 납작하게 썰고, 표고버섯은 기둥을 떼고 얇게 저민다.

❷ 붉은고추는 어슷하게 썰어 속씨를 털고, 굵은 파는 4㎝로 토막 내어 반으로 가른다.

❸ 불린 목이버섯은 손으로 대강 뜯고, 배춧잎은 저며 썰어 놓는다.

❹ 깊이가 있는 프라이팬에 식용유를 두르고, 생강편, 마늘편, 붉은고추를 타지 않게 볶아 밑맛을 낸다.

❺ 향이 밴 기름에 돼지고기를 넣고 볶다가 정종과 간장을 넣고 고기가 익을 때까지 볶는다.

❻ 볶은 돼지고기에 표고버섯, 목이버섯, 배추를 넣은 다음 자작할 정도로 끓는 육수를 붓는다.

❼ ❻에 간을 한 후 물녹말로 농도를 맞추어 끓이면서 참기름으로 맛을 살린다.

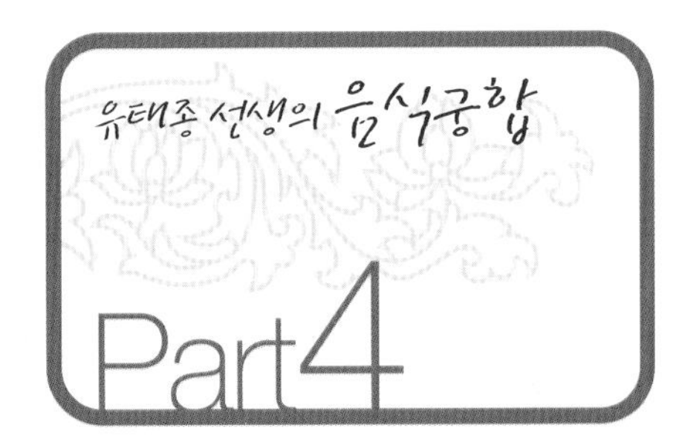

쇠고기와 들깻잎

항암효과가 크다

궁합이 잘 맞는 이유는

쇠고기와 들깻잎은 영양적으로 상반되는 성분이 많아 부족한 부분을 서로 보충해 줄 수 있는 이점이 있다. 쇠고기의 주성분은 단백질로, 성장에 필요한 모든 아미노산은 골고루 들어 있지만, 칼슘과 비타민 A가 매우 적고 비타민 C는 전혀 들어 있지 않다. 반면 들깻잎에는 쇠고기에 거의 들어 있지 않은 칼슘과 비타민 A · C가 많고, 철분은 쇠간과 맞먹을 정도로 충분히 들어 있어 쇠고기와 함께 먹으면 영양적으로 균형을 이룬다.

효능은

들깻잎에 풍부한 엽록소는 영양소라고는 할 수 없지만, 상처를 치료하고 세포를 부활시키며 항알레르기, 혈액을 맑게 하는 등의 작용을 한다. 특히 쇠고기만 먹었을 때 생기기 쉬운 변비를 예방하고 위장에 탈이 났을 때 먹으면 효과가 있다. 고기를 구워 먹다 보면 까맣게 탄 것을 그냥 먹게 되는데 탄 음식에서는 발암성 물질이 생긴다. 하지만 항암 효과가 있는 깻잎과 함께 먹는다면 중화의 효과를 기대할 수 있다.

이렇게 만들어 드세요

제안메뉴

수육 깻잎 깨소스무침

재료 쇠고기 400g, 깻잎 20장, 굵은 파 50g, 당근 · 고춧가루 · 참기름 · 깨소금 약간씩

쇠고기 삶는 양념 물 2컵, 간장 1큰술, 정종 1큰술, 쪽파 3개, 파뿌리 4개, 통후추 3개

깨즙소스 통깨 1/3컵, 간장 1큰술, 다시마 국물 1/3컵, 설탕 · 식초 1큰술씩, 소금 · 후춧가루 조금씩

❶ 쇠고기는 얇게 썰고, 깻잎은 씻어 물기를 제거한 다음 0.4㎝폭으로 썬다.
❷ 굵은 파는 채 썰어 고춧가루와 참기름, 깨소금으로 무치고, 당근도 가늘게 채 썬다.
❸ 통깨는 분마기에 갈아 분량의 재료를 넣고 깨즙소스를 만든다.
❹ 쇠고기 삶는 양념을 제시한 분량대로 냄비에 붓고 끓이다가 쇠고기를 넣고 부드럽게 삶아 건진다.
❺ 접시에 삶은 쇠고기를 담고 파채와 깻잎채, 당근채를 모양 내어 담는다. 깨즙소스는 따로 담아 먹기 직전에 뿌린다.

선지와 우거지
당뇨병 치료를 돕는다

궁합이 잘 맞는 이유는

선지는 고단백 식품으로 철분 함량이 높은 편이지만, 많이 먹으면 변비에 걸릴 염려가 있다. 따라서 선지요리에 펙틴, 섬유소 등 식이섬유가 풍부한 우거지를 배합하는 것은 매우 합리적이다.

우거지는 주로 배추나 무 잎, 토란대 등을 말렸다가 사용하는데, 섬유소와 펙틴이 풍부해 장 내에서 정장작용을 하며, 선지 속에 들어 있는 철분의 흡수율을 높여 준다. 또 무 잎에는 비타민 A의 모체가 되는 카로틴과 엽록소가 많이 들어 있어서 조혈작용을 촉진하고 지혈, 세포부활, 항알레르기 등의 중요한 생리작용을 한다.

효능은

선지는 철분의 함량이 높아 빈혈 치료와 예방에 큰 도움을 준다. 또 선지와 좋은 궁합을 이루는 우거지는 식이섬유가 풍부해 당뇨병 환자의 혈당치를 안정시키고 콜레스테롤 수치를 낮추는 데 큰 역할을 담당한다. 이 외에 변비를 예방, 치료하고 변비로 인해 생길 수 있는 직장암이나 담석증 등의 예방에도 좋다.

이렇게 만들어 드세요

제안메뉴

선지우거지탕

재료 선지 200g, 쇠고기(양지머리) 100g, 불린 고사리 · 느타리버섯 50g씩, 대파 1/2대, 홍고추 1개, 된장 1큰술, 배추 겉잎 5장, 소금 · 생강 조금씩, 우거지 양념(된장 · 다진 마늘 1큰술씩, 간장 1/2큰술, 고춧가루 1작은술, 다진 파 · 참기름 · 후추 조금씩)

❶ 배추 겉잎을 떼어 씻은 다음 끓는 물에 삶아 찬물에 담갔다가 물기를 짜고 4cm로 잘라서 양념장에 무친다.

❷ 선지는 소금과 생강을 넣은 끓는 물에 삶은 다음 건져 냉수에 담가 둔다.

❸ 끓는 물에 된장을 풀고 끓으면 저며 썬 쇠고기를 넣고 다시 끓으면 무친 우거지와 불린 고사리, 찢은 느타리버섯, 데쳐 낸 선지를 넣어 중약불에서 오래 끓인다.

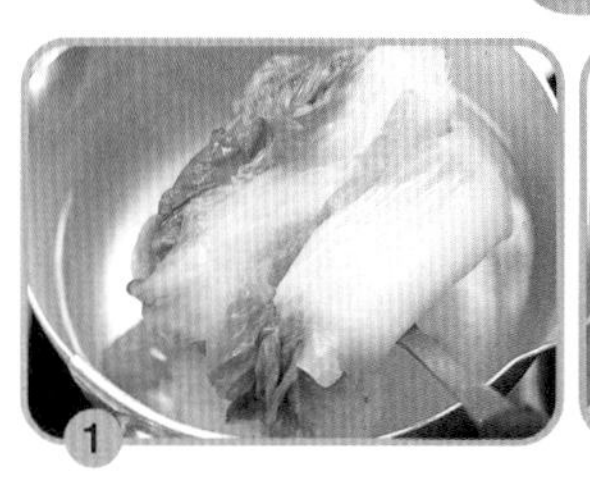

1

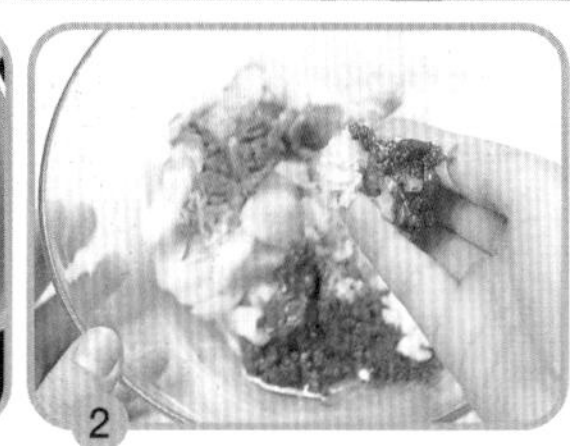

2

3

4

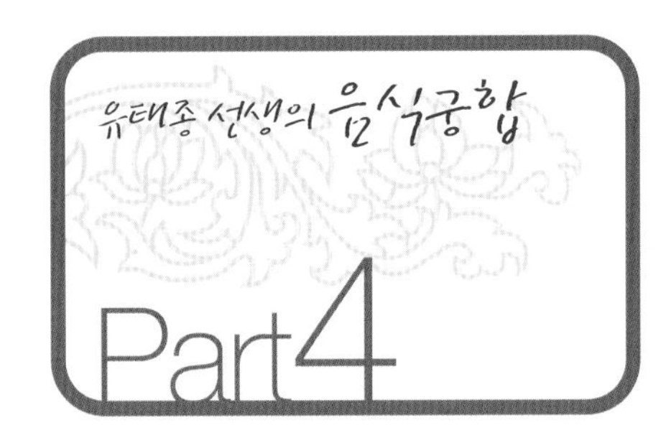

조개와 쑥갓

간장 질환에 효과가 있다

궁합이 잘 맞는 이유는

술 마신 후 속을 시원하게 해 주는 해장 음식 중 뜨거운 조개탕을 따라올 음식은 없을 듯싶다. 조개의 독특한 맛은 불편한 속을 편하게 해 주고 술이 잘 깨는 효력을 발휘한다.

조개는 단백질의 함량이 높고 지방의 함량은 적은 것이 특징. 이 조개탕에 빠져서는 안 되는 식품 중의 하나가 쑥갓이다. 상큼한 맛이 조개의 시원한 맛과 잘 어울리며 영양의 균형과 시각적 효과가 상승된다. 쑥갓은 향이 독특하고 맛이 산뜻해서 날로 먹어도 좋고 나물로 해 먹어도 좋은데, 조개에 없는 비타민 A와 C, 엽록소가 풍부해 조개와는 좋은 조화를 이룬다.

효능은

조개는 양질의 단백질을 갖고 있어 간장 질환과 담석증 환자에게 효과가 있으며, 위장이 약해 소화력이 떨어진 사람이라면 이보다 더 좋은 음식이 없다. 또 조개 속에 많이 들어 있는 타우린 성분은 간질에 유효하며 고혈압과 뇌일혈 증세의 억제 효과, 간장의 해독 작용, 체내 지방을 분해하는 힘을 갖고 있다. 이 외에 적혈구 형성에 도움을 주고 혈중 콜레스테롤을 낮추는 역할을 한다.

1

2

3

이렇게 만들어 드세요

제안메뉴

조개탕

재료 모시조개와 대합 7개씩, 다시마 10cm, 팽이버섯 50g, 쑥갓 50g, 국간장, 청주 조금씩, 물 5컵

❶ 대합과 모시조개는 약한 소금물에 담가 해감을 시킨 후 깨끗이 씻어 소쿠리에 건져 둔다.
❷ 쑥갓은 연한 잎만 뚝뚝 잘라 놓고, 팽이버섯은 흐르는 물에 씻어 물기를 뺀 후 밑동을 잘라내고 다듬어 씻는다.
❸ 다시마 10cm 정도를 마른행주로 닦은 뒤 30분 정도 찬물에 담가 두었다가 살짝 끓여 다시마는 건진다.
❹ 다시마 국물에 손질한 조개를 넣고 끓이다가 국간장으로 간을 한다. 술을 조금 넣으면 조개의 비린내가 없어진다.
❺ 한소끔 끓으면 팽이버섯을 넣고 살짝 끓인 후 불을 끄고 쑥갓을 얹는다.

복어와 미나리
숙취를 제거한다

궁합이 잘 맞는 이유는

복어에는 물에도 녹지 않고 가열해도 없어지지 않는 강력한 독성이 있어 조리에 주의가 필요하다.

복어탕을 끓일 때 반드시 들어가는 미나리는 복어와 맛의 조화를 이룰 뿐 아니라 복어에 들어 있는 독성을 약하게 하는 역할을 한다.

이렇듯 강력한 독성을 갖고 있는 복어와 그 독을 풀어 주고 신진대사를 촉진시켜 저항력을 길러 주는 미나리는 궁합이 매우 잘 맞는다.

효능은

미나리는 혈압 강하, 해열, 해독, 일사병 등에 효과가 있고 복어는 칼로리가 낮은 고단백 식품이기 때문에 간장 질환을 앓는 사람의 식이요법에 추천할 만한 음식이다. 또 숙취나 악취의 원인이 되는 성분들을 말끔히 제거해 준다.

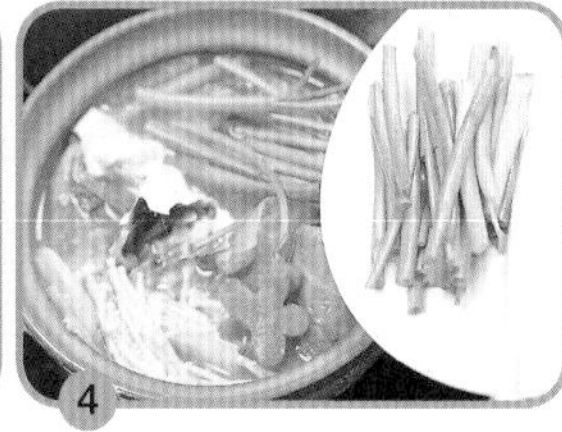

1

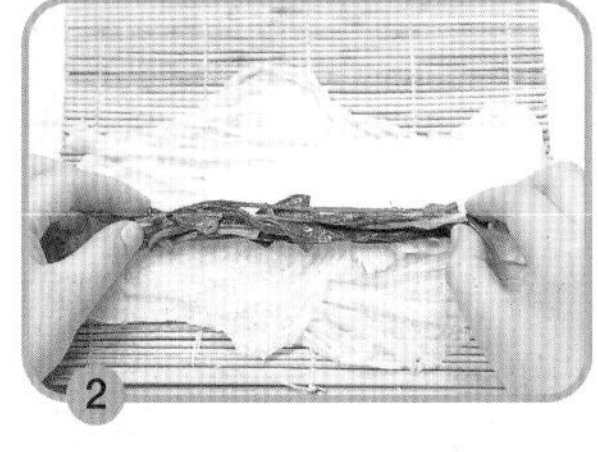

2

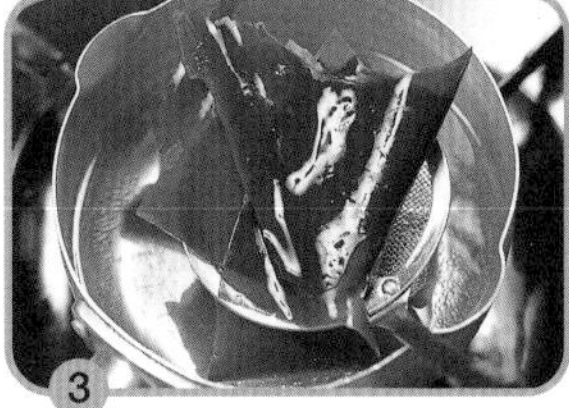

3

4

이렇게 만들어 드세요

제안메뉴

복어미나리냄비

재료 복어(中) 1마리, 미나리 100g, 팽이버섯 40g, 대파 1/2대, 배춧잎 2장, 시금치 4뿌리, 무 50g, 당근 40g, 두부 1/2모, 쑥갓 조금, 다홍고추 1개, 장국(다시마 5cm 1장, 물 10컵, 소금 · 청주 2큰술씩, 간장 1큰술), 초장(간장 3큰술, 식초 3큰술, 다진 파 1큰술, 레몬즙 1큰술, 무 간 것 1큰술, 장국 1/2컵, 소금 조금)

❶ 복어에는 독소가 있으므로 반드시 복어를 전문으로 취급하는 곳에서 구입한다.

❷ 미나리 줄기는 5cm로 썰고, 팽이버섯은 뿌리 쪽을 자른 다음 체에 밭쳐 흐르는 물에 씻는다.

❸ 배추와 시금치는 끓는 물에 데쳐 물기를 걷어내고, 김발에 배춧잎을 놓고, 그 위에 시금치를 놓아 말아서 3cm로 썬다.

❹ 무와 두부는 3×4×0.5cm로 자른다.

❺ 다시마는 20분 정도 찬물에 담갔다가 5분 정도만 끓여 다시마 장국을 만든다.

❻ 끓는 다시마 장국에 소금, 청주, 간장으로 맛을 내고 손질한 무와 복어, 두부, 미나리, 배추말이, 팽이버섯을 넣는다.

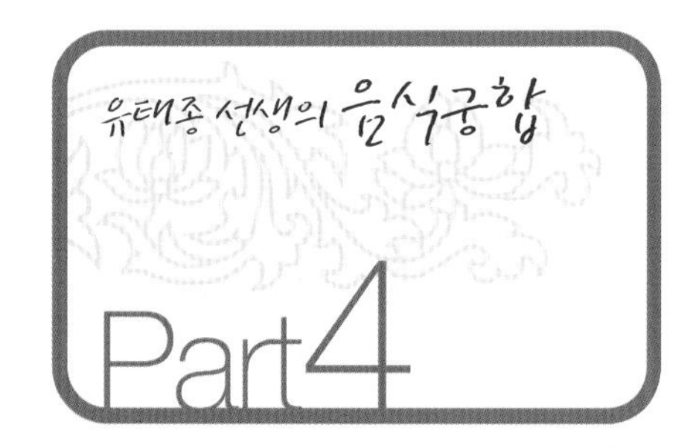

굴과 레몬

허약체질을 개선한다

궁합이 잘 맞는 이유는

굴에는 자가 효소가 많이 들어 있어 시간이 지나면 지날수록 탄력이 떨어져 축 늘어지고 쉽게 상해 버리는 단점을 갖고 있다. 이러한 문제점을 보완할 수 있는 것이 바로 레몬이다. 굴에 레몬즙을 떨어뜨리면 나쁜 냄새가 가시고 부패 세균을 억제할 수 있다. 또 레몬의 신맛인 구연산은 굴에 다량 함유되어 있는 철분과 결합해서 흡수가 잘되는 구연산 철분으로 변하기 때문에 철분의 흡수 이용률을 높여 준다. 이 외에 레몬은 굴 요리에 상큼한 맛을 더하고 식욕을 돋워 주는 역할을 한다. 또한 레몬에 함유된 비타민 C는 철분의 장내 흡수를 크게 도와 준다는 사실이 최근 밝혀졌다.

효능은

굴과 레몬을 함께 먹으면 철분의 흡수 이용률이 높아지므로 빈혈의 예방, 치료에 도움을 주며, 피부 미용에도 뛰어난 효능을 발휘한다. 또 굴에는 우수한 단백질과 철분이 많이 들어 있어 식은땀을 흘리는 허약 체질에 효과가 있다.

이렇게 만들어 드세요

제안메뉴

굴튀김

재료 굴 1컵, 레몬즙 1큰술, 레몬 1쪽, 달걀 푼 물 · 밀가루 · 빵가루 · 소금 · 후춧가루 · 파슬리 가루 · 튀김기름 적당량 타르타르소스(마요네즈 3큰술, 다진 양파 1큰술, 다진 오이피클 1/2큰술, 다진 올리브 1작은술, 다진 완숙 달걀 1큰술, 레몬즙 1작은술, 피클시럽, 소금, 후춧가루, 파슬리가루 조금)

❶ 굴은 3%의 소금물에 2번 정도 헹궈 건져 물기를 뺀 다음 약간의 소금, 후춧가루로 간한다.
❷ 간을 한 굴을 밀가루, 달걀 푼 물, 빵가루 순으로 묻혀 170℃의 튀김기름에서 노릇하게 튀긴다.
❸ 접시에 굴튀김을 담고 파슬리 가루를 뿌리고 레몬을 끼얹는다.

미꾸라지와 산초

시력 회복에 효과적이다

궁합이 잘 맞는 이유는

논과 도랑의 흙탕물 속에서 자라는 미꾸라지는 흙냄새, 비린내를 많이 품고 있는 민물고기다. 그것으로 음식을 잘못 만들면 아무리 영양이 좋다 해도 먹기가 힘이 든다. 특히 미꾸라지의 내장과 뼈까지 모두 사용하는 추어탕의 냄새를 중화시키는 향신료가 바로 산초다.

한방의 약재로 사용하는 산초는 열매 껍질에 향과 맛이 있어 고기요리든 생선요리든 특별한 맛을 낼 때 사용한다.

효능은

미꾸라지는 내장까지 함께 조리해 비타민 A와 D를 충분히 섭취할 수 있기 때문에 성장기 어린이나 시력이 약해질 때, 피부가 거칠어지고 질병에 대한 저항력이 부족할 때 먹으면 효과를 볼 수 있다. 산초는 민간요법으로도 널리 이용되는데 건위, 소염, 이뇨, 국소 흥분 작용을 하며 위장을 자극해서 신진대사 기능을 촉진한다.

이렇게 만들어 드세요

제안메뉴

추어탕

재료 미꾸라지 300g, 빻은 산초 2큰술, 데친 우거지 400g, 풋고추 · 붉은고추 5개씩, 굵은 파 2뿌리, 다진 마늘 2큰술, 된장 2큰술, 고춧가루 2큰술, 참기름 · 소금 · 후춧가루 적당량

❶ 미꾸라지는 굵은소금을 뿌려 뚜껑을 덮은 후 30분 후에 깨끗하게 씻어 건진다.

❷ 큼직한 냄비에 참기름을 두르고 씻어 건진 미꾸라지를 볶다가 물을 부어 푹 끓인다.

❸ 완전히 푹 끓여진 미꾸라지를 굵은 체에 으깬다.

❹ 고추는 반으로 갈라 씨를 털어 잘게 썰고, 굵은 파는 어슷 썬다.

❺ 데친 우거지는 4~5㎝ 길이로 썰어 다진 마늘과 고추, 굵은 파, 된장, 간장, 고춧가루, 참기름으로 무친다.

❻ 으깬 미꾸라지를 넣어 끓인 추어탕 국물에 양념에 무친 우거지를 넣고 푹 끓인다.

❼ 다 끓었으면 소금과 후춧가루로 간을 하고 산초 가루를 듬뿍 넣어 풍미를 살려 먹는다.

1 2 5 6

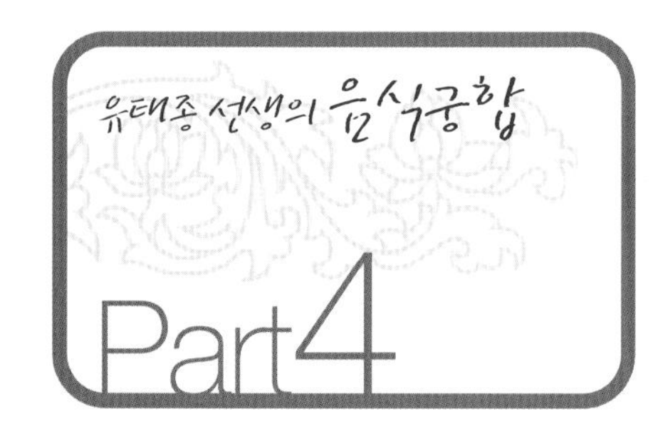

미역과 두부

다이어트 식품으로 적합하다

궁합이 잘 맞는 이유는

날콩은 비린내가 날 뿐 아니라 소화 흡수율도 매우 낮고 혈구 응집 작용을 하는 등 많은 결점을 갖고 있지만 다행히 이러한 해로운 성분은 열에 약하다. 따라서 콩 가공품의 대표적인 두부는 소화율이 95%나 되며 다른 어떤 식품과도 잘 어울려 다양한 요리에 응용할 수 있다.

콩 속에는 5종의 사포닌이 함유되어 여러 가지 생리작용을 하는데, 지나치게 섭취하면 몸속의 요오드가 빠져나가는 결점을 갖고 있다. 요오드는 갑상선호르몬을 구성하는 중요한 성분으로 부족하면 바세도우씨병 같은 질병에 걸릴 수도 있다. 따라서 두부 요리를 할 때는 요오드가 풍부한 미역이나 김 같은 식품을 곁들이는 것이 효과적이다.

미역은 칼슘 함량이 뛰어나서 분유와 맞먹을 정도이고, 다량의 요오드를 함유하고 있다. 강한 알칼리성 식품으로 산성 체질을 중화시키는 데 가장 효율적인 식품이다.

효능은

미역에 많이 들어 있는 칼슘은 골격과 치아 형성에 필요한 성분이며, 산후에 자궁 수축과 지혈의 역할도 하므로 임산부에게 매우 좋은 식품이다. 임산부의 경우 요오드가 부족하면 신진대사가 완만해져서 비만의 원인이 될 수 있는데, 미역은 열량은 낮으면서 만복감을 주므로 다이어트 식품으로 적절하다. 또 혈압을 낮추고 변비를 해소하며 콜레스테롤이나 중금속, 농약의 피해를 덜어 주는 역할도 담당한다.

이렇게 만들어 드세요

제안메뉴

두부 미역 된장국

재료 두부 1/2모, 불린 미역 80g, 모시조개 100g, 정종 1큰술, 소금, 후춧가루 · 된장 · 송송 썬 실파 적당량

❶ 두부는 사방 1㎝ 크기로 썰고 불린 미역은 짧게 잘라 놓는다.

❷ 모시조개를 끓여 입이 벌어지면 조개는 건져내고 국물은 고운 베에 내린다.

❸ 냄비에 조개 국물을 붓고 된장을 푼 다음 소금, 후춧가루, 정종을 넣고 끓이다가 두부, 미역을 넣는다.

❹ 다 끓은 된장국을 그릇에 담고 송송 썬 실파를 뿌린다.

1

2

3

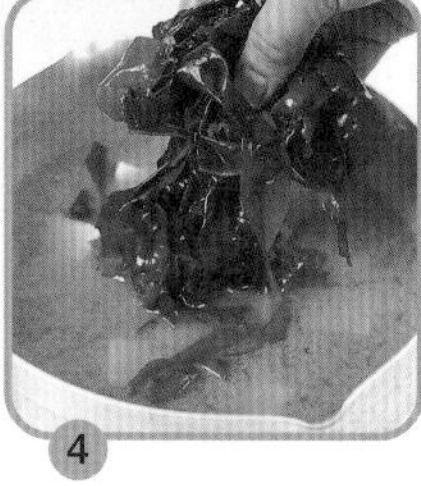
4

새우와 표고버섯

노화를 방지한다

궁합이 잘 맞는 이유는

새우에 들어 있는 콜레스테롤을 걱정해서 먹기를 꺼리는 사람들이 많다. 하지만 새우의 콜레스테롤 수치는 쇠고기와 비슷할 정도로, 타우린의 함량이 적절해 오히려 체내에서 콜레스테롤 수치를 떨어뜨리는 효력을 발휘한다.

거기에 뛰어난 항암 효과로 인기를 모으고 있는 표고버섯은 체내의 칼슘 흡수를 돕고 콜레스테롤 수치를 떨어뜨려 주기 때문에 새우와 표고버섯을 함께 먹을 경우 각종 성인병을 예방할 수 있다. 또 표고버섯은 칼로리가 거의 없는 식품이므로 해조류와 마찬가지로 많이 먹어도 뚱뚱해지지 않는다.

효능은

새우와 표고버섯이 어울리면 체내의 콜레스테롤 수치를 떨어뜨리는 역할을 하기 때문에 많이 먹으면 각종 성인병을 예방할 수 있다. 또 항암 효과와 노화를 방지해 주는 역할을 담당하기도 한다.

이렇게 만들어 드세요

제안메뉴

새우표고꼬치구이

재료 새우(중하) 6마리, 표고버섯 2장, 중파 2뿌리, 향신장(고춧가루 1큰술, 파슬리 가루 1큰술, 다진 마늘 1/2큰술, 카레가루 1작은술, 올리브 오일 3큰술, 소금 1작은술)

1

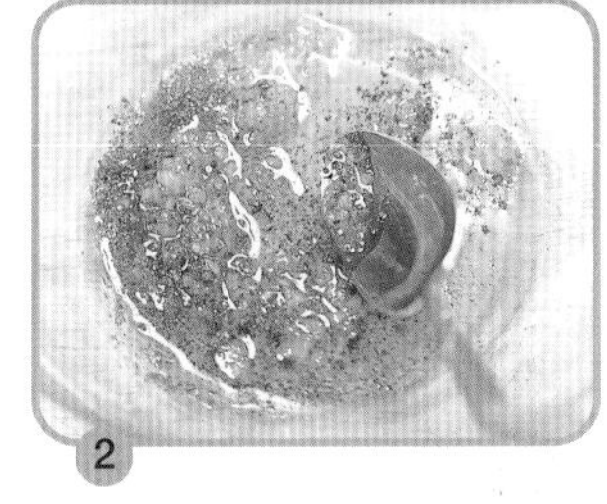

2

3

4

❶ 새우는 옅은 소금물에 살살 흔들어 씻은 다음 머리를 떼어내고 등 쪽의 내장을 빼낸다. 내장을 빼낸 새우의 껍질을 한 마디씩 벗기고 꼬리 위 물샘도 조리용 가위로 잘라낸다

❷ 표고버섯은 설탕을 조금 넣은 미지근한 물에 불려서 뒷부분의 기둥을 조금 잘라낸다.

❸ 중파는 깨끗이 다듬어 씻어 새우 길이만 하게 잘라 놓는다.

❹ 향신장 재료를 섞어 향신장을 만든다.

❺ 손질해 놓은 새우와 표고버섯에 각각 향신장을 발라 놓는다.

❻ 손질해 놓은 새우, 표고, 중파를 번갈아 가면서 꼬치에 꿴다.

❼ 그릴에 호일을 깔고 꼬치에 꿴 재료를 알맞게 구워낸다.

매실과 차조기

정신적인 불안증을 해소한다

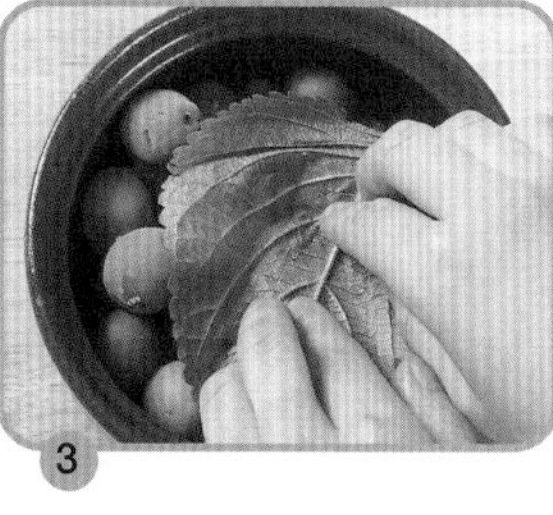

궁합이 잘 맞는 이유는

우리나라의 김치처럼 일본인들의 식탁에 빠져서는 안 되는 우메보시라는 것이 있다. 이것은 녹색 청매가 주재료인데, 색깔은 붉은색을 띠고 있다. 바로 차조기라는 식물의 잎 때문이다. 차조기 잎에 들어 있는 안토치안이란 성분은 신맛을 내는 산성 물질과 만나면 화학반응을 일으켜 붉은색으로 변한다.

차조기는 방부 효과가 뛰어날 뿐 아니라 콜레스테롤을 제거하는 성분을 갖고 있다. 게다가 비타민 A와 C의 함량은 다른 야채도 부러워할 만큼 뛰어나다. 또 정유 성분이 함유되어 있어 매실과 만나면 좋은 향기를 더하고 부패 세균의 번식을 억제할 수 있다.

효능은

매실은 감기나 배탈이 났을 때 먹으면 효과를 볼 수 있는데, 특히 식중독이 많은 여름철에 매실을 먹으면 위 속에 산성이 강해져서 조금 변질한 식품을 먹어도 소독이 된다. 또 차조기는 정신적인 불안증을 해소하고 진정, 발한, 이뇨 효과가 뛰어나다.

중국에서는 해열이나 수렴, 지혈, 진통, 갈증 방지에 사용하고 있다.

이렇게 만들어 드세요

제안메뉴

매실차조기장아찌

재료 청매 300g, 차조기 30장, 소금 60g

❶ 매실은 덜 익은 청매를 선택해서 깨끗이 씻고, 차조기도 깨끗이 씻어 건져 물기를 닦는다.
❷ 그릇에 매실을 담고 분량의 소금을 뿌린 다음 그 위에 차조기를 덮어 꼭꼭 누른다.
❸ 이틀 정도 지나 매실이 소금에 절어 물이 우러나면 차조기와 함께 항아리에 담아 무거운 돌로 눌러 둔다.

토란과 다시마

치통을 가라앉힌다

궁합이 잘 맞는 이유는

토란의 주성분은 녹말로, 단백질, 섬유소, 갖가지 무기질이 함유되어 있으며 소화가 매우 잘되는 것이 특징이다. 하지만 수산석회가 들어 있어 그대로 먹으면 아려서 먹기가 힘들고 많은 양의 수산석회가 체내에 쌓이면 결석의 원인이 될 수도 있다. 따라서 토란을 조리할 때는 잡맛과 좋지 않은 성분을 없애는 것이 포인트. 이때 주로 사용할 수 있는 것이 쌀뜨물과 다시마이다.

그 중 다시마는 수산석회를 비롯한 토란의 유해 성분을 억제하고 떫은맛을 제거해 부드럽게 해 준다. 또 당질과 섬유질, 요오드 등이 다량으로 들어 있어 갑상선 호르몬의 생성을 돕기 때문에 체내의 신진대사를 촉진시키는 역할을 담당하기도 한다.

토란 요리를 할 때는 먼저 쌀뜨물에 토란을 삶아 떫은맛을 뺀 후, 다시마를 넣고 요리를 하면 각종 유해 성분이 제거되면서 영양적으로 조화를 이룰 수 있다.

효능은

토란은 예로부터 뱃속의 열을 내리고 위와 장의 운동을 원활하게 해 주며, 독충에 쏘였을 때 토란 줄기 짠 즙을 바르면 잘 낫는다고 했다. 치통이 심해 볼이 부었을 때도 토란과 생강 간 것을 바르면 효과가 있다.

이렇게 만들어 드세요

제안메뉴

토란곰국

재료 토란 20개, 다시마 20cm, 쇠고기 300g, 무 300g, 다진 파 2큰술, 다진 마늘 1큰술, 후춧가루 조금, 참기름 1작은술, 물 8컵

❶ 토란은 쌀뜨물에 담가 두었다가 껍질을 벗겨내고 소금물에 비벼 씻어 쌀뜨물에 넣어 삶아 찬물에 헹군다.

❷ 팔팔 끓는 물에 쇠고기를 덩어리째 넣어 삶다가 고기가 속까지 잘 익으면 다시마와 통무를 함께 넣어 삶는다.

❸ 국물이 끓으면 건더기를 건져내어 고기는 납작하게 썰고 다시마와 무는 나박썰기하여 분량의 양념으로 무친다.

❹ 국물을 다시 끓이다가 양념한 쇠고기, 무, 토란, 다시마를 한소끔 끓여 국간장으로 간을 한다.

1

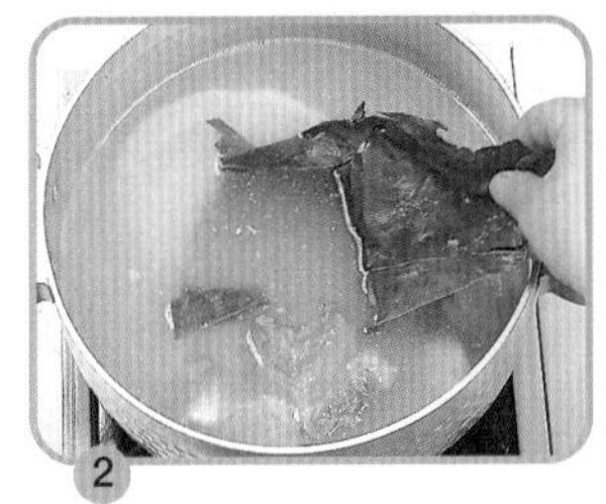

2

3

4

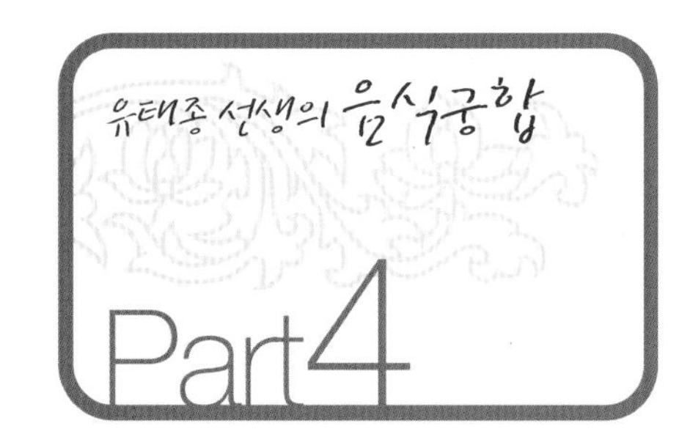

아욱과 새우

신장을 튼튼하게 한다

궁합이 잘 맞는 이유는

아욱은 채소 중에서 영양가가 상당히 뛰어나서 시금치보다 단백질은 거의 2배, 지방은 3배나 더 들어 있으며, 특히 어린이들의 성장 발육에 필요한 무기질과 칼슘도 시금치보다 2배는 더 많다.

하지만 단백질과 필수아미노산이 절대적으로 부족한 것이 아욱의 최대 결점. 아욱의 부족한 영양 성분을 채워 줄 수 있는 식품이 바로 새우다. 새우는 종류에 따라 성분의 차이는 있지만 주성분은 단백질로 아욱에서는 거의 찾아볼 수 없는 비타민 B 복합체가 풍부하다. 반면 아욱에 풍부한 비타민 A와 C는 거의 갖고 있지 않아 새우와 아욱을 함께 먹으면 영양적으로 조화를 이룬다.

아욱으로 국을 끓일 때는 많이 주물러 풋내를 빼고 쌀뜨물로 끓인다.

효능은

새우는 강장 효과가 뛰어나고 몸속의 콜레스테롤 수치를 감소시키는 역할을 한다. 특히 새우는 스태미나의 원천이 되는 신장을 튼튼하게 한다고 해서 더욱 주목을 받기도 한다. 새우와 아욱은 칼슘이 풍부해서 성장기 어린이나 임신부에게 매우 좋은 식품이다.

이렇게 만들어 드세요

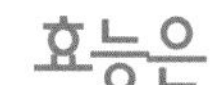

아욱건새우토장국

재료 아욱 400g, 마른새우 1/3컵, 대파 1뿌리, 된장 3큰술, 고춧가루 1/2큰술, 고추장 1/2큰술, 간장 1큰술, 다진 마늘 1큰술, 소금, 후춧가루 조금씩, 다시마 국물 4컵

❶ 아욱은 큰 그릇에 찬물을 넉넉히 붓고 푸른 물이 적당히 빠지도록 비벼 씻은 다음 헹굼물이 깨끗해질 때까지 흔들어 씻어 물기를 짜고 적당하게 썬다.

❷ 마른새우는 다리와 머리, 꼬리를 다듬고 까실까실한 것이 없게 손질한다.

❸ 다시마 국물에 분량의 된장을 풀고 고추장과 간장을 분량대로 넣어 간을 하고 다듬은 마른새우를 넣어 끓인다.

❹ 국물이 끓으면 거품을 걷어내고 손질한 아욱을 넣고 끓이면서 대파 썬 것을 넣고, 고춧가루를 조금 넣은 후 마지막에 다진 마늘을 넣어 맛을 낸다.

1

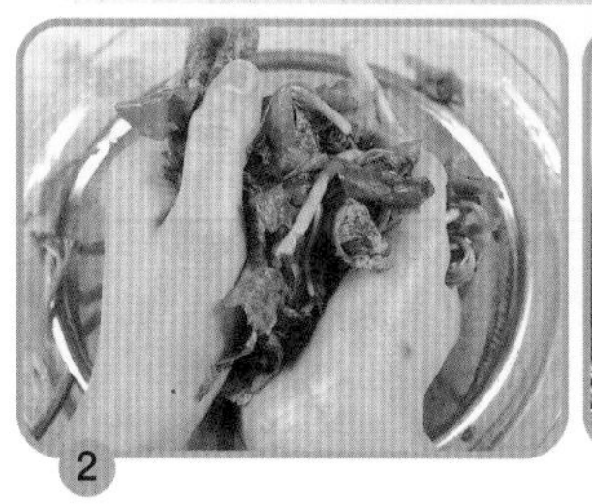
2

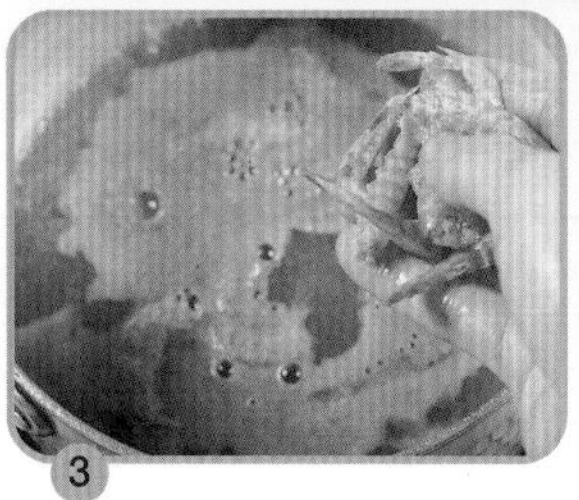
3

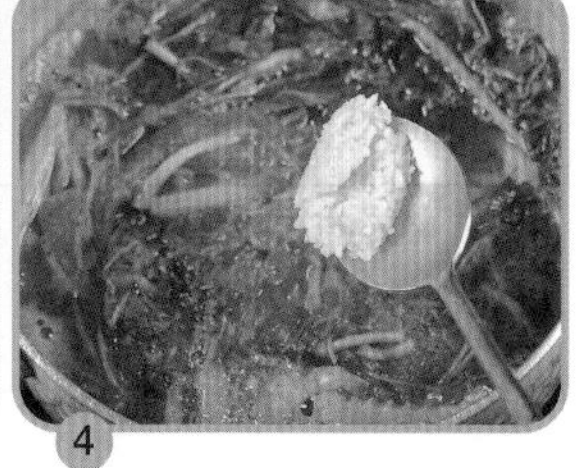
4

죽순과 쌀뜨물

고혈압 치료에 효과가 있다

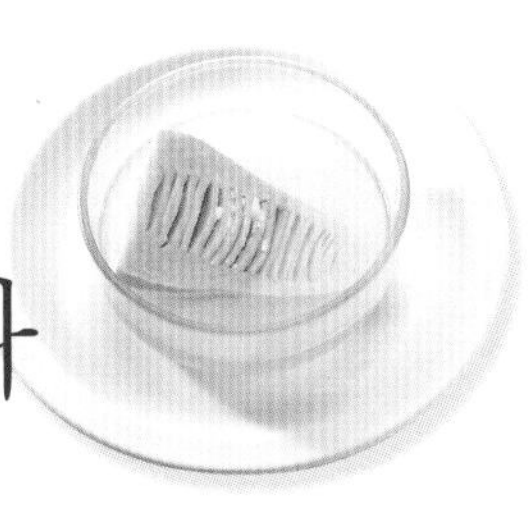

궁합이 잘 맞는 이유는

죽순의 잡맛을 제거하고 맛을 부드럽게 하려면 쌀뜨물을 이용하는 것이 가장 효과적이다. 쌀뜨물에 그냥 삶아도 좋지만, 쌀뜨물에 고추 2~3개를 넣고, 꼭지를 자른 죽순에 길이로 칼집을 내어 30~40분 가량 데친다. 죽순의 뿌리 쪽이 익으면 얼른 건져 그대로 식힌다. 그런 다음 찬물에 담그면 맛도 부드러워지고 간이 잘 밴다.

다 삶고 난 뒤 저절로 식히는 것은 잡맛 성분과 함께 영양소가 물에 빠져 나가는 것을 막기 위해서이며, 다 식은 다음 다시 찬물에 담글 때 속뜨물을 사용하면 영양분의 손실이 훨씬 줄어든다.

죽순을 쌀뜨물에 담그면 수산이 잘 녹아나고, 죽순의 산화를 억제하며 쌀겨 안에 들어 있는 효소가 죽순을 부드럽게 만들어 준다.

효능은

죽순은 다른 야채와는 달리 단백질이 풍부하고 비타민 B와 C 외에도 섬유소, 리그닌, 펙틴 등 다이어트리 화이버가 풍부해 영양적 특성이 뛰어나다. 다이어트리 화이버는 장내에서 정장 작용을 하는 등 소화기관 내에 자극을 주지 않으면서 인체 생리에 도움을 준다. 특히 고혈압이나 비만, 변비 치료에 효과적이다.

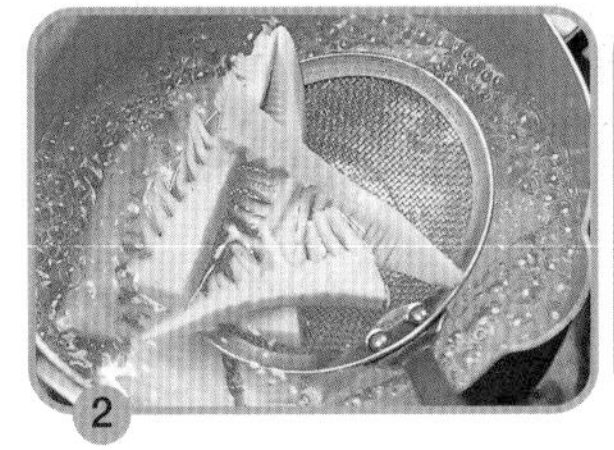

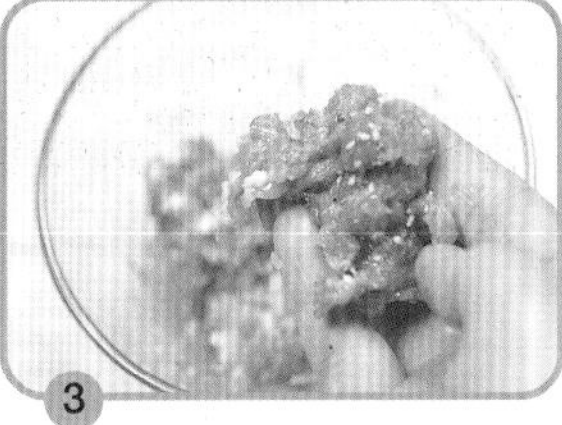

이렇게 만들어 드세요

제안메뉴

죽순잡채

재료 죽순 통조림 100g, 돼지고기 50g, 풋고추 · 홍고추 각 1개씩, 녹말가루 조금, 식용유, 돼지고기 밑양념 다진 마늘 1큰술, 다진 파 1/2큰술, 청주 1큰술, 소금 · 간장 1/2큰술씩

❶ 죽순은 반으로 갈라 쌀뜨물에 삶아 건져 식힌 후 다시 속뜨물에 30~40분 가량 담갔다가 물기를 닦고 빗살무늬로 얇게 썬다. 풋고추는 반으로 갈라 속씨를 턴 후 채 썬다.

❷ 돼지고기는 6cm 길이로 채 썰어 돼지고기 양념으로 무친다.

❸ 식용류를 두른 프라이팬에 생강채와 마늘채를 볶다가 돼지고기를 넣어 볶고, 거기에 죽순과 풋고추채를 넣고 소금, 후춧가루, 참기름으로 맛을 낸다.

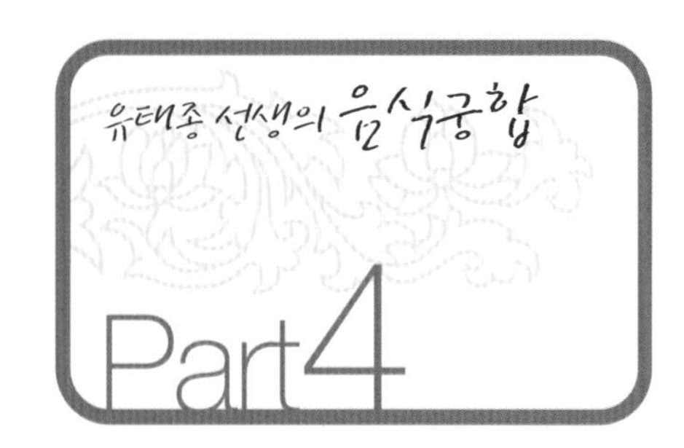

감자와 치즈

숙취를 예방한다

1

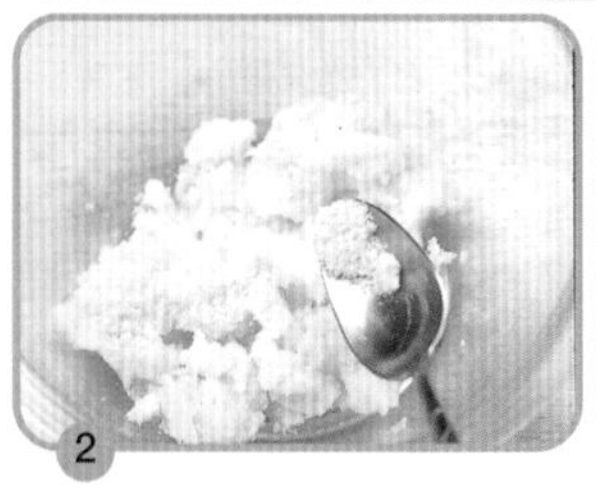

2

3

4

궁합이 잘 맞는 이유는

반찬이나 간식으로 다양하게 이용할 수 있는 감자는 녹말과 단백질, 섬유소, 무기질, 비타민 C 등이 풍부하다. 찌거나 삶아서 버터나 소금을 찍어 먹는 것도 좋지만, 뜨거울 때 으깨서 우유와 설탕, 소금을 섞어 만드는 매시드포테이토는 맛도 좋을 뿐 아니라 영양 성분의 균형도 우수하다.

이 외에 감자에 부족한 단백질과 지방을 보충하면서 맛있게 먹을 수 있는 방법이 감자와 치즈의 결합이다.

치즈는 우유의 단백질을 발효시켜 만든 것으로 단백질과 지방이 각각 20~30% 가량 들어 있어 고열량 식품이면서 소화가 잘되는 특색을 가지고 있다. 비타민 A와 비타민 B_1 · B_2, 나이아신 등이 충분히 들어 있고 칼슘, 인 등이 풍부해 감자와 어울리면 상호 보완 작용으로 영양의 상승효과가 커진다.

감자 샐러드 치즈구이는 감자와 치즈가 어우러지는 맛있는 음식이다.

효능은

감자와 치즈가 만나면 영양적으로 거의 완벽한 식품이 된다. 따라서 성장기의 어린이나 병후 회복기에 있는 사람, 노인들의 영양식으로 매우 좋은 식품이다. 특히 술안주로 치즈를 먹으면 위를 보호해서 숙취와 악취를 예방하는 효과가 크다.

이렇게 만들어 드세요

제안메뉴

감자 샐러드 치즈구이

재료 감자 3개, 슬라이스 치즈 2장, 파마산 가루치즈 1큰술, 완두콩 2큰술, 건포도 15개, 생크림 2/3컵, 마요네즈 2큰술, 소금 · 흰후추 조금씩

❶ 감자는 삶아 껍질을 벗겨 으깬 다음 익힌 완두콩, 건포도, 마요네즈, 생크림, 소금, 후춧가루를 넣고 버무린다.

❷ 오븐 그릇에 버터를 바르고 으깬 감자를 판판하게 담아 잘게 자른 슬라이스 치즈와 가루치즈를 뿌린다.

❸ 오븐 온도를 200℃로 예열해 20분 정도 굽는다.

시금치와 참깨
빈혈에 효과가 있다

궁합이 잘 맞는 이유는

시금치에는 각종 비타민이 골고루 많이 들어 있고 칼슘과 요오드, 철분 등이 풍부해 영양적으로 매우 우수한 식품이다. 하지만 이렇게 좋은 시금치에도 한 가지 결점이 있다. 시금치에 들어 있는 수산이 체내에서 칼슘과 결합해 신장이나 방광 결석을 만든다는 점이다.

따라서 칼슘이 많은 식품을 함께 섭취해 수산을 무력화시키는 방법을 이용해 본다. 시금치와 잘 어울리는 칼슘식품으로는 깨를 들 수 있다. 시금치에 깨소금을 뿌려 먹으면 고소한 맛이 나 밋밋한 시금치와 잘 어울리고 결석을 예방할 수 있다. 게다가 깨소금에는 시금치에 부족한 단백질, 지방 등이 풍부해 자연스럽게 영양의 조화를 이룬다.

효능은

시금치는 칼슘과 철분, 요오드 등이 풍부해 발육기의 어린이는 물론, 임산부에게 매우 좋은 식품이다. 예로부터 강장보혈과 빈혈에 효과 있는 식품으로 널리 알려져 있다.

이렇게 만들어 드세요

제안메뉴

시금치 두부 무침

재료 시금치 1/2단, 두부 1/2모, 깨장(볶은 통깨 3큰술, 간장 1큰술, 조미술 1큰술, 멸치장국 2큰술)

❶ 시금치는 끓는 물에 소금을 넣고 데쳐서 찬물에 헹궈 건진 다음 물기 없이 꼭 짜서 송송 썬다.

❷ 두부는 잘라서 끓는 물에 데쳐 물기를 없앤 다음 칼등으로 곱게 으깬다.

❸ 볶은 통깨를 분마기에 넣고 적당하게 간 다음 분량의 간장, 조미술, 멸치국물을 섞어 깨장을 만든다.

❹ 깨장에 으깬 두부와 시금치를 넣고 조물조물 무친 후 소금으로 간을 한다.

1

2

3

4

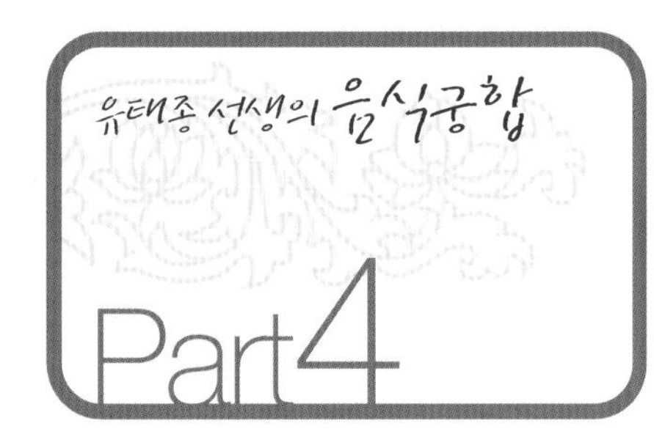

당근과 식용유
아토피성 피부염을 치료한다

궁합이 잘 맞는 이유는

당근은 아삭아삭 씹히는 맛이 좋아 날로 먹는 경우가 많은데, 당근에 들어 있는 카로틴은 물에 녹지 않는 지용성 비타민으로, 날로 먹을 경우 섭취가 불가능하다.

카로틴과 비타민 A는 비교적 열에 강해서 웬만한 조리법으로는 손실되지 않는다. 더욱이 비타민 A는 지용성 비타민으로 기름으로 조리해서 먹는 것이 영양 효과를 훨씬 높일 수 있다. 또 날 당근에는 비타민 C를 파괴시키는 효소가 함유되어 있는데, 이 효소는 열에 약해서 익히거나 튀기면 그 힘을 잃고 만다.

이런 사실을 종합해 볼 때 당근은 날로 먹는 것보다 기름에 조리해 먹는 것이 좋다는 것을 알 수 있다.

게다가 당근을 날로 먹으면 독특한 향이 강해 먹기를 꺼려하는 사람들이 있는데 기름에 볶으면 향도 줄고 고소한 맛이 나서 먹기에 부담이 없다.

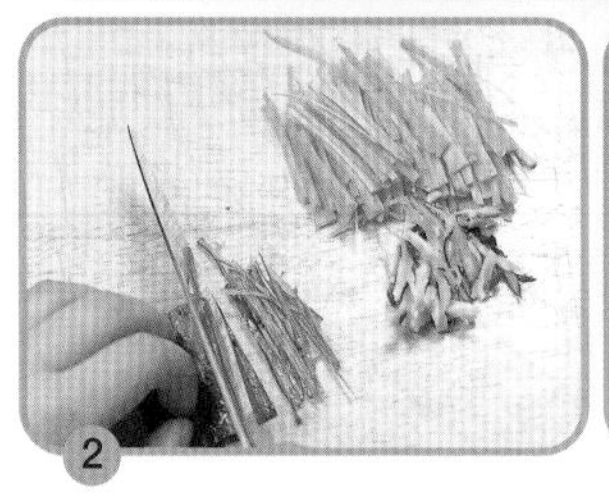

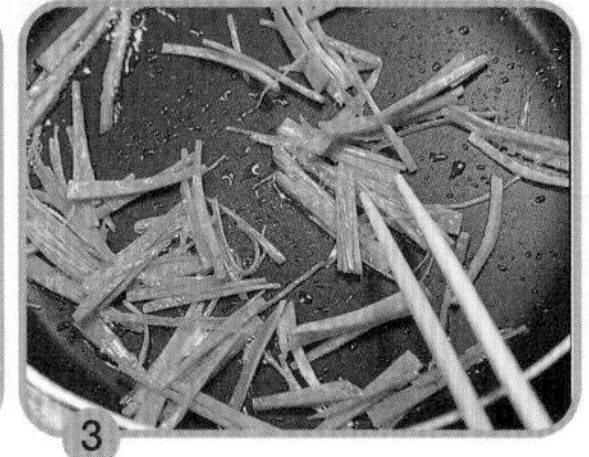

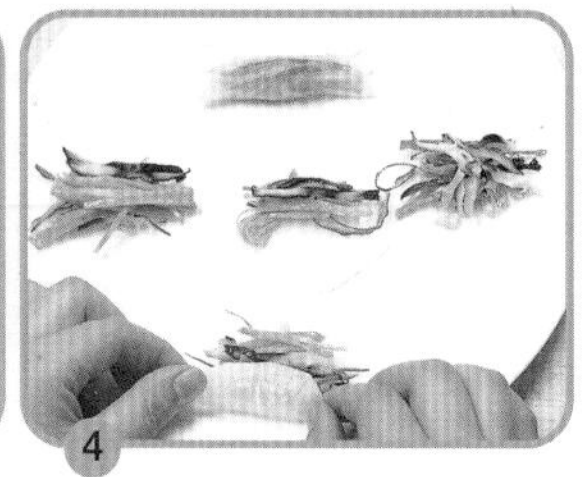

효능은

당근은 비타민 A가 풍부해 발육을 촉진시키고 아토피성 피부염을 치료하며, 야맹증 예방에 큰 도움을 준다. 한방에서는 당근이 홍역과 빈혈, 저혈압 등에 효과가 있다고 한다.

이렇게 만들어 드세요

제안메뉴

삼색야채무쌈

재료 당근 40g, 무 100g, 오이 40g, 표고버섯 2장, 식용유, 소금, 단촛물(설탕 4큰술, 식초 4큰술, 소금, 물 1컵)

❶ 무는 껍질을 벗기고 토막을 낸 후 다듬어 속이 비칠 정도로 얇게 썬다.
❷ 물 1컵에 분량의 단촛물 재료를 섞어 새콤달콤하게 만든다.
❸ 얄팍하게 썬 무를 단촛물에 넣고 10분쯤 담가 둔다.
❹ 당근은 5cm 길이로 채 썰고, 오이는 돌려깎기하여 같은 굵기로 채 썬다.
❺ 표고버섯은 물에 불려 기둥을 떼고, 포를 떠서 얇게 채 썬다.
❻ 채 썬 야채는 식용유를 두른 팬에 볶으면서 소금으로 간한다.
❼ 초절임한 무를 접시나 도마 위에 한 장씩 펴서 놓고 그 위에 볶아놓은 당근, 오이, 표고를 넣고 돌돌 만다.

콩과 식초
피로를 풀어 준다

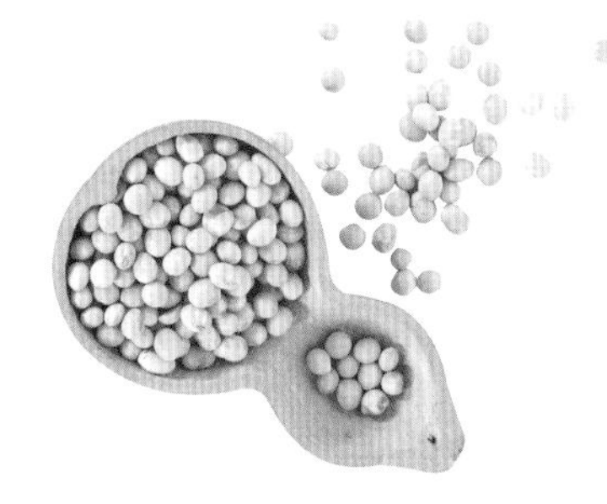

궁합이 잘 맞는 이유는

고단백 식품으로 가장 먼저 손꼽히는 콩은 불포화지방과 비타민, 무기질 등은 풍부하지만, 소화 흡수가 어렵기 때문에 보통 날로 먹지 못한다. 하지만 콩을 가열하지 않고 날로 먹을 수 있는 방법이 있다. 날콩과 식초를 결합시키는 방법인데, 이것은 식초가 가지고 있는 몇 가지 역할 때문에 가능하다. 식초는 위액의 분비를 촉진해서 단백질의 소화를 돕기 때문에 체내에서 소화가 잘 되지 않는 콩의 결점을 보완할 수 있다. 또 체내의 유해한 균을 억제하며, 정장 효과가 있어서 날콩을 먹었을 때 생길 수 있는 문제들을 제거해 준다.

효능은

콩은 콜레스테롤을 감소시켜 성인병을 예방하며 노인성 치매 예방에도 효과가 있다. 식초는 피로가 쌓이지 않도록 해 주고, 주근깨와 기미가 생기지 않도록 돕고, 비만을 방지해 주기도 한다.

이렇게 만들어 드세요

1

2

3

제안메뉴

콩샐러드

재료 불린 강낭콩 1컵, 양파 1/4컵, 방울토마토 6개, 피망 1/2개, 붉은피망 1/2개, 프렌치드레싱 1/3컵

❶ 불린 강낭콩은 삶아 건진다.
❷ 양파는 사방 1㎝ 크기로, 방울토마토는 4등분한다. 피망은 속씨를 털고 양파와 같은 크기로 썬다.
❸ 준비한 재료를 볼에 담고 프렌치드레싱을 끼얹는다.

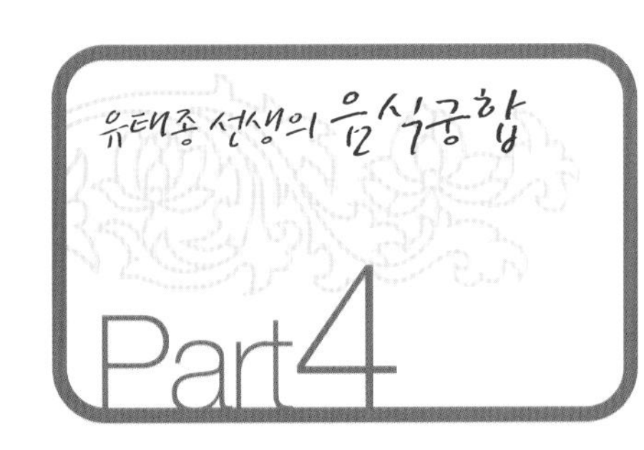

된장과 부추
항암 효과가 뛰어나다

궁합이 잘 맞는 이유는

콩은 고단백, 고지방 식품으로 영양 성분은 매우 우수한 편이지만, 구성 성분이 복잡해 몸에 부담을 주고 소화가 어렵다. 하지만 콩을 삶아 발효시킨 된장은 그 성분이 전혀 다르다. 소화 흡수가 매우 뛰어나고 콩 특유의 비린내도 없으며 유해물질도 전혀 남아 있지 않다. 단, 소금의 함량이 많고 비타민 A와 C가 부족하다는 것이 결점.

음식을 너무 짜게 먹으면 혈압이 올라갈 염려가 있으므로 나트륨을 배설시켜 주는 부추를 곁들여 본다. 부추에는 된장에 전혀 들어 있지 않은 비타민 A와 C가 많이 들어 있어 영양적으로도 서로 보완 관계를 유지할 수 있다.

부추는 흔히 소화 작용을 돕는 채소로 널리 알려져 있는데, 질이 좋은 식이섬유가 풍부하고 고유한 풍미를 가지고 있어 된장과 잘 어울린다.

효능은

된장에는 항암 효과가 있는 성분이 함유되어 있다. 게다가 부추에 들어 있는 비타민 A도 항암 효과를 내므로 이 두 가지가 만나면 항암 효과는 두 배로 상승한다. 특히 음식물에 체해 설사를 할 때 소화 작용을 하는 부추를 넣어 된장국을 끓여 먹으면 효과가 있다. 또 부추는 창자를 튼튼하게 하기 때문에 몸이 찬 사람에게 매우 좋다.

이렇게 만들어 드세요

제안메뉴

부추장떡

재료 부추 200g, 풋고추 5개, 붉은고추 5개, 깻잎 20장, 밀가루 1컵, 된장 1큰술, 달걀 1개, 다진 마늘 · 깨소금 · 후춧가루 · 참기름 · 식용유 조금씩

❶ 부추는 깨끗하게 씻어 물기를 거둔 다음 3㎝ 길이로 썰고, 고추는 얇게 썰어 씻은 후 속씨를 제거한다.
❷ 깻잎은 깨끗하게 씻어 물기를 제거한 다음 1㎝ 폭으로 썬다.
❸ 준비한 재료를 그릇에 담고 달걀, 밀가루, 된장, 다진 마늘, 깨소금, 참기름, 후춧가루를 넣고 모자라는 수분은 물로 보충해 장떡 반죽을 마무리한다.
❹ 팬에 식용유를 두르고 장떡 반죽을 한 숟갈씩 떠서 도톰하게 지진다.

옥수수와 우유
노화방지에 효과가 크다

궁합이 잘 맞는 이유는

여름철 간식으로 사랑받는 옥수수는 삶거나 구워서 먹는 경우가 많지만, 프레이크나 수프 등으로 응용해 먹을 수도 있다. 특히 튀겨서 만든 팝콘은 소화가 잘 되지 않는 옥수수의 결점을 보완해 주는 아이들 간식이다.

옥수수의 주성분은 녹말과 포도당, 지방, 칼슘 등으로 단백질을 구성하는 아미노산의 질이 많이 떨어지고 라이신이 절대적으로 부족하다는 것이 흠이다. 따라서 다른 종류의 단백질 식품을 전혀 먹지 않은 채 옥수수만을 먹으면 발육이 제대로 되지 않아 성장이 멈추게 된다. 이것이 바로 옥수수가 갖는 최대의 결점인데, 이러한 결점을 보완할 수 있는 것이 우유다. 우유에는 8가지 필수아미노산이 골고루 들어 있고, 옥수수에 적은 라이신과 트립토판이 풍부하다. 따라서 아침식사로 우유에 프레이크를 말아 먹는 것은 매우 합리적인 방법이다.

효능은

옥수수의 씨눈에는 질이 좋은 불포화지방산이 많고 토코페롤이라 불리는 비타민 E가 풍부해 성인병 예방과 노화 방지에 효과가 매우 크다. 또한 우유에 풍부한 나이아신이 부족하면 손과 발, 얼굴 등에 홍반이 생기고 피부가 벗겨지는 등의 증세를 보이므로 우유를 간식으로 자주 이용한다.

이렇게 만들어 드세요

제안메뉴

옥수수수프

재료 옥수수 알맹이 1컵, 양파채 조금, 베이컨 1쪽, 닭육수 1컵, 우유 1/2컵, 버터 2큰술, 설탕 · 생크림 · 밀가루 1큰술씩, 소금 적당량

❶ 냄비에 버터를 녹여 잘게 썬 베이컨과 양파채, 밀가루를 볶다가 옥수수 알맹이를 넣는다.
❷ 볶은 재료에 닭육수를 붓고 푹 끓여 식힌 후 믹서에 곱게 갈아 체에 내린다.
❸ 체에 내린 수프에 우유를 넣고 끓여 농도를 확인한 다음 설탕을 넣는다.
❹ 끝으로 소금과 생크림으로 맛을 낸다.

1

2

3

4

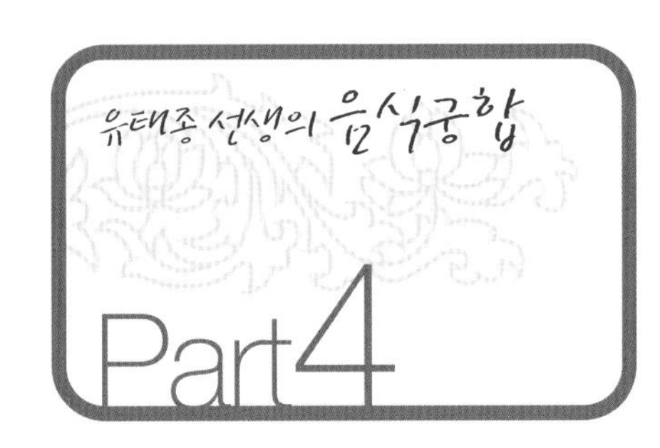

쌀과 쑥
감기를 예방한다

궁합이 잘 맞는 이유는

쌀은 녹말과 단백질, 무기질 등으로 구성되어 있으며, 단백질은 식물성 식품 중에서 가장 우수하다. 단, 지방과 섬유소, 칼슘, 철 등이 부족해 다른 식품에서 따로 섭취해야 하는데 이런 결점을 보완해 줄 수 있는 것이 쑥이다.

쑥의 특징은 칼슘과 섬유소, 비타민 A · B · C가 풍부하다는 점이다. 이 외에 세포를 부활시켜 주는 엽록소가 풍부해 쌀과 쑥은 영양상으로 궁합이 좋다. 쑥은 잘 말린 후 삶아서 냉동해 두면 일 년 내내 먹을 수가 있는데, 치네올이라는 정유 성분이 들어 있어 향이 독특하고 소화액의 분비를 왕성하게 하므로 소화력이 뛰어나다.

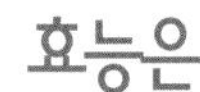

효능은

쌀은 나트륨과 지방이 적은데다 콜레스테롤이 들어 있지 않아 각종 성인병이나 비만의 예방, 치료에 효과적이다. 또한 쑥에 많이 들어 있는 베타카로틴은 인체에 세균이나 바이러스가 침입했을 때 저항력을 높여 감기를 예방해 주고 항암 효과가 있다.

1

2

이렇게 만들어 드세요

제안메뉴

쑥버무리

재료 마른 쑥 50g, 쌀가루 1컵, 소금 약간, 설탕 3큰술

1. 마른 쑥을 준비해 물에 잠시 담갔다가 건져 물기를 뺀다. 쑥이 제철일 때 뜨거운 물에 살짝 데친 후 말리면 요긴하게 쓸 수 있다.
2. 쌀가루에 쑥을 넣어 고루 버무린다.
3. 한 김 오른 찜통에 베 보자기를 깐 후 쑥을 넣어 버무린 쌀가루를 안쳐 25분 정도 푹 찐다.
4. 찐 쑥버무리를 접시에 담고 설탕을 뿌려 맛을 낸다.

찹쌀과 대추
스태미나를 강화시킨다

궁합이 잘 맞는 이유는

맛도 좋고 영양가도 풍부한 약식. 그 주원료인 찹쌀은 칼로리가 높고 소화가 잘되므로 찰밥이나 떡, 미숫가루 등의 재료로 이용되는데, 특히 비타민 B_1 · B_2가 많이 들어 있다.

약식에는 찹쌀 외에도 밤, 곶감, 대추, 잣 등이 들어가는데 재료가 다양해 맛도 좋고 영양의 균형도 뛰어나다.

찹쌀은 녹말 외에 질이 좋은 단백질을 가지고 있지만 지방이 적고 칼슘과 철분, 섬유질의 함량이 거의 없다. 이러한 결점을 보완해 줄 수 있는 것이 대추와 참기름, 잣이다. 그 중 대추는 찹쌀에 부족한 철분과 칼슘, 섬유질을 자연스럽게 보충할 수 있는 식품이고, 고운 붉은빛을 하고 있어 시각적 효과도 높여 준다.

효능은

대추는 오래 전부터 완하강장제로 이용되어 왔는데, 잘 익은 대추를 쪄서 말렸다가 달여 먹으면 열을 내리고 변을 묽게 하여 변비를 없애며 기침을 멎게 하는 효과가 있다고 했다. 또 쇠약해진 내장을 회복시켜 주며, 대추 달인 물은 부부 화합의 묘약이라는 말이 나올 만큼 진정 효과가 있고 원기를 돋우어 준다.

이 외에 여러 가지 성분을 잘 어울리게 하고 제독하는 효과도 있어 탕약 달일 때 대추와 생강 몇 개를 함께 넣고 끓인다.

1

2

3

4

이렇게 만들어 드세요

제안메뉴

약식

재료 불린 찹쌀 5컵, 설탕 1컵, 껍질 벗긴 밤 · 대추 10개씩, 간장 2큰술, 계핏가루 1작은술, 참기름 4큰술, 잣

❶ 불린 찹쌀은 찜통에 찌면서 2번 정도 찬물을 뿌려 완전히 찐다.

❷ 설탕 1/3컵을 냄비에 펴 담고 물을 부으면서 조려 캐러멜 시럽을 만든다.

❸ 찐 찹쌀밥에 캐러멜 시럽과 남은 설탕, 밤, 대추, 간장, 계핏가루, 참기름을 넣고 골고루 섞어 찜통에 베보자기를 깔고 찐다.

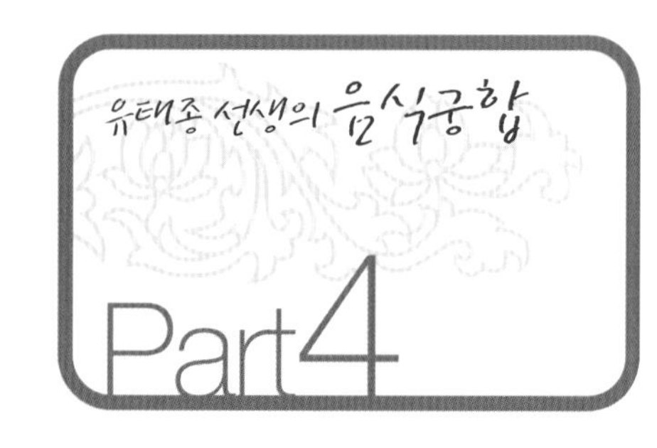

고구마와 김치

체내의 염분을 배출시킨다

궁합이 잘 맞는 이유는

예로부터 우리 조상들은 찐고구마나 군고구마를 먹을 때 김치를 함께 먹는데 이는 매우 합리적인 식습관이다.

고구마는 인체에 좋은 알칼리성 식품으로 칼륨 성분이 많아 고구마를 먹게 되면 체내의 나트륨과 길항작용을 일으켜 나트륨을 몸 밖으로 빠져 나가게 한다. 따라서 고구마를 먹게 되면 소금의 소비가 많아지므로 고구마를 먹을 때 김치나 염분이 있는 음식을 함께 먹는 것이 좋다.

반대로 김치를 즐겨 먹는 우리나라 사람들의 식습관은 염분의 과잉 섭취가 가장 큰 문제가 된다. 염분, 즉 나트륨은 혈관 벽의 세포 속까지 들어가 혈관 벽에 강한 압력을 가해 고혈압, 동맥경화 등 갖가지 성인병을 일으키게 된다. 그러므로 혈압을 낮추기 위해 세포 내의 나트륨을 배출해 내야 하는데 그 역할을 담당하는 것이 칼륨이고, 칼륨 성분이 많이 들어 있는 것이 고구마다. 우리나라 사람들은 짠 음식을 많이 먹는 식습관을 가지고 있으므로 고구마를 자주 먹는 것이 건강에 큰 도움이 된다.

효능은

고구마는 감자류 중에서 식물성 섬유질이 가장 많이 들어 있어 배설이 잘되게 도와주는 역할을 하고, 고구마에 들어 있는 칼륨 성분이 체내의 염분을 소변이나 대변을 통해 배출시켜 주므로 고혈압을 비롯한 성인병 예방에 효과가 있다.

고구마를 자르면 하얀 우유 같은 것이 나오는데 이것이 바로 셀라핀이라는 성분으로 장 내를 청소하는 역할을 하는 것이다.

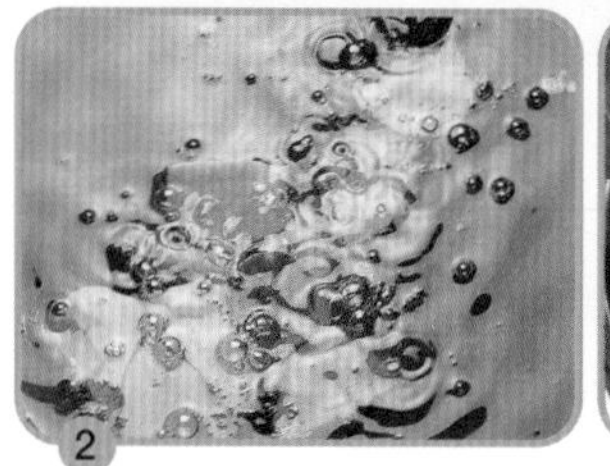

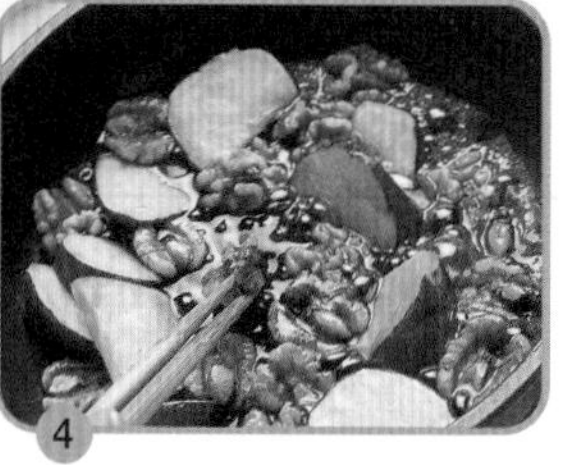

이렇게 만들어 드세요

제안메뉴

고구마호두조림

재료 고구마 400g, 호두 50g, 튀김기름 적당량 조림장 간장, 물 3큰술씩, 맛술 2큰술, 참기름, 물엿 1큰술씩, 생강 저민 것 2쪽, 설탕 1큰술 반

❶ 고구마는 한입 크기로 썰고, 호두는 껍질을 벗겨 끓는 물에 살짝 벗긴다.

❷ 튀김팬에 기름을 붓고 달군 다음 고구마를 노릇하게 튀긴다.

❸ 분량의 조림장을 끓이다가 고구마 튀긴 것과 데친 호두를 넣고 윤기 나게 조린다.

생선과 생강
세균성 식중독을 예방한다

궁합이 잘 맞는 이유는

생선 안에는 DHA, EPA 등 고도의 불포화지방산이 들어 있어 우리 인체에 이로운 작용이 있음이 밝혀져 화제가 되고 있다. 특히 태아의 두뇌발달이나 노인들의 치매 예방에도 뛰어난 효능이 있어 많은 사람들이 좋아한다. 하지만 아무리 싱싱한 생선이라도 자칫하면 비린내가 나고 장염 비브리오균 등 세균이 묻을 염려가 있어 식중독을 일으킬 수 있다. 그러한 위험 요소에서 벗어나기 위해 생선회를 먹을 때 생강 채 썬 것을 함께 먹어 보자. 우선 비린내도 제거되고 생강의 살균 작용으로 세균성 식중독을 예방하는 데 도움이 된다. 또 생강에는 아밀라아제와 단백질 분해 효소가 들어 있어 생선회의 소화를 돕고 생강의 향미 성분은 소화 기관에서 소화 흡수를 돕는 효능이 있다. 이러한 이유로 생선과 생강은 찰떡궁합이다.

효능은

생선의 효능은 이미 알려진 대로 아이들의 두뇌발달과 노인들의 치매 예방에 탁월한 효능을 발휘하고 있고, 생강은 위액의 분비를 촉진하는 작용 외에 강한 발한 작용이 있어 감기의 여러 증세에 효과적이다. 땀을 내고 열을 떨어뜨리며 신진대사를 활발하게 하므로 몸을 따뜻하게 해 준다.

이렇게 만들어 드세요

제안메뉴

전갱이 초밥

재료 전갱이 작은 것 5마리, 초밥 70~80g, 고추냉이, 간장 조금, 생강 간 것 1작은술, 실파 송송 썬 것 1큰술

❶ 전갱이의 뼈를 저며 내고 머리를 잘라낸 후 배 쪽을 갈라 내장을 말끔히 긁어내고 흐르는 물에 깨끗이 씻는다.

❷ 밑손질한 전갱이를 3장 포뜨기를 하여 뱃살에 붙은 가시를 저며 내고 족집개로 살가운데 박혀 있는 가시를 뽑고, 껍질을 벗겨 3cm 폭으로 어슷하게 저며 썬다.

❸ 생선 가운데에 고추냉이를 바르고 초밥 뭉친 것을 올려놓은 후 모양을 잡아 마무리하고 생강 간 것과 송송 썬 실파를 얹는다.

1

2

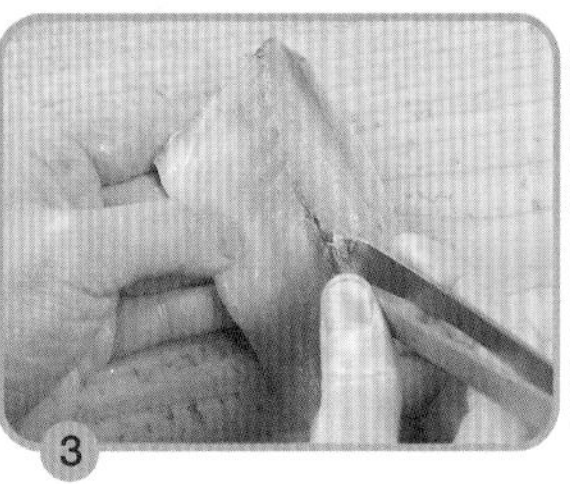
3

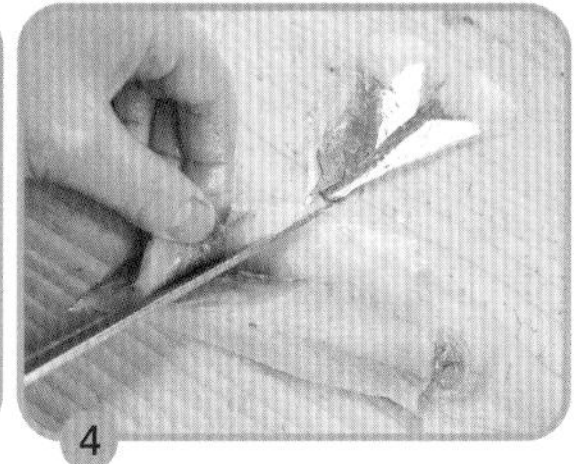
4

함께 먹으면 좋지 않은 식품

식품 중에는 함께 먹음으로써 건강에 도움을 주는 식품이 있는가 하면, 함께 먹으면 좋지 않은 식품도 있다. 고유의 맛을 떨어뜨리거나 영양소를 파괴하고 또 때론 신체에 해를 끼칠 수도 있다. 함께 먹으면 좋지 않은 식품과 그 원인을 알아본다

쇠고기와 버터

콜레스테롤 섭취량이 많아진다

쇠고기의 기름은 성인병의 주범으로 알려진 콜레스테롤 수치가 높아 문제가 되고 있다. 섬유질이 풍부한 야채를 많이 먹으면 콜레스테롤이 체내로 흡수되는 것을 어느 정도는 막을 수 있는데 스테이크에 곁들이는 샐러드는 섬유질도 적고 비타민의 함량도 매우 적어 콜레스테롤을 제거하기 어려운 편. 거기에 버터로 스테이크를 굽는다면 콜레스테롤의 섭취량이 급증하게 된다.

스테이크를 버터로 구우면 콜레스테롤의 양을 더하는 꼴이 된다. 버터는 칼로리가 높고 맛과 향이 식용유보다 뛰어나지만, 동물성이라서 콜레스테롤이 많아지는 것이다.

선지와 홍차

철분 이용률이 줄어든다

홍차의 떫은맛을 내는 타닌이라는 성분은 선지 속에 들어 있는 철분과 결합해 타닌산철을 만들어 철분의 이용도를 방해한다. 따라서 선짓국을 먹고 난 후 홍차나 녹차는 안 맞는다.

간과 곶감

철분 흡수를 방해한다

간 요리를 먹고 난 뒤 후식으로 감이나 곶감을 먹으면 영양 손실이 매우 커진다.

물론 감은 그 나름대로 많은 영양소를 갖고 있다. 베타카로틴이 풍부하고 비타민도 충분히 함유하고 있다. 하지만 감에는 다른 과일에서는 전혀 느낄 수 없는 떫은맛이 들어 있어 철분 흡수를 방해할 수 있으므로 주의한다.

흔히 감이나 곶감을 먹으면 몸이 차가워진다고 하는데, 그것도 떫은맛을 내는 타닌 때문으로 감 속에 들어 있는 타닌이 다른 식품 중에 들어 있는 철분과 결합해서 체내 흡수를 방해하기 때문이다. 타닌은 철분과 결합하면 타닌산철이 되는데 이것은 결합이 단단해서 녹지 않고 그대로 배설되어 버린다.

간을 먹고 나서 감이나 곶감을 먹으면 영양 손실이 커진다. 이는 감에 들어 있는 타닌 성분이 다른 식품에 들어 있는 철분의 흡수를 방해하기 때문이다.

오이와 무

미용효과가 떨어진다

오이의 초록빛은 흰 무와 잘 어울리고 맛도 있어서 많은 사람이 이용하고 있는데, 이것은 잘못된 배합이다. 오이에는 비타민 C가 들어 있지만 칼질을 하면 세포에 들어 있는 아스코르비나제라는 효소가 나온다. 이것은 비타민 C를 파괴하는 효소로, 무와 오이를 잘라 서로 섞으면 무 속에 들어 있는 비타민 C가 많이 파괴되어 버린다.

오이에는 비타민 C가 많이 들어 있지만 칼질을 하면 아스코르비나제라는 효소가 나와 비타민 C를 파괴한다. 따라서 오이와 무를 잘라 함께 섞으면 무와 오이에 들어 있는 비타민 C가 파괴되고 만다.

토마토와 설탕

비타민 B_1이 손실된다

토마토는 날로 먹을 경우 약간의 풋내가 나기 때문에 설탕을 뿌려 먹는 사람들

이 많다. 토마토에 설탕을 넣으면 단맛이 있어서 먹기는 좋을지 모르지만 영양 손실은 매우 커진다.

토마토가 가지고 있는 비타민 B는 인체 내에서 당질대사를 원활하게 해서 열량 발생 효율을 높여 준다. 그런데 설탕을 넣은 토마토를 먹으면 비타민 B가 설탕 대사에 밀려 그 효력을 잃고 만다. 토마토를 그대로 먹는 것이 어렵다면 설탕 대신 소금을 조금 곁들여 먹도록 한다.

설탕이 몸속에서 분해돼 이용되려면 비타민 B1의 도움을 받아야 하는데 토마토에 설탕을 뿌려 먹으면 토마토에 들어 있는 비타민 B1이 파괴되고 만다.

시금치와 근대

담석증에 걸릴 위험이 있다

시금치에는 각종 비타민이 골고루 들어 있고 칼슘, 철분 등이 풍부해 영양적으로 훌륭한 식품이기는 하지만, 옥살산이 매우 많이 들어 있어 문제가 된다. 옥살산은 인체 내에서 수산석회가 되어 결석이 만들어지기 때문이다. 그런데 근대에는 수산이 많이 들어 있으므로 시금치와 근대를 함께 먹으면 고기가 물을 만난 듯 신석증이나 담석증을 일으킬 확률이

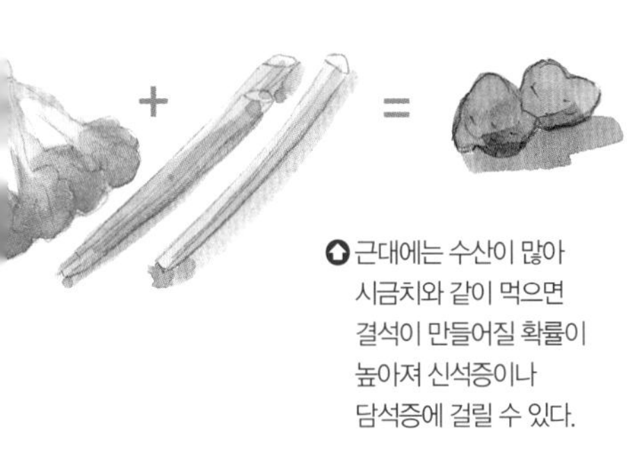

근대에는 수산이 많아 시금치와 같이 먹으면 결석이 만들어질 확률이 높아져 신석증이나 담석증에 걸릴 수 있다.

급증하게 된다. 이 옥살산은 물에 으깨어 씻거나 삶으면 많은 양이 분해되어 없어진다.

당근과 오이

비타민 C가 파괴된다

빛깔이 고와 음식의 모양을 내는 데 주로 쓰이는 당근에는 비타민 A의 모체인 카로틴이 많이 들어 있는데 오이와 마찬가지로 비타민 C를 파괴하는 아스코르비나제를 가지고 있다. 따라서 오이로 생채를 만들 때 당근을 섞는 것은 피한다.

단, 아스코르비나제는 산에 약하므로 생채를 만들 때 식초를 미리 섞으면 비타민 C의 파괴를 방지할 수 있다.

당근과 오이 모두 비타민 C의 파괴 요소인 아스코르비나제 효소가 들어 있어 함께 섞어 음식을 만들면 비타민 C 섭취를 기대할 수 없다.

산채와 고춧가루

고유의 풍미가 사라진다

산채는 취나물, 고사리, 고비, 두릅, 도라지 등 종류가 매우 많은데 일반 채소와 달리 저마다 풍미를 가지고 있는 것이 특색. 하지만 산채에는 독성분이 들어 있는 것도 있으므로 잘못 먹으면 식중독을 일으킬 염려가 있다. 또 산채는 타닌과 폴리페놀 등 잡맛을 내는 성분을 많이 가지고 있어 지나치게 섭취하면 위장에 자극을 줄 수 있다. 따라서 예로부터 산채의 좋지 못한 잡맛을 없애기 위해 산채를 삶아 초목회, 즉 풀이나 나뭇가지를 태워 그 재를 우려낸 물에 담갔다가 사용했다. 그러면 부드러워지고 잡맛이 녹아 나와 풍미 있는 산채를 즐길 수 있다. 풍미가 생명인 산채에 맛이 강한 고춧가루를 넣으면 풍미가 없어진다.

풍미가 생명인 산채에 맛이 강한 고춧가루를 넣으면 산채 고유의 맛을 잃게 된다.

매실과 로얄젤리

효능을 잃는다

로얄젤리의 맛은 꿀과 달리 떨떠름하고 새콤한데, 새콤한 맛은 유기산에서 비롯된 것으로, 로얄젤리의 특수 성분은 워낙 불안하고 미묘해서 온도가 높거나 햇빛을 받는 것만으로도 그 효력을 잃고 만다. 반면 매실은 과일 중에서 신맛이 가장 강하다. 그래서 위장에서 강한 산성 반응을 나타내어 유해 세균의 발육을 억제, 식중독을 예방하거나 치료하는 효과가 있다.

이렇게 서로 다른 특성을 가지고 있는 로얄젤리와 매실을 함께 먹거나 섞으면 로얄젤리의 활성물질이 산도의 갑작스

아무리 좋은 식품도 서로 궁합이 맞지 않으면 그 효력을 잃게 된다. 매실이나 로열젤리 모두 영양식품으로 인기가 높지만 로열젤리를 먹고 매실을 먹으면 로열젤리의 생리활성 물질이 파괴되어 효력을 잃는다.

런 변화를 받아 그 효력을 잃거나 매실이 가지고 있는 고유의 특성 또한 약해질 염려가 있다.

장어와 복숭아

설사를 하기 쉽다

장어를 먹고 복숭아를 먹으면 설사하기 쉽다. 그 이유는 장어에 들어 있는 지방 소화에 이상이 생기기 때문인데, 장어에는 순환기 계통의 질환을 예방하는 지방이 풍부하다. 하지만 이 지방은 평소 담백하게 먹던 사람에게는 소화에 부담을 주게 된다. 또 복숭아에 함유된 새콤한 유기산은 장에 자극을 주며 지방이 소화되기 위해 작게 유화되는 것을 방해하므로 설사를 일으키기 쉽다.

지방이 많은 장어에 신맛을 내는 복숭아를 함께 먹으면 복숭아에 들어 있는 유기산이 장에 자극을 주고 지방의 소화를 방해하므로 같이 먹는 것은 좋지 않다.

게와 감

식중독을 일으킬 수 있다

게는 맛이 독특하고 담백해 유달리 좋아하는 사람이 많은 편. 식중독균의 번식이 매우 잘되는 고단백 식품으로 알려져 있다. 또한 감은 영양가가 풍부하고 기침이나 각혈 등의 민간요법으로 이용되는 중요한 식품이기는 하지만, 수렴작용을

게는 식중독균의 번식이 잘 되는 식품이다. 거기에 몸을 차게 하고 타닌 성분이 들어 있는 감을 함께 먹으면 식중독의 위험이 따른다.

하는 타닌 성분이 들어 있어 잘못 먹었을 경우 소화불량과 식중독을 일으킬 위험이 있다. 따라서 식중독의 위험이 있는 감과 게를 함께 먹는다면 위험할 수 있다.

문어와 고사리

소화가 잘 안 된다

문어는 단백질이 풍부한 식품이기는 하지만 질겨서 아무리 씹어도 소화가 잘 되지 않아 아이들이나 노인들이 먹기엔 다소 부담스런 식품이다. 게다가 고사리는 산채의 일종으로 섬유질이 3% 이상이나 되기 때문에 위장이 약한 사람은 소화불량을 일으키기 쉽다. 따라서 문어와 고사리를 함께 먹으면 소화하기 어렵다.

문어는 소화가 잘 안 되는 식품이다. 거기에 산채의 일종인 고사리는 섬유질이 3% 이상이나 되기 때문에 두 식품 모두 소화에 부담을 준다. 그래서 위장이 약한 사람은 소화불량이 되기 쉽다.

미역과 파

음식 맛을 떨어뜨린다

미역과 파는 공통점이 하나 있다. 주물렀을 때 미끈거리는 촉감이 바로 그것인데 이것은 거의 소화가 되지 않는 성분으로 열량은 없지만 정장효과가 큰, 질 좋은 식이섬유에 해당한다.

하지만 미역국을 끓일 때 파를 넣으면 미끈거리는 성분 때문에 미역 고유의 상큼하고 구수한 맛을 느낄 수 없게 된다. 게다가 파는 철분과 비타민이 많은 것이 특색이지만 인과 유황의 함량이 높아 미역국에 파를 넣으면 미역 속에 들어 있는 칼슘의 흡수를 방해한다.

미역국에 파를 넣으면 미역 속에 들어 있는 칼슘의 체내 흡수를 방해하고, 미역과 파 안에는 미끈거리는 '알긴산' 성분이 함께 들어 있어 제 맛을 느낄 수가 없다.

도토리와 감

변비에 걸릴 수 있다

도토리의 주성분은 녹말이며 떫은맛을 내는 타닌을 가지고 있다. 타닌은 수용성으로 물에 담가 두면 대부분이 밖으로 빠져 나와 그릇 바닥에 가라앉게 된다. 그 가루로 만든 것이 바로 도토리묵이다.

감이나 곶감에도 불용성 타닌이 들어 있다. 따라서 도토리묵을 먹고 난 다음에 감을 먹으면 변비가 심해질 뿐만 아니라 빈혈증이 나타나기 쉽다. 적혈구를 만드는 철분이 타닌과 결합해서 소화 흡수를 방해하기 때문이다.

조개와 옥수수

배탈이 날 위험이 있다

조개류는 시원한 맛이 나고 단백질과 당질이 풍부한 식품이지만 부패균의 번

식이 잘되고 산란기에는 자신을 적으로부터 보호하기 위해 독성물질을 만들어내는 단점이 있다.

반면 옥수수는 씹는 감촉이 좋아 아이들이 좋아하는데 소화가 잘 되지 않는 결점이 있다. 따라서 몇 가지의 위험성을 갖고 있는 조개와 소화가 잘 안 되는 옥수수를 함께 먹는다면 배탈이 나기 쉽다.

특히 산란기의 조개는 독성물질이 있고, 옥수수는 소화가 잘 안 되므로 함께 먹으면 배탈이 날 위험이 있다.

팥과 소다

비타민 B_1이 파괴된다

팥은 단단해서 오래 푹 삶아야 한다. 그래서 빨리 익히려고 소다 즉, 중조를 넣고 삶는 경우가 있다. 하지만 팥에 소다를 넣으면 빨리 무르기는 하지만 팥에 들어 있는 비타민 B_1이 소다와 만나 파괴되어 버리므로 팥과 소다를 함께 조리하는 것은 옳지 않은 방법이다.

팥을 빨리 삶아지게 하려고 소다를 넣는 경우가 있는데, 이는 잘못된 조리법,. 소다가 팥에 들어 있는 다량의 비타민 B_1을 파괴하기 때문이다.

우유와 소금, 설탕

염분 섭취량이 많아진다

우유에 소금이나 설탕을 넣어 마시면 맛이 진하게 느껴져 먹기는 쉬울지 모르지만 바르게 먹는 방법이 아니다. 우유에는 알맞은 염분이 들어 있고 짜게 먹으면 건강에 문제가 생길 수 있기 때문이다. 또 우유에 설탕을 넣으면 단맛 때문에 맛은 좋아질 수 있으나 비타민 B_1의 손실이 커진다. 우유는 아무것도 넣지 말고 꼭꼭 씹어 먹으면 우유가 갖고 있는 풍미를 음미할 수 있고 흡수도 잘된다.

우유에 소금을 넣으면 비린맛을 없앨 수 있지만, 우유에는 염분이 알맞게 들어 있기 때문에 소금을 넣으면 염분의 양이 많아져 좋지 않다.

치즈와 콩류

칼슘이 몸 밖으로 빠져나간다

치즈는 단백질과 지방이 풍부한 식품으로 칼슘의 함량도 뛰어나다. 콩도 마찬가지. 고단백, 고지방 식품으로 콜레스테롤을 제거하는 효능을 가지고 있다. 하지만 콩 속에는 칼슘보다 인산의 함량이 월등히 많아 치즈와 콩을 함께 먹으면 인산칼슘이 만들어지므로 몸속으로 흡수되지 못한 채 빠져나가 버린다. 치즈와 콩은 함께 먹지 않도록 한다.

콩은 칼슘보다 인산의 함량이 월등히 많기 때문에, 치즈와 콩을 함께 먹으면 인산칼륨이 만들어져 몸속으로 흡수되지 못하고 빠져나가 버린다.

커피와 크림

살찔 염려가 있다

커피는 향이 좋기는 하지만 카페인 때문에 써서 설탕이나 우유를 타서 마시는 사람들이 많다. 우유를 타면 커피가 너무 묽어지기 때문에 우유 대신 크림을 넣어 먹는 경우도 있다. 그런데 크림을 분석한 결과 지방이 많을 뿐 아니라 콜레스테롤 함량이 대단히 높다는 것을 알게 되었다.

그래서 콜레스테롤이 없는 크림 대용품이 개발되었는데 프림이 바로 그것이다. 프림은 야자유나 옥수수엿 등 15 종류 가량의 식품을 혼합해서 만드는데 콜레스테롤은 없지만 칼로리는 설탕보다 매우 높다.

커피에 크림을 넣어 마시는 것은 열량을 높이는 결과를 가져오므로 다이어트를 원한다면 크림이든 설탕이든 넣지 않고 마시는 것이 좋다.

맥주와 땅콩

간암을 일으키는 독성이 생긴다

맥주를 마실 때 가장 흔한 안주가 땅콩이다. 하지만 이렇게 훌륭한 땅콩도 보관과 저장을 잘못하면 지방이 산화되어 유해한 과산화지질이 만들어진다. 게다가 기온이 높고 습하면 배아 근처에 곰팡이가 생기고 그로 인해 간암을 유발하는 아플라톡신이라는 독성이 만들어진다.

맥주를 마시다 보면 무의식중에 안주에 계속 손이 가게 마련이므로 애초에 안주를 선택할 때 땅콩은 피하도록 한다.

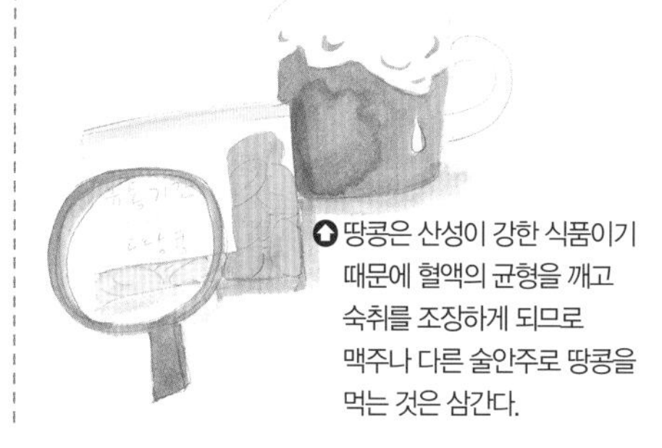

땅콩은 산성이 강한 식품이기 때문에 혈액의 균형을 깨고 숙취를 조장하게 되므로 맥주나 다른 술안주로 땅콩을 먹는 것은 삼간다.

05

소문난 민간요법·경혈요법

꼭 비용을 들여야만 건강해질 수 있는 건 아니다. 건강은 우리 생활 주변에서 쉽게 찾을 수 있다. 특히 마늘, 표고버섯, 포도, 매실, 식초 등을 이용한 민간요법은 널리 알려져 있을 뿐 아니라 각종 성인병에도 뛰어난 효과가 있다. 그리고 각 증세와 병에 따라 손과 발의 경혈을 누르고, 자극하고, 붙여 줌으로써 예방·치료 효과를 얻을 수 있는 경혈요법도 쉽고 돈 안 드는 건강법으로 인기가 높다. 매우 간단한 방법으로 효과를 높일 수 있는 요법들이 많으므로 잘 익혀 두었다가 그때그때 이용해 보자.

강장식품으로 오랫동안
사랑받아온 마늘.
위장을 비롯한 내부 장기들의
염증을 치료하고 무좀 등의 피부
질환은 물론 폐질환에도 좋은
효과가 있다고 한다.
어떻게 이용하는 것이 좋으며,
어떤 증세와 병에 효과가 있는지
알아보자.

좋긴 좋다는데 어디에 어떻게 좋은 건지…

마 · 늘 · 요 · 법

마늘의 독특한 냄새는 유화알릴이라는 성분 때문인데 여기에는 강한 살균력이 있다. 그래서 무좀 등 세균성 질환이나 위장을 비롯한 내부 장기의 염증 치료에 효과가 있다. 유화알릴 성분은 휘발성이므로 먹으면 입과 몸에서까지 냄새를 풍기는 것이 흠. 그러나 이 휘발성 성분이 바로 마늘의 가장 중요한 약효이다. 감기 바이러스는 물론 결핵 같은 세균을 약화시키거나 없애기도 한다. 특히 생마늘을 직접 먹을 경우 소화기 계통의 염증완화 및 치료에 뛰어난 효과를 나타낸다고 한다. 또 마늘 속에 포함되어 있는 단백질은 호르몬 분비를 활발히 해 정자와 난자의 발육을 돕고 수태율을 높이며 정력 증강에도 뛰어난 효과가 있다는 것이다. 이 외에도 마늘 속에 들어 있는 알리신은 비타민 B_1과 결합하여 알리디아민이라는 성분으로 바뀌면서 비타민 B_1의 흡수를 돕고 이용율도 높여 준다. 마늘을 이용한 건강법의 구체적인 사항들을 알아보자.

[위염 · 위궤양에]

생마늘즙을 물에 타서 마신다

위궤양은 위장의 내부가 짓무르고 열이 발생하면서 통증을 느끼게 되는 병이다. 한 번 발병하면 치료를 받더라도 재발하기 쉬워 오랜 기간 불편을 겪게 된다. 이럴 때는 생마늘을 갈아 물에 타서 마시는 것이 좋다. 우리나라에서 나오는 통마늘은 보통 1통에 6~7쪽의 마늘이 나오는데 그 중에 한두 쪽을 떼어 내어 잎이 나오는 부분을 잘라내고 강판에 곱게 갈아 차가운 생수에 타서 마시면 된다. 아침, 점심, 저녁 식사를 마친 후 바로 갈아서 마시도록 한다. 먹기 힘들다고 마늘을 갈지 않고 통째로 먹으면 제대로 효과를 보기 어렵다.

요령1 〉〉 마늘즙과 물의 분량 비율을 지키자

기준표(오른쪽)에 적힌 물의 양은 마늘을 먹을 수 있는 최소한의 양이라는 점을 기억해야 한다. 다시 말해서 물의 양을 기준표보다 많이 잡는 것은 괜찮지만 적게 잡아 너무 강한 것은 안 된다. 먹는 양을 엄격히 지키는 것도 요령. 특히 마늘을 처음 복용하는 사람의 경우에는 반드시 제대로 식사를 마친 후에 찬물에 적당한 농도로 희석한 마늘물을 마시는 것이 중요하다. 마늘은 갈아서 바로 희석해 마시지 않으면 효능이 떨어진다.

체중에 따른 마늘물 사용량 기준표

체중(kg)	마늘량(g)	물(cc)
40kg	약 3g	약 150cc
50kg	약 4g	약 180cc
60kg	약 5g	약 200cc
70kg	약 6g	약 200cc
80kg	약 7g	약 200cc
90kg	약 8g	약 250cc
100kg	약 9g	약 250cc

* 물의 분량을 최소량을 기준으로 한 것으로 이보다 물을 적게 잡아서는 안 된다.

요령2 〉〉 먹기가 힘들면 오블라토를 이용한다

입 냄새 때문에 마늘물 마시기가 꺼려진다면 그냥 먹는 방법도 있다. 약국에 가서 오블라토(먹는 약이나 끈적이는 과자를 쌀 때 쓰는 종이)를 구입한 다음 분량의 마늘을 곱게 갈아 이 오블라토에 싸서 먹는다. 수분이 닿으면 녹기 시작하므로 재빨리 싸서 바로 삼켜야 한다. 이 경우에는 미리 생수 반 컵 정도를 마셔 입을 적신 다음 오블라토에 싼 마늘을 생수 2컵과 함께 복용한다. 마늘물의 경우와 마찬가지로 식후에 바로 갈아먹어야 효과를 높일 수 있다.

알 · 아 · 두 · 자

마늘 요법의 주의 사항

마늘 요법을 실천할 때 주의해야 할 점은 마늘 자체가 독하다는 것이다. 맛이나 향이 독한 식품은 대개 피부나 위장에 자극적이기 마련이다. 마늘도 마찬가지. 먹거나 피부에 바를 경우에는 반드시 물로 희석해야 하고 희석한 뒤에도 사용할 때 심한 자극이 느껴지면 농도를 더 묽게 하거나 빨리 사용을 중지해야 한다. 특히 빈 속에 마늘을 복용하는 것은 절대 금물이다. 반드시 식사를 제대로 마친 후에 복용하도록 한다.

특별한 질병이 없는 건강한 사람이 함부로 생마늘을 복용하게 되면 오히려 건강한 위에 심한 자극을 주는 셈이 된다. 피부에 붙일 때도 낫고자 하는 증세가 있는 부위에만 사용해야지 건강한 피부에 닿게 되면 심한 자극 때문에 오히려 피부를 상하게 할 우려가 있다.

따라서 막연한 생각에서 시작해서는 안 되는 것이 바로 이 마늘 건강법이다. 치료하고자 하는 증세와 부위를 확실히 파악한 다음 사용할 분량과 방법을 사전에 충분히 검토해야 한다. 정성과 주의를 기울여야만 실패하지 않고 좋은 효과를 얻을 수 있다.

좋은 마늘을 선택하는 요령

1.모양이 반듯한 것

흔히 우리가 육쪽 마늘이라고 부르는 마늘로, 마늘 안에 쪽의 모양이 고르고 상한 곳이 없어 모양이 반듯한 것이 좋은 마늘이다.

2.껍질 표면이 마르지 않고 생기가 있는 것

껍질 표면이 너무 말라 부스러지는 것은 좋지 않다. 적당히 윤기가 있는지 살펴 본다.

3.겉껍질이 뽀얗게 흰색인 것

겉껍질에 누런 빛이 돌거나 습기가 차서 거뭇거뭇해진 것은 보관상태가 나쁜 것이다. 뽀얀 회백색이 도는 마늘이 좋다.

4.단단하고 들어 보아 묵직한 것

만졌을 때 물렁한 부분이 없이 단단하고 들어 보았을 때 묵직하게 중량감이 느껴지면 속이 알찬 마늘이다.

5.표면에 입체감이 있고 뿌리 부분이 움푹 패인 것

마늘 속 부분이 오래되어 물러지면 표면의 입체감이 사라진다. 마늘쪽이 단단하게 하나씩 만져질 정도로 입체감이 있는 것을 고른다.

이렇게 고른 마늘은 습기가 들어가지 않게 잘 싸서 냉장고 등 온도가 변하지 않는 곳에 두면 1년 정도는 보관할 수 있다. 싹이 나오면 마늘이 물러지므로 싹이 나지 않도록 주의한다.

[각종 암 치료에]

마늘즙을 물에 타서 식후에 마신다

마늘은 암세포가 늘어나는 것을 예방하고 암세포의 힘을 약화시키는 역할을 한다. 마늘의 항암효과에 대해서는 의·과학계에서 해마다 보고되고 있다. 이스라엘 바이츠만 연구소에서 마늘의 주성분인 알리신에 세균감염을 막아 주는 기능이 있음을 밝히면서, 감염치료용 항생제로 활용할 수 있다고 주장했다.

마찬가지로 서울의대 장자준 교수도 마늘이 간암과 위암, 폐암의 발생을 억제한다는 사실을 동물실험으로 밝혀냈다. 쥐를 이용한 동물실험에서 간암, 폐암, 피부암에 효과가 있었고 구강암, 직장암에 대해서도 현재 연구 진행 중이다. 한국식품 개발연구원의 마늘성분 분석 결과에서도 마늘이 위암, 폐암, 유방암 등의 암세포를 죽이는 효과가 있는 것으로 밝혀졌다. 마늘의 항암 성분은 우리 땅에서 자란 마늘이 수입산에 비해 56배나 많다고 한다.

[간 해독에]

각종 음식에 넣어 먹는다

음식물 중에서 간 기능을 회복시키는 데 마늘만 한 것이 없다. 간장의 세포 중 소포체, 사립체라고 하는 작지만 활발하게 움직이는 기관이 있는데 이 소포체와 사립체는 단백질을 만들어 우리가 음식물로부터 받아들인 단백질과 결합하여 피로를 빨리 제거해 준다. 또 피로가 누적되고, 출혈이 멈추지 않거나, 피부가 거무스름해져서 고민하는 사람이 오랫동안 꾸준히 먹으면 점차 좋아진다고 한다.

[여드름 · 습진에]

끓인 마늘즙을 식혀서 바른다

여드름이 있거나 마른 버짐, 습진 등의 피부성 질환이 있다면 본인도 괴롭지만 보기에도 안 좋다. 특히 여드름은 여성들이나 사춘기 학생들에게는 큰 고민거리. 이런 경우에는 마늘을 이용한 미용법으로 효과를 볼 수 있다. 쪽마늘 약 20~30쪽(통마늘로 하면 4~5통)을 강판에 갈아서 즙을 만든 다음 물 5컵을 붓고 끓인다. 끓인 마늘물이 물 3컵 정도로 졸아들면 불에서 내린 다음 따뜻할 정도로 식혀 작은 수건이나 가제에 마늘물을 적셔서 얼굴이나 목 부위에 습포하여 마늘 성분이 충분히 스며들도록 한다. 10분 정도 습포한 다음 깨끗한 물로 헹군다.

요령1 》 마늘크림을 만들어 팩을 한다

마늘크림을 만들 때는 마늘 20~25쪽을 하나하나 칼로 반 갈라 냄비에 넣고 물을 자작하게 부어 끓인다. 15분 정도 지나 물이 졸아들면 마늘이 타기 전에 불에서 내리고 주걱 같은 기구로 으깨어 고운 크림과 같이 반죽한다. 이 으깨어진 마늘크림을 따뜻한 상태로 얼굴이나 목 부위에 2~3mm 정도의 두께로 발라 팩한다. 15분 정도 지나면 마늘크림을 떼어내고 따뜻한 물로 얼

굴을 씻는다. 이때 젖은 가제 수건으로 마늘 팩 위를 덮어 주면 수분 증발을 막아 마늘 성분을 더 많이 흡수할 수 있다.

요령2 〉〉 마늘물 세안 전에 비누 세안은 피한다

마늘물로 세안을 하면 마늘의 살균력으로 피부질환을 치료한다. 그러나 이때는 마늘이나 마늘즙이 눈에 들어가지 않도록 조심해야 한다. 또 마늘물 세안을 하기 전에는 비누를 사용해서는 안 된다. 세제의 자극 때문에 모공이 넓어지면 마늘물이 모공 속에 침투하여 따갑다.

[피로 회복에]

마늘목욕이 으뜸이다

피로를 느낄 때 마늘을 이용한 마늘 목욕법은 목욕의 효과에 마늘의 효과가 더해져 신진대사를 한층 활발하게 해주며 몸을 따뜻하게 해 주면 특히 여성의 피부 미용에 효과가 좋다.

요령1 〉〉 목욕물은 욕조의 1/3 정도가 적당하다

껍질을 벗긴 마늘 1되를 3되들이 냄비에 넣고 물을 자작하게 부어 삶는다. 푹 삶아진 마늘을 체에 걸러 찌꺼기는 걸러내고 물만 받아 목욕물에 섞는다. 이때 목욕물이 너무 많으면 마늘물이 희석되어 효과가 떨어지므로 욕조의 1/3 정도가 적당하다. 이 마늘 목욕물에 최소한 15분 이상 전신을 담그고 머리와 얼굴 등에는 세수하듯 마늘물을 끼얹는다. 마늘 성분이 충분히 몸에 스며들었다고 느껴지면 깨끗한 물로 씻는다.

알 · 아 · 두 · 자

민간요법 연구가들이 권하는 마늘장아찌

■통마늘을 쪽마늘로 쪼갠 다음 껍질을 벗겨 양 끝을 칼로 자른다.
■끝을 잘라낸 쪽마늘을 소쿠리에 담아 씻은 다음 그늘에서 한나절 말린 후 5ℓ들이 용기에 손질해 놓은 마늘을 담는다.
■용기의 절반을 100으로 잡고 6:4의 비율로 된장과 간장을 섞어 용기 속에 넣어서 마늘과 고루 섞이도록 젓는다. 이때 용기에 담은 마늘의 윗부분이 된장과 간장의 혼합액 위로 올라오지 않도록 한다. 또 용기의 15% 정도는 반드시 비어 있어야 한다.
■마늘이 잘 가라앉았으면 단단히 밀봉해서 8개월 정도 묵혀 둔다. 8개월이 지나면 마늘을 꺼내어 한두 쪽씩 얇게 썰어 매끼 먹는다. 저장하는 동안 표면에 곰팡이가 생긴 부분을 걷어내고 걷어낸 만큼의 된장을 보충해 준다. 또 한 달에 한 번 정도 뚜껑을 열고 주걱으로 휘저어 가스를 뺀 다음 다시 밀봉한다.

나의 체험기 | 김종길(한국 마늘 건강 강정요법 연구소 회장)

마늘물로 위장병을 고쳤다

내가 마늘과 인연을 맺게 된 지는 30년이 넘는다. 군대를 제대하고 중소기업체에서 일할 때 거의 매일 술을 마시고 불규칙한 생활을 하는 등 몸을 돌보지 않은 결과, 위궤양 등 위장 전체에 큰 탈이 나고 말았다.

몸에 좋다는 양약과 한약을 다 써보아도 상태가 좋아질 기미가 전혀 보이지 않았다. 병원에서는 수술을 권했다. 그러나 수술 후에 남게 되는 후유증 때문에 주저하고 있던 중에 선친께서 "내가 잘 아는 분 중에 너같이 위장병에 걸렸다가 마늘을 먹고 고친 경우를 봤는데 마늘을 한 번 먹어 보는 것이 어떠냐?" 고 하셔서 마늘 요법을 시작하게 됐다.

처음에는 멋모르고 생마늘을 그냥 씹어서 먹었는데 어찌나 속이 쓰리고 따갑던지 정말 혼이 났었다. 그후로는 강판에 갈아 마늘즙을 내어 물에 희석시켜 복용하였다.

이런 방법으로 마늘을 먹고 5~10분이 지나면 속이 편해지고 소화도 잘되었다. 나중에 자료를 통해서 마늘에 들어 있는 알리신 성분이 강한 살균 작용을 하여 위벽이 허는 것을 막아 준다는 사실을 알았다. 그러나 냄새와 자극성이 강한 마늘을 계속 먹는 일도 쉽지 않았다.

'어떻게 하면 약효를 보면서 효과적으로 마늘을 섭취하고 자극과 냄새를 줄일 수 있을까?' 를 나름대로 연구한 끝에 '마늘 기준표' 라는 것을 만들게 되었다. 이에 따라 꾸준히 마늘물을 복용한 결과 아무런 자극이나 고통 없이 음식을 먹을 수 있게 되었으며 병도 말끔히 나았다.

■마늘 한 통 중 한 쪽을 뜯어내서 껍질을 잘 벗긴 다음 마늘눈을 조금 잘라낸다.
■마늘눈이 잘린 부분을 강판에 대고 갈아서 즙을 만든다.
■마늘즙 1작은술을 200cc 정도의 물에 타서 마신다.

김종길씨의 마늘 복용법

●**마늘물** _ 기준표에 의해 마늘과 물을 준비하여 마늘물을 만든 다음 아침, 점심, 저녁 식사 후 즉시 복용한다.
●**마늘장아찌** _ 장아찌를 만들어 기준표 마늘 양의 두 배 정도를 매끼 반찬으로 먹는다.
●**삶은 마늘물** _ 깐 마늘 한 되를 물 4ℓ로 푹 삶은 다음 이 물을 아침, 점심, 저녁으로 나누어 3~5회, 소주잔으로 두 잔씩 마신다. 단 공복 시에는 1회 정도 마신다.

새콤하다 못해 코끝까지 찡한
맛이 매력인 매실.
그 새콤한 맛 속에 만병을 낫게
하는 비밀이 숨어 있다고 한다.
온갖 질환과 체질 개선에
톡톡히 효과를 본다는
매실요법을 소개한다.

어디에 어떻게 좋은 건지…

매 · 실 · 요 · 법

현대인의 몸은 산성 쪽으로 기울고 있어 각종 질병의 보이지 않는 원인이 되고 있다. 매실이 건강식품으로 크게 각광을 받고 있는 것은 매실이 강알칼리성 식품이어서 눈에 보이는 병증의 치료뿐만 아니라 근본적인 체질 개선까지 가능하기 때문이다.

한방에서는 매실의 효능으로 피로회복, 간기능 회복, 몸 안 독소의 해독작용이 있을 뿐만 아니라 정장작용이 강하여 설사나 변비가 있는 사람에게 모두 효과를 본다고 했다. 또 칼슘의 흡수를 도와 갱년기의 골다공증에도 좋은 식품이다.

또 장기적으로 복용했을 때 혈액을 맑게 해 혈액 관련 질병을 예방하고 몸속의 각 장기를 튼튼하게 한다. 매실은 맛이 몹시 시고 떫어서 날로 먹기는 힘들다. 특히 약효가 뛰어난 풋매실은 독성이 있어 날로 먹는 것은 위험하다. 따라서 매실 요법은 매실을 안전하고 먹기 쉽게 섭취할 수 있는 방법으로 꾸준히 실행하는 것이 가장 중요하다.

[체질개선에]

매실차를 장복한다

매실은 강한 알칼리성 식품으로 현대인의 산성체질을 자연스러운 약알칼리성으로 바꾸어 주고 혈액을 맑게 함으로써 근본적인 체질개선을 해주는 효과가 있다.

또 체액을 맑게 해주므로 몸 안의 노폐물을 걸러내는 신장의 부담을 덜어주고, 위장의 연동운동을 활성화하고 위액의 분비를 촉진해 위장을 튼튼하게 해준다. 강한 해독작용은 간기능의 부담을 덜어주어 술, 담배, 식품 첨가물 등 각종 유해물질의 위협에 시달리는 현대인의 간을 보호해 준다. 콜레스테롤을 억제하여 혈관계 질병 예방에도 효과가 있다.

[갱년기장애에]

매실조청을 만들어 먹는다

매실로 조청을 만들어 꾸준히 먹으면 좋은데 적은 양으로도 효과를 볼 수 있으며 농축된 효과가 나타나므로 중년의 불쾌한 증세에 빠른 효과를 나타낸다.

매실조청은 장의 연동 운동을 돕고 장내 유해균을 죽이므로 단백질의 소화흡수를 돕고 체력을 보강하는 데 도움이 된다. 위의 위산분비를 정상화하여 위산이 너무 많거나 너무 적은 경우에 모두 효과를 볼 수 있고 장의 운동을 정상화하여 변비가 있거나 설사가 있는 경우도 모두 좋은 효과를 낸다. 따라서 소화기 계통에 이상이나 질환이 있어 소화를 못 시키는 경우에 특효약이라 할 수 있다. 또 칼슘의 흡수를 도와 갱년기의 골다공증을 예방, 치료할 뿐만 아니라 성장기의 아이들에게도 뼈를 튼튼하게 하는 효과가 있다.

매실조청은 매실 1kg으로 20g 정도를 만들게 되므로 매실의 효과를 50배 정도로 농축한 셈이 된다. 따라서 무리하게 많은 양을 먹으려고 하지 말고 한 번에 8g 정도면 충분하다. 따뜻한 물에 타서 꿀을 넣고 차처럼 마시는데 하루에 3번 정도로 해서 꾸준히 마시는 것이 좋다. 더운 여름에는 찬물에 타서 주스처럼 마신다.

매실 엑기스 만들기

❶ 매실을 흐르는 물에 씻는다.
❷ 매실 살만 믹서에 간다.
❸ 간 즙을 약한 불에 걸쭉해질 때까지 조린다.

알·아·두·자

매실 요법의 주의 사항

매실을 그 익은 정도와 가공한 상태에 따라 몇 가지로 구분하는데 열매가 열리기 시작해서 아직 완전히 익지 않은 상태의 풋매실을 청매라 하고 다 익어 누런빛이 도는 것을 황매라고 한다. 또 청매를 소금물에 담갔다가 볕에 말려 색이 바랜 것을 백매, 청매를 짚불에 그을려 검게 태운 것을 오매라고 한다.

보통 약으로 쓰는 것은 덜 익은 상태의 청매인데 푸릇푸릇하고 알이 단단하며 겁질에 흠이 없는 것을 고른다. 시기를 잘 맞추지 못하면 누렇게 익어버리므로 때를 놓치지 말고 청매를 구하는 것이 중요하다. 만일 청매를 구하지 못했다면 건재약국에서 불에 그을린 오매를 구해 사용해도 된다.

이 청매는 독성이 있어서 날로는 사용할 수 없는 것이 단점이다. 특히 대량으로 섭취했을 때는 중독증세를 보일 수도 있다. 따라서 날로는 사용하지 말고 반드시 불에 가열하거나 장아찌를 만들어 이용하는 것이 좋다. 어떤 경우에라도 많은 양을 한꺼번에 섭취하지 않는 것도 중요한 요령이다. 다른 건강법과 마찬가지로 매실요법도 조금씩 꾸준히 실천하는 것이 중요하며 특히 매실 조청 같은 경우에는 매실의 엑기스만을 추출한 것으로 맛도 강할뿐더러 많은 양을 사용하지 않아도 효과는 충분하다.

[더위를 먹었을 때]

매실차와 매실장아찌를 먹는다

매실은 피로를 풀어주고 장의 운동을 도와 여드름 등의 여성의 피부미용에 좋다. 이러한 매실을 차와 장아찌로 만들면 생활 속에서 쉽게 먹을 수 있다.

매실장아찌 만들기는 ❶ 청매를 잘 씻어 물기를 닦아낸 후 소금을 뿌려 하루를 재 둔다. ❷ 매실이 절여지면 체에 밭쳐 소금물을 뺀 다음 서늘한 곳에서 1주일 정도 꾸덕꾸덕하게 말린다. ❸ 마른 청매를 차조기 잎과 함께 우묵한 병에 켜켜이 깔고 짭짤할 정도로 소금물을 부어 매실이 잠기도록 한 다음 서늘한 곳에서 1개월 정도 되면 붉은빛이 도는 매실 장아찌가 된다.

이 매실장아찌는 짭짤하고 신맛이 있어 평소에 밥반찬으로 먹으면 입맛을 돋우어 주고 침의 분비를 활발하게 해 소화, 흡수를 돕는다. 뜨거운 물 1컵에 매실장아찌를 2개 정도 넣고 10분 정도 우려낸 매실차도 좋은데 꿀을 조금 넣으면 마시기가 수월하다. 여름엔 차게 마셔도 좋다.

[식욕이 없을 때]

반주로 매실주를 마신다

일반적인 건강법이 술을 금하는 것이 보통이지만 매실 건강법은 술을 좋아하는 사람도 실천할 수 있다. 청매 60g에 소주 1병, 흑설탕 150g~300g 정도를 기호에 따라 붓고 밀봉하여 차고 어두운 곳에 3개월 정도 두었다가 공복에 복용하면 좋다. 이 매실주는 마셔도 잘 취하지 않고 숙취 등의 뒤끝이 없는 것이 특징이다. 매실의 피크린산이 간 기능을 활성화시켜 주기 때문이다. 식욕이 없을 때 마시면 식욕이 증진된다.

건강에 좋은 매실주 담그기

❶ 덜 익은 청매를 600g 정도 구해 씻고 물기를 빼 놓는다. ❷ 유리용기에 매실을 담고 얼음설탕이나 누런 설탕을 150~300g 정도 넣는다. ❸ 소주 1병을 붓고 밀봉하여 차고 어두운 곳에 3개월 정도 보관한다.

봄에 나온 청매를 이용해 매실주를 담가 두면 매실의 좋은 성분을 간편하게 이용할 수 있다.

나의 체험기 | 김형진(서울 합정동)

장이 약해 고생하던 온 가족이 매실조청으로 건강해졌다

우리 가족이 매실을 알게 된 것은 내가 중학생 때의 일이다. 가족들이 체질적으로 장이 약해 조금만 찬 음식을 먹으면 쉽게 배탈이 나고 거친 음식은 소화를 못 시켜 고생하는 일이 많았다. 타고난 체질이니 어쩔 수 없는 일이라고 생각은 했지만 먹고 싶은 음식을 맘껏 못 먹는다는 것은 참 괴로운 일이었다.

몸에 좋은 줄 알면서도 너무 시고 떫어 먹기가 어려웠다

그러던 어느 날 아버지께서 아는 분이 권해 주더라며 매실을 한 상자 사 들고 들어오셨다. 서울에서 자란 내가 매실을 본 것은 그때가 처음. 졸여서 조청처럼 만들어 먹으라는데 뻑뻑한 매실을 어떻게 조청으로 만드는지 보통 일이 아니었다. 물을 잔뜩 부어 졸였다가 너무 묽어져 다시 졸이느라 온 식구가 며칠을 매달려 소동을 벌였다.

그렇게 해서 드디어 완성된 매실 조청. 그 첫 맛이란 말로 표현할 수가 없었다. 어찌나 시고 떫던지 첫입에 다 뱉어버리고 말았다. 그때만 해도 어려서 그랬는지 차라리 아픈 게 낫지 못 먹을 것 같았다.

부모님의 권유를 모른 척하고 매실과 등을 돌린 지 몇 년이 지났다. 고등학교 2학년, 수험생이 되고 나니 불규칙한 스트레스 때문인지 소화가 안 되고 탈이 나는 횟수도 늘어났다. 가뜩이나 수험생이란 신분이 부담스러운 이때에 몸까지 건강하지 못하니 못 견딜 것 같았다. 이런 나를 보시고 부모님은 다시 한 번 매실을 권하셨다.

고질처럼 찾아오던 설사 어느새 자취를 감춰…

그동안 어머니, 아버지께서는 그 시큼한 매실 조청을 쭉 드셔왔고 놀랄 만큼 건강이 좋아져 아침 공복에 찬 우유를 부담 없이 드셨다. 그제야 난 생각이 달라졌다.

시고 떫은맛 때문에 도저히 그냥은 먹을 수가 없어서 가루약을 먹듯이 입안에 물을 가득 물고 매실 조청을 조금 떠 먹은 다음 꿀꺽 삼키는 것으로 시작했다. 그렇게 하니 신맛도 덜하고 먹기도 편했다.

아침 · 저녁으로 두 번씩 먹고 매실주를 담그고 나서 건져낸 매실은 간식처럼 씹어 먹기도 했다.

고 3이 지나고 대학생이 되면서 생활에 여유가 생기자, 전보다 훨씬 건강해진 내 모습을 볼 수 있었다. 소화력이 좋아진 것은 물론이고 소화가 안 되는 음식을 먹으면 어김없이 찾아오던 설사도 자취를 감추었다. 속이 편하니 마음까지 편해졌다.

이제는 온 가족의 건강식품이 된 매실. 해마다 풋매실이 나오면 온 식구가 모여 매실조청을 만드는 일이 이제 우리 집의 연례행사다.

더운 여름철에 달콤한 맛으로 잃었던 입맛을 찾게 해 주는 포도. 향긋한 맛과 향으로 누구나 좋아하는 포도는 체질 개선부터 간질환 예방, 악성세포 파괴, 결석제거 등의 효과가 있다. 그 구체적인 방법을 종합 · 정리해서 소개한다

좋긴 좋다는데 어디에 어떻게 좋은 건지…

포 · 도 · 요 · 법

포도 요법으로 다스릴 수 있는 증세와 병은 다음과 같다.

체질개선 포도요법의 기본적인 효과는 바로 체질 개선. 포도는 몸 안의 노폐물과 독성을 배출시키고 병든 세포를 제거하여 깨어진 몸의 균형을 되찾아 주고 체질을 개선해 준다.

간질환 예방 포도의 해독 작용은 우리 몸의 독성을 해소하는 역할을 하는 간의 부담을 덜어주고 파괴된 간세포를 재생시켜 간질환을 예방 · 치료한다.

악성세포 파괴 혈액을 깨끗하게 하며 몸속의 각종 악성 세포를 파괴하는 역할까지 하게 된다. 말기 암 환자가 포도요법으로 큰 효과를 보았다는 사례가 있는 것도 이러한 원리에서이다.

결석 제거 포도는 독성을 해독하고 각종 노폐물이 뭉쳐 생기는 결석을 몸 밖으로 내보낸다. 물론 가장 중요한 효과는 근본적인 체질 개선이 이루어진다는 점. 따라서 당장 눈에 보이는 질병이 없는 사람이라도 포도요법을 통해 체질을 개선하고 더욱 건강한 생활을 할 수 있게 된다.

[1단계]

단식을 한다

단식 기간은 2~3일 정도. 생수나 차게 식힌 보리차를 꾸준히 마시면서 마음을 편하게 갖는다. 생수는 무리가 가지 않는 한도 내에서 가능한 한 많이 마시는 것이 좋다. 특히 변비가 심한 사람은 2~3ℓ 정도의 물을 충분히 섭취하도록 한다. 여름철에 땀을 많이 흘리거나 탈수 현상이 나타날 우려가 있을 때는 구운 소금이나 죽염을 조금씩 먹도록 한다. 단식은 특별한 원칙이 있는 것이 아니므로 아무것도 먹지 않는 것이 부담스러울 때는 섬유질 중심의 채소 등을 조금씩 섭취하는 것도 가능하다. 단, 술과 담배는 금물이다.

[2단계]

관장을 한다

단식으로 인해 속이 충분히 비었으면 장 속의 숙변을 제거한다. 장이 건강하고 별 문제가 없는 사람은 관장을 따로 하지 않아도 단식기간 중에 숙변이 나오는 경우가 있지만 대개는 관장을 따로 해 주어야 한다. 자신이 없다면 병원이나 한의원 등의 전문적으로 관장을 해주는 곳을 이용하는 것이 안전하다.

알·아·두·자

레몬즙을 이용한 관장 방법

❶ 따뜻하게 데운 생수를 1.5ℓ 정도 준비하고 레몬 2개로 맑은 즙을 내어 섞는다.
❷ 관장기를 깨끗하게 소독하여 준비한 물 1ℓ를 넣고 어른의 어깨 높이 정도에 매달아 놓는다. 나머지 0.5ℓ는 관장을 시작하기 전에 천천히 마신다.
❸ 관장기 끝에 달린 호스 끝 부분에 바셀린을 바르고 항문에도 적당량을 바른다.
❹ 몸의 왼쪽이 밑으로 가게 눕고 양 다리를 아물려 배와 가슴 쪽으로 붙인 자세를 취한다.
❺ 호스를 항문에 7~10㎝ 정도 삽입하고 5분 정도에 걸쳐 레몬수를 주입한다.
❻ 물이 다 들어갔으면 장에 공기가 들어가지 않도록 호스를 조심스럽게 뺀 다음 오른 쪽으로 돌아누워 가능한 변을 오래 참는다.
❼ 도저히 참을 수 없는 순간이 되면 배변을 시작한다. 따뜻한 물에 목욕을 하면 피부에 쌓인 노폐물도 함께 제거해 주는 효과가 있다. 포도를 먹기 시작한 다음에도 2~3일 한 번 정도는 관장을 계속한다. (집에서 하기 불편하면 전문가의 도움을 받는다.)

[3단계]

포도를 준비한다

포도는 아무 종류나 상관없지만 먹기 편하고 맛있는 것으로 고른다. 껍질이 얇고 당도가 높은 것이 맛도 좋고 효과도 높다.

자연 상태 그대로인 싱싱한 포도를 사용하는 것이 좋지만 시중에 나와 있는 것은 농약이 묻어 있을 가능성이 높다. 따라서 바구니에 물을 가득 담고 활성탄(숯가루)을 1~2숟가락 타서 포도를 10여분 정도 담가 둔다. 활성탄을 구하지 못했다면 현미식초를 탄 물에 30여 분 정도 담가 두는 것으로 대신할 수 있다.

포도를 씻을 때는 숯가루(활성탄)를 타서 담가 두든지 현미식초 탄 물에 30분 정도 담가 둔다.

[4단계]

포도를 먹는다

포도를 먹는 양은 하루에 600g 정도로 중간 크기의 포도 3송이라고 생각하면 된다. 두 번째 주에는 포도의 양을 800g 으로 늘리고 셋째 주에는 1kg 정도 먹는다. 양이 벅차다면 조절하는 것이 좋다.

아침에 일어나자마자 생수를 충분히 마신 후 30분 정도 있다가 포도를 먹기 시작해서 저녁 시간까지 정해진 양의 포도를 5번에 나누어 먹는다. 시간마다 한 번씩 먹는 것으로 생각하면 무리가 없다. 물론 중간에 생수를 꾸준히 섭취해 주도록 한다. 잠들기 3~4시간 전부터는 다시 물만 마시면서 속을 비운다.

정해진 양을 채우려고 억지로 먹지 말고 무리 없이 먹을 수 있을 정도의 양을 천천히 씹어 먹는다. 중요한 것은 밥을 먹듯이 꼭꼭 씹어 먹어야 한다는 점이다. 씨는 뱉고 껍질은 앞부분 절반 정도까지 먹는다.

포도요법은 몸의 상태에 따라 1주일에서 3주일까지 지속하는데, 특별한 병의 치료를 목적으로 하지 않는다면 1주일 정도면 무난하다. 포도만 먹는 것에 무리를 느낀다면 3~4일에 그쳐도 된다.

포도는 1주일 정도 먹는다.

[5단계]

보식을 한다

스스로 정한 기간 동안 포도를 먹고 나면 다시 정상적인 식사를 할 수 있는 적응력을 기르기 위해 보식을 한다.

우선 먹던 포도는 계속 먹으면서 양을 줄인다. 그리고 줄인 양만큼 다른 과일로 보충한다. 한 가지도 좋고 여러 가지도 좋다. 그 철에 나는 싱싱한 제철 과일이면 OK.

처음엔 포도를 주로 하고 다른 과일을 조금씩 섭취하면서 소화에 무리가 없는지 살핀 다음 점차 포도의 양을 줄여 나간다. 먹는 방법은 포도만 먹을 때와 마찬가지. 생수를 충분히 섭취하면서 과일을 함께 먹는다.

2~3일 정도 포도와 다른 과일을 먹고 나면 미음을 먹어본다. 메조, 현미, 율무, 약간의 깨나 견과류 등을 이용해도 좋고 시중에 나와 있는 곡물 가루 제품을 이용해도 좋다. 가능한 한 묽게 끓여 하루에 세 끼를 먹는다. 소화의 회복에는 개인차가 있지만 대개는 미음도 2~3일 정도 먹으면 된다.

미음을 무리 없이 소화할 수 있다면 다음은 죽을 먹는다. 죽을 먹으면서 감자나 찐 고구마, 두유 등을 조금씩 함께 먹는다.

미음을 소화할 수 있다면 죽을 먹는다

[6단계]

자연식을 한다

미음과 죽으로 보식을 하면서 위의 소화력이 충분히 회복되었다고 생각되면 정상적인 식사로 돌아간다. 여기서 말하는 정상적인 식사란 아무렇게나 먹어왔던 예전의 식사를 말하는 것이 아니다. 지나친 육류 섭취, 고지방 식사, 과도한 술과 담배 등은 삼가고 포도요법으로 개선한 체질을 유지할 수 있는 자연식을 실천하는 것이 중요하다.

자연식은 정해진 원칙이 있는 것이 아니라 자신의 체질과 상황에 맞추어 스스로 조절해 나가면 된다. 예를 들면 백미밥 대신 현미 잡곡밥을 먹는다든지, 섬유질이 풍부한 야채를 고루 섭취한다든지, 육류 대신 생선이나 콩류를 섭취한다든지 하는 식이다. 물론 정제된 흰 설탕이나 소금, 조미료 등은 피한다.

나의 체험기 | 이재희(?)

포도요법을 국내에 처음 소개한 이재희 씨의 포도요법 내용

자연식의 위력을 알고 연구를 시작했다

"원래 저는 고등학교 가사 교사였는데, 교회를 통해 자연 건강법을 알게 됐어요. 자연식 요법을 권해 주신 분은 그 당시 폐결핵과 암을 자연식으로 치료하시는 분이었는데 그 선생님께서는 '소나 사람이 먹는 것은 다 짜서 먹어라' 하는 말씀을 자주 해주셨어요. 나중에 생각해 보니 그게 바로 녹즙을 말씀하신 것이더군요."

포도의 천연 약리 작용을 통해 병을 치료하게 되었다

"포도요법은 미국에서 100여 년 전에 시작된 것인데 국내 보급은 좀 늦었어요. 미국에 유학 갔다가 온 분들을 통해 국내에 전파되었죠. 이 요법을 시작하면서 저도 큰 효과를 봤습니다."

포도요법은 정해진 요령과 기간을 본인 스스로 엄격히 지키고 그 방법이 끝난 다음에도 자연 식이요법으로 생활을 절제해야 비로소 제 효과를 발휘할 수 있다. 자연식과 포도요법으로 암 같은 중한 병이 거의 완치되었다가 이후의 무절제한 식생활로 인해 다시 병이 재발하고 마는 안타까운 일들이 너무 많단다.

"포도를 무슨 만병통치약처럼 생각해서는 안 됩니다. 이 요법의 핵심은 자연으로 돌아가라는 것이지요. 자연식으로 우리 몸에 쌓인 온갖 독소를 우선 제거하면서 포도의 독특하고 귀한 약리 작용을 이용하는 것입니다."

몇 년째 포도요법을 세상에 알려오면서 나름대로 터득한 건강론을 종합하여 결론을 짓는다.

"자연식의 기본은 우선 술, 담배를 끊고 정제염이나 조미료를 사용하지 않는 자연 그대로의 식사를 하는 것. 육류도 가급적이면 제한하는 것이 좋습니다. 이것은 포도요법처럼 기간이 정해진 것이 아니라 평생을 통해 우리의 건강을 지켜 주는 열쇠라고 봐요. 포도요법과 자연식이 조화롭게 이루어질 때 비로소 포도요법은 그 진가를 발휘할 수 있죠."

알 · 아 · 두 · 자

포도요법의 주의사항

포도요법은 장기간의 단식과 관장을 하는 과정에 필요하므로 소화기 계통의 질환이나 중병을 앓고 있는 환자라면 진료를 받고 있는 의사의 동의 없이 임의로 실시해서는 안 된다. 사전에 충분히 상의를 하고 자신의 몸 상태를 체크한 다음 시행하는 것이 바람직하다. 무리한 시행은 오히려 역효과를 가져올 수도 있다.

각종 요리에 들어가 풍미를 더해 주는 표고버섯. 값도 비교적 저렴하면서 손쉽게 구할 수 있어 많은 사람들에게 사랑받고 있는 표고버섯이 항암효과가 있다고 해서 관심을 끌고 있다. 또한 특별한 증세나 병이 없어도 건강 증진에 좋다고 하니 어떻게 먹는 것이 좋은지, 구체적인 방법을 알아본다.

좋긴 좋다는데 어디에 어떻게 좋은 건지…

버·섯·요·법

표고버섯을 꾸준히 섭취하면 중년의 건강을 위협하는 각종 성인병을 예방·치료할 수 있다고 한다. 최근에는 표고버섯 안에 들어있는 레치난이라는 성분에 항암물질이 있는 것으로 밝혀져 그 인기가 더 높아졌다. 표고는 감기의 묘약으로도 알려져 있고, 콜레스테롤 수치를 떨어뜨려 고혈압, 동맥경화, 심장병의 예방과 치료에도 효과가 있는 것으로 알려져 있다. 때문에 표고를 늘 먹는 지역의 사람들이 장수한다고 한다.

마른 표고에 많은 비타민 D는 칼슘의 흡수를 도와 뼈와 이를 튼튼하게 하므로 발육기의 아이들에게도 도움이 된다. 표고가 흔한 철에 많이 사서 햇볕에 말려 두었다가 각종 음식에 넣어 먹기도 하고 차처럼 달여 마시기도 한다. 표고버섯이 어떤 질병에 도움이 되는지 살펴보고 표고버섯법으로 이상 증세나 질병을 다스린 경험담도 들어본다.

[고혈압 · 동맥경화]

물에 우려서 꾸준히 마신다

표고버섯 속엔 엘리타데닌이라는 성분이 듬뿍 들어 있는데 이 성분은 혈액 속의 콜레스테롤을 감소시켜 혈액순환을 원활하게 함으로써 혈압을 낮추어 주고 동맥경화, 심장병 등의 예방과 치료에 효과가 있다. 그런데 이 성분은 물에 잘 녹아나와 날로 먹는 것보다 물에 우려 먹는 것이 훨씬 효과가 있다.

햇볕에 잘 말린 표고버섯을 깨끗이 씻어 컵에 담고 생수를 가득 담아 저녁에 잠자리에 들기 전에 냉장고에 넣어 두었다가 다음 날 아침에 마시면 된다. 물 한 컵에 중간 크기의 표고버섯 2개 정도면 충분하다. 상온보다는 낮은 온도에서 잘 우러나므로 반드시 냉장고 안에 두도록 하다.

[골다공증에]

햇볕에 건조시켜 먹는다

무조건 칼슘만 많이 섭취한다고 뼈가 튼튼해지는 것은 아니다. 칼슘의 왕이라 불리는 멸치는 칼슘의 절대량은 많지만 소화 흡수율이 저조해 10% 정도밖에 되지 않는다. 이럴 때는 칼슘의 흡수를 돕는 비타민 D가 많이 들어 있는 표고버섯을 이용하는 것이 효과적이다.

표고버섯은 자연산이나 양식이나 약효의 차이는 없으나 비타민 D는 반드시 햇볕에서 자연건조시켜야만 생긴다. 시중에서 판매되는 버섯은 대개 인공적인 방법을 사용해 말린 것으로 비타민 D의 효과적인 섭취는 어렵다. 따라서 생표고를 사다가 집에서 말려 사용하는 것이 바람직하다.

[각종 암에]

자연식과 병행한다

암은 발병되기 전, 평소에 예방하는 생활습관을 갖는 것이 중요하다. 자연식을 하고 술 · 담배를 삼가는 등의 일반적인 주의사항과 함께 항암효과가 있다고 알려진 표고버섯을 꾸준히 먹는 것도 좋다. 렌치난이라는 항암물질이 있는 것으로 알려진 표고버섯은 값도 저렴하고 먹기도 쉬울뿐더러 장기간 복용을 통해 암과 각종 성인병을 예방할 수 있어 건강을 걱정하는 현대인에게는 더할 나위 없이 바람직한 식품이다.

나의 체험기 | 윤종준(서울 이문동)

혈액순환이 안 되어 온몸이 저리던 증세를 표고버섯으로 치료했다

40대를 지내면서 갑자기 손발이 저리기 시작했다.

40대를 넘기면서부터 손발이 저릿저릿 하더니 밤이면 증상이 더 심해져 자다가 눈을 뜨는 날이 생겼다. 처음엔 피곤해서 그러려니 하고 가볍게 넘겼는데 해가 거듭될수록 저린 증세가 더 심해지면서 팔다리를 움직이지 못하고 잠을 편히 이룰 수가 없을 정도가 되었다.

그러던 중에 이제는 온몸이 아프기 시작했다. 밤에 잠을 잘 이루지 못한 탓일까? 아침에 일어날 때마다 몸이 말을 듣지 않아 한 번에 일어나질 못하고 발부터 조금씩 들었다 올렸다 하면서 몸을 풀어 준 다음에야 겨우 자리에서 일어날 수 있을 정도로 상태가 나빠졌다.

주변에서 혈압에 이상이 있거나 피가 탁해져서 그런 증세가 올 수 있으니 병원엘 가보는 것이 좋겠다는 권유를 했지만 병원 가는 것이 싫어 이러지도 저러지도 못하는 날이 계속되었다.

병원보다는 자연식으로 고쳐 보기로 했다

어느 날, 평소 자연식에 관심이 많던 둘째 딸이 나와 같은 증세에 표고버섯이 잘 듣는다는 이야기를 들었다며 식이요법을 해보라는 것이 아닌가. 혈액순환도 도와주고 면역성을 높여 주는 데도 좋은 효과가 있다기에 병원 가는 것보다는 낫겠다 싶어서 표고버섯을 한 아름 사다가 햇볕에 바짝 말려 음식마다 넣어 먹기 시작했다.

야채와 함께 볶아서도 먹고 국에 넣어서도 먹곤 했었는데 아무래도 음식으로 먹는 데는 한계가 있는 것 같아 건강 식품점에서 파는 표고버섯 알약을 사서 먹었다.

한 달 만에 머리가 맑아지기 시작했다

그렇게 먹기 시작한지 한 달쯤 지났을까? 아침에 눈 뜨자마자 머리가 맑고 개운한 느낌이 들기 시작했다. 또 가뿐하게 일어나 좋은 컨디션으로 하루를 시작할 수 있었다. 반년이 지나니 손과 발의 저림 증세도 많이 좋아져 밤에 잠을 깨는 횟수가 눈에 띄게 줄어들기 시작했고 10개월이 넘어서면서부터 몇 년씩 나를 괴롭혀 왔던 손발 저림증이 깨끗이 사라져버리고 말았다. 아프면서 얼굴에 하나둘씩 생겨났던 검버섯들도 말끔히 자취를 감췄다.

병원에 갈 정도는 아니지만 평소 혈압이 높다든지, 두통, 냉증, 눈의 피로, 감기, 생리통, 차멀미, 부종 등으로 고생하는 사람들이 많다. 심하지는 않지만 잘 낫지 않아 늘 몸에 달고 다니는 이런 증세가 있을 때는 이에 적절한 지압법으로 각 증세를 개선해 보자! 지압을 할 때는 지압 요령이나 급소를 찾는 법 등 기본적인 지식을 알고 하는 게 효과적이다.

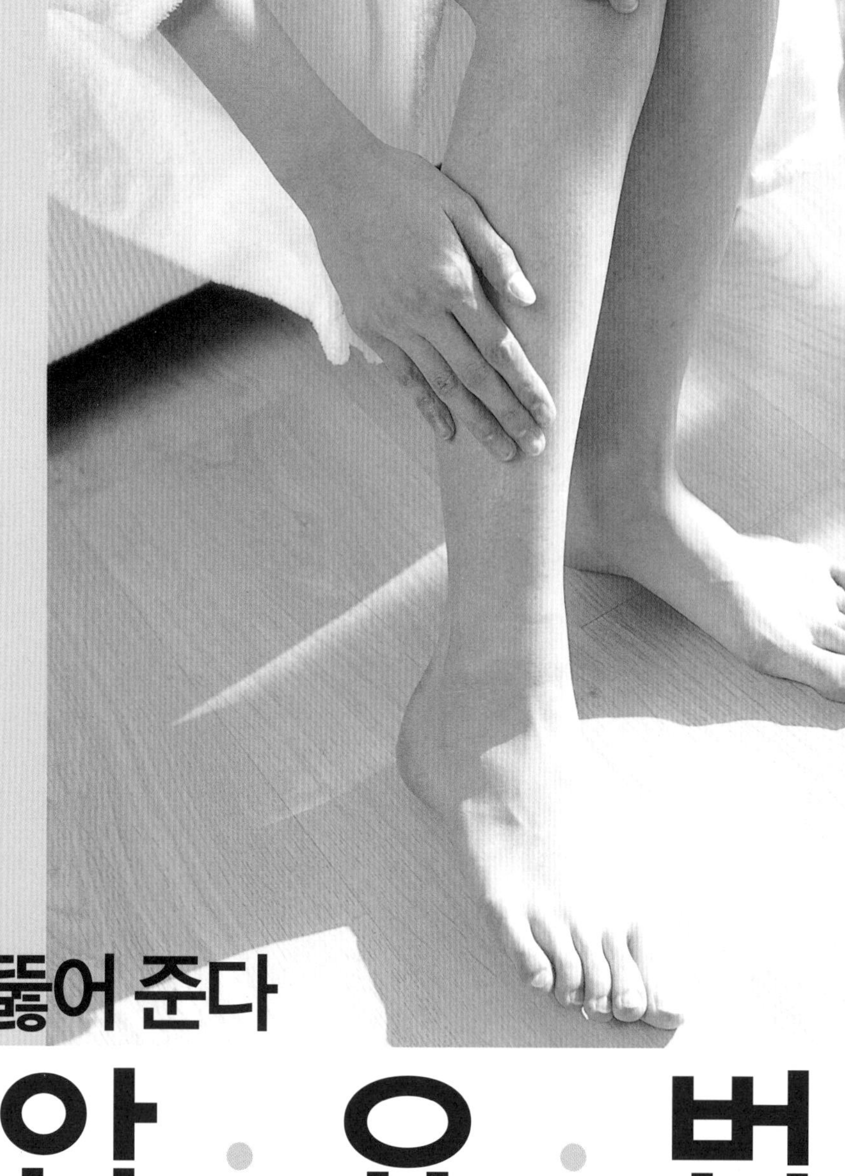

막힌 곳을 뚫어 준다

지·압·요·법

우리 인체에 퍼져 있는 몇 군데의 중요한 경혈만 알아 두면 어렵지 않게 평소 자신이 우려하는 증세나 병을 완화, 치료할 수 있다. 우선 각 증세와 병에 유효한 경혈의 위치를 알고 그 부위에 적절한 자극을 주게 되면 생체반응이 일어나서 질병의 예방 · 치료를 돕게 되는 것이다. 우리 몸에는 신체 각 장기와 연결된 경락, 즉 생명의 활동 물질인 기와 혈이 지나는 통로망이 가로 세로로 무수히 많이 지나게 되는데, 이러한 경락이 교차하는 점이 경혈이다.

이러한 경혈을 자극하면 막힌 기혈이 잘 순환되어 생체 에너지가 활성화되는데, 이럴 때의 느낌은 얼얼하게 아픈 듯하면서도 시원한 느낌을 받게 된다. 지압할 때의 주의사항은 식사 직후나 너무 피곤할 때 또는 고열이 날 때나 술을 많이 마셨을 때는 하지 않는 것이 좋다. 또 하나 삼갈 것은 엉덩이 부분이나 대퇴부 안쪽, 가슴이나 하복부 아래쪽, 혹은 성기 부분 등은 지압해서는 안 된다.

【고혈압】

후천적인 원인으로 생긴 고혈압은 그 원인을 제거하면 혈압이 내려가지만 본태성은 염분을 줄이는 식이요법이나 각종 지압법 등으로 꾸준히 관리를 하는 것이 매우 중요하다.

》 경혈 찾기와 누르는 법

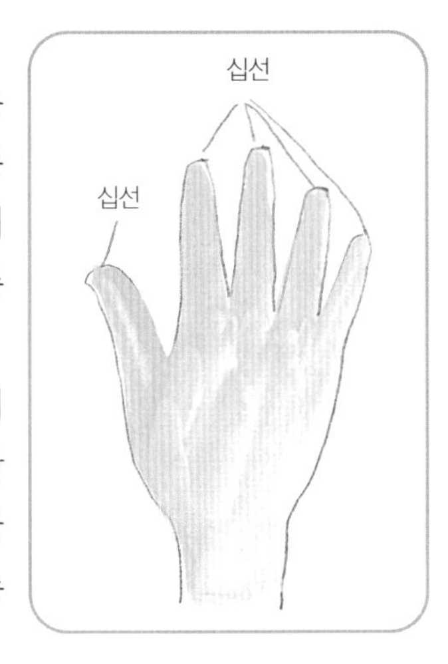

좌우의 손가락 끝에 있는 '십선' 이라는 경혈을 눌러준다. 십선은 열 손가락 맨 끝에 있는데 손톱 끝에서 손바닥 쪽으로 2~3㎜ 되는 곳이다.

먼저 열 손가락 하나하나의 뿌리께를 엄지와 둘째 손가락으로 누르듯 감싸서 손가락 끝 쪽으로 훑는다. 이것을 열 손가락 모두 실시한다.

그 다음 한쪽 손 '십선' 에 다른 쪽 손의 손톱을 대고 강한 통증이 있을 때까지 10~15초간 서서히 힘을 주듯이 누른다. 이 때 손톱자국이 가로로 생기면 이번에는 손톱자국이+자와 같이 생기도록 세로로 눌러 준다. 좌우 열 손가락을 모두 이와 같이 한다. 이와 같은 십선 경혈 지압을 매일 한두 차례 계속하면 혈압 저하를 기대할 수 있다.

【두통】

》 경혈 찾기와 누르는 법

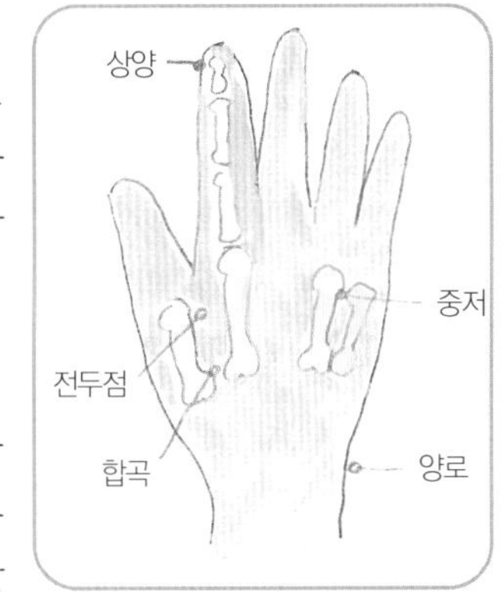

엄지와 둘째 손가락을 쫙 벌려보면 두 손가락이 벌려지는 부분에 개구리의 물갈퀴와 닮은 역삼각형의 부분이 있다. 이 역삼각형의 손목 쪽 정점이 '전두점' 인데 이곳을 양손 모두 눌러 준다. 전두점을 누르면 손의 내부로 울리는 듯한 통증이 있다. 누르는 방법은 오른손의 둘째 손가락 끝으로 왼손의 '전두점' 을 누르고 왼손 엄지 끝으로 오른손 '전두점' 을 동시에 눌러 준다. 통증을 겨우 참을 수 있을 정도까지 상당히 강하게 7~8초 누른 후 좌우 손을 바꿔서 교대로 4~5분 계속한다.

급소 찾는 요령과 지압요령

급소 찾는 요령

1. 오목한 곳을 찾아라

대개 근육과 근육 사이, 뼈와 뼈 사이, 힘줄과 힘줄 사이 등 오목한 곳에 급소가 많이 있다.

2. 급소는 특별한 반응을 보인다

다른 부위와는 달리 급소를 누르게 되면 찡 하는 느낌이나 얼얼하게 아프면서도 시원한 느낌, 시큰한 느낌이 든다. 이러한 압통은 건강한 사람에게는 거의 나타나지 않으며 몸 어딘가에 이상이 있을 때 생긴다.

지압요령

1. 엎드리는 장소가 푹신하지 않게 한다.

바닥은 너무 푹신하거나 딱딱하거나 찬 곳도 좋지 않다. 또 실내조명도 너무 어둡지 않도록 하며 청결하게 것이 중요하다.

2. 손으로 잘 느끼면서 지압한다.

나이가 많이 든 노인이라면 뼈가 약해 손상될 우려가 있으므로 너무 세게 누르지 않는다. 누를 땐 손으로 잘 느끼며 누른다.

3. 꽁지뼈 아래는 누르지 않는다.

꽁지뼈뿐만 아니라 엉덩이, 다리의 대퇴부 안쪽, 하복부 아래쪽, 가슴 둘레, 성기 가까운 곳은 피한다.

4. 느낌이 있는 부분은 세게 누른다.

지압의 세기는 여러 가지가 있다. 첫째로는 '경압법' 이 있다. 기분 좋을 정도로만 누른다. 두 번째는 '쾌압법' 으로, 다소 아프지만 시원하게 느껴질 정도이다. 셋째는 '강압법' 으로 견딜 수 있는 한도로 자극을 가하는 방법이다. 처음에는 대개 경압법으로 누르다가 시원하다는 느끼는 부분은 더욱 세게, 그저 그런 곳은 다소 약하게 누른다.

5. 지압의 세기는 조금씩 늘려간다

체력이 약할 때는 첫날부터 갑자기 세게 누르기보다는 매일매일 그 세기를 조금씩 늘려가는 것이 좋다. 이것을 '완증압' 이라고 한다.

6. 피부 표면을 수직으로 누른다

살이 밀리게 비스듬히 누르지 말고 수직이 되게 눌러 주어야 한다. 누를 때는 손가락에 힘을 빼고 몸무게를 실어서 누른다.

7. 누르는 힘은 일정하게 한다

한 번 누르는 동안에는 시작과 끝의 세기가 같아야 한다. 누르는 시간은 대체로 3~5초씩 지긋하게 누른다. 지압 중에는 일정한 힘을 유지하는 것이 중요하다.

8. 지압 받을 사람과 호흡을 맞추어 압력을 가한다

누르는 부분의 근육이 긴장되어 있으면 지압의 효과가 잘 나타나지 않는다. 근육을 최대로 이완시키고, 두 사람 모두 가장 편안한 호흡을 하면서 숨을 내쉴 때는 누르고 숨을 마실 때 쉬는 방법으로 한다.

【 냉증 】

냉증은 여성에게 많이 나타나는 증세로서 여러 가지의 원인이 있지만 가장 큰 원인은 혈액순환이 안 되기 때문이다. 이 냉증이 원인이 되어 두통, 어깨 결림, 요통, 생리불순, 불면, 위장 허약, 초조함 등이 일어나기도 하므로 여성의 경우 평소에 냉증을 풀어 주는 것이 중요하다.

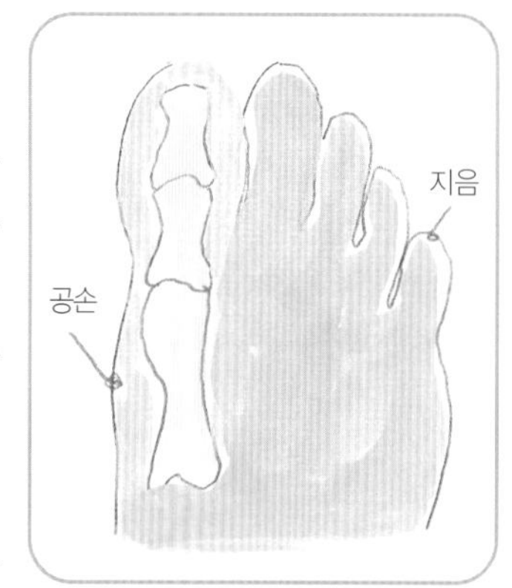

》 경혈 찾기와 누르는 법

양발의 새끼발가락에 있는 '지음' 이란 경혈을 꾸준히 눌러 주면 치료에 도움이 된다. '지음' 경혈은 새끼발가락 발톱 뿌리 바깥쪽 1~2㎜ 아래에 위치하는 지점이 된다.

누르는 방법은 엄지와 둘째 손가락으로 새끼발가락을 감싼 채 엄지로 '지음' 을 누르듯이 잘 비빈다. 그리고 엄지와 둘째손가락으로 새끼발가락을 옆으로 은근히 잡아당겼다가 다시 누르기를 3~5초간 해 준다. 이 방법으로 5분 정도 계속한다.

【 눈의 피로 】

눈의 피로는 축적시키지 말고 바로 풀어 주는 것이 좋다.

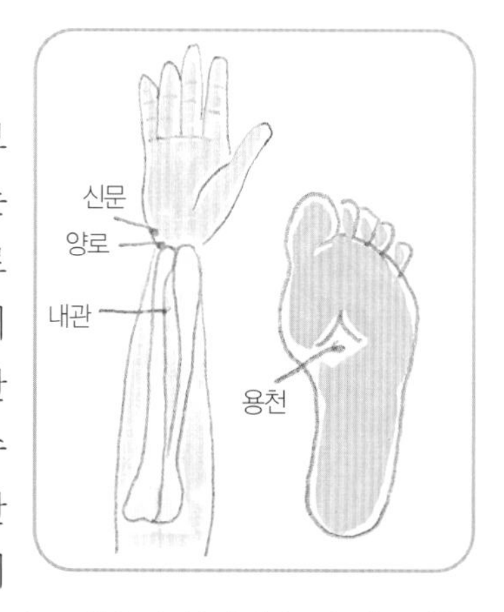

》 경혈 찾기와 누르는 법

새끼손가락 쪽 손등을 보면 볼록 튀어나온 뼈가 있는데, 이 뼈의 손바닥 쪽 바로 아래가 '양로' 라는 경혈이다. 여기를 눌러 보면 약간 움푹 들어가는 것을 느낄 수 있는데 이곳을 3~5초 동안 가볍게 눌렀다가 멈춘다. 이렇게 3~5분간 반복한다. 또 스트레스가 원인인 눈의 피로에는 소목의 '신문' 경혈이나 팔뚝의 '내관', 발바닥의 '용천' 을 눌러 주는 것도 좋다.

'신문' 은 손바닥을 폈을 때 새끼손가락 쪽의 손목 부분에 볼록 튀어나온 뼈가 있는데, 손목 중앙쪽 바로 옆에 오목하게 들어간 부위다.

【 감기 】

만병의 근원인 감기는 대부분 피로, 수면 부족, 영양실조, 추위 등으로 몸의 저항력이 떨어졌을 때 감기 바이러스가 침투해 걸리게 된다.

동양의학에서는 등 뒤쪽의 '풍문' 이란경혈을 통해 풍사(감기의 원인)가 몸 안으로 들어와서 감기에 걸린다고 한다.

이 풍사는 열이 나지 않으면 몸 밖으로 나가지 않는데, 이럴 땐 몸을 따뜻하게 해서 초기에 퇴치하는 것이 한방 요법이다.

》 경혈 찾기와 누르는 법

'상양' (앞쪽 '두통' 증세의 그림 참조)이란 경혈을 눌러 주면 목, 등, 어깨 근육의 긴장이 풀어지고 등이 따뜻해지며 호흡기 점막 표면의 혈액순환이 좋아진다.

'상양' 은 둘째 손가락 손톱 뿌리의 엄지 쪽 옆면에 해당되는데, 엄지 끝으로 '상양' 을 누르면서 잡아당긴다. 이렇게 1~2초 정도 눌렀다가 힘을 빼는 자극을 2~4분간 계속한다. 이것을 양손 모두 실시한다.

【 생리통 】

식생활이나 냉증, 스트레스 등의 영향으로 혈액의 신진대사에 이상이 생기면 여성의 경우 생리통이나 생리불순이 되어 나타나기도 한다. 이럴 때는 신진대사를 좋게 하고 아랫배와 허리를 따뜻하게 해 주는 지압 등을 해 주면 효과적이다. 그러나 생리통이 심할 경우는 자궁의 병이 있기 때문일 수도 있으므로 빨리 전문의의 진단을 받도록 한다.

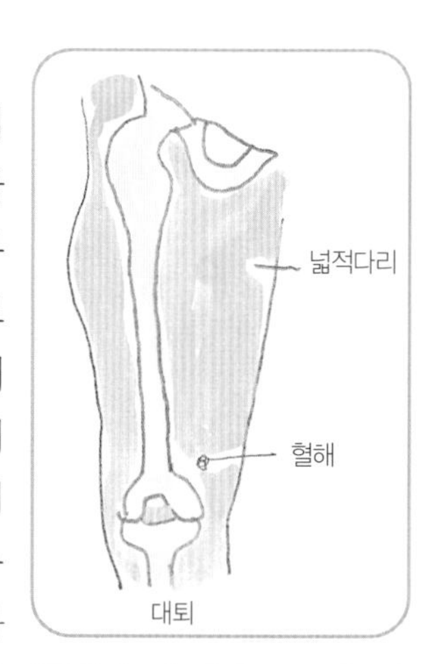

》 경혈 찾기와 누르는 법

다리를 쭉 펴서 힘을 주면 넓적다리의 근육과 근육 사이에 골짜기가 생기면서 오목한 함몰부가 나타나게 되는데 이곳이 바로 '혈해' 라는 경혈이다. 다시 말해서 무릎에는 동그란 모양의 슬개골이 있는데 이 뼈 안쪽에서 위쪽으로 4㎝ 되는 지점이 된다. 누를 때는 양손으로 대퇴부를 감싸듯이 잡고 좌우의 엄지를 겹쳐서 이곳을 눌러 준다. 3~5초 정도 눌렀다가 떼는 것을 3~5분간 반복해 준다.

【변비】

변비 증세는 불쾌감을 일으킬 뿐만 아니라 알레르기성의 병이나 거친 피부, 식욕부진, 암 등의 원인이 될 수도 있으므로 그냥 방치해 두는 일이 없도록 한다.

》 경혈 찾기와 누르는 법

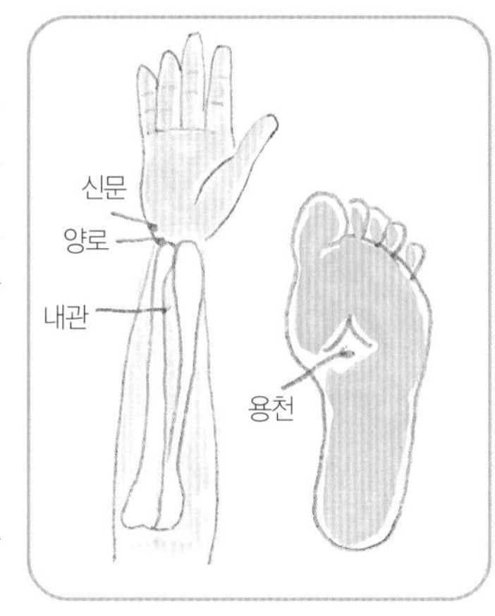

손목에 있는 '신문' 경혈은 소화기를 조절하는 곳으로 이곳을 자극하면 장의 연동운동이 활발해져 변비를 개선시킬 수 있다.

주의할 것은 양쪽 손목에 '신문' 경혈이 있지만 변비일 때는 왼쪽 '신문' 만을 눌러준다.

누를 때는 절대 너무 강하게 누르지 말고 피부 표면을 살살 문지르는 정도가 좋다. 그리고 가로로 누를 것이 아니라 꽉 편 새끼손가락과 팔뚝에 일직선이 되는 세로 방향으로 10여 회 문질러 준다.

【불면증】

한의학에서 말하는 불면증은 밤이 되어 혈액이 머리에 많이 남아 있어서 불면이 되는 것을 말한다. 이것을 풀려면 혈액순환의 균형을 잡아 주는 지압법이 필요하다.

》 경혈 찾기와 누르는 법

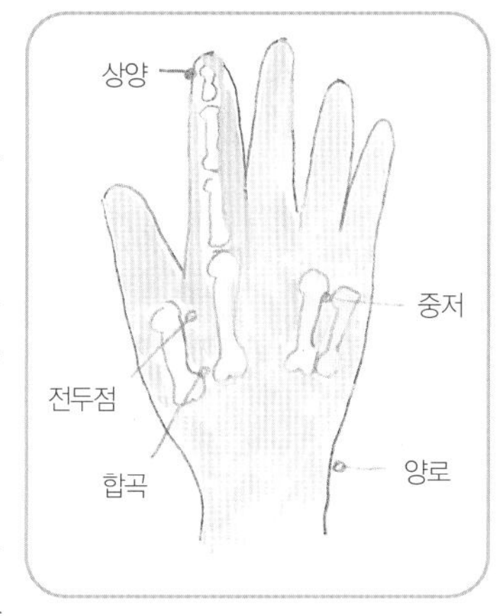

손등 쪽에서 볼 때, 새끼손가락과 넷째 손가락이 갈라지기 직전의 두 관절 사이에서 손등 쪽으로 0.5~1㎝ 정도 짚어 가면 약간 오목하게 들어간 부분이 있다.

여기가 '중저' 경혈이다. 이 부위를 지압하면 불면증에 효과가 있을 뿐만 아니라 시력감퇴, 머리가 아프고 기억력이 떨어질 때도 효과가 있다. 잠자기 전에 3~5초 정도 눌렀다가 떼는 식으로 1~3분간 반복한다.

【차멀미】

차멀미의 원인은 귓속의 내이에 있다. 차의 진동에 의해 내이의 수분 배수가 나빠지면 내장 등을 작용하는 자율신경이 이상을 일으켜 메슥거림이나 현기증, 구토가 생기게 되는 것이다. 이때는 체내의 배수를 조절하는 경락이나 내이를 안정시키는 지압을 해 주면 도움이 된다.

》 경혈 찾기와 누르는 법 ❶

발 안쪽의 복사뼈 맨 위쪽에서 다시 손가락 7개 정도의 위쪽이 '축빈' 이란 곳인데 이곳을 여행 수일 전부터 눌러 주면 차멀미를 예방할 수 있다. 좌우 양쪽의 '축빈' 에 적당한 정도의 세기로 3~5초 정도 눌러 준다.

》 경혈 찾기와 누르는 법 ❷

양손을 올려 양쪽 귀 뒤쪽에 돌출된 뼈 바로 밑을 동시에 눌러 준다. 약 3초간 여러 번 반복해 준다.

【부종】

부종은 여러 가지 원인으로 생기는데 원인에 따라서 부종이 생기는 부위가 달라진다. 눈꺼풀이 부으면 신장에 문제가 있고, 아침에 등이 붓고 저녁에는 발이 붓는 것처럼 되면 심장에 문제가 있다. 아무튼 이처럼 장기간에 걸쳐 부종이 있으면 의사의 진찰을 받도록 하자.

그러나 단기간의 부종이나 장기간 서서 일한 것이 원인이라면 효과가 있는 지압으로 풀어 준다.

》 경혈 찾기와 누르는 법

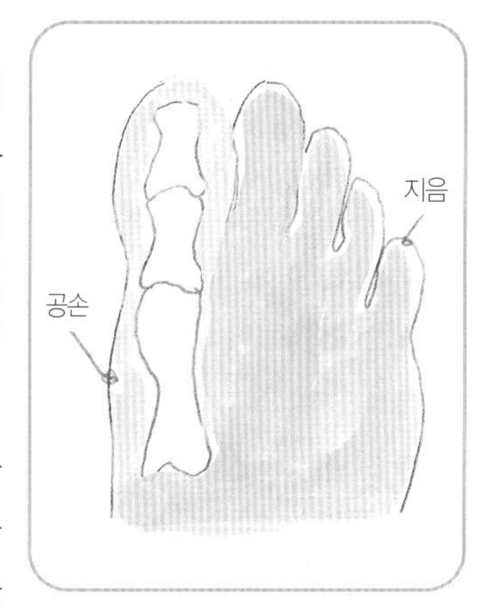

발 안쪽 옆면을 보면 엄지발가락 뿌리 쪽에 뼈가 볼록 튀어나와 있는데 이 돌기에서 발목 쪽으로 손가락 세 개의 위치가 '공손' 이라는 경혈이다.

누를 때는 양발의 공손을 눌러 보아 압통이 센 쪽을 눌러 준다. 누르는 방법은 약간 통증이 있을 정도로 3초 정도 누르기를 3분 정도 반복한다.

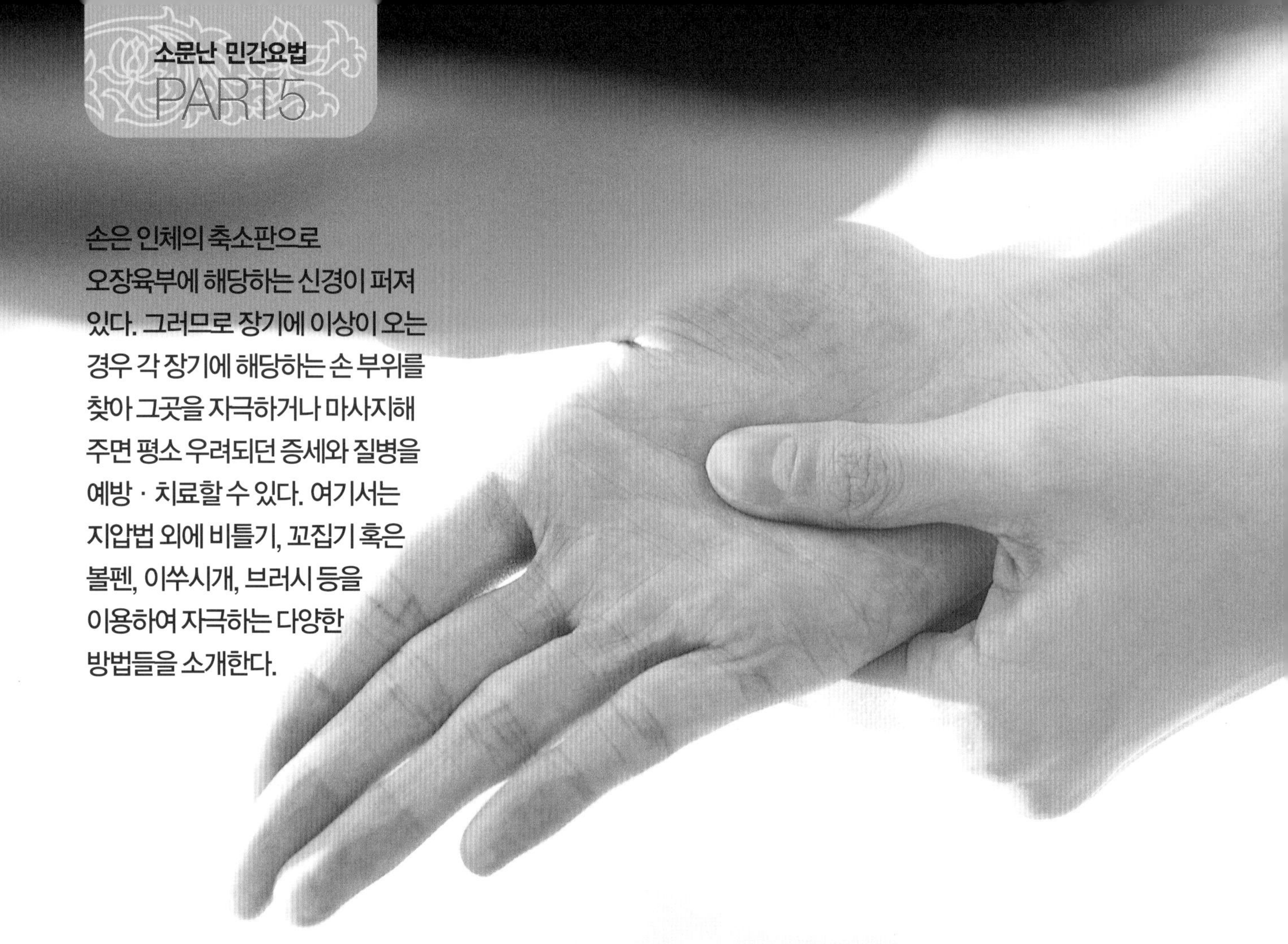

손은 인체의 축소판으로 오장육부에 해당하는 신경이 퍼져 있다. 그러므로 장기에 이상이 오는 경우 각 장기에 해당하는 손 부위를 찾아 그곳을 자극하거나 마사지해 주면 평소 우려되던 증세와 질병을 예방 · 치료할 수 있다. 여기서는 지압법 외에 비틀기, 꼬집기 혹은 볼펜, 이쑤시개, 브러시 등을 이용하여 자극하는 다양한 방법들을 소개한다.

손쉬우면서도 효과 있다 손·지·압·요·법

손바닥을 보면 건강을 안다는 말처럼 신체 각 장기의 상태가 민감하게 나타나는 곳이 바로 손바닥이다. 예를 들어 내장의 기능이 나빠졌을 때는 손바닥의 색이 나빠지고 탄력성이 없어지며, 내장의 긴장도가 높아지면 손에 땀이 나게 된다. 뿐만 아니라 손은 온몸의 축소판이라 할 수 있다. 즉, 왼손의 경우 가운뎃손가락은 사람의 머리, 둘째 손가락은 오른팔, 넷째 손가락은 왼팔, 첫째 손가락은 오른발 그리고 다섯째 손가락은 왼발에 해당된다. 오른손의 경우는 앞서 말한 왼손과 반대가 된다고 생각하면 된다.

또 손등은 인체의 뒤쪽이고 손바닥은 인체의 앞쪽이다. 그리고 가운뎃손가락 끝이 머리 끝에 해당하고 제 1관절(손가락 끝에서 첫 번째 관절)이 목덜미 움푹한 곳, 제 1관절에서 제 2관절(손가락 끝에서 두 번째 관절) 사이는 경추(등뼈 윗부분)에 해당되고 제 2관절에서 아래로는 폐, 심장, 간장, 위, 신장 등과 관련된 급소가 줄지어 있다.

【고혈압】

방법 1 양손의 가운뎃손가락 전체를 주무르고 꾹꾹 누르는 식으로 마사지하면 혈압을 안정시키는 데에 효과가 있다.

방법 2 오른손의 엄지와 둘째 손가락으로 왼손의 가운뎃손가락의 손톱과 바로 밑의 관절 사이의 양 옆을 잡고 좌우로 비틀어 준다. 오른쪽 손가락도 똑같은 방법으로 한다.

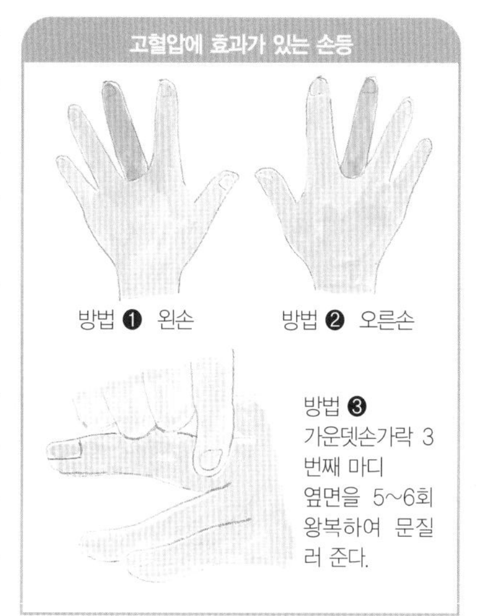

방법 3 오른손 엄지와 둘째 손가락으로 왼손의 가운뎃손가락 손톱 끝 쪽의 양옆을 잡고 손등 쪽을 향해서 5~6회 왕복하며 문질러 준다. 역시 오른손 가운뎃손가락도 똑같은 방법으로 문질러 준다.

이와 동시에 어깨를 올렸다 내렸다 하거나 목을 돌려 주는 등의 운동을 곁들이면 더욱 효과를 볼 수 있다. 이런 방법은 목과 어깨에 걸쳐서 혈액순환이 잘되게 하며 혈압을 내려 준다.

마사지는 한 번에 30초 이내가 되도록 하며 하루에 여러 차례 해 준다. 단 한 번 마사지한 후에는 최소한 1시간 뒤에 해 주는 것이 좋다. 이 방법은 스트레스성 고혈압에 도움이 된다.

【두통】

방법 1 먼저 가운뎃손가락 제 1관절(손가락 끝에서 첫 번째 관절)에서부터 손끝까지 마사지를 해 준다. 그 다음 둘째 마디(관절)에서 손끝까지 마사지해 준다. 양손을 교대로 해 준다.

마사지 방법은 엄지와 둘째 손가락으로 반대쪽 손가락을 끼우듯이 집고 위아래로 문지르면서 비틀어 준다. 이렇게 해주면 머리의 혈액순환이 잘된다. 이때 목을 돌리면서 하면 더욱 효과적이다. 마사지 시간은 좌우 손가락 각각 30초 이내가 적당하다.

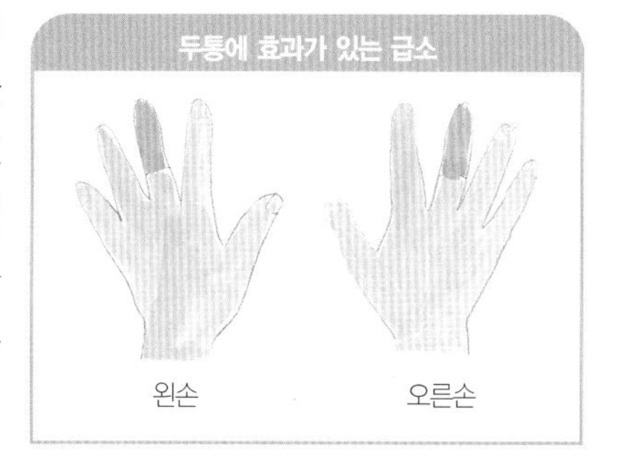

손바닥 급소의 위치와 효과

손바닥이나 손가락에는 급소가 많다. 그러므로 평소 손을 자주 주물러 주거나 마사지해 주면 일반적인 건강 증진에 많은 도움이 된다. 그 외에 특별히 우려되는 증세나 병이 있을 때에는 이에 적절한 손의 급소를 찾아 눌러 주거나 자극을 주어 효과를 얻는다.

직접 손으로 자극을 주는 방법도 있지만 머리핀이나 이쑤시개, 볼펜 등 손에 상처가 나지 않는 한도에서 뾰족한 부분으로 자극을 주어도 좋다.

누를 때는 3초 정도 눌렀다가 떼는 동작을 3번 왕복한다. 횟수는 하루 두세 차례가 적당하다. 특히 여성의 경우 넷째 손가락과 새끼손가락을 자극해 주면 냉증이나 생리통, 생리불순, 미용에 효과가 있다.

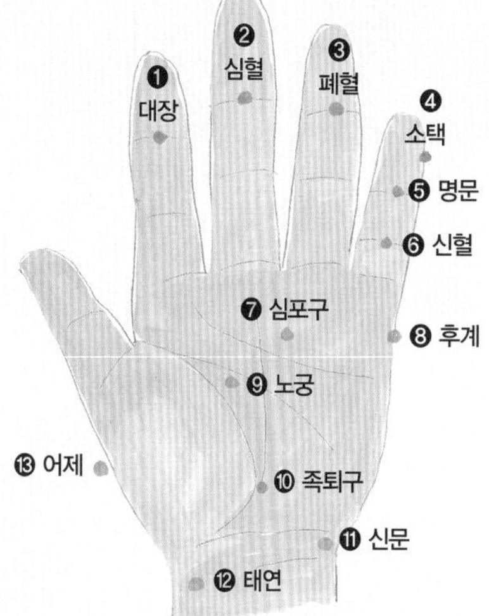

❶ **대장** 변비에 효과(둘째 손가락 제 1관절의 중앙).

❷ **심혈** 초조함, 두드러기, 자율신경실조증에 효과(가운뎃손가락 제 1관절 중앙).

❸ **폐혈** 거친 피부와 두드러기에 효과(셋째 손가락 제 1관절 중앙).

❹ **소택** 눈의 피로에 효과(새끼손가락의 바깥쪽).

❺ **명문** 새끼손가락은 방광이나 자궁 등과 밀접한 관계가 있다. 특히 이곳은 냉증, 생리통, 생리불순에 효과(새끼손가락 제 1관절 중앙).

❻ **신혈** 빈혈, 어지럼증에 효과(새끼손가락 제 2관절 중앙).

❼ **심포구** 천식 · 불면증에 효과(가운뎃손가락과 넷째 손가락 사이에서 2㎝ 아래).

❽ **후계** 신경쇠약, 히스테리, 불안, 집중력 약화에 도움(새끼손가락 제 3관절 가로 주름 바깥쪽 끝부분의 바로 위 오목한 곳).

❾ **노궁** 정신적, 육체적 피로에 효과(주먹을 살짝 쥐었을 때 가운뎃손가락이 닿는 부분).

❿ **족퇴구** 요통에 효과(엄지손가락 쪽 부푼 곳과 새끼손가락 쪽 부푼 곳이 만나는 지점).

⓫ **신문** 뇌의 활동을 돕고, 신경안정, 심장 강화, 가슴이 뛰고 숨이 찬 증세에 효과(새끼손가락 쪽 손목에는 돌기가 만져지는데, 손목 중앙 쪽 돌기 앞의 오목한 곳).

⓬ **태연** 자율신경조증에 효과(엄지손가락 아래, 손목의 가로주름 위에서 맥박이 뛰는 곳).

⓭ **어제** 간기능이 약해졌을 때, 피로에 효과(엄지 두 번째 관절에서 손목 직전의 뼈 사이의 중간 부분. 손바닥과 손등의 경계선에 있음).

【냉증】

방법 1 새끼손가락은 몸으로 말하면 신장, 방광, 자궁에 해당되는데 좌우의 새끼손가락 전체를 자극해 주면 온몸의 혈액순환이 좋아져서 냉증이 없어진다.

마사지 방법은 엄지와 둘째손가락으로 반대편 새끼손가락을 주무르면 되는데 손톱 끝에서부터 손가락 끝까지 5~10회 반복한다. 반대쪽 손도 똑같은 방법으로 마사지한다.

이때 발 목욕과 더불어 하면 더 효과적이다. 양발을 모두 42~43℃ 정도의 물에 담그고서 새끼손가락을 마사지해 주면 좋다.

방법 2 손을 펴서 다섯 손가락을 합친 상태에서 새끼손가락이 다른 4개의 손가락과 직각이 되도록 한다. 이때 책상을 이용하면 좋은데, 새끼손가락 전체를 책상에 붙이고 3초간 누른다. 길게 하는 것보다 횟수를 늘리는 것이 좋다. 하루 7~15번씩 반복한다.

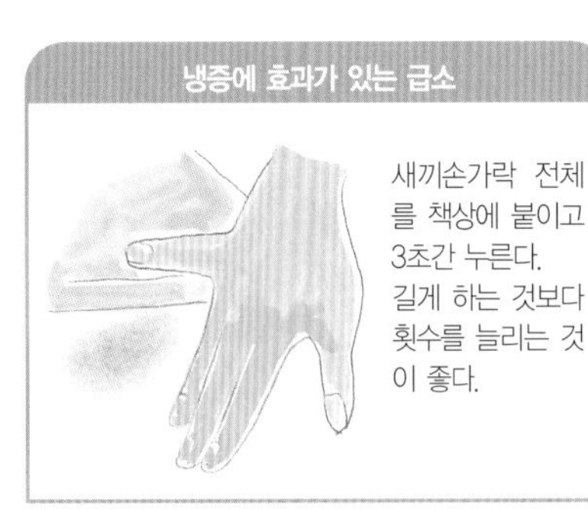

【감기】

방법 1 양손의 가운뎃손가락 제 2관절(손끝에서 2번째 마디)에서 세 번째 관절까지를 5~10회 정도 왕복 마사지한 다음 다른 손도 같은 방법으로 마사지한다. 이때 뜨거운 물에 발목이 잠기도록 담가서 하면 더욱 효과적이다. 물의 온도는 42~43℃의 견딜 수 있을 정도로 한다. 이렇게 하면 몸이 따뜻해져 가벼운 감기 정도는 금세 낫는다.

【변비】

방법 1 엄지와 둘째 손가락의 뼈가 맞닿는 손등 쪽의 경혈이 '합곡' 인데 이 부위를 다른 손의 엄지로 마사지해 준다. 그 다음엔 새끼손가락과 넷째 손가락 뼈가 맞닿는 손등 쪽의 부위도 다른 손의 엄지로 마사지해 준다.

【요통】

방법 1 뼈와 근육에 이상이 있거나 신장이나 부갑상선이 약해졌을 때에도 요통이 생기지만 운동 부족에서 오는 수도 있다. 특별한 병적 요인이 아닌 만선 요통일 때는 지압이나 손 자극법을 이용해 본다.

양쪽 손등 전체를 주무르거나 눌러 주고 요통 완화에 효과가 있다. 이 부분이 허리와 밀접한 경혈이 잠재해 있는 곳이어서 가볍게 두드려 주어도 좋고, 첫째와 둘째 손가락으로 꼭꼭 집어 주어도 된다. 아니면 끝이 뾰족한 것(성냥, 이쑤시개의 무딘 곳)을 이용해서 특히 아프다고 느껴지는 곳을 찾아서 그곳을 중심적으로 눌러 준다.

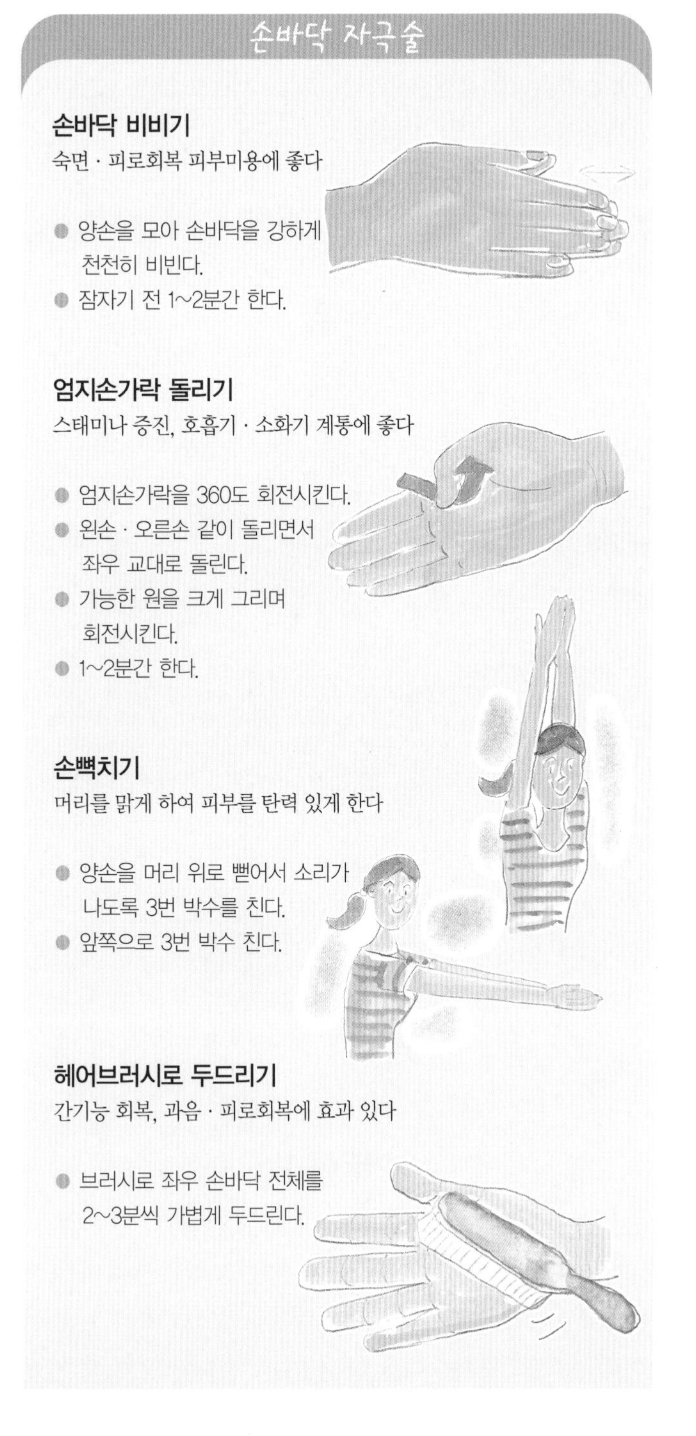

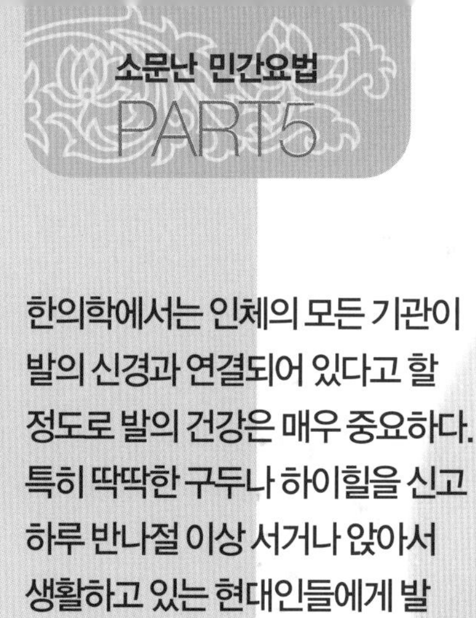

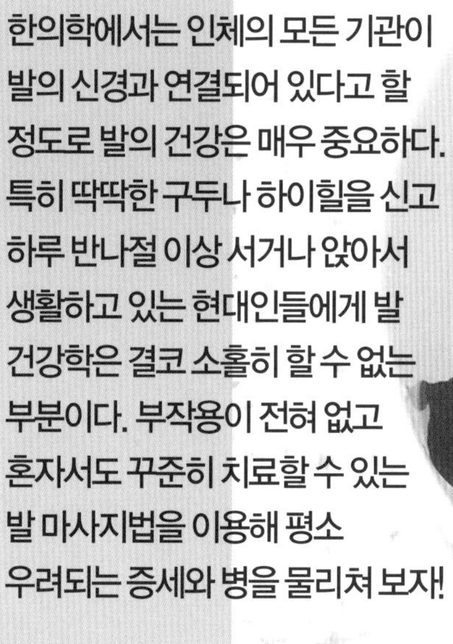

한의학에서는 인체의 모든 기관이 발의 신경과 연결되어 있다고 할 정도로 발의 건강은 매우 중요하다. 특히 딱딱한 구두나 하이힐을 신고 하루 반나절 이상 서거나 앉아서 생활하고 있는 현대인들에게 발 건강학은 결코 소홀히 할 수 없는 부분이다. 부작용이 전혀 없고 혼자서도 꾸준히 치료할 수 있는 발 마사지법을 이용해 평소 우려되는 증세와 병을 물리쳐 보자!

남녀노소 누구라도 할 수 있다
발·자·극·법

우리의 신체 중에서 아주 중요한 역할을 하면서도 그 역할에 비해 제대로 대우를 받지 못하는 부위가 있다. 그게 바로 발이다. 발은 단순히 걷거나 몸을 지탱하는 역할만 하는 것이 아니다. 걸을 때마다 받는 압력으로 심장에서 나온 혈류를 다시 심장으로 끌어올리는 펌프작용을 하기 때문에 발은 '제2의 심장'으로 불린다. 그러므로 보행 등 발을 제대로 사용하지 않으면 심장만이 피를 온몸에 순환하는 역할을 떠맡기 때문에 심장에 무리가 가고 나쁜 피가 심장으로 올라와 건강을 해칠 수 있다.
그러므로 발에 퍼져 있는 반사구를 찾아 누르고, 비비고, 문지르고, 훑고 하여 발에 쌓인 유해한 노폐물을 부수고 녹여서 배출시켜야 한다. 발건강에 대한 중요성을 강조하는 것은 바로 이런 이유에서다.

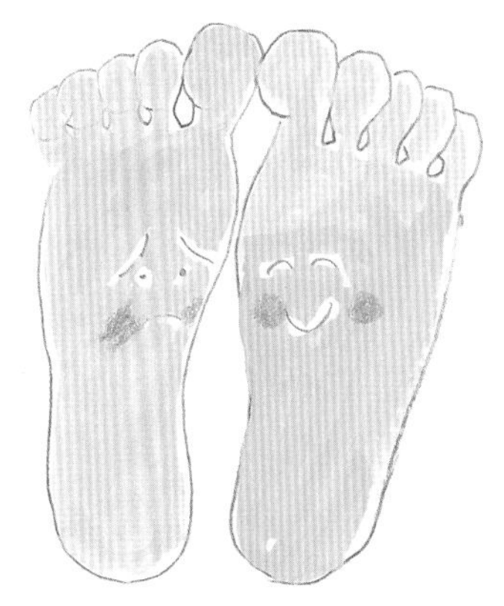

발마사지 방법

1 발바닥 중앙에 있는 신장(오른쪽 그림 ①번), 수뇨관 (②번), 방광(③번)의 반사구를 순서대로 엄지손가락에 힘을 주어 눌러 준다. 이는 배설 작용을 좋게 하기 위해서이다. 체내에 노폐물을 빨리 배설하고 순환 작용을 원활히 해준다.

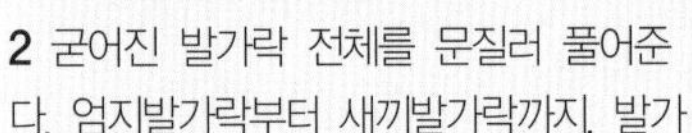

2 굳어진 발가락 전체를 문질러 풀어준다. 엄지발가락부터 새끼발가락까지, 발가락 옆이나 발바닥과의 연결 부위까지 수없이 주물러 굳어진 발가락을 풀어준다. 이때 한쪽 손가락으로는 반대쪽을 떠받쳐 발가락이 상하지 않게 한다.

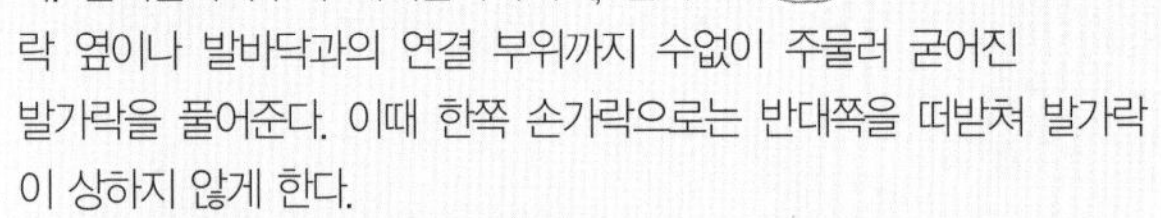

3 발바닥 전체를 구석구석 충분히 지압, 마사지한다. 방법은 발가락에서 뒤꿈치 방향으로, 발바닥이 부드러워질 때까지 한다.
4 발의 안쪽, 즉 엄지발가락 안쪽에서 발뒤꿈치 안쪽까지 뼈를 따라 정성껏 문지른다.
5 발의 바깥쪽, 새끼발가락 끝에서 발뒤꿈치까지, 그리고 바깥쪽 복사뼈를 지나 장딴지 안쪽으로부터 무릎 위 양 10㎝까지 문질러 올라간다.
6 발등에서부터 무릎 위까지 지압, 마사지한다. 발등을 충분히 지압하고 정강이를 지나서 무릎 위 10㎝까지 정강이를 훑듯이 충분히 문질러 올린다.
7 다시 한 번 신장, 수뇨관, 방광의 반사구를 지압한다. 이와 같은 방법으로 오른발도 지압한다.

왼발부터 먼저 시작하는 이유는 왼발에 심장의 반사구가 있으므로 먼저 심장의 기능을 높여 놓아 쇼크를 받지 않게 하기 위해서이다.
또한 왼발이 양, 오른발이 음에 해당하므로 양으로부터 시작하는 것이 치료 효과를 높이기 때문이기도 하다. 주무르는 시간은 한쪽 발에 15분, 양발을 주물렀을 때 30분 정도가 소요되는 것을 기본으로 한다. 어딘가 특별히 나쁜 곳이 있을 때는 그 부위와 관련된 반사구를 집중적으로 10분 정도 주물러도 되며, 건강한 사람은 목욕할 때 한쪽에 5분씩, 10분으로 충분하다.

위와 같은 과정을 거쳐 발바닥을 주무르고 난 뒤에는 반드시 30분 이내에 따뜻한 물 500㎖ 정도를 마셔야 한다. 더운물은 신장 여과 기능을 돕고 노폐물을 체외로 배설시키는 데 도움이 되기 때문이다.

【엄지발가락】

윗부분은 우리 몸의 머리에 해당된다. 그리고 엄지발가락의 발톱 바깥쪽 옆에는 간의 경락이 흐르고 있어서 간에 이상이 있을 때 엄지발가락이 힘없이 뒤집어지고 알코올 중독이 있을 때는 엄지발가락의 색깔에 이상이 온다.

또 간 경락의 반대쪽 측면에는 소장의 영양흡수나 혈액의 흐름을 조절하는 경락이 연결되어 있어 발이 찬 사람, 생리불순인 사람은 이곳을 눌러 주고 마사지해 주면 좋다.

【둘째 발가락】

위 경락의 출발점으로 독물 중화 기능을 갖고 있다. 그래서 식중독에 걸렸을 때 둘째 발가락의 목 부분을 잘 문질러 주면 효과가 있다.

【셋째 발가락】

심장과 관계가 깊다. 이 부분을 잘 문지르면 순환기계의 움직임이 좋아지고 류머티즘이나 심장병 증세가 호전되는 효과를 볼 수 있으므로 알아 두자.

【넷째 발가락】

쓸개(담)의 경락이 나와 있어 이 부위의 기능을 조절할 수 있다. 쓸개는 장 내의 음식을 살균, 소화시키는 역할을 하기 때문에 이 부위의 기능이 떨어지면 소화가 잘 안 되고 위에 가스가 자주 찬다. 따라서 넷째 발가락이 부으면 쓸개에 이상이 있는 것으로 볼 수 있다.

【새끼발가락】

방광경이 흐르고 있어 신장, 방광과 밀접한 관계가 있다. 이 부분에 이상이 생기면 어깨 결림, 눈의 피로, 귀 울림, 난청, 두통, 중이염, 현기증, 저혈압, 치질, 방광염 등의 증세가 나타난다.

특히 새끼발가락이 딱딱해지거나 구부러진 사람이 빈혈까지 겹친 경우에는 중년 이후 백내장이나 녹내장, 암, 뇌연화증 등이 있을 수도 있으므로 미리 경계해 두는 것이 좋겠다. 그리고 어린아이 야뇨증의 경우에는 새끼발가락을 매일 밤 잠들기 전에 문질러 주면 비교적 빠른 시일 내에 효과를 볼 수 있다.

또 새끼발가락은 흔히 작은 뇌라고도 하는데 생리학적으로 뇌와 많이 연결되어 있어 새끼발가락을 잘 문질러 주면 두뇌의 움직임이 활발해진다. 지금까지 발가락만 얘기했는데, 이 외 발꿈치는 아랫배, 발바닥 안쪽의 가장자리는 척추에 해당된다.

이처럼 발과 인체는 밀접하게 연관되어 있기 때문에 발바닥을 보면 현재의 건강 상태를 알 수 있다.

발바닥에 노폐물이 쌓이면 혈액이 발끝까지 오지 못하고 무릎이나 복사뼈에서 심장으로 돌아가게 되고 이렇게 되면 많은 질병의 원인이 된다. 그래서 발을 꼭 주물러 신체 각 내장 기관의 반응점을 자극해 노폐물을 제거해 줘야 한다.

증세에 따라 반창고 붙이는 법

반창고는 가급적 신축성이 좋고 통기성이 있는 천으로 된 의료용 반창고를 사용한다. 이것을 5㎜ 폭으로 잘라서 붙인다. 증세에 따라서는 5㎜ 반창고를 2개 사용해서 1㎝ 폭으로 붙이거나 4개를 사용해서 2㎝ 폭으로 붙인다.

시력회복

❶ 엄지와 새끼발가락 발등의 뿌리께 바로 밑을 각각 한 번씩 감아 준다.

❷ 눈의 반응점이 많이 모여 있는 둘째·셋째 발가락 아랫부분에도 붙인다.

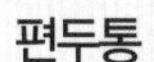

편두통

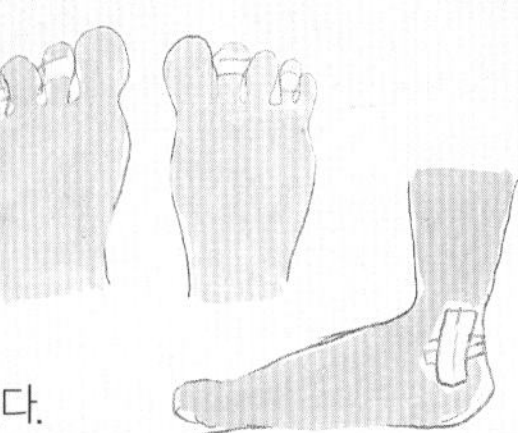

❶ 둘째·넷째 발가락의 발톱 뿌리께를 각각 한 바퀴씩 감아 준다.

❷ 발 바깥쪽 복사뼈와 아킬레스건 중간의 움푹 들어간 곳에 반창고 2개, 1㎝ 폭의 '+'자형으로 붙인다.

변비

❶ 발바닥 뒤꿈치의 볼록하게 튀어나온 부분에서 약 2㎝ 정도 윗부분에 '+'자 모양으로 반창고를 붙인다.

❷ 발뒤꿈치 중앙에서 가로로 폭 5㎜짜리 반창고를 두 줄로 나란히 붙인다.

❸ 다 붙인 후 한 발씩 가볍게 발뒤꿈치를 쿵쿵 내딛는다. 여기에는 대장·항문의 자극점이 있기 때문에 변비에 도움이 된다.

설사

❶ 엄지발가락에 5㎜ 폭의 반창고를 3개 붙인다.

❷ 둘째 발가락에도 2개 붙인다.

❸ 발뒤꿈치가 발 중앙쪽으로 끝나는 부분에 '+'자 모양으로 2개 붙인다.

❹ 세균성 설사나 식중독일 경우는 의사의 진단 치료와 함께 한다.

허리·뱃살을 빼고 싶을 때

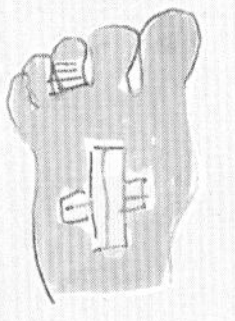

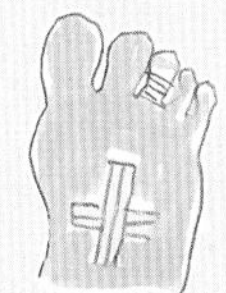

❶ 셋째 발가락 발톱 뿌리께에 한바퀴 감아 준다.

❷ 엄지와 새끼발가락쪽 아래에 볼록 튀어나온 부분에 사람 '人'(인)자 모양으로 만나는 부분 바로 아래에 '+'자형으로 반창고를 2개, 1㎝ 폭으로 붙인다.

어깨 결림이 있을 때

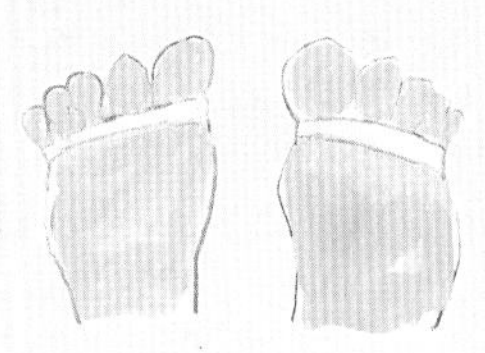

❶ 발바닥 쪽 엄지발가락이 시작되는 부분에서 새끼발가락이 시작되는 부분까지 붙인다.

무릎의 통증이 있을 때

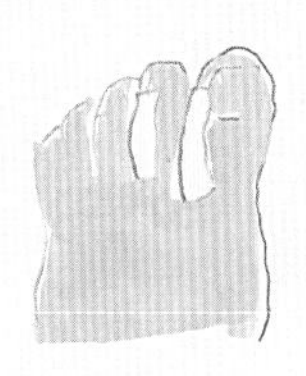

❶ 무릎의 안쪽이 아플 때는 엄지발가락 옆면에 붙인다(오른쪽 그림 참조).

❷ 무릎 자체가 아플 때는 둘째 발가락에 붙인다.

❸ 새끼발가락 옆에 반창고를 붙인다(무릎 전체가 아플 때는 ❶, ❷, ❸ 모두에 붙인다).

자율신경실조증

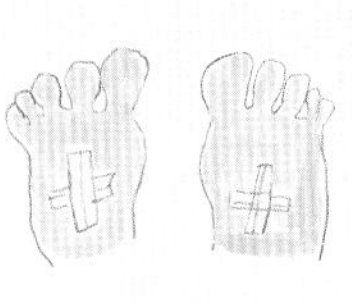

❶ 피로, 무기력, 우울증 등의 증세가 나타나는 자율신경실조증에는 발바닥 위쪽에 '人자' 모양의 주름 바로 아래에 반창고를 2개, 1㎝ 폭으로 '+'로 붙인다.

고혈압

❶ 엄지와 새끼발가락 쪽 볼록 튀어난 부위가 만나 사람 '人'(인)자 모양을 만들고 있는 바로 아래에 '+'자로 붙인다.

❷ 새끼발가락 발톱 뿌리께도 한 바퀴 감아 준다.

❸ 엄지와 둘째 발가락 사이를 지나 발 안쪽 움푹 패들어간 곳까지 길게 붙인다.

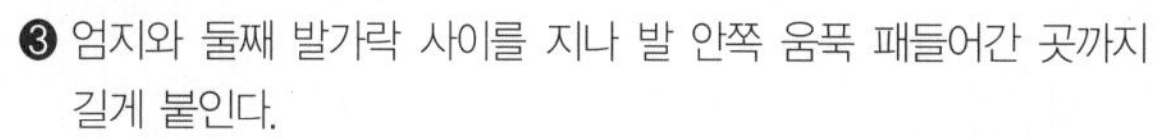

알·아·두·자

발가락 속에 있는 우리 신체의 경락

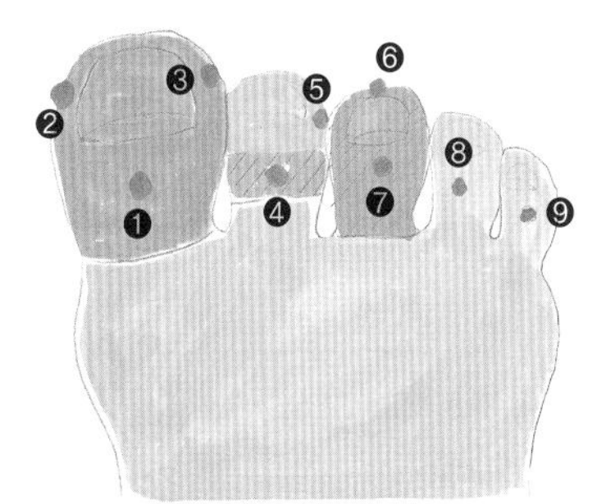

❶ 엄지발가락의 윗부분은 우리 몸의 머리에 해당한다.

❷ 발톱 바깥쪽 측면에는 간의 경락이 흐른다.

❸ 소장의 영양 흡수나 혈액의 흐름을 조절하는 경락이 연결되어 있다. 발이 찬 사람과 생리불순인 사람은 이곳을 눌러 준다.

❹ 둘째 발가락의 목 부분은 위 경락의 출발점이다. 여기에 무리가 가면 복통, 변비가 생긴다.

❺ 둘째 발가락의 발톱 뿌리 옆면은(셋째 발가락 쪽) '예태' 경혈로서 식욕부진에 좋다.

❻ 셋째 발가락 끝 부분을 눌러 주면 감기에 효과가 있다

❼ 셋째 발가락을 잘 주물러 주면 심장병, 류머티즘에 좋다.

❽ 넷째 발가락에는 쓸개 경락이 있어 쓸개 기능이 떨어져 소화가 안 되고 가스가 찰 때 주물러 준다(쥐가 날 때는 엄지발가락과 함께 주물러 준다).

❾ 어린이 야뇨증의 경우 매일 밤 잠들기 전에 새끼발가락을 주물러 주면 효과가 있다.

식초의 효능이 화제가 되면서 흑식초, 과일식초, 현미식초 등 다양한 식초가 등장했다. 초산이 주성분인 식초가 우리 몸에 들어가면 알칼리성으로 변하기 때문에 젖산의 분해를 도와 피로를 빠르게 회복시키고 소화액을 분비시켜 음식물의 소화, 흡수까지 도와주기 때문. 매일 꾸준히 섭취하면 당뇨는 물론 고혈압, 동맥경화 등의 성인병까지 예방할 수 있다는데…. 그 효능과 식초를 생활 속에서 활용하는 방법을 알아본다.

하루 식초 한 잔이 체질까지 바꿔 준다

식·초·요·법

식초는 체질을 바꿔 주는 알칼리성 식품. 제조법에 따라 자연적으로 발효된 초와 화학적인 방법으로 만들어진 양조 식초로 구분된다. 자연 초에는 비타민과 유기산이 충분하지 않기 때문에 곡물이나 과실을 원료로 해서 만든 천연 양조식초를 사용한다.

식초에는 초산, 구연산, 호박산, 자연산 등 60여 가지의 유기산이 들어 있는데 노화와 질병을 일으키는 활성산소를 파괴시킨다. 또 젖산 분해를 도와 혈액순환을 원활하게 해주고 산성 체질을 약알칼리성 체질로 바꿔 비만을 예방하고 혈압을 낮춰 평소 건강을 유지하게 해 준다. 음식으로 섭취하기도 하지만 최근에는 마시는 식초가 나와 물이나 우유를 1:1, 1:3 비율로 섞어 마신다.

[마시는 식초의 놀라운 힘 5]

❶ 소금 섭취 줄여 성인병을 예방한다 적당한 소금은 인체에 꼭 필요하지만 지나치게 섭취하면 혈압을 높이고 고지혈증 등의 질병을 일으킨다. 식초는 나트륨 섭취를 줄여 주기 때문에 조리할 때 함께 넣으면 신맛 때문에 소금을 덜 사용하게 된다.

❷ 신경을 자극해 소화·흡수를 돕는다 특유의 신맛이 침샘을 자극해 입맛을 좋게 하고 위액 분비를 촉진해 음식물의 소화와 흡수를 돕는다. 또 식초에 많은 유기산은 살균력이 있어 장을 튼튼하게 해 주고 변비를 예방해 준다. 특히 몸속 독소의 축적을 막아줘 피부가 좋아지고 노화를 예방한다.

❸ 칼슘 흡수를 높여 골다공증을 예방한다 혈액 속의 노폐물이 배출되면서 칼슘이 함께 나오기 때문에 부족 현상이 일어나기 쉽다. 식초에 들어 있는 구연산은 칼슘 흡수를 높이기 때문에 꾸준히 섭취하면 골다공증을 예방할 수 있다.

❹ 당과 글리코겐을 연소시켜 다이어트 효과가 난다 당과 글리코겐을 과잉 섭취하게 되면 지방으로 변해 몸속에 쌓이게 된다. 식초는 당과 글리코겐을 연소시키는 기능이 있으므로 적당한 섭취는 비만을 예방하고 날씬한 몸매를 유지할 수 있게 해준다.

❺ 유산을 분해해 피로를 없앤다 몸속 에너지를 소비하면서 발생하는 유산. 노폐물과 함께하면 배출되지만 과잉 발생했을 때는 배설되지 않고 혈관에 남아 있게 돼 피로를 느끼고 어깨 결림, 관절통 등의 신경 질환이 쉽게 일어난다. 식초는 유산을 탄산가스로 분해해 배출시키는 기능이 있으므로 피로를 빨리 회복시켜 준다.

[마시는 식초 베스트 6]

❶ 팽팽한 피부, 독소를 없앨 때→흑초 음료로 주목받고 있는 흑초는 현미나 맥아를 원료로 해 신맛보다는 단맛이 강하다. 아미노산과 유기산이 풍부해 체지방을 연소시키고 비만을 예방하고 혈액순환을 도와 노폐물을 배출한다. 몸속 독소를 없애 건조한 피부가 매끄럽고 탱탱해진다. 간 기능을 강화시켜 과음한 다음 날 탁월한 효과를 볼 수 있다. 흑식초와 과일, 벌꿀을 넣은 벌꿀 흑초가 대표적인 식품.

❷ 감기, 성인병 예방→감식초 채소나 과일보다 비타민 C가 풍부하여 감은 감기에 대한 면역력을 높여주고 체내 과다 지방을 연소시킨다. 식욕을 촉진시키고 혈압을 낮춰 고혈압을 예방, 근육의 긴장까지 풀어줘 피로 회복이 빠르다.

❸ 피부 노화 방지, 소화제 작용→포도식초, 레드와인식초 포도와 레드와인 식초는 음식을 보관하고 건강을 유지하는 데 사용되는 식초. 세포 노화를 막는 폴리페놀 성분이 들어 있어 피부 노화를 촉진시키는 활성산소를 없애주는 역할을 한다. 소화, 흡수를 돕고 심장병 예방에 탁월한 효과를 볼 수 있다.

❹ 식욕증진→레몬식초 상큼한 맛으로 음식의 풍미를 더해주는 레몬 식초. 침샘을 자극해 계절이 바뀌어 입맛 없을 때 생수에 3~4술 정도 타서 먹으면 효과적이다.

❺ 속 쓰림, 피로회복→사과식초 칼륨이 풍부해서 체내에 쌓인 나트륨의 배출을 도와 부종을 막고 혈압을 낮추는 효과를 볼 수 있다. 사과식초 1컵에는 240mg 정도의 칼륨이 들어 있기 때문에 꾸준히 섭취하면 칼륨 부족으로 인해 생기는 뇌졸중, 피로감, 속쓰림을 방지한다. 또 발암 물질을 없애고 면역 기능을 높여 암을 예방한다.

❻ 근육 뭉침, 피로 회복→현미식초 심한 운동으로 인한 근육 뭉침, 야근으로 인한 피로감과 나른해질 때 우유에 섞어 마시면 몸이 가뿐해지고 뭉친 근육도 풀어진다.

우리 몸 구석구석을 누비며 산소와 각종 영양소를 운반하는 것이 혈액이다.
혈액을 탁하게 만드는 주범은 식생활과 생활습관.
따라서 탁해진 피를 맑게 되돌리는 가장 쉬운 방법은 바로 평소 먹는 음식에 신경을 쓰는 것이다.
맑고, 깨끗한 피를 맑게 하는 식품과 피를 맑게 하는 방법을 소개한다.

온몸에 흐르는 건강한 기운

피·를·맑·게·하·는·법

우리 몸 안에는 항상 혈액이 흐르고 있다. 그러나 맑고 깨끗한 피가 흐르고 있느냐, 아니면 탁한 피가 흐르고 있느냐에 따라서 건강을 유지할 수 있는지 건강의 적신호가 오는지를 판가름할 수 있다.

탁한 혈액은 고지혈증, 당뇨, 비만, 스트레스의 원인이 되고 특히 고혈압이나 동맥경화 등을 일으키는 중요 원인이 된다. 따라서 평소에 피를 맑게 하는 식생활과 생활습관이 무엇보다 필요하다.

혈액을 맑게 해주는 식품은 어떤 것이 있으며 또 어떻게 생활해야 피를 맑게 할 수 있는지 알아보자.

[피를 맑게 하는 식품]

피를 맑게 하려면 음식에 신경을 써야 한다. 어떤 재료로 음식을 만들어 먹어야 피를 맑게 할 수 있는지 다음 도표를 참조하면 도움이 될 것이다. 점수가 높을수록 피를 맑게 하는 데 도움이 되는 식품들이다.

어패류의 항혈전도(혈액순환을 원활하게 하는 효과) 순위표

점수	식품
2000점 이상	고등어
1400점 이상	참돔, 방어
1000점 이상	정어리, 장어, 꽁치
800점 이상	청어, 삼치, 참치
500점 이상	시샤모, 전갱이
400점 이상	은어, 갈치
200점 이상	성게알, 농어, 가자미
100점 이상	조개, 가다랭이, 오징어
100점 이하	문어, 가리비, 달걀, 모시조개, 닭다리살

* 모든 점수는 100g이 기본이며 닭고기 및 달걀 포함

야채 및 과일의 항혈전도 순위표

점수	식품
500점	시금치, 무, 마늘, 파슬리, 멜론
200점	아스파라거스, 쑥갓, 귤, 대파, 무 잎, 강낭콩, 실파, 토마토, 부추
100점	양파, 셀러리, 청피망, 딸기, 레몬, 브로콜리, 자몽
50점	양상추, 오이, 숙주, 파파야
20점	가지, 라스베리, 배추, 키위, 망고
10점	홍고추, 아보카도, 연근, 우엉, 사과, 오렌지, 파인애플
2점	양배추, 아욱

* 모든 점수는 100g이 기본입니다

알 · 아 · 두 · 자

이것이 피를 맑게 하는 식품

녹차에 포함되어 있는 카테킨은 항산화 물질의 일종으로 나쁜 콜레스테롤 수치를 낮춰 주고 혈전을 예방하는 데 효과가 있다. 이것은 지방을 연소시켜 다이어트에도 도움이 된다.

깨에 포함된 항산화 물질 중 세사미놀과 세사민은 강력한 황산화 작용으로 깨끗한 혈액이나 건강한 혈관을 유지하는 데 도움이 된다. 또한 혈관벽을 두껍게 만드는 원인물질인 콜레스테롤을 줄이는 데 특효가 있다.

땅콩이나 아몬드, 호두 등의 견과류에는 황산화 비타민이 들어 있어 활성 산소에 의해 세포나 혈관에 침착해 있는 콜레스테롤이 산화되지 않도록 도와준다. 동맥경화 예방에 효과가 있고, 나쁜 콜레스테롤을 줄여 깨끗한 혈액과 건강하고 탄력 있는 혈관을 만드는 데도 도움을 준다.

추천메뉴

양파 피클

재료 양파 5개, 마른 붉은고추 1개,

절임물 설탕 · 식초 1/4컵, 물 3컵, 간장 1/5컵, 소금 약간

이렇게 만드세요

❶ 양파는 껍질을 벗기고 12등분한다.

❷ 마른 붉은고추는 큼직하게 자른다.

❸ 냄비에 절임물 재료를 담고 한소끔 팔팔 끓인 후 완전히 식힌다.

❹ 유리병에 양파를 담고 절임물을 부어 반나절 정도 삭혀 냉장고에 보관한다.

양파는 탁한 혈액이나 손상된 혈관을 회복시키는 데 효과적이다. 양파의 퀘르세틴 성분은 황산화 작용으로 동맥경화를 방지하는 효능이 있다. 또한 매운맛을 내는 유화 프로필 성분은 혈액 속의 포도당 대사를 촉진해 혈당치를 낮춰 준다. 하루 50g 정도의 양파를 먹어야 하고, 이는 중간 크기 양파 1/4개 정도에 해당한다. 불에 익히는 것보다 생것으로 먹는 것이 효과적이다.

지금 내 몸에 흐르는 피는 얼마나 깨끗할까?

1 피가 깨끗해야 건강하다

피는 우리 몸속의 모든 곳을 돌고 있고, 생명을 지탱하는 데 필요한 일들을 담당한다. 우리가 호흡한 산소를 폐에서 각 조직으로 전달하는 것도, 위나 장 등 소화관에서 영양분을 갖다 적재적소에 배치시키는 것도 혈액의 역할이다. 따라서 맑고 건강한 피가 잘 흘러야 몸속 모든 장기가 원활히 움직인다. 건강하지 못한 혈액이 온몸에 돌면 혈액의 제 역할을 기대하기가 어렵다. 우리는 흔히 건강하지 못한 피를 '탁한 피'라고 한다. 각 장기에 주지 못한 영양분, 배설되지 못한 노폐물 등이 피 속에 그대로 남아서 탁한 상태가 되고, 결국 이것은 몸에 나쁜 영향을 미치게 된다. 이와 반대로 건강한 피는 '맑고 싱싱한 피'를 뜻한다. '맑은 피'는 온몸을 깨끗하게 정화해주는 역할을 한다.

토마토

녹차

2 현대인의 피가 탁해지고 있다

사람은 태어날 때에는 누구나 맑은 피를 가지고 있지만, 그것을 그대로 깨끗하게 유지하지는 못한다. 피가 탁해지는 가장 큰 이유는 몸속에 쌓인 '지방' 때문이다. 우리의 입맛이 차츰 서구화되면서 식단 자체가 '고칼로리식'으로 변해가고 있는 추세다. '고칼로리식'이란 기름에 볶고, 튀긴 음식 등을 말하는 것이다. 한 끼 식단 속에 이러한 메뉴가 두 가지 이상 있으면 '고칼로리식'이라고 하고, 이러한 음식을 자주 먹으면 혈액 속에 나쁜 콜레스테롤과 중성지방이 쌓이게 된다. 이 외에도 당분이 너무 높은 경우에도 혈액이 탁해질 수 있다. 당은 우리 몸속에서 포도당이 되는데, 이 포도당은 유일한 에너지원이므로 우리 몸에 꼭 필요한 영양소이다. 하지만 당이 필요이상으로 몸에 쌓이면 혈당이 높아져서 혈액이 끈적끈적해진다.

콩

마늘

다시마

3 탁한 피가 내 몸을 공격한다

어느 날 문득 가슴이 찢기는 듯한 통증이나 아찔한 어지럼증을 경험한 적이 있는가? 이 경우 단순히 일시적인 증상이라고 넘겨버릴 수만은 없다.

탁한 혈액은 혈관에 노폐물을 침전시켜 동맥경화의 원인이 된다. 동맥경화가 진행된 혈관은 비포장도로처럼 울퉁불퉁하게 변해 있다. 이곳을 통과하는 혈액은 결국 순환이 원활하지 못해서 움직임을 멈추거나 한 곳에 혈전을 만든다. 이러한 현상이 뇌혈관에 생기면 '뇌경색'이 되고, 관상동맥경화는 '심근경색'으로 이어질 확률이 높다. 탁한 피의 공격을 받고 통증을 호소하며 응급실에 실려 온 사람들, 대부분은 혈관이 거의 막혀 있는 것을 확인하고 나서야 현실을 직시하고 후회한다. 이런 환자들의 공통점은 '전혀 몰랐다'는 것이다. 몸의 이상을 감지할 즈음이면 우리 몸의 상당부분이 이미 탁한 피의 공격을 받은 상태이다.

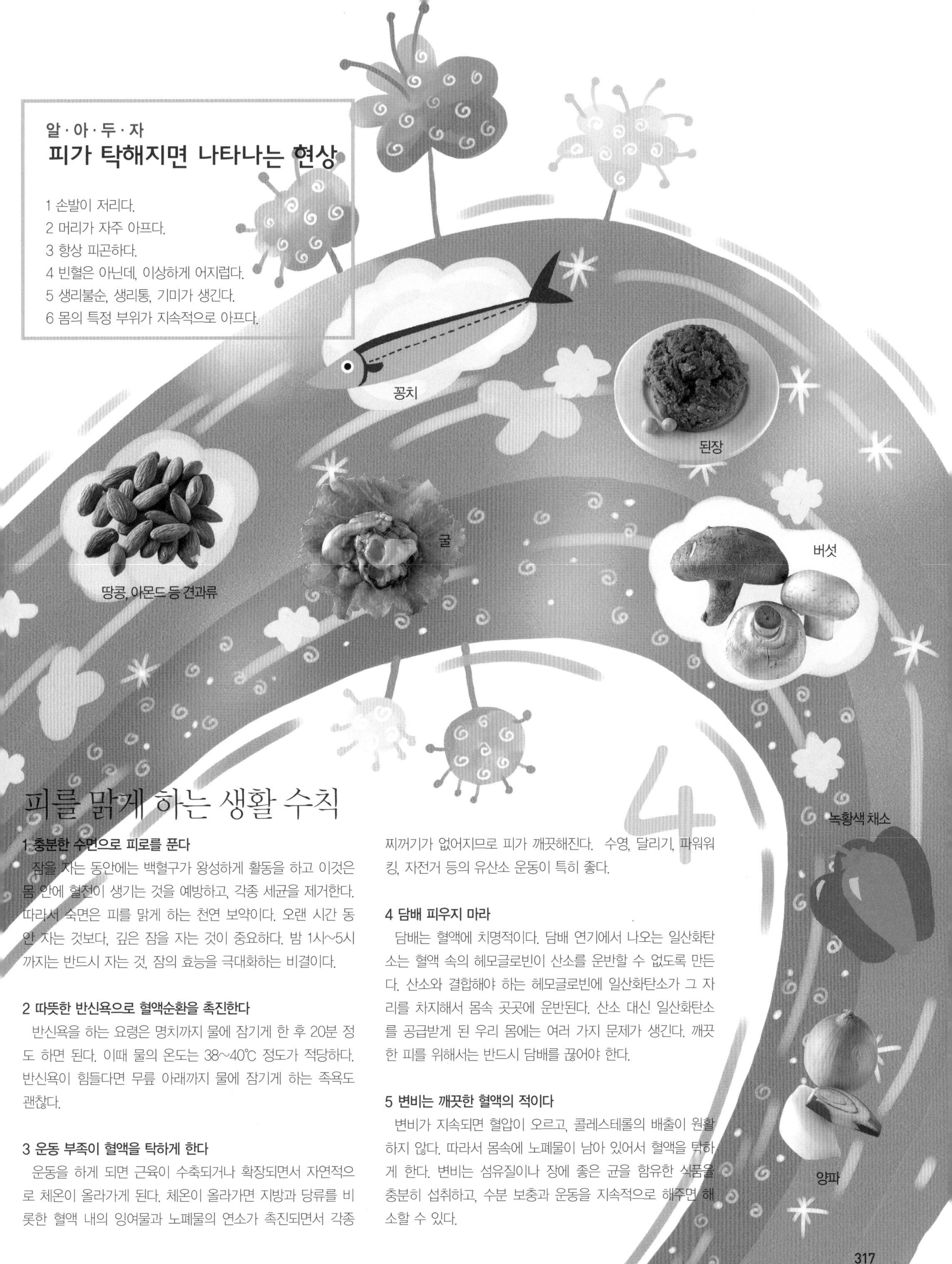

알·아·두·자
피가 탁해지면 나타나는 현상

1 손발이 저리다.
2 머리가 자주 아프다.
3 항상 피곤하다.
4 빈혈은 아닌데, 이상하게 어지럽다.
5 생리불순, 생리통, 기미가 생긴다.
6 몸의 특정 부위가 지속적으로 아프다.

피를 맑게 하는 생활 수칙

1 충분한 수면으로 피로를 푼다

잠을 자는 동안에는 백혈구가 왕성하게 활동을 하고 이것은 몸 안에 혈전이 생기는 것을 예방하고, 각종 세균을 제거한다. 따라서 숙면은 피를 맑게 하는 천연 보약이다. 오랜 시간 동안 자는 것보다, 깊은 잠을 자는 것이 중요하다. 밤 1시~5시까지는 반드시 자는 것, 잠의 효능을 극대화하는 비결이다.

2 따뜻한 반신욕으로 혈액순환을 촉진한다

반신욕을 하는 요령은 명치까지 물에 잠기게 한 후 20분 정도 하면 된다. 이때 물의 온도는 38~40℃ 정도가 적당하다. 반신욕이 힘들다면 무릎 아래까지 물에 잠기게 하는 족욕도 괜찮다.

3 운동 부족이 혈액을 탁하게 한다

운동을 하게 되면 근육이 수축되거나 확장되면서 자연적으로 체온이 올라가게 된다. 체온이 올라가면 지방과 당류를 비롯한 혈액 내의 잉여물과 노폐물의 연소가 촉진되면서 각종 찌꺼기가 없어지므로 피가 깨끗해진다. 수영, 달리기, 파워워킹, 자전거 등의 유산소 운동이 특히 좋다.

4 담배 피우지 마라

담배는 혈액에 치명적이다. 담배 연기에서 나오는 일산화탄소는 혈액 속의 헤모글로빈이 산소를 운반할 수 없도록 만든다. 산소와 결합해야 하는 헤모글로빈에 일산화탄소가 그 자리를 차지해서 몸속 곳곳에 운반된다. 산소 대신 일산화탄소를 공급받게 된 우리 몸에는 여러 가지 문제가 생긴다. 깨끗한 피를 위해서는 반드시 담배를 끊어야 한다.

5 변비는 깨끗한 혈액의 적이다

변비가 지속되면 혈압이 오르고, 콜레스테롤의 배출이 원활하지 않다. 따라서 몸속에 노폐물이 남아 있어서 혈액을 탁하게 한다. 변비는 섬유질이나 장에 좋은 균을 함유한 식품을 충분히 섭취하고, 수분 보충과 운동을 지속적으로 해주면 해소할 수 있다.

궁
금
증

의서에 나온 음식궁합

음식궁합을 알고 나면 먹었을 때 서로 좋은 영향을 미치는 음식들과 좋지 않은 음식에 대한 옛 선인들의 탁월한 지혜가 놀랄 만큼 발달했다는 것을 알 수 있다.

의서 〈본초강목〉에서는 '아욱을 먹는데는 마늘을 쓴다. 마늘이 없으면 먹지 말라'고 했을 정도로 선조들도 아욱과 마늘을 즐겨 먹었다.

반면 〈방약합편〉이라는 의서를 보면 멀리해야 할 식품에 대해 언급했는데 눈이 붉은 생선과 눈을 감은 생선, 물에 넣으면 떠오르는 돼지고기, 고기에 붉은 점이 있는 것, 건조시킨 고기가 말라 있지 않은 것, 발을 펴지 못하는 닭이나 들새, 뜨거운 음식을 구리에 담았을 때 그 음식에 땀방울이 맺히는 것은 먹지 말라고 했으니 오늘날에도 참고할 만한 충분한 가치가 있는 이야기다.

장희빈과 꿀 탄 게장의 비밀

숙종의 총애를 받았던 장희빈이 후사가 없던 숙종에게 왕자를 안겨주면서 결국 인현왕후를 폐출한 뒤 왕후의 자리에 오르고 나서 그 기세가 양양해지자 항간에는 '장다리는 한철이고 미나리는 사철이라'라는 동요가 돌았다고 한다.

그 민중에서 떠돌던 동요가 적중했는지 민씨가 다시 복귀하자 장희빈은 인현왕후를 없앨 별별 궁리를 다하게 되는데 결국 숙종 28년에 민씨를 살해하려다 탄로 나서 사약을 받게 된다.

장희빈이 민씨를 살해하려고 한 방법은 간단한데 밥상에 올라오는 게장에 꿀을 탔다고 한다. 꿀 탄 게장을 먹은 민씨가 담종병에 걸려 승하했다는 이야긴데 게장과 꿀은 상극관계로 궁합이 맞지 않는다. 게장과 꿀뿐 아니라 게장과 감, 술과 홍시, 시금치와 근대, 녹두와 비자(비자나무의 열매로 구충제로 쓰임)도 함께 먹으면 좋지 않은 음식이다.

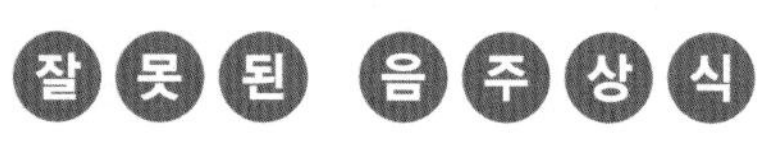

숙취예방에 날 달걀이 좋다?

콩나물에서 추출한 아스파라긴산이 들어간 숙취 예방 드링크제가 나오기 이전에는 술자리에 가기 전에 날 달걀을 먹는 관습이 있었는데 과연 맞는 이야기일까?

날 달걀은 콜레스테롤이 많아서 고혈압 환자는 피해야 한다. 그렇다면 고혈압 환자가 술을 마시기 전에 달걀을 먹으면 안 되는 걸까? 그러나 날 달걀 한 개에는 불과 2.13㎎의 콜레스테롤이 들어 있고 나이아신과 철, 칼륨이 들어 있을뿐더러 다량의 레시틴 성분이 있어 혈중 콜레스테롤을 억제하는 효과도 가지고 있다.

음주 전 날 달걀을 먹으면 위벽을 보호하고 알코올의 흡수를 지연시킬 수 있다. 다만 알레르기 체질인 사람은 같이 먹지 않도록 주의할 것.

음식궁합 〈〈〈

	과일	야채	전분식품	1차 단백질식품	2차 단백질식품	지방식품
과일	좋음	좋음	좋음	괜찮음	괜찮음	좋음
야채	괜찮음	좋음	좋음	괜찮음	좋음	괜찮음
전분식품	좋음	좋음	좋음	좋음	나쁨	괜찮음
1차 단백질식품	괜찮음	좋음	좋음	괜찮음	나쁨	괜찮음
2차 단백질식품	괜찮음	좋음	나쁨	나쁨	나쁨	나쁨
지방식품	좋음	괜찮음	괜찮음	괜찮음	나쁨	나쁨

06

전국에서 소문난 명의

- 천마로 난치병 고치는 **유성길** 옹
- 일본까지 소문난 침의 대가 **김남수** 옹
- 천식과 비염의 전문가 **김한섭** 박사
- 자궁근종 · 불임증 잡는 **최형주** 박사
- 당뇨병 치료의 달인 **이창근** 박사
- 아이들 병을 잘 고치는 **김영삼** 박사
- 약침으로 소문난 **허창회** 박사
- 부인병 · 불임증에 명성을 떨치는 **배원식** 옹

천마로 난치병 고치는 유성길 옹

경상북도 영양군 석보면 삼의리에 있는 맹동산 꼭대기에 자리 잡은 봉의곡 천마 농장 주인 유성길 옹은 천마 연구로 2001년 신지식인상을 수상한 주인공이다. 한평생 천마에 매달려 살다 보니 이제는 민간 약초 연구가라는 별칭을 얻었다.

유성길 옹이 세상에 알려진 것은 1988년 무렵이다. 산삼과 비슷한 약효를 지닌 천마 재배에 성공했다는 소식이 KBS 뉴스에 보도되면서 스포트라이트를 받기 시작한다.

"20여 년까지만 해도 천마의 인공재배가 불가능했지요. 수많은 어려움을 헤치고 인공재배에 성공시켜서 고소득 작물로는 인정받았지만 아직 천마의 효능이 바다 건너 해외에까지 알려지지 못한 것이 안타깝습니다."

천마는 현재 한국을 비롯해서 중국, 대만, 일본에서 나고 있는데 대만과 일본의 경우에는 거의 멸종된 것으로 알려졌고, 중국의 경우 땅이 넓고 산이 많아 현재 한국에 수입되고 있는 것은 거의 중국산이다.

국내에는 강원도, 춘천, 화천, 홍천 그리고 경기도 가평, 포천 등지의 깊은 산속 참나무 밭에서 많이 자랐으니 천마가 산삼처럼 사람의 손길을 싫어해 자연산을 채취하기란 매우 힘든 실정이다.

천마가 어떻게 좋은지는 옛 의서 〈동의보감〉에 보면 천마를 '정풍초'라 하여 '고혈압, 어지럼증, 불면증, 불안, 우울증에 아주 좋은 약'이라고 쓰여 있다. 또 '뇌나 체내 말초혈관의 미세한 부분까지 이어주고 순환시켜 주는 신효한 약'이라고 쓰여 있다.

〈생약규정집〉에는 '총체적으로 이 약은 혈과 뇌에 작용하여 기를 도와주고 청혈 부족, 중풍, 고혈압, 간질에 좋다'고 했으며 〈향약집성방〉에서는 '풍이나 습으로 인해 생긴 여러 가지 비만증, 팔, 다리가 오그라지는 것, 어린이 풍간, 잘 놀라는 것 등을 치료하고 허리와 무릎을 잘 쓰게 하며 근력을 높여준다. 또 오래 먹으면 기운이 나고 몸이 거뜬해진다'고 되어 있다. 특히 교통사고로 온몸이 마비현상이 있을 때 이 천마가 마비를 풀어주는 특효를 지녔다고 한다.

20여 년 만에 인공재배 성공

유성길 옹의 고향은 충청남도 청양군 남양면이다. 그런 유 옹이 맹동산 꼭대기로 들어 온 것은 1969년으로 거슬러 올라간다.

"한국전 참전 후유증과 사업 실패로 정신적인 충격에 휩싸였어요. 몸이 여위고 정신도 가물거렸지요. 그런 증상을 고치기 위해서 산에 들어 왔습니다. 뱀을 잡아먹으면 병이 낫는다는 말을 듣고, 뱀이 많던 맹동산으로 들어 온 거지요."

뱀을 잡아먹어서인지 건강을 조금씩 회복하기 시작했다. 하지만 땅꾼 노릇을 하고 살자니 식솔을 챙겨 주기 힘들었다. 그때 배고픔을 해결하기 위해 산을 헤매다가 만난 것이 바로 천마다.

유성길 옹은 팔뚝만 한 천마를 쌀부대로 다섯 가마니를 캐내어 서울에 내다 팔았다. 그 시절에도 "천마 한 수

레면 돈도 한 수레"라고 할 정도만큼 천마는 귀하고 비싼 약재였다.

천마를 내다 판 돈을 밑천삼아 유성길 옹은 천마 인공재배를 시작한다. 실패를 거듭한 끝에 연구를 시작한 지 20여 년이 흐른 뒤에야 겨우 인공재배 비법을 알아 낼 수 있었다.

천마를 술에 우려 마시거나 가루를 내어 먹는다

"봄에 참나무에 구멍을 뚫고 뽕나무 버섯 종균을 배양소에서 3개월간 배양합니다. 이 종균을 1년 된 종마와 참나무 뿌리에 같이 대고 묻어 줍니다. 그러면 종균에서 미세한 거미줄 같은 것이 나오지요. 이것이 천마의 영양 공급줄입니다."

거듭 강조한 것과 같이 천마는 한의학에서 빠지지 않은 중요한 약재다. 약재로 쓸 경우, 살짝 삶아 햇볕에 말려 사용하게 된다. 유성길 옹의 말에 따르면 이때 천마의 중요한 성분들이 많이 손실된다고 한다.

"그래서 저는 천마를 술에 담궈 마시거나 얇게 썰어 분말로 내어 먹습니다. 또 생천마를 갈아서 먹는 방법도 애용하고요. 천마는 봄에 캔 천마보다 가을에 캔 것이 상품 가치가 높지요."

천마로 효력을 본 사람들

서울 중랑구 면목동에 사는 김성훈씨는 5년 전 교통사고로 4주 진단을 받은 일이 있었는데 그 이후로 팔다리에 마비 증세가 있었고 자주 저려 다시 병원에 여러 차례 다녔으나 의사로부터 별다른 이야기를 듣지 못했다고 한다. 그러던 중 아는 사람의 소개로 천마가루와 천마술을 3개월 정도 먹었는데 지금은 씻은 듯이 나아 잘 지내고 있다는 이야기다.

대구에 사는 이덕열씨는 비염으로 10년 정도 고생한 케이스. 지금은 천마를 먹고 많이 좋아진 상태이며, 그의 어머니 김점선씨는 손이 떨리고 허리가 아픈 것이 없어졌다고 한다.

경북 영양군 석보면에 사는 손호근씨는 3년 전에 고혈압으로 쓰러져 병석에서 대소변을 받아낼 정도로 중태였으나 천마 생즙을 여러 차례 먹은 후 지금 별다른 후유증 없이 지내고 있다고 한다.

암이나 에이즈 치료에도 효과

이뿐만 아니라 천마는 암이나 에이즈에도 탁월한 효과가 있다고 유성길 옹은 말한다.

"여기 에이즈 환자도 여럿 와유. 어른부터 청소년까지 와유. 여기 와서는 물론 에이즈라고 얘기 않지유. 뭐 디스크다, 관절염이다 얘기하지만 내가 피부 보고 혈관, 이빨 같은 것을 보면 대번에 알지유. 피부를 보면 헐고 혈관은 꼭 콩들어 앉은 거 모양으로 그래요. 이빨에는 염증이 있지유. 이런 사람들 보면 병이랑 병은 다 갖고 있어유. 그러니까 우리 몸에 면역성을 길러주는 천마를 먹으면 대번에 낫지유. 한 3~4개월이면 돼유." 충청도 분이라 말끝이 살짝 늘어지긴 하지만 억양은 자신 있어 보였다.

한평생 천마에 매달려 온 민간 약초 연구가

손때를 싫어하는 천마를 따라서 여전히 전기가 들어오지 않은 산자락에 살며 천마를 위해 여생을 바치고 있는 유성길 옹. 그는 칠순이 넘은 나이에도 건강하게 천마 연구에 전념할 수 있었던 이유를 다음과 같이 설명하였다.

"맑은 공기를 마시며 꾸준히 운동하고 규칙적인 생활을 하세요. 거기다가 천마를 복용하면 금상첨화이지요."

일본까지 소문난 침의 대가 김남수 옹

아흔 살의 나이로 일본과 중국에까지 소문난 침술의 대가 김남수 옹. 중풍, 당뇨병, 심지어 화상으로 고통 받는 환자들도 김 옹에게 침을 맞고 나면 씻은 듯이 낫는다 하여 '신의 손'이란 애칭이 붙었다. 이웃집 할아버지처럼 넉넉한 인심으로 친근하게 환자들을 보살피는 김남수 옹은 침술에 대해 제대로 된 지식을 알리는 것도 자신이 해야 할 일이라고 말한다

침을 손에 잡은 지 어언 50년. 김남수 옹은 일본뿐 아니라 침술의 본고장 중국 '중의 학원'에 강사로 초청받을 만큼 인정받는 명의다. 하지만 언제나 이웃집 할아버지처럼 넉넉한 인심으로 친근하게 환자들을 보살핀다.

"나는 의사가 아닙니다. 침구사지요. 우리나라는 예로부터 침술로 사람의 병을 고쳤습니다. 하지만 요즘엔 침구사들을 거의 찾아 볼 수가 없어요. 약으로 모든 걸 해결하려고 하기 때문이지요. 그래서 내가 아흔을 바라보는 나이에는 침을 손에서 놓을 수가 없어요."

겸손한 말투로 침술이 외면 받고 있는 현실을 걱정하는 김남수 옹. 그가 병을 고치는 데는 침과 뜸이 함께 이용된다.

쑥뜸은 3년 된 쑥이 최고 효력

"쑥을 태워서 그 온기를 이용해 병마를 치료하는 방법입니다. 쑥을 태울 때 생기는 온기가 신체 내부를 자극하면 호르몬 분비가 왕성하게 되고, 신체 조절기능이 좋아집니다. 옛말에 칠년지병(七年之病)은 구삼년지애(灸三年之艾)라는 얘기가 있어요. 오래된 고질병은 삼년 된 쑥으로 뜸을 해야 낫는다는 말이지요."

왜 3년 된 쑥을 써야 하는지 아직 명확히 이유가 밝혀지지 않았다. 다만 일본 사람들이 연구한 결과 햇쑥은 태워보면 300℃의 열이 나지만, 3년 된 것은 60℃ 정도의 열을 낸다는 것을 발견했다. 지구상에 태워서 60℃의 열을 내는 것은 3년 묵은 쑥밖에 없다고 한다.

전라남도 장성이 고향인 김남수 옹은 청년 시절에 면사무소에서 후생 담당관으로 일했다. 그때 김남수 옹의 형님이 침을 놓고 있었는데 젖이 안 나오는 여인에게 침을 놓아 젖이 줄줄 나오게 하는 모습을 보고 침술에 매료되었다고 한다.

1943년 해방과 더불어 상경, 침구사 자격증을 취득했다. "병을 고치는 사람을 무어라고 부릅니까? 의원이라고 하지요? 예전에 의원은 침을 놓아 병을 고쳐 주는 사람을 가리켰습니다. 약을 지어주는 곳은 약방이라고 따로 불렀지요. 하지만 요즘엔 달라졌어요. 침구사들이 줄어드는 것이 너무 안타깝습니다."

침은 내장 기관에 무리를 주지 않는 최고의 치료법

예로부터 '약 값은 있어도 침 값은 없다'는 말이 있다. 약은 먹어서 병을 고치고 나도 차후에 속을 버릴 확률이 높다. 하지만 좋은 침구사를 만나서 침이나 뜸 치료를 받으면 내장 기관에 전혀 무리를 주지 않고도 병을 고칠 수가 있다.

"'황제내경'을 보면 돌침은 동방에서 왔고, 독약은 서방에서 왔으며 뜸은 북방, 구침은 남방, 도인안교는 중앙에서 왔다고 쓰여 있지요. 우리나라도 침구술에서 결코 뒤떨어진 나라가 아니었습니다. 하지만 침구사 제도가 없어지면서 일본과 중국에 크게 떨어지게 되었어요."

과거 우리나라의 침술은 중국에 내 놓아도 손색이 없었지만 지금은 차이가 많이 난다며 걱정을 했다. 현재 제대로 침술의 명맥을 잇고 있는 사람은 김 옹을 포함해서 손가락 안에 꼽을 정도밖에 남지 않았다고 한다.

당뇨, 디스크, 구완와사를 침으로 치료

흔히 '침' 하면 발목이 삐었을 때나 맞으러 다니는 줄로 아는 사람들이 많다. 하지만 그런 생각은 큰 오산이다. 당뇨병에서부터 디스크, 구완와사 환자도 김남수 옹에게 찾아가면 침술로 고칠 수가 있다.

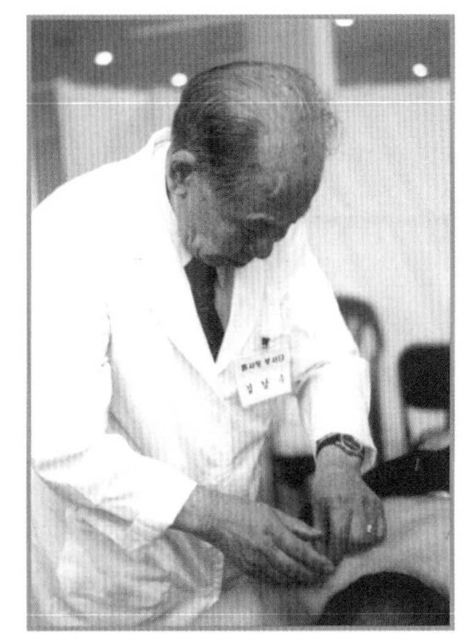

"침과 뜸으로 현대 의학이 손을 놓은 고질병을 고칠 수 있어요. 침을 꽂고 나면 당뇨 수치가 현저하게 줄어드는 것을 볼 수 있습니다. 현대 의학으로는 해석할 수 없는 놀라운 일이지요. 뿐만 아닙니다. 나를 찾은 환자 중에서 가장 기억에 남는 사람은 화상(火傷)을 입은 환자였지요."

침으로 다리 화상 치료

20년 전에 다리에 화상을 입은 환자가 김 옹을 찾아왔다. 김 옹이 '신의 손' 으로 침을 놓은 결과 상처도 하나 남기지 않고 깨끗하게 치료를 해 주었다고 한다. 치료에는 '풍문혈' 과 '폐유혈' 을 이용했다. '풍문혈' 은 화기를 없애는 혈이며, '폐유혈' 은 피부병 환자에게 주로 응용하는 혈로 폐와 대장을 다스리는 곳이다. 그렇게 해서 화상 환자를 완치시키고 난 뒤로는 침술에 대한 확신이 더 커졌다고 한다.

"우리 내자(아내)를 내가 손수 고쳐 준 일도 있어요. 실수로 뜨거운 물에 얼굴을 데었지요. 얼굴에 화상을 입고 쩔쩔매는데 내가 손수 침을 놓았습니다. 3일째부터는 딱지가 앉더군요. 나 몰래 병원도 찾아가 보았다고 해요. 그랬더니 화상은 낫더라도 성형 수술을 해야 할 만큼 흉터가 남을 거라고 했다면서 하소연을 했어요."

그러나 결과는 천만에 말씀이었다. 김 옹이 정성스레 침을 놔 준 지 8일 만에 완치되고 상처 하나 남지 않았다.

아흔을 넘은 나이에도 환자 돌봐

김옹이 아흔이 넘은 나이에도 환자들을 위해 침을 잡을 만큼 건강한 비결 역시 매일 아침마다 '곡지혈' 에 뜸을 뜨기 때문이라고 한다. 팔을 안쪽으로 굽힐 때 주름이 잡히는 팔꿈치 부위를 손으로 눌러 봐서 가장 아픈 곳이 바로 '곡지혈' 이다. 곡지혈은 무병장수 혈로 손꼽히는 혈자리다. 또한 고혈압이나 중풍으로 고생하는 당뇨병 환자에게도 좋은 뜸자리이기도 하다.

김남수 옹은 돈을 벌기 위해 침을 놓는 단순한 침구사가 아니다. 1980년도부터 김 옹은 의료 혜택을 받지 못하는 어려운 이웃들을 직접 찾아다니며 손수 침과 뜸으로 봉사를 해 왔다. 멀리 섬 마을 주민들과 노인회관의 어르신들, 시각장애자들에게 인술을 베풀었다.

보길도, 관매도, 고산군도 등에 의료봉사를 다니다가 직접 풍랑을 맞기도 했다.

"내가 있는 침술원이나 나를 명의라고 소개하려면 취재를 하지 말아주세요. 오로지 국민들에게 침술에 대해서 제대로 된 지식을 주려거든 글을 써 주세요."

신신당부를 하며 취재에 응한 김남수 옹. 고질병으로 고생하는 환자들에게 봉사를 하고, 침술 발전을 위해 평생을 바치며 인술을 베푼 김남수 옹이야 말로 우리시대 진정한 명의 중의 명의다.

천식과 비염의 전문가 김한섭 박사

5년, 10년 약을 먹고 병원을 다녀도 떨어지지 않는 난치병, 알레르기 천식과 비염. 평생을 맘 졸이며 사는 천식과 비염 환자들에게 희망을 주는 김한섭 박사. 아무리 바빠도 하루에 10~15명 이상은 환자를 보지 않는다는 김박사는 알레르기 치료는 사람의 체질과 습성을 파악해야만 치료가 가능하다고 한다.

6천여 명의 환자를 고쳐 낸 주인공

병 중에서도 알레르기성 천식과 비염은 난치병이자 고질병에 속한다. 치료도 잘 되지 않고 계절이 바뀔 때마다 숨어있던 병마가 고개를 내밀며 끈질기게 괴롭히기 때문이다. 짧게는 몇 년에서 반평생, 한평생을 앓게 되기에 천식이나 비염 환자는 대부분은 치료를 포기하거나 그저 재발되지 않기를 바라며 살아가기 마련이다.

천식 환자 2개월이면 완치

동대문구 용두동에서 환자를 치료하는 김한섭 박사는 바로 그런 고질병을 잡는 명의다. 그는 폐와 콩팥, 비장을 다스려 천식과 비염을 완치시킨다. 한마디로 고질병으로 고통 받는 환자들에게는 삶의 희망을 심어 주는 전령사다.

"대개 2개월 정도 내가 처방한 약을 먹으면 병이 낫지요. 정도가 심한 경우 경과를 보면서 4개월 처방을 내립니다. 비염과 천식 등 알레르기 환자 중에서 특히 천식 환자 치료에 관심이 많아요. 천식은 생명과 직결된 병이잖아요. 치료를 해 주면 그만큼 보람이 크지요."

김한섭 박사가 천식 치료에 이렇게 자신을 보이는 데에는 이유가 있다. 태어나면서부터 5살까지 천식 때문에 한 달에 서너 번씩 119에 실려 갔던 환자나 50년 이상을 고통 속에서 살던 환자들을 줄줄이 고쳐 냈기 때문이다.

"산소 호흡기를 24시간 끼고 살아야 하는 환자가 아닌 이상 99% 고칠 자신 있습니다. 솔직히 산소 호흡기를 온종일 끼고 사는 분은 완전 중환자잖아요. 그런 분은 이미 몸의 면역 체계가 무너져 있단 뜻이니 천식을 고치기는 힘들지요."

결국 임종을 앞둔 사람 빼고는 다 치료할 자신이 있다는 얘기다. 이미 용하다는 소문을 듣고 김한섭 박사에게 다녀간 환자들만 6천여 명이 넘는다.

문진을 통해 알레르기 환자 습성 알아내

김 박사의 한의원은 천안에서부터 광주, 제주도에 이르기까지 입소문을 듣고 찾아오는 환자들로 일주일 내내 쉴 날이 없다.

"아무리 바빠도 하루에 10명에서 15명 이상은 환자를 보지 않습니다. 진료를 하는 데 환자 한 명당 최소한 20~30분 이상이 걸려요. 알레르기 치료는 특히 그 사람의 체질과 습성을 파악하는 게 중요하거든요. 문진을 하고 일일이 특성을 파악해야만 치료법을 제대로 선택하고 처방할 수 있습니다."

인터뷰 중에 환자가 들어오자 조근 조근 30여 분간 상담이 이어졌다. 설문을 통해서 여러 가지 생활습관을 일일이 파악하고 손수 확인까지 해 나가는 김한섭 박사.

문진과 진찰 끝에 2개월 처방을 내리면서 꼭 고칠 수 있으니 약만 꾸준히 제때 복용하라고 당부하는데 목소리에 자신감이 차 있다.

천식은 비장과 콩팥, 폐를 잘 관리해 주어야 한다

몸에서 후천적인 열을 발생하는 부위는 비장이고 선천적인 열 관리는 콩팥이다. 폐는 그 자체로 열을 내지는 않지만 외부에서 들어오는 찬 공기를 방어하고 적응하는 기능을 지니고 있다.

"천식과 비염 환자는 이들 기관 중에 한 곳, 혹은 두 곳에 복합적인 이상이 발견됩니다. 비장이 제대로 열을 내지 못하면 찬 공기를 데워주지 못해서 문제가 생기지요. 물론 지나치게 뜨거워도 문제가 일어납니다. 그래서 부족하면 더해 주고 넘치면 덜해 주는 처방으로 해결합니다."

후천적인 비염과 천식은 후천적인 열 관리를 주로 하는 비장에서 원인을 찾는다. 반면 선천적인 비염, 천식은 콩팥에서 원인을 찾는다. 선천적인 병일 경우 콩팥맥의 힘이 뚜렷하다고 한다. 하지만 이상이 있을 경우 약하거나 지나치게 강하다. 콩팥 맥의 힘이 지나치면 고혈압일 가능성이 높고 약할 경우 선천적인 비염, 천식으로 나타날 가능성이 높다는 설명이다.

동의처방이 치료의 기본

김한섭 박사의 집안은 3대째 대대로 한의원을 하고 있는 명의 집안이다. 장남으로 태어난 김한섭 박사는 대를 잇기 위해 한의대에 입학했다. 하지만 김한섭 박사는 남다른 이력을 지니고 있다. 졸업한 후에 바로 개업을 하지 않고, 은행과 수협 등에서 일을 했다. 그곳에서 산전수전 다 겪은 후 의사가 천직이라는 생각을 했다고 한다.

"헛된 시간을 보낸 게 아닙니다. 여러 분야에서 일하면서 사람을 쓰는 용병술을 배웠어요. 저는 병을 치료하는 데도 그때 배운 용병술을 응용합니다. 병마가 적이라고 생각하고 약을 군사라고 생각하지요. 병의 정도와 환자의 상태에 따라서 '약재'라는 군사들을 데리고 병마는 쳐부수는 용병술을 써나가는 거지요."

사실 병에 따라 동의보감에 나온 처방은 정해져 있다. 명의가 되느냐, 마느냐는 동의보감의 처방을 환자에 따라서 얼마나 잘 응용하느냐에 달린 것이다. 무조건 베끼는 식의 처방은 환자들을 고통에 빠뜨리는 처사라고 .

"천식 치료도 마찬가지입니다. 저도 다른 의사들과 마찬가지로 동의보감에 나온 처방을 쓰지요. 하지만 거기에 한 가지를 더 첨가했어요. 그것이 병을 더 빨리 치료할 수 있도록 도와주는 것이지요. 비방이요? 그것은 아직 비밀입니다. 이제 곧 특허를 출원할 예정이거든요."

큰딸의 알레르기성 비염 치료한 것이 계기

여러 질병 중에서도 김 박사가 특히 비염과 천식에 관심을 쏟은 것은 큰딸이 오래 동안 알레르기성 비염으로 고생을 했기 때문이다. 여러 병원을 다녔지만 효과를 보지 못하자 손수 고쳐 줘야겠다고 결심하고 천식과 비염 등의 알레르기 질환을 연구했다.

김 박사는 환자들에게 자신이 직접 만든 과립형의 약재를 처방한다. 여러 약재를 효과적으로 섞기 쉽고 분량을 줄여주기 위해 과립형으로 만들어 복용시키는 것이다. 이것을 만들기 위해서 꽤 많은 투자와 시간이 걸렸다.

김한섭 박사는 경희대학교에서 암 연구로 박사 학위를 취득했다. 그리고 지금까지도 끊임없이 연구에 투자하고 있다.

"영원한 명의는 있을 수 없어요. 십 년이면 강산이 변하듯 질병도 시대에 따라 변합니다. 그러니 무조건 임상경험만 가지고 약을 짓는 건 위험한 발상이지요. 병이 변하면 치료법도 달라져야 합니다. 그래서 공부를 하는 거지요"

김한섭 박사는 천식 환자들에게 규칙적인 생활을 하길 권한다. 차갑고 습한 것을 피하고 깨끗한 환경 속에서 피로를 예방하는 생활만이 발작을 줄이고 건강하게 사는 비결임을 강조했다.

어린이 알레르기 질환 전문 김영삼 원장

어린이 감기부터 원인 모를 경기까지. 소아 질환에 대해선 정평이 나 있는 김영삼 원장을 만나 보았다. 몇 년 전 발표한 논문 '소아 한방'은 중국의 중의학 연구원 교수들까지도 인정한 수작이었다고. 특히 어린이 아토피나 비염 · 소아 천식에 관한 부분은 중국에서도 김 원장을 어린이 알레르기 전문가로 불리게 만들었다. 중국의 의서인 〈명의열전〉에도 '부인병과 아이들 병을 잘 고치면 그게 바로 진짜 명의다'라는 대목이 나올 만큼 어린이 질병은 까다로워 어린이 전문 한의사는 드물다고 한다.

아들의 감기를 고치려다가 소아 질환 전문가로

고속도로 수원 IC를 지나 용인 방향으로 가는 길목의 구갈초등학교 건너편에서 어렵지 않게 영재부부한의원을 찾을 수 있었다. 어린이 질환에 용하다는 소문이 돌면서 서울, 경기는 물론이고 멀리 부산과 제주도에서까지 환자들이 몰려 올 정도로 정평이 나 있다. 어른 환자도 많긴 하지만 어린이 환자가 압도적이다. 오전 9시 30분에 병원 문을 열면서 진료가 끝나는 7시까지 줄곧 아이들에게 파묻혀서 지내는 셈이다. 어린이 환자는 힘들지 않느냐는 질문에 김 원장은 고개를 저었다.

"우리집은 조카만 24명이나 되는 대가족이라 명절 때만 되면 조카들을 돌보는 것이 항상 내 차지였죠. 그렇게 아이들 속에서 살아서인지 아무리 아이들이 북적거려도 피곤한 줄 몰라요. 그래서 한의대에 진학한 후에도 소아과에 관심이 많이 갔었나 봐요."

원래 김 원장은 할아버지 대부터 가업으로 해오던 한의원에 뜻을 두지 못하고 대학에서는 고고인류학을 전공했다. 군대 제대 후 결국 자신의 길은 한의학에 있음을 뒤늦게 깨닫고 한의대로 진로를 바꿨다. 김 원장이 어린이 질환에 더욱 관심을 갖게 된 것은 아들이 코를 골게 되면서부터였다. 어릴 적부터 감기를 달고 살았던 아들이 5살이 되던 무렵 갑자기 코를 골기 시작하여 고민을 하다가 소아질환에 관심을 가지게 되었다.

"직접 처방을 하여 약을 먹였습니다. 약을 먹인 다음 날부터 코고는 소리가 약해지더군요. 1개월 동안 먹였더니 완전히 사라졌습니다. 어른이 된 지금까지 한 번도 코를 곤 적이 없습니다. 저 역시 한의학을 공부한 사람이지만 그땐 정말 신기하다는 생각이 들더군요." 하지만 본격적으로 어린이 전문 한의사로 진료를 하게 된 계기는 아들의 감기를 고치면서였다.

"가벼운 감기라고 생각해서 소아과 병원에 보냈는데 한 달이 지나도 콧물이 멎지 않는 거예요. 할 수 없이 직접 한약을 지어 먹였죠. 그랬더니 그날 저녁부터 열이 내리면서 다음 날 완쾌되었습니다."

"한번은 여행을 가야 하는데 두 돌이 지난 아들이 감기에 걸려 열도 높고 콧물도 심하게 나는 거예요. 그래도 다른 사람들과 함께 가기로 한 여행인데 어떻게 해요. 하는 수 없이 한약을 보온병에 담아서 한 잔을 먹인 다음에 출발했습니다. 출발한 지 2시간 만에 열이 내리더니 목적지에 도착해선 다시 쌩쌩해져서 즐겁게 여행할 수 있었습니다."

자신감을 얻은 김 원장은 그때부터 아이들 질환 연구에 집중했다.

감기와 천식은 약 몇 첩이면 거뜬

아이들이 잘 걸리는 대표적인 질환으로 김 원장은 감기와 천식, 아토피 피부염, 각종 알레르기성 질환을 꼽았다. 이런 질환들은 대부분 초기에 제대로 관리를 해주면 나을 수 있지만 그렇지 못하면 고질병이 될 수도 있어 각별한 주의가 필요하다고.

특히 아이들은 폐장의 기와 신장의 기가 약해졌을 때 고질적인 감기에 시달리게 된다고 한다. 따라서 한약으로 폐장의 기와 신장의 기를 보충해 주면 대부분의 감기를 고칠 수 있다는 것이다.

아이가 목에 가래를 그렁그렁 달고 다니고 있는 것을 보면 천식이 아닐까 걱정하는 엄마들도 있지만 그리 겁먹을 일은 없다고 한다. 대부분 발열로 생긴 담이 기관지 사이에 끼기 때문에 그렁그렁 하는 소리가 나는 것이라고. 이럴 때는 '가미형방패독산'과 같은 약으로 가래를 제거하면 다시 말끔해진다는 것이다.

아토피성 피부염도 한약으로 고친다

요즘 아이들에게는 아토피성 피부염이나 가와사끼 피부염 같은 피부질환이 많다. 이는 환경오염과 잘못된 식생활에서 오는 것이 대부분이라고. 한방에서는 폐가 피부를 관리한다고 보는데, 대기오염으로 폐가 오염되면서 피부에도 이상이 생긴다는 것이다. 또 햄이나 소시지, 피자와 패스트푸드들을 너무 많이 먹어도 피부질환이 생길 수 있다고 한다.

또 민간요법 치료 사례를 함부로 따라 하는 것은 위험할 수 있다는 것을 지적한다.

알레르기성 비염, 3개월이면 완치

알레르기성 비염을 앓고 있는 아이들 역시 눈에 띄게 늘어났다. 알레르기성 비염은 그대로 방치하면 만성 축농증이나 중이염으로까지 발전할 수 있으니 제때 치료하지 않으면 안 되는 질환 중 하나이다. 김 원장의 처방은 알레르기성 비염에도 특효라고 소문이 나 있다.

"일단은 진맥과 검사를 한 후에 체질과 증상에 따라 처방을 다르게 합니다. 제가 주로 하는 처방은 말린 수세미를 주재료로 하는 '보폐자윤탕'을 2개월 정도 꾸준히 먹이는 것입니다."

'경기' 치료약을 먹고 피부 알레르기가 생겨 물에만 들어가면 몸이 벌개지는 아이가 있었다. 온몸이 벌겋게 발진이 나면서 목욕도 못 시킬 정도였는데 김 원장에게 진료를 받고 약 10첩을 먹은 후 완치되었다.

어머니들에게 알려 주는 어린이 감기 예방법

어린이 전문 병원을 하다 보니 자연히 아이들 건강관리나 집안에서의 응급처치에 대해 묻는 엄마들이 많다. 그 중에서도 소아 감기의 치료에 대해 가장 많이 물어온다고 한다.

"소아 감기는 원인에 따라 처방이 달라집니다. 찬 기운이 도는 감기엔 따뜻한 약인 인삼과 계피를, 열 감기에는 황기와 황련을 넣은 약재들을 처방합니다. 평소 달래, 냉이, 수박이나 귤껍질 말린 진피차를 물 대신 마셔도 예방에 도움이 됩니다. 알레르기성 비염과 중이염에는 도라지를 달여 먹이는 것도 좋습니다."

머리 좋은 아이로 키우는 어린이 보약 처방

어린이 전문 병원을 하다 보니 머리가 좋아지는 보약에 대해 묻는 분들도 많다고 한다. 어린이 보약 처방에는 '총명탕'을 많이 쓰는데 총명탕은 말 그대로 머리를 맑고 밝게 하는 약이다. 공부하는 학생들의 간식인 '구선왕도고'라는 떡도 집중력을 높여주기 때문에 공부에 도움이 된다고 추천한다.

"보약을 먹이면 머리가 나빠지지 않느냐고 묻는 분들이 많습니다. 몸을 건강하게 만드는 약이 보약인데 오히려 머리가 나빠진다면 그건 잘못 만든 보약이죠. 보약은 몸을 튼튼하게 하고 머리를 맑게 하기 때문에 오히려 집중력을 높여 머리가 좋아지는 데 도움이 됩니다."

자궁근종 · 불임증 잡는 최형주 박사

101 가지 부인병을 체계적으로 정리한 후 처방을 공개해서 화제를 모은 최형주 박사.
집안 대대로 내려오는 비방에 40년간 직접 환자를 보며 체험한 임상경험을 정리한 것이다.
민족의학인 한의학이 세계 의학으로 발전할 수 있다면 더 이상 바랄 것이 없다고 한다.

10년 동안 온갖 약을 써보아도 낫지 않던 불임증 치료

"어느 날 한 여자가 진료실에 들어섰습니다. 처녀라고 하기엔 나이가 많고 주부라고 보기엔 어정쩡한 직장여성이었지요. 어디 아픈 사람답지 않게 씩씩하고 분위기가 밝았어요. 그런데 문진이 끝나니까 제게 퀴즈를 내더군요."

그녀는 자신이 아이를 낳을 수 있을지, 아닌지 내기를 걸어 보자고 했다. 알고 봤더니 그녀의 직업은 간호사였다. 이미 자신의 병에 대해서 꿰뚫고 있었던 것이다. 과연 검사를 마치고 나니 나팔관이 막혀 있었다. 스스로 나팔관이 막힌 것을 알고 아이 낳는 것을 포기한 것이다.

"실망해서 돌아서려는데 내가 말을 꺼냈지요. 임신이 가능하다고요. 깜짝 놀라더군요. 하지만 세상에 불가능한 것을 가능하다고 말하는 의사가 있습니까? 그때 제가 처방한 약은 바로 '반현환' 이었습니다."

그렇다면 '반현환' 은 어떤 약일까? 우선 기능적으로 임신이 불가능한 사람에게 임신을 가능하게 해주고 상상임신을 없애 주는 데도 탁월한 효과가 있다고 한다.

"반현환은 반묘, 현호색 단 두 가지 약재로 처방합니다. 간단한 약이지만 효능이 놀라울 정도로 좋지요. 반묘가 무어냐고요? 딱딱한 소똥이나 말똥에서 서식하는 '비단 파리' 를 말하지요. 이 파리의 '뚫는 성질' 을 이용해서 막힌 나팔관을 뚫어 준 겁니다."

다만 반묘는 맹독성이 있기 때문에 독성을 철저히 제거한 후 약재로 만들어 섭취하는 것이 중요하다고 덧붙인다.

3대째 한의학을 공부한 명의 집안

최형주 박사의 친할아버지와 아버지는 한의사였다. 그러니 벌써 3대째 가업을 물려받고 있는 셈이다. 물론 병을 치료하는 탁월한 비방들도 모두 할아버지와 아버지에게서 대물림한 것이다.

"우리 아들이 대학에서 기계공학을 공부했어요. 가업이 끊기는 것 아닌가 걱정을 했는데 군대에 다녀온 후 전공을 바꿔서 한의학을 공부하고 있지요. 뿌듯합니다."

심한 생리통의 처방은 '결혼'

최 박사가 여성 질환에 관심을 가진 이래 치료한 부인병의 종류만 해도 수십 가지에 이른다. 악성 빈혈에서부터 불감증, 권태증, 늦은 출산, 심지어 자궁암 환자도 있었다.

"큰 병은 아니지만 여성들을 괴롭히는 질환들이 많아요. 입덧과 생리불순과 생리통이 바로 그것이지요."

최형주 박사는 독특한 처방으로 15년째 생리하는 날만 되면 배를 쥐어짜고 응급실에까지 실려 다니던 환자를 깨끗하게 낫게 해 주었다.

"한 번은 상상을 초월할 만큼 생리통을 앓는 환자가 찾아 왔어요. 첫날은 의식을 잃고 까무러치기까지 했대요. 매월 생리할 때만 되면 정기적으로 병원을 찾아 다녀서 이브(eve)라는 별명도 붙었고요. 산부인과 통증클리닉, 정신과 치료도 받아 보았지만 허사였다고 하소연하더군요."

생리통 때문에 결혼까지 기피하던 그녀에게 최 박사가 내린 처방은 '결혼을 하라'는 것이었다. 음기가 강하기 때문에 생리통이 심하다는 생각에서였다. 그리고 '쾌진전'을 지어 주었다.

당귀와 우슬, 숙지황, 택사, 오약, 육계 등의 6가지 약재를 쓴 '쾌진전'은 생리통을 잡는 데 명수다. 그 뒤로 환자의 생리통이 싹 나았음은 물론이다.

자궁근종의 처방전은 '석영산'

여성 질환 중에서도 요즘 자궁근종을 앓는 환자들이 크게 늘어났다. 최형주 박사에게는 자궁에 생긴 물혹을 99% 치료할 수 있는 비방이 있다.

"한 대학 교수가 전화를 걸어 왔어요. 부인의 자궁에 네 개의 물혹이 생겼는데 치료할 수 있냐고요. 가능하다고 했더니 믿지 않더군요. 얼마나 독한 약을 쓰기에 수술로 제거해야 하는 종양을 없애느냐고 반문도 했습니다."

그 환자에게 최형주 박사가 처방한 것은 '석영산'이었다. 자석영과 당귀, 마초, 홍화, 오매, 심능, 봉출, 소목절, 몰약, 호박, 감초를 적절하게 배합한 약이 석영산이다. 다 자연에서 얻는 것이기 때문에 몸에 해를 미칠 이유가 없다.

석영산은 자궁에 난 딱딱한 혹을 제거하는 데 특효를 발휘한다. 최 박사는 석영산을 2개월 정도 복용하면 대부분의 자궁종양은 완치가 가능하고, 최소한 10년은 재발하지 않는다고 자신했다.

"여성은 한 달에 한 번 생리를 하고 잉태를 합니다. 또 분만 과정을 겪기 때문에 산후 후유증에 시달리는 경우도 많지요. 그래서 아무리 건강한 분들이라도 신경질환을 앓게 될 확률이 높아요. 이런 특성을 고려해서 처방해야 합니다. 무엇보다 정신적인 안정을 우선으로 생각하지요."

하루에 100명의 환자를 보는 최 박사

하루에 100명이면 얼마나 부자가 되었겠냐고 혀를 내두를 사람이 많겠지만 100명의 환자들에게 모두 약값을 받는 것은 아니다.

"100명 중에서 20여 명은 무료 환자입니다. 사실 재료가 들지 않고 침으로 치료할 수 있는 분들에게는 병원비를 받지 않아요. 돈이 없는 가난한 노인들에게도 마찬가지지요."

지금까지 최형주 박사가 무료 봉사한 환자들은 40여 만 명에 이른다. 병원에서도 틈틈이 무료 봉사를 하고 있지만 의사가 된 이래 40여 년간 주말이면 꾸준히 봉사를 다닌 덕분이다.

"제 얘기를 듣더니 어떤 친구가 전화를 해 왔어요. 언제 그렇게 많은 사람에게 무료 봉사를 했냐고요. 거짓말하지 말라고 야단을 칩니다. 그때 생각했지요. 제가 성공한 인생을 살았구나 하고요."

고통 받는 여성들을 위해 비방을 공개하는 진정한 한의사

옛말에 오른손이 한 일은 왼손이 모르게 하라는 얘기가 있지를 않은가. 최형주 박사가 그런 스타일이다. 소문나지 않게 조용히 어려운 이웃과 환자들을 돌보는 최형주 박사. 그래서 입소문이 더 많이 나고 명의라는 별칭도 얻은 것이다.

"사람들이 나에게 왜 비방을 공개하느냐고 물어요. 혼자만 알고 있어야 명의 소리를 듣지 않겠냐고 해요. 하지만 제 생각은 다릅니다. 제 비방을 통해서 더 많은 여성들이 질병의 고통으로부터 벗어날 수 있다면 만족합니다."

민족의학인 한의학이 세계 의학으로 발전할 수 있다면 더 이상 바랄 것이 없다는 최형주 박사. 그는 오늘도 선친의 가르침에 따라서 어려운 이웃들에게 사랑을 베풀고 있다.

당뇨병 치료의 달인 이창근 박사

오로지 당뇨병, 한 우물만 파기를 한평생. 이제는 당뇨병 박사라는 별명이 붙을 만큼 당뇨병을 전문으로 치료하는 명의가 있다. 경희대학교 한의학과를 졸업한 이래 40년간 당뇨병 환자에게 매달려 살아 온 이창근 박사의 당뇨병 치료 비방을 알아보고 치료 사례를 들어본다.

한국에서는 물론 이미 미국 교포 사회에서도 이창근 박사의 당뇨병 잡는 실력은 인정받은 지 오래다. 그래서 한 달에 한두 명씩은 꼭 바다 건너에서 찾아오는 환자들이 있다고 한다.

"당뇨병을 한방에서는 '소갈'이라고 부르지요. 당뇨병에 걸리면 일단 목이 말라서 물을 많이 찾게 되기 때문에 그런 이름이 붙었지요. 동의보감에 보면 소갈에 대한 처방이 42가지나 나와요. 그 처방에 사용된 생약은 모두 99종에 이르고 있어요."

처방이 이렇게 많다 보니까 얼마나 환자의 증상에 맞추어서 약을 잘 쓰느냐가 관건이다. 물론 이창근 박사도 99가지의 약재를 환자에 따라서 가감하는 방식으로 처방을 내린다. 하지만 신기하게도 이창근 박사가 처방을 내리면 환자에게 약발이 제대로 먹힌다.

실명할 위기에 있는 암환자 치료

"기억에 남는 환자요? 동대문 시장에서 포목상을 하던 분이지요. 당뇨병으로 고생을 하다 합병증으로 실명을 한 상태에서 저를 찾아 왔어요. 눈 주변의 모세혈관이 터져서 피가 계속 흐르는데, 안구 이식 수술도 받기 어렵다는 얘기를 듣고 절망에 빠져 있었습니다."

그러나 혹시나 하는 맘으로 이 박사를 찾은 환자는 8개월간 치료를 받고 눈에 흐르는 피를 멈추게 되었다. 물론 차후에 안구 이식을 받고 광명도 되찾았다.

사실 당뇨병이 다른 질병보다 무서운 것은 바로 합병증 때문이다. 실명은 물론이고 발가락이 썩어 들어가서 자칫하면 다리를 자르게 될 수도 있다. 게다가 심장병과 뇌졸중, 중풍, 신장염 등 일으킬 수 있는 합병증만 해도 수십 가지라 당뇨병을 만병의 원인이라고 부른다.

치료기간은 3년에서 5년

"혈당 조절이 잘 안 되면 일시적인 혼절 상태에 빠지고, 치료가 늦어지면 사망하게 돼요. '합병증 예방'에 목표를 두고 장기적인 치료를 받는 것이 필수지요. 3년에서 5년간 치료를 받으면서 자기에게 맞는 생활 방식과 치료법을 알아내야 합니다."

당뇨병이 걸린 사람은 체질을 원상태로 바꾸어야 근치가 가능하기 때문에 치료 기간을 평균 3년 이상은 잡는다. 치료 기간이 긴 만큼 편안한 마음가짐으로 치료에 임해야 효과도 좋다. 그래서 이창근 박사는 환자들에게 장기 투약이 편안한 환약을 주로 처방하고 계절에 한 번씩만 탕약을 복용하도록 하고 있다.

식이요법이 치료의 기본

"한방에서 소갈은 진액을 주관하는 대장과 혈액을 주관하는 위장이 건조하고 열이 많이 나서 생긴다고 봐요.

기본적으로 기름진 음식과 곡식을 포식하면 몸에서 열이 나면서 그와 같은 증상을 유발하게 되지요."

오래 전부터 한방의학에서는 질병 치료의 뿌리를 음식으로 봤다. 그래서 마음의 병을 고치는 의사가 첫째가는 명의이고, 음식으로 병을 고쳐 주는 의사를 두 번째로 쳤다. 식이요법이 질병을 치료하는 데 큰 비중을 차지하는 것은 당뇨 환자들에게는 기본이다.

양방과 한방을 막론하고 당뇨병 치료는 식생활 조절에서 시작한다. 식이요법의 기본 원칙은 우선 연령과, 성별, 체중, 활동량 등에 의해서 달라진다. 거기다가 체질에 따라서도 처방이 변한다. 하지만 당질을 줄이고, 단백질과 지질, 비타민, 칼슘 등이 함유된 음식을 적게 먹는 것은 꼭 지켜야 한다.

고민은 짧게, 즐거움은 길게 하는 생활 태도가 필요

"식이요법만큼 중요한 것이 정신요법입니다. 한방에서는 모든 질병의 원인을 내인과 외인으로 보지요. 당뇨병에서 내인은 바로 화(火)예요. 화(火)는 양방에서 말하는 스트레스를 가리킵니다. 당뇨 환자들은 스트레스를 없애기 위해서 고민은 짧게 하고 즐거움을 길게 하는 생활 태도가 필요합니다."

임상 경험을 보면 당뇨 환자는 대개 성질이 조급하고 화를 잘 낸다고 한다. 그렇게 되면 자연히 스트레스가 쌓이고 화(火)가 상승한다. 따라서 참선이나 수도와 같은 방법으로 정신을 조절하고 마음을 평온하게 하여 내분비 기능을 정상화하도록 힘쓰는 게 필요하다. 식이요법과 정신요법 이외에도 운동요법을 병행해야 한다. 당뇨병의 원인이 비만임을 잊지 말고 운동을 해서 뱃살을 빼는 게 중요하다.

조기발견해야 치료 효과 볼 수 있어…

"당뇨병의 원인은 현대의학으로도 100% 명확하게 밝혀내지 못하고 있습니다. 발병 원인도 한 마디로는 설명할 수 없지요. 다만, 부모가 모두 당뇨병 환자인 경우, 그 자녀가 당뇨병에 걸릴 확률이 58%에 이르는 걸로 봐서 가족력이 큰 비중을 차지하지요."

모든 병이 그렇듯 당뇨병도 역시 조기발견이 중요하다. 이 박사는 당뇨병의 원인 중에 가족력이 큰 비중을 차지하는 만큼 검사를 통해서 조기발견을 하고 치료에 임하는 것이 중요하다고 역설했다.

보통 사람보다 자주 소변을 보고 물을 많이 마시며, 아무리 먹어도 허기증이 생겨서 자꾸만 먹을 것에 손이 가거나 특히 단것이 먹고 싶어지면 일단 당뇨병을 의심하고 진료를 받아 봐야 한다.

또한 급격한 체중 변화도 당뇨병의 증상이다. 많이 먹어도 오히려 몸이 마르거나 급격히 살이 찌면 당뇨병이 아닌지 확인할 것을 당부했다.

처방 없는 민간요법은 위험

"같은 당뇨병이라도 환자의 증상과 합병증 여부에 따라 치료 방법이 전혀 달라지게 됩니다. 민간요법을 믿고 섣불리 시도하다가는 병이 악화되는 경우가 많아요. 환자들은 이것을 가장 조심해야 하지요."

이창근 박사도 초기에는 남의 비방을 적용했다가 효과가 거꾸로 나서 당황한 적이 있다고 한다. 그만큼 치료가 까다로운 병이 당뇨병인 것이다.

"인간을 환경의 동물이라고 하지요. 질병도 환경의 영향을 많이 받습니다. 맑은 공기가 넘치고 깨끗한 물이 흐르는 곳에서 마음을 터놓을 수 있는 편안한 사람들과 자주 어울려 보세요. 술과 담배를 멀리 하고 규칙적인 생활을 하면 병증이 한결 좋아질 겁니다."

난치병 잡는 약침 권위자 허창회 박사

30년간 수원 일대에서 명의로 소문난 허창회 박사. 30대부터 이미 명의라는 소리를 들을 정도로 실력을 인정받고 있는 그는 30여 년 전 처음 약침을 선보이면서 지금까지 여러 질병에서 특효를 보이고 있다.
약침은 한약을 엑기스로 만들어 정제한 후 직접 몸에 투여하는 것으로 침 중에서도 가장 효과가 좋다.
한 번 찾은 환자들은 대를 이어 허 원장을 찾는다는데… 그 비결은 무엇인지 알아본다.

수원에서는 모르는 사람이 없는 전천후 한의사

수원 팔달문 근처 중동 사거리 한 켠에 '시민한의원'이라는 건물이 나온다. 이곳에서 30년간 수원에서 용하다고 소문난 허창회 원장을 만나 보았다.

허 원장은 집보다 병원에서 지내는 시간이 더 많다. 1999년부터 경희대학교 한의학과에서 겸임교수로 활동하면서 연구를 위해 매주 수요일은 쉬고 있지만 평일 10시부터 6시까지는 늘 병원에서 환자들과 함께 시간을 보내고 있다. 30년 동안 한 곳에서 병원을 운영해 오다 보니 환자들도 대를 이어 찾아오고 있어 모두 한 가족 같은 느낌이 든다고.

"전문, 전문 하시는데 30년 전 한의사가 전문이 어디 있어요. 갓난아기부터 노인들까지, 소아과, 산부인과, 내과, 안과 할 것 없이 다 보는 것이 한의사였죠. 나도 그 시절의 의사라서 그냥 다 같이 보고 있어요."

오랜 임상 경험으로 환자들의 불편을 한 번에 잡아주기 때문에 더욱 인기가 좋다는 허 원장은 사실 약침으로 입소문이 나 있다.

33년 한의사 경력의 약침 대가

허창회 박사는 30대부터 이미 명의라는 소리를 들을 정도로 실력을 인정받았다. 경희대학교 한의학 박사 취득 후 대학 강단에서 후학들을 가르치다가 수원에 처음 개원할 무렵부터 지금에 이르기까지 30년 동안 허 원장을 한 번 찾은 환자들은 다른 병원을 가지 않고 계속 찾아온다고 할 정도다.

1993년 한약 파동 당시 대한 한의사 협회 회장으로 일할 만큼 강한 리더십의 허 원장은 34년 전부터 우리나라에 약침을 널리 보급하기 위해 앞장서기도 했다. 그가 약침에 관심을 기울이기 시작한 것은 경희대학교 한의학과를 졸업한 1972년부터였다.

대전대학교 한의대에서 강의를 하던 무렵부터 약침의 효능에 매료되기 시작하면서 연구에 매달리기 시작했다고.

"예전엔 금사주입법이라고 하여 금침을 놓는 것이 유행이었습니다. 경혈점에 침 대신 24k 금을 넣는 것인데, 효과는 좋았지만 금속이 들어가서 신경을 건드리는 문제가 있었죠. 한 번 들어가면 죽을 때까지 없어지지 않아서 부작용을 일으키는 경우도 있었는데, 그래서 다른 방법을 연구하다가 생각한 것이 약침이었습니다."

1960년대 중국에서 시작한 약침은, 이미 1961년에서는 '족삼리혈(足三里穴)'을 이용하면 기존의 치료법에 비해 장티푸스, 파라티푸스를 효과적으로 예방할 수 있다는 임상 결과도 발표됐을 만큼 효과적인 침술법이다.

"약침은 같은 자리에 놔도 사람에 따라 다른 치료효과가 나요. 귀의 반응점에 약침을 놔도 어떤 경우엔 중이염과 같은 염증치료 효과를 보이고, 어떤 때는 귀가 울리는 이명증을 치료합니다. 그렇기 때문에 양약에서 말하는 주사약과는 전혀 의미가 다르죠. 병의 상태와 환자의 체질에 따라서 같은 자리에 같은 약물을 놓아도 모두 다른 작용을 한다는 겁니다. 또 똑같은 약물이라고 해도 놓는 자리에 따라 효과가 다릅니다. 해열제 주사는 엉덩이에 놓든 팔에 놓든 다 같은 해열작용을 하지만 약침은 그렇지 않습니다. 그래서 약침에 한번 매료된 사람들은 쉽게 빠져나갈 수가 없습니다."

빠르고, 정확하고, 안전한 약침의 효과

허 원장이 말하는 약침의 효과는 세 가지가 있다. 먼저 약침은 아픈 부위에 직접 약재를 투여해 빨리 약효를 볼 수 있다는 장점이 있다. 맞는 즉시 효과가 나타나 환자들의 반응이 빠르다고 한다. 또 한약과 병행할 경우 효과를 동시에 볼 수 있기 때문에 치료 효과를 극대화할 수 있다는 것이 장점이라고.

"내복약은 소화와 흡수가 되는 과정에서 오랜 시간이 필요합니다. 그동안에 약 성분이 소실되거나 경우에 따라선 복용하는 데 어려움이 따를 때도 있지요. 하지만 약침은 경혈과 경락을 직접 자극하면서 약 기운을 환부에 직접 전달하는 방식입니다. 그래서 가장 적은 약물로 최대의 효과를 볼 수 있는 치료법이지요."

세 번째 장점은 장기 치료를 해도 몸에 전혀 무리가 가지 않는다는 점이다. 네 번째 장점은 약재를 섞어서 투여할 수 있기 때문에 여러 가지 질환을 동시에 치료할 수 있다는 점이다. 마지막 장점은 같은 자리에 침을 놓아도 환자의 몸 상태에 따라 완치되는 질환이 다르다는 점이다.

"약침의 효능은 무궁무진하기 때문에 아무리 오랫동안 놓았어도 매번 시술할 때마다 그 신비함에 놀라게 됩니다."

뇌성마비 아이도 침과 한약으로 고쳐

네 살짜리 박수현 어린이가 첫걸음을 뗄 수 있었던 것은 얼마 되지 않는다. 생후 패혈증 후유증으로 몸의 다섯 부위가 뻣뻣하게 굳어버리는 오경증이 생겨 혼자서는 목도 가눌 수 없을 정도였다. 그러던 아이가 1년 8개월 동안 꾸준히 침 치료와 한약 치료를 받게 되면서 천천히 몸을 움직일 수 있었다고.

"바로 오늘이 수현이 혼자서 2층에 있는 한의원 계단을 걸어 올라온 날입니다. 이럴 때 치료의 보람을 느끼게 되지요."

관절염, 디스크의 통증 치료부터 하반신 마비와 부인병까지

약침은 모든 질환에 응용할 수 있지만, 특히 근육통이나 골절로 인한 통증에 효과가 좋다고 한다. 진통 효과도 뛰어나지만 진통 효과가 사라진 후에도 통증이 덜하다. 진통과 더불어 치료를 해주기 때문이다. 진통제를 먹어도 약효가 떨어지면 다시 통증이 심해지지만 약침은 치료제이기 때문에 다시 통증이 찾아오지 않아 그 효과는 더욱 탁월하다.

"약침으로 가장 효과가 뛰어난 질환은 역시 근육통, 디스크, 관절염입니다. 약효가 빠르다 보니 통증이 금세 사라져서 제대로 서 있지도 못하던 분들이 침을 맞고 바로 일어서 진료실을 걸어 나갈 정도입니다."

대부분은 침을 놓는 동안 통증이 없지만 주입한 약의 성분에 따라 통증이 있기도 하다. 최근엔 약침을 연구하면서 통증을 줄이도록 하고 있다. 치료 효과를 높이기 위해 약침만 단독으로 놓는 것이 아니라 침, 약과 약침을 증상에 따라 병행하는 것도 좋은 방법이라고.

또 음부소양증으로 오랫동안 고민을 해오던 30대 여성을 약침으로 고친 일이 기억에 남는다고. 10년 가깝게 고생을 해왔지만 마땅히 병원을 다니기가 부끄러워서 숨기고 있다가 허 원장에게 상담을 해와 약침으로 고쳐 주었다고 한다.

갑상선 질환 치료 전문 윤영석 원장

7대째 한의학을 가업으로 이어오며 갑상선 질환과 아토피성 피부염, 알레르기성 비염 등 난치성 질환 치료에 능한 명의. 가업으로 한의학을 전수받은 춘원당한의원 윤영석 원장은 국내 한의학계에서 다섯 손가락 안에 꼽히는 갑상선 질환 치료 전문가이다.

의사에게는 환자의 진료가 최우선

윤영석 원장과의 인터뷰는 여러 차례의 전화 통화 끝에 어렵사리 성사됐다. 밀려드는 환자에 바쁘기도 했지만 윤 원장이 될 수 있는 한 언론에 드러나는 것을 피하려 하기 때문이다.

인터뷰 약속 시간은 1시 30분. 이미 오전 진료가 끝난 시간임에도 불구하고 병원 대기실은 환자들로 가득했다. 환자층도 어린 딸을 데리고 온 젊은 부부에서 중년의 아저씨, 반백의 할머니까지 다양했다.

한 명, 두 명 환자가 줄어들고 윤 원장을 만났을 때는 어느새 오후 3시가 넘은 시각이었다. 그러나 점심 식사도 거른 채 오전부터 100여 명의 환자를 진료했다는 윤 원장의 얼굴에는 피로한 기색이 전혀 보이지 않았다. 오히려 기다리게 해서 너무 미안하다며 활짝 웃는 모습이 청년처럼 활기차다.

난치성 질환 치료에 적극적

현재 윤영석 원장이 7대째 가업을 잇고 있는 춘원당한의원에서는 갑상선 질환을 비롯해 불임클리닉과 뇌성마비, 알러지 질환, 아토피성 피부염 등 여러 가지 전문 클리닉을 운영중이다. 하나같이 쉽게 낫지 않는 난치성 질환들이다. 윤 원장에게 그 이유를 물으니 대답이 명쾌하다.

"대표적인 현대성 질병들이잖아요. 제 할아버님 때만 해도 소아마비나 뇌성마비 같은 질환으로 고생하는 환자들이 많았어요. 병원 입구에 소아마비 환자들이 번호표까지 들고 줄을 서 있고는 했죠. 그런데 요즘은 사회가 복잡해져서 그런지 그런 병은 점차 사라지고 아토피나 알러지, 비염, 갑상선 질환처럼 현대성 질병이 많아졌어요. 특히 이런 질병은 한방으로 치료할 경우 효과가 아주 뛰어나고 재발할 염려도 거의 없죠.

특히 갑상선처럼 내분비 질환이나 자가 면역성과 관련 질환일 경우에는 서양 의학보다는 한방 치료가 더욱 효과적이라고 한다. 한방은 인체가 병을 이겨낼 수 있도록 면연력과 저항력을 강화시키는 원리이기 때문에 갑상선처럼 만성으로 이어지는 질환은 한방 치료가 더 유리하다. 오랫동안 병을 앓아 체력이 약해진 환자에게 열이 있다고 해서 해열제를 쓰기 보다는 인삼, 당귀 등으로 체력을 회복시켜 스스로 병을 이기게 하는 원리와 같다.

한방에서 보는 갑상선 질환

갑상선은 인체의 내분비기관 중 하나로 몸의 대사 상태를 조절하는 작용을 한다. 몸의 에너지를 사용하는 속도를 결정하고 체온을 일정하게 유지시키는 역할을 하는데 갑상선에서 분비되는 호르몬 양이 지나치게 많거나 적으면 그때 문제가 생긴다. 갑상선 질환은 남성보다는 여성에게 발병율이 높은 병이다.

윤영석 원장의 설명에 따르면 20~40대 여성에 주로 발병하고 특히 최근 들어서는 공단, 바닷가 등 환경오염이 심한 지역민이나 스트레스가 많은 20~30대 직장 여성 환자가 크게 늘었다고 한다. 한방에서는 갑상선 질환을 '심장의 허혈'과 '간장의 울혈' 때문에 생기는 병으로 풀이한다. 증상이 당뇨병이나 심장병과 비슷하고 맥도 비슷하기 때문에 갑상선 질환을 진단하기가 쉽지 않다. 치료에도 유의할 점이 많은 까다로운 질환이다.

혀의 상태 관찰 후 다양한 치료방법 적용

윤 원장이 갑상선 질환 치료로 유명해진 데는 특별한 계기가 있었다. 인후폴립과 갑상선 질환을 앓고 있던 일본의 인기 가수 아오에미나가 1984년, 지인의 소개로 윤영석 원장을 찾은 뒤부터다. 20여일 동안 윤 원장으로부터 치료를 받은 아오에미나의 병이 완치되자, 곧 일본 매스컴과 건강전문지 등을 통해 윤영석 원장의 이름이 알려지기 시작했다.

갑상선 질환을 치료하는데 있어서 윤 원장은 주로 맥(脈)보다는 객관적 진찰이 가능하고 반응이 빠른 혀(舌)의 상태를 중시한다고 한다. 맥은 자칫 의사의 주관에 따라 달라질 수 있기 때문이다. 특히 갑상선 환자의 '혀의 변화'를 임상사례별로 정리해 심장, 간장, 비장의 병변을 다스리는 데 기준을 삼고 있다. 처방은 '기존 의서에 의존하기 보다는 환자의 병증과 체질에 맞게 입방(立方)하라'던 조부님의 가르침을 따른다. 같은 병일지라도 체질에 따라 사용하는 약재가 다르고 계절이나 약재 특성 등에 따라 조금씩 처방이 다르기 때문이다.

윤 원장의 치료는 한약과 침, 뜸, 지압, 식이요법 등이 모두 응용된다. 어느 한 가지 치료법에 얽매이지 않고 환자의 체질이나 질환의 증상과 원인에 따라 각각 치료법을 달리한다. 윤 원장의 설명에 따르면 갑상선 질환은 완치가 어려운 반면 치료에 따라 병세가 금세 호전되기도 하는 병이다. 짧게는 3~4개월, 보통 6개월 정도 꾸준히 치료를 하면 대부분 환자의 병세가 좋아진다.

190여년, 7대째 가업으로 이어온 한의학의 전통

경희대학교에서 한의학을 전공하던 본과 1년때부터 조부의 곁에서 환자를 진료하는 모습을 살피기 시작했으니, 윤 원장은 올해로 30년째 한의사의 길을 걷고 있는 셈이다.

그러나 그것은 형식적인 숫자일 뿐, 어려서부터 자연스럽게 체득한 간접경험에, 대학에서 체계적으로 한의학을 전공하고, 졸업 후에도 조부 곁에서 6년간 철저한 도제식 교육을 받았다고 한다.

"대학을 마친 뒤 조부님께서 진료하시는 모습을 곁에서 관찰하기 시작했어요. 처음 2년 동안은 조부님의 처방을 그대로 따르는 식이었고 그 다음 2년은 환자에 대한 소견을 조금씩 밝힐 수 있었어요. 마지막 2년은 제가 직접 처방을 내리고 조부님께 다시 검토받는 식이었죠."

가업으로 내려온 한의학 명맥은 어느새 190여년의 전통으로 이어졌다. 어린 시절부터 조부와 아버지의 어깨 너머로 체득한 경험은 환자를 진료할 때 대학에서 배운 학문 못지않게 큰 힘이 된다고 한다.

윤 원장이 기존 의서의 처방전에 크게 의존하지 않고 스스로 차별화된 처방을 내리는 '입방(立方)'에 능한 것도 그런 가르침이 있었기에 가능하다. 자기만의 처방법인 입방이 가능하려면 우선 약재 하나하나의 특성을 제대로 이해하는 '본초학'이 기본이 되어야만 한다. 또 기존 의서의 처방 원리를 정확히 꿰뚫고 있어야만 그를 바탕으로 응용이 가능하다. 조부의 철저한 가르침 덕분이라고 윤 원장은 말한다.

시간과 날짜에 따라 규정된 침혈을 선택해 치료하는 침법인 '자오유주법(子午流住法)' 역시 조부로부터 물려받은 윤 원장의 비방이다. 그의 몸에는 아직도 어릴적 조부께서 직접 대침과 먹으로 새겨준 침흔이 문신처럼 남아있다.

07

약이 되는 산야초

햇살을 쬐고 비와 바람을 맞으며 자란 산야초들은 해충과 병으로부터 스스로를 지키기 위한 성분들을 갖고 있다. 이 성분들이 우리의 몸을 건강하게 한다는 사실을 알고 있는지? 산야초 속에는 우리의 상식을 뛰어넘는 놀라운 약효가 숨어 있다. 현대 의학으로도 고치지 못한 각종 불치병들을 작은 풀뿌리와 들꽃으로 고쳤다는 이야기는 남의 것이 아니다. 지금 이 순간 내 발에 채이는 들꽃이 내 건강을 지켜 주는 열쇠가 될 수도 있음을 기억하자.

'말기암 고친 신비의 산채요법'

우리나라의 산채를 연구해 오던 중 느닷없이 위암에 걸렸다가 항암치료를 거부하고 자신이 연구하고 개발한 산채의 항암 효과를 이용한 식이요법으로 암을 이겨낸 함승시 교수가 기적의 산채 요법을 공개한다

위암 수술 받고 항암 치료 거부, 자신이 개발한 산채 식이요법으로 완쾌한

식품공학과 교수 함승시

우리나라 산채류를 대학 연구 과제로 잡은 것이 벌써 20년이 넘는다. 국제학술회의에도 여러 차례 참석하여 우리나라 산채류의 뛰어난 약리 작용에 대해 계속 발표해 오고 있다.

그런데 1991년도 일본 국제 학술대회를 참가하고 온 뒤였다. 갑자기 몸을 가누기 힘들 정도로 심한 통증이 끊이질 않았다. 급히 병원으로 가서 응급처치를 하고 몇 가지 검사를 받았다.

병원에서는 위궤양인 것 같다고 했다.

그러나 나는 남들보다 운동을 즐겨하는 편이고 여지껏 건강 문제로는 곤란을 겪어 보지 않은 건강체였다.

병원 측에서는 혹시 모르니까 조직 검사를 한번 해보자고 권했다. 가벼운 마음으로 검사에 응했다. 이때만 해도 나 자신은 물론 가족 중 누구도 '혹시나 암이면 어떡하나?' 하는 생각은 조금도 하지 않았다.

왜냐하면 오랫동안 산채와 각종 야채류에 대한 유효 성분과 항암 효과를 연구 테마로 잡고 있어서 각종 암 증세에 대한 지식을 갖고 있었기 때문이다. 일반적으로 식욕이 현저히 떨어지거나 체중이 감소하는 증세와 함께 찾아오는 것이 위암이다.

그러나 나의 경우는 아무런 자각 증세가 없이 위암이 발견된 것이다. 단지 위장이 좀 나빠진 상태인 줄 알았는데 위암이라니…. 그것도 당장 수술을 해야 할 만큼 급한 상태라고 했다.

진단이 나온 지 3일 만에 서둘러 서울로 올라와 위암 절개 수술을 받았다. 무려 6시간 30분이나 걸려 위의 70%를 잘라낸 대수술이었다.

암을 진단받는 순간, 10년 전 일이 떠올랐다. 1981년 춘천 강원대학교 조교수 시절, 나는 '마쯔마에' 국제 우호재단의 장학금을 받아 일본 큐슈대학에서 1년간 연구할 기회가 있었다.

큐슈대학에서 주로 한 것은 여러 가지 식품이 갖는 항암 효과에 대한 실험이었다. 한국에서는 좀처럼 접할 수 없는 첨단 장비와 시설, 새로운 연구 분야에 대해 정말 밤낮이 없이 연구하고 실험했다.

산채류의 암 치료 효과를 직접 실험해 보기로 했다

이때 연일 계속되는 실험 속에서 각종 암세포나 발암성 물질을 취급해야 하는 일이 많았고 워낙 많은 실험들을 한꺼번에 해내야 하니까 세심한 주의를 기울이고 자기 몸을 도사릴 형편이 못 되었다.

그 후 꼭 10년이라는 세월이 흘렀다. 이제 와서 그때 일이 원인이 되었다고 생각하기에는 세월이 너무 많이 흘렀지만 막연하게 그때의 일이 원인이 되지 않았나 여겨지기도 한다.

다행이 위암 절개 수술은 비교적 성공적으로 끝났다. 주변의 사람들은 "아니, 산채류를 많이 먹으면 암에 안 걸린다더니, 그렇게 말하

던 당신은 왜 암에 걸렸어"하며 우스갯소리를 하곤 했다.

지금까지 나의 연구는 이론적인 면에 치우쳤을지 모른다. 이제부터는 내 몸속 어디엔가 숨어서 기회만 노리고 있을 암세포를 상대로 싸워 보리라 마음먹었다.

퇴원을 했지만 항암제 치료를 받지 않기로 결심했다. 의사의 당부와 가족 친지들의 걱정 어린 권유에도 불구하고 항암제 투여를 거절하고 지금까지 내가 실험하고 그 결과를 믿어온 산채 · 야채류의 암 치료 효과를 직접 내 몸을 통해 실험해 보기로 했다.

가장 중요한 식이요법으로는 겨우살이를 비롯한 참나물, 돌미나리, 민들레, 참취, 미역취, 개미취 같은 각종 취나물류와 잔대, 냉이, 달래, 쑥 등을 계절에 따라 적극 활용했다.

생즙을 내 먹을 수 있는 재료로는 녹즙을 만들어 마시고 때로 무침이나 쌈 등으로 변화를 주어가며 먹었다.

그 후 암의 재발 한계 시한인 3년을 넘기고 현재 아무 탈 없이 대학 강단에서 후학들을 가르치며 일상생활을 하고 있다.

그러나 암에 대한 식이요법은 말처럼 쉬운 것은 아니다. 먼저 자신에 대해 정확히 알아야 한다. 그리고 과학적인 근거를 바탕으로 실시해야 한다. 체력이 허용하는 범위 내에서 적절히 수용해야 한다.

면역 체계가 약한 상태에 있는 암 환자가 무작정 굶는다든지 하는 등의 무리한 식이요법은 좋지 않다.

영양섭취의 균형을 잡아주고 항암 효과를 높일 수 있는 식품을 중심으로 과학적으로 실시하는 것이 중요하다.

봄철에는 달래의 잎과 알뿌리를 생으로 무쳐 먹는다.

미역취 등 각종 취나물류가 암에 효과가 있으므로 말려 먹거나 나물로 무쳐 먹었다.

● 함 교수가 개발한 항암 식이요법 일지 ●

시간	내 용
세끼 식사	현미 80%, 율무 10%를 섞은 현미 잡곡밥에 각종 산채류를 무쳐 먹거나 쌈을 싸 먹기도 하고, 마늘 초절임 그리고 두부나 달걀, 장어탕과 추어탕 등을 먹는다.
식전	아침 일찍 일어나 동네를 천천히 한 바퀴 돌고 난 뒤 집으로 돌아와 컴프리, 신선초, 케일, 돌미나리, 민들레, 질경이 등의 야채류와 산채류를 서너 가지 정도 섞어서 한번에 200㎖의 즙을 마신다. 녹즙은 하루 식전에 2~3회 녹즙을 마실 땐 식물성 단백질인 효모 10g을 함께 섭취한다.
식후	산채류인 겨우살이 80g, 쇠비름 35g, 탱자 15g, 운지버섯 50g, 애기똥풀 30g으로 이틀 분량을 달여 그 물을 수시로 마신다. 물 대신 말린 겨우살이 가루 10g을 200㎖의 물에 끓여 마시는데 재탕, 삼탕해서 마셔도 좋다. 또 건강식품점에 나와 있는 영지버섯 녹효정 8정, 해조류 분말 8g을 물과 함께 먹는다. 이 외에 특히 간염에 좋은 컴프리나 위암에 좋은 쇠비름 등을 말렸다가 차로 마신다. 

알아두자

산채류는 왜 항암효과가 있는가?

대부분의 산채류가 각종 발암물질을 70% 이상 억제시키는 강한 효력을 가지고 있는 것으로 밝혀졌다. 어떤 것은 직접 암세포를 죽이기도 한다. 다른 식품들에 비해 산채류가 이런 효과를 갖고 있는 이유는 야생 상태에서 끈질기게 생명을 유지해 온 각종 산채류들이 아무런 보호 없이 외부적인 도전에 맞서면서 생명을 유지하기 위한 방어물질을 만들어 냈기 때문이다. 그리고 일반적으로 산채류는 여러 가지 영양 성분이나 섬유소, 엽록소도 많은 것으로 나타났다.

야채 중에서 칼슘이 비교적 많이 들어 있는 상추에는 100g당 100㎎의 칼슘이 들어 있는데 비해 산채류인 비름 나물에는 128㎎, 돌미나리에는 185㎎, 달래에는 169㎎, 돌나물에는 258㎎이 들어 있다. 그리고 냉이는 시금치 보다 4배나 많은 비타민 B_1이 들어 있고 미역취에 들어 있는 나이아신은 시금치의 10배나 된다.

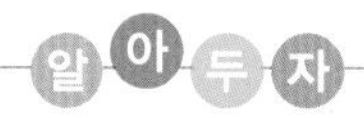

산채와 독초를 구분하는 방법

▲ 질경이처럼 친숙한 산채부터 시작해 본다.
◀ 색깔이 화려한 야생버섯에는 독성이 있을 수 있다.

1 사전 지식을 충분히 습득한다

식물도감을 이용해도 좋고 주변에 산채를 채취해 본 경험이 있는 사람에게 경험담을 들어 두는 것도 바람직하다. 멀리 나왔다면 그 동네에서 많이 자라는 산채가 어떤 것인지도 미리 알아 두자.

식물도감의 경우에는 가급적이면 원색으로 식물의 전체 모습이 다 나와 있는 사진이 들어 있는 것이 좋다. 꽃이나 잎만 갖고 다양한 산야초를 알아보기란 생각보다 어려우니 식물의 전체 모습을 꼭 알고 가도록 하자.

2 도심이나 경작지 주변에서는채취하지 않는다

같은 종류의 산채라도 자라는 곳에 따라서 성분에 차이가 있는데 도심이나 사람이 재배하는 땅에서 자란 것은 자연 상태에서 자란 것보다 질이 떨어진다. 또 자동차 매연이나 농약이 묻어 오히려 역효과를 낼 수도 있다.

3 친숙한 산채류를 먼저 채집한다

냉이나 쑥, 씀바귀 등 식용으로 안전한 산채를 먼저 채취하자. 버섯류의 경우는 식용버섯과 흡사한 모양을 한 것도 있으므로 꼼꼼히 관찰하는 것이 좋다.

4 쓴맛이 너무 강한 것은 피한다

생긴 모양만으로 판단하기가 어려울 때는 잎을 하나 뜯어서 씹어 보자. 너무 쓰고 강한 맛이 난다면 피하는 것이 좋다. 진한 쓴맛은 초식 동물이나 곤충이 침해하지 못하도록 하기 위해서 식물이 만들어 낸 방어물질로 화학적인 대사 작용을 통해 만들어진다.

쓴맛을 갖고 있다고 해서 반드시 독초인 것은 아니지만 모르고 사용하는 것은 위험하다.

5 냄새가 짙은 것은 피한다

옆에 스쳐만 지나도 향수처럼 진한 향기가 나는 꽃이 있다. 혹은 역겨울 정도로 악취가 나는 식물들도 간혹 있는데 좋은 향기든 악취든 너무 진한 것은 피하는 것이 좋다. 이런 냄새들은 곤충이나 동물이 접근하지 못하도록 식물이 스스로 만들어 낸 것인데 이런 식물들을 모르고 먹는 것은 위험하다.

6 뿌리나 열매보다 잎이 안전하다

잎보다는 뿌리와 열매 쪽에 독이 있는 경우가 많다. 꼭 이용해 보고 싶은 산채가 있다면 뿌리를 이용하는 종류보다 잎을 이용하는 종류를 선택하는 것이 안전하다.

7 한두 가지 산채를 대량으로 이용하지 않는다

적은 양을 먹었을 때는 괜찮지만 대량으로 섭취했을 때 주독 증세를 일으키는 것은 일반 식품에서도 흔히 있는 경우다. 산채도 마찬가지. 특정한 산채를 한두 가지만 대량으로 섭취한다면 약이 되어야 할 것도 부작용을 낼 수 있다. 적절한 이용법을 미리 익혀 두도록.

위염 · 위궤양에

고급 산채에 속하는 두릅을 살짝 데쳐서 회로 먹거나 나물로 무쳐 먹으면 맛도 상큼할 뿐 아니라 위염이나 위궤양에도 좋은 효과가 있다. 그리고 예덕나무의 껍질을 달이거나 가루로 빻아 약재로 써도 도움이 된다.

두릅

전으로 부쳐 먹는다

두릅은 위를 건강하게 하는 건위 작용, 이뇨, 진통, 수렴 등의 효능이 있어 위궤양, 위경련, 신장염, 당뇨병 등 여러 증세의 치료에 도움이 된다.

뿌리와 나무껍질이 약재로 쓰이는데 봄에 채취한 것을 사용한다. 줄기의 가시를 제거하여 햇볕에 말린 나무껍질을 5~8g씩 200㎖의 물에 달여서 마신다. 4월 중순 장에 나오는 순을 데쳐서 초고추장에 찍어 먹든지 튀김을 해서 먹어도 좋다.

예덕나무

껍질 달이거나 가루로 먹는다

예덕나무는 '시닥나무'라고도 하는데 지방유와 베르게닌이라는 성분이 함유되어 있어 진통과 염증을 없애 주는 효능이 있으며 항궤양 작용을 한다. 그래서 위궤양이나 십이지장궤양, 위염 그리고 소장염, 대장염, 담석증 등의 치료제로도 두루 쓰이고 있다. 그 밖에 종기나 치질 약재로도 사용한다.

약용으로 이용하려면, 말린 약재의 외피는 벗겨내고 잘게 썰어 1회에 5~8g을 물 200㎖에 넣고 양이 반으로 줄 때까지 달여서 마신다. 또는 말린 약재를 가루로 빻아 복용하기도 한다.

두릅순 4월경 어린순이 나올 때 따서 끓는 물에 데쳐 초고추장이나 초간장을 찍어 먹든지 튀김옷을 입혀 튀겨 먹기도 한다.

두릅 가시 두릅 줄기는 뾰족한 가시가 온통 덮여 있다. 키가 너무 큰 것은 가지를 줄로 걸어 잡아당겨 따는 것이 편리하다.

위염 · 위궤양에 좋은 음식

두릅회 재료 두릅 300g, (초고추장 3큰술, 간장 1큰술, 식초 1큰술, 설탕 1/2큰술, 통깨 2작은술)

❶ 두릅순의 밑동을 자르고 다듬은 후 칼집을 넣어 끓는 소금물에 데쳐 낸 후 찬물에 헹구어 물기를 뺀다.

❷ 초고추장에 찍어 먹는다.

알아두자

위를 건강하게 하는 13가지 원칙

❶ 식사 전에 수분 섭취를 피한다. 소화력이 떨어지기 때문이다.

❷ 천천히 잘 씹어 먹는다.

❸ 너무 차거나 뜨거운 음식을 피한다.

❹ 식사 전에 맛있는 음식에 대해 이야기하고 음식의 좋은 냄새를 미리 맡는다.

❺ 폭음 · 폭식을 피한다. 위에 무리가 따르기 때문이다.

❻ 과식했다고 생각되면 곧바로 소화제를 먹는다.

❼ 하루 세 끼, 시간에 맞춘 식습관을 갖는다.

❽ 잠들기 전에는 음식을 먹지 않는 것이 좋다. 잠잘 때는 위도 쉬어야 하기 때문이다.

❾ 식후에는 충분한 휴식을 갖자. 위가 활동하기 위해서는 쉬는 것이 제일.

❿ 적은 양의 반주는 위액을 촉진시킨다.

⓫ 위를 따뜻하게 해 주는 것이 좋다.

⓬ 자신의 위에 대한 정보를 정확히 파악한다.

⓭ 즐거운 분위기에서 음식을 먹는다.

고혈압에

메밀과 메꽃, 겨우살이의 성분 속에는 혈관을 튼튼하게 하고 혈압을 내리는 약효가 있다. 메밀국수를 만들어 먹거나 죽이나 떡에 메꽃을 넣거나 겨우살이를 소주에 담가 마시면 효과를 볼 수 있다.

메밀

나물이나 묵으로 무쳐 먹는다

메밀국수로 잘 알려진 메밀은 전국적으로 널리 가꾸어지고 있는 곡물로서 모밀이라고도 한다. 메밀은 쌀이나 밀가루보다 아미노산이 많이 들어 있으며 다른 곡물에 비해 인, 비타민 B_1·B_2, D, 인산 등이 풍부한 것이 특징이다. 특히 메밀에는 비타민 P의 일종인 루틴 성분이 있어 모세혈관을 튼튼하게 해 주므로 고혈압, 동맥경화증 등의 각종 성인병 예방에 뚜렷한 효과를 발휘한다. 고혈압인 사람의 약용법으로는 메밀을 가루로 빻아 1회에 반 숟갈 정도의 양을 복용하거나 메밀가루에 약간의 물을 부어 질척하게 갠 다음 꿀을 섞고 끓는 물을 천천히 부어서 만든 메밀주스를 마셔도 혈압을 내리는 데 효과적이다. 메밀주스를 마실 때 유자 껍질이나 레몬을 띄워 마시면 맛이 한결 산뜻해져서 먹기에도 좋다. 이 외에 메밀 잎이나 메밀가루로 나물이나 묵을 무쳐 먹기도 한다.

메꽃

죽이나 떡을 만들 때 넣는다

메꽃은 뿌리를 포함한 모든 부분이 약재로 사용되고 있는데 꽃 필 무렵 채취해 햇볕에 말렸다가 쓰기 전에 잘게 썰어 사용한다. 이뇨, 강장, 피로 회복, 항당뇨 등의 효능이 있으므로 방광염, 당뇨병, 고혈압 예방에 좋은 효과를 나타낸다.

메꽃 말린 약재를 7~10g씩 200㎖의 물로 달여서 복용하거나 더운 여름에 생풀 50~80g을 짓찧어서 즙을 내어 마시면 고혈압 예방에 효과가 있다.

또한, 메꽃을 쌀과 함께 죽을 끓이거나 떡을 만들어 먹기도 하는데, 이렇게 하면 식사 대용으로도 먹을 수 있어 약으로서의 효능과 함께 일석이조의 효과를 얻을 수 있다. 이 외에 어린순을 나물로 해먹기도 하는데 쓴맛이 전혀 없으므로 가볍게 데쳐서 찬물에 담궜다가 갖은양념으로 무쳐 먹는다.

뽕나무 잎

달여 마신다

뽕나무 잎으로 만든 뽕나무 차는 '신선의 약'이라 하여 예로부터 건강차로 마셔온 차다.

왜 혈압에 이상이 올까?

● 속발성 고혈압은 질병이 원인이다

다른 질병이나 환경적인 원인 때문에 혈압이 높아진 경우를 속발성 고혈압이라고 한다. 신장 계통의 질병, 호르몬 관계 질병, 혈관 관계 질병, 신경 계통의 질병을 비롯해서 임신중독증, 약물 중독 등이 원인이 되어 나타난다. 병이 진행되면서 이전에는 혈압에 이상이 없던 사람에게 갑자기 이상이 나타나게 되는데 혈압 조절에 신경을 쓰면서 원인이 되는 질병을 먼저 치료하는 것이 중요하다. 합병증이나 다른 문제가 없다면 곧 혈압은 정상으로 돌아온다.

● 본태성 고혈압은 원인이 다양하다

특정 질병과는 관계없이 혈압이 높은 경우를 본태성 고혈압이라고 한다. 유전이나 지나친 비만, 식습관, 기후, 스트레스 등이 원인으로 생각되지만 정확히 한 가지 원인을 들 수 없기 때문에 포괄적인 주의와 치료가 필요하다.

비만한 사람이라면 체중을 줄이는 것이 우선이다. 꾸준한 운동과 감량으로 체중을 줄이고 짠 음식은 절대로 피한다.

알아두자

고혈압과 동맥경화의 차이

고혈압은 혈압이 높은 상태를 가리키는 말이고 동맥경화는 혈관 특히 동맥이 탄력 없이 단단하게 굳어진 상태를 말한다. 성인병의 대표 격처럼 불리는 이 두 가지 증세는 둘 다 혈관의 이상으로 생기는 증세로 서로 밀접하게 관련이 되어 있다.

뽕나무 잎을 그늘에서 말렸다가 프라이팬에 볶은 후 잘게 부수어 밀폐용기에 담아 두고 사용한다. 수시로 뜨거운 물을 부어 차로 마시면 혈압이 안정되고 감기에도 좋다. 평소 고혈압이 우려되는 사람은 예방 차원에서 자주 마시도록.

그리고 뽕나무의 열매인 오디는 잼으로 만들어서 먹기도 하고 술로도 담근다. 술은 차고 어두운 곳에서 15일 정도 익히면 약효가 훨씬 뛰어나다.

고혈압에 좋은 메밀음식

메밀나물

재료 메밀 잎 300g, 고추장 1큰술, 된장 1큰술, 다진 파 1큰술, 다진 마늘 2작은 술, 깨소금 1큰술, 참기름 2작은술

❶ 어리고 연한 메밀 잎을 데쳐 물기를 꼭 짠다.
❷ 살짝 데친 잎에 분량의 양념을 넣고 고루 무치다가 마지막에 참기름을 친다.

메밀묵 무침

재료 메밀가루 1컵, 물 3컵

❶ 메밀가루에 물을 붓고 체에 밭쳐 앙금을 가라앉힌다.
❷ 앙금이 가라앉으면 웃물을 가만히 따라내고 남은 앙금에 3배 정도의 물을 붓고 불에 올려 타지 않게 저어가며 풀 쑤듯이 쑨다.
❸ 걸쭉하게 뭉쳐지면 그릇(틀)에 부어 식히면서 굳힌다.
❹ 완성된 메밀묵을 먹기 좋은 크기로 썰어 달래 양념장을 끼얹는다.

달래 양념장 만드는 법

간장에 적당한 양의 달래를 잘게 썰어 넣고 고춧가루와 깨소금을 넣어 고루 저은 후 식초를 살짝 친다.

• 소금기를 줄이는 식단표 •

	식품명	재료명	중량(g)	열량(kcal)
아침	완두콩밥	쌀 완두콩	100 10	350 18
	두부된장국	두부 된장	40 10	38 14
	닭고기찜	닭고기	50	63
	시금치 나물	시금치 참기름	50 5	17 45
	토마토	(소)2개	200	40
점심	야채샌드위치	식빵 4쪽 오이 양상추 당근 건포도 마요네즈	100 50 50 50 15 10	295 10 10 18 40 65
	삶은 달걀	달걀 1개	50	75
	우유	(팩) 1개	200	120
	사과	(중) 1개	160	80
저녁	보리밥	쌀 보리	100 20	350 70
	호박잎쌈	삶은호박잎 된장	100 10	35 14
	편육	쇠고기	70	82
	마늘초절임	마늘	20	16
	두유	(팩) 1개	200	120
아침 585+점심 173+저녁 687= 1,985(총계)				

알아두자

혈압강하제를 과신하는 것은 금물이다

● 동맥경화는 고혈압의 원인이 된다

흔히 혈압이 높은 사람은 혈압 자체를 낮추는 데만 신경을 써서 혈압 강하제를 복용하게 되는데 혈압이 높아진 원인을 제거하는 것이 중요하다. 그 원인 중의 하나가 바로 동맥경화다.

동맥경화란 콜레스테롤이라는 동물성 지방산이 혈관의 내벽에 붙어 혈관이 원래 갖고 있는 탄력성을 떨어뜨리는 상태다. 혈관의 탄력이 떨어지고 콜레스테롤이 엉켜 붙은 혈관의 구멍까지 좁아져 혈액이 통과하기 위해서는 점점 더 많은 힘을 필요로 하게 된다. 다시 말해 혈압이 높은 상태가 되는 것이다.

■ 혈압이 높아진 원인을 먼저 제거하자

이러한 몸 상태를 생각하지 않고 무조건 혈압 강하제만을 복용하게 되면 낮은 혈압으로 혈액을 순환시킬 수가 없어 또 다른 무리가 오게 된다. 따라서 약의 복용과 함께 동맥경화를 유발시킨 원인을 제거해야만 근본적인 고혈압의 치료가 된다.

감기에

몸의 저항력이 떨어지면 감기에 자주 걸리는데 이때는 쑥떡을 해먹거나 쑥 튀김도 좋다. 그리고 열이 있는 감기에는 고비를 데쳐 먹든지 바위취를 달여 마시면 열도 내리고 감기의 후유증도 예방할 수 있다.

쑥

떡이나 튀김으로 만들어 먹는다

쑥에는 섬유질, 칼슘, 인, 철 그리고 비타민 A · B_1 · B_2 · C 등이 다양하게 들어 있는데 특히 비타민 A · C가 많이 들어 있어 몸의 저항력이 떨어져 감기에 자주 걸릴 경우 좋은 치료 효과를 나타낸다.

또 쑥에는 특유의 향긋한 냄새가 나는데, 이 냄새는 치네올이라는 성분으로 혈액순환을 좋게 하고 몸을 따뜻하게 해 줘 감기나 냉증에 쓰인다.

여름에 잘 자란 쑥의 잎을 채취해 말려 두었다가 각종 음식에 수시로 사용하면 편리하다. 그렇지 않으면 봄에 피는 연한 생잎을 말려 찐 다음 즙을 내어 마시거나 말린 쑥을 1회에 2~5g씩 200㎖의 물로 달여 마시면 열이 있는 감기에 특별한 효능이 있다.

바위취

달여 마신다

바위취는 관상용으로 가꾸어질 만큼 보기에도 좋으며 약효도 뛰어나다. 일명 '범의 귀' 라고도 불리는 이 산채는 타닌 등의 성분이 함유되어 있어 열을 내리고 감기를 낫게 하며 이 외에 중이염, 종기, 이질 등의 증세를 완화하는데 쓰인다. 4~5개의 바위취 생잎과 말린 지렁이 한 마리를 함께 달여 먹으면 감기로 인해 열이 있는 경우에 좋은 효과가 있다.

고비

나물이나 회로 먹는다

고비에서 식용하는 부분은 고사리처럼 막 순이 나오기 시작하는 줄기 부분으로, 끝이 똘똘 말린 모양에 누런 털이 숭숭 나와 있는 것이 특징이다.

고비에는 단백질과 비타민 A · B_2 · C 등이 풍부하며 감기에 걸렸거나 코피를 자주 흘리는 사람에게 특효약이 된다.

잘 말린 고비를 200㎖의 물로 달여 1회에 2~4g씩 복용하거나 가루로 먹으면 감기 증세를 완화하는데 뚜렷한 효과가 있다.

알아두자

감기 증세에 따라 달라지는 민간요법 4가지

- **코감기일 경우** 도라지 뿌리 25g 정도를 3컵의 물을 붓고 끓이는데 반으로 될 때까지 달여 마신다.
- **코가 막힐 경우** 생강가루에 꿀을 섞어 콧속에 넣는다.
- **독감일 경우** 달걀 1개를 마늘즙에 넣고 풀어 마신다.
- **설사를 할 경우** 다시마 600g을 달여 수시로 마신다.
- **감기로 머리가 아픈 경우** 아주까리 기름을 종이에 묻혀 양쪽 관자놀이에 붙인다.

감기에 좋은 산채 음식

고비회

재료 고비 300g, 소금 적당량, 고추장 1/2작은 술, 잣 30g

❶ 어린 고비의 줄기 끝 주변의 솜털을 떼고 씻어 끓는 소금물에 데친 다음 찬물에 헹군다.
❷ 헹군 고비를 다시 소금물에 씻어 찬물에 담갔다가 건진다.
❸ 잣을 빻아 고추장에 섞어 소스를 만들어 곁들인다.

쑥튀김

재료 쑥 200g, 밀가루 1/2컵, 녹말가루 1/2컵, 물 1/2컵, 소금 적당량, 다진 마늘 2 작은술, 통깨 1큰술, 튀김기름 조금

❶ 어리고 연한 쑥을 다듬어 밀가루를 묻히고 여분은 털어낸다.
❷ 넓은 그릇에 밀가루와 녹말을 반반씩 섞어 반죽한 다음 다진 마늘, 통깨를 넣고 소금으로 간을 맞춰 튀김옷을 만든다.
❸ 쑥을 하나씩 잡고 튀김옷을 골고루 입혀 140~150℃로 끓는 기름에 넣어 튀겨낸다.

쑥떡

재료 어린 쑥 100g, 멥쌀 5컵, 물 10큰술, 소금 1 큰술, 밀가루 조금

❶ 연한 쑥을 골라 깨끗이 다듬어 데쳐 낸다.
❷ 멥쌀 5컵에 소금을 넣고 빻아 체에 친 쌀가루에 물 10큰술을 넣고 손으로 비비면서 다시 한 번 체에 내린다.
❸ 쌀가루에 데친 쑥을 섞어 이리저리 뒤적인 다음 찜통이나 시루에 쪄낸다.

기침·가래·천식에

들판이나 야산에서 흔히 피어나는 민들레, 도라지, 질경이는 뿌리나 줄기 · 잎 등을 이용해 여러 가지 반찬거리나 약재로 쓸 수 있다. 나물이나 국거리 또는 술로 담가 마시면 기침 · 가래 · 천식을 예방 · 치료에 좋다.

민들레

달여 마시거나 술을 담가 마신다

이른 봄 꽃이 피기 전의 어린 순을 캐어 나물로 무쳐 먹거나 국에 넣어 먹기도 한다. 쓴맛이 강하므로 끓는 물에 살짝 데쳐 찬물에 담가 쓴맛을 충분히 우려낸 다음 사용한다.

약용으로 쓸 때는 꽃이 피기 직전의 뿌리를 말렸다 사용하는데 건재 약국에서는 '포공영'이라고 한다.

이 포공영은 열을 내리고 땀을 내는 데 쓰며 위를 튼튼하게 하는 데도 쓰이고 있다. 뿐만 아니라 기침이나 가래, 천식으로 고생하는 환자에게도 뛰어난 효과가 있다. 뿌리와 꽃을 함께 넣어 술을 담가 마시면 약효가 더욱 강하다. 뿌리는 꽃이 피기 직전의 것을 사용하는 반면 꽃은 4, 5월의 꽃을 채취해서 쓴다.

뿌리와 꽃의 2~3배 되는 소주를 붓고 설탕이나 꿀을 민들레의 1/3 정도 섞어 20일 이상 우려내면 된다. 혹은 말린 민들레 5~10g에 물 200㎖를 붓고 달여서 마시는 방법도 있다.

감기에 좋은 산채 음식

도라지나물

재료 통도라지 200g, 소금 2큰술, 다진 파 · 마늘 2작은술씩, 소금 · 통깨 · 식물성기름 조금씩

❶ 통도라지는 껍질을 벗기고 가느다란 쇠꼬챙이나 젓가락으로 잘게 쪼갠 다음, 소금을 넣고 주물러 씻어 쓴맛을 뺀다.

❷ 끓는 물에 손질한 도라지를 살짝 데쳐 물기를 꼭 짠다.

❸ 프라이팬에 기름을 두르고 도라지, 다진 파 · 마늘을 넣어 볶다가 소금으로 간하고 통깨를 뿌려 마무리한다.

민들레술

재료 민들레꽃 300g, 소주 1ℓ

❶ 이른 봄에 핀 민들레꽃을 따서 씻은 다음 물기를 뺀다.

❷ 민들레꽃과 소주를 밀폐 용기에 담고 뚜껑을 닫은 뒤 서늘한 곳에서 2~3개월 정도 숙성시킨다.

❸ 술이 익으면 가제나 체로 걸러 술만 받아내어 유리병에 옮겨 담아 보관한다.

질경이 말린 잎

국으로 먹는다

주로 잎과 씨가 약재로 쓰이는데 잎은 여름에 채취하여 햇볕에 말렸다가 잘게 썰어 사용하고, 씨는 익는 대로 채취하여 햇볕에 말려 그대로 쓴다.

또한 체내의 분비 신경을 자극하여 기관지의 점액이나 소화액 분비를 촉진하는 역할을 하므로 가래가 끓는 경우에도 도움이 된다.

이러한 증세에 좋은 약용법으로는 질경이 잎 말린 것 4~8g에 물 3컵 정도를 붓고 달여 복용하거나 씨를 1회에 2~4g씩 달여 마시면 효과를 볼 수 있다.

그리고 일상으로 먹을 수 있는 방법으로는 봄부터 초여름까지의 잎과 뿌리를 채취해 나물 또는 국거리로 쓰거나 새 잎을 쌈으로 해 먹으면 별미음식이 된다.

도라지 어린 잎

나물로 무쳐 먹는다

도라지는 가래가 끓고 가침이 심한 경우나 호흡기 질환, 기관지염에 중요한 약재가 된다.

주로 뿌리줄기 부분이 약재로 쓰이는데 이에는 사포닌의 일종인 플라티코딘과 플라티코디게닌이 함유되어 있어 심한 기침이나 가래를 멎게 하는 데 아주 좋은 효과를 발휘한다.

말린 도라지 2~4g에 물 3컵 정도를 붓고 달이거나 가루를 내어 복용한다. 잎과 줄기를 데쳐 도라지생채나 나물로 무쳐 먹어도 좋고 튀겨 먹기도 한다.

당뇨에

이른 봄 산뜻한 맛을 느끼게 해주는 냉이는 맛과 영양이 풍부하여 국이나 무침 등으로 이용하는 계절의 특미에 속한다. 얼룩조릿대는 차 대용으로 마시면 약효가 뛰어나고 맥문동은 가루를 내거나 달여서 마신다.

냉이

국이나 나물로 무쳐 먹는다

냉이는 각종 비타민과 칼슘, 철분 등 무기질이 많이 함유되어 있어 춘곤증을 없애 주고 입맛을 돋우는 알칼리성 식품이다. 단백질과 칼슘은 시금치의 몇 배나 들어 있다.

특히 냉이의 잎 속에는 비타민 A가 많은데, 냉이 100g만 먹으면 성인이 하루에 필요로 하는 양의 3분의 1 정도가 충당된다.

이러한 냉이를 중국에서는 오래 전부터 지혈제로 사용해 왔으며 폐나 장, 자궁 등의 출혈성 질병으로 고생할 때는 뿌리까지 즙을 내어 마시거나 하루에 10~15g정도 끓여 마시기도 한다.

또 냉이에는 콜린과 아세틸콜린이 들어 있어 자율신경을 자극하여 위장이나 부인과 질환, 고혈압, 피로, 당뇨 등 각종 증세에 좋은 효과가 있다.

즉, 냉이는 비장을 튼튼하게 해 주며 이뇨, 지혈, 해독 등의 작용을 해서 비장과 위가 허약한 증세와 당뇨병이나 오줌이 잘 나오지 않는 증세, 월경과다, 간장 질환 등에 좋다.

말린 냉이를 200㎖의 물에 5~8g 정도 달이거나 가루로 빻아 복용하거나 냉이를 그대로 생무침하고 냉이국을 끓여 먹어도 같은 효과를 발휘하므로 이른 봄에 여러 가지 냉이 음식을 이용해 상에 올리면 건강과 함께 계절의 맛과 향을 즐길 수 있다.

맥문동

뿌리를 달여 마신다

맥문동은 돌이나 바위틈 어디서든지 잘 자라는 식물이다. 뿌리의 통통한 부분만을 말려 약용한다.

말린 맥문동 뿌리를 물에 담가 연해지면 가운데 심을 없애고 200㎖의 물에 달여 2~5g씩 하루에 두세 번 마시거나 말린 뿌리를 가루 내어 복용해도 같은 효과를 낼 수 있다.

또는 맥문동을 오미자와 같이 사용하면 갈증도 줄어들고 혈당치도 내려가 당뇨병 치료에 더욱 효과가 있다.

얼룩조릿대

잎을 말려 차로 마신다

예로부터 당뇨를 다스리는 민간약으로 널리 알려져 왔다.

성분은 단백질을 비롯해 불포화지방, 칼슘 그리고 비타민 B_1이 함유되어 있으며 특히 비타민 K의 함량이 높다. 이 비타민 K는 혈액이나 체액에 녹아 들어가서 피를 깨끗하게 하는 칼슘 이온의 양을 늘려주고 산성 체질을 알칼리성 체질로 바꾸는 작용을 한다.

이른 봄에 어린 싹을 따서 그늘에서 바싹 말려 잘게 썰어서 사용한다. 물 3컵에 잘게 썬 잎 한 웅큼을 넣고 물이 반으로 줄 때까지 뭉근히 끓여 그 물을 마신다.

당뇨에 좋은 산채 냉이 음식

냉이무침 **재료** 냉이 300g, 고춧가루 1큰술, 다진 마늘 1/2큰술, 통깨 1 큰술, 소금 조금, 김 1/2장

❶ 연한 냉이는 겉잎을 떼내고 뿌리째 잘 다듬어 깨끗하게 씻어 물기를 뺀다.

❷ 분량의 고춧가루, 다진 마늘, 소금, 통깨를 넣고 무치다가 구운 김을 부수어 넣고, 참기름으로 고소한 맛을 살린다.

냉이국 **재료** 냉이 200g, 된장 4큰술, 쌀뜨물 6컵, 참기름 2작은술

❶ 냉이는 겉잎은 떼고 뿌리째 깨끗이 다듬어 큰 것은 반으로 잘라 깨끗이 씻어 물기를 뺀다.

❷ 쌀뜨물에 된장을 삼삼하게 풀어 놓는다.

❸ 냄비에 참기름을 둘러 뜨거워지면 준비한 냉이를 넣고 살짝 볶다가 된장을 풀어놓은 국물을 부어 한소끔 푹 끓인다.

냉이나물 **재료** 냉이 300g, 고추장 2 큰술, 다진 파 1큰술, 다진 마늘 2작은술, 깨소금 · 참기름 적당량

❶ 냉이는 겉잎을 떼내고 잘 다듬어 뿌리째 씻은 다음 팔팔 끓는 물에 소금을 조금 넣고 살짝 데쳐 내고 찬물에 헹궈 물기를 뺀다.

❷ 분량의 양념을 넣고 무치다가 참기름을 넣어 뒤적여서 맛을 낸다.

부종에

평소에 부종 증세가 우려될 때 갓 피어난 장구채나 황새냉이의 어린순을 채취해 나물이나 국거리 혹은 튀김, 김치로 담가 먹으면 봄철 입맛도 살릴 수 있어서 좋다.

황새냉이 꽃잎은 십자 모양이며, 꽃이 지고 난 뒤에 3cm 정도로 가늘고 길게 열리는 열매 속의 씨를 채취해 약용한다.

장구채 잎과 줄기 모든 부분이 약재로 쓰이는 정구채는 쓴맛이 전혀 없으므로 오래 우려낼 필요는 없다.

장구채

국이나 나물로 무쳐 먹는다

잎과 가지 그리고 줄기의 모든 부분이 약재로 쓰이는 장구채는 혈액순환을 활발하게 하고 월경을 조절해 주며 소변을 잘 나오게 하는 작용이 있다.

여름부터 가을 사이에 채취한 장구채를 햇볕에 말려 3~5g씩 200㎖의 물로 뭉근하게 달이거나 가루로 빻아 복용하면 월경이 불규칙할 때나 젖의 분비가 좋지 않을 때, 혹은 부종이 있을 때 좋은 치료약으로 쓰인다.

이 밖에 봄에 갓 피어난 새순을 캐어 살짝 데쳐서 찬물로 한 번 우려낸 다음 갖은양념으로 무쳐 먹거나 국거리로 사용한다.

황새냉이

나물로 먹거나 김치에 넣는다

전국 각지에 널리 분포하고 있으며 물가의 습한 땅에서 자라나는 황새냉이는 배당체인 글루코코클레아린이란 성분을 함유하고 있어 소변을 잘 나오게 하고 가래를 멎게 하며, 통증을 가라앉히는 등 여러 증세에 쓰인다.

황새냉이는 주로 씨 부분이 약재로 사용된다. 여름철에 씨가 익는 대로 거두어 모아 2~3g씩 200㎖의 물로 뭉근하게 달이거나 가루로 빻아 복용하면 부종이나 방광염, 천식 등의 증세를 완화하는 데 효과가 있다. 이때 대추를 함께 넣으면 더욱 좋다.

알아두자

약초를 사용하기 전에 꼭 지켜야 할 일

● 염증을 일으키는 세균성 질환이나 급성질환 혹은 골절 등은 약초로 쉽게 고치기 힘들므로 곧바로 병원으로 가야 한다.

● 산채의 약효는 대개 포괄적이고 장기적인 복용에 의해 서서히 나타나므로 약효의 결과에 대해 너무 의존하지 말고, 급할 때는 병원 치료의 시기를 놓치지 않는다.

● 자신의 증세를 혼자서 판단하고 좋다는 약초를 함부로 사용하지 말도록.

● 같은 증세에 같은 약재를 사용했는데도 각자의 체질에 따라 효과가 다를 수 있다는 것을 알아두는 것도 좋다.

부기를 가라앉히는 데 효과 있는 수박흙상

수박의 꼭지 부분을 잘라 속을 모두 파낸 다음에 통 모양의 껍질 안에 마늘을 가득 넣는다. 마늘을 다 채웠으면 잘라낸 꼭지 부분을 뚜껑삼아 덮고, 한지로 싸서 그 위에 진흙을 바른다.

이것을 뜨거운 기운이 남은 재 속에 하루 정도 묻어 두었다가 건조된 것을 꺼내 곱게 갈아서 약으로 쓴다. 아침저녁으로 1.5g씩 더운물에 마시면 부기가 가라앉는다. 중국에서 민간요법으로 널리 사용되어지고 있는 수박흙상은 불기가 약한 재 속에서 굽는 것이 포인트.

수박의 속을 파내고 마늘을 넣은 다음 한지로 싸서 뜨거운 재 속에 묻는다.

불면증

약효가 뛰어난 산야초로 잘 알려진 '삼지구엽초'를 술로 담가 조금씩 마시면 어느 약재보다 뛰어난 효과를 볼 수 있다. 그리고 최면작용까지 있다는 제비꽃은 갖은 양념에 무쳐 먹거나 달여 마시면 효과가 있다.

삼지구엽초

달이거나 술로 담가 마신다

흔히 '음양곽'이란 이름으로 더 잘 알려진 삼지구엽초는 그 약효가 매우 뛰어나다.

주로 잎과 줄기를 약재로 쓰는데 여름부터 가을 사이에 채취해서 햇볕에 말렸다가 잘게 썰어 사용한다.

4~8g씩 200㎖의 물로 달여서 복용하는데 술을 담가 마시기도 한다.

삼지구엽초를 우묵한 병에 담아 설탕을 넉넉히 넣고 10배의 소주를 주어 3개월쯤 뒤에 꺼내서 매일 조금씩 마신다. 봄에 어린 잎과 꽃을 따다가 데쳐서 나물로 무쳐 먹어도 맛있다.

삼자구엽초 여러해살이풀로서 딱딱한 뿌리줄기를 가지고 있으며 주로 잎, 줄기 부분이 약재로 쓰인다. 어릴 때에는 쓴맛이 별로 없으므로 가볍게 데쳐서 찬물에 헹궈 먹으면 된다.

제비꽃

무치거나 달여서 마신다

보라색의 작은 꽃잎이 특징인 이 제비꽃은 최면 효과가 있다고 할 정도로 불면증에 좋다고 한다. 이 외에 이뇨 작용과 해독, 소염 작용이 뛰어나 예로부터 한약재로 쓰이고 있다.

이른 봄에 어린순을 뿌리와 함께 데쳐서 무쳐 먹으면 불면증의 예방에 좋다. 식용으로는 어린순을 살짝 데쳐 찬물에 헹구어 나물로 무쳐 먹거나, 잘게 썰어 넣고 밥을 지어 먹기도 한다.

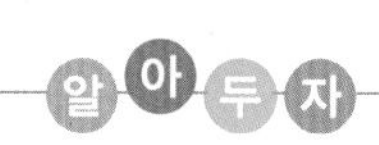

산야초 건조법

● 냉장고를 이용한다
냉장고 이용이 가장 좋다. 단, 고사리나 머위 같은 산채는 잘 말라버리는 특성이 있어 소금물에 절여 비닐봉지에 밀폐시켜 넣어 둔다.

● 잘 건조시킨다
건조 시에는 반드시 깨끗이 씻은 다음 한 번 가볍게 데쳤다가 공기가 잘 통하는 그늘에서 말린다. 건조할 때는 끈으로 묶어서 바람이 잘 통하는 그늘진 곳에 매달아 놓는다.

● 잘 마르지 않는 산채는 그늘진 곳에 둔다
잘 마르지 않는 두릅 종류는 씻지 않은 그대로 냉장고나 통풍이 잘되는 그늘진 곳에 둔다.

● 신문지에 싸서 보관한다
물로 씻지 않는 채 산채의 밑동을 가지런히 모아 신문지에 싸서 냉장고에 넣어둔다.

● 소금절임을 한다
이 방법은 풀 냄새가 짙은 것, 줄기를 사용하는 종류 혹은 잎이 두터운 산채일 때 이용한다. 고사리, 달래, 돌미나리, 냉이 종류 등을 이런 방법으로 저장한다.

● 식초절임을 한다
달래 등은 식초절임을 하고 머위나 명아주 등은 고추장절임이나 된장절임을 해두고 먹는다. 그리고 고비나 고사리, 민들레 뿌리 등은 간장절임으로 이용한다.

● 급속 냉동시킨 다음 건조시킨다
산채를 서서히 건조시키면 건조 과정에도 물질대사가 일어나 영양 물질의 소모가 많아진다. 그러므로 식물을 신속하게 완전 냉동시키면 성분은 고스란히 간직한 채 물질 대사가 완전히 정지된다.

● 인위적인 건조는 피한다
빨리 건조하는 게 좋다 해서 가끔 온열기에서 말리기도 하는데 이렇게 하면 영양소 파괴가 많아진다. 또 흐린 날 건조는 피해야 한다.

설사에

잔치상이나 제사상에 잘 올라오는 고사리를 나물이나 탕, 부침개 등으로 만들어 먹든지 옛날 단오절에 머리 감을 때 많이 썼던 창포나 한옥의 기와틈새에서 볼 수 있는 바위솔을 달여서 마시면 효과를 볼 수 있다.

고사리

나물로 무치거나 탕에 넣는다

고비와 함께 대표적인 산채로 손꼽히는 고사리는 주로 늦가을에 채취한 뿌리줄기 부분이 약재로 사용되는데, 고사리에는 아미노산류인 아스파라긴과 글루타민 그리고 플라보노이드의 일종인 아스트라갈린 성분이 함유되어 있어 열을 내려 주고 오줌이 잘 나오게 하며 설사를 멎게 한다.

잘 말린 고사리를 5~8g씩 200㎖의 물에 달여 마시면 이러한 증세를 완화하는 데 효과가 있다. 특히 설사를 자주 하는 사람은 말린 고사리를 가루로 빻아 물에 타서 먹는다.

이 밖에 고사리를 나물로 해서 반찬으로 많이 먹는데, 육개장이나 탕 등에 넣어 먹어도 좋고 빈대떡, 산적구이에 이용해도 맛있게 먹을 수 있다. 말린 고사리로 탕을 만들 때는 뜨거운 물에 잠깐 동안 끓이든지 따뜻한 물에 담가 불린 다음 손으로 잘 주물러 찬물에 헹구어서 조리하도록 한다.

명아주

달이거나 무쳐 먹는다

전국 각지의 기름진 땅에 자라는 명아주는 건위, 강장, 해열, 살균 등의 작용을 하는 풀로 설사, 대장염, 장염 등에 쓰인다.

주로 꽃이 피기 전에 채취한 명아주를 햇볕에 말려 약재로 사용하는데 이를 5~8g씩 200㎖의 물로 달여 꾸준히 마신다. 또 명아주의 어린순을 깨끗이 씻어 가루 같은 것을 떼낸 후 데쳐서 나물이나 국거리 또는 무침으로 먹어도 좋고 생즙 내어 계속 복용하면 동맥경화의 예방에도 그만이다. 생즙을 그냥 마시기 어려우면 꿀을 타서 마신다.

설사에 좋은 산채 음식

명아주무침 **재료** 명아주 300g, 다진 파 2큰술, 다진 마늘 1큰술, 깨소금?소금 1큰술씩

❶ 명아주의 어린순을 다듬은 뒤 흐르는 물에 깨끗이 씻어 건져 5~6㎝정도의 길이로 썰어 놓는다. ❷ 썰어 놓은 명아주에 다진 파·마늘·소금·깨소금을 분량대로 넣고 살살 버무려 낸다.

고사리나물 무침 생고사리를 이용할 때는 고사리를 잘 다듬어서 엷은 소금물에 담갔다가 물기를 뺀 다음 무치거나 볶고, 말린 고사리는 삶기 전에 따뜻한 물에 하루 정도 담갔다가 삶아 사용한다. 삶은 고사리는 먹기 좋게 썰어 프라이팬에 참기름을 두르고 먼저 볶다가 간장, 다진 파,마늘, 깨소금으로 간을 맞춘다.

알아두자

설사의 원인에 따른 대처 요령 5가지

● **단순성 설사는 음식물을 주의한다**
너무 찬것을 많이 먹었다든지, 과로나 몸을 차갑게 해서 일어나는 단순성 설사는 음식물을 조심하고 따뜻한 곳에서 휴식을 취하면 곧 회복된다.

● **감염성 설사는 빨리 병원에 가야 한다**
감염성 설사는 흔히 말하는 식중독과 같은 것으로 심한 통증과 함께 발열, 설사, 탈수 외에도 구토나 두통이 나타나기도 한다. 이럴 때는 빨리 병원에 가야 한다.

● **알레르기성 설사는 원인을 제거한다**
체질적으로 맞지 않는 음식을 먹어서 생기는 알레르기성 설사는 알레르기를 일으킨 원인이 된 음식만 조심하면 예방할 수 있다.

● **궤양성 설사는 전문 치료가 필요하다**
장에 생긴 염증이나 궤양이 원인이 되어 설사는 혈변을 보는 것이 일반적인데 의사의 치료를 받아야 한다.

● **신경성 설사에는 마음을 편안히 갖는다**
스트레스로 인한 신경성 설사는 마음을 편안히 갖고 즐겁게 식사를 하는 노력이 필요하다.

간염에

들판의 양지바른 곳에서 흔히 볼 수 있는 새삼과 지치 그리고 애기똥풀을 말렸다가 가루로 먹거나 달여 마시면 간염 증세나 그 외의 여러 증세에도 효과를 볼 수 있다.

새삼줄기

달이거나 씨를 가루 내어 먹는다

메꽃과에 속하는 새삼은 한해살이 덩굴풀로 들판의 양지바른 풀밭 속에 서 있는 관목류에 기생하는데 줄기에는 빨판이 있어 다른 식물을 감고 올라간다.

새삼의 꽃과 줄기를 토사라고 하며 씨를 토사자라고 하는데 이들은 각각 함유 성분이 달라 다른 병을 치료하는데 쓴다. 새삼은 9~10월에 채취하여 씨는 씨대로, 줄기는 줄기대로 햇볕에 말려 두었다가 사용한다.

〈동의보감〉이나 〈본초희언론〉에 의하면 토사자는 식초나 소금물, 술에 담갔다가 말려서 이용하거나 약간 볶아서 쓴다고 했다. 그리고 줄기는 말려서 쓴다.

이렇게 가공한 토사와 토사자를 4~5g씩 200㎖의 물로 달여 복용하거나, 분량의 가루로 빻아 차가운 물로 복용하면 간염이나 황달이 있는 경우 그리고 오줌이 잘 나오지 않는 증세에도 좋은 치료약이 된다.

이 밖에 말린 토사자 150~200g을 1.8ℓ의 소주에 담가 200g 정도의 설탕이나 꿀과 함께 2개월 이상 묵혀 작은 잔으로 한 잔씩 하루에 세 번 정도 마시면 자양 · 강장에 도움이 되는 등 여러 증세에 효과가 있는 것으로 알려졌다. 단, 성기능이 센 사람이나 임신부 또는 변이 굳은 사람에게는 쓰지 않는 것이 좋다고 한다.

말린 지치

달여서 마신다

굵은 뿌리가 약재로 쓰이는 지치는 온몸에 흰빛의 거친 털이 많이 붙어 있는 풀로서 높은 산지의 약간 그늘진 곳에 유기질이 퇴적해서 썩은 비옥한 땅에서 잘 자란다.

약재로는 지치의 뿌리 부분이 쓰이는데 어두운 보랏빛의 색소가 들어 있어 옛날에는 이를 이용해 보라색 물감 대신으로 사용했다.

지치를 약용으로 쓰려면 늦가을에 채취한 뿌리를 햇볕이나 불에 쬐어 말린 다음 잘게 썰어 3~5g씩 200㎖의 물로 달이거나 곱게 가루로 빻아 복용한다. 이는 혈액순환을 좋게 하며 간염이나 황달, 변비 등의 증세를 완화하는 데 큰 효과가 있다. 또 상처 난 살이 잘 아물지 않을 때 약재를 가루로 빻아 바셀린과 참기름으로 개어서 환부에 발라 주면 쉽게 아물면서 치료 효과를 낸다.

약재 달이기와 마시는 법

약재를 모두 말려야만 되는 것은 아니다. 말린다는 것은 보존을 목적으로 하는 것이다. 그러므로 생것이나 말린 것이나 사용상의 차이는 없으며 그 효과도 같다. 경우에 따라 말린 것과 말리지 않았을 때의 약효에 차이가 나는 경우 있는데 구입하기 전에 반드시 확인을 하고 사는 것이 좋다.

약재를 달일 때는 옹기로 된 약탕기를 사용한다. 대부분의 약초에는 타닌 성분이 많이 들어 있어서 철제 용기를 사용하면 달일 때 산화하여 약효가 떨어질 우려가 있기 때문이다.

달이는 분량은 일반적으로 3홉짜리 주전자의 물 분량에 약재 한 줌 정도가 알맞다. 한 줌이면 10~15g 정도가 되는데 뭉근한 불에서 반으로 줄 때까지 끓이는 것이 적당하다. 다 끓인 다음에는 베보자기에 쏟아 붓고 천천히 찻잔에 따르면 쉽게 마실 수 있다.

노화방지에

달래는 봄을 알리는 산채로 비타민 C가 풍부해 생으로 초무침해서 먹으면 노화방지에 좋다. 산수유 역시 달이거나 술로 담가 마시면 몸의 활기와 강장 효과를 얻을 수 있다.

달래

식초에 무쳐 먹는다

달래에는 단백질, 지방, 칼슘이 풍부하게 함유되어 있고 이 밖에도 인, 철, 비타민 A·B·C 등이 들어 있는데 이 중에서도 특히 비타민 C가 많은 것이 특징이다.

그래서 노화방지, 빈혈, 동맥경화 예방에 특별한 효능이 있다. 그러나 비타민 C는 열에 약해 날것으로 식초를 쳐서 먹는 것이 효과적이다.

이 밖에 밀가루를 묽게 풀어 잎과 알뿌리를 넣고 걸쭉하게 반죽해서 지진 달래전이나 술을 담가 마시는 방법도 있다.

산수유

달이거나 술을 담가 마신다

노화가 진행되면 현기증, 식은땀, 귀울림 그리고 빈뇨 증세도 생기기 쉽다. 특히 남성의 경우는 성기능이 약해지고 여성의 경우 자궁 출혈도 있을 수 있는데 이때 산수유를 이용하면 효과를 얻을 수 있다.

산수유의 열매에는 주석산, 사과산 등이 많이 들어 있어 혈액순환을 좋게 해주므로 피로를 느낄 때나 노화된 몸에 활력을 준다.

주로 열매를 이용하는데 말린 산수유 열매 2~4kg을 200㎖의 물에 달여 마시거나 술을 담가 조금씩 마시기도 한다.

노화방지에 좋은 산채 음식

달래무생채 **재료** 달래 200g, 무 200g, 초간장(간장 3큰술, 식초 2큰술, 고춧가루 1큰술, 설탕·깨소금 1작은술씩)

❶ 달래는 깨끗이 다듬어 씻어서 5㎝ 길이로 자른다.
❷ 무는 5㎝ 길이의 보통 굵기로 채 썰어 찬물에 담갔다가 체에 건져 물기를 뺀다.
❸ 분량의 간장, 식초, 고춧가루, 설탕, 깨소금을 골고루 섞어 초간장을 만든다.
❹ 손질한 달래와 무를 볼이 넓은 그릇에 섞어 담고 초간장을 조금씩 뿌려 가며 무친다.

달래전 **재료** 달래 200g, 붉은고추 1개, 밀가루 1컵, 소금 2 작은술, 식물성기름 조금

❶ 달래는 깨끗이 다듬어 씻어 물기를 빼고, 붉은고추는 어슷어슷하게 채 썬다.
❷ 밀가루에 적당량의 물을 부어 걸쭉하게 반죽한 후 준비한 달래, 붉은고추를 넣고 소금으로 간을 맞춘다.
❸ 기름 두른 프라이팬에 반죽한 달래를 조금씩 떠 놓고 얇게 펴 전을 부친다.

식욕증진에

들판에서 저절로 자라는 돌미나리나 시장에서 쉽게 구할 수 있는 참미나리에는 독특한 맛과 향을 내는 정유 성분이 있어 국을 끓이거나 전으로 부쳐 먹으면 입맛을 살릴 수 있다. '쓴풀'은 식욕부진에 효과를 본다.

그래서 식욕이 없거나 신경쇠약, 여성의 냉증, 변비 등의 증세가 있을 때에 돌미나리를 전으로 부쳐 먹거나 나물, 국 등에 넣어 먹으면 좋다. 좀더 효과적인 약용법으로는 돌미나리를 잘 말렸다가 10~20g씩 300~400㎖의 물로 달이거나 50~80g의 생풀을 즙을 내어 마셔도 좋다. 혹 돌미나리를 구하기 힘들면 재배 미나리인 참미나리를 사용한다.

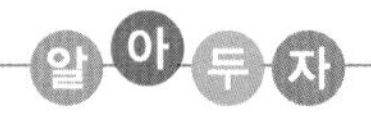

알아두자

이유 없는 식욕부진은 위험신호

● 만성질병이 있으면 식욕이 떨어진다
만성 간염이나 당뇨병 같은 만성 질병들은 갑작스러운 증세가 없는 대신 온몸이 나른하고 쉽게 피로를 느끼며 피로감에 따른 식욕부진이 나타나기도 한다. 또 위에 만성적인 염증이 있다면 심한 통증은 없지만 소화가 잘 안 되고 식욕이 당기지 않는 증세가 따라서 나타나기도 하다.

● 스트레스와 과로도 식욕부진의 원인이다
과식이나 스트레스 등으로 인해 위의 근육이 늘어나는 경우에도 위의 소화 작용이 방해를 받기 때문에 속이 거북하고 식욕이 떨어지는 증세를 나타낼 수 있다. 마음을 편하게 갖고 일과 식사에 규칙적인 리듬을 유지할 수 있도록 노력하는 것이 중요하지만 우선 원인이 되는 질병이나 스트레스를 해결하지 않으면 식욕 부진은 사라지지 않는다.

돌미나리

전으로 부쳐 먹는다

이른 봄 벼를 벤 흔적이 남아 있는 논이나 냇가, 도랑 가에서 여린 새싹의 돌미나리를 볼 수 있는데 이 미나리가 연하고 맛있다.

미나리의 향미는 다른 채소나 산채와는 달리 독특한 것이어서 입맛을 돋우어 줄 뿐만 아니라 정신을 맑게 하고 혈액을 보호하는 효과가 있다.

'쓴풀'

달이거나 가루로 복용한다

꽃을 포함한 잎과 줄기 모든 부분을 약재로 쓰는 '쓴풀'은 그 뿌리의 쓴맛이 매우 강한 성분이 들어 있다. 위를 튼튼하게 하는 건위작용뿐만 아니라 소화불량, 식욕부진을 다스리므로 식욕이 없어 몸이 허약해질 때 0.3g~1g씩 200㎖의 물에 달여 마시거나 가루로 빻아 먹으면 식욕이 되살아난다.

식욕부진에 좋은 산채 음식

미나리국

재료 미나리 200g, 쇠고기 100g, 실파 4뿌리, 달걀 2개, 붉은고추 1개, 다진 마늘 1큰술, 국간장 · 소금 · 후춧가루 · 참기름 조금씩

❶ 미나리는 줄기만 다듬어 흐르는 물에 깨끗이 씻은 뒤 3cm 길이로 썬다. 붉은 고추는 채 썰고 실파는 4cm 길이로 썬다.
❷ 쇠고기를 5㎜ 두께로 채 썰어 양념한 뒤 기름 두른 냄비에 볶다가 물 5컵을 붓고 다진 마늘 1큰술을 넣어 고기국물이 우러나도록 끓여 준다.
❸ 달걀을 풀어 썰어 놓은 미나리와 붉은고추, 실파를 넣고 고루 섞는다.
❹ 끓고 있는 쇠고기 장국에 달걀 묻힌 미나리와 붉은고추, 실파를 숟가락으로 떠 넣고 한소끔 더 끓인다.

돌미나리전

재료 돌미나리 200g, 밀가루 1/2컵, 물 · 다진 파 · 마늘 1작은술씩, 소금 1작은술, 식물성 기름 조금
초간장 간장 · 통깨 · 식초 조금씩

❶ 돌미나리는 흙을 털고 깨끗이 다듬어 씻어 길쭉하게 잘라 물기 없이 해 둔다.
❷ 밀가루에 물을 붓고 덩어리 없이 풀어 다진 파 · 마늘을 넣고 소금으로 간한다.
❸ 기름 두른 프라이팬에 반죽을 떠 넣어 어느 정도 엉기면 미나리의 뿌리쪽과 잎 쪽을 서로 엇갈리게 놓고 서로 엉겨 붙을 정도로만 밀가루 반죽을 조금 더 부어 얇게 부친다. 초간장을 곁들인다.

신경통에

전국 어디서나 쉽게 볼 수 있는 고삼과 댕댕이덩굴 그리고 개다래나무를 잘 말렸다가 달여 마시면 신경통에 효과가 있다. 특히 이 식물들은 생명력이 강해 집에서 재배할 수도 있으므로 관상용으로도 길러 본다.

말린 고삼

달여 마신다

전국의 산과 들의 양지바른 풀밭에서 잘 자라는 고삼은 '너삼' 또는 '도둑놈의 지팡이'라고도 불리는데 이는 그 뿌리가 굵고 길며 울퉁불퉁하게 생겼다고 해서 붙여진 이름이다.

이 도둑놈의 지팡이는 살균력이 매우 강하다. 그래서 한여름 시골의 재래식 화장실에 구더기가 생겼을 때 그곳에 넣어 두면 모두 죽게 된다.

고삼 종이봉지 등에 넣어서 저장하는데 곰팡이가 생기기 쉬우므로 특히 습기에 주의한다.

고삼에 들어 있는 마트린이라는 성분은 동물의 운동신경을 마비시키는 작용이 있어 신경통에 이용하면 효과가 있다고 한다. 또한 고삼은 소화불량, 식욕부진, 황달, 폐렴 등의 증세를 다스리는 데도 이용되어 왔다. 가을에 꽃이 질 무렵 캐어 뿌리의 껍질을 벗기고 두께 1cm정도로 쪼개 5~15cm 길이로 잘라 말렸다가 2~4g을 200mℓ의 물로 달여 마신다.

신경통에 좋은 산채 음식

개다래 장아찌

재료 개다래 500g, 간장 4컵, 설탕 1컵, 식초 1컵

❶ 개다래는 8월 중에 따서 진한 소금물에 담가 삭혔다가 건져 맑은 물에 헹군다.
❷ 헹군 개다래는 분량의 간장, 설탕, 식초를 섞은 액에 다시 담가 시원한 곳에서 새콤달콤한 맛이 들 때까지 익힌다.

댕댕이 덩굴

덩굴 달여 마신다

댕댕이 덩굴은 전국적으로 분포하며 들판이나 숲 가장자리의 양지바른 곳이면 어디서나 잘 자라는 식물이다.

댕댕이덩굴은 진통, 해열, 이뇨의 효능이 있어 옛부터 신경통, 관절염, 류머티즘, 방광염, 변비 등의 치료제로 쓰여 왔다. 9,10월에 채취하여 깨끗이 씻은 다음 수염뿌리와 거친 껍질을 벗기고 5mm정도로 둥글게 잘라서 햇볕에 잘 말렸다가 5~8g을 물 0.8ℓ에 달여 하루 세 번 마시면 신경통, 중풍으로 인한 손발 마비, 통증에 도움이 된다.

댕댕이덩굴 줄기를 굽힐 때 툭하고 부러질 정도까지 잘라 건조시킨다. 옛날에는 적당한 길이(70~80cm)로 잘라서 묶어 시렁 위에 얹어서 보관했다

개다래나무

달여 마신다

개다래나무의 말린 열매는 생약 명으로 '목천료'라 하여 건재약방에서 쉽게 구입할 수 있다.

신경통, 요통에는 건조시킨 열매를 분마기에 갈아서 하루에 3회 따뜻한 물에 마신다. 나무껍질에도 효과가 있어 건조시킨 것은 물에 달여 하루에 3회 데워서 마셔도 좋다.

신장병에

미역취의 어린잎과 으름덩굴의 열매와 줄기 그리고 삽주의 뿌리에 각각 이뇨 작용이 뛰어난 성분이 들어 있어 약용으로 달여 마시기도 하며 나물로 무치거나 열매를 그대로 먹어도 효과가 있다.

미역취

달이거나 나물로 무쳐 먹는다

미역취에는 피넨, 이눌린, 리모넨 등이 함유되어 있으며 뿌리에는 마트리카리아 에스테르 화합물 그리고 잎과 줄기에는 인삼에도 들어 있는 사포닌 성분이 함유되어 있다. 이 성분들은 오줌을 잘 나오게 하고 열을 내려 주며 기침을 멎게 할 뿐만 아니라 위를 튼튼하게 하는 작용을 한다. 그래서 미역취는 신장염, 방광염 등 비뇨기 계통의 질환을 치료하는 약으로 쓰인다.

꽃이 피고 있을 때 꽃과 줄기, 잎을 채취하여 햇볕에 말렸다가 잘게 썰어 1회에 3~5g씩 200㎖의 물에 넣어 뭉근히 달여 마신다. 쓴맛이 강하므로 데쳐서 쓴맛을 우려낸 다음 나물이나 국거리로 사용한다.

으름덩굴

달여 마시거나 열매를 먹는다

으름덩굴의 약효는 덩굴, 열매, 어린잎에 있다. 주로 봄·가을에 채취해 줄기의 겉껍질을 벗겨낸 다음 햇볕에 말려서 이용한다.

덩굴 줄기에는 아케빈이란 성분이 있는데, 이는 이뇨작용을 하므로 신장병, 이뇨, 방광염 등에 효과가 있다. 그리고 어린잎은 강심제나 이뇨제로 많이 이용되며, 가을에 열리는 열매의 흰 과육은 신장병이나 요도염, 방광염에서 오는 부종에도 좋은 효과가 있다.

말린 잎과 줄기 20g 정도를 물200㎖에 달여 마시거나 열매를 그대로 먹어도 이뇨 효과를 볼 수 있다고 한다. 또한 어린순은 국거리나 나물로, 또는 볶아 말려서 차로 이용하기도 하고 단맛이 나는 흰 열매를 그냥 먹기도 한다.

삽주뿌리

달이거나 나물로 먹는다

신장에 이상이 생겨 이뇨 작용이 좋지 않을 때는 이 삽주 뿌리가 그만이다. 또 뿌리 부위의 표피를 벗긴 것은 '백출'이라 하는데, 앞서 말한 창출과 함께 위를 튼튼하게 하고 소변을 잘 배출시키는 작용을 한다.

신장병에 좋은 산채 음식

미역취나물 **재료** 미역취 300g, 간장 1큰술 반, 소금 조금, 깨소금 1큰술, 다진 마늘 2작은술, 참기름 조금

❶ 취는 잎이 깨끗한 것으로 골라 너무 큰 것은 알맞게 잘라 끓는 물에 데쳐 찬물에 헹군 다음 물기를 꼭 짠다.

❷ 데친 취에 분량의 간장, 소금, 깨소금, 다진 마늘을 넣고 무치다가 참기름을 치고 다시 한번 살짝 무친다.

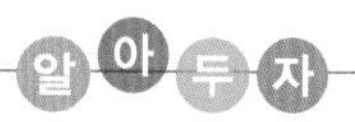

만성 신염일 때…

● 율무알을 달여 마신다.

● 검은콩 1컵, 감초 5~6g 정도를 넣고 달여 하루에 3회로 나누어 마신다.

● 옥수수수염을 그늘에 말려서 한 줌을 물 900㎖에 넣고 물이 반으로 될 때까지 달여 그 물을 자주 마신다.

● 수박 속살로 수박탕을 만들어 하루에 3~4회 한 숟갈씩 먹는다.

● 당근씨 12g을 3컵의 물이 반으로 되게 달여서 3회로 나누어 마신다.

이뇨에

우엉에는 여러 가지 약효 성분이 들어 있어 건강식품에 속하는데 튀기거나 달여 마시면 소변을 시원하게 배출할 수 있다. 뽕나무에도 이뇨작용이 있는데 조금 번거롭긴 하지만 뽕나무의 속껍질을 벗겨 말린 후 달여 먹는다.

우엉

기름에 볶거나 달여 마신다

우엉에 들어 있는 당질은 녹말 성분이 적고 대부분이 이눌린이라는 성분으로 구성되어 있다. 이눌린은 신장 기능을 높이고 이뇨의 효과가 있으며 당뇨병 환자에게 좋다고 알려져 있다.

또한 우엉의 단백질은 알기닌이라는 아미노산으로 되어 있는데, 이 알기닌 성분은 소변을 배출하는 신체대사 작용에 관여하므로 역시 이뇨 작용을 돕는 데에 큰 역할을 한다.

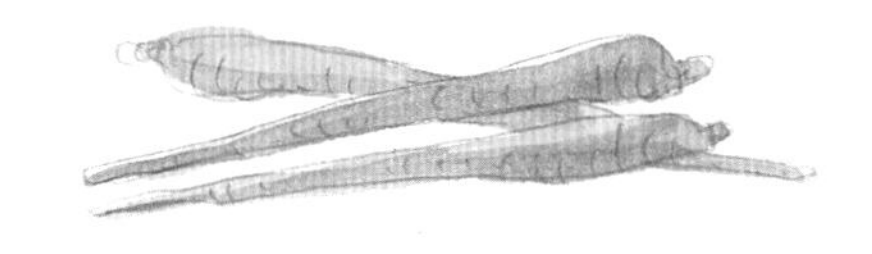

소변 배출이 시원치 않아 우엉을 쓸 때는 볶아서 사용하고 가래가 있을 때는 생즙으로 먹어야 효과가 더욱 뛰어나다.

뽕나무 뿌리

뿌리껍질을 달여 마신다

초여름이 되면 뽕나무에는 마치 산딸기와 비슷한 모양의 검은 열매가 열리는데 '오디' 라고 한다.

소변이 잘 나오지 않아 고생하거나 수분이 몸에서 배출되지 않아 수독 증세가 있을 때는 뽕나무 뿌리의 껍질이 좋다. 200㎖의 물에 4~5g의 뽕나무 뿌리껍질을 달여 마신다.

뽕나무 열매인 '오디'는 산딸기와 비슷한 모양으로 술로 담가 마시고, 잎은 차로 달여 마실 수 있다.

알아두자

배설의 곤란은 건강의 적신호다

변비가 되어 변을 보기 어렵다면 생수와 섬유질 식품을 충분히 섭취하고 규칙적으로 생활해 변비를 개선해야 한다.

● 혈변 · 혈뇨는 위험신호다

혈변, 혈뇨가 나오는 경우에는 내부 장기에 상처나 염증이 생긴 신호일 수 있다. 이럴 때는 식생활 개선만으로는 치료하기 어려우므로 의사와 상담하여 정확한 진단을 받는 것이 중요하다.

● 대소변을 통한 배설은 건강의 척도

배설이 원활히 이루어지지 않는다는 것은 단순히 음식을 잘못 먹었기 때문일 수도 있지만 며칠씩 계속되는 경우에는 배설에 일차적으로 관련되는 기관에 이상이 생긴 것으로 생각할 수 있다. 더 나아가서 몸 전체에 장애가 생긴 신호일 수 있다.

예를 들어 소변이 잘 안 나오거나 시원하게 소변을 보지 못하고 잔뇨감이 남아 불쾌감을 느끼는 것은 소변이 나오는 요도에 원인이 있을 수도 있고 방광이나 전립선 등의 기관이 이상이 생겼을 가능성도 있다.

대변의 경우도 마찬가지. 생활 리듬이 깨졌을 때 일시적으로 생기는 변비를 제외하고 만성적으로 변비가 계속되면 대장뿐만 아니라 소화기관에 이상일 수 있다.

● 잔뇨감, 배뇨 시 통증도 가볍게 넘기지 말자

소변을 볼 때 불쾌감이나 통증이 있고 소변이 시원스럽게 나오지 않는다면 가장 쉽게 할 수 있는 처치로 물을 많이 마셔 신장의 부담을 덜어 주는 것이다. 수분 섭취가 적어 소변의 농도가 진해지면 소변을 걸러내는 신장이 부담을 느끼고 진한 소변을 담고 있어야 하므로 방광에도 심한 자극이 된다. 따라서 생수나 녹차 등 자극이 적은 음료를 충분히 섭취해주는 것이 좋다. 여성의 경우에는 하반신을 따뜻하게 해 준다.

저혈압에

약재 시장에서 쉽게 구할 수 있는 구기자를 차로 마시거나 건강식품점에 많이 나와 있는 신선초를 녹즙으로 마시면 저혈압뿐만 아니라 성인병 예방에도 좋은 효과를 얻을 수 있다.

구기자

술로 담그거나 차로 마신다

구기자에는 각종 아미노산과 비타민 B1 · B2 · C, 칼륨 그리고 베타인, 루틴 등의 성분이 들어 있다. 루틴은 모세혈관을 강화시켜 주므로 고혈압, 저혈압, 동맥경화에 좋은 효과가 있다. 말린 약재를 4~8g 씩 200㎖의 물에 달여 마시거나 가루로 복용한다. 또한 설탕과 10배의 소주를 부어 만든 '구기주'를 조금씩 꾸준히 마신다.

구기자 열매 연보랏빛의 꽃이 지고 나면 길쭉한 달걀 모양의 붉은 열매를 맺는다. 이 열매를 채취하여 햇볕에 말려서 약재로 쓴다.

신선초

나물이나 녹즙으로 마신다

신선초는 저혈압, 고혈압, 동맥경화, 두통 등의 치료에 효과를 발휘하며 이뇨 작용과 장을 튼튼하게 하는 작용도 한다.

나물로 무쳐 먹거나 술을 담가 마시기도 하는데 신선초주는 신선초 뿌리를 깨끗이 씻어 1주일 정도 그늘에서 말려 병에 담고 5배 정도의 소주를 부어 2~3개월 두면 된다.

마늘

갈아서 검은 깨와 꿀을 섞는다

저혈압은 평소에 신진대사를 활발하게 하고 몸을 따뜻하게 해주는 식품을 먹어야 하는데, 마늘이 이런 작용을 해 준다.

신선초 비타민 B12의 작용으로 저혈압, 고혈압, 두통에 효과가 좋고 풍부한 엽록소는 건강증진, 갱년기 장애에도 좋다. 최근 녹즙 재료로 많이 이용되고 있다.

마늘을 갈아 검은 깨 볶아 간 것과 함께 꿀에 버무려 두고 1~2 작은술씩 따뜻한 물로 복용하면 된다..

또 마늘은 강한 살균력과 보온 효과가 뛰어나 감기, 기침, 가래, 천식 등에도 좋다. 특히 노화로 저항력이 떨어져 이런 증상이 만성화할 때 마늘로 다스리면 좋다.

마늘 한쪽을 곱게 갈아 조청 20~100g을 섞어 마시자. 마늘이 보온 작용을 하므로 냉증 치료는 물론 모세혈관을 확장시켜 몸을 따뜻하게 해 준다.

저혈압에 좋은 차

구기자차

재료 구기자 2큰술, 물 3컵, 꿀 또는 설탕 조금씩

❶ 구기자는 흐르는 물에 재빨리 씻어낸 다음 물기를 빼고 서늘한 곳에서 말린다.
❷ 차통이나 밀폐용기에 구기자를 담아 서늘한 곳에 보관한다.
❸ 찻주전자에 구기자를 넣고 물을 부어 중불에서 고운 빛이 우러날 때까지 끓여서 따뜻한 찻잔에 부어 마신다. 입맛에 따라 꿀이나 설탕을 조금 넣어 마시면 맛이 더욱 좋다.

피로회복에

몸의 저항력이 떨어지면 감기에 자주 걸리는데 이때는 쑥떡을 해먹거나 쑥 튀김도 좋다. 그리고 열이 있는감기에는 고비를 데쳐 먹든지 바위취를 달여 마시면 열도 내리고 감기의 후유증도 예방할 수 있다.

마

전이나 찜 또는 떡을 만든다

소화가 안 될 경우, 껍질 벗긴 마를 식촛물에 담갔다가 갈아서 먹으면 좋고 체력이 떨어져 걱정되는 사람은 마찜을 해 먹거나 죽을 끓여 먹으면 도움이 된다. 이 밖에 마를 짓이겨 같은 분량의 찹쌀가루로 반죽하여 시루에 쪄 먹어도 별미의 떡이 된다.

연근

튀김, 연잎밥으로 지어 먹는다

중국에서는 연의 모든 부분을 약재나 식품으로 이용해 왔는데 그 중에서도 특히 뿌리와 연밥이 쓰이고 있다.

연의 땅 속 뿌리인 연근에는 당질, 아미노산, 레시틴, 펙틴 이외에 비타민 B · B_1 · B_2 · C 등이 풍부하여 피로 회복과 자양 강장에 특별한 효과가 있으며, 「본초강목」에서는 연밥이 기력을 왕성하게 하고 모든 질병을 물리치며 몸이 가벼워지고 수명을 연장하는데 좋은 효과가 있다고 한다.

별미 음식으로 연잎밥도 만들어 보자. 연잎밥은 연잎, 연근, 연씨 등 연 재료가 모두 들어가므로 연의 성분을 충분히 섭취할 수 있는 좋은 음식이다.

단, 연근 손질을 할 때 식촛물에 담갔다가 사용하도록 한다. 이는 연근 속에 크롤로젠산과 폴리페놀 성분이 들어 있어 쉽게 변색되기 때문이다.

말린 더덕

차로 마시거나 술을 담가 먹는다

더덕 하면 사삼이라 불려지는 뿌리 부분이 강장 식품으로 유용하게 쓰이는데 이를 잘 말려 1회에 4~10g씩 200㎖의 물로 달이거나 가루로 빻아 복용하면 체력을 튼튼하게 하고 쌓인 피로를 풀어 주며, 열을 내리는 데 큰 효력을 발휘한다. 이 밖에 더덕의 성숙한 잎을 말려 두었다가 차 대용으로 마시거나 술을 담가 마셔도 자양 · 강장 효과를 볼 수 있다. 특히 뿌리가 희고 굵으며 쭉 뻗은 더덕으로 담근 술을 자기 전에 꾸준히 마시면 더욱 약효를 기대할 수 있다.

피로회복에 좋은 산채 음식

연근조림 **재료** 연근 400g, 간장 4큰술, 물엿 2큰술, 통깨 1큰술, 실고추

❶ 연근은 칼로 껍질을 긁어 하얗게 손질한다.
❷ 손질한 연근을 3㎜ 두께로 썰어서, 끓는 물에 식초를 몇 방울 치고 데쳐 찬물에 헹군다.
❸ 냄비에 연근, 간장을 넣고 재료가 잠길 정도의 물을 부어 센 불에서 한소끔 끓어오르면 불을 줄이고 서서히 조려 조림국물이 반쯤 줄었을 때 물엿을 넣고 국물이 다 졸 때까지 바짝 조린다.

연근튀김 **재료** 연근 300g, 밀가루 1컵, 녹말가루 1컵, 물 1/2컵, 소금 적당량, 간장 4 큰술, 다진 마늘 1큰술, 식초 2작은술, 통깨 1작은술

❶ 연근은 식촛 물에 담가 아린맛을 우려낸 다음 5㎜ 두께로 썬다.
❷ 밀가루와 녹말가루를 반반씩 섞어 물로 걸쭉하게 반죽한 뒤 소금을 조금 넣어 튀김옷을 만든다.
❸ 연근에 튀김옷을 입혀 150 ℃로 끓는 기름에 튀긴다.

연잎밥 **재료** 연잎 8장, 연근 200g, 연밥 1컵, 찹쌀 4컵, 팥 1/2컵, 물엿 1/2컵, 소금 1큰술, 잣 적당량

❶ 연밥의 씨만 받는다.
❷ 연근은 2~3cm 두께로 썰어 2~4등분한다.
❸ 찹쌀은 물에 불리고, 팥은 삶는다.
❹ 깨끗이 씻어 물기를 없앤 연잎을 펼쳐놓고 준비해 둔 연근, 연씨, 찹쌀, 팥을 가운데 놓고 연잎으로 싸서 짚이나 실로 묶어 찐다.
❺ 한번 찐 것을 들어내 연잎을 헤치고 밥을 뒤적이며 물엿(혹은 꿀물), 잣, 소금으로 간을 맞추고 다시 싸서 푹 쪄낸다.

마찜 **재료** 마 400g, 소금 2작은술, 다진 파 · 마늘 1큰술씩, 표고버섯 4개

❶ 마는 껍질을 벗겨 강판에 곱게 갈아 소금을 조금 친다.
❷ 대파, 마늘, 표고버섯은 곱게 다져 갈아놓은 마즙에 넣고 고루 섞어 1인분씩 적당히 그릇에 담아 중탕으로 찌거나 오븐에서 굽는다.

08

성인병을 개선하는
식사와 생활 메모

우리 몸에 생기는 모든 증세와 질병은 매일 먹는 음식과 잘못된 습관에서 비롯된다고 봐도 지나친 말이 아니다. 평소에 나의 몸 관리를 위해 얼마나 조심하고 바른 식습관을 가지고 있는지 체크해 보고 나의 건강을 위해 어떤 식품, 어떤 음식이 필요한지도 기록하여 식단을 짤 때 참고하자. 특히 성인병 예방 · 치료를 위해 혈당치를 낮추는 식사와 생활 메모, 고혈압을 개선해 주는 식사와 생활 메모, 간 기능을 좋게 하는 식사와 생활 메모, 혈청지질을 컨트롤하는 식사와 생활 메모, 담석 예방을 위한 식사와 생활 메모, 요산치를 낮추는 식사와 생활 메모, 위의 기능을 개선해 주는 식사와 생활 메모를 정리해서 상세히 소개한다.

Part8

몸의 이상증세를 개선해 주는 식사와 생활 포인트

간 기능을 회복시키는 식사와 생활 메모

이렇게 먹자

단백질을 충분히 섭취한다

체내의 아미노산으로부터 몸단백질을 합성하는 것은 간장인데 간세포 자체의 재료도 단백질이다. GOT와 GPT의 상승은 이 간세포의 변화가 일어나고 있음을 의미한다. 간세포의 파괴가 진행되면 당연히 몸단백질의 합성도 떨어지게 된다. 여기서 간세포의 재생을 촉진하고 간 기능을 회복시키기 위해서는 단백질의 보급이 필요하다.

간염에서 간경변에 이르는 간 장애를 간염 타입이라 하고, 알코올성 간 장애와 지방간을 지방간 타입이라고 한다면 염증에 의해 간세포가 파괴되는 간염 타입은 더욱 더 단백질을 많이 섭취해야 한다. 물론 지방간 타입도 단백질이 부족하면 간세포에 고인 중성지방을 방출하기 위한 리포 단백이 부족해지므로 역시 단백질 부족은 간 기능 회복을 늦추게 한다.

그렇다고 과잉된 단백질은 또한 간장에 부담을 주므로 기능 저하가 진행된 간경변이라도 지나친 고단백식은 피하는 것이 좋다. 더욱이 기능 저하의 조짐이 있는 정도라면 표준체중 1kg당 1.1g(영양 소요량의 기준, 남녀 모두), 1일 70~80g을 확보하면 충분하다.

단, 같은 단백질이라도 양질의 것을 섭취하는 것이 중요하다. 양질의 단백질이란 체내에서 합성할 수 없는 필수아미노산을 균형 있게 잘 함유하여 몸단백질을 합성하기 쉬운 것을 가리킨다.

필수아미노산은 동물성 식품에 많이 함유되어 있지만 식물성 단백질과 동물성 단백질을 함께 섭취해야 필수아미노산의 균형이 좋아져 이용 효율이 상승된다. 동물성 식품에 치우치면 동물성 지방의 과잉 섭취를 불러오게 되므로 식물성과 동물성을 균형 있게 섭취하는 것이 중요하다.

알코올은 가능한 한 피한다

알코올성 간 장애는 물론 바이러스성 간염이든 비만에 의한 지방간이든 간장에 장애가 있다면 술을 금하는 것이 원칙이다. 간 기능이 조금 저하된 정도라도 역시 음주는 피해야 한다. 특히 알코올성 간 장애의 지수가 되는 γ-GTP가 조금이라도 상승하면 금주는 꼭 지켜야 한다.

알코올의 분해는 90%를 간장이 담당하고 있다. 따라서 알코올을 섭취하면 섭취할수록 간장의 부담이 커지고, 기능저하가 뒤따르게 된다. 또한 알코올은 고칼로리이고 식욕 항진 작용도 있기 때문에 에너지 과잉을 초래하기 쉽고 간염 타입이더라도 지방간과 당뇨병의 합병증을 초래하기 쉬워진다.

흔히 술이 센 사람은 간장이 튼튼하다고들 하지만 간장 내에 있는 알코올 분해 효소가 특히 많은 사람은 없다. 그 처리능력을 초과하면 간세포는 영양 과잉 상태가 되어 지방이 침착되며 간장은 비대해진다.

간 기능 검사에서 비만에 의한 지방간이 있고 γ-GTP가 높은 수치로 나왔을 때는 알코올성 지방간을 의심할 수 있다.

또한 술의 종류에 따라 알코올의 해로운

간장은 체내의 영양 관리에서 가장 중요한 장기. 기능이 떨어지면 여러 가지 대사 장애가 발생한다. 원기 회복의 기본은 간장에 부담을 주지 않는 식생활이다. 식생활의 포인트는 단백질과 비타민을 충분히 섭취하여 간장의 회복력을 높이며 기능 회복을 막는 알코올을 되도록이면 피하는 것. 지방간인 사람은 비만을 해소하는 것이 무엇보다 중요하다.

정도가 달라지는 것이 아니고 문제는 알코올의 양이다. 간장에 부담을 주지 않는 알코올의 양은 1일 80g 이하이며 160g 이상이 되면 확실히 간 장애를 불러온다고 한다. 이것을 기준으로 적당량으로 억제하도록 한다.

칼로리가 부족하지 않게 섭취한다

칼로리가 부족하면 간장에 축적된 글리코겐과 몸단백질이 분해되어 에너지원으로 소비되므로 간장에 여분의 부담을 주고 기능 회복을 늦추게 된다.

그러나 간 기능 검사치가 경계선상에 있는 사람이 비만까지 있으면 지방간 타입이므로 비만을 해소할 필요가 있다. 그런 사람은 섭취 에너지를 제한한다. 에너지를 제한하면 부족분을 보충하기 위해서 간장 내에 모여 있는 지방이 이용되어 지방간 해소로 이어진다.

체지방이 되기 쉬운 동물성 지방과 설탕은 가능한 한 피하고 기름은 식물성 기름을 사용하며 당질은 식물성 단백질과 식이섬유를

함유한 곡물을 중심으로 섭취하도록 한다.

비타민을 많이 섭취한다

간장의 역할인 단백질, 당질, 지질 대사에는 각종 비타민이 필요하다. 간장은 각종 비타민의 대사도 행하고 있어서 간 기능이 저하하면 비타민의 대사도 나빠지므로 보통 때보다 비타민을 많이 먹을 필요가 있다. 그러기 위해서는 우유나 유제품, 녹황색 채소가 부족되지 않도록 주의하고 담색 야채, 고구마, 과일, 씨, 열매 등 가능한 한 여러 가지 식품을 섭취해야 한다.

최근 체내에서 비타민 A가 되는 β 카로틴이 발암 억제물질로서 주목되고 있다.

간장 장애의 종착점은 간암이므로 적극적으로 β 카로틴을 함유한 녹황색 채소를 먹어 일찍부터 예방하는 노력을 해야겠다.

또한 지방간 타입인 사람은 지방의 축적을 막기 위해서 식이섬유를 충분히 섭취하도록 한다.

이렇게 생활하자

식후에는 안정한다

간장 장애에서는 식사요법과 함께 안정이 필요하다. 안정하고 누워 있으면 간장으로 가는 혈액의 흐름이 증가하여 간장에 충분한 산소와 영양이 공급되고 간장이 활동하기 쉬워지기 때문이다. 급성간염은 물론 만성간염이더라도 점차 나빠지고 있을 때는 사회생활을 제한하고 입원을 해야 할 때도 있다.

다만 만성간염이라도 안정기 즉, 보통의 일상생활은 계속해도 좋다. 다만 식후에는 안정이 필요하다. 식후는 1시간 정도 누워서 휴식하는 것이 좋다. 아침식사 후는 특히 출근 준비 등으로 바빠서 휴식을 취할 수 없을 때가 많다. 먹고 나서 바로 집을 나가 만원 전철에 시달리며 출근하는 것은 간장의 부담을 증가시킬 뿐이다. 아침에 조금 일찍 일

어나서 식후 15분이라도 누워 있는 시간을 갖도록 하자.

규칙적인 식생활을 한다

불규칙한 식사와 취침 전의 야식은 간장에 부담을 준다. 한 끼 굶어서 칼로리가 부족하면 우선 간장에 축적된 당질인 글리코겐이 우선적으로 사용되므로 약해진 간장에 점점 더 부담을 주게 된다. 또한 사람의 몸은 낮에는 활동하고 밤에는 휴식한다는 일정한 리듬을 갖고 움직이고 있으므로 야식을 먹으면 휴식을 기대하던 간장이 무리하게 움직이게 된다. 또한 밤에는 영양소를 축적하도록 대사하므로 여분의 칼로리를 섭취하면 지방으로 축적하게 된다.

간장의 부담을 가볍게 하기 위해서는 식사 시간을 가능한 한 규칙적으로 할 것. 아침, 점심, 저녁 식사의 양을 가능한 한 균등하게 해야 한다.

적당한 운동을 습관화한다

간 기능의 회복을 위해서는 안정이 제일이라고는 하지만 시간만 있으면 누워 자는 것이 좋다고는 말할 수 없다. 몸에 부담이 가지 않는 정도의 적당한 운동은 몸의 대사를 개선하고 간 기능의 회복과 향상에 도움이 된다. 가장 적당한 운동은 워킹이다. 1일 30분 정도 땀이 밸 정도의 빠른 걸음으로 걷자.

간염의 경우는 운동에 의한 칼로리 소비가 간장에 부담을 주지만 증세가 없는 안정기라면 운동이 효과적이다. 또한 염증을 수반하지 않는 지방간이라면 운동은 비만 해소에 도움이 된다. 간 기능이 질병의 경계선상에 있다면 보다 적극적으로 기초 체력이 향상될 만한 운동을 시도한다.

가려먹어야 할 식품

고기와 생선은 필수아미노산을 균형 있게 많이 함유한 것을 고르고, 야채는 비타민 함유량이 많은 녹황색 채소를 우선적으로 선택한다.

양질의 단백질이 많은 식품

단백질 함량이 많으면서 필수아미노산의 균형을 표시하는 아미노산 수치가 높은 것을 선택한다. 아미노산 대사를 촉진하는 비타민 B_2도 함유하고 있는 것이 더 좋다.

도미	닭가슴살 (껍질 없이)	쇠고기 넓적다리살 (기름기 없이)	삼치	돼지갈비 (기름기 없이)	오징어 말린것	연어
6.5g(40g)	19.5g(100g)	19.6g(40g)	7.7g(40g)	24.1g(130g)	7.1g(10g)	16.1g(70g)

쇠등심	쇠고기간	돼지등심	꽁치	고등어	닭다리살 (껍질 없이)	참치 통조림	넙치
26.3g(150g)	2.9g(15g)	10.6g(50g)	8.1g(40g)	7.8g(40g)	20.1g(100g)	6.5g(70g)	10.2g(50g)

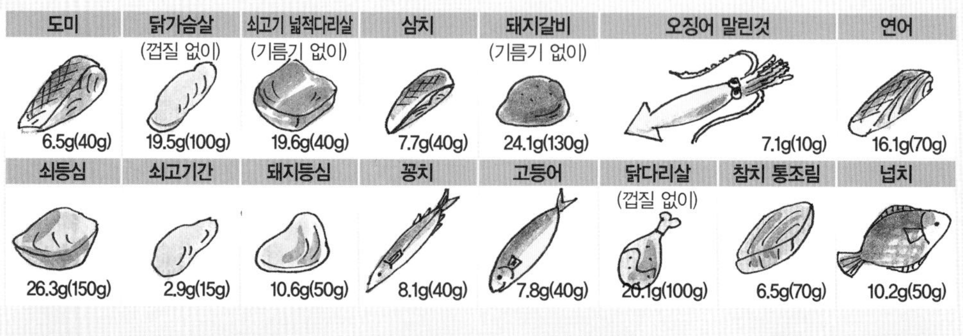

비타민 A · C가 풍부한 식품

비타민 중에서 적극적으로 섭취해야 하는 것은 비타민 A와 단백질 대사에 필요한 비타민 C이다.

브로콜리	무청	양배추	시금치	감	오렌지
112mg(70g)	53mg&(70g)	75mg(50g)	46mg(70g)	50mg(100g)	39mg(65g)

비타민 B_1이 풍부한 식품

비타민 B_1은 간장에 축적된 당질을 칼로리로 바꿀 때 꼭 필요한 영양소. 피로감과 권태감 해소를 위해 비타민 B_1을 많이 먹자.

스파게티	옥수수	통밀빵	돼지 넓적다리살	돼지등심	장어구이	완두콩	가자미
0.2mg(100g)	0.2mg(1개 100g)	0.2mg(60g)	0.9mg(80g)	1.1mg(80g)	0.5mg(1꼬치로 60g)	0.2mg(콩깍지째로 100g)	0.3mg(100g)

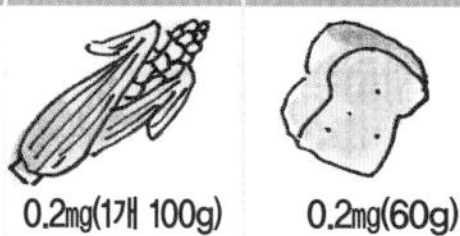

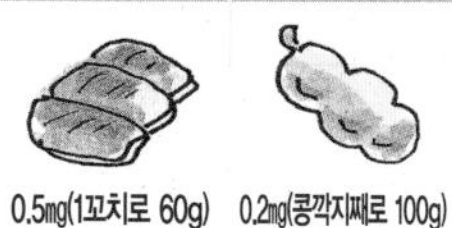
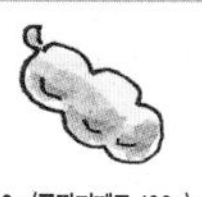

밖에서 먹게 될 경우

단백질 식품과 야채가 어우러져 있는 메뉴를 선택하는 것이 제일 좋다. 특히 간염 타입은 단백질 부족에 주의한다.
지방간 타입은 지방과 칼로리가 과잉되지 않는 것이 포인트이다. (열량은 1회 섭취 분량임)

만성간염타입 피해야 할 메뉴

- 야채가 거의 없고 추가하기도 어려운 것
- 단백질이 부족한 것
- 칼로리 양이 한 끼분 적당량에 부족한 것

라면 443kcal

라면은 튀겨낸 국수라 열량이 높다. 지질과 콜레스테롤이 높고 단백질, 야채 모두 부족.

김밥 397kcal

한 끼분 단백질로서는 부족한 편. 야채도 물론 부족. 탄수화물 함량과 열량이 높은 편.

햄샌드위치 366kcal

칼슘과 철분 함량이 높은 우수한 음식이지만 햄, 치즈, 버터 등에 콜레스테롤이 높다.

우동 407kcal

탄수화물 함량과 열량이 높으므로 많이 먹지 않는다. 염분 섭취도 주의한다.

순대 95kcal

1회 섭취 분량에 비해 콜레스테롤 함량이 많으므로 자주 먹지 않는다.

만성간염타입 선택할 만한 메뉴

- 음식 재료의 질과 양을 알 수 있고 먹는 양을 스스로 조절할 수 있는 것
- 생선과 고기, 달걀 외에 야채, 곡류도 들어 있는 것
- 양질의 단백질을 먹을 수 있는 것

장어구이 152kcal

장어는 불포화지방산이 풍부하고 뼈 속의 칼슘은 콜레스테롤 억제 효과가 있다.

잡채밥 478kcal

야채, 버섯, 해물 등 여러 가지 재료가 들어가 영양의 균형이 좋다.

콩국수 699kcal

단백질 함량도 높고 지질 함량도 높지만 식물성 불포화지방이므로 자주 먹어도 좋다.

삼계탕 267kcal

양질의 단백질이 풍부하고 소화도 잘되며 다른 고기에 비해 불포화지방산 함량이 높다.

갈비찜 137kcal

갈비를 먹어야 한다면 기름기 없이 조리한 찜을 선택한다.

지방간타입 피해야 할 메뉴

- 재료의 양과 질을 알 수 없는 것
- 단백질과 야채가 부족한 것
- 칼로리 양이 한 끼분의 적당량을 크게 웃도는 것

탕수육 115kcal

돼지고기를 기름에 튀긴 요리이므로 지방 함량이 높고 콜레스테롤 수치가 높다.

고기만두 385kcal

속재료가 어떤 것인지 알 수 없다는 것이 큰 결점. 찐만두보다 군만두가 더 나쁘다.

스파게티 351kcal

스파게티는 대부분 부재료는 적고 소스는 고지방, 열량이 높으므로 피한다.

오므라이스 534kcal

지질과 콜레스테롤이 높은 달걀과 고기, 또 재료를 기름에 볶기 때문에 피한다.

카레라이스 407 kcal

카레라이스는 소스만 많고 부재료는 적으며 고지방인 반면 단백질, 비타민 모두 부족하다.

지방간타입 선택할 만한 메뉴

- 재료의 양을 알기 쉽고 스스로 조절할 수 있는 것
- 한 끼당 칼로리가 600㎉ 이하인 것
- 단백질 식품, 야채 모두 충실한 것

고등어 된장구이 140kcal

DHA가 많은 건강에 좋은 음식이다. 특히 고등어는 영양 성분이 풍부하다.

갈치구이 55kcal

열량이 많지 않은 단백질 위주의 음식이므로 자주 먹어도 좋다. 콜레스테롤이 적다.

두부전골 129kcal

두부에 포함된 양질의 단백질과 갖가지 야채와 버섯류가 영양의 균형을 잡아 준다.

불고기 108kcal

고기를 불로 구운 것은 지방이 2~3할 감소된다. 채소류와 파구이를 함께 먹도록 한다.

청국장찌개 117kcal

청국장과 두부의 재료인 콩은 혈중 콜레스테롤을 낮추고 단백질이 풍부하다.

※ 간장에 부담을 주지 않는 알코올 양의 기준은 하루에 80g 이하지만 실제로 주량을 줄이는 것은 쉬운 일이 아니다.

Part8

몸의 이상증세를 개선해 주는 식사와 생활 포인트

고혈압을 개선하는 식사와 생활 메모

이렇게 먹자

적당히 배가 찬 상태에서 수저를 놓는다

고혈압인 사람의 대부분은 비만 경향이 있다. 비만이 되면 혈압을 높이는 교감신경이 긴장하여 심장에서 내보내는 혈액 양이 증가하기 때문에 혈압이 올라가는 것이다. 또한 혈압이 일시적으로 매우 높아지면 뇌출혈을 일으킬 수도 있다.

오래 동안 배가 부르도록 먹고 그에 비해 몸을 움직이지 않는 생활을 하지는 않았는지 체크해 본다. 이러한 생활은 섭취 에너지보다 소비 에너지가 적어져서 남은 에너지가 체내에서 지방으로 변해 축적되므로 비만이 되는 것이다.

비만 해소의 첫걸음은 식사량을 줄이고 운동을 하는 것이다.

하루의 섭취 에너지 양은 연령, 성별, 활동량 등에 따라 달라지지만 대체로 표준체중 1kg당 30㎉가 기준 양이 된다. 처음에는 모자라게 느껴지겠지만 점점 익숙해지면 무리하지 않을 정도, 즉 위의 8할만 채운다는 규칙을 지키도록 하자. 무리한 감식과 절식은 일시적으로 체중은 줄여 주지만 균형이 깨지기 쉽고 도리어 다른 병까지 짊어지게 되므로 위험하다.

식사량을 줄인다

● 밥을 마지막으로 먹는다

야채 중심의 반찬을 먼저 먹고 마지막으로 주식을 먹으면 양이 적어도 만족감을 느낄 수 있다.

● 지방이 많은 식품은 피한다

지방이 많은 식품이나 기름을 사용한 요리는 조금만 먹는다. 단 식물성 기름은 콜레스테롤을 낮추는 작용이 있으므로 적당한 양을 사용한다.

● 설탕류, 알코올, 주스 등을 줄인다

기호식품을 줄인다는 것은 매일 매일의 즐거움을 없앤다는 뜻이겠지만 바로 이 점이 신경 써야 할 부분이다. 간식 끊고 술도 보리차나 녹차로 대신하자.

● 외식을 피한다

외식은 칼로리가 높고 야채가 적으며 염분이 많이 들어 있으므로 가능하다면 안 하는 것이 좋겠다. 아무래도 외식을 해야겠다면 주의사항을 지키도록 한다.

● 세 끼를 규칙적으로 먹는다

영양의 균형이 잡힌 메뉴를 짜서 일정한 시간에 제대로 먹자. 밤늦은 시간에 먹으면 섭취 에너지는 소비되지 않고 몸속에서 지방이 되고 만다.

● 시간이 걸리더라도 여유 있게 먹자

빨리 먹는 습관은 만복감을 느끼기 전에 너무 많이 먹어 버리기 쉽다. 천천히 씹어서 먹으면 조금만 먹어도 만족할 수 있다.

하루의 염분 섭취량은 6~8g으로 제한한다

고혈압인 사람의 대부분은 원래 짠 음식이나 짭짤하게 간하는 것을 매우 좋아한다. 게다가 소금을 섭취하면 건강한 사람보다 민감하게 반응해서 혈압이 올라가는 특이체질 (식염 감수성이 높은 체질)을 지닌 사람이 많다고 한다.

건강한 사람의 염분 기준량은 하루 10g이지만 고혈압인 사람은 6~8g 이내로 억제하지 않으면 안 된다. 그 때문에 지금 어느 정도 염분을 섭취하고, 자신이 좋아하는 음식의 염분 농도는 어느 정도인지 파악해 둔다.

먼저 자기의 1일 염분 섭취량을 조사해 보

성인병 예방은 혈압 조절에서 시작된다고 해도 과언이 아니다. 혈압이 올라가기 쉬운 체질의 사람은 특히 식생활을 비롯한 생활 개선을 병행하자. 혈압을 낮추기 위해 가장 효과가 있는 것은 비만 해소와 감염식이다. 치료약을 먹는다 해도 식사요법과 운동요법을 엄격하게 지키도록 하자.

자. 너무 많다면 그만큼을 줄이는 노력을 하자. 다음으로 염분 측정계로 좋아하는 농도의 된장국이나 수프 등의 염분을 측정한다. 의외로 짠맛을 좋아했던 것을 깨닫게 될 것이다. 자기 자신을 파악한 다음 염분 줄이기 대책을 세우자.

염분 줄이기를 적극적으로 실천하자

● **가공식품을 줄인다**

가공식품은 편리하게 사용할 수 있는 식품이지만 염분이 상당히 많이 들어 있다. 될 수 있는 대로 사용 횟수를 줄이자.

● **신맛을 적극적으로 이용하자**

유자, 레몬, 귤 등 감귤류는 신선한 신맛과 향이 진하며 염분을 줄인 만큼 그 맛을 보충해 준다.

● **천연 조미료를 사용하자**

다시마, 멸치, 말린 표고버섯 등 천연 조미료에는 염분이 거의 없다. 그러나 깊은 맛이 풍부하므로 그 맛을 충분히 살려 염분을 대신하자.

필요한 영양을 확실하게 섭취한다

뭐든지 줄이는 것만이 식사요법은 아니다. 필요한 영양은 충분히 섭취하고 균형 있는 식생활을 하는 것이 중요하다.

단백질은 몸의 세포나 혈관을 만드는 성분이므로 무리하게 줄이지 말자. 감량 중에도 고기, 생선은 1일 각 50~60g, 콩, 콩제품은 100g을 섭취한다.

야채, 과일은 비타민, 무기질이 풍부하다. 특히 무기질류 안에 들어 있는 칼륨은 염분을 배출하는 작용이 있다.

칼륨이 많은 식품은 고구마류, 해초, 콩 등으로 모두 식물성 섬유질을 많이 함유한 식품이므로 매일 먹도록 하자. 단, 칼륨은 물에 녹아내리기 쉬우므로 너무 삶거나 물에 오래 방치해 두는 것은 금물이다. 과일은 야채와 달리 칼로리가 높으므로 너무 많이 먹지 않도록 주의하자.

이렇게 생활하자

적당한 운동은 혈압을 내려 준다

운동을 너무 심하게 하면 혈압이 오히려 올라가 이때, 체질적인 차이, 운동의 종류, 운동의 질과 양, 기온 등의 요인에 따라 그 정도는 달라진다. 반면에, 가벼운 운동을 정기적으로 오랫동안 계속하면 혈압이 떨어진다는 것이 입증도니 바 있다. 또, 비만 해소에도 효과가 있다.

우선 기온이 높은 낮에 준비 운동을 충분히 하여 몸을 따뜻하게 하고 유연하게 한 다음 운동을 시작한다. 운동의 종류는 온몸의 근육을 부드럽게 사용해서 심폐기능을 단련하는 유산소운동이 적당하다. 그 중에서도 가장 가벼운 것은 걷는 것이다. 맨 처음에는 천천히, 익숙해지면 거리를 늘려서 빠른 걸음으로 20~25분 정도 걷는다. 수영도 천천히 한다면 같은 효과를 얻을 수 있다. 특히 수영은 무릎 관절 등에 무리를 주지 않고 할 수 있는 적당한 운동이다.

운동 중에는 때때로 심장 박동수를 재서 110~120 정도의 운동량으로 한다. 운동 후 평소의 심박 수로 돌아오는 것은 건강한 사람보다 시간이 걸리므로 안정하면서 되돌아오는 것을 기다린다.

겨울에 추위 대책을 잘 하자

일반적으로 혈압은 기온이 낮으면 올라가고 높으면 내려가므로 고혈압 환자에게는 겨울 추위가 큰 문제이다. 가장 문제점은 실내의 온도가 일정하지 않은 것. 특히 목욕탕이나 화장실은 다른 방과 비교해서 온도차가 있으므로 혈압이 올라가 뇌졸중을 일으킬 수도 있다. 그러므로 목욕탕에 들어가기 전에 실내 공기를 따뜻하게 해 놓고, 화장실에도 난방기구를 넣어 다른 방과 차이가 없도록 관리하는 것이 바람직하다.

스트레스에 잘 적응 한다

그 밖에 정신적 · 육체적인 피로, 수면 부족 등의 스트레스도 혈압을 높이는 원인이 된다. 스트레스가 현대인에게 늘 따라다니는 것이라면 스트레스 자체를 전환하여 기분 좋은 쪽으로 생각을 바꾸자.

예를 들어 등산이나 수영, 영화, 연극, 뮤지컬 관람 등 자신이 좋아하는 것을 찾아 여가생활을 즐기도록 한다.

가려먹어야 할 식품

단순히 자기가 좋아하는 대로 먹던 생활에서 벗어나자. 어떤 식품이 혈압을 낮추기 위해 좋은 식품인지, 또 나쁜 식품인지를 잘 알고 소극적으로 먹어야 할 것과 적극적으로 먹어야 할 것을 가려서 섭취하는 것이 좋겠다.

염분을 배설하는 칼륨이 많은 식품

● 칼륨이 많은 것은 뭐니뭐니해도 고구마류가 제일이지만 야채, 버섯, 과일에도 많이 들어 있다. 곶감이나 건포도 등 말린 과일은 말리지 않았을 때에 비해 칼륨이 많아지므로 소량으로도 효율을 높일 수 있다.

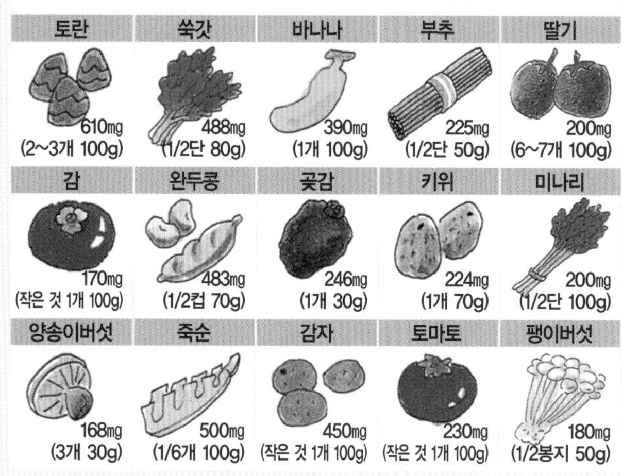

조미료에 들어있는 염분의 양 체크

● 우리가 일상적으로 사용하고 있는 조미료의 대부분에 염분이 들어 있다. 생각 없이 넣다 보면 모르는 사이에 상당한 양으로 늘어나므로 맛을 낼 때는 약간 부족한 듯이 하는 것이 원칙.

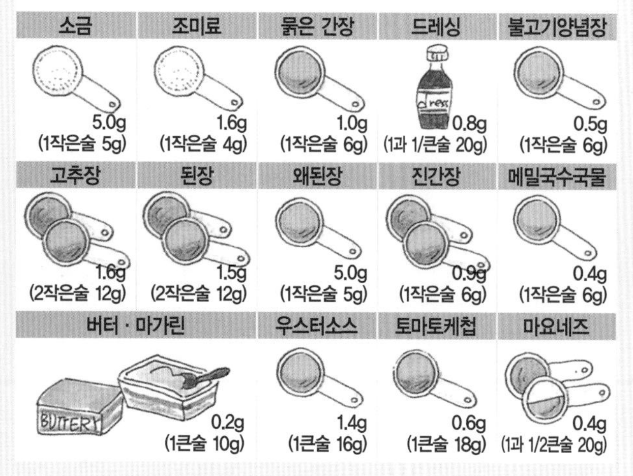

염분이 많은 가공 식품

● 가공식품은 보존을 해야 하기 때문에 제조 과정에서 상당한 양의 소금을 첨가하고 있다. 매일 가공식품만 먹지 않도록 신경을 쓰면서 식단을 짜자.

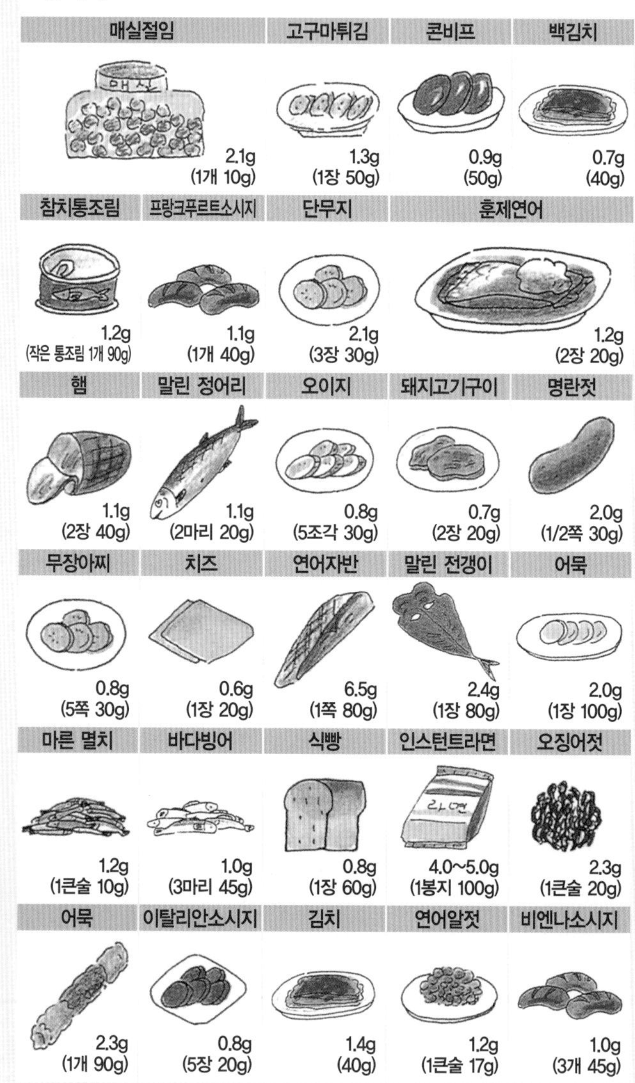

밖에서 먹게 될 경우

고혈압인 사람에게는 외식이 제일 문제가 된다(고칼로리, 염분 과잉, 식이섬유 부족). 가능한 외식을 하지 않도록 하고 어쩔 수 없을 때는 횟수를 줄이거나 메뉴의 내용을 파악한 후에 가려야 할 것을 체크, 선택의 지혜를 살리도록.

피해야 할 메뉴

● 야채 등 식이섬유가 적은 것 ● 유지나 염분이 많은 것 ● 덮밥 등 일품요리

자장면 665kcal

열량이 높고 지질 함량이 높으므로 피해야 할 음식이다. 섭취 분량을 줄인다.

잡채밥 478kcal

모든 재료들을 기름에 볶아 만드는 음식이라 지방 함량이 높고 콜레스테롤이 염려된다.

떡만두 495kcal

지질과 콜레스테롤 함량이 높은 달걀과 쇠고기가 들어가는 음식이라 생각해서 선택한다.

김밥 397kcal

달걀과 햄이 들어가고 밥에 소금 간을 하므로 염분 섭취도 염려된다.

삼겹살구이 522kcal

삼겹살은 지방, 콜레스테롤 모두 염려된다.

카레라이스 407kcal

소스만 많고 부재료는 적으며 고지방인 반면 단백질, 비타민 모두 부족하다.

라면 443kcal

라면만으로도 고칼로리인데 밥까지 말아 먹는다면 열량은 더욱 상승, 최악의 상태가 된다.

돼지갈비구이 391kcal

지질과 콜레스테롤이 매우 높은 음식이다. 콜레스테롤이 염려되는 사람은 피하도록 한다.

갈비탕 204kcal

콜레스테롤을 적게 먹어야 하는 사람은 지방 섭취도 줄여야 한다.

닭튀김 346kcal

닭의 기름과 껍질, 튀김 기름이 문제다. 콜레스테롤을 적게 섭취해야 하는 사람은 피한다.

한정된 메뉴밖에 없을 때

● 일품요리는 가능한 피한다. ● 저칼로리, 저지방 음식을 선택한다.
● 염분이 많은 것, 고칼로리 음식은 남긴다.

햄 샌드위치 366kcal

먹으면 배는 부르지만 단백질, 야채 모두 부족. 과일을 곁들여 먹는다.

스파게티 351kcal

스파게티를 조금 남기고 100% 과즙 주스를 곁들인다.

순두부 백반 61kcal

질 좋은 단백질은 물론 혈중 콜레스테롤 수치를 낮춰 준다.

콩나물밥 430kcal

지질과 콜레스테롤 함량이 없으므로 섭취해도 좋다. 양념간장 조심.

콩국수 699kcal

열량은 높은 편이지만 양질의 고단백 식품인 콩으로 만들었기 때문에 권할만한 음식이다.

중국우동 407kcal

위에 얹어진 부재료와 국수를 조금 남겨서 칼로리와 염분을 줄인다.

칼국수 452kcal

조개류가 들어가 권할만 하나 섭취량을 줄이고 국물을 남긴다.

생선초밥 447kcal

생선의 영양 성분을 섭취하기 위해 가끔 먹는다.

회덮밥 496kcal

지질과 콜레스테롤 함량이 높은 참치 회덮밥 아닌 다른 생선으로 된 회덮밥을 선택한다.

메밀국수 394kca

국수를 먹을 때 되도록 장국을 조금만 찍어 먹는다.

Part8

몸의 이상증세를 개선해 주는 식사와 생활 포인트

담석이 있는 사람의 식사와 생활 메모

이렇게 먹자

지방을 대폭 줄인다

담낭은 간장이 만드는 담즙을 모았다가 농축하여 필요에 따라 담즙을 십이지장으로 보내는 장기이다. 담즙에는 지방의 소화 흡수를 돕는 작용이 있기 때문에 지방을 많이 섭취하면 담낭은 담즙을 많이 내려고 수축을 왕성하게 하므로 발작을 초래하기 쉬워진다.

지방은 별다른 증세가 없는 경우, 하루에 30~40g 정도 섭취해야 한다. 지방을 너무 제한하면 도리어 담즙이 울체되어 발작을 일으키는 요인이 되며 체내에서 합성할 수 없는 필수지방산과 지용성 비타민 A와 D · E가 부족되기 쉽다.

또한 우리 몸에 이로운 콜레스테롤이 줄어들기 때문에 담즙 속의 콜레스테롤의 농도가 높아져 콜레스테롤 결석이 생긴다. 그러므로 지방은 역시 어느 정도는 몸에 필요한 물질이다. 그러나 과잉섭취는 금물이다. 특히 비만으로 혈중 콜레스테롤이 높은 사람은 고콜레스테롤 식품 섭취를 삼간다.

이러한 사람은 콜레스테롤의 배설을 촉진하는 식이섬유를 적극적으로 섭취해야 한다. 식이섬유가 부족하면 변비가 되는데 변비도 장기관의 내압을 높여서 담석 발작을 일으키는 요인이 된다. 또 고구마류나 콩 등 껍질과 줄기가 많은 식품은 장내에서 가스를 발생시키기 쉬우므로 섭취를 줄인다. 가스로 장의 내압을 높여서 발작을 불러오는 요인이 된다. 껍질이나 줄기를 제거하거나 가스를 발생시키지 않는 수용성 섬유질을 섭취하자.

균형 있는 식생활을 한다

폭음 · 폭식은 담석 발작을 일으키는 큰 요인이 된다. 한 번에 많이 먹으면 지방의 섭취량이 늘 뿐만 아니라 위액의 분비가 왕성해지는데 이것도 담낭과 담관을 수축시키는 한 원인이 되기 때문이다.

식사의 내용과 먹는 스피드, 타이밍에도 주의하자. 언제나 일정한 시간에 균형 있는 식사를 천천히 하면 담낭의 수축 리듬이 안정되어 담즙의 내용도 일정하게 유지되며 재발이나 발작을 예방할 수 있다. 또한 매운 맛이 강한 향신료나 커피, 탄산음료, 알코올 등 기호품을 과잉 섭취하지 않는 것도 중요하다. 이것들은 위액의 분비를 촉진하기 때문에 담낭의 자극 재료가 되어 부담이 크다.

이렇게 생활하자

가볍게 걷는 습관을 들이자

비만이나 고콜레스테롤 혈증인 사람은 물론이고 현대인에게 운동은 건강을 지키기 위한 필수과목이다. 하지만 담석증에 걸린 사람은 운동 종목 선택에 약간의 주의가 필

건강에 좋은 이야기 하나 더!

담석증이 잘 나타나는 타입

담석증은 남성보다는 여성에게 많으며 임신 횟수가 많은 여성, 술을 많이 먹거나 뚱뚱한 사람에게 나타나기 쉽다. 담석증에 걸리면 극심한 복통을 호소하는데, 통증은 주로 기름진 음식을 먹거나, 과식을 하고 난 후 잠자리에서 나타난다.

담석을 지닌 사람이 적지 않다. 그러나 그에 비해 증세를 일으키는 사람은 반 이하라고 한다.

담석증이나 담낭염을 일으키지 않는 결정적인 방법은 식생활 조절이다. 무엇보다 지방과 콜레스테롤을 과잉 섭취하지 않도록 한다.

폭음, 폭식을 피하며 식사 시간을 지키고, 적절한 운동으로 비만이 되지 않게 조심한다.

요하다. 상복부를 급격하게 비트는 듯한 운동은 발작을 일으키는 원인이 되므로 골프 같은 운동은 피한다.

규칙적인 생활을 한다

발작의 원인이 되는 불규칙한 식생활이나 변비를 막기 위해서는 생활 전체의 리듬을 규칙적으로 하는 것이 기본이다. 또한 육체적 · 정신적 스트레스도 발작을 일으키는 요인이 되며 불규칙적인 식생활과 이러한 스트레스가 겹쳐지면 발작을 일으킬 가능성은 점점 커진다. 일에 의한 과로뿐 아니라 무리한 스케줄에 따르는 레저나 여행도 요주의. 여행 중에 담석 발작을 일으키는 예가 적지 않기 때문이다.

변비를 막기 위해서는 식사 내용과 함께 배변 습관을 들이는 것이 중요하다. 특히 아침식사 후에는 밤 동안 쉬고 있던 장이 식사라는 자극을 받아 활발하게 움직이기 시작하므로 변비 해소를 하는 가장 좋은 기회이다. 아침식사를 반드시 하고 그 후에 화장실에 가는 습관을 꼭 들이자.

가려먹어야 할 식품

외식은 고지방, 고칼로리인 메뉴가 많으므로 지방 제한이 필요할 때는 생선류나 산채류 정식 같은 것을 선택해서 먹는 것이 무난하다.

콜레스테롤이 많은 식품

콜레스테롤의 적당량은 1일 500~600mg. 단 담석이 있는 사람은 1일 300mg 정도로 억제하는 쪽이 좋겠다. 필요 이상의 제한은 단백질 부족을 초래하므로 주의한다.

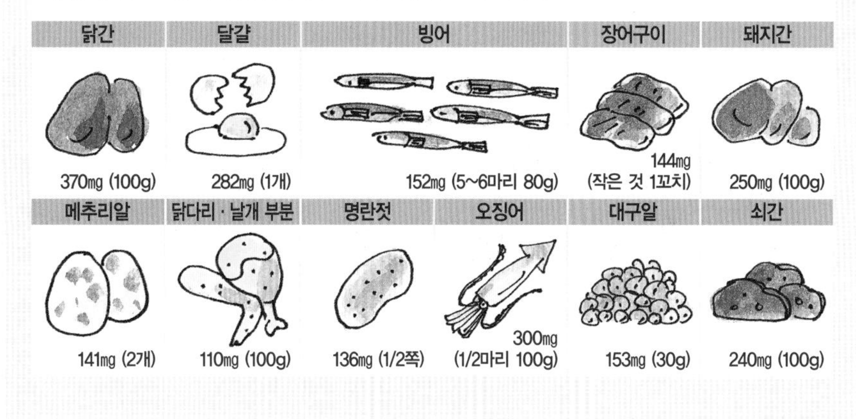

식이섬유가 많은 식품

식이섬유는 콜레스테롤 흡수를 방해하는 작용이 있으므로 적극적으로 섭취한다. 단 콩껍질이나 고구마 줄기 등은 장내에서 발효해서 가스를 발생시키므로 가능한 한 제거해서 음식을 만든다.

말린국수	녹미채(말린것)	옥수수	브로콜리	오트밀
4.7g (100g)	2.7g (5g)	4.0g (1개 200g)	1.9g (1/4개 70g)	3.8g (50g)

오트밀

콩비지	시금치	껍질콩	통밀빵	단호박
4.7g (50g)	1.8g (1.4단 70g)	2.7g (깍지째 100g)	3.1g (60g)	2.4g (80g)

밖에서 먹게 될 경우

담석 발작이나 담석의 증가를 예방하기 위해서는 지방을 제한하는 것과 동시에 콜레스테롤을 과잉 섭취하지 않는 것이 중요하다.

피해야 할 메뉴

- 지방이 많은 식품으로 만든 것
- 기름을 많이 사용해서 조리한 것
- 양질의 단백질과 비타민을 기대할 수 없는 것

돈가스 212kcal

지방이 적은 등심을 사용했다 해도 튀김옷에는 지방이 듬뿍 들어 있다.

스파게티 351kcal

부재료는 적고 소스는 고지방, 열량이 높으므로 섭취 분량을 줄이는 것이 좋다.

탕수육 115kcal

지방 함량이 높고 콜레스테롤 수치가 높으므로 피하는 것이 좋다.

카레라이스 407kcal

카레가 위액과 담즙을 촉진하지만 부재료의 성분을 알 수 없는 것이 단점이다.

만두 385kcal

속재료가 어떤 것인지 알 수 없다는 것이 큰 결점. 찐만두보다 군만두가 더 나쁘다.

사서 먹어도 무난한 메뉴

- 지방이 15g 이하인 것
- 양질의 단백질이 풍부한 것
- 식품의 양이나 질을 알기 쉬운 것

조기구이 64kcal

열량이 많지 않은 단백질 위주의 음식이므로 자주 먹어도 좋다. 식후에 야채주스를 마신다.

두부찌개 88kcal

양질의 단백질이 풍부한 두부가 주재료이고 열량도 높지 않으므로 짜지 않게 먹는다.

추어탕 70kcal

칼슘 함량이 매우 높고 열량 또한 높지 않아 마음 놓고 먹을 수 있는 영양식이다.

갈치조림 54kcal

생선은 흰살생선이 좋다. 갈치를 조릴 때 넣는 무도 함께 먹을 수 있어 권할만하다.

동태찌개 46kcal

명태는 지방 함량이 적어 담백한 맛을 내며 간을 보호해 주는 아미노산도 풍부하다.

건강에 좋은 이야기 하나 더!

담석증 치료에 도움을 주는 이야기 두 가지

뚱뚱해지지 않도록 한다

담석증은 평소에는 잘 인식하지 못하다가 건강검진 때 복부 초음파 검사 등을 통해 우연히 담석이 발견되는 경우가 많다.

비만인 사람이나 고지혈증 환자에게 콜레스테롤 담석이 많이 생기는데 서구화된 식사법이 가장 큰 원인이다.

담석증 환자 중 반 정도가 바늘로 찌르는 듯한 통증과 함께 오한, 발열, 구토 등을 경험하게 된다. 대부분 수 시간이 지나면 통증이 가라앉게 되지만 심한 경우에는 담낭이 파열되거나 복막염을 일으키고, 담석이 담관에 박혀 버리는 경우도 있다. 이러한 위험한 상황이 오래 계속되면 생명에 위험을 가져오게 된다. 따라서 평소에 식사관리 등을 잘하고 특히 뚱뚱해지지 않도록 조심하는 것이 매우 중요하다.

담석증을 일으키는 원인은 담석의 형태가 문제가 되는데 담석의 크기보다 양이 많을 때, 즉 여러 개의 담석이 있을 때 그 담석이 움직이다가 담낭의 출구나 담관을 막기 쉽다. 그렇게 되면 담즙의 흐름이 막히거나 담낭이나 담관벽을 손상시키므로 염증이 생기게 된다.

기름진 음식을 삼간다

통증은 대개은 폭식이나 폭음을 한 다음에 일어나는 경우가 많다. 특히 지방이 많은 음식을 너무 많이 먹으면 담낭이나 담관에 강한 수축작용이 일어나 담석을 움직이기 때문에 담석증, 담낭염, 담관염, 췌장염 등의 원인이 될 수도 있다. 평소 식생활에 항상 주의를 기울인다.

Part8

몸의 이상증세를 개선해 주는 식사와 생활 포인트

혈당치를 컨트롤하는 식사와 생활 메모

혈당치를 정상적으로 컨트롤하는 것은 당뇨병뿐만 아니라 신부전, 실명, 동맥경화증(뇌경색, 심근경색) 등의 무서운 합병증을 예방한다는 점에서도 매우 중요하다. 그러기 위해서는 적당한 식사와 운동이 반드시 필요하다. 마음 놓고 있으면 어느새 혈당이 올라갈 수 있고 혈당치가 경계선에 있는 사람은 당뇨병으로 발전될 수 있으며 이미 당뇨병에 걸린 사람은 합병증을 일으킬 수도 있다. 평소에 주의를 게을리 하지 말고 식사관리와 생활관리를 철저히 하는 습관을 갖도록 하자.

이렇게 먹자

과식하지 말고 당분 섭취에 조심한다

혈당치를 안정시키기 위해서는 우선 에너지 컨트롤이 필요하다. 혈당치가 높은 사람은 인슐린 분비를 조절하는 능력이 부족하기 때문에 한꺼번에 과식하거나 흡수가 빠른 당분을 너무 많이 섭취하면 부담을 느껴 당뇨병의 원인이 되거나 이미 당뇨병에 걸린 사람은 증세가 악화될 수 있다. 이러한 사람들은 의사가 지시하는 하루 에너지 섭취량을 지켜서 체중을 컨트롤하는 습관을 갖도록 한다. '자각 증세가 없으니까' '식사 제한이 번거롭다'는 이유로 소홀하게 되면 자신이 알아차릴 무렵에는 이미 증세가 진전되어 돌이킬 수 없게 된다.

에너지 컨트롤과 더불어 몸에 필요한 영양소를 빠짐없이 섭취하도록 한다. 우리가 섭취하는 식품들이 아무리 다양하다 해도 영양적인 특징에 따라 식품을 분류하면 6군으로 나누어지므로 각각의 식품군에 따라 균형 있게 골고루 섭취하는 습관을 갖도록 하자.

섭취하는 에너지와 영양소의 균형을 체크할 때는 '6군 점수법'을 사용하면 편리하다.

당뇨병의 예방이나 치료를 위한 식사는 당뇨병 환자에게뿐 아니라 건강관리를 한다는 측면에서 일반 사람들에게도 매우 도움이 된다.

동물성 지방이 많은 식품은 피한다

당뇨병에 걸렸을 때 무서운 것은 합병증이다. 가장 많은 것이 망막증이나 모세혈관증으로 실명이나 신부전을 불러일으켜 인공투석을 받아야 하는 경우도 있다.

더욱이 뇌출혈이나 뇌경색, 심근경색의 원인이 되는 동맥경화는 곧바로 죽음과 연관된다.

모세혈관증을 막기 위해서는 혈당 컨트롤에 늘 신경 쓰고 고혈압, 비만을 치료해야 한다. 콜레스테롤을 상승시키는 동물성 지방을 피하고 생선의 기름이나 식물성 기름을 섭취한다.

식물성 섬유질을 적극적으로 먹는다

식물성 섬유질은 당질 등의 흡수를 막고 혈당치의 상승을 둔화시키거나 콜레스테롤 수치를 저하시키는 작용이 있기 때문에 최근에는 암이나 성인병 등의 예방·치료에 효과가 있다고 해서 주목을 받고 있다. 하루에 20~25g 정도를 목표로 적극적으로 섭취하자.

식물성 섬유질은 채소나 해초, 버섯, 고구마류(곤약 포함), 콩류, 과일 등에 많이 함유되어 있다. 그러나 이 중에서 고구마류나 호박, 바나나, 감 등은 당질이 주성분이므로 너무 많이 먹지 않도록 하고, 콩류는 설탕을 줄여서 조리하는 등 주의가 필요하다.

싱겁게 먹고 신맛이나 향으로 커버하자

염분을 줄이는 것도 중요한 조건 중 하나이다. 반찬이 짜면 아무래도 밥 등 주식을 많이 먹게 되고 반대로 너무 싱거우면 필요량을 넘게 되어서 열량이 초과될 우려가 있다.

소금을 줄이는 요령은 식초나 레몬 등 신맛이나 향이 있는 것을 섞거나, 겉에만 살짝 소금을 뿌려 먹도록 한다. 염분 섭취는 하루 10g이 넘지 않게 한다.

이렇게 생활하자

식사는 하루에 3회를 규칙적으로 한다

혈당치를 안정시키기 위해서는 식사시간을 규칙적으로 하고, 세끼의 섭취 열량이 같도록 조절하는 것이 중요하다. 한 끼를 거르거나 식사 간격이 불규칙해지면 식사 양이 증감되므로 혈당치 컨트롤이 어려워진다.

체중은 매일 체크하여 그래프를 그린다

비만은 당뇨병의 발병과 악화에 큰 영향을 끼친다. 표준 체중을 유지하는 것은 혈당치 컨트롤을 위해서도 꼭 필요하다.

매일 정해진 시간에 체중을 체크해서 1주일에 한 번 정해진 요일의 체중을 그래프로 기입해 체중 컨트롤을 쉽게 할 수 있다.

적극적으로 몸을 움직인다

운동요법으로 효과가 있는 것은 15분 이상 땀이 날 정도로 무리 없이 계속할 수 있는 유산소 운동이다.

조깅이나 수영, 빨리 걷기 등 매일 확실하게 실행할 수 있는 것을 골라 꾸준히 운동하도록 한다.

알코올류는 가능한 피한다

알코올류는 에너지가 높을 뿐 아니라 약을 복용할 때는 그 효과를 저하시키고 만다. 그러나 적당한 알코올은 스트레스 해소에 도움이 되며 콜레스테롤을 증가시키는 작용도 하므로 의사와 잘 상담해서 적당량을 지켜 마시도록 하자.

하루 섭취 열량별 식품 선택법

혈당치를 낮추기 위해서는 인슐린 작용 부족이라는 부담을 가볍게 덜어 주는 것이 포인트다.
그러기 위해서는 에너지도 영양소도 필요한 만큼만 섭취하여 과하거나 부족하지 않게 하는 것이 무엇보다 중요하다.

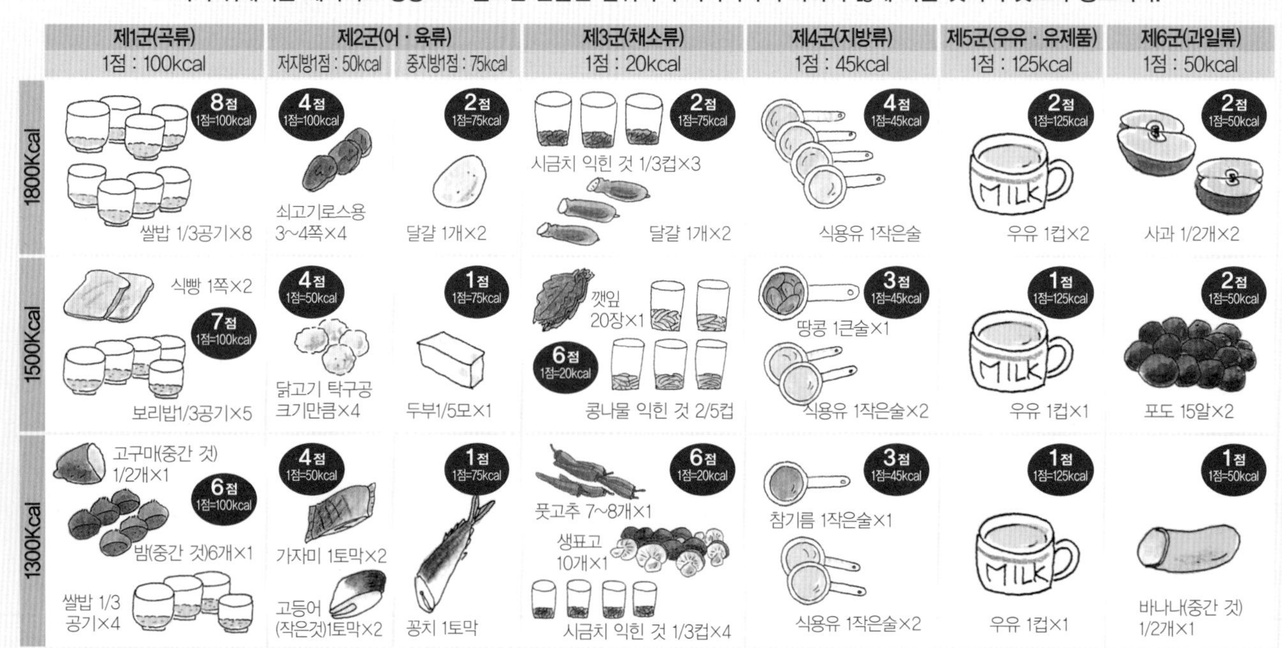

	제1군(곡류) 1점 : 100kcal	제2군(어·육류) 저지방1점 : 50kcal	제2군(어·육류) 중지방점 : 75kcal	제3군(채소류) 1점 : 20kcal	제4군(지방류) 1점 : 45kcal	제5군(우유·유제품) 1점 : 125kcal	제6군(과일류) 1점 : 50kcal
1800Kcal	8점 1점=100kcal 쌀밥 1/3공기×8	4점 1점=100kcal 쇠고기로스용 3~4쪽×4	2점 1점=75kcal 달걀 1개×2	2점 1점=75kcal 시금치 익힌 것 1/3컵×3 달걀 1개×2	4점 1점=45kcal 식용유 1작은술	2점 1점=125kcal 우유 1컵×2	2점 1점=50kcal 사과 1/2개×2
1500Kcal	식빵 1쪽×2 7점 1점=100kcal 보리밥1/3공기×5	4점 1점=50kcal 닭고기 탁구공 크기만큼×4	1점 1점=75kcal 두부1/5모×1	깻잎 20장×1 6점 1점=20kcal 콩나물 익힌 것 2/5컵	3점 1점=45kcal 땅콩 1큰술×1 식용유 1작은술×2	1점 1점=125kcal 우유 1컵×1	2점 1점=50kcal 포도 15알×2
1300Kcal	고구마(중간 것) 1/2개×1 6점 1점=100kcal 밤(중간 것)6개×1 쌀밥 1/3 공기×4	4점 1점=50kcal 가자미 1토막×2 고등어(작은것)1토막×2	1점 1점=75kcal 꽁치 1토막	6점 1점=20kcal 풋고추 7~8개×1 생표고 10개×1 시금치 익힌 것 1/3컵×4	3점 1점=45kcal 참기름 1작은술×1 식용유 1작은술×2	1점 1점=125kcal 우유 1컵×1	1점 1점=50kcal 바나나(중간 것) 1/2개×1

*** 하루 섭취 에너지별 식품의 선택 사례**

수많은 식품들을 영양적 특징에 따라 분류해 보면 6가지 식품군으로 분류할 수 있다. 이 식품군을 기본으로 균형 있게 선택하여 혈당치 조절을 하도록 하자. 선택하는 양은 하루에 1800㎉가 되게 짜는 것이 기본이다. 혈당치가 떨어지지 않거나 비만이 계속된다면 1500㎉, 1300㎉로 줄여 간다.

밖에서 먹게 될 경우

에너지 섭취량을 엄격하게 관리해야 하는당뇨병 환자에게는 외식이 적합하지 않다.
아무래도 피할 수 없을 때는 저칼로리 소재의 음식을 선택, 반 정도는 남긴다.

피해야 할 메뉴

- 재료 자체가 고칼로리 식품으로 만들어진 것
- 유지와 곡류 사용량이 많은 것
- 양질의 단백질과 야채가 적은 것

탕수육 115kcal

돼지고기를 기름에 튀긴 요리이므로 지방 함량이 높고 콜레스테롤 수치가 높다.

닭튀김 346kcal

닭의 기름과 껍질, 튀김 기름이 문제다. 피하는 것이 좋다.

돈가스 212kcal

지방이 적은 등심을 사용했다 해도 기름을 먹은 튀김옷에는 지방이 듬뿍 들어 있다.

고구마 맛탕 84kcal

탄수화물, 지질 함량이 높고 조미료로 설탕과 물엿을 사용하므로 피하는 것이 좋다.

갈비구이 455kcal

지방을 떼어내도 지방, 콜레스테롤 함량이 높고 양념에 설탕이 들어가 피하는 것이 좋다.

카레라이스 407kcal

집에서 만드는 것보다 고기는 기름기가 많고 야채가 적다.

라면 443kcal

지질과 콜레스테롤이 높고 단백질, 야채 모두 부족하다.

오므라이스 534kcal

재료들을 기름에 볶기 때문에 고지방이 염려되는 음식이다. 케첩의 열량도 높다.

돼지갈비구이 391kcal

지질과 콜레스테롤이 매우 높은 음식이다. 콜레스테롤이 염려되는 사람은 피하도록 한다.

삼겹살구이 522kcal

양념에 설탕이 들어가지 않아 혈당에는 별 염려가 없지만 합병증 예방을 위해 피한다.

사서 먹어도 무난한 메뉴

- 부재료가 많고 특히 야채가 많은 것
- 동물성 지방과 튀김옷이 제거된 것
- 밥, 스파게티 등 주식의 일부를 남길 수 있는 것

생선초밥 447kcal

생선의 영양 성분을 섭취하기 위해 가끔 먹는다. 배합초의 설탕을 조심하다.

냉이된장국 28kcal

열량이 적고 탄수화물 함량이 많지 않으나 짜지 않게 먹는다.

된장찌개 45kcal

두부와 된장, 감자, 호박 등이 주재료로 영양가가 풍부하다. 짜지 않게 먹는다.

닭죽 250kcal

죽 종류 중 단백질 함량이 높아 섭취해도 좋은 음식이다.

완두콩밥 362kcal

완두콩밥은 섬유소 함량이 높아 혈당이 높은 사람에게 권할 만한 음식이다.

참치회덮밥 496kcal

조미료로 사용하는 탄산음료, 물엿, 설탕량이 문제인 비빔 고추장을 조심한다.

호박죽 292kcal

흰죽에 비해 섬유소 함량이 높으므로 먹어도 좋다.

비빔밥 585kcal

섬유소 함량이 높아 혈당이 높은 사람에게 권할 만한 음식이다.

김치콩나물국 11kcal

섬유소 함량이 높고, 열량이 적으며 탄수화물 함량도 많지 않으므로 괜찮다.

콩나물밥 430kcal

콩나물밥은 섬유소 함량이 높아 혈당이 높은 사람에게 적당한 음식이다.

냉면 662kcal

육수에 지방이 많으므로 국물 없이 다소 부족하다 싶을 만큼만 먹는다.

동태찌개 46kcal

단순당의 사용이 없으므로 자주 먹어도 좋다.

두부찌개 88kcal

혈당을 상승시키는 재료가 들어가지 않으므로 마음 놓고 먹어도 좋다.

삼치구이 75kal

단순당이 없고, 단백질 위주의 음식이므로 먹어도 좋지만 짜지 않게 굽는다.

Part8 요산치를 낮추는 식사와 생활 메모

몸의 이상증세를 개선해 주는 식사와 생활 포인트

이렇게 먹자

칼로리를 조절해서 비만을 예방한다

비만은 요산치를 높이는 가장 큰 원인이다. 뚱뚱한 사람일수록 요산치가 높고 살을 빼면 요산치가 낮아지는 경우가 많다고 한다. 이미 뚱뚱한 사람이라면 다이어트를, 비만이 아닌 사람이라면 더 이상 요산치가 올라가지 않도록 체중 변화에 신경을 써야 한다. 자신의 체격과 활동량에 알맞은 칼로리를 섭취하자.

다이어트도 임의로 시작해서는 안 된다. 무작정 굶는다든지 하루에 섭취하는 칼로리를 극단적으로 줄이면 오히려 요산 배출이 나빠져서 요산치가 떨어지지 않을 뿐 아니라 오히려 높아지는 일까지 있다. 하루에 필요로 하는 칼로리보다 300~400㎉ 정도 줄인 저칼로리식으로 한 달에 1~3kg 정도 감량하면 적당하다.

알코올은 가능한 한 피한다

장기간에 걸친 과음은 비만과 함께 요산치를 높이는 중요한 원인이 되며 지나친 음주는 통풍 발작을 일으키는 가장 큰 원인이 된다. 알코올은 요산의 배출을 막고 체내의 대사경로를 혼란시켜 요산의 생산을 촉진한다. 또 에너지의 과잉을 초래하여 비만과 고지혈증 · 고인슐린혈증을 유발하고 고혈압 · 간장 장애를 일으킨다는 것도 이미 잘 알려진 사실이다.

이러한 알코올의 피해를 최소한으로 줄이기 위해서 하루에 알코올 섭취량을 제한한다. 하루에 소주 1/3병, 맥주라면 큰 병으로 하나 정도를 넘지 않도록 하자. 1주일에 1~2일 정도는 술을 마시지 않도록 정해 두면 도움이 된다.

또 술의 종류를 가려 마시면 괜찮다고 생각하는 경우가 있는데 나쁜 것은 알코올 자체이므로 맥주든 양주든 적당량을 초과해서는 안 된다. 가장 좋은 방법은 마시지 않는 것이지만 한 번에 끊기가 어렵다면 주의하여 마시고 차츰 양을 줄여나가도록 하자.

단백질의 지나친 섭취는 금물이다

요산의 원료가 되는 푸린체는 고기나 생선에 많이 함유되어 있다. 그러나 과식이나 알코올 섭취만 조심하면 일반 식품 안에 포함된 푸린체의 영향은 적은 편이므로 지나치게 제한할 필요는 없다.

주의해야 할 것은 푸린체가 특별히 많은 쇠간이나 동물의 내장, 성게알, 아귀 같은 식품들이다. 요산치가 높은 사람들이 이러한 식품들을 즐겨 먹는 경우가 많다고 한다. 또 이런 재료로 만든 음식들에는 술이 곁들여지기 마련이므로 함께 먹다 보면 주량까지 늘어나 버린다. 별미로 가끔 먹는 정도로 제한하자.

고기나 생선 같은 단백질 식품은 사람에게 꼭 필요한 아미노산을 함유하고 있으며 간장을 보호하는 작용도 하므로 적당량은 섭취해야 하지만 지나친 섭취는 금물이다. 개인차가 있지만 대개 하루에 70g 정도면 적당하다. 곡물이나 달걀, 유제품 등에서 섭취하는 분량을 빼면 고기나 생선에서 섭취하는 양은 30g 전후가 적당하다.

식품으로 생각하면 하루에 쇠고기 살코기 50g이나 돼지등심 50g, 정어리 등의 등푸른 생선 50g 정도를 먹는 셈이다. 섭취량이 이보다 늘어나면 단백질 과잉이 되어 체내에서의 요산 증가로 이어진다. 고기나 생선을 먹

소변 검사를 통해 알 수 있는 건강의 이상 신호에는 여러 가지가 있는데 그 대표적인 것이 요산 수치다. 요산치가 높으면 통풍이 나타날 위험이 있고 더 나아가서는 성인병과 각종 합병증을 일으키고 동맥경화까지 나타나게 된다. 늦기 전에 평소 식생활에 주의를 기울여 요산치가 높아지지 않도록 주의하자. 또 이미 요산치가 높아져 있는 사람이라도 식생활 개선을 통해 요산치를 낮출 수 있다. 개선해야 할 항목의 대표적인 것은 비만과 알코올의 지나친 섭취다.

을 때도 지방이 적은 부위를 선택해 칼로리를 조절하는 것이 중요하다.

지방은 억제하고 섬유질 식품을 많이 먹는다

지방의 과다한 섭취도 요산 배설을 막아 요산치를 높이는 원인이 되며 비만과 고지혈증을 초래한다. 고기와 생선에 들어 있는 지방을 포함해 하루에 50~60g 정도로 제한하고 조리에는 식물성 기름을 사용하도록 한다.

과일에 들어 있는 과당도 요산의 합성을 촉진해서 요산치를 높이는 작용을 하지만 동시에 비타민 C와 식이섬유의 공급원이 되며 소변을 알칼리성으로 유지해서 요로결석을 예방하는 역할을 하므로 반드시 적당량을 섭취해야 한다. 하루에 100㎉ 정도면 적당하다.

설탕도 비만과 고지혈증을 예방하기 위해서 조심해야 할 당질식품이다. 요산치가 높은 사람은 지방 중에서도 특히 중성지방의 함량이 높은 경우가 많은데 설탕을 과잉 섭취하면 중성지방의 함량이 높아질 수 있다.

적극적으로 섭취해야 할 것은 수분과 식이섬유. 수분을 많이 섭취하면 소변량이 증가해서 요산의 배설이 쉬워지고 요로결석을 예방할 수 있다. 특히 이미 요로결석이 나타난 사

건강에 좋은 이야기 하나 더!

요산치를 낮추기 위해 꼭 알아 두어야 할 두 가지

요산치가 높아지면 엄지발가락의 급성 관절염부터 시작된다

건강검진에서 요산치가 높다고 진단되어도 그것이 얼마나 위험한 증세인지 잘 알지 못하는 경우가 대부분이다. 하지만 고요산혈증 때문에 통풍이 생길 수 있다고 한다면 그 심각성을 대부분 인식할 수 있을 듯하다.

요산은 용해되기 어려운 물질로 혈액 중에 지나치게 많아지면 결정화되어 몸의 여기저기에 달라붙게 된다. 특히 관절 부분에 침착하기 쉬운데, 요산으로 인해 생기는 급성 관절염이 바로 통풍이다. 관절염이 가장 먼저 일어나는 곳은 대부분 엄지발가락의 끝 부분으로 양말을 신을 수 없을 만큼 통증이 심한 경우가 많다.

하지만 치료하지 않은 채 그대로 내버려 두어도 10일 정도 지나면 일시적으로 통증이 사라진다. 그러나 요산치가 높은 상태로 그대로 두면 통풍의 발작은 계속 반복해서 일어나게 되고 염증이 일어나는 부위도 점점 넓어지게 되므로 요산치가 높다는 진단이 내려지면 의사의 지시를 꼭 따라야 한다.

젊었을 때 혈관장애를 일으킨 경험이 있으면 요산이 높아지기 쉽다

젊었을 때 심근경색이나 뇌경색 등의 치명적인 혈관장애 경험이 있다면 요산이 높아지지 않게 조심하자. 요산치가 높아지면 통풍만이 아니라 요산의 침착이 신장에 있는 요세관에 생겨 신장의 기능이 방해를 받게 되고 이러한 신장 장애는 초기에는 자각 증세가 거의 없기 때문에 알아차리지 못하다가 신장 전체에 퍼져 신부전이나 요독증으로 발전되는 경우가 많으므로 조의한다. 젊었을 때 혈관장애를 일으킨 경험이 있다면 더욱 신경을 써야 한다.

람이라면 수분을 충분히 섭취해서 소변의 농도가 짙어지지 않도록 주의한다. 청량음료나 짠맛이 강한 국물은 피하고 녹차나 보리차 등으로 수분을 섭취하는 것이 바람직하다.

식이섬유는 혈당의 상승을 억제하고 지방의 흡수를 막는다는 점에서 비만과 고지혈증 예방에 도움이 된다. 요산치가 높은 사람은 식이섬유의 섭취가 부족한 경우가 많으므로 야채나 고구마, 해조류를 듬뿍 섭취하도록.

접대나 모임이 있을 때는 술을 빼자

술에는 안주감으로 고단백 식품이 곁들여진다. 또 마시다 보면 절제하기가 힘들어지므로 술자리를 갖기에 앞서 모임의 성격을 바꾸는 방법을 생각해 보자. 식사를 함께 하면서 이야기를 하고 싶다면 밤늦은 술자리 대신 아침이나 점심식사를 함께 하는 방법이 있다.

또 건강에 관심이 있는 사람들끼리 모여 신선한 야채나 곡물을 주재료로 한 건강식을 먹으며 모임을 갖는 것도 좋겠다.

이렇게 생활하자

하루 세끼를 반드시 섭취한다

밤참을 먹는 구태의연한 생활을 하고 있지는 않은지? 이런 생활 습관이야말로 비만을 초래하고 요산치를 높이는 가장 큰 원인이 된다. 활동이 많은 낮에는 대충 한끼를 때운 다음 잠자리에 들기 전인 저녁 시간에 많이 먹고 마신다면 비만이 되지 않을 수 없다. 사람의 몸은 낮에 활동하고 저녁에는 쉬게 되어 있으므로 밤참을 통해 섭취한 칼로리는 소비되지 않고 몸에 쌓이게 된다.

또 같은 양을 먹더라도 한꺼번에 몰아서 먹는 쪽이 인슐린이 과잉 분비되어 체지방이 축적되기 쉬워진다. 하루 세끼를 제때 먹고 잠들기 전 2시간은 아무것도 먹지 않는 것이 중요하다.

운동을 생활화하자

격한 운동이 통풍 발작에 좋지 않은 영향을 미친다고 해서 운동을 꺼리는 사람이 있다. 유도나 골프같이 발끝에 특히 힘을 주는 운동이 통풍에 좋지 않은 경우가 있지만 조

가려먹어야 할 식품 선택

요산치를 낮추고 합병증을 예방하기 위해서 피해야 할 것은 지방이 많은 육류와 고푸린체 식품. 반대로 적극적으로 섭취해야 할 것은 식이섬유가 많은 식품이다. 조심해야 할 고푸린체 식품에는 어떤 것이 있는지 미리 알아두면 많은 도움이 된다.
(푸린체 함유량이 적은 것부터 A~F로 나눈다. 괄호 안의 숫자는 푸린체 질소 함유량.)

A (0~25㎎/100g)
우유, 유제품, 달걀, 소시지, 어묵, 말린 청어알, 연어알젓, 두부, 두유, 야채류, 고구마, 과일 , 해초류, 곡류(밥, 국수, 빵, 밀가루 포함)

B (26~50㎎/100g)
돼지고기 삼겹살 · 정강이살, 쇠고기 넓적다리살 · 어깻살 햄, 베이컨, 장어, 잉어, 도루묵, 흑가자미, 빙어, 무당게, 대합, 참치통조림, 시금치, 컬리플라워, 메밀가루

C (51~75㎎/200g)
닭고기, 돼지 넓적다리살 이탈리안 소시지, 옥돔, 연어, 전갱이, 참치, 고등어, 새우, 꽃게, 무어, 오징어, 모시조개, 명태알, 느타리버섯

D (76~100㎎ /100g)
정어리는 동맥경화 예방에는 좋지만 지나친 섭취는 금물이다. 내장 빼고 사용한다.

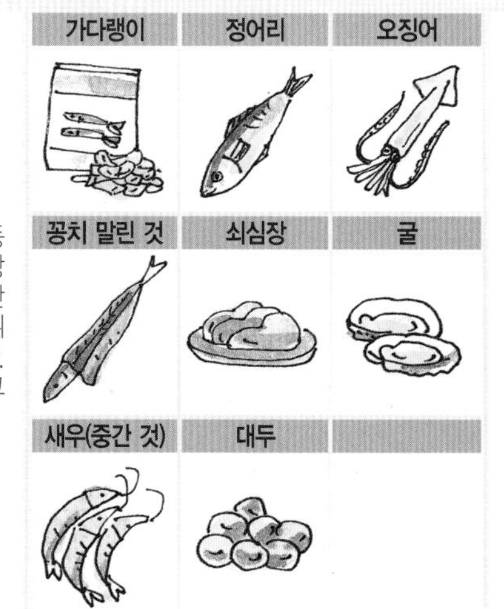

E

큰 새우, 쇠간

F (101~500㎎ /100g)
F는 정어리 말린 것, 닭간, 멸치도 들어간다.

전갱이 말린 것, 정어리 말린 것, 돼지간, 닭간

밖에서 먹게 될 경우

외식을 하게 되면 집에서 먹는 것보다 음식 선택의 폭이 좁아지므로 그만큼 신중하게 선택해야 한다.
단백질이 편중된 메뉴는 피하고 가능한 한 야채가 많은 메뉴를 선택하자.
야채가 부족하다고 생각되면 식후에 토마토주스 등으로 보충해 준다. 지방이 많은 메뉴는 절대 금물이다.

피해야 할 메뉴

- 고푸린체 식품이 80g 이상 들어 있는 메뉴
- 한끼에 700㎉ 이상의 고칼로리 음식
- 단백질 식품에 치우친 것

쇠간전 106kcal

쇠간은 고푸린체 식품이고, 불포화지방산이 많은 기름으로 지지는 음식으로 피해야 한다.

오징어국 66kcal

오징어는 고푸린체 식품이면, 다른 생선에 비해 콜레스테롤 함량도 높다.

돼지갈비구이 391kcal

돼지갈비는 고푸린체 식품이고 지질과 콜레스테롤 함량이 높으므로 피해야 할 음식이다.

꽃게탕 90kcal

꽃게는 고푸린체 식품이고 콜레스테롤 함량도 높다.

닭튀김 346kcal

닭의 기름과 껍질, 튀김 기름이 문제이기 때문에 피하는 것이 좋다.

먹어도 되는 메뉴

- 싱싱한 야채를 곁들여 영양의 균형을 맞춘 음식
- 동물성 지방이 적고 한 끼에 700㎉ 이하인 음식
- 단백질 식품의 양을 줄이고 푸린체가 적은 음식

비빔밥 585kcal

여러 가지 야채가 들어가 섬유질, 무기질의 섭취를 풍부하게 할 수 있어 그냥 밥보다 낫다.

회덮밥 496kcal

저지방, 저칼로리 음식이긴 해도 고푸린체 식품인 참치, 오징어는 피한다.

콩나물밥 430kcal

콩나물밥은 섬유소 함량이 높아 요산의 배설이 쉬워진다.

장어구이 152kcal

장어는 불포화지방산이 풍부하고 뼈 속의 칼슘은 콜레스테롤 억제 효과가 있다.

보리밥 335kcal

섬유소의 일종인 베타글루칸이 함유되어 있어 콜레스테롤을 체외로 배설시킨다.

햄치즈샌드위치 366kcal

저푸린체 식품 중 하나인 햄은 샌드위치에 넣어 먹고 치즈도 철분과 칼슘이 풍부하다.

비빔국수 591kcal

밀가루는 저푸린체 식품이지만 비빔국수는 지질과 콜레스테롤이 높으므로 조심한다.

고구마 맛탕 84kcal

고구마는 저푸린체 식품이기도 하고, 콜레스테롤을 체외로 배설시키는 작용을 한다.

대구매운탕 132kcal

흰살생선은 비교적 푸린체 함량이 낮다. 미나리 같은 야채를 많이 먹는다.

메밀국수 394kcal

국수를 먹을때 장국을 조금만 찍어 먹는다. 야채를 곁들인다.

깅이나 맨손체조 등 일상적인 운동은 비만 예방과 감량에 반드시 필요한 요소다. 이미 여러 가지 합병증이 나타나서 동맥경화가 진행되고 있거나 심장 질환이 있는 경우를 제외하면 적당한 운동은 오히려 적극적으로 실천해야 할 항목이다.

일주일에 3번 정도 적당한 운동을 하는 것이 바람직하고 잠들기 전에도 간단히 몸을 움직이도록 노력하는 것으로도 많은 효과를 볼 수 있다.

Part8

몸의 이상증세를 개선해 주는 식사와 생활 포인트

위의 상태를 회복시키는 식사와 생활 메모

위에 생긴 가벼운 병은 체질, 아니면 지병이라고 여겨 방치하기 쉽다. 그래서 자칫하면 재발하거나 또는 진행할 위험이 있다. 식사와 생활의 개선을 통해 예방법을 알아 두자. 식사는 위에 부담을 주지 않도록 고기나 생선은 저지방의 것을 선택하고, 당질은 곡물을 중심으로 섭취하도록 한다. 식이섬유도 소화가 안 된다고 너무 피하다 보면 변비가 되기 쉬우므로 위에 부담을 주지 않는 과일 등을 먹어 위의 상태를 다스린다. 규칙적인 생활과 운동이 필요한다.

이렇게 먹자

영양은 충분히 섭취한다

위장병을 경험한 사람은 통증이 나타나는 것을 두려워해서 먹는 것에 대해 소극적이 되기 쉽다. 그러나 위염이나 궤양이 있는 경우는 물론 예방을 위해서도 영양을 충분히 섭취하는 것이 바람직하다. 영양부족이 되면 상처 입은 점막을 재생하거나 점막의 저항력을 높일 수가 없다.

단백질, 비타민, 무기질, 당질, 지질을 균형 있게 섭취하는데 특히 적극적으로 먹어야 할 것은 단백질이다. 위의 점막이나 점액, 점액의 분비를 조절하는 호르몬도 단백질이 주성분이므로 상처를 입었으면 더 많은 단백질이 필요하다. 위에 부담을 주지 않고 단백질을 섭취하기 위해서는 체단백질에 합성되기 쉽도록 필수아미노산을 갖춘 양질의 단백질을 먹어야 한다.

또한 단백질 식품에는 지방이 따라다니는데 지방은 소화가 잘 안 되므로 고기나 생선은 저지방의 것을 선택한다. 저지방 고기와 생선은 지방이 많은 고기나 생선에 비하면 소량이라도 단백질이 확보되며 위에 부담을 주지 않는다.

당질은 곡물을 중심으로 섭취하도록 한다. 같은 당질이라도 곡물은 소화가 잘 되고 위에 끼치는 자극이 가장 적은 식품이다. 설탕 등 감미 조미료는 위액 분비를 촉진하고 위에서의 체류 시간도 길며 곡류에 비해 소화가 잘 안 된다.

지방은 식물성, 동물성 모두 위액의 분비를 촉진하며 가장 소화가 안 되므로 피하도록 한다. 단 지방은 소량으로 많은 칼로리가 확보된다는 장점이 있으니 필수지방산을 확보하기 위해서도 적당량은 필요하다. 비교적 소화가 잘되는 유지방과 버터나 마가린, 마요네즈 등 유화 지방을 조금만 섭취하도록 한다.

소화가 잘되는 식품과 요리를 선택한다

소화가 잘되는 음식은 위에서 체류 시간이 짧은 것, 또한 소화액이 섞이기 쉬운 것이라고도 할 수 있다. 소화가 잘 안 되는 것 중 제일은 지방이지만 딱딱한 껍질이나 줄기도 소화가 어렵다. 단 줄기가 많은 야채라도 잘게 다지거나 부드럽게 삶으면 소화가 잘되는 것처럼 조리법에 따라서 소화가 되는 정도가 달라진다. 이런 식으로 연구해서 여러 가지 식품을 식탁에 올려놓으면 영양적으로도 균형 잡히고 식욕도 한결 좋아진다.

또 주의해야 할 것은 고기나 생선을 너무 오래 가열하면 소화가 잘 안 된다. 단백질을 너무 오래 가열하면 변성을 일으켜 소화 효소의 작용을 받기 어려워지기 때문이다.

위에 부담이 적은 식이섬유를 선택한다

식이섬유는 소화가 잘 안 된다고 해서 멀리하다 보면 변비를 불러오기 때문에 식욕부진이 되기 쉽다. 야채의 껍질이나 줄기 등 물에 녹지 않는 섬유질은 확실히 소화가 잘 되지 않지만 한천이나 참마에 함유되어 있는 만난, 과일에 많은 펙틴, 동물성 식품에 함유되어 있는 콜라겐 등은 물에 녹기 때문에 위에 그다지 부담을 주지 않는다.

가려먹어야 할 식품 선택

위의 상태가 좋지 않을 때는 위에 부담을 주지 않는 것을 고르는 것이 기본. 식품을 선택 할 때는 식이섬유가 많은 것, 위에서의 체류시간이 긴 것, 타액이 스며들기 힘든 것 등은 피한다.

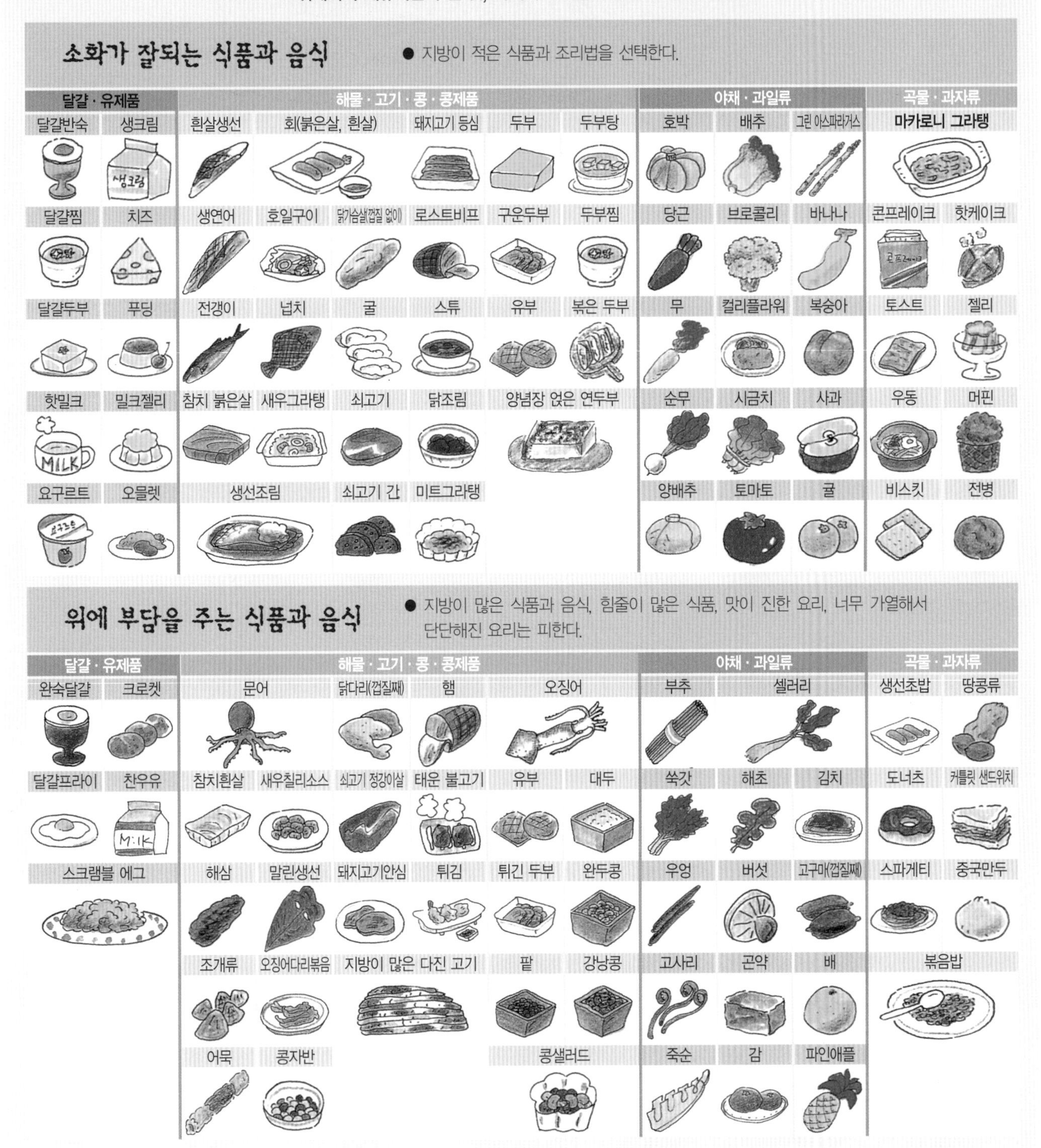

위를 자극하는 것은 피한다

위에 강한 자극을 주는 것은 알코올, 향신료, 탄산음료, 카페인, 담배 등이다. 알코올이나 탄산음료는 위점막에 직접 장애를 일으켜 위액의 분비를 촉진하여 그 중의 해를 끼치며 향신료나 카페인도 위액의 분비를 활성화한다. 또한 담배는 혈액순환을 나쁘게 하기 때문에 위점막의 저항력을 떨어뜨리는 작용이 있다.

이러한 자극물 중에서 특히 피하기가 어려운 것은 알코올과 담배이다. 습관성이기 때문에 금지하면 도리어 스트레스가 심해진다고 주장하는 사람도 있다. 그러나 그것에 의한 해보다 마시거나 피워서 생기는 위점막의 공격력 증가 쪽이 더 영향이 크다.

알코올과 담배를 끊지 못하고 계속하면 모처럼 치료된 위염과 위궤양이 재발하는 비율이 높다는 사실을 생각한다면 결론은 너무도 뻔하다.

규칙적인 식생활을 하자

불규칙적인 식생활과 폭음·폭식은 병을 만들어내는 큰 요인이다. 모든 장기가 다 마찬가지겠지만 위도 일정한 리듬을 갖고 움직이고 있으므로 불규칙적이 되면 위액의 분비나 연동 운동에 변화가 생기고 만다. 또한 한 끼 거르거나 식사 시간이 무너져 위가 비게 되면 위염이나 위궤양 증세가 있었던 사람은

위점막의 저항력이 약해져 있어서 위액에 의한 자기 소화가 발생해서 재발을 초래하거나 악화되거나 하는 큰 원인이 된다.

한 끼 굶거나 공복이 되면 그 결과 과식하기 쉽게 되는 것도 문제다. 아무리 소화가 잘 되는 요리라도 한 번에 많이 먹으면 위에 부담을 주고 만다. 식사 시간은 가능한 한 일정하게 하고 먹는 양도 너무 많거나 너무 적지 않도록 주의하자.

아침식사를 거르지 말자

규칙적인 식생활을 하고 싶더라도 기본이 되는 생활 자체가 불규칙하다면 무리한 이야기이다. 저녁식사를 한밤중에 하거나 밤늦게까지 일하지 않으면 안 되는 생활을 한다면 상한 위에 채찍질을 더하여 악화와 재발을 스스로 불러온다.

규칙적인 생활로 되돌리는 첫걸음은 아침식사를 하는 일이다. 물론 먹고 나서 바로 집을 나서는 것은 역효과. 아침식사 후에 적어도 15분이라도 쉬도록 아침 일찍 일어나자. 그렇게 되면 자연히 밤늦게 자는 습관도 고쳐진다.

이렇게 생활하자

스트레스 해소 방법을 세워 실천한다

스트레스를 없애려고 생각해도 마음먹은 대로 잘 되지 않는다. 일을 열심히 하고 책임감이 강하며 남을 탓하기보다는 자기의 잘못을 고민하는 등 스트레스 해소를 잘 못하는 성격도 문제가 된다. 이런 성격의 사람은 스트레스 해소 방법을 구체적으로 세워 실천한다.

포인트는 일상생활과 전혀 반대되는 일을 할 것. 사무실에서 일을 하는 사람이라면 스포츠를, 숫자를 다루는 일이라면 그림을 그리거나 사진을 찍거나 하는 취미를 갖는다. 또 가사일에 쫓기는 주부라면 문화 활동도 좋다. 단 스포츠나 취미생활에 너무 빠져서 다른 사람과 경쟁하거나 잘 안 된다고 고민하는 것은 금물이다. 스트레스 해소를 하려다가 새로운 스트레스를 짊어지는 것은 곤란하다. 자기가 재미있다고 생각하는 일을 조금씩 조금씩 실행하는 것이 필요하다.

정기검진을 받는다

정기적으로 의사의 진찰을 받고 있으면 의사가 함께 있다는 신뢰감으로 편안한 마음을 가질 수 있고 위의 상태에 주의하려는 생각이 자연히 생기게 된다. 그런 기분이 있다면 스스로 생활을 규칙적으로 하려는 자기 규제가 생긴다.

바쁜 비즈니스맨으로서는 병원에 갈 시간을 내는 것이 쉽지 않을지 모르지만 자기의 생활을 바로잡는 시간이라고 생각하고 병원 가는 스케줄을 빼지 말고 넣어 둔다.

밖에서 먹게 될 경우

외식할 때 조리법을 알 수 없는 것들은 멀리하는 편이 좋다.

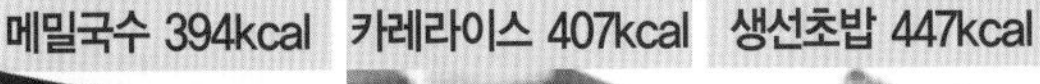

피해야 할 메뉴

- 지방이 많은 식품을 사용하거나 기름을 많이 쓰는 것
- 맛이 진한 요리와 향신료를 사용한 것
- 소화가 잘 안 되는 식품을 사용한 것

메밀국수 394kcal

국수외에 부재료가 없어 영양 부족. 해롭진 않지만 몸의 회복이 느리다.

카레라이스 407kcal

향신료가 들어 있을 뿐 아니라 밥도 꼬들꼬들하여 소화가 잘 안 된다.

생선초밥 447kcal

밥이 꼬들꼬들하여 소화가 어렵고 차게 먹어야 하므로 조심.

라면 443kcal

지질과 콜레스테롤이 높고 단백질, 야채 모두 부족한 편.

김치볶음밥 518kcal

탄수화물, 지질 함량이 높고 기름을 사용하므로 피한다.

돈가스 212kcal

튀김옷에는 지방이 듬뿍 들어 있다. 자주 먹지 않는 것이 좋다.

스파게티 351kcal

소스는 고지방, 열량이 높으므로 섭취 분량을 줄이는 것이 좋다.

자장면 665kcal

볶음 음식이어서 열량이 높고 지질 함량이 높으므로 피해야 할 음식이다.

군만두 470kcal

기름에 튀긴 음식이라 지질 함량과 열량이 높고 콜레스테롤 함량도 높다.

햄샌드위치 366kcal

재료로 사용하는 햄, 치즈, 버터 등에 콜레스테롤이 높다.

돼지갈비구이 391kcal

지질과 콜레스테롤이 매우 높은 음식이므로 되도록이면 피한다.

오징어튀김 85kcal

오징어는 단백질 공급원으로는 좋지만 소화가 잘 되지 않기 때문에 피한다.

김치찌개 62kcal

열량은 높지 않으나 염분 함량이 많고 매운맛이 강해 위에 부담을 준다.

삼겹살구이 522kcal

돼지고기 중에서도 지방이 가장 많은 부위이므로 자주 먹지 않는 것이 좋다.

생각해서 선택해야 할 메뉴

- 주재료와 부재료가 모두 갖춰져서 영양 균형이 좋은 것
- 삶거나 찐 것이 주역이 된 것
- 소화가 잘되는 재료를 주로 사용한 것

우동 407kcal

면류 중에서는 가장 소화가 잘 된다. 달걀도 반숙 상태라면 소화가 잘 된다.

닭죽 250kcal

탄수화물 함량과 열량이 높지 않고 단백질 함량이 높아 섭취해도 좋다.

청국장찌개 117kcal

청국장 재료인 콩은 혈중 콜레스테롤 농도를 낮춰서 소화도 잘 된다.

현미밥 340kcal

섬유질이 풍부하여 소화도 잘 되고, 콜레스테롤을 체외로 배출시킨다.

콩나물밥 430kcal

섬유소 함량이 높아 권하는 음식이다.

조기구이 64kcal

열량이 많지 않은 단백질 위주의 음식이므로 자주 먹어도 좋다.

닭찜 260kcal

육류 중에서는 쇠고기나 돼지고기보다 소화가 잘되고 단백질이 풍부하다.

두부전골 129kcal

버섯이나 채소가 많이 들어가 영양 섭취를 위해 필요하다.

갈치구이 55kcal

열량이 많지 않은 단백질 위주의 음식으로 자주 먹어도 좋다.

된장찌개 45kcal

짜지만 않으면 양질의 단백질 섭취를 할 수 있으므로 권할 만한 음식.

흰죽 240kcal

밥에 비해 열량이 낮고 만복감을 주므로 자주 섭취해도 좋다.

순두부찌개 61kcal

질 좋은 단백질은 물론 혈중 콜레스테롤 수치를 낮춰준다.

버섯전골 56kcal

버섯은 한꺼번에 많이 섭취해도 위에 부담을 주지 않고 영양 성분이 많다.

잣죽 358kcal

만복감을 주므로 위에 부담을 주지 않는다. 특히 잣죽은 영양 성분이 많다.

Part8

몸의 이상증세를
개선해 주는 식사와
생활 포인트

혈청지질을 낮추는 식사와 생활 메모

최근 콜레스테롤 수치와 중성지방이 높은 사람이 늘고 있다. 이는 식생활의 서구화도 문제가 된다. 동맥경화나 다른 성인병 예방을 위해서 식생활을 다시 돌아보자. 특히 고지혈증은 과식과 운동 부족이 누적되어 일어난다고 한다. 자기에게 적당한 식사와 적당한 운동으로 혈청지질을 조정하도록. 약에 의존하는 것보다 생활 습관을 개선하고 식습관을 고치는 것이 훨씬 효과적이다.

이렇게 먹자

적당한 칼로리 섭취를 위해 마음을 쓴다

표준체중은 일반적으로 (신장m×신장m×22)라는 식으로 산출된다. 이 표준체중에 가벼운 노동을 하는 사람은 30~35㎉, 중간 정도의 노동을 하는 사람은 35~40㎉, 약간 힘든 노동을 하는 사람은 40~45㎉를 곱한 것이 1일에 필요한 칼로리 양이다. 소요량보다 계속 많이 섭취하면 LDL 콜레스테롤(해로운 콜레스테롤)이 증가하고, HDL 콜레스테롤(이로운 콜레스테롤)이 줄어들어 동맥경화가 진행된다.

체질에 따라 먹는 법을 달리한다

고지혈증은 혈청 중의 지질(콜레스테롤, 중성지방, 인지질, 유리지방산) 중 콜레스테롤 수치나 중성지방치 중 하나 또는 양쪽이 모두 높은 경우으로 그 타입에 따라 치료법이 조금씩 다르다.

＊ 콜레스테롤 수치가 높은 타입

- 포화지방을 많이 함유한 식품(버터, 동물성지방 등)을 삼가고 불포화지방산을 많이 함유한 식품(등푸른 생선, 식물성 기름, 콩 등)을 많이 섭취한다. 그러나 어느 쪽도 너무 극단적이 되지 않도록 균형 있게 먹어야 한다.
- 하루의 콜레스테롤 양을 300㎎ 이하로 억제한다. 그래도 떨어지지 않을 때는 200㎎ 이하로 한다.
- 식이섬유라도 펙틴, 만난 등 수용성 섬유를 많이 섭취한다.
- 하루의 칼로리 비율은 단백질 20%, 지질 20~25%, 당질 55~60%가 기본이다.

＊ 중성지방치가 높은 타입

- 중성지방치를 높이는 당질인 설탕, 과당을 피하고 곡류, 고구마의 전분 등을 섭취한다.
- 알코올 음료는 금지한다.
- 포화지방산이 많은 식품을 피하고 불포화지방산이 많은 식품을 많이 섭취한다. 생선의 지방에 많은 오레인산은 불포화지방산으로 중성지방치를 낮춘다.
- 셀룰로오스, 펙틴, 만난 등 식이섬유를 많이 함유한 식품을 섭취한다.
- 하루의 칼로리 비율은 단백질 20%, 지질 30~35%, 당질 40~45% 정도이다.

＊ 콜레스테롤 수치와 중성지방 수치가 높은 타입

- 두 가지 타입의 혼합형으로 양자의 식사 방침을 합친 형태로 행한다.
- 포화지방산을 피하고 불포화지방산을 많이 섭취한다.
- 하루의 콜레스테롤 양은 300㎎ 이하로 제한한다.
- 알코올 음료는 될수록 적게 마신다.
- 설탕, 과당류의 섭취를 줄인다.
- 비타민 C·E·β 카로틴은 LDL(해로운) 콜레스테롤의 산화를 방지하므로 이들이 많은 녹황색 채소, 과일, 어패류를 매일 섭취하자. 단, 너무 많이 먹으면 도리어

가려먹어야 할 식품

콜레스테롤수치가 높은 사람은 포화지방산이 많은 식품을 삼가고, 콜레스테롤수치를 떨어뜨리는 불포화지방산이 많은 식품을, 중성지방치가 높은 사람은 당분을 삼가고 식이섬유가 많은 야채나 해조류를 열심히 섭취하도록 한다.

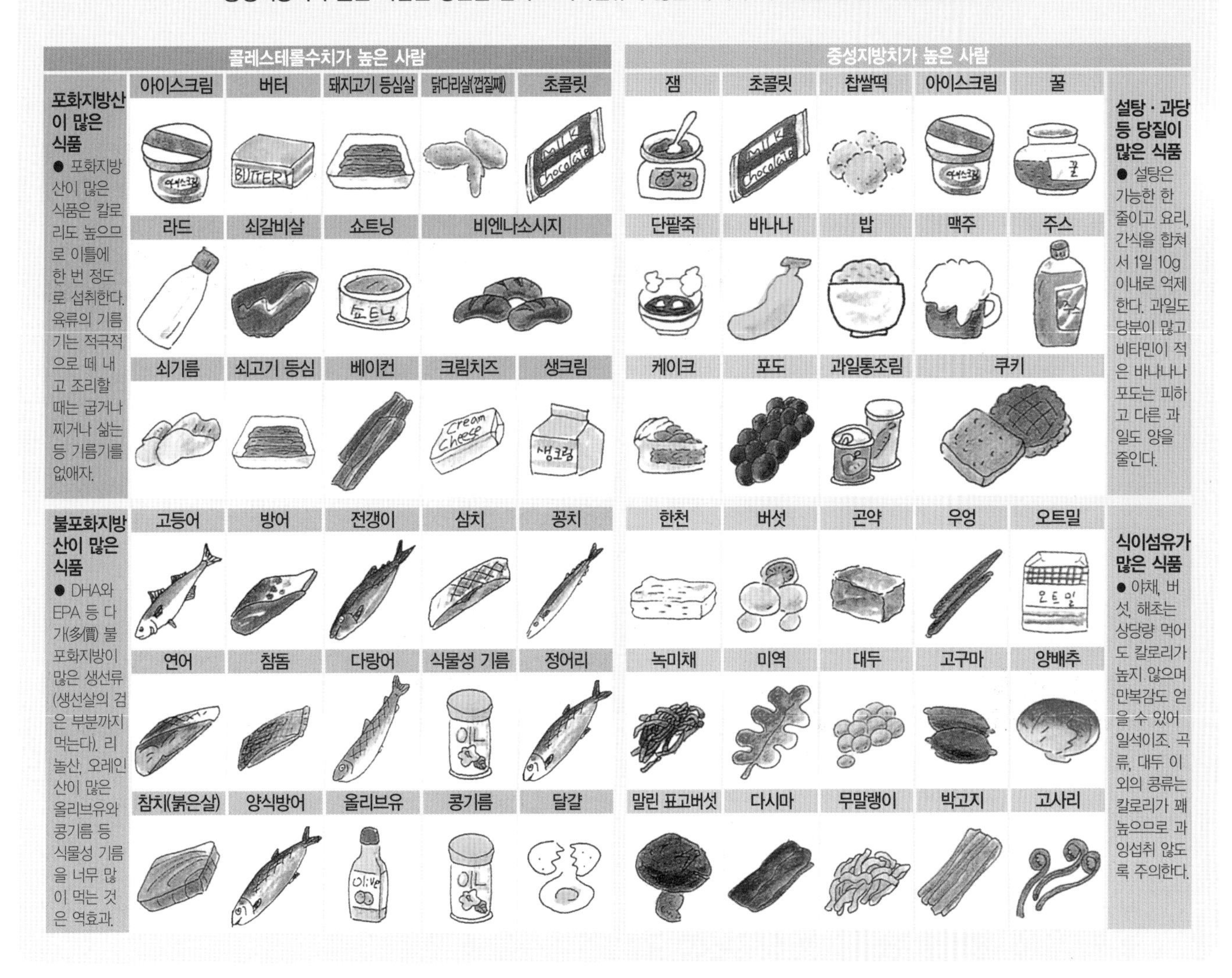

콜레스테롤수치가 높은 사람

포화지방산이 많은 식품				
아이스크림	버터	돼지고기 등심살	닭다리살(껍질째)	초콜릿
라드	쇠갈비살	쇼트닝	비엔나소시지	
쇠기름	쇠고기 등심	베이컨	크림치즈	생크림

포화지방산이 많은 식품
● 포화지방산이 많은 식품은 칼로리도 높으므로 이들에 한 번 정도로 섭취한다. 육류의 기름기는 적극적으로 떼 내고 조리할 때는 굽거나 찌거나 삶는 등 기름기를 없애자.

불포화지방산이 많은 식품				
고등어	방어	전갱이	삼치	꽁치
연어	참돔	다랑어	식물성 기름	정어리
참치(붉은살)	양식방어	올리브유	콩기름	달걀

불포화지방산이 많은 식품
● DHA와 EPA 등 다가(多價) 불포화지방이 많은 생선류(생선살의 검은 부분까지 먹는다). 리놀산, 오레인산이 많은 올리브유와 콩기름 등 식물성 기름을 너무 많이 먹는 것은 역효과.

중성지방치가 높은 사람

설탕·과당 등 당질이 많은 식품				
잼	초콜릿	찹쌀떡	아이스크림	꿀
단팥죽	바나나	밥	맥주	주스
케이크	포도	과일통조림	쿠키	

설탕·과당 등 당질이 많은 식품
● 설탕은 가능한 한 줄이고 요리, 간식을 합쳐서 1일 10g 이내로 억제한다. 과일도 당분이 많고 비타민이 적은 바나나나 포도는 피하고 다른 과일도 양을 줄인다.

식이섬유가 많은 식품				
한천	버섯	곤약	우엉	오트밀
녹미채	미역	대두	고구마	양배추
말린 표고버섯	다시마	무말랭이	박고지	고사리

식이섬유가 많은 식품
● 야채, 버섯, 해조는 상당량 먹어도 칼로리가 높지 않으며 만복감도 얻을 수 있어 일석이조. 곡류, 대두 이외의 콩류는 칼로리가 꽤 높으므로 과잉섭취 않도록 주의한다.

LDL 콜레스테롤이 높아진다.

- 하루의 칼로리 비율은 단백질 20%, 지질 30~35%, 달질 45~50% 정도이다.

*** HDL 콜레스테롤(이로운 콜레스테롤) 수치가 저하되어 있는 타입**

- 콜레스테롤 양의 제한은 특별히 없다. 단, 당분이 많은 식품은 줄인다.
- 적당한 알코올과 운동은 HDL 콜레스테롤을 증가시킨다.
- 하루 칼로리 비율은 단백질 15~20%, 지질 20~25%, 당질 55~60%가 적당하다.

이렇게 생활하자

스트레스도 콜레스테롤 수치를 높인다

건강한 사람이라도 스트레스가 심하면 콜레스테롤 수치가 올라간다. 스트레스 해소도

밖에서 먹게 될 경우

혈청지질이 많은 사람은 비만이나 고혈압인 사람과 마찬가지로 칼로리와 유지를 과잉섭취하지 않도록 주의하며 적극적으로 식이섬유를 먹도록 노력하자. 또한 콜레스테롤이 많은 식품을 줄이는 것이 포인트.

피해야 할 메뉴

- 콜레스테롤이 많은 것
- 지방분이나 기름이 많은 것
- 칼로리가 높은 일품요리

오므라이스 534kcal

달걀과 밥 모두 기름을 많이 사용하므로 열량이 높다.

돈가스 212kcal

콜레스테롤이 높은 음식이므로 피하는 것이 좋다.

돼지갈비구이 391kcal

지질과 콜레스테롤이 매우 높은 음식이다. 콜레스테롤이 염려되는 사람은 피하도록 한다.

돼지고기구이 287kcal

지질과 콜레스테롤이 높아 피하는 게 좋다.

갈비구이 455kcal

아무리 지방을 떼어낸 갈비라도 피하는 게 좋다.

생각해서 선택해야 할 메뉴

- 칼로리를 낮추기 위해 일부를 남긴다.
- 식이섬유가 많은 야채를 곁들여서 반드시 다 먹는다.
- 지방분과 콜레스테롤이 많은 식품은 선택하지 않는다.

청국장찌개 117kcal

단백질이 풍부하므로 먹어도 좋으나 짜지 않아야 한다.

생선초밥 447kcal

초밥 안에 있는 밥을 덜어내면 칼로리를 줄일 수 있다.

삼치구이 75kcal

비교적 저칼로리 메뉴. 햇볕에 말린 생선은 피한다.

비빔밥 585kcal

야채가 많이 들어가므로 좋으나 열량이 높으므로 밥은 덜어내고 먹는다.

칼국수 452kcal

칼국수의 국수를 덜어내면 칼로리 조절이 가능하다.

중요하지만 스트레스를 발산하기 위해서 담배를 피우거나 커피를 너무 많이 마시면 콜레스테롤 수치가 더욱더 상승하게 된다.

담배는 콜레스테롤을 변성시킨다

담배에는 니코틴과 일산화탄소 등 유해물질이 많이 들어 있다. 니코틴은 혈관을 수축시켜서 맥박을 빨리 뛰게 하는 작용을 하고 일산화탄소는 혈관에 상처를 주거나 혈액의 응고를 촉진시키거나 동맥경화의 원인이 되는 산화 LDL 콜레스테롤을 만드는 작용을 한다. 결국 혈압에는 악영향만 미친다. 담배를 피우면 혈압이 올라가서 마침내는 심근경색을 일으킨다는 것을 각오하자.

가볍게 걷거나 수영을 하자

적당한 운동은 중성 지방치를 낮추고 HDL 콜레스테롤을 증가시킨다. 특히 지속적으로 산소를 받아들여 지방을 연소하는 유산소운동(워킹, 조깅, 수용, 에어로빅 등)은 효과적이다. 지금까지 운동을 하지 않았던 사람은 워킹이나 수영 등의 운동을 처음에는 무리하지 않게 천천히 하거나 조금씩 강도를 높여 간다.

장수 국가의 식탁 위에는 무엇이 있을까?

장수촌에서는 도대체 무슨 음식을 먹을까? 세계적으로 장수촌이라고 일컫는 곳들은 전부 특징이 있다. 주로 산악 지방이거나 바다로 둘러싸인 습기가 많은 섬이 많다.

몇몇 장수국가를 꼽아보면 파키스탄 북쪽의 푼자왕국, 남미 에쿠아도르의 비루카밤바, 중국 신강성 산 속의 위글 지방, 구 소련의 코카서스 지방 등을 들 수 있는데 이 장수촌의 식단을 보면 잔뜩 기대했던 사람들은 대부분 실망할지 모른다.

하나같이 곡물, 야채, 발효 우유나 젖으로 만든 요구르트 등이니 말이다. 이들 장수 국가의 공통점은 기름진 육류보다 생선이 많고 리놀렌산이 풍부한 식물성 기름으로 조리한다는 것, 적포도주를 많이 먹는 국가라는 것이 재미있지 않은가? 그리고 또 한 가지 장수국가의 특징은 마시는 물이 알칼리 성분이 강하다는 것을 들 수 있다.

세계의 장수촌에 대한 유태종 박사의 연구 결과를 읽은 적이 있는데 결론이 참 재미있다. 완벽한 장수의 비결은 없다는 것이다. 결국 자신이 관리를 잘해야 주어진 수명대로 살 수 있다는 것이다. 그래도 혹시 섭섭해 할 사람들을 위해 비법 아닌 비법을 꼽아보면 다음과 같다. 힘들더라도 꼭 실천해 보도록 하자.

식이요법 주요항목

❶ 기호식품과 기름진 음식을 피하라

❷ 저녁에 포식하지 말라

'하루의 금기는 저녁에 포식하지 않는 것이요, 한 달의 금기는 그믐밤에 술 취하지 않는 것이요, 일년의 금기는 겨울 한추위에 멀리 걷지 않는 것이다.'

❸ 과다한 음주를 피하고 공복에는 차 마시기를 피하라.

장수의 수칙 3가지

● 균형식을 한다

인간이 하루에 필요한 음식은 50가지가 넘는데 그렇게 다 섭취하려면 균형 잡힌 식사가 필요하다. 채식만 고집하는 사람들은 오히려 수명이 짧아질 수 있으므로 육식도 적당히 취하는 것이 필요하다. 가장 해로운 것이 몸에 좋다는 것만 고집하는 자세라고 한다.

● 발효식품 막걸리를 먹는다

코카서스 지방의 장수 비결은 잘 알려진 대로 하루에 유제품을 1kg이상 먹는 것이다. 우리나라에서도 발효 제품을 구하기는 어렵지 않은데 바로 김치가 그 대표식품이다. 단지 짜다는 것이 흠이므로 백김치를 먹거나 발효 식품 중 막걸리를 권하는데 단백질이 우유의 1/3이나 들어 있으므로 막걸리는 건강음료라고 할 수 있다. 대신 먹는 양은 알아서 조절할 필요가 있다.

● 제철 야채가 보신탕보다 낫다.

"싱싱한 푸른 잎을 가진 제철 야채, 열 보신탕 안 부럽다?' 장수촌 사람들은 하루에 한끼는 꼭 푸른 잎사귀를 가진 푸성귀를 먹는다고 하는데 역시 보양식보다는 싱싱한 채소를 먹는 것이 좋다는 채식의 중요성을 보여주고 있는 것 같다.

09

생선의 영양성분과 효과

생선이나 해조류 그리고 조개나 새우, 오징어, 문어 등의 각종 해산물은 성인병에 좋을 뿐만 아니라 장수 식품으로도 널리 알려져 있다. 특히 최근에는 두뇌 발달, 치매, 성인병 예방에 경이로운 효과를 발휘하는 DHA와 EPA 성분이 생선에서 발견되어 의학계에 새로운 장르로 등장하게 되었다. 또한 다이어트 식품으로도 각광을 받고 있다. 식탁에 자주 오르는 각종 생선의 영양 성분이 왜 좋은지, 어떤 증세에 특히 효과가 있는지 알아 본다.

생선에만 들어 있는 특수성분

Dr. 어드바이스

생선이나 해조류 그리고 조개나 새우, 오징어, 문어 등의 각종 해산물은 성인병에 좋을 뿐만 아니라 장수 식품으로도 널리 알려져 있다. 특히 두뇌 발달, 치매, 성인병 예방에 경이로운 효과를 발휘하는 DHA와 EPA 성분이 생선에서 발견되어 의학계에 서도 크게 주목하고 있다. 이 밖에도 해산물은 다이어트 식품으로도 각광을 받고 있다. 식탁에 자주 오르는 각종 생선의 영양 성분과 이것이 건강을 지키는데 어떤 도움이 되는지 알아 본다

DHA

두뇌 발달, 치매 예방에 효과

두뇌 발달을 돕는다

DHA는 뇌의 활동을 좋게 하는 물질로 주목받고 있다. DHA 등의 필수지방산이 부족하면 뇌의 장애를 가져올 수 있다고 한다. 미숙아를 대상으로 한 연구에서는 DHA가

거의 나타나지 않았다든가 태아기에 어머니를 통해서 DHA를 충분히 공급받은 경우와 그렇지 못한 경우에 출생 후 성장 발달에 차이를 보였다는 점 등이 임상 실험을 통해 증명되고 있다.

생선에 포함되어 있는 DHA가 뇌 발달과 깊은 관계가 있다는 것이 분명하게 된 것이다. 또 이것을 역이용해 태아 시기의 DHA의 양을 조사해서 출생 후 장애가 나타날 가능성과 생후 성장 발달에 대한 것도 어느 정도 예측할 수 있으리라 기대되고 있다. 이런 DHA의 효능은 생선을 많이 섭취하는 지역의 사람들을 대상으로 한 연구에서 점차 다양하게 밝혀지고 있다.

그렇다면 어째서 불포화지방산 중에 유독 DHA만이 두뇌 활동을 돕는 데 탁월한 효능이 있다는 것일까? 불포화지방산 중에는 DHA 외에도 EPA, α리놀렌산, 리놀산 등의 다양한 형태가 존재한다. 그리고 몸 안에 섭취된 이 지방산들은 혈액을 통해 몸속을 돌면서 여러 가지 작용을 하게 된다. 그런데 유독 뇌만은 특수한 조직의 막에 싸여 있어서 대개의 불포화지방산들은 이 막을 뚫지 못하게 된다. 오직 DHA만이 이 막을 뚫고 뇌에 직접 작용할 수 있다.

혈액의 응고를 막아 준다

DHA는 혈소판의 응집을 막아 주는 작용을 한다. 그 결과로 혈액이 매끄러워지고 전신의 혈액순환이 원활해져 심근경색이나 뇌경색 등의 혈관장애의 예방과 치료에 도움이 되는 것으로 생각되고 있다.

간단히 표현하면 DHA나 EPA가 혈액을 매끄럽게 해 주는 작용을 하기 때문에 혈관이 막혀서 생기는 심근경색이나 뇌혈전 등의 혈관병을 막을 수 있다는 이야기다.

뇌세포 성장을 돕는다

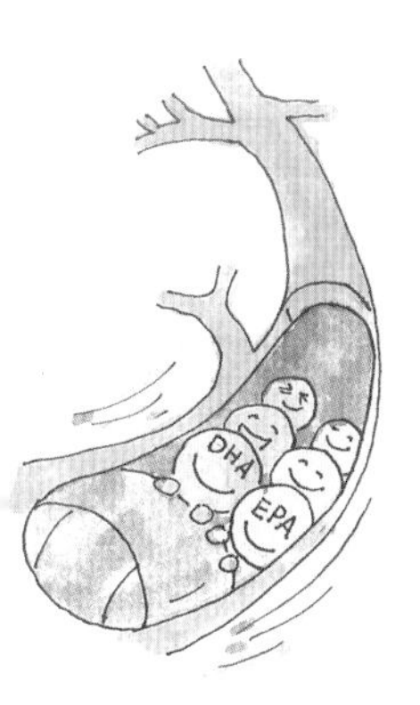

뇌세포의 수는 태아로부터 유아기 사이에 결정된다고 한다. 그 후 인간은 학습을 통해 지식을 받아들여 뇌세포 활동을 향상시켜 간다. 그리고 뇌세포는 정보 전달을 위해 세포 하나하나에 있는 '돌기(시놉스)'를 늘려간다. 돌기가 늘어나 다른 뇌세포와 붙음으로써 정보 전달이 자연스럽게 이루어지는 것이다.

이 돌기를 늘어나게 하거나 유지하는 데 필요한 것이 인지질이다. 이 인지질은 뇌세포의 구조를 만드는 데 필수불가결한 물질이다. 또한 뇌세포가 정보 전달을 하는 데 필요한 돌기도 만들어 간다. 따라서 뇌세포 하나하나를 충실하게 만들기 위해서는 없어서는 안 될 성분이 DHA이다.

모자라면 뇌세포가 적어진다

뇌 안에서 DHA는 인산지질의 형태로 존재한다. 그리고 이 인산지질은 뇌세포에 매우 중요한 작용을 한다. 즉 약 140억 개나 되는 뇌세포 하나하나를 독립된 세포로 만들기 위해 세포 바깥쪽의 막이나 안쪽에 있는 막을 만드는 데 없어서는 안 될 물질인 것이다.

만일 DHA가 우리 몸에서 결핍되면 어떻게 될까? 인지질 중의 DHA가 당연히 줄어들 것은 틀림없다. 그렇게 되면 뇌세포를 만들기 위한 조직(짜임 구조물이라고 생각해 보자)이 생기지 못해 뇌세포가 여느 때보다도 줄어들 위험성이 생긴다. 이것은 뇌세포가 생기는 태아로부터 유아까지의 기간에 생겨나는 과정으로 DHA가 결핍되면 여러 가지 악영향을 가져오게 된다.

유아기까지도 빼놓을 수 없는 성분이다

DHA가 필요한 것은 태아의 경우만이 아니다. 유아기에게도 필요하다. 장차 머리가 좋은 아이로 키우기 위해서도 유아기 때에 DHA를 많이 섭취하는 것이 중요하다.

세포의 수는 태어났을 때 이미 결정된다. 그러나 중요한 것은 뇌세포의 수가 늘어나지는 않으나 충실해지고 성장을 한다는 점이다. 그러므로 아기 때의 뇌 중량은 약 0.4kg인데 성인의 뇌 중량은 1.3~1.4kg까지 늘어난다. 이처럼 뇌세포가 돌기를 증가시키고 충실해지고 성장해 가는 데 필요한 것이 DHA인 것이다. 그러므로 지식을 빠른 속도로 흡수해 가는 유아로서도 필수불가결한 성분이라고 할 수 있다.

DHA를 섭취함으로써 혈전을 예방하고 신경세포의 돌기를 성장시킬 수 있다면 노인성 치매증의 예방과 치료에 큰 도움이 될 것이 분명하다. 또 DHA가 류머티즘과 각종 암에 효과가 있다는 주장과 함께 많은 연구가 진행되고 있어 그 성과가 기대된다.

치매 예방에 좋다

의학적으로 아직 인정되고 있지는 않으나 DHA에는 신경세포의 돌기(시놉스)를 늘리는 데 필요한 단백질을 만드는 작용이 있다고 한다.

노인성 치매증에 걸린 사람을 조사해보면, 뇌세포 모두가 사멸한 상태가 아니며 살아 있는 신경세포도 남아 있다는 것 그것을 단련시켜 거기서 다시 돌기가 자라 늘어나도록 할 수 있을 것이라는 기대다.

DHA를 생선으로부터 섭취하는 과정을 통해 파괴되거나 결함이 생긴 신경세포와는 다른 건강한 신경세포의 돌기를 늘어나게 할 수 있다면 알츠하이머형인 노인성 치매증 치료에도 크게 도움이 될 것이다.

알아두자 DHA를 효과적으로 섭취하려면

어떤 영양소든지 식품을 통해 섭취하는 것이 가장 자연스러운 것처럼 DHA도 생선을 통하여 섭취하는 것이 가장 바람직하다. 물론 DHA를 첨가한 가공식품들도 나름대로의 효과는 있을 것이다. 현재 건강보조식품으로 나와 있는 DHA 제품들은 불순물을 제거하여 순도가 높고 캡슐형으로 되어 있어 먹기에도 간편하다. 또 DHA를 강화한 통조림이나 유제품도 이미 친숙한 식품들이므로 거부감 없이 대할 수 있는 장점이 있다. 특히 유제품은 여러 가지 영양소를 고루 갖춘 이상적인 식품의 하나로 DHA까지 함께 섭취할 수 있다는 점에서 주목을 끈다.

그러나 정확한 이론적 근거 없이 특정 성분만을 집중적으로 복용하는 것은 금물이다. DHA라는 성분을 만병통치약쯤으로 생각하고 남용해서는 곤란하다. 특히 DHA가 강화된 우유를 모유 대신 주어도 좋다든가 하는 식의 생각은 금물. 어머니가 DHA를 충분히 섭취하고 있다면 아기는 태내에서 DHA를 공급받던 것과 마찬가지로 어머니의 모유를 통해 DHA를 자연스럽게 섭취할 수 있다. 자연스럽게 섭취할 수 있는 방법 대신 인공적으로 첨가된 쪽을 선호하는 것은 바람직하다고 할 수 없다.

EPA

동맥경화·심근경색·뇌경색 예방에 효과

Dr. 어드바이스

EPA는 정어리나 꽁치, 참치 등의 등 푸른 생선의 지방 속에 많이 함유되어 있는 지방산의 일종이다. 이것이 인체 내에 들어오면 프로스타글란딘이라는 물질을 생성해 혈전 응집을 방해하는 역할을 함으로써 뇌경색이나 심근경색 등 여러 가지 혈관 계통의 질병 예방에 놀라운 효능을 발휘하게 되는 것이다. 이렇게 놀라운 효과를 가진 EPA가 어떻게 발견되었으며 그 효능이 어떻게 입증되었는가를 살펴보기로 하자.

피의 응결을 녹인다

그렇다면 생선 속의 EPA는 과연 어떤 경로로 혈전증을 예방하는가에 대해 조금 더 알아보기로 한다. 그 과정을 알아보기 위해서는 먼저 우리들의 혈액 속에 있는 혈소판에 대한 사전지식이 있어야 한다. 혈소판은 혈액 속에서 출혈을 방지하고 혈액을 응고시켜 출혈을 멈추게 하는 역할을 맡고 있다. 이 혈소판이 적어지면 작은 충격에도 쉽게 출혈이 있고 일단 출혈이 되면 혈액이 쉽게 응고되지 않아 지혈이 되지 않는다.

반대로 혈소판이 많으면 이것이 모여 굳어지면서 혈전증의 원인이 된다. 혈관 안쪽에 어떤 이유로 해서 상처가 생기게 되면 혈소판이 그곳으로 모여들어 상처를 둘러싸게 된다. 그리고 혈구를 모아 굳어지게 만든다. 이것이 소위 말하는 혈전으로 대개의 경우는 혈관·혈액 중에 머무르다가 굳어진 혈전을 녹이는 효소가 발생하므로 혈액 속에서 녹아 없어지게 된다. 따라서 균형 잡힌 식생활을 하고 있고 신진대사가 활발히 이루어지고 있는 사람이라면 크게 걱정할 필요가 없다.

그리고 이 혈전의 응집을 방해하는 프로스타글란딘이라는 물질이 부족해지면 혈관 안쪽의 상처로 인해 생겨난 혈전이 응집된 채로 녹지 않고 남아 있게 된다. 이런 경우 혈전이 그 부위에 계속 응집해 있거나 혈관벽에서 떨어져 혈액의 흐름을 따라 다른 장소로 이동하게 된다. 이 혈전에 혈액의 흐름을 방해하고 심할 경우 혈관을 막아버림으로써 장애가 발생하는 것이다. 이 혈전이 관상동맥에 나타났을 경우를 심근경색이라고 하고 뇌혈관에 일어났을 때는 뇌경색이나 뇌혈전이 된다.

EPA는 혈전이 생기는 것을 억제하는 프로스타글란딘이라는 물질을 만들어서 혈전증의 예방과 치료에 놀라운 효과를 낸다는 것이다.

악성 콜레스테롤을 줄인다

콜레스테롤이 악역이 된 사연은 다음과 같다. 혈액 안에는 지방에 녹기 쉬운 성질을 가진 지용성 물질들이 많이 있는데 콜레스테롤, 중성지방, 지방산, 인지질 등이 여기에 속한다. 이들 지용성 물질은 단백질과 결합하여 리포단백이라는 물질로 변한다. 이 결합이 어떤 방식으로 이루어지느냐에 따라서 리포단백의 종류가 달라진다. 콜레스테롤이 많으면 저밀도 리포단백, 인지질이 많으면 고밀도 리포단백, 그리고 중성지방이 많으면 초저밀도 리포단백으로 분류된다.

흔히 의사들에게서 듣게 되는 총 콜레스테롤 수치는 양성 콜레스테롤(고밀도 리포단백)과 악성 콜레스테롤(저밀도 리포단백)

을 구분하지 않고 합쳐 부른 것이다. 건강한 사람이라면 총 콜레스테롤 수치에 있어 악성과 양성이 균형 잡힌 상태가 정상이다. 그러나 최근 식생활과 생활 패턴의 영향으로 총 콜레스테롤 수치가 높아지는 경우에 악성 콜레스테롤이 늘어나고 양성 콜레스테롤이 줄어든 상태가 대부분을 차지한다.

다시 말해 악성과 양성의 수치가 비례하지 않고 악성 쪽이 현저하게 늘어나는 경향이 문제가 되어 각종 혈관 계통의 질병을 유발하고 동맥경화의 중요한 원인이 되는 것이다.

그런데 EPA는 콜레스테롤 중에서도 악성 콜레스테롤(저밀도 리포단백)만을 죽여주는 효능이 있다는 것이다. 양성 콜레스테롤에는 거의 손상을 주지 않으면서 악성만을 제거하는 EPA의 효능이 주목받는 것은 어쩌면 당연한 일이라 하겠다.

중성지방을 낮추어 준다

EPA의 효능은 이뿐만이 아니다. 혈액 속의 또 다른 지용성 물질인 중성지방의 함량을 낮추는 데도 탁월한 효과가 있다. 중성지방은 콜레스테롤처럼 혈액 안에 존재하는데, 이 중성지방이 증가하면 피하지방도 증가한다. 뿐만 아니라 심장이나 간장 등의 주요 장기에도 지방이 쌓여 지방간이나 심장비대 등 위험한 상황을 초래하게 된다. 또 혈관 속에 이 중성지방이 쌓이면 콜레스테롤과 마찬가지로 동맥경화의 원인이 되는 것이다.

그러나 EPA나 DHA 등의 불포화지방산은 상온에서 굳지 않는 성질이 있어 혈액의 응집력을 떨어뜨리고 혈액의 점성을 낮춰 준다. 즉, 끈적거리는 혈액의 끈기를 줄이고 매끄럽게 흐르도록 도와서 동맥경화 등의 혈전증 발생을 예방하는 데 효능이 뛰어난 것이다.

최근에는 뇌졸중이나 당뇨병, 신장병 등에도 효과가 있을 것으로 기대되어 연구가 활발히 이루어지고 있는 실정이다.

혈전증을 예방한다

덴마크령 그린랜드는 극한지로 사람이 거주할 수 있는 지역 중에서 가장 추운 곳에 속한다. 이런 지방에 살고 있는 이누이트들은 식물보다는 생선이나 바다표범 같은 수중동물이 아니면 순록 등의 지상 동물들을 주식으로 삼게 된다. 상식적으로 생각해보면 채소나 과일을 먹지 못하므로 비타민 C 결핍 증세가 나타날 것이다.

또 바다표범 등 고지방의 동물성 식품만을 섭취하고 있으니 동맥경화나 심근경색, 뇌경색 등의 각종 성인병의 발생률도 높으리라고 예상할 수 있다. 그러나 실제로 이누이트 중에서 성인병에 걸리는 사람은 극히 적으며 비타민C 부족으로 인한 괴혈병 같은 증세 역시 전무하다시피 하다. 상식에 역행하는 이런 이누이트의 체질이 의학적으로 주목을 받기 시작한 것이다.

이 문제의 해답을 찾기 위해 덴마크의 한 연구팀이 덴마크 본토 주민과 그린랜드의 이누이트를 비교 관찰, 실험한 결과, 두 지역 주민의 혈액 성분에 차이가 있음을 발견했다. 즉, 이누이트들이 즐겨 먹는 식품 중에 혈액 응고를 막는 물질이 있으며 이것이 바로 EPA였던 것이다.

알아두자 EPA가 좋아도 무절제한 생활은 이길수 없다

EPA는 분명 혈액순환에 관련된 각종 성인병을 예방하는 데 탁월한 효과가 있다. 하지만 그저 이 EPA를 많이 먹기만 하면 만병통치인 양 떠들어 대는 것은 잘못.

EPA가 아무리 좋다 해도 스트레스 등의 다른 외부 인자에 관련되어서 동맥경화를 일으킬 수 있다. 다시 말해 EPA를 충분히 섭취해서 악성 콜레스테롤의 함량을 낮추고 혈전을 예방했다 하더라도 스트레스, 흡연, 과도한 음주 등의 원인이 작용하면 동맥경화가 나타날 수 있는 것이다. 반대로 풀이하면 동맥경화가 있다고 해도 스트레스를 피하고 흡연, 음주, 과로를 삼가면서 EPA를 충분히 섭취하면 혈전증을 예방하면서 동맥경화가 심각한 혈액순환 장애로 이루어지는 것을 막을 수 있다는 이야기다.

중요한 것은 바른 식생활과 규칙적인 건강관리, 심리적·신체적 부담을 주지 않는 균형 잡힌 생활이다.

이런 생선, 이런 증세에 좋다

Dr. 어드바이스

생선은 살 색에 따라 붉은살 생선 또는 등푸른 생선, 흰살 생선으로 나누어지며 굴 · 전복 등의 조개류와 새우 · 게 등의 갑각류, 오징어 · 문어 등의 연체류, 다시마 · 김 등의 해조류로 분류한다. 이들 해산물들은 질 좋은 단백질과 불포화지방산이 풍부해 차세대 건강식품으로 기대를 모으고 있다. 이러한 각종 해산물이 어디에 어떻게 좋은지 종류별로 상세히 알아본다.

등푸른 생선

고혈압·각기병·빈혈 골연화증에 효과

등푸른 생선은 바다 밑에 사는 흰살 생선과는 반대로 바다 표면 가까운 곳에 살기 때문에 물살에 따라 이리저리 헤엄쳐 다니면서 운동을 많이 하는 편이다. 그래서 근육이 단단하고 지방 함량이 20% 정도 더 높으며 비린내가 많다는 특징이 있다.

대표적인 등푸른 생선으로는 고등어, 꽁치, 정어리, 전갱이, 청어, 삼치, 가다랭이, 참치, 장어, 연어, 방어, 멸치, 뱅어 등이 있다.

성인병을 예방한다

참치, 정어리, 고등어와 같은 등푸른 생선에는 불포화지방산의 일종인 EPA와 DHA 농도가 높아 고혈압이나 동맥경화의 원인이 되는 혈중 콜레스테롤 수치를 떨어뜨리고 중성지방을 감소시키는 효과가 있다. 또 혈액이 응고되는 것을 막아 주고 혈전 또는 뇌혈전을 예방해 주기도 한다.

저항력을 길러 준다

장어, 뱀장어 등의 생선에는 비타민 A가 풍부한데 이 비타민 A가 시력을 강화시켜 주고 감기 등에 대한 저항력을 길러 주며 피부에 윤기를 주고 생식기능을 좋게 해 준다. 흔히 장어가 정력에 좋다고 하는데 이것은 비타민 A의 이 같은 특성 때문이다.

특히 장어의 간에는 살에 비해 3배나 많은 양의 비타민 A가 들어 있으므로 비타민 A 결핍이 우려되는 사람이라면 신경을 써서 섭취할 필요가 있다. 이 밖에 연어같이 분홍빛이 나는 생선에는 카로틴이 함유되어 있는데 이것은 체내에 흡수되면 비타민 A와 같은 작용을 한다.

각기병을 예방한다

우리 몸에 비타민 B_1이 부족하면 각기, 뇌빈혈, 현기증 등의 증세가 나타난다. 하지만 장어, 꽁치 등과 같은 등푸른 생선에는 비타민 B_1이 풍부하게 들어 있어 이들 생선을 많이 먹으면 이 같은 증세를 예방할 수 있다.

비타민 B_1은 같은 등 푸른 생선 중에서도 속살보다는 껍질 쪽에 붙어 있는 혈합육에 더욱 많이 들어 있다.

세포의 재생을 돕는다

육체적으로 피곤하거나 과로하면 금세 입 둘레가 헐거나 혓바늘이 돋는 사람이 있다. 이런 사람들은 장어, 정어리, 방어, 꽁치, 청어 등과 같은 등푸른 생선을 많이 먹는 것이 좋다. 이들 생선에는 비타민 B_2가 풍부하여 입술 주위나 혀 등에 생기기 쉬운 염증을 예방 · 치료하는 효과가 있다.

특히 생선 껍질에는 비타민 B_2가 풍부하

게 들어 있으므로 등푸른 생선을 먹을 때는 껍질을 버리지 말고 함께 먹는 것이 좋다.

빈혈을 예방한다

가다랭이, 정어리, 참치, 방어, 전갱이 등의 등푸른 생선에는 비타민 B12가 풍부하여 뇌질환과 치매 같은 신경계 질환이나 악성 빈혈 등을 방지해 주며 당뇨병을 예방해 주기도 한다. 같은 등푸른 생선이라도 속살보다는 피가 섞인 혈합육에 더욱 많은 양이 들어 있다.

피부 저항력을 길러 준다

가다랭이, 고등어, 삼치, 정어리, 멸치, 참치 등에는 나이아신 성분이 풍부하게 들어 있어 피부가 거칠어지거나 검게 변하는 등의 증세를 예방해 준다. 이 밖에도 나이아신 부족으로 일어나는 설사나 신경통, 수면장애, 식욕부진 등의 증세를 개선해 주는 효과도 있다.

구루병, 골연화증을 예방한다

골격 형성에 필수적인 영양소로 흔히 칼슘을 꼽지만 비타민 D가 부족하면 칼슘을 아무리 많이 섭취해도 효과가 없다. 정어리, 가다랭이, 방어, 고등어 등의 등푸른 생선에는 비타민 D가 많이 들어 있는데 이것이 칼슘과 인산의 흡수를 도와 뼈와 이를 튼튼하게 해준다.

따라서 성장기 어린이의 발육은 물론 노인이나 갱년기 이후 여성의 골다공증 예방에 비타민 D가 필요하다. 특히 등푸른 생선의 기름이나 간에는 더욱 많은 양의 비타민 D가 들어 있으므로 내장도 버리지 말고 먹도록 한다.

노화를 방지한다

우리 몸에 과산화지질이 쌓이면 노화가 빨리 일어난다. 하지만 참치나 가다랭이, 정어리, 연어, 고등어, 송어, 방어, 장어 등의 생선을 많이 먹으면 이들 생선에 함유되어 있는 비타민 E의 작용으로 과산화지질이 생성되는 것을 막을 수 있으므로 노화를 방지할 수 있다.

이 밖에도 등푸른 생선은 피부를 윤기 있게 가꾸어 주고 성기능을 높여 주는 동시에 호르몬 이상으로 인한 갱년기 장애에도 효과를 발휘한다.

뼈와 이를 튼튼하게 해 준다

멸치, 뱅어 등의 뼈째 먹는 생선과 정어리, 꽁치 등의 통조림에는 칼슘이 풍부하게 들어 있는데, 이들 생선을 많이 먹으면 체액이 약알칼리성으로 유지되어 건강에 좋을 뿐만 아니라 뼈와 이가 튼튼하게 된다. 특히 성장기에 있는 어린이나 뼈가 물러지기 쉬운 노인들이라면 이들 식품을 신경 써서 먹을 필요가 있다.

칼슘을 제대로 섭취하려면 생선뼈 이외에 내장도 함께 먹어야 효과가 더욱 커진다.

혈압을 떨어뜨린다

우리 몸에 염분이 많으면 혈관이 수축하여 고혈압이 되기 쉽다. 참치, 가다랭이, 방어, 연어, 고등어, 전갱이, 삼치, 멸치 등의 등푸른 생선에는 칼륨이 풍부하게 들어 있어 염분을 줄여 주는 효과가 있다. 또 이들 생선의 단백질에는 나트륨을 체외로 배출시키는 작용이 있어 고혈압에도 좋다.

각종 성인병을 예방한다

아미노산의 일종인 타우린은 조개류에 많은 것으로 알려져 있는데 전갱이, 가다랭이와 같은 등푸른 생선에도 이 타우린이 많이 들어 있다. 따라서 이들 생선은 혈중 콜레스테롤 수치를 감소시키고 심장을 보호해 주며 간장의 해독 작용을 돕고 당뇨병을 예방해 주는 등의 성인병에 효과가 있다.

알아두자 생선의 맛을 살리려면

생선을 구울 때나 소금절임을 하는 등 생선요리를 하는 데 있어 소금은 없어서는 안 된다. 소금을 효과적으로 사용하면 생선요리는 놀라울 정도로 맛이 좋아지고 보기에도 깔끔하다.

소금에는 단백질을 응고시키는 작용이 있는데, 예를 들어 참치 같은 생선은 소금을 뿌려서 한 시간 정도 두면 맛이 아주 좋아진다. 이때 소금은 생선 무게의 5% 정도가 적당하다. 너무 적으면 단백질을 녹여서 오히려 역효과가 날 수 있기 때문이다. 소금을 뿌린 후에 생선표면이 진득거리는 것 같으면 소금의 양이 부족하다는 증거다.

또한 생선을 구울 때 꼬리와 같이 타기 쉬운 곳에 소금을 많이 뿌려 주면 타지 않고 모양이 좋게 구워진다. 생선 몸통에는 조리하기 1시간 전쯤에 뿌리는 것이 좋으며 꼬리에는 굽기 바로 전에 소금을 뿌리는 것이 좋다.

흰살 생선

노화방지·시력강화 각종 염증에 효과

붉은살 생선과는 달리 생선살이 흰색을 띠고 있으며 껍질이 비늘로 덮여 있거나 두꺼운 것이 특징이다. 지방 함량은 5% 이하로 적어 맛이 담백할 뿐만 아니라 바다 깊이 살면서 운동을 별로 하지 않아 살이 비교적 연한 편이다. 그래서 소화기가 약한 노인이나 어린이의 영양식으로 흰살 생선이 권장된다.

대표적인 흰살 생선으로는 대구, 명태, 조기, 민어, 광어, 가자미, 도미, 복어, 농어, 갈치, 준치 등이 있고 민물고기로 잉어, 붕어, 은어 등이 있다.

시력을 강화한다

아귀의 간, 은어, 명란, 대구의 간에는 비타민 A가 풍부하게 들어 있어 시력을 보호해주고 저항력을 키워 주며 생식기능을 좋게 하는 효과가 있다. 특히 대구의 간에는 많은 양의 비타민 A와 D가 들어 있어 간유 제조에 쓰인다.

각기를 예방한다

가자미, 도미, 명란에는 비타민 B_1이 풍부해 각종 뇌질환을 예방해 줄 뿐 아니라 각기병, 멀미, 현기증 등을 방지하는 효과가 있다.

각종 염증에 효과가 있다

가자미, 도미, 농어, 잉어 등에는 비타민 B_2가 풍부하여 설염이나 구내염, 질염 등 각종 염증을 예방·치료해주며 성장 발육을 도와준다. 농어와 잉어의 껍질에는 특히 많은 양의 비타민 B_2가 존재하므로 신경을 써서 섭취하도록 한다.

노화를 방지한다

아귀의 간, 명란 등에는 비타민 E가 풍부한데 이 비타민의 작용으로 노화 방지는 물론 갱년기 장애를 개선할 수 있다. 그 밖에 생식기능을 정상적으로 유지해 준다.

피부를 튼튼하게 한다

명란에는 피부 비타민의 일종인 나이아신이 많이 들어 있다. 따라서 나이아신이 풍부한 명란을 많이 먹으면 피부 저항력이 생겨 펠라그라와 같은 피부병에 걸리지 않게 된다. 또 온몸이 나른해지고 식욕이 없으며 잠을 잘 이루지 못하는 증세에도 명란이 효과가 있다.

콜레스테롤 수치를 떨어뜨린다

조개류나 오징어류 다음으로 도미, 대구와 같은 흰살 생선에도 아미노산의 일종인 타우린이 풍부하게 들어 있다. 이 같은 타우린 성분 때문에 고혈압, 부정맥, 심장병, 당뇨병 등의 각종 성인병에 효과를 발휘한다.

그 밖에도 간장의 해독 작용을 도와 알코올 장애를 개선하고 빈혈을 예방하는 효과도 있다.

정보

통조림의 효율적인 이용 시기

생선은 싱싱할수록 맛이 있다. 그러므로 가능한 살아 있는 상태에서 먹는 것이 그 맛과 영양이 뛰어나다고 할 수 있다.

통조림의 원료도 싱싱한 생선을 써야 제 맛이 나는 것은 당연한 이치. 그러나 통조림이라는 가공의 과정을 거친 생선에 맛이 제대로 배어들어 맛있게 먹을 수 있는 시기는 그 가공방법에 따라 좀 다르다.

물로 익힌 생선은 3개월까지, 참치나 꽁치 등 기름에 담긴 것은 1년 정도까지가 제일 맛있다고 한다. 특히 주의해야 할 것은 오래된 것은 사지 않도록 조심하는 것이다.

그리고 통조림 제품은 오래 저장할 수 있다고 생각해서 한꺼번에 많이 사두는 경우가 흔한데 이럴 때 자칫 제조 연월일을 소홀히 하기 쉽다. 그러므로 필요한 만큼씩 사서 그때그때 이용하도록 한다. 반드시 꼼꼼히 체크를 하고 유통 기한이 지나지 않았더라도 1~2년씩 묵은 것은 가급적 피하는 것이 좋다.

또 깡통에 상처가 난 것이나 녹이 슨 것, 혹은 찌그러진 것도 피한다. 이러한 깡통들은 당장 녹이 슬어 있지 않다고는 하지만 장기간 보관하는 동안 용기 내부가 산화되어 녹이 슬 우려가 있기 때문이다. 또 통조림을 열어 사용한 후에 내용물이 남았을 때는 반드시 다른 용기에 옮겨서 보관하도록 한다. 일단 캔 내용물이 공기에 노출되면 녹이 나거나 하여 변질될 우려가 있다. 비금속류 용기에 옮겨 보관하고 2~3일 안에 다 먹도록 한다.

해조류

성인병 · 비만 예방에 효과

잎, 줄기, 뿌리의 구별이 확실치 않고 잎과 뿌리 부분으로 나누어지는 바다 속의 영양 식물. 잎의 색깔에 따라 갈조류, 녹조류, 홍조류 등으로 분류한다. 대표적인 것으로는 갈조류의 다시마 · 미역 · 톳과 녹조류의 파래, 홍조류의 김 · 우뭇가사리가 있다.

칼륨 · 요오드 · 칼슘 · 식물성 섬유 등 몸에 좋은 성분이 풍부해 젊어지는 식품, 미용에 좋은 식품, 성인병 및 비만을 방지하는 식품으로 현대에 각광받고 있다.

혈압을 떨어뜨린다

우리 몸은 염분을 많이 섭취하면 염분 중에 들어 있는 나트륨으로 인해 혈관이 수축되는데, 해조류에 함유된 칼륨이 혈압을 내리는 효과가 있다.

따라서 고혈압, 뇌경색, 뇌출혈, 심근경색, 신장 기능 저하 등 각종 성인병 증세에 효과가 있다.

골다공증을 예방한다

다시마, 미역, 김, 톳 등의 칼슘 함량은 분유와 맞먹을 정도이다. 칼슘은 뼈와 이의 형성에 필수적인 성분으로, 어린이의 성장발육을 돕고 갱년기 이후 여성의 골다공증, 골연화증을 예방해 준다.

갑상선 부종을 막고 머리카락을 부드럽게 한다

우리 몸에 요오드가 부족하면 갑상선 기능이 약해져서 몸의 저항력이 떨어지고 신진대사가 저하되며 기력이 없어지게 된다. 성장기에 요오드가 부족하면 갑상선이 부어오르고 지능 발달이 늦어지며 머리털이 빠지고 피부가 거칠어지는 등의 노화 현상이 일어난다.

해조류에는 갑상선 호르몬의 구성 성분인 요오드가 풍부해 갑상선을 보호해 주므로 갑상선 부종을 방지하고 머리카락을 아름답게 가꾸어 준다.

변비를 치료한다

해조류에는 알긴산이라는 식물성 섬유가 함유되어 있어 대변을 부드럽게 해 주므로 변비를 치료하는 효과가 있다. 이 알긴산은 또 암세포를 약화시켜 주는 물질로서도 주목받고 있다.

비만을 방지한다

해조류의 성분을 보면 단백질이 10%, 당질이 30~40% 정도이고 그 밖에 칼슘, 칼륨, 요오드 등의 무기질이 나머지를 차지한다. 특이한 점은 당질의 주성분이 식물성 섬유질이어서 칼로리가 전혀 없다는 것. 따라서 비만이 걱정되는 사람은 해조류를 많이 먹는 것이 다이어트에 도움이 된다.

알아두자 칼로리를 낮추는 조리 방법 8가지

1. 토막보다 통째로 조리한다

천천히 먹는 것이 다이어트에 좋은 식습관이다. 따라서 생선을 조리할 때도 먹기 좋은 크기로 하기보다는 통째로 조리하여 식사 속도를 늦추도록 한다.

2. 해조류를 곁들이로 활용한다

해조류는 저칼로리 식품으로 육류나 생선류 등을 조리할 때 조금씩 곁들이면 칼로리를 낮추면서 고른 영양소를 섭취할 수 있다.

3. 구이를 할 때는 석쇠를 이용한다

생선을 석쇠에 구우면 기름기가 밑으로 떨어지므로 이상적인 저칼로리 조리법이다. 프라이팬에 구울 때도 소량의 기름으로도 달라붙지 않는 수지 가공된 프라이팬을 사용하면 효과적이다.

4. 튀김보다는 구이를, 구이보다는 찜을 한다

튀김보다는 구이를 구이보다는 찜을 하여 영양 손실을 줄이면서 칼로리도 최대한 제한하도록 한다.

5. 신선도가 높은 것은 날로 먹는다

신선한 생선은 회로 먹는 것이 바람직하다. 소량의 양념도 칼로리를 더하고 식욕을 자극한다.

6. 무침에는 김, 미역 등 해조류를 이용한다

무침요리는 칼로리가 낮은 김, 미역 같은 해조류를 이용한다. 단 무칠 때는 설탕이나 기름의 양을 최대한 줄인다.

7. 간은 싱겁고 담백하게 한다

싱겁고 담백하게 간하는 레몬이나 식초 등을 이용하면 맛을 살릴 수 있다.

8. 붉은살 생선보다는 흰살 생선을 사용한다

붉은살 생선은 흰살 생선보다 많은 지방을 함유하고 있으므로 되도록이면 흰살 생선을 사용한다.

조개류

간 기능 강화, 심근경색 예방에 효과

석회질 성분으로 된 단단한 껍질 속에 연하고 단맛이 나는 속살로 이루어져 있다. 지방 함량이 5% 이하여서 담백한 맛이 나며 특유의 단맛이 있다. 조개류의 단맛은 당질의 일종인 글리코겐과 아미노산의 일종인 글리신 때문이다.

수산물 중에서도 단백가가 가장 높은 편으로, 바지락의 단백가는 완전식품이라 불리는 달걀과 마찬가지로 100이다. 더욱이 조개류는 소화 흡수가 잘되고 간장에 부담을 주지 않아 병을 앓고 난 뒤 회복기 환자나 어린이, 노인의 영양식으로 권할 만하다.

대표적인 조개류로는 모시조개, 대합, 소라, 전복, 바지락, 굴 등이 있다.

각기를 예방한다

에너지 대사에 관계하여 성장을 촉진시키는 것으로 알려진 것이 비타민 B_1이다. 따라서 우리 몸에 비타민 B_1이 부족하면 성장에 문제가 생기는 것은 물론 각기나 뇌빈혈, 현기증 등의 증세가 나타나고 기억력이 감퇴되기도 한다.

전복에는 특히 비타민 B_1이 풍부하므로 이 같은 비타민 B_1 부족 증세를 예방할 수 있다.

간 기능을 강화한다

굴이나 소라, 바지락에는 비타민 B_{12}가 많이 들어 있는데 이것이 간 기능을 강화시켜 간장 질환을 예방하고 신경 질환이나 악성 빈혈을 낫게 하는 효과가 있다.

따라서 바지락국을 먹고 술을 마시면 술이 덜 취하게 된다.

비타민 B_{12}는 특히 살보다는 내장기관에 더 많이 함유되어 있으므로 조개류를 먹을 때 내장도 함께 먹는 것이 좋다.

굴이나 전복에는 또 강장 · 강정 작용이 있어 스태미나 효과가 뛰어날 뿐만 아니라 소화흡수가 잘되므로 위장에 부담을 주지 않는다.

콜레스테롤을 감소시킨다

조개류 자체에는 콜레스테롤이 많지만 혈액 속의 콜레스테롤 수치를 떨어뜨리는 타우린이 어느 것보다 풍부하게 들어 있어 조개류를 많이 먹으면 동맥경화, 심근경색, 고혈압 등을 예방할 수 있다. 타우린은 또 시력 보호 효과 외에 망막형성에도 큰 영향을 미치므로 유아들에게도 좋다.

미각장애에 효과를 나타낸다

미량의 아연은 우리 몸에 꼭 필요한 무기질인데, 이것이 부족하면 음식 맛을 느낄 수 없을 뿐만 아니라 성장장애나 피부장애, 전립선 비대 등의 부작용이 나타나며 심한 경우에는 정자의 기형화로 불임이 되기도 한다. 그러므로 아연이 풍부한 조개류를 충분히 먹어 부족되기 쉬운 아연을 섭취하도록 한다.

알아두자 다이어트를 위해 어떻게 먹어야 할까?

칼로리를 줄인다

살을 빼기 위해서는 '무엇을, 어떻게 먹어야 하나'가 중요하다. 무조건 식사량을 줄이거나 단식을 하다 보면 공복감을 이기지 못하여 갑자기 과식을 하거나 칼로리가 높은 군것질을 해서 오히려 살이 찌는 결과를 초래하기 때문이다.

그러므로 식사는 평소대로 하되 같은 양이라도 칼로리가 낮은 식품을 이용하고, 같은 식품이라도 칼로리가 낮은 조리법을 선택하는 것이 지속적인 다이어트를 할 수 있는 비결이다. 이처럼 칼로리를 낮추는 식사를 하다 보면 크게 노력하지 않아도 자연스럽게 살이 빠지는 효과를 볼 수 있다.

저지방, 고단백 식품이 다이어트식으로 제격

비만과 체중 과다는 음식을 통해 들어온 영양소의 칼로리가 완전히 소비되지 않고 몸속에 남아 체지방으로 축적됨으로써 몸무게가 정상 수준을 초과한 경우를 말한다. 따라서 다이어트는 칼로리를 줄이는 식사를 하면서 몸속에 쓸데없이 축적된 체지방을 소모해야 효과를 볼 수 있다. 그러므로 성공적으로 살을 빼려면 영양가는 높고 칼로리가 낮은 식품을 선택하여 몸속에 지방이 필요 없이 쌓이는 것을 방지하도록 해야 한다.

새우와 오징어류

골다공증·심장병·당뇨병 예방에 효과

새우류

조개류와 마찬가지로 식품 자체에 콜레스테롤은 많지만 혈중 콜레스테롤 수치를 떨어뜨리는 타우린이 풍부하게 들어 있으므로 오히려 고혈압을 비롯한 각종 성인병에 효과를 발휘한다.

골다공증을 예방한다

우리 몸에 칼슘이 부족하면 뼈에 골량이 적어져서 물렁물렁해지거나 심하면 구멍이 생기게 된다. 그래서 조그마한 자극이 있거나 살짝 넘어져도 골절이 되기가 쉽다. 칼슘은 이러한 골다공증이나 골연화증을 예방해 주는 작용을 하는데, 새우에는 그 어느 것보다 많은 칼슘이 들어 있다. 특히 마른새우에는 100g당 칼슘이 2,300mg이나 들어 있어 멸치보다도 훌륭한 칼슘 보급원이다.

남성보다는 여성, 젊은 사람보다는 노인들에게 골다공증이 많이 나타나므로 신경을 써서 새우 같은 칼슘 식품을 섭취한다.

간장병을 예방한다

함유황 아미노산인 타우린은 인체 내 여러 부위에 걸쳐 매우 중요한 작용을 하는 영양소다. 특히 게나 새우에 많이 들어 있는 타우린은 간에 커다란 영양을 주어 간장의 해독 작용을 돕고 알코올로 인한 장애를 개선하는 효과가 있다. 이 밖에도 혈압을 조절하고 심장병, 당뇨병 등 각종 성인병을 예방해 주기도 한다.

미각장애를 개선시킨다

우리 몸에 필요한 무기질의 일종인 아연은 인체에 미량 존재하면서 인체 대사에 필

요한 각종 효소 작용을 지탱시켜 주는 역할을 한다. 따라서 우리 몸에 아연이 부족해지면 인체 대사에 이상이 생겨 미각장애가 일어날 뿐만 아니라 심장에도 영향을 미치게 된다.

게와 새우에는 아연이 100g당 각각 11.3mg, 1.5mg 정도씩 함유되어 있어 이것들을 충분히 먹으면 아연 부족으로 인한 미각 장애는 걱정할 필요가 없다.

오징어와 문어류

오징어의 먹물은 멜라닌 색소 때문인데 여기에는 아미노산이 다량으로 들어 있다. 또한 혈중 콜레스테롤을 낮추는 타우린의 효용이 밝혀지면서 새로운 건강식품으로 각광 받고 있다.

오징어와 문어는 특히 단백질이 풍부한데 말린 것은 쇠고기에 비해 3배나 많은 양의 단백질이 함유되어 있다. 하지만 오징어의 단백질은 인산의 함량이 많은 산성 식품이어서 소화가 잘 안 되므로 위궤양, 위산과다 증세가 있는 사람은 삼가는 것이 좋다.

콜레스테롤을 감소시키고 심장을 보호한다

오징어, 문어 등의 연체류에는 콜레스테롤이 많이 들어 있는 반면 혈액 속의 콜레스테롤을 분해시켜 버리는 작용을 하는 타우린이 많이 들어 있어서 혈압을 정상치로 조절해 주는 효과가 있다. 아울러 심장을 보호해 주고 부정맥을 개선하며 간장을 보호해 주기도 한다.

시력을 보호한다

오징어와 문어에 풍부한 타우린 성분은 시력에도 도움을 준다. 따라서 시력이 떨어지는 청소년들에게 문어 끓인 국물을 차처럼 마시게 하면 시력 회복 효과가 두드러진다. 타우린은 또 유아기 망막 형성에도 필수 불가결한 요소이므로 이가 나기 시작하는 아기에게 마른 오징어를 씹게 하면 이중의 효과를 볼 수 있다.

빈혈에 효과가 있다

생선에는 일반적으로 비타민 B_{12}가 많이 들어 있는데 그 중에서도 특히 조개류와 오징어류에 많은 편이다. 비타민 B_{12}는 빈혈 외에도 뇌의 각종 질환이나 치매 등의 예방 효과도 크다. 이 밖에 성장을 촉진하고 간장 질환을 예방하는 데도 효과를 발휘한다.

피부 저항력을 길러 준다

나이아신이 부족하면 피부가 거칠어지고 검게 변하며 온몸이 무기력한 상태가 되기 쉽다. 나이아신은 가다랭이, 고등어, 정어리 등 등푸른 생선에 특히 많이 들어 있는데 오징어에도 이들에 버금가는 양이 들어 있다. 따라서 온몸이 나른해진다거나 피부가 거칠어질 때는 오징어를 충분히 먹으면 좋다.

이런 증세에는 이런 생선을 먹는다

▶▶▶ 고혈압 ◀◀◀

가리비	자양 · 강장에 좋을 뿐만 아니라 세포에 윤기를 주어 노화를 방지하고 혈압을 떨어뜨리는 작용을 하여 고혈압에 효과가 있다.
다시마	성인병 예방식으로 잘 알려진 다시마와 미역 속에는 아미노산의 일종인 라미닌이라는 성분이 들어 있는데, 이것이 혈압을 내려주는 작용을 하는 것으로 최근 밝혀진 바 있다.
참치	지방이 적고 비타민과 무기질이 풍부하며 또 콜레스테롤을 감소시키고 뇌혈전증을 예방하는 EPA가 많이 함유되어 있어 고혈압, 동맥경화증 예방에 효과적이다.
굴	굴의 단백질 속에 들어 있는 타우린 성분은 고혈압이나 저혈압 모두를 정상치로 조절할 뿐만 아니라 혈전을 예방하고 가슴이 뛰는 증세를 가라앉힌다.
게	고단백 · 저지방이 풍부하고 타우린 성분도 함유되어 있어 고혈압에 권할 만한 식품이다.
미역	미역 속에도 혈압을 내리는 작용을 하는 라미닌 성분이 들어 있다.

▶▶▶ 냉증 ◀◀◀

도미	몸을 따뜻하게 하고 기력을 충실하게 하며 조혈 작용을 하기 때문에 냉증이 있거나 저혈압인 사람에게 좋은 생선이다.
새우	몸을 따뜻하게 하고 냉증과 저혈압을 개선시키는 작용을 하며 특히 산후나 월경 후에 먹으면 좋다.

▶▶▶ 스태미나 ◀◀◀

대구	대구는 맛이 담백하고 영양이 풍부하여 몸이 허약한 사람의 보신제로 좋으며 겨울이 제철이다.
미꾸라지	뱀장어 못지않게 영양가가 높다. 내장을 따뜻하게 하고 피의 흐름을 좋게 하므로 강장 · 강정에 뛰어나다. 여름철 스태미나식으로 안성맞춤이다.
낙지	단백질과 필수아미노산의 함량이 높아 스태미나식으로 쳐준다. 특히 낙지나 문어 같은 연체류에 많이 들어 있는 타우린 성분은 정력도 높여 주는 역할을 한다.
잉어	3천년 전부터 식용으로 이용되어 온 스태미나 식품으로, 약효는 생선 중 으뜸으로 친다.
장어	질이 좋은 불포화지방산으로 구성되어 있어 모세혈관을 튼튼하게 해주며 우리 몸에 활력을 불어넣어 주는 효과가 있다. 뱀장어는 체력을 길러주고 여름을 타는 것을 막아주는 스태미나식으로 유명하다.
새우	새우는 살뿐만 아니라 껍질이나 알에도 뛰어난 효능이 있다. 하체가 차거나 노곤하고 힘이 없을 때, 정력 감퇴에 효과적이다.
바지락	간은 스태미나와 직결된 신체 부위로서 바지락은 간 기능 활성화에 효과적이다. 스태미나식으로도 좋다.
해삼	예부로터 정력 강장제뿐만 아니라 체력을 왕성하게 하는 것으로 알려진 해삼은 한방에서 신장을 튼튼하게 하고 양기를 돋우는 식품으로 쓰인다. '바다의 인삼'으로 불리는 해삼은 신체의 여러 가지 생리 작용을 도우므로 체력이 떨어진 임산부나 성장기 어린이에게도 좋다.

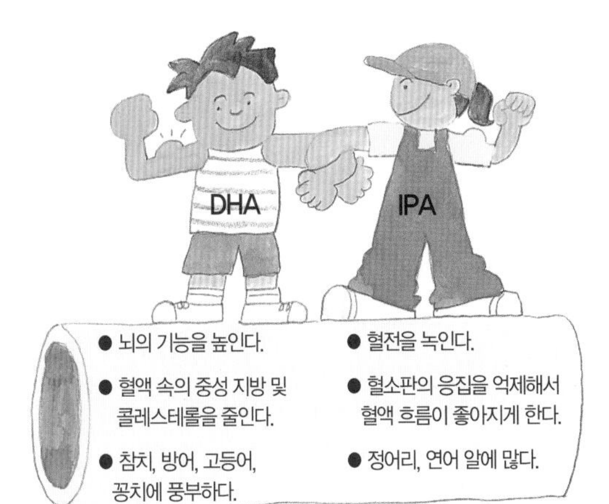

성인병을 비롯한 각종 질병이 문제가 되고 있는 요즘, 고단백, 저칼로리이면서 비타민과 무기질이 다량 함유된 생선이 크게 주목받고 있다. 고혈압, 동맥경화, 비만, 스태미나 증진 등 각종 증세에 뛰어난 효과를 발휘하는 것이 생선이기 때문이다.

어떤 증세에 어떤 생선이 효과가 있는지 알아보고 자신에게 맞는 생선을 선택해서 섭취하도록 한다.

동맥경화

정어리	등푸른생선에 속하는 정어리는 붉은살 속에 지방이 가득 들어 있는데, 대부분이 불포화지방산이다. 그 중 EPA 성분은 동맥경화와 뇌혈전증 예방에 효과적이다.
참치	양질의 단백질과 뇌혈전을 예방하는 EPA 성분이 많을 뿐 아니라 동맥경화를 예방하고 노화를 늦추는 산화 방지 작용의 세렌이라는 무기질도 함유하고 있다.
꽁치	꽁치의 지방질에는 콜레스테롤 수치를 떨어뜨리고 뇌혈전을 예방하는 EPA 성분이 풍부하다.
게	저지방이고 타우린 성분이 들어 있어 혈중 콜레스테롤 수치를 떨어뜨리는 작용을 한다.
김	비타민 A · B_1 · B_2 · C · D뿐만 아니라 무기질이 풍부하며 동맥경화를 예방하는 성분이 들어 있다. 주의할 것은 김을 구울 때 소금을 뿌리지 않고 굽는 것이 좋다.
붕어	지방이 적은 편이지만 동맥경화와 고혈압 등의 혈관 질환을 앓는 사람에게 좋다.

당뇨

멍게	수산물 가운데서 희귀하게도 인체에 필수불가결한 금속인 미량의 바나듐 성분이 들어 있는데, 이 바나듐이 신진대사를 원활하게 하고 당뇨병을 개선하는 효과가 있는 것으로 알려졌다.
넙치	넙치는 광어라고도 하는데 단백질이 우수하고 지방 함량이 적어 당뇨 환자의 병후 회복에 좋다.
참치	당질과 지방이 적기 때문에 당뇨병 환자의 영양식으로 좋다.

체력저하

가자미	기력을 보충해 주는 효과가 있어 오랜 근심으로 체력이 약해진 사람, 말라서 피로해지기 쉬운 체질의 사람이 꾸준히 먹으면 체력이 좋아진다.
문어	기력회복이나 피로회복에 좋다. 단 소화가 잘 되지 않으므로 위가 약한 사람은 피한다.
꽁치	꽁치는 가을에 특히 지방 함량이 높아지며 영양도 풍부해진다. 또 단백질 함량이 높으며, 그 질이 아주 우수하기 때문에 가을의 스태미나 식품으로 쳐준다.
상어	상어고기는 우리 몸의 각 장기를 두루 튼튼하게 해주는 식품으로 알려졌다. 꾸준히 먹으면 체질 강화에 도움이 된다.
전복	몸이 허약할 때 전복죽을 끓여 먹으면 기운이 나며 자양 · 강장에도 뛰어나다.
조기	예로부터 고급생선으로 쳐온 조기는 '힘이 나게 해 준다'는 뜻에서 이름 붙여졌다. 특히 소화가 잘되어 어린이나 노인의 보양 식품으로 좋다.
농어	농어는 신체 각 기관을 튼튼하게 해주는 식품으로 특히 근육과 골격을 건강하게 해준다. 몸이 허약하거나 성장기의 어린이에게 좋다.

부종

잉어	이뇨작용이 뛰어나 습관적으로 몸이 붓는 경우나 산후 부기에 좋다.
붕어	신장이 나쁘면 몸이 붓게 되는데 이때 이뇨 작용이 있는 붕어가 효과 있다.
모시조개	신장 · 간의 신진대사를 활발하게 하여 이뇨작용을 돕는다.

간장병

가다랭이	등푸른생선으로 비타민 $B_2 \cdot B_{12}$가 많이 들어 있다. 비타민B_2는 세포의 재생을 도와주고 비타민 B_{12}는 간 기능 강화에 없어서는 안 될 성분이다.
게	고단백질에다 지방의 함량이 적기 때문에 간장병이나 고혈압 환자에게 권장할 수 있는 식품이다. 산성식품이기 때문에 알칼리성 식품과 어울려 먹는 것이 효과적이다.
고등어	고등어에 들어 있는 비타민 B_2는 피를 보충하고 혈액순환을 좋게 하며 피부를 아름답게 하는 데에 효과적이다. 간장병뿐만 아니라 심장병, 동맥경화, 혈전증 예방 치료에 좋다.
꽁치	신체 각 기관의 상피세포를 튼튼하게 해주는 비타민 A와 또 간 기능 강화에 필요한 비타민 B_{12}도 많이 들어 있다.
바지락	예로부터 간장병에는 바지락이 좋은 것으로 알려져 왔다. 이것은 필수아미노산의 일종인 오치아민, 타우린이 담즙의 배설을 촉진하여 간장의 해독작용을 돕기 때문이며, 바지락에 들어 있는 비타민 B_{12}도 간장의 기능을 활발하게 해 준다. 그밖에 고단백, 저지방 식품이라는 점도 간장병에 매우 좋은 작용을 한다.
굴	'바다의 우유', '미네랄의 보고'로 알려진 굴에는 비타민 $A \cdot B_1 \cdot B_2 \cdot B_{12}$ 외에도 각종 무기질이 포함되어 있어 간장병이나 빈혈 후의 체력 회복에 좋은 식품이다. 또 굴의 필수아미노산은 체내의 독소를 배출하고 담즙의 분비를 촉진하기 때문에 간장의 작용을 활발하게 한다.
넙치(광어)	고단백질이 풍부할 뿐만 아니라 넙치의 간에는 비타민 B_{12}가 매우 풍부하고 넙치의 머리 · 눈 부위는 비타민 A가 풍부해 간장병에 효과적이다.
전복	자양 · 강장에 효과가 높은 전복은 간의 피로나 간경화증, 간염에 걸린 사람 혹은 회복기 환자에게도 효과적이다.
새우	강정 효과가 뛰어난 고단백 식품으로 혈액순환을 좋게 하고 기력을 돋우므로 신장이나 간장의 피로회복에 좋다.
낙지	고단백질인데다가 타우린 성분도 풍부해 간의 작용을 돕고 신진대사를 왕성하게 해준다. 콜레스테롤 함량이 높으므로 참기름을 쳐서 먹는 것이 매우 합리적이다.
대합	간장 질환의 간 기능 회복에 효과 있는 글리코겐 성분과 히스티딘 · 라이신 성분이 많이 들어있다.

결석증

조기	조기 중에는 머리 속에 돌 같은 뼈가 들어 있는 것이 있는데 이를 '석수어'라고 한다. 이것을 가루 내어 먹으면 결석 배출에 효과가 있다.
바지락	바지락 끓인 국물을 꾸준히 마시면 결석을 녹여 체외로 배출하게 된다.

골다공증

도루묵	작은 생선이어서 찜을 하거나 기름에 통째로 튀기면 뼈째 먹을 수 있어서 칼슘 섭취에 효과적이다.
멸치	칼슘 외에도 인, 회분, 철분 등 각종 무기질이 풍부하게 들어 있고 단백질과 지방질, 비타민 B_2, 나이아신 등도 많이 들어 있어 우리 몸의 골격을 튼튼하게 하는 데에 매우 좋은 식품이다.
마른새우	100g 중 칼슘의 양은 멸치보다 조금 더 많을 정도이며 칼슘, 인, 요오드, 철분 등 각종 무기질과 비타민도 풍부하다.
정어리	머리부터 꼬리까지 통째로 먹기 때문에 칼슘 섭취가 용이하다. 특히 칼슘은 생선 중에서 멸치 다음으로 많고 비타민 D도 풍부하기 때문에 칼슘 흡수가 훨씬 잘된다.

빈혈

소라	소라에는 이시노톨이라는 비타민 B 복합체와 비타민 B_{12}가 들어 있어 빈혈 증세 완화에 도움이 된다.
청어	특히 청어의 간에 비타민 B_{12}가 많이 들어 있어 빈혈 증세가 있는 사람에게 좋다. 비타민 B_{12}는 대개 생선의 간에 많이 들어 있다.
굴	비타민과 각종 무기질이 풍부해 병후 회복이나 성장기의 어린이, 빈혈에 아주 좋다. 또 소화 흡수가 잘 되며 맛도 좋다.
꽁치	꽁치의 붉은살에는 비타민 B_{12}가 많이 들어 있는데, 이 성분은 빈혈을 개선시키는 역할을 한다. 또 철분도 다량 함유하고 있다.
붕어	단백질, 철분 함량이 높아 빈혈에 좋다.
오징어	우수한 단백질이 풍부하게 들어 있고 피를 보충하는 작용이 있어 특히 여성의 빈혈, 무월경, 폐경기에 동반되는 갱년기 장애에 효과가 있다.

비만

도미	도미를 줄여서 부를 때는 돔이라고 하며 참돔, 감성돔, 흑돔 등 그 종류가 많다. 도미는 단백질이 많고 지방질이 적다.
미역	비만 · 미용에 해가 되는 변비를 풀어주는 알긴산 성분이 있으며, 요오드 성분은 산후 비만을 내려준다. 또 칼로리가 거의 없기 때문에 다이어트 식품으로도 그만이다.
해파리	칼로리가 매우 낮으며 지방도 거의 없다.
참치	지방이 적고 비타민, 무기질이 풍부해 다이어트식으로 좋다.
가자미	단백질이 풍부하고 지방질이 적어 맛이 담백하므로 다이어트를 하는 사람에게 인기가 있다.
문어	지방질, 당질이 적은 저칼로리 식품인데다 소화에 시간이 걸리므로 다이어트 중인 사람이나 당뇨병 등으로 식사 제한을 하는 사람에게 적당하다.

10

한약재 · 건강식품 싸게 사는 곳

건강식품과 약재가 실생활에 많이 이용되는 요즘, 좀 더 실속 있는 구매를 위해선 어디서 어떻게 사야 더 싸고 안전한지 알아 두면 도움이 된다. 경동약령시장이나 농협직판장, 강화 인삼 센터 등 도매 및 전문 시장을 이용해도 좋지만 가족과 함께 나들이 코스로 나서서 풍물과 쇼핑을 함께 즐길 수 있는 전통 5일장 장터를 이용해 봐도 좋겠다. 이 외에 무공해 건강식품을 전문적으로 판매하는 곳을 이용하는 것도 건강 생활에 좋은 정보가 될 것이다. 주말농장이나 집에서 무공해 야채를 직접 길러 먹는 것도 건강한 생활을 위한 지혜다.

건강 되찾는 약재 & 약이 되는 식품

어디서 사는 것이 안전할까?

요즘은 한방요법이나 민간요법에 대해 인식이 달라졌다. 그러나 막상 가정에서 병을 예방 • 치료하는 식생활을 시도해 보려 해도 약효 성분이 있는 식품이 무엇인지, 그 식품들은 어디서 사서 어떤 방법으로 이용해야 하는지 몰라 생각만으로 그치는 경우가 많다. 한약재 구입 요령과 살 수 있는 곳, 한약재 가격을 상세히 소개한다.

서울 약령시장

가격이 싸다

한약재뿐 아니라 약효가 있는 건강식품들을 아주 싸게 구입할 수 있는 곳이 서울 약령시장이다. 전국 각 지방의 산지에서 중간 유통 과정 없이 이곳으로 직접 공급되기 때문에 가격이 시중에 비해 20~30% 정도 싼 편이다.

수입산이 많다

우리나라에서 생산되지 않는 것과 생산되더라도 가격이 비싼 것들은 수입산으로 대체되고 있는 실정이다. 수입산은 주로 중국, 홍콩, 인도네시아, 태국, 베트남 등의 약재들이다. 품목에 따라 수입산이 차지하는 비중이 달라지는데, 우리나라에서 생산되지 않아 수입품에 의존하는 것으로는 공사인, 곽향, 백두구 등이고 우리나라에서 생산되지만 생산가가 높아 수입산으로 대체하여 거래하고 있는 것은 살구 씨, 감초, 계피 등이다. 순수한 토산품으로만 판매하는 것은 오미자, 구기자, 황기 등을 들 수 있다.

수입산보다는 토산품이 값은 높아도 효능이 뛰어나고 감칠맛이 있다는 것을 명심하도록. 토산품과 수입산을 구별하는 방법은 중국산의 경우 크고 색깔이 짙은 반면, 토산품은 작지만 실하고 색깔이 비교적 선명하다. 웬만해서는 가려내기가 어려우므로 단골가게를 정해 놓고 사는 것이 좋다.

▲ 서울 약령시장은 2002년 5월부터 '경동약령시장'을 '서울 약령시장'으로 이름을 바꾸어 각종 한약을 도 • 소매 판매하는 명물시장으로 알려져 있다.

소매상과 도매상이 공존해 있다

시장에 처음 들어서면, 겉으로는 똑같은 약재상이지만 각기 다른 명칭을 하고 있다. 그 명칭에 따라, 소매상과 도매상을 구별할 수 있다.

대개 '물산', '상회', '약업사'로 표시된 곳은 조제권이 없는 단순 건재 도매상이고, '한약방', '한약국'이라는 명칭의 상점은 한약재 판매와 함께 소비자가 한의사의 처방을 받아오면 조제도 할 수 있는 곳으로, 대부분이 소매상이다. 소매상은 주로 약전거리의 앞쪽에 몰려 있고, 도매상은 뒤쪽에 많다. 소매상에서는 반 근(300g)부터, 그리고 도매상에서는 100근 정도부터 판매하고 있다. 소량을 구입할 때는 소매상 이용이 더 편리하다. 소매상과 도매상 약재의 질적 차이는 없으며, 가격 차이가 다소 있는데 소매상이 10~20% 정도 더 비싸다.

전문가의 조언을 받아 구입한다

포장하지 않고 말린 약재를 썰어 큰 통 속에 담아 놓고 판매하므로 소비자가 약재의 질을 직접 체크할 수 있어 마음에 드는 것을 골라 살 수 있다.

분말로 사용하고 싶을 때는 건조된 상태에서 질이 좋은 약재를 구입하여 제분소에서 갈아 사용하면 된다.

약재를 구입 • 사용할 때는 전문가의 조언을 받아 독성이 있는지 없는지, 체질에 맞는지 안 맞는지, 분량은 어느 정도를 사용해야 하는지 반드시 처방을 받도록 한다.

서울 약령시장에 가려면

위치 〉〉 행정구역은 서울시 동대문구 제기 2동. 동대문에서 청량리 방향 도로를 사이에 두고 경동시장의 과일, 채소상가와 한약상가가 마주보고 있다. 청량리역이 가까워 각 지방에서 모일 수 있는 지리적 요충지이다. 모두 5개의 입구가 있는데, 입구에 '서울 약령시'라고 쓴 대형 간판이 보이고 그 안에 수많은 한약 상점이 들어서 있다.

국산 한약재 가격 동향표 (500g 기준)

품목	가격	품목	가격
결명자(국산)	5,000	백복령(국산)	27,000
애엽(국산)	7,000	작약	15,000
갈근(칡·국산)	6,000	백출(국산)	32,000
구기자(500g)	30,000	오미자(상품)	34,000
진피(귤껍질)	3,000	감초(상품)	20,000
당귀	22,000	산수유(신제품)	32,000
우슬(국산)	19,000	천궁(국산)	10,000
두충	9,000	산약(국산)	20,000
택사(국산)	13,000	목과(모과)	10,000
황기(1년근)	20,000	길경(도라지·국산)	17,000
목단피(국산)	30,000	숙지황(큰 것)	21,000
익모초(국산)	6,000	행인(살구씨)	6,000
의인(율무·국산)	9,000		

한약생약협회직영, 국산 한약재 상설매장 시세(02-967-4984)

제품에 문제가 있거나 교환을 원할 경우에는 서울 약령시협회에서 운영하는 소비자 고발센터(02-969-4793)를 이용하면 된다. 서울 약령시장의 정기 휴일은 첫째, 셋째 일요일.

교통편 〉〉 지하철 1호선 제기역에서 내려 ②번 출구(제기동 구 결혼회관, 청량리 방향)로 나오면 시장 입구가 보인다. 버스 노선도 많이 연결되어 있는데, 시청 앞에서 청량리 방향으로 가는 버스를 이용하면 된다. 지방에서 올라오는 소비자들은 서울역에서 지하철 1호선을 타고 제기역에서 내리면 된다. 자가운전자는 동대문에서 청량리 방향으로 직진하다 보면 왼쪽에 서울 약령시를 알리는 큰 아치가 보인다. 주차를 할 경우 4번 아치 근처 유료 주차장을 이용하면 된다.

한약재 가격

시가에 따라 가격이 오르내리기도 하지만 대략적인 가격대는 왼쪽 아래표와 같다. 정확한 가격은 한약생약협회에 문의하면 알 수 있다. 아래 표에 있는 한약재의 가격은 한약생약협회에서 운영하는 국산 한약재 상설매장의 판매 시세이다.

농협하나로클럽

농산물의 생산에서 유통까지 확인

농협유통에서 주관하는 농협하나로클럽의 농산물은 생산이력제를 실시하고 있어 안심하고 구입할 수 있다. 농산물 생산이력제는 농산물이 어디에서 어떻게 재배되어 어떤 경로를 거쳐서 소비자에게까지 오게 되었는지를 확인할 수 있도록 농산물의 안전성을 확보하고, 농산물의 생산 과정을 추적할 수 있도록 하는 방식이다. 소비자들로 하여금 농산물에 대한 신뢰를 높이며 각 생산단계별 식품안전에 대한 책임성을 강화하는 식품 관리체계라고 할 수 있다. 구입한 상품의 라벨에 쓰인 농산물생산이력번호를 홈페이지내 생산이력제시스템에 입력하면 해당 농산물을 확인할 수 있다. 또한 친환경농산물은 인증마크가 부착되어 있어 안심하고 먹을 수 있다.

현재 하나로클럽은 양재점, 창동점, 전주점, 청주점 등 전국에 15곳이 있으며 매장의 상품을 인터넷으로 주문하면 집에서 배송을 받을 수 있어 장보기도 편하다.

우리나라 토산품만을 판매한다

농협에서 구입할 때는 토산품과 수입산을 구별하려고 애쓰지 않아도 된다. 간혹 가공식품 중에는 수입산이 있을 수 있으나 대부분 토산품이기 때문이다. 그러다 보니 종류가 제한되어 있다는 점이 단점이다. 대신 각 지방의 단위 농협에서 품질을 인정받은 특산품만 판매하고 있어 신뢰할 수 있다는 점이 장점이다. 한방 재료 취급 품목으로는 인삼, 결명자, 율무, 작약, 사철쑥(엑기스), 복분자, 감식초, 강황, 대추, 구기자, 칡, 당귀, 맥문동, 영지, 약모밀 등 다양하게 갖추고 있는데 이 외에도 각종 곡물류와 신선한 과일·야채류도 판매하고 있다. 시기에 따라 취급하지 않는 품목도 있으므로 방문 전 미리 확인해 보도록 한다.

포장되어 있어 설명서를 보고 살 수 있다

비닐 포장 상태로 밀봉하여 판매되고 있으며 이용 방법과 상품에 대한 안내문이 상세히 기록되어 있다. – 보관 기간, 보관 시 주의사항, 이용 방법, 식품의 학명, 원산지, 용도, 성분, 생산지, 생산원, 소비자 상담실 안내 등이 있다. 포장 속에는 습기를 방지하기 위한 방부제도 들어 있다. 1년간 유효하지만 열매 종류(구기자, 오미자 등)는 속까지 건조되지 않은 경우, 이물질이 생길 수 있으므로 냉장 보관이 안전하다. 또한 같은 약재라도 건조된 약재, 엑기스, 분말 등 다양한 형태로 상품화하여 필요에 따라 이용할 수 있도록 되어 있다.

좋은 약재를 고르려면

일반 소비자가 약용식품을 구입할 때, 질이 좋은 것을 고르기 위해서는 색깔과 크기를 주의해서 골라야 한다. 우선, 색깔은 선명해야 하는데, 색이 선명할수록 햇것이고, 잘 말려진 것, 둘레가 굵고 단단할수록 질이 좋은 것이다. 예를 들면 구기자의 경우, 붉은색이 선명하고 알이 굵고 단단한 것이 좋은 것이다. 오래 묵은 것은 대개 색이 짙은데, 오미자의 경우 검붉은색을 띠고 있다.

일반적으로 햇것, 잘 말려진 것을 사는 것이 좋은데, 예외로 진피 같은 것은 오래 묵은 것이 좋다. 인삼의 경우도 뿌리가 굵고 잘라 보아, 속이 깨끗하게 말라 있어야 잘 건조된 것이다. 만약 속이 검거나 깨끗하지 않으면 제대로 건조시키지 못했거나 전기 등을 이용해 건조시킨 것이다. 영지는 겉 표면에 포자(가루)가 많고 밑이 노란색인 것이 상품이다. 크기가 어른 손바닥 정도인 영지가 제때에 재배된 것이다.

● 국산 인삼과 중국 삼 식별 방법

구분	고려인삼	중국 삼
건삼(백삼)	• 검사품은 빨간색 포장에 담겨 300g 단위로 판매된다 (6년근은 깡통 포장. 무검사품은 사제 비닐봉지에 담아 판매하고 있으나 불법임). • 직삼, 곡삼, 반곡삼, 태극삼, 피부삼, 생건삼 등으로 구분이 명확하다. • 인삼의 머리 부분인 뇌두가 중국 삼보다 짧고 질긴 편이다.	• 겉을 덜 벗겨서 조금 거칠고 담황색을 띤다. • 탈색제를 사용한 경우가 많은데 이런 삼은 색깔이 하얗고 겉이 미끈하다. • 뇌두(머리)가 약하여 손으로 누르면 쉽게 부러지며 뇌두가 잘린 것이 많다. • 인삼 냄새가 거의 나지 않는다. • 사제 비닐봉지에 담아 판매한다.
수삼	• 인삼 공사에서 관리하지 않아 포장되지 않은 상태이다. • 건삼의 경우처럼 국산은 중국산보다 뇌두가 짧다.	• 일반인은 구분하기 힘들다. • 중국 삼의 유통은 거의 없다고 한다. • 약효가 국산보다 떨어진다.
홍삼	• 전 제품이 깡통으로 완전 밀폐 포장되어 판매 (깡통 포장이 아닌 것은 전부 중국 삼이거나 위조품임).	• 완전 밀착시켜 납작하다. (일명 '떡삼') • 정형 상태가 불량하고 다리가 거의 없다. • 인삼 냄새가 거의 나지 않는다. • 오동나무 상자나 비닐봉지에 담겨져 판매된다.

대구 약령시장

350년이 넘는 전통을 갖고 있는 대구 약령시장. 1년에 2번씩 서던 약령시장이 상설시장으로 발전하여 지금은 180여 개의 한약상들이 밀집되어 성업 중이다. 약전 골목 곳곳에는 한약재의 독특한 냄새가 배어 있으며, 일반 고객들뿐만 아니라 경남·북 한약 상인들이 단골로 이용하는 곳이기도 하다. 도매상인 약업사, 소매상인 한약방, 그리고 한의원들이 공존해 있는 이곳에서 거래되는 한약재는 감초, 칡, 당귀 등 주거래품만 300여 종. 우리나라에서 생산되는 약재들과 중국, 홍콩 등의 외국에서 수입한 감초, 계피 등 취급하는 약재들이 다양하고 가격이 저렴하다. 그리고 말린 약재를 썰어 큰 통 속에 넣고 판매하는 방법과 600g씩 포장해 판매하는 방식을 병행하고 있다.

최근에 생긴 '약령시 전시관' 1층에는 한약재 도매시장이 있는데 매달 1일, 6일, 11일, 16일 등 1, 6일자로 끝나는 날에 5일장이 선다. 이 도매시장에서는 국내에서 생산된 약초만 취급하며 수입산은 취급하지 않는다. **위치 〉〉** 대구시 중구 남성로 51-1번지

금산 인삼장

대전에서 40분 거리인 이곳은 현재 전국 최대의 인삼 거래장이다. 매달 2·7·12·17·22·27일 등 2, 7일에 5일장이 서는 인삼장, 수삼시장, 인삼종합쇼핑센터, 약초시장 등이 모여 인삼타운을 형성하고 있다. 모두 도매가격으로 판매하므로 아주 저렴한 가격에 구입할 수 있다. 금산 인삼장에서는 수삼의 경우 4, 5년근을 주로 다루며 6년근의 물량이 많지 않은 편이다.

강화 인삼센터

30년이 넘는 전통을 갖고 있는 강화 인삼센터. 약 80여 개의 인삼 전문 상점들이 질 좋은 제품을 구비하고 있으며, 포천이나 의정부, 파주, 김포, 화성 등지의 지역에서 인삼을 직접 재배하는 농부들이 모여 직판 형식의 도매가로 판매되고 있다.

강화 인삼센터에서는 수삼의 경우 주로 5~6년근을 취급하고 있으며 가게마다, 다루는 인삼의 질에 따라 가격 차이가 많이 나므로 충분히 비교한 후 구입한다.

또 시기에 따라서도 가격이 조금씩 달라지는데, 대개 인삼이 많이 출하되는 가을에 가격이 저렴해진다.

인삼 구입, 이것만은 알아 두자

첫째, 검사를 맡은 것이냐 아니냐에 따라 가격이 차이가 난다

인삼공사에서 나온 것은 항상 빨간 박스로 포장되어 검인 도장과 함께 봉인되어 있는 것인데 포장되지 않은 것은 인삼공사의 정품보다 싸게 판매된다. 포장되지 않은 것은 대개 중국산 인삼이거나 검사를 받지 않고 임의로 유통되는 것들이다. 중국산 인삼의 경우 국산보다 가격이 몇 천원에서 1만원 정도까지 싸지만 약효가 국산보다 떨어지는 것으로 알려졌다.

둘째, 인삼에는 수삼, 건삼(백삼), 홍삼이 있다

건삼의 경우 그 상태에 따라 직삼과 반곡삼, 곡삼, 생건삼(잡삼·부러지거나 상처난 것), 세미(잔뿌리)가 있는데 직삼일수록 가격을 높게 쳐준다. 약효는 별 차이가 없으나 휘어진 것이나 상처난 것은 상품성이 떨어지기 때문에 가격이 낮아진다. 또 비록 편수는 적다 할지라도 같은 무게에서는 굵은 뿌리가 값이 더 높다. 그리고 홍삼은 가공 과정이 많은 제품으로 인삼공사에서만 전적으로 판매하고 있기 때문에 가격 변동이 거의 없다.

셋째, 수삼과 건삼의 가격은 시기적으로 많은 차이가 난다

인삼이 많이 출하되는 가을철에 아무래도 가격이 떨어지기 마련이다. 또 같은 인삼 전문 판매 지역이라 하더라도 집집마다 시세가 적게는 1,2천원에서 많게는 1만원까지 차이가 나므로 여러 군데 물어본 후 구입하도록 한다. 인삼은 그 굵기가 가격 형성에 큰 작용을 하는데 그 다음 순으로 몇 년 근인지, 직삼인지 상처가 없는 완전한 인삼인지에 따라 가격 차이가 난다.

곁들여 알아둘 점은 건삼과 홍삼은 300g이 1채로 판매되며 수삼은 750g이 1채로 거래된다.

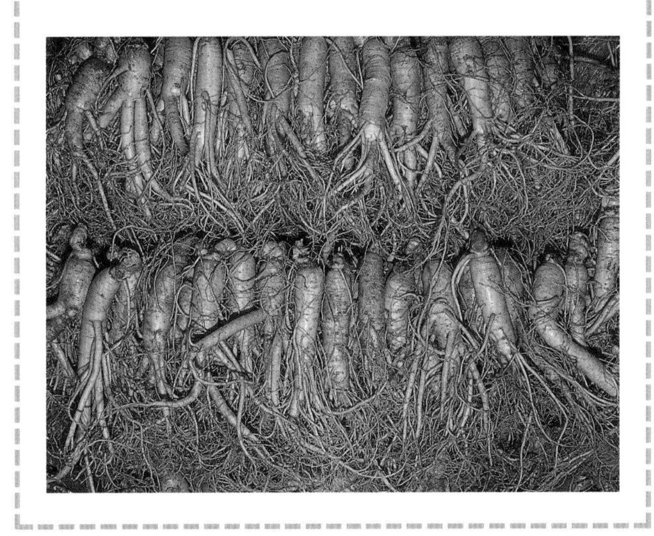

동의보감에 자주 쓰이는
약재 42가지

동의보감 처방에 자주 쓰이는 약재 중 건재 약국(주로 조제하지 않은 원료 그대로의 약재를 파는 곳)에서 쉽게 구입해 집에서 끓여 차처럼 마실 수 있는 약재들을 소개한다. 자신의 증세에 맞는 약재를 찾아 약재 4~20g 정도에 물 1컵 반 정도를 붓고 반으로 달여 마시면 된다.

갈근(칡뿌리)

● **약효** 발한, 해열 및 숙취 해독에 효과가 있으며 근육의 긴장을 완화시켜 준다.

● **용법** 말려서 썰어 놓은 것 6~12g 정도에 물 1컵 반을 붓고 반으로 끓여서 마신다.

감초

● **약효** 특유의 단맛이 있어 각종 처방에 첨가한다.

● **용법** 1회에 2~4g 정도씩 다른 재료와 함께 섞어서 사용한다.

결명자

● **약효** 시력을 보호하고 눈의 피로를 회복시켜 주며, 간장 기능을 강화한다.

● **용법** 하루 20g씩 물 1컵 반 정도를 붓고 끓여 수시로 차처럼 마신다.

계피

● **약효** 발한, 해열, 체온 조절 등의 효과가 있으며 관절염을 완화시켜 준다.

● **용법** 10~20g 정도를 물 1컵 반 정도를 붓고 반으로 달여 마신다.

구기자

● **약효** 강장, 보양 및 시력 감퇴, 신경쇠약에 효과적이며, 간장을 강화시켜 준다.

● **용법** 말린 열매를 20g씩 물 1컵 반 정도 붓고 반으로 달여 차처럼 마신다.

관동화

● **약효** 기침, 기관지, 천식 등에 효과적이다.

● **용법** 하루에 6~12g을 물 1컵 반 정도를 붓고 반으로 달여 차처럼 마신다.

당귀

● **약효** 어혈을 풀어 주고 피를 맑게 해 주며 저혈압, 협심증, 중풍 등에 효과 있다.

● **용법** 하루에 12g씩 물 1컵 반 정도를 붓고 반으로 달여 마신다.

두충

● **약효** 기력 및 정력 증강, 혈압 강하, 이뇨 효과가 있으며 태아를 보호해 준다.

● **용법** 잎이나 줄기 껍질 8~12g을 물 1컵 반 정도를 붓고 반으로 끓여서 마신다.

메밀(약모밀)

● **약효** 동맥경화 예방 및 자양, 강장 효과가 있다. 변비 완화제로 쓰이기도 한다.

● **용법** 가루로 빻은 것을 상태에 따라 1/2숟가락 정도씩 복용한다.

맥문동

● **약효** 폐결핵, 만성 기관지염, 당뇨병의 치료약. 신체가 허약할 때도 효과적이다.

● **용법** 말린 약재 6~12g을 물 1컵 반 정도를 붓고 반으로 달이거나 가루로 빻아 복용한다.

복령(백복령)

● **약효** 이뇨, 항균 작용 및 혈당치 강하 작용을 하며 위산의 분비 억제 작용이 있다.

● **용법** 하루 4~16g 정도를 물 1컵 반 정도를 붓고 반으로 달여 식후 3회 마신다.

복분자(산딸기)

● **약효** 어혈을 풀어 주어 생리통, 생리불순, 요통에 효과가 있다.

● **용법** 하루 3~12g을 물 1컵 반 정도를 붓고 달여 마신다.

백편두

● **약효** 설사 또는 더위 먹었을 때 효과적이다.

● **용법** 하루 4~12g 정도를 물 1컵 반 정도를 붓고 반으로 달여 마신다. 보통은 향유와 함께 처방한다.

사상자

● **약효** 발기 부전, 회음부 가려움증, 습진, 피부 가려움증에 효과가 있다.

● **용법** 1회에 말린 열매 2~4g을 물 1컵 정도 붓고 반으로 달여 마신다.

상엽(뽕나무잎)

● **약효** 혈압 및 혈당을 내려 주며 기침, 가래를 완화시켜 준다.

● **용법** 하루에 20g을 1컵 반 정도의 물을 붓고 달여 수시로 마신다.

산초

● **약효** 건위, 정장 작용이 있어 소화불량, 식체, 위하수, 구토, 이질, 설사 등에 효과적.

● **용법** 말린 약재를 1회에 1~2g씩 물 1컵을 붓고 달이거나 가루로 빻아 복용한다.

산약

● **약효** 피로회복 및 혈액 보충, 해열에 효과를 내며 요통, 설사를 치료하기도 한다.

● **용법** 1회에 3~6g씩 1컵의 물을 붓고 달이거나 가루로 빻아 복용한다.

소목

● **약효** 어혈을 풀어 주어 생리통, 생리불순, 요통에 효과가 있다.

● **용법** 하루 3~12g을 물 1컵 반 정도를 붓고 달여 마신다.

오미자

● **약효** 자양, 강장, 기침, 천식 억제 효과가 있으며, 피로회복을 돕는다.

● **용법** 말린 열매 20g 정도를 물 1컵 반 정도를 붓고 반으로 끓이거나 우려서 차처럼 마신다.

영지

● **약효** 만성 기관지염을 비롯한 호흡기 질환, 고혈압, 당뇨병 등 성인병에 효과적.

● **용법** 하루 5g 정도씩 물 1컵 반 정도를 붓고 반으로 달여서 차처럼 마신다.

오갈피

● **약효** 당뇨병, 관절염, 신경통, 동맥경화증, 저혈압에 효과적이다.

● **용법** 하루에 15g씩 물 1컵 반 정도를 붓고 반으로 달여 마신다.

익모초

● **약효** 생리불순, 생리통, 요통, 냉증, 대하증 등 여성의 병에 효과적이다.

● **용법** 생즙을 마시거나 말린 약재 20g을 물 2컵 반 정도를 붓고 반으로 달여 마신다.

원지

● **약효** 심장 기능을 좋게 하여 협심증, 가슴두근거림증에 효과적. 건망증에도 좋다.

● **용법** 하루에 4~10g 정도를 물 1컵 반 정도를 붓고 반으로 달여 마신다.

인진(사철쑥)

● **약효** 생리불순, 생리통, 수족 냉증 및 냉 · 대하에 효과. 산후 자궁 수축을 돕는다.

● **용법** 말린 쑥 20g을 물 1컵 반 정도를 붓고 반으로 달여 수시로 마신다.

으름덩굴

● **약효** 신경통, 관절염, 월경불순, 소변이 잘 안 나올 때 효과적이다.

● **용법** 줄기 12g을 물 1컵 반 정도를 붓고 반으로 달이거나 잎을 볶아 말려서 마신다.

인삼

● **약효** 원기 부족, 식욕 부진, 빈혈 등에 좋다.

● **용법** 말린 인삼 20g 정도를 물 1컵 반 정도를 붓고 반으로 달이거나 맥문동, 오미자와 함께 달인다.

질경(도라지)

● **약효** 기침, 가래, 기관지 천식에 효과를 내며, 가슴과 목의 통증을 완화시켜 준다.

● **용법** 1회에 말린 약재 4g 정도를 물로 달이거나 가루로 빻아 복용한다.

작약

● **약효** 근육을 풀어 주고 울혈을 제거하며 혈액순환을 좋게 한다. 설사에도 효과적.

● **용법** 하루 16g 정도를 물 1컵 반 정도를 붓고 반으로 달여 식간에 마신다.

지실(탱자)

● **약효** 위장 기능 강화, 자궁 수축, 두드러기 같은 피부병에 효과가 있다.

● **용법** 12g 정도를 물 1컵 반 정도를 붓고 반으로 달여서 증세에 따라 마시거나 바른다.

지황(숙지황)

● **약효** 당뇨병, 전립선 비대증, 백내장, 간장병, 고혈압 등에 효과를 발휘한다.

● **용법** 숙지황 10~20g 정도를 물 1컵 반을 붓고 반으로 달여 마시거나 생으로 조려서 먹는다.

진피(귤껍질)

● **약효** 신경성 소화 장애, 신경 안정, 감기, 기침에 효과가 있다.

● **용법** 말린 귤껍질 40g을 물 1컵 반 정도를 붓고 달여 차처럼 마신다.

차조기(자소엽)

● **약효** 감기 예방 및 진해, 거담, 해독 효과가 있다. 피부병과 신경증에도 좋다.

● **용법** 말린 잎 12~20g을 물 1컵 반 정도를 붓고 끓여 마신다. 피부병에는 목욕물에 사용한다.

천궁

● **약효** 두통, 빈혈성 어혈에 효과적이며 혈액순환 및 자궁 수축을 돕는다.

● **용법** 12~20g을 물 1컵 반 정도를 붓고 반으로 달여 식간에 마신다.

천남성

● **약효** 중풍, 반신불수, 안면신경 마비, 간질병, 파상풍 등에 효과가 있다.

● **용법** 하루에 4g씩 물 1컵 반 정도를 붓고 반으로 달여서 독성을 제거하여 마신다.

치자

● **약효** 두드러기, 여드름, 타박상, 구내염, 위장염, 두통 등에 효과가 있다.

● **용법** 하루에 6~12g 정도를 물 1컵 반 정도를 붓고 반으로 달여서 마시거나 바른다.

해바라기씨

● **약효** 고혈압, 동맥경화, 심장병 등 각종 성인병에 효과적이며 강정 효과가 있다.

● **용법** 껍질을 벗겨서 그냥 먹거나 강정을 만들어 먹기도 한다.

향부자

● **약효** 신경성 두통, 복통, 월경불순, 월경곤란증 등에 효능이 있다.

● **용법** 하루에 12g 정도를 물 1컵 반 정도를 붓고 반으로 달여 마신다.

황기

● **약효** 식은땀이 날 때 좋으며 원기 회복에 탁월한 효과가 있다.

● **용법** 하루에 12g 정도를 물 1컵 반 정도를 붓고 반으로 달여서 마신다.

호박씨

● **약효** 기억력 증진 및 혈중 콜레스테롤치를 떨어뜨리는 효과가 있다.

● **용법** 껍질을 벗겨서 심심풀이로 먹거나 강정을 만들어 먹기도 한다.

홍화(잇꽃)

● **약효** 정혈 작용이 있어 월경불순, 혈액순환 장애, 산후 훗배앓이에도 효과가 있다.

● **용법** 홍화꽃 말린 것을 1회에 3~4g씩 뜨거운 물을 부어서 우려 마신다.

홍화씨

● **약효** 정혈 작용이 있어 월경불순, 혈액순환 장애, 산후 훗배앓이에도 효과가 있다.

● **용법** 하루에 말린 씨 20g을 물 1컵 반 정도를 붓고 반으로 달여서 마신다.

황률(말린 밤)

● **약효** 소화불량, 설사를 다스려 주며 자양, 강장, 원기 회복 효과가 있다.

● **용법** 다른 약재와 함께 달이거나 삼계탕 등에 넣어서 하루 7개 정도씩 먹는다.

약이 되고 궁합 맞는

음식 동의보감

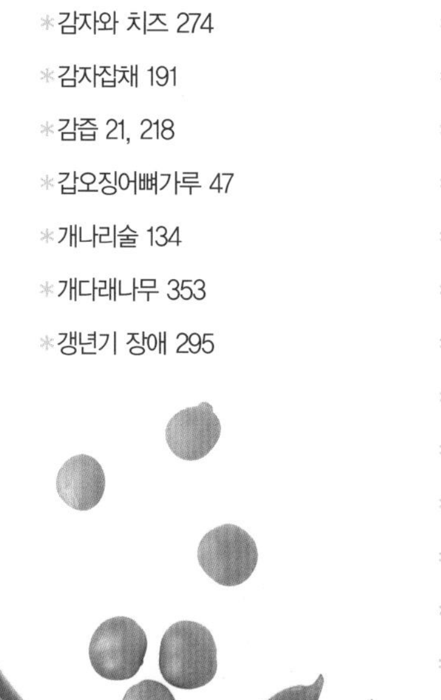

INDEX

약이 되고 궁합 맞는

음식 동의보감

약이 되고 궁합 맞는

음식 동의보감

INDEX

약이 되고 궁합 맞는

음식 동의보감

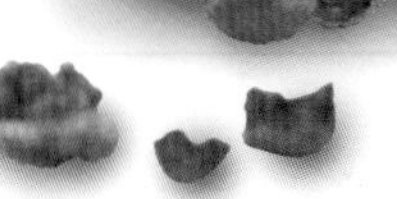

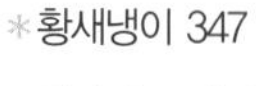

주변에 있는 식품 하나하나,
산이나 들에 지천으로 보이는
풀꽃, 열매, 뿌리, 이파리,
우리가 항상 즐겨 먹는
새콤달콤한 과일까지 모두
약이 될 수 있다는 동의보감의 지혜를
몸소 경험해 보자.
또 어떤 식품과 어떤 식품이 만났을 때
영양의 효율성을 높이고,
건강에 도움이 되는지
음식 궁합의 절묘한 조화도
재미있게 풀어 준다.